"十二五"普通高等教育本科国家级规划教材

现代制造技术

(第2版)

王细洋　编著

国防工业出版社

·北京·

内容简介

本书首先阐述现代先进制造技术的背景和技术范畴，之后结合最新的技术发展动态和研究成果，系统介绍高速切削技术、快速成形技术、微细加工技术、绿色制造技术和现代制造模式。在现代制造模式内容中，阐述制造模式的重要性和发展历程，介绍精益生产以及敏捷制造、分散网络化制造、柔性制造、集成制造、制造业信息化等方面的内容。

本书特点在于技术阐述的系统性和内容的新颖性，尤其重点介绍作为先进制造技术重要组成部分的制造模式。

本书可作为普通高等院校机械工程类、材料加工类、制造工程类、管理工程类本科生的教材或参考书，也可作为相关专业研究生的教材或参考书，还可供制造业工程技术人员参考。

图书在版编目(CIP)数据

现代制造技术/王细洋编著．—2版．—北京：国防工业出版社，2024.8重印
ISBN 978-7-118-11309-9

Ⅰ．①现…　Ⅱ．①王…　Ⅲ．①机械制造工艺
Ⅳ．①TH16

中国版本图书馆CIP数据核字(2017)第116302号

※

国防工業出版社出版发行
(北京市海淀区紫竹院南路23号　邮政编码100048)
北京富博印刷有限公司印刷
新华书店经售

*

开本 787×1092　1/16　**印张** 21　**字数** 482千字
2024年8月第2版第4次印刷　**印数** 8001—10000册　**定价** 48.00元

国防书店：(010)88540777　　书店传真：(010)88540776
发行业务：(010)88540717　　发行传真：(010)88540762

前　言

人类文明的发展历史实际上就是制造技术的发展历史。制造技术是衡量国家经济发展水平和国力强弱的最重要标志。

现代制造技术，也称先进制造技术（Advanced Manufacturing Technique，AMT），是传统制造业不断地吸收机械、信息、电子、材料、能源及现代管理等方面的最新技术成果，并将其综合应用于产品开发与设计、制造、检测、管理及售后服务的制造全过程，实现优质、高效、低耗、清洁、敏捷制造，并取得理想技术经济效果的前沿制造技术的总称。从本质上可以说，现代制造技术是传统制造技术、信息技术、自动化技术和现代管理技术等的有机融合。

现代制造技术是一门综合性、交叉性的前沿学科和技术，学科跨度大，内容广泛，涉及生产制造、经营管理、设计、市场等各个方面。作为机械工程类、制造工程类研究生和本科生，必须了解和掌握现代制造技术各个发展领域的理论、方法和动态。编者自2000年开始为机械工程类和航空宇航制造工程类本科生和研究生开设了这门课程，进行了高速切削技术、敏捷制造和制造业信息化等方面的研究。根据多年教学经验和科研积累，在自编教案的基础上，编写了本书。

本书力求将现代制造技术领域中研究最活跃、应用前景最广阔的单元技术介绍给读者。内容兼顾广泛性和一定的理论深度，并反映最新的研究动态和发展方向。本书可用于① 机械设计制造及自动化、飞行器制造工程类本科生；② 机械工程类（如机械电子工程、机械制造自动化、机械设计理论）和制造工程类（如航空宇航制造工程、材料加工工程）研究生；③制造领域工程技术人员和研究人员参考。

本书内容包括7章。

第1章概述制造技术发展历程；现代制造技术的背景、领域和范畴。

第2章介绍高速切削技术的理论和方法，包括高速切削机理、高速切削刀具、高速切削机床，以及高速切削技术在航空制造领域的典型应用。

第3章介绍快速成形技术原理、方法（工艺方法和数据处理方法）和设备，以及快速成形技术在新产品开发和模具设计制造中的应用，具体包括立体光刻成形、选区激光烧结、熔融沉积制造和分层实体制造工艺。

第4章介绍特种加工技术原理、方法和应用，包括电火花加工、电化学加工、高能束加工和超声加工。

第5章介绍微细加工技术原理、方法和应用,包括硅微细加工技术、LIGA技术和准LIGA技术、微细电火花加工技术、微细切削技术以及纳米加工技术。

第6章介绍绿色制造产生背景和内涵、绿色产品和绿色标志,重点介绍绿色设计方法和绿色机械制造以及绿色再制造技术。

第7章介绍现代制造模式,首先介绍制造模式的发展历程,之后重点介绍精益生产、敏捷制造、分散网络化制造、柔性制造、计算机集成制造以及制造业信息化。

本书由王细洋教授编写,万在红副教授审阅。由于作者水平有限,书中难免存在缺点和不足,恳请各位专家和读者批评指正。本书配有PPT课件,可到国防工业出版社网站(www.ndip.cn)"资源下载"栏目下载,有问题可与编者联系,编者的电子邮箱为nchucnc@126.com。

本书获得南昌航空大学教材出版基金资助,特此致谢。

编　者

目　录

第1章　现代制造技术概论

制造业是指将制造资源，包括物料、设备、工具、资金、技术、信息和人力等，通过制造过程转化为社会所需产品的行业。制造业是现代国民经济的重要支柱，是社会创造财富的主要来源。世界上各个国家经济的竞争，主要是制造业的竞争。

制造业的发展水平取决于制造技术水平。人类文明的发展历史实际就是制造技术的发展历史。制造技术的发展水平高低是衡量国家经济发展水平和国力强弱的最重要标志。

1.1　制造技术发展历程

制造的含义十分广泛。狭义上的制造是指产品的制造过程，凡是投入一定的原材料，使原材料在物理性质和化学性质上发生变化而转化为产品的过程，无论其生产过程是连续型的还是离散型的，都称为制造过程。机电、冶金、化工、纺织、电子等行业都属于制造业范畴。

广义上的制造包含产品的全生命周期过程，国际生产工程学会(CIRP)1990年给出了定义："制造是一个涉及制造工业中产品设计、物料选择、生产计划、生产过程、质量保证、经营管理、市场销售和服务的一系列相关活动和工作的总称。"制造技术是制造业生产各种必要物质(包括生产资料和消费品)所使用的一切生产工具和技术的总称。

人类文明的发展与制造业的进步密切相关。制造技术的发展是由社会、政治、经济等多方面因素决定的，但最主要的因素是科学技术的推动和市场的牵引。纵观历史，科学技术的每次重大进展都推动了制造技术的发展，人类的需求不断增长和变化，也促进了制造技术的不断进步。

(1) 制造技术萌芽。早在石器时代，人类就开始利用天然石料制作工具，以获得生活资料。到了青铜器和铁器时代，人们开始采矿、冶炼、铸锻工具，并开始制作纺织机械、水力机械、运输车辆等，以满足以农业为主的自然经济的需要。在绵延近万年的农业经济发展进程中，制造技术的创新与进步，始终是农业生产发展和人类文明进步的支柱和推动力。但由于农业经济本身的束缚，当时的制造业只能采用作坊式手工业的生产方式，生产原动力主要是人力，局部利用水力和风力。

(2) 工业革命。18世纪70年代，蒸汽机的改进和纺纱机的诞生，引发了第一次工业革命，制造技术获得了飞速的发展。近代工业化的生产方式产生，手工劳动逐渐被机器生产所代替。制造业从手工业作坊生产转变为以机械加工和分工原则为基础的工厂。

(3) 电气化。19世纪中叶，电磁场理论的建立为发电机和电动机的产生奠定了基础，从而迎来了电气化时代。人们以电力作为动力源，使机器的结构和性能发生了重大的变化。与此同时,互换性原理和公差制度应运而生。所有这些使制造业发生了重大变革,并进入了一个快速发展时期。

(4) 大批量生产。20 世纪初,大批量流水生产线和泰勒式工作制及其科学管理方法,在汽车制造等行业得到了应用,生产率获得极大的提高。特别是第二次世界大战期间,以降低成本为目的的刚性、大批量自动化制造技术和科学管理方式得到很大发展。大批量流水生产线不仅降低了产品的生产成本,还能保证产品的良好质量,最具有代表性的产品是福特公司的"T"型车。

(5) 多品种中小批量生产。自第二次世界大战之后到 20 世纪 70 年代,计算机、微电子、信息和自动化技术的迅速发展推动了生产方式由大、中批量生产自动化向多品种小批量柔性生产自动化转变。传统的自动化生产方式只有在大批量生产的条件下才能实现,而数控机床,尤其是数控加工中心的出现则使中小批量生产自动化成为可能。在此期间,形成了一系列先进制造技术,如计算机数控加工、柔性制造技术等。传统的大批量生产方式已难以满足市场多变的需要,多品种、中小批量生产日渐成为制造业的主流生产方式,并出现了一些先进制造模式。同时,现代化生产管理模式,如准时制生产、全面质量管理,开始应用于制造业。

(6) 信息化和全球化。自 20 世纪 80 年代以来,计算机、信息、电子、材料、网络等技术迅速发展,促进了制造业中各种单元自动化技术逐渐成熟和完善。产品市场的全球化和用户需求的多样化,使得市场竞争日益激烈,出现了许多新的制造技术和制造方法。在设计领域,如计算机辅助设计与制造(CAD)、计算机辅助工程(CAE)、计算机辅助工艺规划(CAPP);在制造领域,如计算机数控(CNC)、高速切削技术、精密与超精密加工技术、快速成形技术,微细加工技术/纳米制造技术;在经营管理领域,如物料需求计划(MRP)、制造资源规划(MRPⅡ)、企业资源规划(ERP)等;在制造系统和制造模式方面,如计算机集成制造系统(CIMS)、并行工程(CE)、精益生产、敏捷制造和分散网络化制造等。能源危机,环境恶化,资源短缺,导致了绿色制造技术的出现和发展。各种先进的技术装备相继出现并有较大发展,如虚拟轴机床、可重构机床、精密焊接技术与装备、微制造技术与设备、快速成形系统、激光加工技术与装备等。

1.2 现代制造技术背景与内涵

现代制造技术,也称为先进制造技术。20 世纪 80 年代末,美国制造业面临德国和日本的竞争,持续衰退。1988 年,美国政府资助了"21 世纪制造企业战略"研究,并于其后不久提出了先进制造技术发展目标,制定并实施了先进制造技术计划(ATP)和制造技术中心计划(MTC),以加强美国制造业的竞争能力。先进制造技术计划主要研究内容包括现代设计方法与技术、先进制造工艺与技术、先进制造过程的支撑技术与辅助技术以及制造基础设施(指对上述技术进行管理、推广、应用的方法和机制)。先进制造技术(Advanced Manufacturing TechnoIogy,AMT)的概念就是在上述背景下提出的,并得到了全球工业化国家的关注。

从全球范围看,近 30 年来,制造业面临着严峻的挑战和机遇,传统的制造技术和和制造模式难以适应,从而引发了制造技术、制造模式和管理技术的剧烈变革。

(1) 新技术革命使得制造业的资源配置必须由劳动密集型转向技术密集型和知识密集型,制造技术要向自动化、智能化的方向发展,否则企业将丧失竞争力。社会市场需求的多样化促使制造模式向着柔性制造发展,生产规模必须由大批量转为多品种、变批量,企业才能应对买方市场。

(2) 网络时代和信息技术的进步使得信息和信息技术成了制造业的主宰因素,产品制造模式、企业经营观念必须更新。

(3) 有限资源与日益增长的环境保护压力,要求从生产的始端就注重污染的防范,以节能、降耗、减污为目标,实现环境与发展的良性循环,最终达到可持续发展。

(4) 制造全球化和贸易自由化的挑战使制造业市场出现了前所未有的国际化,跨国集团直接威胁到本土制造企业的生存。

对于现代制造技术的定义,较为普遍的看法是:现代制造技术是传统制造业不断地吸收机械、信息、电子、材料、能源及现代管理等方面的最新技术成果,并将这些技术优化、集成,综合应用于产品开发与设计、制造、检测、管理及售后服务的制造全过程,实现优质、高效、低耗、清洁、敏捷制造,并取得理想技术经济效果和社会效益的前沿制造技术的总称。

从本质上可以说,现代制造技术是传统制造技术、信息技术、自动化技术和现代管理技术等的有机融合。现代制造技术是21世纪的制造技术,是制造技术的最新发展阶段,具有以下特点。

(1) 现代制造技术贯穿了从市场预测、产品设计、采购和生产经营管理、制造装配、质量保证、市场销售、售后服务、报废处理回收再利用等整个制造过程。

(2) 现代制造技术注重技术、管理、人员三者的集成,是多学科交叉融合的产物,核心是信息技术、现代管理技术和制造技术的有机结合。

(3) 现代制造技术的主要目标是提高制造业对市场的适应能力和竞争力。

(4) 现代制造技术重视环境保护和资源的合理利用。

1.3 现代制造技术体系结构

现代制造技术是由传统制造技术与以信息技术为核心的现代科学技术相结合的一个完整的高新技术群,已在一定程度上形成了体系结构。对于现代制造技术体系的结构,有不同的看法。有人认为,其技术体系可以分为5大技术群。

(1) 系统总体技术群。包括与制造系统集成相关的总体技术,如柔性制造、计算机集成制造、敏捷制造、智能制造、绿色制造等。

(2) 管理技术群。包括与制造企业的生产经营和组织管理相关的各种技术,如计算机辅助生产管理、制造资源计划、企业资源计划、供应链管理、动态联盟企业管理、全面质量管理、准时生产、企业过程重组等。

(3) 设计制造一体化技术群。包括与产品设计、制造、检测等制造过程相关的各种技术,如并行工程、CAD/CAPP/CAM/CAE、虚拟制造、可靠性设计、智能优化设计、绿色设计、快速原型技术、质量功能配置、数控技术、检测监控、质量控制等。

(4) 制造工艺与装备技术群。包括与制造工艺及装备相关的各种技术,如精密超精密加工工艺及装备、高速超高速加工工艺及装备、特种加工工艺及装备、特殊材料加工工艺、少无切削加工工艺、热加工与成型工艺及装备、表面工程、微机械系统等。

(5) 支撑技术群。包括上述制造技术的各种支撑技术,如计算机技术、数据库技术、网络通信技术、软件工程、人工智能、虚拟现实、标准化技术、材料科学、人机工程学、环境科学等。

本书按照设计,制造和管理的习惯思维,将现代制造技术划分为如下 3 个部分。

(1) 产品设计技术。将 CAD 和 CAE 全面应用于产品设计,CAD 协助完成产品设计中全部或大部分事务性的工作,CAE 协助完成工程分析工作。发展趋势有:并行设计(或并行工程,Concurrent Engineering)、面向 X(如装配、回收、拆卸)的设计 DFx、健壮设计(Robust Design)、反求工程(Reverse Engineering)等。

(2) 单元制造技术。传统的零件制造方法是毛坯成形和机械加工;随着产品性能要求的提高和市场竞争的全球化,高速切削技术、快速成形制造技术、微细加工技术、精密制造技术、绿色制造技术等成为现代制造技术的主流。新一代制造装备为这些技术的实现提供了前提和保证。

(3) 现代制造模式。除了直接服务于制造业的制造技术问题之外,制造业的另一个核心问题是制造模式问题。制造模式是一个制造企业的生产模式、组织模式、管理模式、信息模式的总称。广义的现代制造技术概念包含制造模式问题。现代制造模式有精益生产、敏捷制造、分散网络化制造、计算机集成制造、柔性制造等,其共同特点是为了实现基于时间的竞争策略,强调生产制造的哲理,以及环境和战略的协同。生产经营管理技术可以认为是制造模式问题的一部分。

展望未来,随着电子、信息、材料等高新技术的不断发展,为适应市场需求的多变性与多样化,制造技术将会朝着精密化、柔性化、集成化、网络化、全球化、虚拟化、智能化和清洁化的方向发展。

本书着重讨论单元先进制造技术和现代制造模式。

第2章 高速切削技术

2.1 概 述

高速切削技术是指在比常规切削速度高出很多的情况下进行的切削加工，有时也称为超高速切削(Ultra－High Speed Machining)。以高切削速度、高进给速度、高加工精度和优良的加工表面质量为主要特征的高速切削加工技术具有不同于传统切削加工技术的加工机理和应用优势，已在航空航天、模具加工、汽车制造等行业得到了广泛应用，加工对象包括铝镁合金、钢、铸铁、超级合金及碳纤维增强塑料等材料。

机床的高速化已成为机械制造业中不可阻挡的发展潮流，如果说数控机床的产生是现代机床发展史上的一次革命，那么高速机床的应用则是现代机床工业的第二次革命。

2.1.1 高速切削技术发展历程

完成一个零件机械加工所需要的时间包括切削时间和非切削时间。切削时间是直接改变工件尺寸和形状所需的时间，非切削时间包括辅助时间、服务时间和休息时间。辅助时间用于工序中的辅助动作，包括装卸工件、操作机床、改变切削用量、试切和度量工件尺寸等。服务时间用于更换磨钝了的刀具、加工时进行刀具微调、修整刀具和砂轮等，还包括工作班开始时分配工具、了解工艺文件以及工作班结束时收拾工具、清除切屑、润滑和擦拭机床等所耗费的时间。

在数控机床出现以前，机械零件加工过程所花费的时间大部分是辅助时间，因而提高机械制造效率的主要着眼点集中在减少加工过程的非切削时间方面。随着数控机床的普及应用，机械加工的自动化程度大大提高。数控加工中心、柔性制造单元(FMC)和柔性制造系统(FMS)、计算机集成制造系统(CIMS)的应用，解决了自动换刀、自动装卸工件等问题，在更大的程度上提高了整个零件加工的自动化水平，提高了生产率，也大大降低了零件加工辅助时间在总工序时间中所占的比例。例如，目前加工中心自动换刀时间已缩短到小于1s，快速空程速度已提高到30～60m/min。以缩短辅助工时为手段来提高生产效率，意义不再明显。切削时间占总工序时间的比例越来越大，提高生产率的主要措施转移到直接减少切削时间方面。

减少切削时间最直接的手段是提高切削速度，但切削速度的提高受到理论和技术方面的制约。根据传统的金属切削理论，随着切削速度的提高，切削热增加，切削温度升高，刀具的磨损加剧，刀具寿命缩短。更换刀具的时间和成本可能远远超出由于切削时间的缩短带来的节约。切削温度升高到一定的极限，则刀具材料和工件材料均无法承受。在机床方面，随着切削速度的提高，机床的发热、振动以及动平衡等问题都凸显出来。正是因为这些原因,切削速度的进一步提高在以往没有实现的可能。

德国学者萨洛蒙(C. Salomon)博士于 1929 年进行了超高速模拟实验,1931 年 4 月提出高速切削假说:在常规切削速度范围(图 2-1 中的 A 区)内,切削温度随着切削速度的提高而升高,但切削速度提高到一定值后(图 2-1 中的 C 区),切削温度不但不升高反会降低,且该切削速度值与工件材料的种类有关;每一种工件材料都存在一个速度范围(图 2-1 中的 B 区),在该速度范围内,由于切削温度过高,刀具材料无法承受,即切削加工不可能进行,称该区为"死谷"。由于受当时实验条件的限制,这一理论未能严格区分切削温度与工件温度的界限。这个假设给后人一个非常重要的启示,即如能越过这个"死谷",在高速区工作,有可能用现有刀具材料进行高速切削,此时,切削温度与常规切削时基本相同,不仅可大幅度提高生产效率,还将给切削过程带来一系列的优良特性。

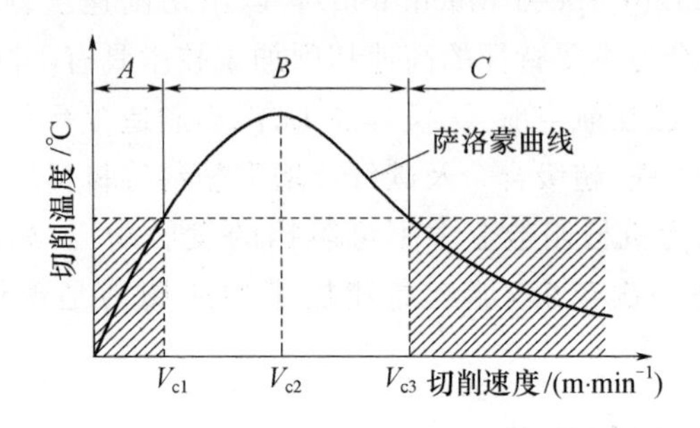

图 2-1　萨洛蒙曲线

高速切削技术重新得到重视,是在第二次世界大战之后。在证实和应用萨洛蒙理论方面,美国科技界和工业界做了许多领先的工作。美国相关机构于 1960 年前后进行了超高速切削实验。实验中,将刀具装在加农炮里,从滑台里射向工件;或将工件当作子弹射向固定的刀具,以获得高切削速度。实验结果表明:在高速切削条件下,切屑的形成过程和普通切削不同;随着切削速度的提高,塑性材料的切屑形态将从带状、片状到碎屑不断演变;单位切削力呈上升再下降的趋势;切削机理发生变化,切削过程比常规切削速度下容易和轻松。

1977 年,美国在一台带有高频电主轴的加工中心上进行超高速切削实验,其主轴转速可在 1800~18000r/min 范围内无级变速,工作台的最大进给速度为 7.6m/min。实验结果表明,与传统的铣削相比,其材料切除率增加了 2~3 倍,主切削力减小了 70%,而加工的表面质量明显提高。

美国空军和 Lockheed 飞机公司研究了用于轻合金材料的高速铣削。1979 年美国防卫高技术研究总署(DARPA)发起了一项"先进加工研究计划"(Advanced Machining Research Program),研究切削速度比塑性波还要快的超高速切削,为快速切除金属材料提供科学依据。研究指出:随着切削速度的提高,切削力下降,加工表面质量提高,刀具磨损主要取决于刀具材料的导热性,并确定铝合金的最佳切削速度范围是 1500~4500m/min。

20 世纪 80 年代以来,各工业发达国家投入了大量的人力和物力,研究开发了高速切削设备及相关技术。20 世纪 90 年代以来,高强度、高熔点刀具材料和超高速电主轴的研制成功,用于高速进给的直线电动机伺服驱动系统的应用以及高速机床的其他配套技术的日益完善，为高速切削技术的普及应用创造了良好的条件。2001 年北京国际机床展览会(CIMT'2001)上机床最高转速达到 15000～20000r/min。目前，已有主轴最高转速达 150000r/min，快速进给速度达 120m/min，换刀时间为 0.7～1.5s 的加工中心。

2.1.2 高速切削速度范围

根据高速切削机理的研究结果，当切削速度达到相当高的区域时，切削力下降，工件的温升较低，热变形较小，刀具的耐用度提高。高速切削速度范围应该定义在这样的一个区域内。不同的加工方法和机床、工件材料，对应的切削速度范围也不同，很难给高速切削的速度范围给定一个确定的数值。

(1) 根据切削速度划分。用切削加工的线速度(m/min)来描述切削速度，通常把切削速度比常规切削高出 5～10 倍以上的切削加工称为高速切削。

若按照不同的加工方法来划分，一般认为的高速切削速度范围为：车削 700～7000m/min；铣削 300～6000m/min；钻削 200～1100m/min；磨削 150～360m/s。比常规切削速度几乎提高了一个数量级。

若按照工件材料来划分，德国 Darmstadt 工业大学对钢、铸铁、镍基合金、钛基合金、铝合金、铜合金和纤维增强塑料等材料进行了高速切削实验，结果如图 2-2 所示。钢材切削速度达到 380m/min 以上、铸铁 700m/min 以上、铜材 1000m/mm 以上、铝材 1100m/min 以上、塑料 1150m/min 以上时，应认为是高速切削速度范围。

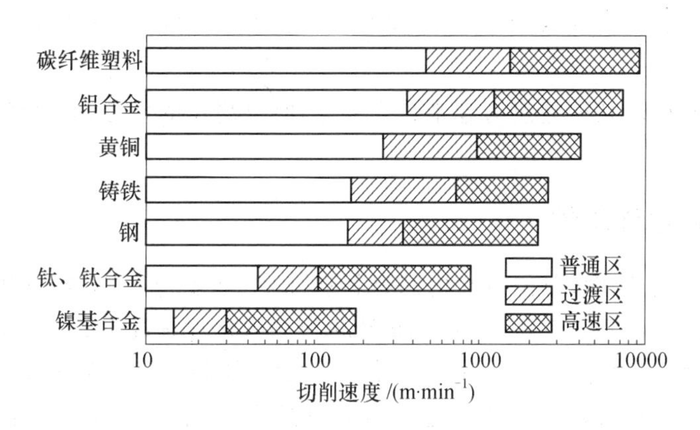

图 2-2 7 种材料的切削速度

(2) 根据机床主轴转速划分。对于机床制造厂商和机床用户而言，用机床主轴的最高转速来衡量机床的高速性能常常比较方便和直观，所以在很多情况下，人们更愿意用机床主轴所能达到的转速作为衡量机床速度的性能指标。

一般按主轴的 Dn 值区分。Dn 值是指主轴轴径(或主轴轴承内径尺寸)D(mm)和主轴能达到的最高转速 n(r/min)的乘积。高速主轴的 Dn 值一般为 500000～2000000 mm・r/min。

对于加工中心来说，可按主轴锥孔的大小划分不同的高速切削速度范围。采用 ISO 刀具标准，划分如下：

50 号锥——10000～20000r/min

40 号锥——20000～40000r/min

30 号锥——25000～40000r/min

HSK 锥——20000～40000r/min

KM 锥——35000r/min 以上

(3) 根据主轴平衡标准划分。对铣削加工而言，从刀具夹持装置达到平衡要求（平衡品质和残余不平衡量）时的速度来定义高速切削加工。根据 ISO—1940，铣床主轴要达到所规定的平衡标准，主轴速度约为 8000r/min，即高速主轴的转速至少要超过 8000r/min。

(4) 从刀具和主轴的动力学角度定义高速切削加工，即通过刀具振动的主模式频率的测定来确定高速切削速度范围。

从以上划分方法可以看出，高速切削加工不能简单地用某一具体的切削速度值来定义，必须考虑加工材料、工序方法和机床等因素。从生产实际考虑，“高速”不仅是一种技术指标，还应是一个经济指标，是一种可由此获得较大经济效益的高速度的切削加工。

高速机床必定是精密数控机床。在划分高速机床时，一般主要考虑机床的主轴转速，有时也考虑机床的进给速度。在高切削速度的同时，机床进给速度也必须大幅度提高，以便保持刀具每齿进给量不变。由于零件加工的工作行程不长，只有很短时间内达到高速和停止才有意义，故快速进给还应具有很大的加速度。普通机床的进给速度一般为 8～15m/min，快速空行程进给速度为 15～24m/min，加减速度一般为 0.1g～0.3g。现在高速机床的进给速度普遍在 30～90m/min 以上，加减速度达到 1g～8g。

由于技术的进步，切削速度有越来越高之势，所以高速的划分，应该确定下限，而上限值无法确定。

2.1.3 高速切削优越性

(1) 由于高切削速度，单位时间内的材料切除率（切削速度、进给量和背吃刀量的乘积，$v \times f \times a_p$）增加，切削加工时间减少，机床生产率大幅度提高，加工成本降低。

(2) 在高切削速度范围内，切削力降低，减少了切削变形引起的加工误差，有利于薄壁件或刚性差零件的切削加工。这一点尤其适合于航空薄壁铝合金结构件的切削加工。

(3) 高速切削时，切屑以很高的速度排出，带走大量的切削热。切削速度提高越大，带走的热量越多（大约在 90%以上），传给工件的热量大幅度减少，有利于减少加工零件的内应力和热变形，提高加工精度。

(4) 工作平稳，振动小，零件的加工表面质量高。原因有两个方面：高速切削时，机床的激振频率高，远离了工艺系统的固有频率，避免了颤振；切削力是切削过程中的主要激励源，高速切削时切削力降低，使得激励源减小。

(5) 可以加工各种难加工材料（如镍基合金、钛基合金、高强韧高硬度合金钢、超耐热不锈钢）。这类材料强度大，硬度高，耐冲击，加工中容易硬化，切削温度高，刀具磨损严重。以前一般采用很低的切削速度加工，或采用放电加工和磨削加工。如采用高速切削，则不但可大幅度提高生产率，而且可有效地减少刀具磨损，提高加工零件的表面质量。

虽然高速机床的价格高于普通速度的机床，但综合上述因素，仍可大幅度降低加工成本。

2.1.4 高速切削关键技术

高速切削技术是一个复杂的系统工程，涉及机床结构及材料、机床设计、制造技术、高速主轴系统、快速进给系统、高性能 CNC 系统、高性能刀夹系统、高性能刀具材料及刀具设计制造技术、高效高精度测量测试技术、高速切削机理、高速切削工艺等诸多相关硬件和软件技术。以下几个方面是高速切削的关键技术。

(1) 高速切削机理。高速切削技术的应用和发展是以高速切削机理为理论基础的。高速加工切削机理的研究为开发高速机床、高速加工刀具提供了理论指导。目前，相关理论尚未完善。

高速切削机理包括：高速切削过程和切屑成形机理；高速加工基本规律；各种材料的高速切削机理及高速切削数据库；高速切削虚拟技术等。

(2) 高速切削刀具技术。高速切削的关键是切削刀具是否能承受高的切削温度和热冲击。目前，高速刀具材料有金刚石、TiC(N)基硬质合金(金属陶瓷)、聚晶金刚石(PCD)、聚晶立方氮化硼(CBN)、涂层刀具和超细晶粒硬质合金刀具等。发展具有更加优异的高温力学性能、高化学稳定性和热稳定性及高抗热震性的刀具材料，是推动高速切削技术发展和广泛应用的重要前提。

高速切削刀具结构也很关键。高速切削刀具结构主要有整体和镶齿两类。高速回转刀具会产生大的离心力，要求刀体和夹紧机构必须有高的强度与断裂韧性和刚性，刀体重量轻以减小离心力，并且必须进行精密动平衡的考虑。

为保证高速旋转时的连接刚度、装夹精度和快速换刀性能，刀具和主轴的连接不能采用传统的 7∶24 锥度的单面夹紧刀柄系统，一般采用刀柄与主轴内孔锥面和端面同时贴紧的两面定位的刀柄。

(3) 高速切削机床技术。高速机床是实现高速加工的前提和基本条件。在要求机床主轴高速化的同时，还要求机床具有高精度和高的静、动刚度。高速切削机床技术包括高速单元技术(主轴单元、进给系统、CNC 控制系统)和机床整机技术(机床床身、冷却系统、安全设施、加工环境等)。

(4) 高速切削工艺技术。切削方法和参数选择不当，会使刀具急剧磨损，完全达不到高速加工的目的。高速切削工艺技术包括切削方法和切削参数的选择与优化、刀具材料和刀具几何参数的选择。

(5) 高速加工的安全防护、测试技术与实时监控等。高速切削的安全防护非常重要。当主轴转速达 40000r/min 时，若有刀片崩裂，掉下来的刀具碎片就像出膛的子弹。高速加工是在封闭的区间里进行的，有必要对加工情况、刀具的磨损状态进行监控，监控的状态量有切削力、机床功率、声发射、振动信号等。高速加工的测试技术包括传感技术、信号分析和处理技术等。

2.2 高速切削基础理论

高速切削技术的发展来源于高速切削理论的研究和突破。与传统的切削加工相比，高速切削在切屑形成、切削力学、切削热与切削温度、刀具磨损与破损等方面均有不同的特征。高速切削理论目前仍然处于研究中，有些问题至今仍然是“知其然而不知其所以然”。

2.2.1 切屑形成

切屑形状会影响加工质量和加工效率。连绵不断的带状切屑如果缠绕工件或刀具，会损坏工件和刀具表面，乃至损坏机床，妨碍操作者。周期性的锯齿状或单元切屑，会造成切削力的高频变化，从而影响加工精度与表面粗糙度和刀具寿命。

1. 切屑类型

根据切屑形成的机理，切屑通常有带状切屑（连续切屑）、锯齿状切屑（节状切屑）、单元切屑（节片切屑）和崩碎切屑 4 种形状，如图 2-3 所示。

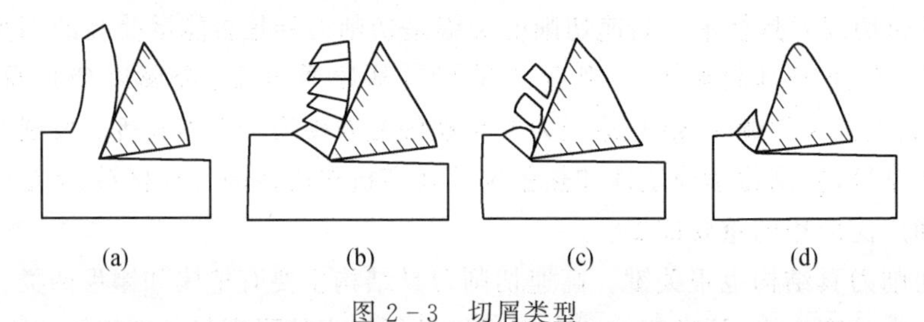

图 2-3 切屑类型

(a)带状切屑；(b)锯齿状切屑；(c)单元切屑；(d)崩碎切屑。

切削塑性材料时一般得到前 3 类切屑，改变切削条件，3 种切屑形态可以相互转化。一般情况下，当加工塑性材料，进给量较小、切削速度较高、刀具前角较大时，往往会得到带状切屑。带状切屑的特点：切屑底层表面光滑、上层表面毛茸；切削过程较平稳，已加工表面粗糙度值较小。锯齿状切屑多在切削速度较低、进给量（切削厚度）较大、加工塑性材料时产生，其特点是切屑底层表面有时有裂纹、上层表面呈锯齿形。当切削塑性材料，前角较小（或为负前角）、切削速度较低、进给量较大时，易产生单元切屑，其特点是当剪切面上的剪切应力超过工件材料破裂强度时，整个单元被切离成梯形单元。

切削脆性材料经常产生崩碎切屑，因为工件材料的塑性很小，抗拉强度也很低，切削时未经塑性变形就在拉应力作用下脆断。崩碎切屑的特点是切屑呈不规则的碎块状，已加工表面凸凹不平。工件材料越硬、越脆，进给量越大，越易产生此类切屑。

2. 高速切削切屑特征及影响因素

高速切削实验结果初步表明，工件材料及其性能对切屑形态起决定性的作用。低硬度和高热物理性能 $K\rho C$（导热性 K、密度 ρ 和比热容 C 的乘积）的工件材料如铝合金、低碳钢和未淬硬的钢与合金钢等，在很大的切削速度范围内容易形成连续带状切屑；而硬度较高和低热物理特性的工件材料，如热处理的钢与合金钢、钛合金和超级合金等，在很宽的切削速度范围均形成锯齿状切屑，随着切削速度的提高，锯齿化程度增加，直至形成分离的单元切屑。

工件材料一定时，切削速度对切屑特征的形成有主要的影响，一方面切削速度提高时，应变速度加大，导致工件材料脆性增加，易于形成锯齿状切屑，而另一方面切削速度提高，引起切屑温度增加，致使脆性减小，因此，切削速度对形成锯齿状切屑的倾向的影响结果应进行综合考虑。一般说来，高速切削时，随着切削速度的提高，切屑的锯齿化程度增加，有时形成分离的单元切屑。因此，采用高速切削技术对切屑的控制是非常有利的。对于锯齿状切屑形成机理，有绝热剪切理论(Adiabatic Shear Theory)和周期脆性断裂理论(Periodic Brittle Fracture Theory)。

如图 2-4 所示，高速车削 45 钢(小于 HB275)时，在其他切削条件相同情况下，切削速度不同，则形成不同锯齿化程度的切屑。400～800m/min 时，成半圆弧状切屑，1200m/min 时，成垫圈形螺旋切屑，而 1600～2000m/min 时，则成为很短的碎断切屑。

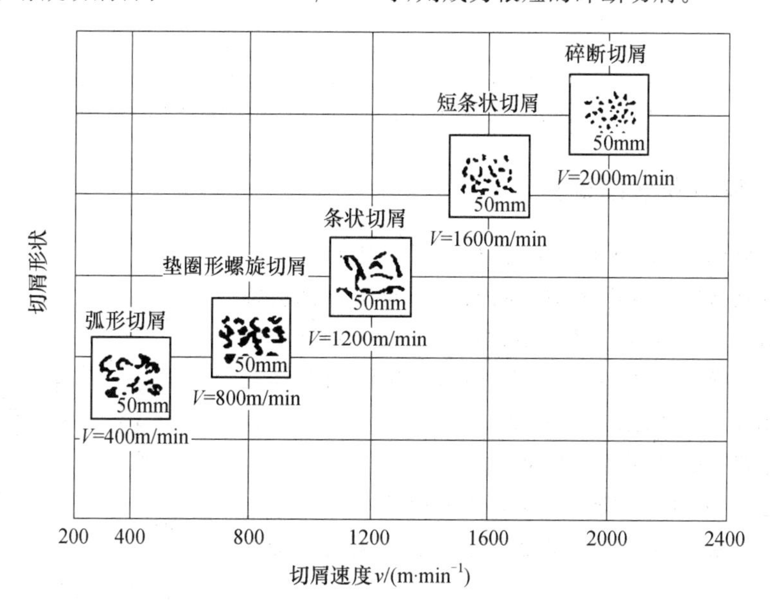

图 2-4　不同切削速度下车削 45 钢时形成的切屑类型

(陶瓷刀具，$\gamma_0=-6°$，$\alpha_0=6°$，$\lambda_s=-4°$，$\varepsilon_r=90°$，$\kappa_r=85°$，$r_\varepsilon=1.2mm$ 负倒棱 0.2mm×(−20°)，进给量 0.2mm/r，切削深度为 5mm)

对于低导热性和高加工硬化特性的钛合金，可以在 1.5～4800m/min 的切削速度范围内形成锯齿状切屑。随着速度增加，锯齿化程度增加，直至成分离的单元切屑。镍基合金、不锈钢等材料，也有类似的情况。

对于淬硬的钢件，硬度和切削速度互为作用。视硬度不同，形成锯齿状切屑的切削速度各异。如图 2-5 所示，加工淬硬(HB325)的 AISI4340 合金钢，切削速度在 40m/min 时，只形成了连续带状切屑，切削速度提高到 125.5m/min 后，才开始形成锯齿状切屑。在形成锯齿状切屑时，切削速度的提高对锯齿化程度有最重要的影响。锯齿化程度增加，在惯性力作用下，易于断裂而成较短的切屑形状。

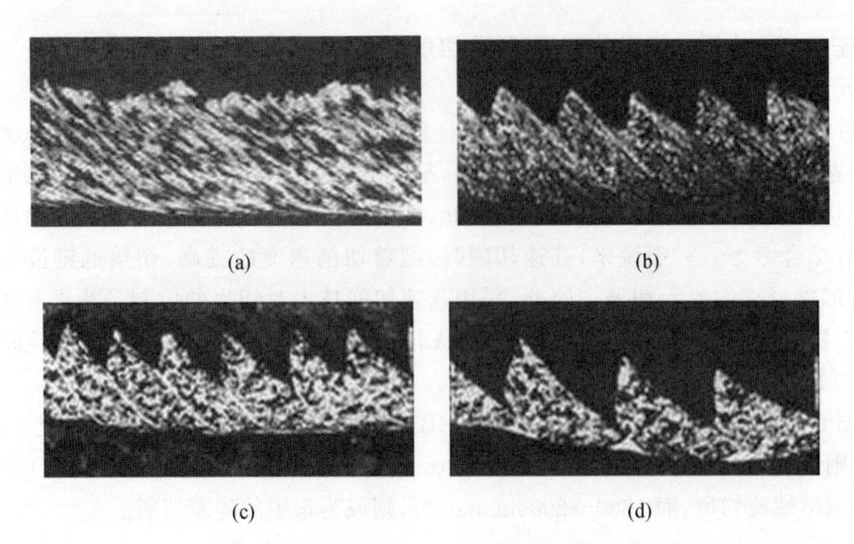

图 2-5　不同切削速度下切屑的微观形态

(a)40m/min,连续切屑;(b)125.5m/min,连续切屑与锯齿状切屑过渡状态;
(c)250m/min 下锯齿状切屑;(d)2600m/min 下即将分离的锯齿状切屑。

2.2.2　切削热和切削温度

高速切削时,总的切削功 W 消耗在以下几方面(图 2-6)。

(1) 形成已加工表面和切屑底面两个新生表面所需要的能量 W_n,其值等于物体该表面的表面能。切削单位体积材料的表面能大致为 0.02N·cm。与切削时消耗的总能量相比,实际上是很小的。

(2) 剪切区的剪切变形功 W_s。

(3) 前、后刀面与切屑、工件的摩擦功 W_f。

(4) 切削层材料经过剪切面时,由于动量改变而消耗的功 W_m。

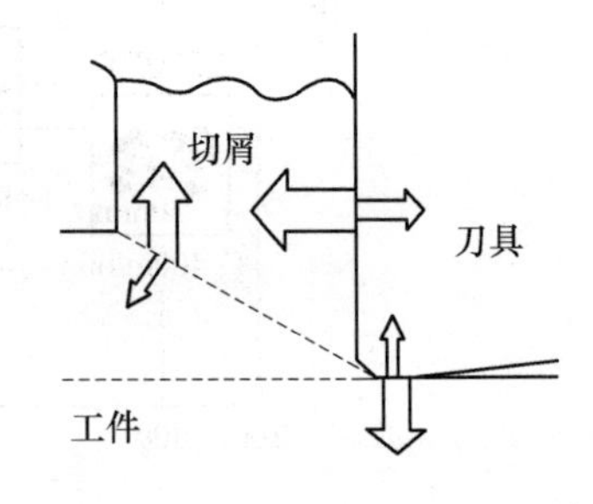

图 2-6　切削热的产生与传出

剪切变形功 W_s 和动量改变所消耗的功 W_m 大部分将变为剪切变形区(第一变形区)的热量 E_{Q1},形成两个新生表面的表面能以热力学能形式储存于加工表面和切屑中。前、后刀面的摩擦功 W_f 全部将变为第二、三变形区的热量 E_{Q2} 和 E_{Q3}。因此,单位时间内产生的总热量 E_Q 为

$$E_Q = E_{Q1} + E_{Q2} + E_{Q3} \tag{2-1}$$

设单位时间内单位面积上在剪切面、前刀面和后刀面上产生的热量分别为 q_1、q_2 和 q_3,而剪切面、前刀面一切屑(刀一屑)、后刀面一工件(刀一工)接触面积分别为 A_1、A_2 和 A_3,则

$$E_Q \approx q_1 A_1 + q_2 A_2 + q_3 A_3 \tag{2-2}$$

剪切面上产生的热量大部分传给切屑,一部分传入工件,如图 2-6 所示。设前一部分的比例为 R_1,于是单位时间传入切屑的热量为 $R_1 q_1 a_c a_w \csc\phi$,单位时间传入工件的热量为$(1-R_1) q_1 a_c a_w \csc\phi$,其中,$a_c$ 为切削厚度,a_w 为切削宽度。ϕ 为剪切角,可由麦钱特

剪切角公式得出。

剪切面上产生的热量流入切屑的比例 R_1 为

$$R_1 = \frac{1}{1 + 1.33\sqrt{\frac{a_1 \varepsilon}{v a_c}}} \tag{2-3}$$

式中：a_1 为工件材料的导热系数；ε 为剪应变。

由式(2-3)知，随着 v 与 a_c 增大，R_1 增加，但 v 的变化范围比 a_c 大，所以 v 对 R_1 的影响比 a_c 大，也就是说，随着 v 提高，剪切面上产生的热量流入切屑的比例 R_1 增大，即切削速度越高，被切屑带走的热量越多，切屑温度升高，而切削(刀具)温度升高得少。

高速切削实验也表明，随着切削速度的提高，开始切削温度升高很快，但达到一定速度后，切削温度的升高逐渐缓慢，甚至很少升高。对每种工件材料与刀具材料的匹配，均有一个特定的临界切削速度。因此，只要工件材料与刀具材料合理匹配(每类工件材料与不同刀具材料匹配均有一个临界切削速度)，在刀具材料允许的极限切削温度内进行高速切削是完全可行的，也是有利的。

2.2.3 切削力

切削过程中，剪切面上发生变形所需要的力由刀具的前刀面通过切屑传递到剪切面上，该力由两部分组成：一个是剪切力 F_s；另一个是切削层材料经过剪切面时，沿着剪切面滑移，造成动量的改变所需要的作用力，即切屑惯性力 F_m，也称达朗伯惯性力(图 2-7)。F_s 与 F_m 可分别表示为

$$F_s = S_s A_c / \sin\phi \tag{2-4}$$

$$F_m = \rho A_c v^2 \cos\gamma_0 / \cos(\phi - \gamma_0) \tag{2-5}$$

式中：S_s 为工件材料动态剪切强度；A_c 为切削层截面积；ρ 为工件材料的密度；γ_0 为刀具前角；Φ 是剪切角。

由式(2-4)与式(2-5)可见，如果工件材料、切削层面积 A_c 和刀具前角 γ_0 一定，剪切力 F_s 和切屑惯性力 F_m 主要由剪切角 Φ 而定，而剪切角又受切削速度的影响。切削速度较低时，与剪切力 F_s 相比，切屑惯性力 F_m 很小，可视为零。

对剪切角理论进行了很多研究，其中最著名的有麦钱特(Merchant)、李·谢弗(Lee—Shaffer)、肖(Shaw)、奥克斯利(Oxley)等剪切角理论。但这些都是在一般切削速度下推导的，没有考虑高速切削时切削速度的影响。考虑切削速度的影响，按功率平衡原理，可以建立以下剪切角关系式，即

$$\phi = \frac{\pi}{4} - \frac{\beta}{2} + \frac{\gamma_0}{2} \tag{2-6}$$

式(2-6)即为麦钱特剪切角公式。但过去的麦钱特公式是在低的切削速度下按最小能量原理推导的，而式(2-6)是根据能量平衡原理推导的，它适于任何切削速度情况，式(2-6)给出了剪切角 Φ 与摩擦角 β 以及 γ_0 的关系。

图 2-8 表示的是切削速度对剪切角的影响，当切削速度较低时，金属始剪切面为 OA，终剪切面为 OM，剪切角为 Φ，但当切削速度很高时，金属流动速度大于塑性变形速度，即在 OA 线上尚未显著变形就已流动到 OA' 线上，终剪切面变为 OM'，剪切角变为

Φ',这意味着此时的第一变形区后移,使剪切角增大(图中 $\Phi'>\Phi$)。同时切削速度 v 对刀具前刀面上的平均摩擦因数 μ 也有影响,在高速区,v 增大,切削温度提高,μ 减小,则摩擦角 $\beta(\beta=arctg\mu)$减小,由式(2-6)可见,剪切角 Φ 增大。所以切削速度提高导致剪切角增大,由式(2-4)可见,剪切角增大会使剪切力降低。由式(2-5)可知,剪切角增大会使切屑惯性力 F_m 增加,切削速度本身也使切屑惯性力 F_m 增加。也就是说,切削速度提高,会使剪切力降低,而使切屑惯性力增加。切削速度对切削力的影响较复杂,是上述两种作用的综合结果。在高速范围内,由于 μ 减小很大,如加工钢件时,切削速度由 250m/min 提高到 2100m/min,μ 从 0.6 减小到 0.26,因此,剪切角 Φ 增大,导致剪切力减小幅度较大;由于切屑的质量很小,虽然切削速度提高,导致切屑惯性力增大,但其增加幅度比剪切力减小幅度小得多,故在高速切削范围内,切削速度的提高最终导致切削力的降低。

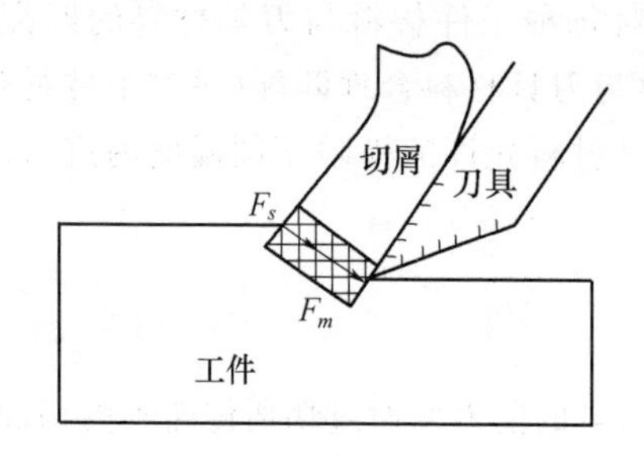

图 2-7　高速切削时作用在剪切面上的力

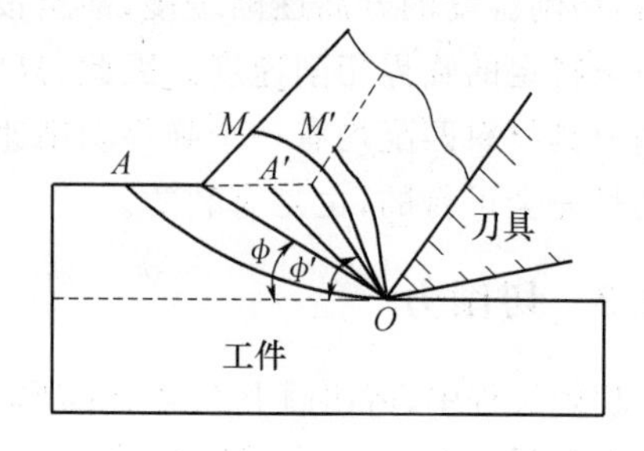

图 2-8　切削速度对剪切角的影响

切削速度提高使切削力降低,减少了由于工件、夹具或机床变形产生误差的可能性,使产品的一致性和加工精度得以提高,特别有利于薄壁件的精密加工,这在航空工业中十分有用。高速切削可以加工壁高 20mm,而壁厚仅有 0.2mm 的铝合金薄壁件,用普通切削速度是很难实现的。

2.2.4　刀具磨损和破损

高速切削时，刀具的破坏形式也是磨损和破损，其破坏原因主要是切削力和切削热作用下的磨粒磨损、黏结磨损、化学磨损（氧化、扩散和溶解等）、脆性破损和塑性变形等。

常规切削速度下刀具的磨损及其破损机理,已有大量研究。低切削速度时,往往是磨料磨损为主。随着切削速度提高,切削温度增加,黏结磨损和化学磨损越来越突出。由于扩散和刀具表面层强度较低,也加大了刀具的磨粒磨损。例如,硬质合金刀具高速切削钢件时,主要是扩散磨损,并伴随有黏结磨损、氧化磨损和磨粒磨损;而 Al_2O_3 基陶瓷刀具加工钢、铁件时主要是伴随微崩刃的黏结磨损和磨粒磨损,但在更高切削速度下,扩散和氧化磨损也起到加速磨损的影响。

研究表明,高速切削时刀具的损坏主要是后刀面磨损、前刀面月牙洼磨损、边界磨损和微崩刃等磨损形态以及崩刃、剥落、碎断和塑性变形等破损形态(图 2-9)。微崩刃是在刀具切削刃上产生的微小缺口,只要其大小在磨损限度以内,刀具仍可继续使用。高速切削钢铁时最多的是后刀面磨成棱面和前刀面磨成月牙洼并伴随发生微崩刃,高速切削高温合金、加工硬化的钢和软钢时,常观察到边界磨损,它是发生在有切深处的刀具—工

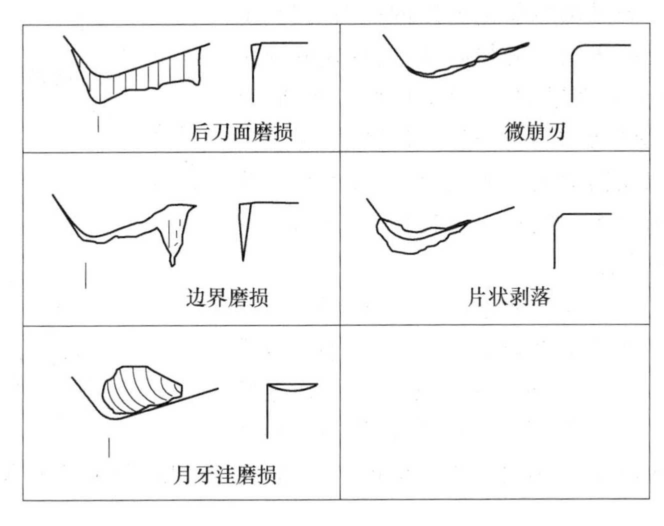

图 2-9　高速切削刀具损坏形态

件接触边缘上的，形状为一狭长沟槽，又称沟槽磨损。

用脆性大的刀具材料高速切削时，常常是以破损为主要的损坏形式。刀具破损的主要原因是冲击、机械疲劳和热疲劳。早期破损时切削刃承受的切削循环次数少，机械疲劳和热疲劳不是主要矛盾，机械冲击造成的应力超过了刀具材料许可强度，致使刀具发生崩刃、剥落或脆性碎断。

聚晶金刚石、聚晶立方氮化硼和陶瓷等刀具材料硬度高，但强度低、脆性大，且又属于高压高温烧结材料，组织不均，可能存在某些缺陷与空隙。高速断续切削时，特别是断续切削高硬材料时，容易发生崩刃、剥落、裂纹和碎断等刀具脆性破裂。特别是早期破损(切削刚开始或短时间切削后发生的破损)，这时，后刀面尚未产生明显的磨损(一般 $VB \leqslant 0.1$mm)。微崩刃常伴随于脆性较大的金刚石、立方氮化硼、陶瓷刀具和某些涂层刀具高速切削时的后刀面磨损。裂纹是脆性较大的刀具材料高速断续切削时经常发生的破损形态，例如陶瓷刀具在较长时间的断续切削后，有因机械冲击而引起的平行于切削刃或成网状的机械疲劳裂纹，也有因热冲击而引起的垂直于或倾斜于切削刃的裂纹，这些裂纹不断扩展合并就会引起刀刃碎裂或断裂。

高速切削时应根据加工方法和加工要求，确定合理的磨损寿命。影响高速切削刀具磨损寿命的因素较多，工件材料与刀具材料的匹配、切削方式、刀具几何形状、切削用量、冷却液、振动等对刀具磨损寿命都有显著的影响，其影响规律与具体切削条件有关，应通过切削实验来确定各因素对刀具磨损寿命的影响效果。

切削速度是影响刀具寿命的重要因素，而切削速度是通过切削温度影响刀具寿命的。通过 2.2.2 节的分析可知：随着切削速度的提高，开始时切削温度升高很快，但达到一定速度后，切削温度的升高逐渐缓慢，甚至很少升高。

如淬硬钢的高速切削加工，分别采用 P10 硬质合金刀具、陶瓷刀具及 CBN 刀具加工 AlSi4340(硬度 60HRC)，进给量 $f = 0.1$mm/r，背吃刀量 $a_p = 0.2$mm，刀具磨钝标准 $VB = 0.2$mm，由图 2-10 可见硬质合金刀具的寿命最差，这是由于工件材料硬度很大而导致加工时切削力和切削温度都较高，使得硬质合金刀具迅速磨损、剥离乃至破损断裂；

陶瓷刀具和CBN刀具随着切削速度的提高，刀具寿命增加，达到最大临界值后开始减少，出现这种现象的原因可能是切削速度增加后，黏结层厚度增加，黏结层形成的一层保护膜有利于减少刀具磨损从而提高刀具寿命，但当切削速度非常高时，刀具表面层将变软，易被工件材料中的硬质点磨耗掉，加剧刀具磨损，刀具寿命迅速降低。

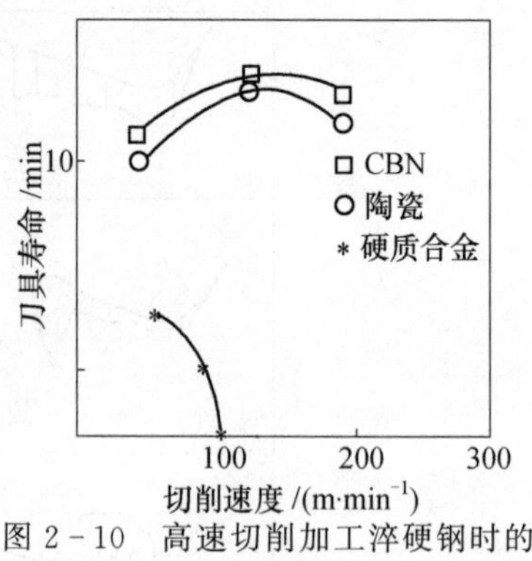

图2-10 高速切削加工淬硬钢时的刀具磨损

对于高速切削刀具，除了考虑静态特性外，还应考虑动态特性。随着刀具悬伸量的不同，可使刀具系统（刀柄—刀体—刀片等）的固有频率与刀齿激振频率或其谐波分量一致。因为当每个刀齿切削不均产生的宽频带激振的分量与刀具固有频率相同时，会产生颤振，使刀具强烈磨损，甚至发生破损。

2.2.5 高速切削表面质量

高速切削加工表面质量的变化规律与普通切削加工也有所不同。

一般高速切削加工随着切削速度增加，表面粗糙度降低。不同工件材料与刀具材料匹配在不同切削条件下，达到表面粗糙度最小时的切削速度范围各不相同。为减少加工表面粗糙度，并保证必要的刀具寿命，应根据具体加工要求，选择合理的切削速度和进给量。高速切削条件下进给量对表面粗糙度的影响规律与普通切削相同：进给量增加，表面粗糙度增大。

不同加工条件下，高速切削加工工件表面残余应力的性质与大小及加工硬化程度各不相同。如：①陶瓷刀具端铣加工退火状态45钢时，表层产生残余拉应力，内层是压应力，达到峰值后又逐渐消失。切削速度越高，残余应力越大，加工硬化程度加剧；②PCBN刀具高速车削加工淬硬轴承钢，背吃刀量和进给量较大时，工件表层为拉应力，里层为压应力，而背吃刀量与进给量较小时，表层和里层均为残余压应力；③负倒棱PCBN刀具切削加工时时，工件表面一般呈现残余压应力；③陶瓷刀具端铣T10A钢时，已加工表面出现残余压应力。切削速度增加，表面的压应力减小。工件表面出现压应力，说明采用PCBN刀具与陶瓷刀具进行高速切削淬硬钢比磨削（表面出现拉应力）更为有利。

工件材料的硬度对陶瓷刀具车削钢件表层的残余应力性质和大小均有影响：硬度较低时，工件表层出现残余拉应力，里层为压应力；硬度升高，工件表层由拉应力变为压应力；硬度由36HRC上升到49HRC时，残余压应力增加，残余应力层的深度减小；硬度高于49HRC，硬度增加，最大残余压应力减小，但是残余应力层的深度增加。工件材料的硬度对加工表面硬化程度也有影响：硬度越低，加工硬化程度越大，未淬硬钢加工后，已加工表面硬度提高比淬硬钢提高得大。

2.3 高速切削机床

高速切削机床是提供高速切削技术的主体。高速电主轴单元的研制成功，对高速加工技术的发展起到了非常重要的作用;而能够真正实现高速、高加速进给运动的直线电动机在机床上的成功应用,使高速切削技术又迈上了一个新台阶。

2.3.1 高速加工对机床的要求

与普通数控机床相比,高速加工对数控机床提出了如下要求。

(1) 高速主轴系统。高速主轴系统是实现高速切削的最关键技术,它不仅要转速高、功率大,而且要有高的同轴度、良好的散热冷却装置、能传递大力矩。高速主轴系统要经过严格的动平衡,主轴部件的设计要保证良好的动态和热态特性,要具有极高的角加减速度来保证在极短时间内实现升降速和在指定位置的准停。为实现这些要求,高速主轴系统一般采用电主轴,或称零传动方式,即由电动机直接带动主轴旋转,省略了中间的传动件。

目前适用于高速加工的加工中心,其主轴最高转速一般大于10000r/min,有的高达60000~100000r/min,为常规机床的5~10倍;主电动机功率为15~80kW,以满足高速铣削、高速车削等高效、重切削工序的要求。主轴单元从启动到选定的最高转速(或从最高转速到停止)需要的时间较短,一般只需1~2s即可完成,主轴的加、减速度比普通机床高出一个数量级,达到$1g$~$8g$。

(2) 高速进给系统。随着主轴转速的提高,机床进给速度及其加减速度也必须大幅度提高,以保证刀具每齿进给量基本不变、进给速度的提升或降低时间缩短。空行程速度也必须提高。现代高速加工机床进给系统执行机构的运动速度要求达到40~120m/min,进给加减速度同样要求达到$1g$~$8g$。一般数控机床的进给系统采用"旋转伺服电动机+普通滚珠丝杠"方式,这一方式不能实现高速进给的要求。高速机床进给系统一般也采用零传动方式,以大幅度减轻进给移动部件的质量,即直接采用直线电动机驱动,同时用多头螺纹行星滚珠丝杠代替常规钢球式滚珠丝杠,采用无间隙直线滚动导轨,以实现进给部件的高速移动和快速准确定位。采用快速反应的伺服驱动CNC控制系统。

(3) 高效、快速的冷却系统。在高速切削加工条件下,单位时间内切削区域会产生大量的热量,如果不能使这些热量迅速地从切削区域散发,不但妨碍切削工作的正常进行,而且会造成机床、刀具和工具系统的热变形,严重影响加工精度和机床的动刚性。为此,在切削区域可采用高压喷射冷却,电主轴单元配置独立的冷却润滑系统,在机床结构上也必须充分考虑散热需求。

(4) 优良的静、动态特性和热态特性。高速切削时,机床各运动部件之间作速度很高的相对运动,运动副结合面之间将发生急剧的摩擦和发热,高的运动加速度也会对机床产生巨大的动载荷,因此在设计高速机床时,必须在传动和结构上采取一些特殊的措施,使高速机床的结构具有足够的强度、静动刚度和高的阻尼特性,以及良好的热态特性,使得机床变形小,获得高的加工精度。

(5) 安全装置和实时监控系统。为了操作者的安全,切削区域必须封闭并便于观察,为此,隔板采用防弹玻璃和高强度钢板。采用主动在线监控系统,对刀具磨损、破损和主轴运行状况进行在线识别和监控,以确保设备和人身安全。

此外,还有其他配合高速度的部件,如快速刀具交换、快速工件交换以及快速排屑等装置。

高速机床由一系列具有高速功能的部件及其支承部件组成，包括：高速主轴部件（电主轴）；高速进给驱动和传动系统；能够提供高速进给控制的机床数控装置；包括安装、夹紧、快速交换以及实现动平衡的高速刀具系统；适用于高速切削的工件夹紧装置；高效冷却和排屑装置；可靠的安全防护和监测装置；动、静、热特性好的床身、立柱和工作台等支承部件。

2.3.2 高速主轴系统

传统的机床，从动力源（电动机）到执行件（主轴、工作台），中间需要经过一系列的传动机构。这会产生一系列的问题，如转动惯量大、振动和噪声、摩擦磨损、传动误差等。零传动使电动机和执行件合二为一，使传动链的长度为零。零传动大大简化了机床的传动与结构，提高了机床的动态灵敏度、加工精度和工作可靠性。高速电主轴是实现高速机床主运动系统“零传动”的典型结构，是高速切削机床的核心部件。直线电动机高速进给单元是高速机床进给运动系统实现“零传动”的典型代表。

1. 高速电主轴

高速电主轴必须满足高速旋转的要求：具有较高的旋转精度和较低的温升；具有尽可能高的径向和轴向刚度；具有较长的寿命。高速电主轴在结构上大都采用交流伺服电机直接驱动的集成化结构，电机转子与主轴做成一体，即将无壳电机的空心转子用过盈配合的形式直接套装在机床主轴上，由过盈配合产生的摩擦力来实现大转矩的传递，在主轴上取消了一切形式的键连接和螺纹连接，以达到精确的动平衡。带有冷却套的定子则安装在主轴单元的壳体中，形成内装式电机主轴。这样，电机的转子就是机床的主轴，机床主轴单元的壳体就是电机座，从而实现了变频电机与机床主轴的一体化，使其具有转速高、结构紧凑、易于平衡、传动效率高等特点。图 2-11 所示为高速电主轴的结构。目前多采用交流高频电动机。

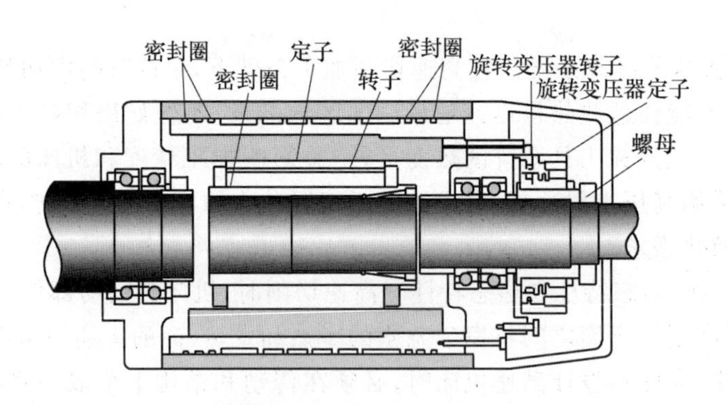

图 2-11　电主轴结构

电主轴的基本参数和主要规格包括套筒直径、最高转速、输出功率、转矩和刀具接口等，其中，套筒直径为电主轴的主要参数。目前，国内外专业的电主轴制造厂可供应几百种规格的电主轴。其套筒直径为 32～320mm，转速为 10000～150000r/min，功率为 0.5～80kW，转矩为 0.1～300N·m。

设计制造电主轴要解决的关键问题是如何在有限的结构空间里同时实现高速、大功率。电动机内置的原因有以下几点。

（1）如果电动机不内置，仍采用电动机通过带或齿轮等方式传动，则在高速运转条件下，由此产生的振动和噪声等问题将很难解决，势必影响高速加工的精度、加工表面粗糙度，并产生环境问题。

（2）高速加工的最终目的是提高生产率，相应地要求在最短时间内实现高转速的速度变化，也即要求主轴回转时具有极大的角加、减速度。达到这个严格要求的最经济办法，是将主轴传动系统的转动惯量尽可能地减至最小。而只有将电动机内置，省掉齿轮、带等一系列中间环节，才有可能达到这一目的。

（3）电动机内置于主轴两支承之间，与用带、齿轮等作末端传动的结构相比，可较大地提高主轴系统的刚度，也就提高了系统的固有频率，从而提高了其临界转速值。这样，电主轴即使在最高转速运转时，仍可确保低于其临界转速，保证高速回转时的安全。

现代电主轴可以进行系列化、专业化生产。主轴组件形成独立的功能单元，可以方便地配置到多种加工设备上。在机床产品目录中，即便是普通加工中心，也把高速电主轴列为任选件，可满足一般机床用户的高速加工要求。

热稳定性是高速电主轴需要解决的关键问题之一。由于电主轴将电机集成于主轴组件的结构中，使其成为一个内部热源。电机的发热主要有定子绕组的铜耗发热及转子的铁损发热，其中定子绕组的发热占电机总发热量的2/3以上。另外，电机转子在主轴壳里的高速搅动，使内腔中的空气也会发热，这些热源产生的热量主要通过主轴壳体和主轴进行散热，所以电机产生的热量有相当一部分会通过主轴传递到轴承，因而影响轴承的寿命，并且会使主轴产生热伸长，影响加工精度。

为改善电主轴的热特性，应采取一定的措施和设置专门的冷却系统。图2-12所示为电主轴用循环切削液冷却和散热的途径。在电机定子与壳体连接处设计循环冷却水套，水套用热阻较小的材料制造，套外环加工有螺旋水槽。电机工作时，水槽里通入循环冷却水，为加强冷却效果，冷却水的入口温度应严格控制，并有一定的压力和流量。另外，为防止电机发热影响主轴轴承，主轴应尽量采用热阻较大的材料，使电机转子的发热主要通过气隙传给定子，由冷却水吸收带走。

2. 高速主轴轴承

电主轴是高速、精密且承受较大径向和轴向切削负荷的旋转部件。主轴轴承首先必须满足高速运转的要求，并具有较高的回转精度和较低的温升；其次，必须具有尽可能高的径向刚度和轴向刚度；此外，还要具有较长的使用寿命，特别是保持精度的寿命。目前，电主轴采用的轴承主要有滚动轴承、流体静压轴承和磁悬浮轴承，后两者为非接触式轴承。

1）滚动轴承

滚动轴承具有刚度高、高速性能好、结构简单紧凑、标准化程度高、品种规格繁多、便于维修更换、价格适中和便于选择等优点，因而在电主轴中得到最广泛的应用。电主轴一般采用适应高速且可同时承受径向和轴向负荷的精密角接触球轴承（图2-13）。

在轴承高速运转条件下，滚珠将产生巨大的离心力和陀螺力矩，使滚珠与内外滚道间产生很大的接触应力，加剧轴承的温升与磨损，降低轴承的使用寿命，并有可能使滚珠与滚道之间产生相对滑移。为了减少这个离心力和陀螺力矩，可以采用以下两种方法。

(1) 适当减小滚珠的直径。但是，滚珠直径的减小应以不过多削弱轴承的刚度为限。一般高速精密滚动轴承的滚珠直径约为标准系列滚珠轴承的 70%，而且做成小直径密珠的结构形式。通过增加轴承的滚珠数和滚珠与内外套圈的接触点，提高滚珠轴承的刚度。

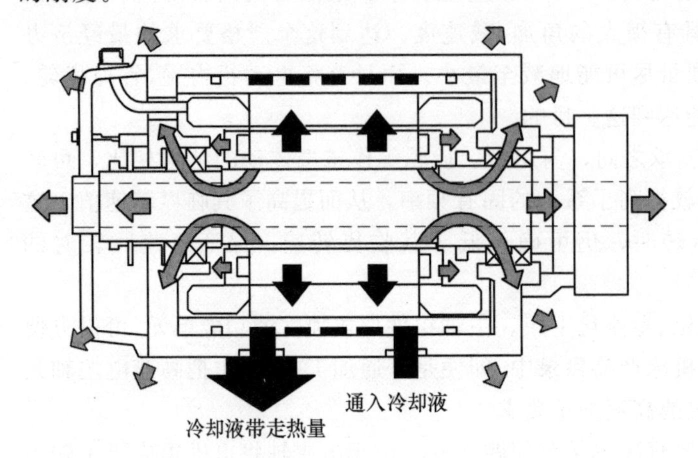

图 2-12　电主轴的冷却与散热

图 2-13　角接触球轴承

(2) 采用轻质材料来制造滚珠。目前使用最多的是混合陶瓷球轴承，即滚珠采用氮化硅 Si_3N_4，内外圈滚道仍采用钢质。与钢制球相比，陶瓷球有以下优点：①质量轻，材料密度仅为 $3.218g/cm^3$，只相当于钢球的 40%，在高速回转时，轻质球的离心力可显著减小，离心力减小后，还可使轴向位移减小，使预加载荷的变化小，更好地适应于转速范围大的应用场合；②弹性模量高，$E=3.22\times10^7$MPa，为钢球的 1.5 倍，提高了轴承和主轴系统的刚度，也提高了主轴系统的临界转速；③线膨胀系数低，约为钢球的 25%，使得在不同温升条件下，球与内外环的配合间隙变化小，提高了轴承工作的可靠性，并减少了温升导致的轴承轴向位移，也使得预加载荷变化小；④硬度高，能达到 1600～1700HV，为钢球的 2.3 倍，可减少磨损，提高轴承寿命；⑤陶瓷与金属间不产生咬合现象，磨损物也不会嵌入陶瓷球中，从而进一步提高了轴承寿命。

以上优点使得陶瓷球轴承在高速及重载的条件下，仍可获得高刚度、低温升和长寿命的效果。因此，用 Si_3N_4 陶瓷作为滚珠材料的小直径密珠轴承，与同规格同一精度等级的钢质滚珠轴承相比，其速度可提高 60%，温升可降低 35%～60%，寿命可提高 3～6 倍，可不用润滑或用油脂润滑。角接触陶瓷球轴承一般在转速特征值 $dn=2.0\times10^6$ 以下的高速主轴单元中采用。

与常规主轴系统一样，轴承的配置形式和预加载荷对电主轴系统的精度有重要影响。根据不同转速和负载的电主轴来选择轴承最佳的预加载荷值，是每个电主轴制造商的技术秘密。对转速不太高和变速范围比较小的电主轴，一般采用刚性预加载荷；当转速较高、变速范围较大时，为了使预加载荷的大小少受温度或速度的影响，应采用弹性预加载荷装置，即用适当的弹簧来预加载荷。

滚动轴承的润滑极为重要，润滑不当会使轴承因过热而烧坏。当前电主轴主要有两种润滑方式:喷射润滑和油一气润滑。

喷射润滑是通过位于轴承内圈和保持架中心之间的一个或几个口径为0.5～1mm的喷嘴,以一定的压力,将流量大于500mL/min的润滑油喷射到轴承上,使之穿过轴承内部,经轴承另一端流入油槽,达到对轴承润滑和冷却的目的。当轴承高速旋转时,滚动体和保持架也以相当高的速度旋转,并使其周围空气形成气流,采用传统的润滑方法很难将润滑油输入到轴承中。这就必须要用高压喷射的方法,才能将润滑油送到预定的区域。这种润滑方式通常用于 $dn>1.6\times10^6$ 的高速轴承。

油一气润滑采用油一气分离的润滑一冷却方式,图2-14所示为其润滑系统原理。润滑油通过分配阀,不经雾化而直接由压缩空气定时、定量地沿着专用的油气管道壁均匀地被带到轴承的润滑区,能保证轴承的各个不同部位既不缺润滑,又不会因润滑过量而造成更大的温升,并可将油雾污染降至最低程度。压缩空气起推动润滑油运动及冷却轴承的作用。油、气始终处于分离状态,这有利于润滑油的回收,对环境无污染。实施油一气润滑时,一般要求每个轴承都有单独的油气喷嘴,对轴承喷射处的位置有严格的要求,否则不易保证润滑效果,油一气润滑的效果还受压缩空气流量和油气压力的影响。通常,增大空气流量可以提高冷却效果,而提高油气压力,不仅可以提高冷却效果,而且还有助于润滑油到达润滑区。油一气润滑一般用于 $dn>10^6$ 的高速轴承。

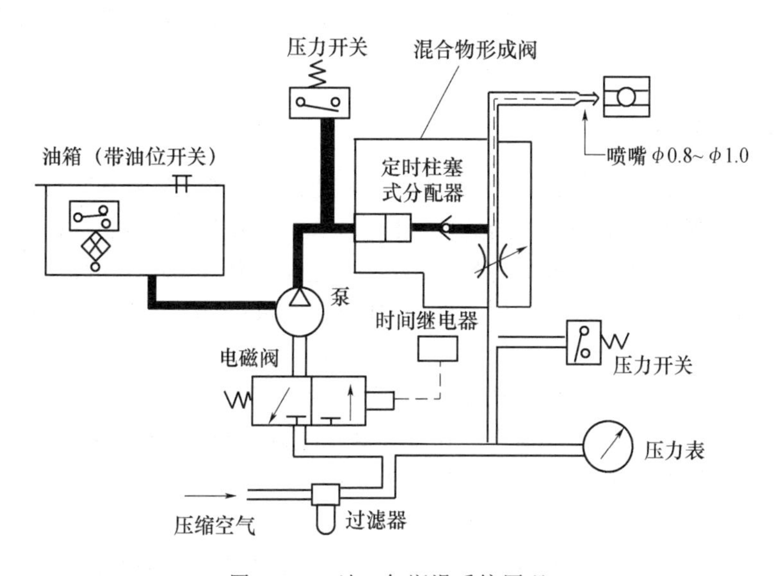

图2-14　油一气润滑系统原理

2）流体静压轴承

流体静压轴承包括液体静压轴承和气体静压轴承。液体静压轴承的最大特点是旋转精度高,此外,还具有磨损小、寿命长、阻尼特性好(振动小)等优点。对于轴向切削力较大的加工场合,宜采用液体静压轴承高速主轴。液体静压轴承的油膜具有很大的阻尼,动态刚度高,特别适合于铣削类的断续切削过程。不但可以提高刀具的使用寿命,而且可以获得很高的加工精度和很小的表面粗糙度。由于有液体静压轴承的液体摩擦损失,故驱动功率损失比滚珠轴承为大。加工精度的允差小且表面粗糙度要求很小时,应该采用液体静压轴承主轴。

水基动、静压轴承可以克服油基液体动、静压轴承黏度大和空气轴承承载能力低的缺点。利用水的黏度小且不可压缩的特点，动力采用水动涡轮。例如，美国 Ingersoll 铣床公司和瑞士 IBAG 电主轴公司先后推出了以水(加了防锈蚀添加剂)替代油的静压轴承电主轴。

空气静压轴承电主轴优点在于高旋转精度、高转速和低温升，其转速可高达 100000～200000r/min，缺点是刚度差、承载能力低，在机床上一般只限于小孔磨削和钻孔。该轴承主要适合于工件形状精度和表面粗糙度要求较高的场合，不适合于材料切除量较大的应用场合。此外，它要求高清洁度的压缩空气，故使用维护费用较高。

3) 磁悬浮轴承

磁悬浮轴承依靠多副在圆周上互为 180°的电磁铁(磁极)产生径向方向相反的吸力(或斥力)，将主轴悬浮在空气中，轴颈与轴承不接触，其径向间隙约为 1mm。当承受载荷后，主轴在空间位置发生微弱变化，由位置传感器测出其变化值，通过电子自动控制与反馈装置，改变相应磁极的吸力(或斥力)值，使其迅速恢复到原来的位置，使主轴始终绕其惯性轴作高速回转。转速特征值可达 4×10^6，旋转精度可达 0.2μm，转子线速度可达 200m/s。

磁悬浮轴承的优点是高精度、高转速、高刚度、无润滑、密封、低能耗、无振动、无噪声；缺点是不仅机械结构复杂，而且需要一整套的传感器系统和控制电路。磁悬浮轴承高速主轴的价格一般是滚珠轴承主轴的 2 倍以上。

2.3.3 高速进给系统

高速机床要求具有与主轴高转速相适应的高速进给系统，高速进给系统应满足如下要求：①与高速主轴相匹配的高进给速度，目前的基本要求为 60m/min 以上，极端情况可达 120m/min 以上；②动态性能好，具有良好的快速响应特性，能实现快速的伺服控制和误差补偿；③在高速下仍有高的定位精度；④加速度大，以保证在极短的行程内达到高速和瞬时准停；⑤高可靠性和高安全性。

传统的“旋转电动机＋滚珠丝杠螺母副”进给系统不能满足高速加工的要求，其局限性：①刚度低、惯量大，难以获得高进给速度和高加速度，丝杠的扭曲刚度低，限制了进给系统临界转速的提高，高速运行时很容易产生扭振；②高速下发热比较严重，影响机床精度；③传动链结构复杂，传动误差大，传动效率低，机械噪声大；④非线性误差(如间隙、失动量、库仑摩擦)严重，不易实现闭环控制；⑤受疲劳强度的限制，高速工作时寿命较低。一般其进给速度很难超过 60m/min，加速度很难超过 $1g$～$1.5g$。

要获得高的进给加(减)速度，只有最大限度地降低进给驱动系统惯量、移动部件的质量和提高电动机的进给驱动力。解决的途径：①研制新型的高速高精度滚珠丝杠副传统系统；②采用直线电机直接驱动，这是最理想的方案。

1. 高速滚珠丝杠螺母副传动系统

目前，大部分高速加工中心仍使用滚珠丝杠螺母副。滚珠丝杠副产生噪声的原因主要有滚珠在循环回路中的流畅性、滚珠之间的碰撞、滚道的粗糙度、丝杠的弯曲等。产生温升的原因主要是滚珠与丝杠、螺母、反向器之间的摩擦及滚珠之间的摩擦。可从滚珠丝杠副的结构设计以及通过合理的工艺等方法使滚珠丝杠副适应高速驱动的要求，具体措施如下。

(1) 在保证足够刚度的前提下，增大丝杠螺母的导程和螺纹头数，这是提高滚珠丝杠螺母副的直线运动速度的有效途径。例如，日本 NSK 公司已开发出丝杠公称直径×导程为 15mm×40mm、16mm×50mm、20mm×60mm、25mm×80mm 的超大导程滚珠丝杠副，线速度可达 180m/min 左右。

(2) 提高进给系统刚度，以实现高进给速度和加速度。主要措施为提高丝杠扭曲刚度和轴向刚度，例如，丝杠采用中空结构，并进行预拉伸处理，同时，提高丝杠的支承刚度。通过优化设计和采用先进制造工艺，使滚珠与滚道的适应度处于最佳状态，从而有效提高接触刚度，以改善滚珠与滚道的接触等提高丝杠副的刚度。

(3) 实施强制冷却，减少发热。例如将冷却液通入空心丝杠内部进行强制循环冷却，可减少高速滚珠丝杠副的发热，并保证滚珠丝杠副系统的精度。

(4) 对螺母结构进行特殊设计，如适当减小滚珠直径，钢珠采用空心结构，将滚珠链中的钢珠按大小间隔排列等。此外，通过对螺纹滚道和回珠器进行优化设计，可改善滚珠快速滚动时的流畅性，从而有效降低高速运行时的噪声。

(5) 采用陶瓷材料(如 Si_3N_4)制造滚珠，降低高速滚珠丝杠副传动系统的温升和噪声。陶瓷材料具有硬度高、密度小、弹性模量大、线膨胀系数小、耐磨损、寿命长等突出优点，因此陶瓷滚珠将显著降低温升，减小噪声，增加公称直径×导程值，从而有效提高滚珠丝杠传动系统的高速性能。

(6) 对螺母预加载荷进行自适应控制。其实现方法：在滚珠丝杠传动系统运行过程中，通过传感器对螺母预紧力进行实时监测，一旦发现由于某种原因引起预紧力变化时，控制系统即发出控制指令，通过压电陶瓷等执行装置对预紧力进行动态调节，使其总是保持在给定值上。这样，就可以保证滚珠丝杠副工作在最佳状态，有利于在高速下长时间可靠运行。

(7) 采用螺母旋转并作轴向移动、丝杠不动的运动形式，可消除丝杠临界转速的限制，避免了长丝杠在高速转动时所产生的一系列问题。此外，还可在一根丝杠上配置两个以上分别驱动的螺母，实现一轴多驱动。

(8) 采用双伺服电机分别驱动丝杠和螺母，当两个电机转速相同、转向相反时，如不增加丝杠转速，则被驱动部件的进给速度可提高 1 倍。此外，该结构还可实现同方向差动驱动，有利于实现精确微进给。还可以采用两套伺服系统和两套滚珠丝杠螺母传动系统同时驱动同一运动部件，这样，在不增加丝杠直径的前提下可以有效提高驱动系统的刚度，从而有利于高速进给的实现。

采用高速滚珠丝杠螺母传动系统的最大优点是，可以采用技术上比较成熟的旋转伺服电动机驱动，进给系统和机床整机的设计和安装调试均比较方便，而且成本相对较低。此外，可以通过旋转编码器等实现半闭环控制，系统的稳定性容易得到保证。但这类系统仍存在以下问题难以解决：高速滚珠丝杠螺母副的制造难度大；速度和加速度上限仍受到较大限制；进给行程有限，一般不能超过 4～6m；存在非线性误差，全闭环时系统稳定性不易保证。

2. 直线电动机进给驱动系统

直线电动机在 20 世纪 90 年代初由德国 Ex-cell-O 公司和美国的 Ingersoll 公司首次

用于高速加工中心，进给速度分别达到 60m/min 和 76.2m/min。

直线电动机可以认为是旋转电动机结构上的一种演变，它实质上是把旋转电动机在径向刮开，然后将电动机沿着圆周展开成直线，这就形成了扁平型直线电动机，如图2-15所示。直线电动机使电能直接转变成直线机械运动的推力。对应于旋转电动机的定子部分，称为直线电动机的初级；对应于旋转电动机的转子部分，称为直线电动机的次级。当多相交变电流通入多相对称绕组时，就会在直线电动机的初级和次级之间的气隙中产生一个行波磁场，从而使初级和次级之间产生相对移动。

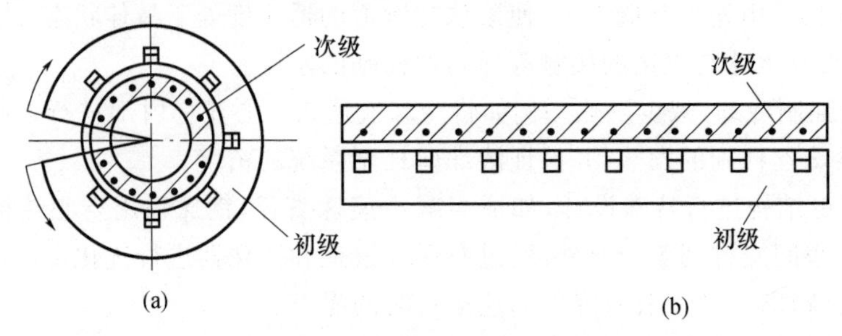

图 2-15 旋转电动机展开为直线电动机的过程

(a)旋转电动机；(b)直线电动机。

直线电动机工作时，电磁力直接作用于机床工作台上，无需传统的机械传动元件，消除了机械传动误差和啮合元件间隙引起的响应滞后，并具有如下优点：①高运动速度，因为是直接驱动，最大进给速度可高达 100～180m/min；②高加速度，由于起动推力大、结构简单、质量轻，可实现的最大加速度高达 $2g$～$10g$，加速度的提高可大大提高盲孔加工、任意曲线曲面加工的生产率；③运动长度不受限制；④控制特性好，增益大，滞动小，在高速运动中能保持较高定位精度和跟踪精度，直线电动机进给系统常用光栅尺作为工作台的位置测量元件，采用闭环反馈控制系统，工作台的定位精度高达 0.1～0.01μm；⑤运行效率高、噪声低。

目前，直线电动机已有多种类型，如直流直线电动机、交流永磁同步直线电动机、交流感应异步直线电动机、步进式直线电动机、磁阻式直线电动机、压电式直线电动机和平面电动机等，其中，以直流直线电动机、交流永磁(同步)直线电动机、交流感应(异步)直线电动机组成的高速进给系统在高速机床中应用较多。

1) 直流直线电动机进给驱动系统

直流直线电动机的一种基本结构如图 2-16 所示。该电动机的定子一般由永久磁铁构成，动子由硅钢片叠装或其他导磁材料构成。动子上开有凹槽，其中嵌有动子绕组。与动子固联的输出杆由直线轴承支承，可将动子产生的电磁力输出，以推动刀具或工作台运动。

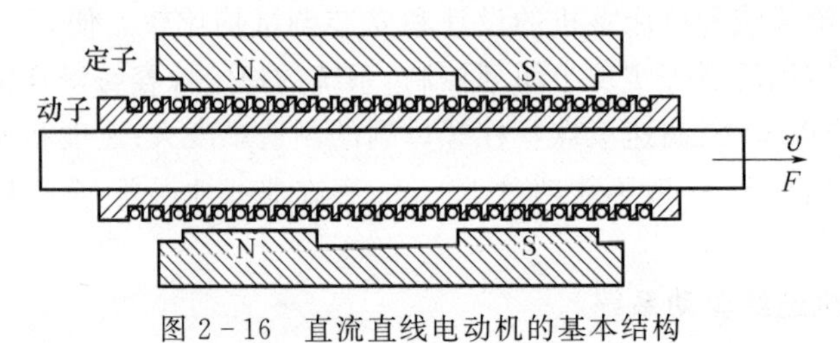

图 2-16 直流直线电动机的基本结构

就高速机床进给驱动而言，电磁力控制是直线电动机驱动与控制的基本问题，只有实现对电磁力的有效控制，才有可能对电动机速度和位置进行高精度的闭环控制，从而使高速机床的进给系统达到高的动态与稳态性能。根据直流直线电动机的具体结构和尺寸可导出其电磁力 F 的计算公式，即

$$F = C_f \Phi I \tag{2-7}$$

式中：C_f 为电磁力常数；I 为动子绕组电流；Φ 为磁通量。

因直流直线电动机采用永久磁铁励磁，Φ 为常数。由式(2-7)可知，电磁力 F 将正比于动子绕组电流 I。这意味着，调节 I 可实现对电动机输出力的直接控制，从而使直流直线电动机易于获得高的动态性能。

由直流直线电动机构成的进给系统的优点是运动速度快、加速度大、结构简单、制造成本低，缺点是运动行程比较短。直流直线电动机一般常用作高速数控车床的横向（X 轴）进给驱动，如中凸变椭圆活塞车床、立体靠模和凸轮车床（铣床）等的驱动。这类机床的特点是 X 轴需高速、高加速度运动，但移动行程并不长。对于这种应用情况，常规旋转电动机加滚珠丝杠传动方案难以满足要求，而直流直线电动机驱动系统正好有其用武之地。

2）交流永磁同步直线电动机进给驱动系统

交流永磁同步直线电动机进给驱动系统由被驱动对象、直线电动机和驱动控制系统等几个部分组成。直线电动机的基本结构如图 2-17 所示，主要由定子、动子、支撑导向装置和检测环节 4 部分组成。其中，定子由硅钢片叠装构成，在其上开有线槽，槽内嵌入三相多级绕组。动子也由硅钢片叠装组成，如果涡流损耗不是特别严重，也可用电工纯铁等代替硅钢片叠装结构以简化动子结构。在动子上沿运动方向等间隔安装永磁体。一般情况下，电动机支撑导向装置可与机床共用，如支撑工作台的直线滚动导轨等。检测环节可采用高精度光栅、磁效应检测装置等，只不过要求其响应速度要比常规数控机床高得多。检测环节的作用：一方面为直线电动机控制动子磁极位置提供信息；另一方面对机床运动部件的实际位移进行精确检测，以实现对机床运动的全闭环反馈控制。

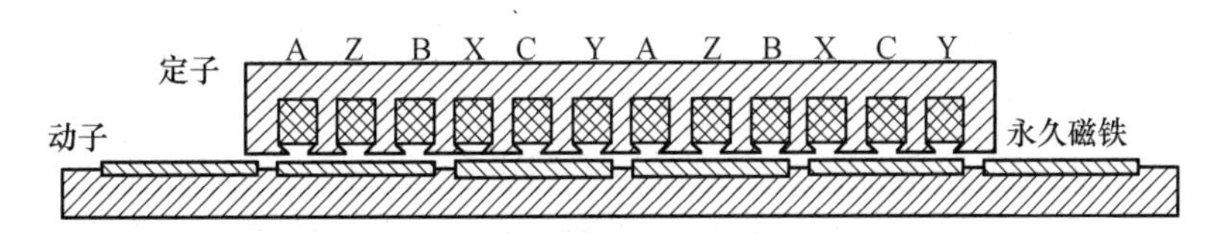

图 2-17　交流永磁（同步）直线电动机的基本结构

交流永磁同步直线电动机的定子绕组中通入对称三相交流电流后，将产生沿电动机运动方向的行波磁场。由于行波磁场的磁极与动子永久磁场的磁极间存在磁拉力，这样，当定子行波磁场的磁极以速度 v_0 运动时，在各对相互吸引的磁极间的磁拉力共同作用下动子将得到一合力，该合力将克服动子所受阻力（负载等）而带动动子运动。这种驱动动子克服外力而运动的力，即为交流永磁同步直线电动机输出的电磁力。

如同直流直线电动机一样，电磁力的有效控制也是交流直线电动机进给驱动系统获得高动态性能的关键环节，并且比直流直线电动机复杂，一般采用磁场定向控制。

根据电动机双轴理论，通过磁场定向控制使 d 轴电流分量 $I_d=0$，则有

$$F = K\psi_f I_q \tag{2-8}$$

由于永磁励磁磁链 ψ_f 为常数，因此，此时电动机输出的电磁力 F 将与 q 轴电流 I_q 成正比。这意味着控制 I_q 就可以像控制直流直线电动机一样，实现对交流永磁同步直线电动机电磁力的直接控制。

3）交流异步直线电动机进给驱动系统

交流异步直线电动机的结构与交流永磁同步直线电动机相类似，其定子结构基本相同，但动子结构有较大差别。动子一般由硅钢片叠装或其他导磁材料构成，动子上开有凹槽，其中嵌有导条或绕组，如图 2-18 所示。交流异步直线电动机的定子和动子分别与机床的固定和运动部件直接连接。一般采用高精度光栅、感应同步器等作为检测装置，以保证闭环控制的实现。

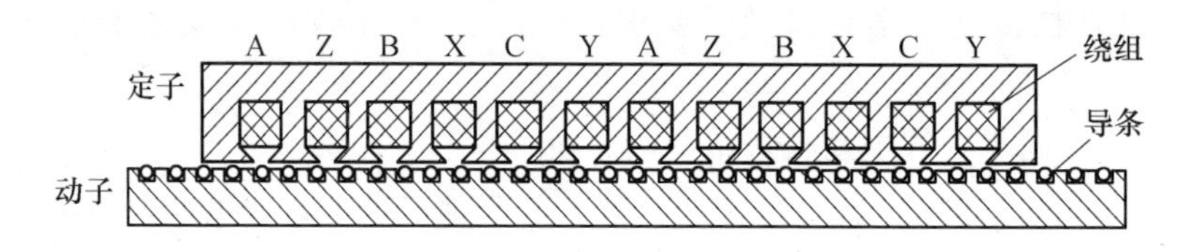

图 2-18　交流异步直线电动机的基本结构

如同交流永磁同步直线电动机一样，当由逆变器向定子绕组中通入对称三相交流电流时，将产生行波磁场。由于交流异步直线电动机动子上不存在永磁体，动子位移与定子行波磁场间不存在强制的同步关系，由此造成动子运动与定子行波磁场间存在速度差。由于此速度差的存在，动子上的导体将切割行波磁场的磁力线。根据电磁感应定律，动子导体内会产生感应电势，并且由于动子导体是闭合的，由此将产生感应电流。根据电磁力定律，处于磁场中的载流导体将受到电磁力作用，电磁力方向可用左手定则判定，这个磁场力为一个与定子行波磁场移动方向同向的力 F。在 F 作用下，动子将与行波磁场同向运动，输出电磁力而做功。

由于交流异步直线电动机的动子上存在绕组，并且其动子运动与定子行波磁场的运动间不存在严格的同步关系，因此，交流异步直线电动机电磁力的控制不能像交流永磁同步直线电动机那样通过简单的磁场定向控制来实现，而必须通过矢量变换控制等复杂算法来实现。

矢量变换控制的基本思想：在产生相同的运动（行波）磁场这一等效原则下，将交流异步直线电动机的三相绕组 A、B、C 与两个正交并以同步速度运动的直流绕组 M、T 相等效，从而将三相交流量（电压、电流等）变换为 M、T 坐标系下的直流量。在此基础上，即可仿照直流直线电动机，实现对电磁力的快速精确控制，从而使交流异步直线电动机达到与直流直线电动机相同的动态性能。

经过矢量变换后，动子磁链 ψ_2（与动子绕组交链的磁链）的方向将与 M 轴的正方向一致，从而可得异步直线电动机的电磁力公式，即

$$F = K\frac{L_m}{L_r}\psi_2 I_{T1} \tag{2-9}$$

式中：K 为电磁力常数；L_m 为绕组互感；L_r 为绕组自感；ψ_2 为动子磁链；I_{T1}为定子 T 轴绕组电流。

K、L_m、L_r 由电动机结构决定，一般为常数。因此，如果能通过合理的控制，使 ψ_2 保持常数，则可保证电磁力 F 与电流 I_{T1}成正比，从而可像直流直线电动机一样实现对交流异步直线电动机电磁力的准确与快速的控制。

和普通的旋转电动机不同，直线电动机的磁场是敞开的，因而对其工作环境要求比较苛刻。若防护不当，加工过程产生的铁屑和其他杂碎金属等被吸入直线电动机的定子和动子之间，就会影响电动机的正常运行，特别是永磁式直线电动机，由于采用了大量磁力很强的永久磁铁，即使电动机断电，强大的磁场依然存在，如果电动机中吸入了铁屑和铁磁材料粉末就很难清除。因此，对于直线电动机进给系统，特别是永磁同步直线电动机进给系统，必须采取切实可行的防磁措施，如安装各种可靠性较高的防护隔离罩等。

由于直线电动机的定子、动子等发热部件一般需安装在机床的工作台和导轨之间，这里正是机床的“腹部”，散热条件差，过大的热量不仅会直接影响机床的加工精度，而且还限制了直线电动机推力的发挥，影响高速机床的工作性能。为解决这一问题，可以使用冷却板，或者其他冷却装置进行强制散热，如图 2-19 所示。

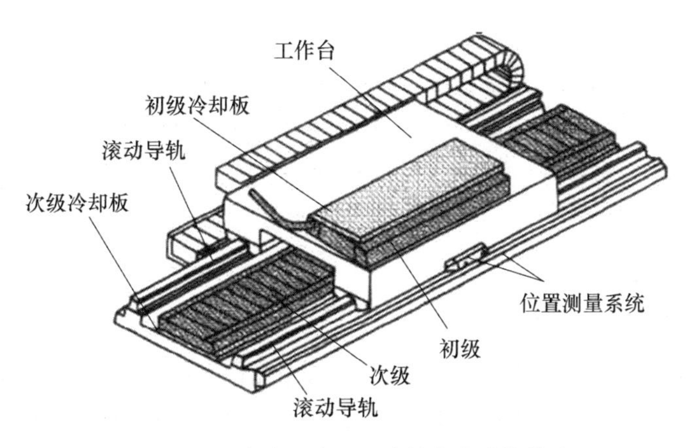

图 2-19　直线电动机驱动的高速进给单元

采用有内冷却管路的冷却板，可将电动机发热部件与机床进行隔离，通过冷却液循环带走热量，进行强制散热，具有良好效果，但要增加结构复杂性，提高机床成本。对于发热不是很大的直线电动机进给系统，也可采用半导体制冷装置进行散热，以避免冷却液泄漏，造成环境污染等问题。

3. 高速机床进动系统设计和选用中的其他问题

1）运动部件结构轻量化问题

由于运动部件的质量与进给系统的加速度成反比，因此高速机床进给系统运动部件的结构设计，必须在保证强度和刚度的前提下尽量减轻质量。具体措施：一方面，可通过选用高强度轻质材料，如高强度铝合金、铝钛合金、纤维增强塑料等来制造工作台和其他运动部件，从而实现运动总质量的减小；另一方面，采用有限元分析方法、最优化设计技术、计算机仿真技术等对运动部件的总体结构、截面形状和具体尺寸等进行全面优化，从而达到精确的最轻量化。

2）导轨问题

高速机床的加工精度和使用寿命很大程度上取决于机床导轨的质量。高速进给系统的导轨应满足刚度高、抗振性好、灵敏度高、耐磨性好、精度保持性好等基本要求。高速滚动导轨副在这方面具有一定优势，因此，在实际应用中，可选择与高速滚珠丝杠副和直线电动机相匹配的直线滚动导轨副。这些直线滚动导轨副在结构上可采取一些特别措施，例如，在循环滚珠链中加入能储存润滑脂的滚珠保持器，可改善滚动导轨的摩擦特性、降低噪声；采用腰鼓形滚柱，可提高预加负荷导轨刚度，延长寿命；在导轨产生振幅最大的部位，配备阻尼滑座；增加导轨上的滑块数量，可提高导轨系统的刚度。

3）检测装置问题

高速机床进给系统的检测装置除了对可靠性、抗干扰性、测量精度等有较高要求外，更重要的就是对其响应速度有比较苛刻的要求。普通的旋转变压器和感应同步器由于受响应速度的限制已难以胜任高速、高精度的检测任务。普通光电编码器也只能在一定范围内满足高速、高精度运动检测的要求。激光测量装置则由于价格昂贵，限制了它的普及应用。一般说来，光栅测量系统是目前直线电动机进给部件中应用较为广泛的检测装置。一些厂家采用的直线编码模块（LEM），利用直线电动机的磁场提供位置反馈，与行程无关，可工作于恶劣环境，分辨率和重复精度高。

4）安全防护问题

高速进给系统的安全防护非常重要，在系统设计时必须予以充分重视。例如：为运动部件配置制动器和柔性缓冲装置，采用带制动器的伺服电动机，在传动装置中采用防逆转机构等。特别要指出的是，当直线电动机用于垂直运动部件和具有势能负载特性的运动部件驱动时，必须有快速制动等安全保护措施，当突然停电或失控时，机床可以得到可靠的保护。

2.3.4 高速机床支撑部件

支撑件包括床身、立柱、横梁、底座、刀架、工作台、箱体和升降台等，它们是机床的基础部件。支撑件可分为移动支撑件和固定支撑件两大类。对于固定支撑部件，机床上变动的切削力、运动件的惯性、旋转件的不平衡等动态力会引发支撑件和整机的振动。支撑件的热变形会改变执行机构的正确位置或运动轨迹，影响加工精度和表面质量。

对于高速加工机床，由于同时需要高主轴转速、高进给速度、高加速度，又要求用于高精度的零件加工，因而集“三高”（高速度、高精度、高刚度）于一身就成为高速加工机床的最主要特征。高速加工机床的切削速度大幅度提高，使得产生振动的可能性增加。单位时间内金属去除率的提高也同时伴随着能量损失的增加，使得机床热变形增加，热特性对机床的影响变得更加严重。沿袭普通机床和加工中心床身和工作台的结构已不适合高速加工，对高速机床的支撑件的设计提出了比普通机床更为严格的要求。

高速切削加工时，虽然切削力一般比普通加工时低，但由于高加速和高减速产生的惯性力、不平衡力却很大,因此机床床身等固定支撑件必须具有足够的强度和刚度、高的结构刚性和高水平的阻尼特性,使机床受到的激振力能够很快衰减。一般说来,提高固定支撑件抵抗振动能力的具体措施有以下几种。

(1) 床身基体等支撑部件采用非金属环氧树脂、人造花岗石、特种钢筋混凝土或热膨胀系数比灰铸铁低 1/3 的高镍铸铁等材料制作。研究表明,在同等体积条件下,聚合物混凝土的质量只是铸铁的 1/3,这更适合高速度和高加速度的要求。德国 Hermle 公司高速加工中心的立柱与底座采用聚合物混凝土整体铸造,其刚度很高。Ingersoll 公司的 HVM800 卧式加工中心的床身也采用钢板焊接件,其内腔充满阻尼材料。

(2) 合理设计其截面形状、合理布置筋板结构,以提高静刚度和抗振性。

(3) 大件截面采用特殊的轻质结构。

(4) 尽可能采用整体铸造结构。例如,图 2-20 所示是美国 G&L 公司 RAM630 型高速加工中心的基础结构,其立柱与底座采用密烘(Meehanite)铸铁整体铸造,因而满足高刚度要求。

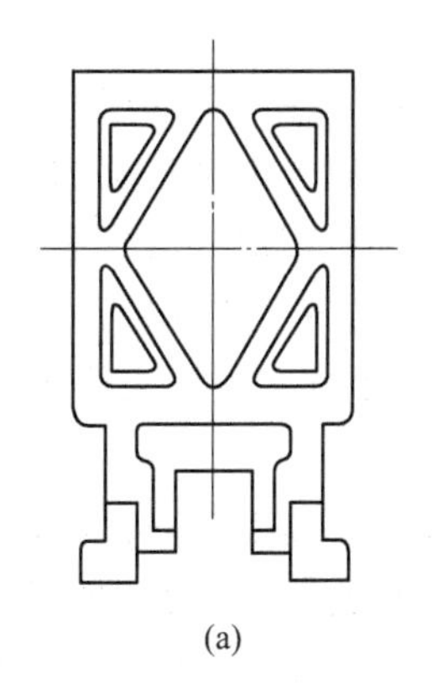
(a)

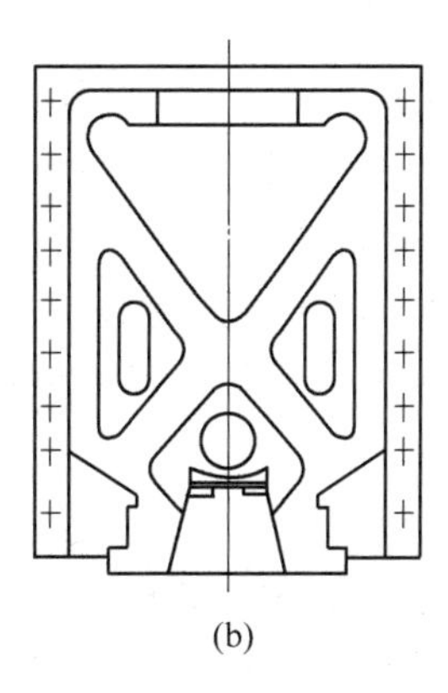
(b)

图 2-20 加工中心立柱横截面
(a)XK716 型立式加工中心;(b)STAMA-MC118 型立式加工中心。

对于诸如刀架、升降台、工作台等运动支撑部件,设计时必须想方设法大幅度减轻其重量,保证移动部件的高速度和高加速度。提高运动支撑件运动性能的具体措施有:采用钛铝合金和纤维增强塑料等新型轻质材料制造拖板和工作台;用有限元法(FEM)优化机床移动部件的几何形状和尺寸参数等。总之,在不影响刚性的条件下,使移动部件的质量或惯性尽可能得低。采取上述措施后,高速切削加工机床移动支撑部件的质量一般可比传统机床结构减少 30%~45%。

图 2-20(a)是 XK716 型立式加工中心的矩形外壁与菱形内壁双层壁结构;图 2-20(b)是 STAMA-MC118 型立式加工中心的矩形外壁内用对角线加强筋组成的多三角形箱形结构。这样的结构使得立柱抗弯、抗扭刚度都很高。图 2-21 所示为某高速加工中心床身截面,在箱形的床身内部增加两条斜筋支撑导轨,形成 3 个三角形框架,可获得较好的静刚度和抗振性。图 2-22 所示为某高速车削中心的底座和床身结构,床身内四面封闭,纵向每隔 250mm 有一横隔板,且封闭床身内填满泥芯来增加阻尼,底座内填充混凝土。这样不仅刚度高,且抗振性能也大大提高,更适合于高速切削加工。

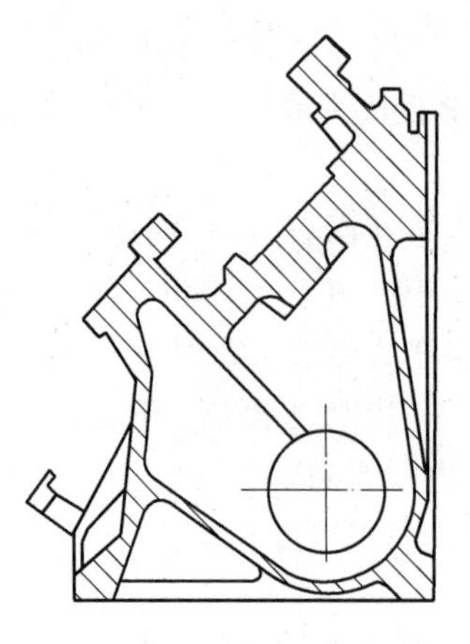

图 2-21　高速加工中心床身截面

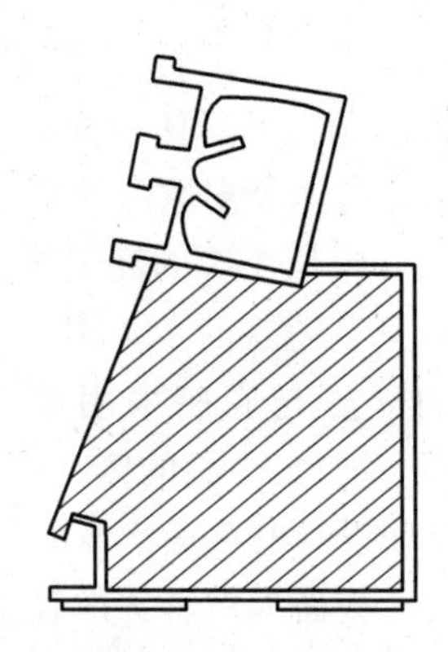

图 2-22　某高速车削中心的底座和床身结构

2.3.5　高速数控系统

在基本原理方面，应用于高速切削机床的数控技术与传统数控加工没有本质的区别。对于高速数控加工，数控机床的目标是要求高速度地加工出高精度的零件。CNC 系统把输入的零件程序转换成要加工的形状轨迹、进给速度和其他的指令信息，连续地把位置指令送给每个伺服轴。CNC 数控系统是发出位置指令的单元，要求指令能够准确而快速地传递，经过处理后对每个坐标轴发出位置指令，伺服系统必须按照该指令快速驱动刀具或工作台准确地运动。

由于高速加工机床主轴转速、进给速度和其加(减)速度都非常高，而且由于进给方向采用直线电机直接驱动，对其数控系统也提出了更高的要求。通常情况下，高速加工机床 CNC 数控系统应满足以下基本要求：为了适应高速，要求单个程序段处理时间短；为了在高速下保证加工精度，要有前馈和大量的超前程序段处理功能；要求快速形成刀具路径，此路径应尽可能圆滑，走样条曲线而不是逐点跟踪，少转折点、无尖转点；程序算法应保证高精度。

为了同时得到高速度和高精度，CNC 系统必须根据被加工零件的形状轨迹选择最佳的进给速度，遇到干扰能迅速调整，在允许的误差范围内以尽量高的进给速度产生位置指令，特别在拐角处和小半径处，CNC 应能判别在多大的加工速度变化时会影响精度，而在刀具到达这样的点前使刀具自动减速。要求伺服系统准确而快速地驱动机床的工作部件，才能高速加工出令人满意的机械零件。为此，伺服系统必须具有快速响应的能力、抑制扰动的能力，同时要求伺服系统不产生振动，避免机床可能产生的共振。

高速加工机床的 CNC 控制系统具有以下特点。

(1) 采用多 CPU 微处理器以及 64 位 RISC 芯片结构，以保证高速度处理程序段。因为在高速下要生成光滑、精确的复杂轮廓时，会使一个程序段的运动距离只等于 1mm 的几分之一，其结果使 NC 程序将包括几千个程序段。这样的处理负荷不但超过了大多数 16 位控制系统，甚至超过了某些 32 位系统的处理能力。超载的原因，一是控制系统必须高速阅读程序段，以达到高的切削速度和进给速度要求；二是控制系统必须预先作出加速或减速的决定，以防止滞后现象发生。GE－FANUC 的 64 位 RISC 系统，可达到提前处理6个程序段且跟综误差为零的效果，这样在切削加工直角时几乎不会产生伺服滞后。作为比较，16位CPU一个程序段处理的速度在60ms以上，而大多数32位控制系统的程序段处理速度在10ms以内。如日本Mishibitri电气公司32位M300－V系列CNC最快处理速度可达1.7ms，这样若在EIA格式下书写1mm的三轴联动、连续程序段时，进给速度达33m/min，而64位RISC系统处理时间仅0.5s，即每秒处理2000个移动1mm的程序段，其加工进给速度可达120m/min。

（2）能够迅速、准确地处理和控制信息流，把其加工误差控制在最小，同时保证控制执行机构运动平滑、机械冲击小。

（3）CNC要有足够的容量和较大的缓冲内存，以保证大容量的加工程序高速运行。同时，一般还要求系统具有网络传输功能，便于实现复杂曲面的CAD/CAM/CAE一体化。

综上所述，高速切削加工机床必须具有一个高性能数控系统，以保证高速下的快速反映能力和零件加工的高精度。

2.3.6 高速加工中心

加工中心柔性自动化是通过压缩“辅助工时”来提高生产率的，但是要进一步提高生产率仅靠它的柔性自动化是远远不够的，必须设法大幅度地提高零件加工的切削速度和进给速度，以便极大地降低零件加工的“切削工时”。高速加工中心就是在这样的历史背景下，于20世纪90年代起蓬勃发展起来的。

1. 高速加工中心特征

加工中心包括车削中心和镗铣类加工中心（分为立式、卧式、龙门式及并联式）。在数控机床的生产总量中，加工中心所占份额越来越大。数控机床的许多关键技术研究也大都围绕着加工中心来进行，高速切削技术也不例外。

与普通数控机床相比，加工中心具有如下特征：①有自动换刀装置（包括刀库和换刀机械手），能实现工序间的自动换刀，这是加工中心最突出的特征；②三坐标以上的全数控；③在一次装夹中，能完成多工序加工，故一般应具有回转工作台，并可配置自动更换的双工作台，实现机床上、下料的自动化。图2-23所示为加工中心数控结构。

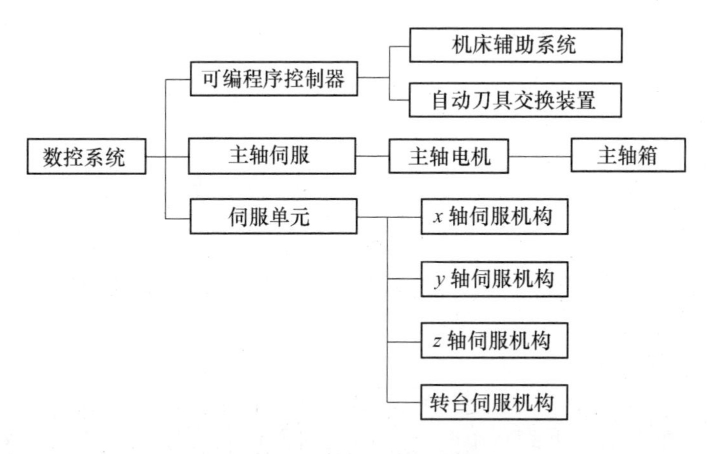

图2-23 加工中心控制结构

图 2-24 所示为瑞士 MIKRON UCP 600 Vario 五轴联动高速加工中心。面向中小型复杂零件的精密加工，主轴最高转速 20000r/min，配置 HEIDENHAIN iTNC 530 数控系统，圆形回转/摆动工作台。HSK 刀柄，刀库容量 30 把。

高速加工中心不仅主轴转速高，进给速度和加速度高，而且又要用于高精度和大切削量零部件的加工，因而“三高”——高速度、高精度、高刚度就成为对现代高速加工中心的基本要求。高速加工中心不仅切削过程实现了高速化，而且还要进一步减少辅助时间，提高空行程速度、刀具交换速度和装卸工件的速度。

图 2-24　瑞士 Mikron Ucp 600 Vario 五轴联动高速数控加工中心

高速加工中心可以分为以下两类。

一类是以高转速为主要特征的高速加工中心(High Speed Machining，HSM)，主要用于模具工业及航空工业，切削时间占整个加工时间的大部分，在飞机机翼薄板类零件的加工中甚至高达90%。提高切削效率成为这类机床的主要目标。主轴速度多为 20000r/min，快速移动速度、加速度要求不很高，一般不低于 30m/min，0.3g 即可。

另一类是加工汽车零部件的高速加工中心，其主轴转速为 8000～15000r/min，辅助时间约占整个加工时间的 70%。提高生产率不仅要提高切削速度，而且要大幅度提高辅助运动速度，包括快速空行程、大的加减速度、快速换刀以及快速交换工件等。这类高速加工中心可称为高移速加工中心(High Velocity Machining，HVM)，即以提高移动速度及相应的加速度为第一要求。

高速加工中心的技术特征可以从两方面描述：一是高速切削的技术特征；二是实现高速切削的机床结构特征。从高速切削的技术特征来看，高速加工中心必须具备高主轴转速以及高进给速度和加速度等提高速度的特征。从机床的结构方面来看，高速加工中心具有提供高旋转速度的主轴单元部件、提供高移动速度进给的伺服和控制系统以及适合于高速运动的机床主体结构等。

2. 快速换刀装置

随着切削速度的提高，切削时间的不断缩短，对换刀时间的要求也在逐步提高。缩短换刀时间对于提高加工中心的生产率更显重要。目前的高速加工中心大都配备了快速换刀装置，并采用了很多新技术、新方法。

加工中心的自动换刀要求可靠准确，而且结构相对比较复杂，提高换刀速度技术难度大。快速自动换刀技术是以减少辅助加工时间为主要目的，综合考虑机床的各方面因素，在尽可能短的时间内完成刀具交换的装置和技术方法。快速自动换刀技术包括刀库的设置、换刀方式、换刀执行机构和适应高速机床结构特点等多方面的问题。

1) 换刀速度指标

衡量换刀速度的方法主要有 3 种：①刀对刀换刀时间(Tool-to-Tool)，指换刀装置把要换的刀具从主轴开始拔下到将下一工步需要的刀具完全插入主轴所需要的时间；②切削对切削换刀时间(Cut-to-Cut)，指刀具主轴从参考位置移向换刀位置，换完刀后再回到参考位置所需要的时间；③切屑对切屑换刀时间（Chip-to-Chip），指刀具主轴从参考位置移向换刀位置，换完刀后再回到参考位置的过程中主轴启动并达到最高转速所需要的时间。

切屑对切屑换刀时间基本上就是加工中心两次切削之间的时间，反映了加工中心换刀所占用的辅助时间，因此切屑对切屑换刀时间应是衡量加工中心效率高低的最直接指标。而刀对刀换刀时间则是主要反映自动换刀装置本身性能的好坏，更适于作为机床的性能指标。这两种方法通常用来评价换刀速度。至于高速机床的快速换刀装置的时间指标，并没有确定的值，在技术条件可能的情况下，尽可能提高换刀速度。

2）提高换刀速度的主要技术方法

加工中心的换刀装置通常是由刀库和刀具交换机构组成，常用的有机械手式和无机械手式等多种方式。刀库的形式和摆放位置也不一样。为了适合高速运动的需要，高速加工中心在结构上已和传统的加工中心不同，以刀具运动进给为主，减小运动件的质量已成为高速加工中心的主要结构。因此，设计换刀装置时，要充分考虑到高速机床这一新的结构特征。

设置高速加工中心的换刀装置时，时间并不是唯一的考虑因素。首先，应在换刀动作准确、可靠的基础上提高换刀速度，由于自动换刀装置（ATC）是加工中心功能部件中故障率相对比较高的部分，这一点尤其重要；其次，根据应用对象和性能价格比选配 ATC。在缩短换刀时间对生产过程影响大的应用场合，要尽可能地提高换刀速度。例如，在汽车等生产线上，换刀时间和换刀次数要计入零件生产节拍；而在另外一些地方，如模具型腔加工，换刀速度的选择就可以放宽一些。

适合于高速加工中心的快速自动换刀技术主要有以下几个方面。

（1）在传统的自动换刀装置的基础上提高动作速度，或采用动作速度更快的机构和驱动元件。例如，机械凸轮机构的换刀速度要大大高于液压油缸和齿轮齿条机构。

（2）按高速机床新的结构特点设计刀库和换刀装置的形式和位置。例如，传统的立式加工中心的刀库和换刀装置多装在立柱一侧，而高速加工中心则多采用立柱移动的进给方式，为减轻运动件质量，刀库和换刀装置不宜再装在立柱上。

（3）用新方法进行刀具快速交换。不用刀库和机械手方式，而改用其他方式换刀。例如不用换刀，用换主轴的方法。

（4）采用适合于高速加工中心的 HSK 刀柄。HSK 刀柄质量轻，拔插刀行程短，可以使自功换刀装置的速度提高。

3）快速换刀的一些新方法

（1）多主轴换刀。这种机床没有传统的刀库和换刀装置，而是采用多个主轴并排固定在主轴架上，一般为 3～18 个。每根主轴由各自的电动机直接驱动，并且每个主轴上安装了不同的刀具。换刀时不是主轴上的刀具交换，而是安装在夹具上的工件快速从一个主轴的加工位置移动到另一个装有不同刀具的主轴，实现换刀并立即加工。这个移动时间就是换刀时间，而且非常短。由夹具快速移动完成换刀，省去了复杂的换刀机构。奥地利 ANGERG 公司生产的这种结构的机床，切屑对切屑换刀时间仅为 0.4s，是目前世界上切屑对切屑换刀时间最短的机床。这种结构的机床和通常的加工中心结构已大不相同，不仅可以用于需要快速换刀的加工，而且可以多轴同时加工，适合在高效率生产线上使用。

(2) 双主轴换刀。加工中心有两个工作主轴,但不是同时用于切削加工。两个主轴交替将刀送到工作位置,一个主轴用于加工,另一个主轴在此期间更换刀具。在需要换刀时,加工的主轴迅速退出,换好刀具的主轴立即开始加工。由于两个过程可以同时进行,换刀时间实际就是已经装好刀具的两个主轴的换位时间,使辅助时间减少到最少,也即机床切屑对切屑换刀时间达到最短,这样每个主轴换刀时间的长短对加工几乎没有影响。每个主轴的换刀装置和普通加工中心一样。由于有两个主轴,这种机床的刀库和换刀机械手可以是一套,也可以是两套。

(3) 刀库布置在主轴周围的转塔方式。刀库布置在主轴的周围,刀库本身就相当于机械手,即通过刀库拔插刀并采用顺序换刀,使机床切屑对切屑换刀时间较短。这种方式如果要实现任意换刀,则换刀时间将随所选刀在刀库的位置不同而长短不等,最远的刀可能切屑对切屑换刀时间较长,因此,这种方式作为高速自动换刀装置最好采用顺序选刀的方式。

(4) 多机械手方式。刀库同样布置在主轴的周围,但采用每把刀有一个机械手的方式使换刀几乎没有时间的损失,并可以采用任意选刀的方式。德国 CHIRON 公司生产这种结构的机床,其刀库布置在加工主轴的周围,可随主轴一起移动,每一个刀具有一套换刀机械手,这样换刀时就几乎没有时间的损失,切屑对切屑换刀时间仅为 1.5s,是目前世界上单主轴机床切屑对切屑换刀时间最短的加工中心。

2.4 高速加工工具系统

机床工具系统主要是指机床主轴与刀具的连接系统,它包括主轴、刀柄、刀具和夹紧机构等,其核心是连接刀柄。高速加工工具系统除了保证刀具在机床中的准确定位之外,还要求在高速加工时保持位置不变,同时能传递高速加工中所需的运动和动力。

2.4.1 高速加工工具系统应满足的要求

传统的刀具和刀柄,主轴锥孔的配合方式和配合精度已经不能满足高速切削刚度和精度的要求,需要寻求新的高速切削刀具及新的连接方式。

在高速旋转条件下,刀具系统(包括刀具、刀柄以及和主轴的配合等)微小的不平衡,都可能造成巨大的离心力,引起机床和加工过程的急剧振动。它不仅影响零件的加工精度和表面质量,而且容易损坏刀具,降低主轴轴承的精度和寿命。通常情况下,当机床主轴转速到达 5000r/min 以上时就需要进行动平衡。传统的螺纹拉杆的方式会使刀具偏离中心,产生离心力和引起振动。高速机床的主轴转速一般高于 20000r/min,如果用拉杆或液压夹持刀具,就必须对刀具和刀柄进行严格的动平衡。高速切削时,为了使刀具保持足够的夹持力,以避免离心力造成刀具的损坏,要求刀具与机床的连接界面结构装夹要牢靠,工具系统应有足够整体刚性,同时,装夹结构设计必须有利于快速换刀,并有最广泛的互换性和较高的重复精度。

与普通机床工具系统相比,高速加工工具系统应满足如下要求。

(1) 定位精度。高速加工对刀柄在主轴中的定位精度比普通加工要求高。一方面,刀柄的定位精度直接影响刀具的位置精度，从而影响零件的加工质量；另一方面，刀柄的定位精度对加工系统的动平衡精度产生影响，高速加工对加工系统的动平衡精度要求很高。刀柄定位精度包括径向定位精度和轴向定位精度。

（2）动力传递能力。切削加工时刀具受到各种力的作用，这些力包括径向力、轴向力、弯矩、扭矩等。这些力最终都要由工具系统来传递和承受。由于工具系统传递和承受各种力的能力还与夹紧力密切相关，所以工具系统还必须传递和保持足够的夹紧力。

（3）传递高速运动的能力。普通切削加工时离心力较小，可以忽略离心力引起的零部件的变形对其功能的影响。由于高速加工时主轴的转速很高，工具系统受到巨大的离心力作用，必须考虑离心力引起的零部件的变形对其功能的影响。

（4）高刚度和阻尼特性。工具系统在传递和承受各种力的作用时将产生变形，将使加工过程中刀具的位置发生变化，影响零件的加工精度和表面质量，缩短刀具的使用寿命，因此高速加工工具系统应具有高刚度特性。工具系统的刚度包括静刚度和动刚度。高阻尼有利于提高工具系统的动刚度。

（5）介质的传递能力。精密、高效、自动化是现代加工技术的重要特征。精密、高效的切削加工对切削液的依赖程度越来越高，而加工过程自动化离不开加工过程中各种信号的传递与控制。对高速加工工具系统而言，要求其能够输送切削加工中所需的切削液和相关的机械、液压或电气信号。

除应满足上述基本功能要求外，高速加工工具系统还要具有抗化学腐蚀能力、热变形补偿能力、抗污能力、过载保护能力以及便于换刀和调整等。

2.4.2 常规工具系统

常规数控工具系统（镗铣类）按结构可分为整体式结构（TSG 工具系统）和模块式结构（TMG 工具系统）两大类。经常采用的是 BT 刀柄，刀柄柄部一般采用 7∶24 锥度，其结构如图 2－25 所示，在机床主轴安装时用拉钉拉紧。

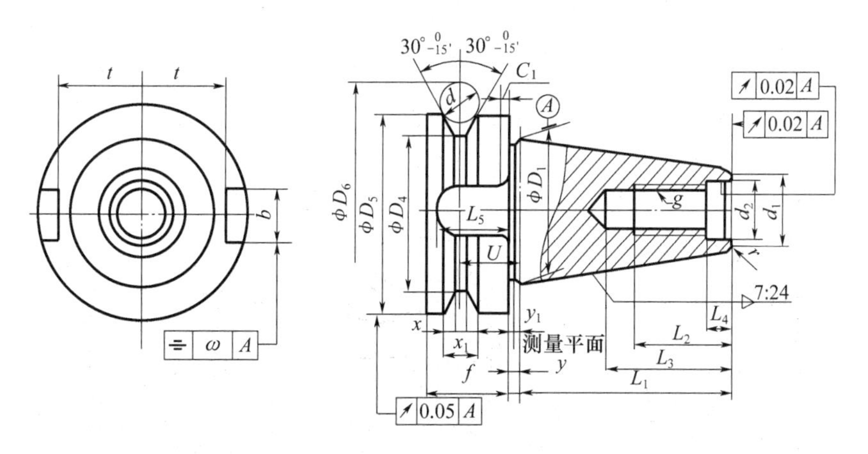

图 2－25　7∶24 锥度刀柄结构

图 2－26 所示是高速加工时常规 7∶24 锥度刀柄的工作状况。在巨大的离心力作用下，主轴孔的膨胀量比实心的刀柄大，由此产生了以下问题：由于主轴孔和刀柄的膨胀差异，刀柄与主轴的接触面积减小，工具系统的径向刚度、定位精度下降；在夹紧机构拉力的

作用下，刀柄将内陷主轴孔内，轴向精度下降，加工尺寸甚至无法控制；机床停车后，内陷主轴孔内的刀柄将很难拆卸。由于7：24锥度刀柄工具系统仅使用锥面定位和夹紧，这种结构还存在换刀重复精度低、连接刚度和扭矩传递能力低、尺寸大、质量大、换刀时间长等缺点。

为了解决上述问题，高速加工工具系统在结构上可采取如下措施。

(1) 刀柄的横截面采用空心薄壁结构，以便减少由于离心力而产生的与主轴孔和刀柄的膨胀差异，保证刀柄在主轴孔的可靠定位。采用空心薄壁结构的另外一个好处是在刀柄安装时主轴孔与刀柄之间产生较大的过盈量，该过盈量可以补偿高速加工时由于离心力而产生的主轴孔和刀柄的膨胀差异。

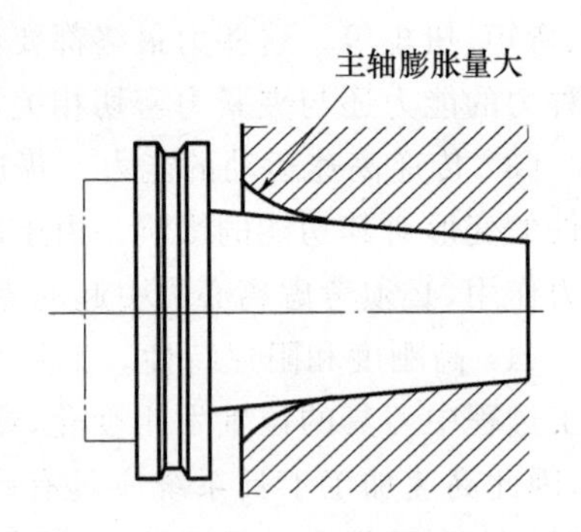

图2-26　7：24锥度刀柄高速加工

(2) 采用具有端面定位的工具系统的结构。由于刀柄端面的支承作用，可以防止在高速加工时由于主轴孔和刀柄的膨胀差异而产生的刀柄轴向串动，提高刀柄的轴向定位精度和刚度。

在采用端面定位的结构后，由于端面具有很好的支承作用，锥体与主轴的接触长度对工具系统的刚度影响较小，为了克服加工误差对这种锥面和端面同时定位的过定位结构的影响，可以缩短刀柄与主轴锥面接触的长度，对应的刀柄就是所谓的“空心短锥”刀柄。

关于锥角大小选择的问题：一方面，从新老工具系统的继承性角度考虑，高速加工工具系统的锥角最好是与目前广泛使用的BT刀柄一致，即也采用7：24的锥度，这样就无需改进机床；另一方面，采用7：24的锥度会给具有端面定位的空心短锥工具系统性能带来严重的影响。7：24的锥度设计并没有考虑采用端面定位时过定位对制造精度的影响。由于锥角较大，当锥体直径方向产生1μm的误差时，允许的轴向端面位置误差只有大约3μm，这对工具系统的制造是不利的。另外，锥角较大时，刀柄锥体小端直径较小，锥体空心部分的空间较小，不便于安装内涨式高效夹紧机构。为了减小工具系统的制造精度对过定位的影响，保证刀柄的端面和锥面同时被定位、夹紧，应采用较小的锥角。由于钢材的摩擦因数大约为0.1，为了保证刀柄夹紧后能自锁，刀柄的锥角应小于0.1，但过小的锥角会增加刀柄锥面的磨损，所以锥体的锥度以(1：20)～(1：10)为宜。

综上所述，为了满足高速加工的要求，工具系统应优先采用具有端面定位的空心短锥结构。图2-27所示为3种有代表性的高速加工工具系统的刀柄。

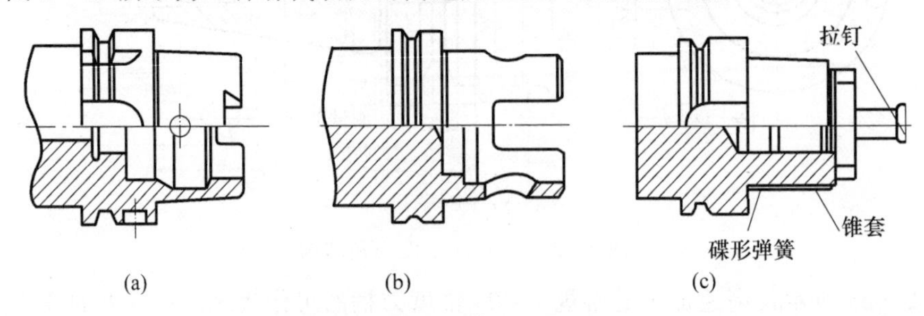

图2-27　高速加工工具系统刀柄

(a)HSK刀柄；(b)KM刀柄；(c)NC5刀柄。

2.4.3 高速工具系统

1. HSK 工具系统

HSK 刀柄是一种新型的高速锥型刀柄，与机床主轴的接口采用锥面和端面两面同时定位的方式，刀柄为中空，锥体长度较短，有利于实现换刀轻型化及高速化。由于采用端面定位，完全消除了轴向定位误差，使高速、高精度加工成为可能。

早在 1987 年，德国阿亨(Aachen)工业大学机床研究所就立项研究一种新型高速刀柄，目的是改进常规刀柄 7∶24 锥度的缺陷。1991 年 10 月，德国 DIN 标准研究小组在阿亨工业大学研究报告的基础上，发布了两个刀柄试行标准，即 DIN 69693 空心短圆柱刀柄(HSZ 型)和 DIN 69893 的空心短圆锥刀柄(HSK 型)。两种刀柄都有 A 型和 B 型。A 型主要用于铣床和加工中心，B 型主要用于车床。经过 1991—1993 年在德国和其他欧洲国家的使用，空心短圆柱刀柄 HSZ 被否定，同时也发现 HSK 空心短圆锥刀柄的 A 型和 B 型还不能完全满足生产的要求。因此在 1994 年又开发了 HSK 的 C、D、E 和 F 型刀柄。其中，E 型和 F 型主要是针对 HSK 的 A、B、C 和 D 型刀柄结构的不对称性，解决在高速下所造成的动平衡问题而开发的新型刀柄。目前，HSK 刀柄已形成了国际标准，其 6 种型号的刀柄如图 2-28 所示，相应的主轴形状如图 2-29 所示。HSK 工具系统 6 种刀柄结构及特点如表 2-1 所列。

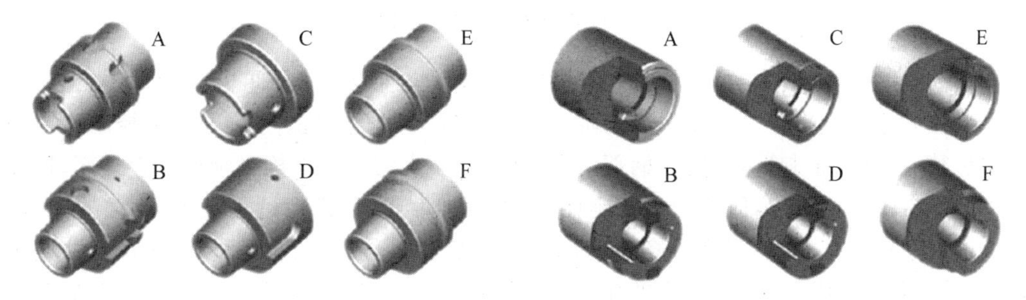

图 2-28 HSK 刀柄的 6 种型号　　图 2-29 HSK 主轴的 6 种型号

表 2-1 HSK 工具系统 6 种刀柄结构及特点

型号	结构特点	应用领域
HSK-A	具有供机械手夹持的 V 形槽，有放置控制芯片的圆形孔，有内部冷却液通道，锥体尾部有两个传递扭矩的键槽	推荐用于自动换刀，也可手动换刀，适用于中等扭矩、中等转速的一般加工，达到一定转速时要进行动平衡
HSK-B	相同的锥体面积，圆柱直径比 A 型大一号，有穿过圆柱部分的外部冷却液通道，传递扭矩的键槽在圆柱端面	推荐用于自动换刀，也可手动换刀，适用于较大扭矩、中等转速的加工，也需要动平衡
HSK-C	圆柱面没有机械手夹持用 V 形槽，其余同 A 型	手动换刀的一般加工
HSK-D	圆柱面没有机械手夹持用 V 形槽，其余同 B 型	手动换刀的车削加工
HSK-E	与 A 型相似，但完全对称，没有键槽和缺口，扭矩由摩擦力传递	适用于低扭矩、高速、自动换刀加工
HSK-F	相同的锥体直径，圆柱部分直径比 E 型大一号，其余同 E 型	适用于在大的径向力条件下高速加工，常用于自动机床和木材加工

HSK 双面定位型空心刀柄是一种典型的 1∶10 短锥面刀具系统。刀柄由锥面(径向)和法兰端面(轴向)共同实现与主轴的连接,由锥面保证刀具与主轴之间的同轴度,锥柄的锥度为 1∶10。这种结构的优点:①采用锥面、端面过定位的结合形式,能有效地提高结合刚度;②因锥部长度短和采用空心结构后质量较小,故自动换刀动作快,可以缩短移动时间,加快刀具移动速度;③采用 1∶10 的锥度,与 7∶24 锥度相比锥部较短,楔形效果较好,故有较强的抗扭能力,且能抑制因振动产生的微量位移;④有比较高的重复安装精度;⑤刀柄与主轴间由扩张爪锁紧,转速越高,扩张爪的离心力(扩张力)越大,锁紧力越大,故这种刀柄具有良好的高速性能,即在高速转动产生的离心力作用下,刀柄能牢固锁紧。图 2-30 所示是 HSK 刀柄与机床主轴的连接。

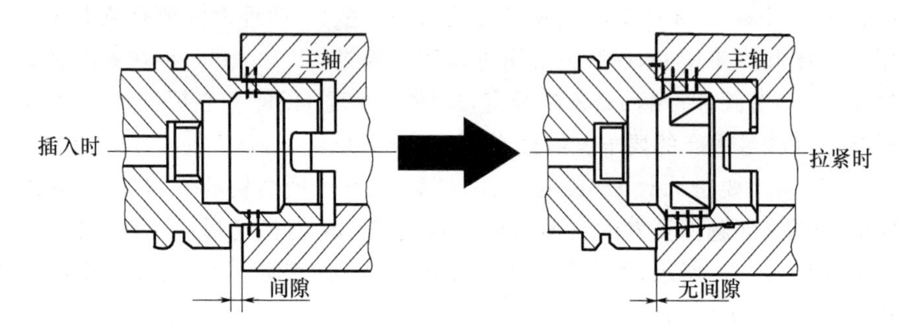

图 2-30　HSK 刀柄与机床主轴的连接

这种结构的弊端:①它与现在的主轴端面结构和刀柄不兼容;②由于过定位安装,必须严格控制锥面基准线与法蓝端面的轴向位置精度,与之相应的主轴也必须控制这一轴向定位精度,增加了制造难度;③柄部为空心结构,装夹刀具的结构必须设置在外部,增加了整个刀具的悬伸长度,影响刀具的刚性;④刀柄锥度较小,锥柄近于直柄,加之锥面、法兰端面要求同时接触,使刀柄的修复重磨很难,经济性欠佳;⑤成本较高,刀柄的价格是普通 7∶24 刀柄的 1.5～2 倍;⑤锥度配合过盈量较小(是 KM 结构的 1/5～1/2),数据分析表明,按 DIN 公差制造的 HSK 刀柄在 8000～20000r/min 运转时,由于主轴锥孔的离心扩张,会出现径向间隙;⑦极限转速比 KM 刀柄低,且由于 HSK 的法兰也是定位面,一旦污染,会影响定位精度,所以采用 HSK 刀柄必须有附加清洁措施。

图 2-31 所示是 HSK 工具系统工作原理示意图。HSK 刀柄在机床主轴上安装时,空心短锥柄在主轴锥孔内起定心作用,当空心短锥柄与主轴锥孔完全接触时,HSK 刀柄法兰面与主轴端面之间还存在约 0.1mm 的间隙。在夹紧机构作用下,拉杆向后(左)移动,拉杆前端的锥面将夹爪径向胀开,夹爪的外锥面随后顶在空心短锥柄内孔的 30°锥面上,拉动 HSK 刀柄向左移动,空心短锥柄产生弹性变形,使刀柄端面与主轴端面靠紧,实现了刀柄与主轴锥面和主轴端面两面同时定位和夹紧。松开刀柄时,拉杆向右移动,弹性夹头离开刀柄内锥面,拉杆前端将刀柄推出,即可卸下刀柄。

虽然锥面可以限制 HSK 刀柄,但其轴向位置是由端面决定的。从理论上讲,轴向定位误差为零。考虑到主轴和刀柄端面的制造误差以及端面之间的接触变形,重复安装刀柄时会产生一定的轴向定位误差。但这种误差很小,HSK 的轴向精度可达到 0.4μm;而 BT 刀柄仅由锥柄定位,轴向定位误差可达 15μm。

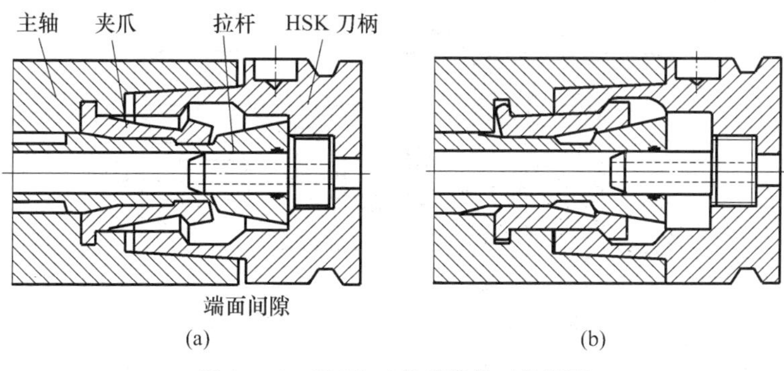

图 2-31　HSK 工具系统的工作原理

(a)夹紧前;(b)夹紧后。

HSK 刀柄的径向位置精度是由锥面配合性质决定的。由于刀柄锥面与主轴锥孔之间是过盈配合,因此可以达到很高的径向位置精度,HSK 刀柄径向位置精度可以控制在 0.25μm。

HSK 刀柄的角向位置精度是由锥面和端面同时控制的,端面可以纠正刀柄锥面安装不正引起的角向位置误差,这对提高长悬臂刀杆角向位置,进而提高径向重复定位精度非常有利。

2. KM 工具系统

1987 年美国 Kennametal 公司及德国 Widia 公司联合研制了 1∶10 的短锥空心刀柄,并首次提出了端面与锥度双定位原理。KM 刀柄采用 1∶10 短锥配合,锥柄的长度仅为标准 7∶24 锥柄长度的 1/3,由于配合锥度较短,部分解决了端面与锥面同时定位而产生的干涉问题。刀柄设计成中空的结构,在拉杆轴向拉力作用下,短锥可径向收缩,实现端面与锥面同时接触定位。由于锥度配合部分有较大的过盈量(0.02～0.05mm),所需的加工精度比标准的 7∶24 长锥配合所需的精度低。

根据换刀方式的不同,KM 刀柄分为手动换刀和自动换刀两种。KM 工具系统刀柄的基本形状与 HSK 相似,锥体尾端有键槽,用锥度的端面同时定位,如图 2-32 所示。但其夹紧机构不同,图 2-33 所示为 KM 刀柄的一种夹紧机构。在拉杆上有两个对称的圆弧凹槽,该槽底为两段弧形斜面,夹紧刀柄时,拉杆向右移动,钢球沿凹槽的斜面被推出,卡在刀柄上的锁紧孔斜面上,将刀柄向主轴孔内拉紧,薄壁锥柄产生弹性变形,使刀柄端面与主轴端面贴紧。拉杆向左移动,钢球到达拉杆的凹槽内,脱离刀柄的锁紧孔,即可松开刀柄。根据冷却液压力大小,在刀柄内部的密封有两种形式:普通压力时,密封圈在圆周密封;高压时,密封圈在端面密封。

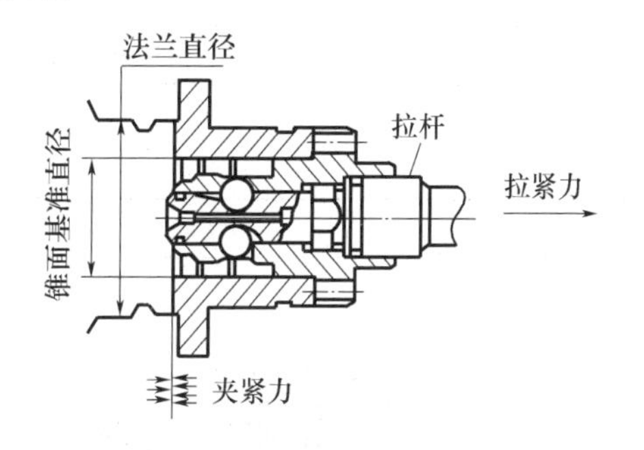

图 2-32　KM 工具系统

KM 系统的特点是转速高,精度高。最高转速可达 50000r/min,重复定位精度在 0.002mm以内,静刚度和动刚度都比 HSK 系统高。刀柄的寿命与使用条件有关,很难测出准确的数值,一般可达 300 万～500 万次。

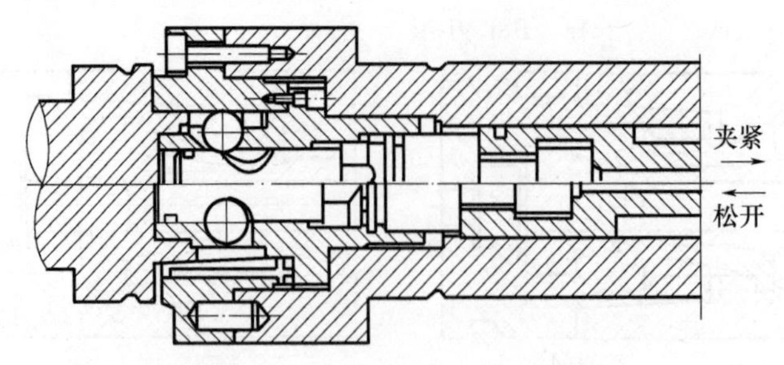

图 2-33　KM 刀柄的一种夹紧机构

这种系统的主要缺点：主轴端部需重新设计，与传统的 7∶24 锥连接不兼容；短锥的自锁会使换刀困难；由于锥柄是空心的，所以不能用作刀具的夹紧，夹紧需由刀柄的法兰实现，这样增加了刀具的悬伸量，对于连接刚度有一定的削弱。由于端面接触定位是以空心短锥和主轴变形为前提实现的，主轴的膨胀会恶化主轴轴承的工作条件，影响轴承的寿命。

表 2-2 所列为美国 Kennametal 公司 KM 刀柄规格系列及性能参数。表 2-3 所列为 BT、HSK 及 KM 刀柄结构及性能比较。

表 2-2　KM 刀柄规格系列及性能参数

型号	法兰直径/mm	锥度尺寸/mm	锥面基准直径/mm	最大工作转速/(r·mm^{-1})	建议的最小拉紧力/N
KM4032	40	32	24	50000	4450
KM5040	50	40	30	40000	6670
KM6350	63	50	40	30000①	10230
KM8063	80	63	50	20000	13340
KM10080	100	80	64	15000	17780
①夹紧力为拉紧力的 3～6 倍。成功在 36000r/min 下运转					

表 2-3　BT、HSK 及 KM 刀柄结构及性能比较

刀柄型号	BT40	HSK-63B	KM6350
刀柄结构及主要尺寸	ϕ63.00　ϕ14.45	ϕ63.00　ϕ38.00	ϕ63.00　ϕ40.00
锁紧机构	拉紧力	拉紧力	拉紧力
柄部结构特征	7∶24 实心	1∶10 实心	1∶10 实心
结合及定位部位	锥面	锥面 + 端面	锥面 + 端面

（续）

刀柄型号	BT40	HSK－63B	KM6350
传力机构	弹性套筒	弹性套筒	钢球
拉紧力 /kN	12.1	3.5	11.2
锁紧力 /kN	12.1	10.5	33.5
过盈量 /μm	—	3～10	10～25
动刚度 /(N /μm)	8.3	12.5	16.7

3. NC5 工具系统

日本株式会社日研工作所的 NC 5 刀具系统也是针对 7∶24 刀柄的弊端开发的。它也采用了 1∶10 锥度的双面定位型结构，与 HSK 工具系统不同的是 NC5 采用了实心结构，其抗高频颤振能力优于空心结构，如图 2-34 所示。其本体柄部为圆柱形，在该圆柱面上配有带外锥面的锥套，锥套大端与刀柄本体的法兰端面之间设有碟形弹簧，具有缓冲抑振效果。

NC5 刀柄具有如下特点：①因采用锥套碟形弹簧的组合式结构，通过锥套的微量位移，可以有效地吸收锥部基准圆的微量轴向位置误差，以便于缓和刀柄的制造难度，且不存在互换性问题，能可靠地实现双向约束；②弹簧的预压作用还能衰减切削时的微量振动，有益于提高刀具的耐用度，改善加工表面的粗糙度，高速旋转时因离心力致使锥孔扩张时，在碟形弹簧的作用下锥套产生轴向位移，补偿径向间隙，确保径向精度，因刀柄本体未产生轴向位移，故又能确保轴向精度；③刀柄为实心结构，与刀具连接的结构可设在刀柄本体内，有益于缩短整个刀具的外伸长度。

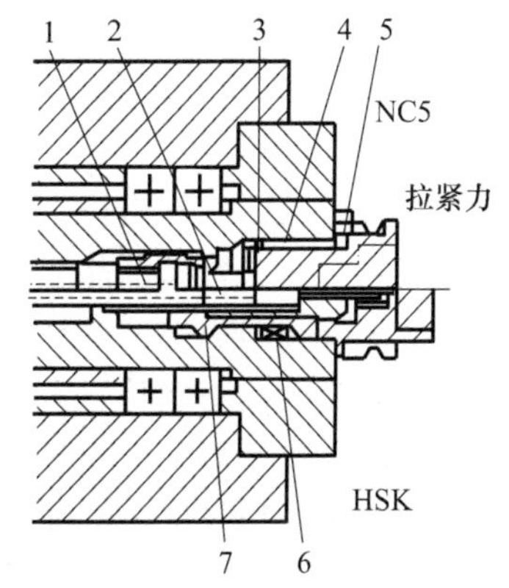

图 2-34 NC5 刀柄结构与 HSK 结构的比较

1—拉杆牵引机构；2—拉杆；3—预压调整垫；4—锥套；5—碟形弹簧；6—驱动键；7—内涨式弹性套筒机构。

除上述 3 种高速加工工具系统之外，相关厂家还研制了其他高速工具系统，例如 Sandvik 公司的 CAPTO 工具系统，刀柄呈锥形三角体结构；BIG-PLUS 工具系统，刀柄仍采用 7∶24锥度；日立精工公司的 H. F. C 工具系统，采用端面限位刀柄等。

2.5 高速切削刀具技术

刀具切削性能取决于刀具材料和刀具结构。阻碍高速切削技术发展的一个重要障碍曾经是刀具材料的耐高温和耐磨损问题。新材料、新工艺的不断出现，使刀具材料由早期的高速钢、硬质合金发展到陶瓷刀具、CBN 刀具和金刚石刀具。为了提高刀具的综合性能，发展了刀具镀层技术和烧结压层技术。刀具技术的进步促进了高速切削技术的发展和应用。

2.5.1 高速切削刀具材料

刀具切削时要承受高压、高温、摩擦、冲击和振动，因此刀具材料应具有如下基本性能：①高硬度和高耐磨性，刀具材料的硬度必须高于工件的硬度，一般在HRC60以上，硬度越高，耐磨性也就越好；②强度和韧性好，以便承受切削力、冲击和振动，防止脆性断裂和崩刃；③耐热性好，以承受高的切削温度，并具备良好的抗氧化能力；④工艺性能和经济性好，刀具材料应具备良好的锻造性能、热处理性能、焊接性能、磨削加工性能，成本低。

高速切削时切削温度更高，高的切削温度和切削热对刀具的磨损比普通速度切削时要高得多。高速切削除了要求刀具材料具有普通刀具材料的基本性能之外，还特别要求刀具材料具备更高的耐热性(熔点高、氧化温度高)、抗热冲击性、良好的高温力学性能(如高温强度、高温硬度、高温韧性)以及更高的可靠性，刀具材料与被加工材料的化学亲和力要小，能适应难加工材料和新型材料的加工需要。高速切削刀具的寿命和失效主要取决于刀具材料的耐热性，包括刀具的熔点、耐热性、抗氧化性、高温力学性能、抗热冲击性能等。

目前适合于高速切削的刀具材料有金刚石、立方氮化硼、涂层刀具、陶瓷、TiC(N)基硬质合金、超细晶粒硬质合金和粉末冶金高速钢等。

1. 金刚石

金刚石是碳的同素异构体。金刚石刀具有天然金刚石刀具和人造金刚石刀具两种。其中天然金刚石大多数属单晶金刚石；人造金刚石可分为单晶金刚石、聚晶金刚石(Polycrystalline Diamond，PCD)和CVD(气相沉积)金刚石。天然金刚石的价格昂贵，在许多场合下已被人造金刚石代替。人造聚晶金刚石刀具是用天然金刚石粉，或石墨加催化剂，在2000℃高温、5～7GPa高压下烧结聚晶而成。在烧结过程中由于添加剂的作用，使金刚石晶体间形成了以TiC、SiC、Fe、Co和Ni等为主要成分的结合桥，金刚石以共价键的结合形式牢固地嵌于结合桥构成的坚固骨架中，使PCD的强度和韧性都有了很大提高。由于PCD结合桥具有导电性，使得PCD便于切割成形。

PCD刀片分为整体聚晶金刚石刀片和聚晶金刚石复合刀片。将人造聚晶金刚石块焊接在刀体上，或将0.5mm左右人造聚晶金刚石粉作面层、硬质合金作底层在高温高压下就烧结成复合层形式的刀具。目前，大多数使用的PCD都是与硬质合金基体烧结而成的复合刀片，便于焊接。

金刚石刀具具有如下特点。

(1) 极高的硬度和耐磨性。显微硬度可达HV10000，天然金刚石的耐磨性为硬质合金的80～120倍，人造金刚石的耐磨性为硬质合金的60～80倍。是自然界里硬度最高的材料。

(2) 各向异性。单晶金刚石晶体不同晶面及晶向的硬度、耐磨性能、微观强度、研磨加工的难易程度以及与工件材料之间的摩擦因数等相差很大，因此设计和制造单晶金刚石刀具时，必须正确选择晶体方向，对金刚石原料必须进行晶体定向。金刚石刀具前、后刀面的选择是设计单晶金刚石刀具的一个重要问题。

(3) 很低的摩擦因数。金刚石与一些有色金属之间的摩擦因数，约为硬质合金刀具的1/2，通常为0.1～1.3。如金刚石与黄铜、铝和紫铜之间的摩擦因数分别为0.1、0.3和

0.25。摩擦因数低导致加工时变形小,可减小切削力。

(4) 刀刃非常锋利。刀刃圆弧半径一般可达 0.1～0.5μm。天然金刚石刀具可达 0.008～0.005μm,刀刃锋利可以进行超薄切削和超精密加工。

(5) 具有很高的导热性。导热系数约为硬质合金的 1.5～9 倍,为铜的 2～6 倍。导热性好,则切削热容易散去,刀具切削部分温度低。

(6) 具有较低的热膨胀系数,为硬质合金的几分之一,为高速钢的 1/10,刀具热变形小,因而加工精度高。

金刚石刀具缺点是强度低,脆性大,对振动很敏感,耐热性较差,当切削温度超过 700～800℃时,产生同素异变转变成石墨,完全失去硬度。在冲击力作用下,容易沿晶体的解理面破裂,导致大块崩刃。

金刚石刀具适于在高速下对有色金属及其合金进行精细加工,也可用于加工预烧后的硬质合金毛坯。一般不适于加工黑色金属,因为金刚石与铁族材料有很强的化学亲和力,在高温时金刚石中的碳原子会扩散到铁族材料中去,发生严重的扩散磨损。如采用超低温切削,金刚石刀具也能加工钢。

在人造金刚石晶体中添加硼、钛、铝等可改善金刚石性能,如含硼聚晶金刚石,其热稳定性可达 950℃,对铁族材料亲和力小,有较好的化学惰性,可加工淬硬工具钢、高温合金等。

化学气相沉积 CVD 金刚石,沉积出的是交互生长极好的 PCD,呈柱状结构且非常致密。不需要金属催化剂,热稳定性接近天然金刚石。不同的 CVD 沉积工艺可以合成出晶粒尺寸和表面形貌不同的 PCD,适合多种应用场合。

CVD 金刚石可制成两种形式:一种是在基体上沉积厚度小于 30μm 的薄层膜;另一种是沉积厚度达到 1mm 的无衬底的金刚石厚膜。CVD 厚膜可以钎焊在基体上,与 PCD 相比,热稳定性好但脆性高,且不导电。CVD 厚膜金刚石在木材加工刀具和修整刀具方面得到推广应用。由于其高耐磨性和高热稳定性,在高耐磨材料的高速切削加工中具有很大的潜力。

2. 立方氮化硼

立方氮化硼 (Cubic Born Nitride,CBN)刀具材料是用六方氮化硼为原料,经高温高压烧结而成的无机超硬材料。立方氮化硼实际是氮化硼(BN)的同素异构体,结构与金刚石相似,因而具有与金刚石刀具相近的硬度,又具有高于金刚石的热稳定性和对铁族元素的高化学稳定性。按其制造方法可作成整体的圆柱形烧结块,或在碳化钨硬质合金基体上烧结成 0.5mm 厚的复合刀片。立方氮化硼刀具可用金刚石磨轮磨出所需的几何角度。

立方氮化硼刀具适于在高速下加工淬硬钢、高温合金(镍基和钴基)、硬质合金和喷涂材料等,也可用于加工钛合金等。

立方氮化硼刀具不宜在低速下进行切削,因为它是以负前角与高速切削时所产生的高热不断在切削区极微小范围内使工件材料软化进行切削加工的;不宜切削软的铁族材料、未淬火钢和铝合金等,因为易产生积屑瘤,引起切削力波动,使被加工表面恶化,降低刀具寿命。

PCBN(Polysrystalline Cubic Born Nitride,聚晶立方氮化硼)是在高温高压下将微细

的 CBN 材料通过结合相烧结在一起的多晶材料，由于受 CBN 制造技术的限制，目前直接用于切削刀具的大颗粒的 CBN 仍很困难，因而 PCBN 得到了较快发展。由于其独特的结构和特性，PCBN 在黑色金属加工中应用广泛，主要用于高速加工淬硬钢和高硬铸铁以及某些难加工材料，如高速钢、高温合金、热喷涂材料、硬质合金。

3. 陶瓷

陶瓷刀具有很高的硬度和耐磨性、良好的高温性能和抗黏结性能、较低的摩擦因数，化学稳定性好，可以加工传统刀具难以加工或根本不能加工的超硬材料，实现以车代磨，从而可以免除退火工序，简化工艺。陶瓷刀具的最佳切削速度可以比硬质合金刀具高 3～10 倍，且寿命长。陶瓷刀具使用的原料（氧化铝、氮化硅）来源丰富。

1）氧化铝基陶瓷

（1）纯氧化铝陶瓷。这类陶瓷的 Al_2O_3 的纯度在 99.9％以上，采用冷压或热压制成，其密度为 3.9～4.0g/cm^3，俗称白陶瓷。为了降低烧结温度，避免晶粒过分长大，常在 Al_2O_3 中添加少量 0.1％～0.15％玻璃氧化物，如 MgO、NiO、TiO_2、Cr_2O_3 等。添加玻璃氧化物对提高陶瓷的强度有好处，但高温性能有所降低。

（2）氧化铝－金属系陶瓷。为提高纯氧化铝陶瓷的韧性，可添加某些数量不多（10％以下）的金属，如 Cr、Co、Mo、W、Ti 等，以构成所谓的金属陶瓷，其密度都在 4.19g/cm^3 以上。在现有陶瓷刀具中，这类陶瓷牌号不多。

（3）氧化铝－碳化物系陶瓷。这是最近发展最快、最引入注目的一种陶瓷刀具材料。它是将百分之几到百分之几十的碳化物添加到氧化铝中热压（温度 1500～1800℃，压力 1500～3000MPa）烧结而成的。添加的碳化物有 TiC、WC、Mo_2C、TaC、NbC、Cr_3C_2 等，使用最多的是 TiC。在 Al_2O_3 中添加 TiC 而组成的 Al_2O_3-TiC 混合陶瓷（俗称黑陶瓷）的使用性能有很大提高。

（4）氧化铝－碳化物－金属系陶瓷。在氧化物－碳化物陶瓷中添加黏结金属，如 Ni、Mo、Co、W 等，可提高 Al_2O_3 与碳化物的连接强度，提高其使用性能，可用于断续切削加工和使用切削液加工的场合。此外还有 Al_2O_3-ZrO_2、Al_2O_3-TiB_2 等几种氧化铝基陶瓷。

2）氮化硅基陶瓷

氮化硅基陶瓷是以高纯度 Si_3N_4 粉末为原料，添加 MgO、Al_2O_3、Y_2O_3 等助烧结剂，进行热压成形烧结而成的。这类陶瓷在性能上要好于氧化铝基陶瓷：断裂韧性显著提高，热稳定性和抗热裂性高于氧化铝基陶瓷。氮化硅基陶瓷更适于高速加工铸铁及铸铁合金、冷硬铸铁等高硬度材料；加工钢件时，其性能不如氮化硅基陶瓷。

陶瓷刀具的最大缺点是脆性大，抗弯强度和冲击韧度都比硬质合金低得多。此外，陶瓷的导热性很差（高温时则更差），热导率仅为硬质合金的 1/2～1/5，热膨胀系数却比硬质合金高 10％～30％，因此，陶瓷的耐热冲击性能很差，当温度变化较大时，容易产生裂纹。陶瓷刀具的缺点，大大限制了其使用范围。

为了改善陶瓷刀具的脆性，提高其强度，可以采用多种增韧补强机制，例如颗粒弥散增韧、相变增韧、晶须增韧等，这方面的研究和成果很多。颗粒弥散增韧主要是在陶瓷基体中加入高弹性模量的第二相粒子，颗粒在基体材料拉伸时阻止横向截面的收缩，要达到和基体相同的横向收缩，必须增加纵向拉应力，从而具有强化增韧效果。

陶瓷刀具可以用来切削各种铸铁(灰铸铁、球墨铸铁、硬铸铁、高强度铸铁等)和各种钢料(如调质钢、合金钢、高强度钢、HRC 大于 60 的淬硬钢、耐热钢及某些耐热合金),也用于加工有色金属(铜、铝等)及非金属材料(硬橡皮、塑料、特殊尼龙、聚氯乙烯和树脂等)。

陶瓷刀具用于下列情况时,效果欠佳:①短零件的加工;②冲击大的断续切削和重切削,但混合陶瓷可对铸铁进行断续切削;③Be、Mg、Al 和 Ti 等单质材料及其合金的加工。因为这些元素原子与氧原子有很高的亲合力,容易产生切屑与刀具的穿固黏结,造成刀刃的剥落或崩刃;④对不锈钢的切削;⑤对碳质及石墨材料的切削。

4. TiC(N)基硬质合金

TiC(N)基硬质合金是以 TiC 为硬质相,以 Ni、Mo 为黏结相制成的硬质合金。其性能介于陶瓷和硬质合金之间。Ni 作为黏结相可提高合金的强度,Ni 中添加 Mo 可改善液态金属对 TiC 的润湿性。TiC(N)基硬质合金特点:①硬度达到 HRA90~HRA94,接近陶瓷刀具的水平;②耐磨性能和抗月牙洼磨损能力强,与工件的亲和力小,摩擦因数小,抗黏结能力强;③有较高的耐热性能和抗氧化能力;④ 化学稳定性好;⑤ 抗弯强度和断裂韧性高于陶瓷。

TiC(N)基硬质合金用于精车时,切削速度比普通硬质合金提高 20%~50%。TiC(N)基硬质合金按成分和性能的不同,可分为:①成分为 TiC-Ni-Mo 的 TiC 基合金;②添加其他碳化物(如 WC、TaC)和金属的强韧 TiC 基合金;③添加 TiN 的 TiCN 基合金;④以 TiN 为主要成分的 TiN 基合金。其中,TiC/Ni/Mo 是 TiC(N)基硬质合金中的典型成分,含这种成分的刀具最多,我国通常使用的是 YN05。在 TiC/Ni/Mo 合金中添加 WC、TaC 等韧性较好的碳化物取代部分 TiC 可显著提高硬质合金性能(韧性、弹性模量、抗塑性变形能力和高温强度等),并扩大其应用范围。我国生产的强韧 TiC 基合金有 YN10、YN15、YN501、YN510 等。

5. 硬质合金涂层

刀具涂层技术是硬质合金刀具技术发展中的一个重要转折点。目前使用的硬质合金刀具大部分经过了涂层处理。涂层硬质合金是用气相沉积方法,在韧性较好的硬质合金基体上,涂覆一层或多层高硬度、高耐磨性的材料,从而获得既有高韧性又有高耐磨性的刀具材料。

硬质合金刀具材料本身具有韧性好、抗冲击性好、通用性好等优点。在传统的金属切削加工中占有重要地位。但是由于刀具的耐热和耐磨性差,适应不了高速切削。刀具磨损机理研究表明,在高速切削时,刀尖温度将超过 900℃,此时刀具的磨损不仅是机械摩擦磨损(以刀具后刀面磨损为主),还有粘接磨损、扩散磨损以及氧化磨损(以刀具刃口磨损和月牙洼磨损为主要形式)。在高速下能够切削的刀具材料需要更高的硬度和耐热、耐磨性,涂层硬质合金能够满足这个要求。

实践证明,涂层硬质合金刀片在高速切削钢和铸铁时能获得良好效果,比未涂层刀片的寿命提高好几倍。在钻头、车刀和铣刀盘上镶嵌涂层硬质合金刀片的刀具已经得到广泛应用,此外,涂层刀片通用性好,一种刀片可以代替多种未涂层刀片,大大简化了刀具管理和降低了刀具成本。

涂层材料要求具有高的硬度和高温硬度,良好的化学稳定性,与被加工材料的摩擦因数较低,与基体能牢固地黏结和具有较好渗透性等。涂层材料种类很多,可分为两大类:

一类是“硬”涂层，如 TiC、TiN、Al_2O_3 等，优点是硬度高、耐磨性好；另一类是“软”涂层，如 MoS_2、WS_2 等，特点是表面摩擦因数低，切削力小，切削温度低。常见的硬质合金涂层材料有：碳化物，如 TiC、HfC、ZrC、Cr_3C_2、VC 等；氮化物，如 TiN、NbN、TaN、S_3N_4、VN 等；氧化物，如 Al_2O_3、TiO_2、HFO_2、Ta_2O_3、SiO_2 等；硼化物，如 TiB_2、TaB_2、Cr_2B、WB_2 等；硫化物，如 MoS_2、WS_2、TaS_2 等。

涂层硬质合金一般采用化学气相沉积法(CVD)，沉积温度约为 1000℃。涂层高速钢刀具一般采用物理气相沉积法(PVD)，沉积温度约为 500℃。涂层方式有单涂层、多涂层、粉末涂层、金刚石薄膜涂层、纳米涂层等。刀具涂层技术不仅可用在硬质合金刀具上，在其他刀具材料上也得到很好的效果，如金属陶瓷、陶瓷等。为了改善涂层刀具的切削性能，新型涂层材料及涂层方法层出不穷。

6. 高速切削刀具材料的合理选择

高速切削时对不同工件材料要选用与其合理匹配的刀具材料和适应的加工方式等切削条件，才能获得最佳的切削效果。没有万能的刀具材料，每一种刀具材料都有其特定的加工范围，只能适应一定的工件材料和一定的切削速度范围。选择刀具材料时，应考虑刀具与加工对象的性能匹配问题，包括 3 个方面：力学性能匹配(刀具与工件材料的强度、韧性和硬度等力学性能参数要匹配，高硬度的工件必须用更高硬度的刀具来加工)；物理性能匹配(刀具与工件材料的熔点、弹性模量、导热系数、热膨胀系数、抗热冲击性能等物理性能参数相匹配)；化学性能匹配(指刀具与工件材料的化学亲合性、化学反应、扩散和溶解等化学性能参数相匹配，避免刀具的化学磨损)。常见刀具材料所适合加工的工件材料如表 2-4 所示。

表 2-4 各种刀具材料所适合加工的工件材料

刀具材料＼工件材料	高硬钢	耐热合金	钛合金	镍基高温合金	铸铁	纯钢	高硅铝合金	FRP 复合材料
PCD	×	×	●	×	×	×	●	●
PCBN	●	●	○	●	○		▲	▲
陶瓷刀具	●	●	×	●	●	▲	×	×
涂层硬质合金	○	●	●	▲	●	●	▲	▲
TiC(N)基硬质合金	▲	×	×	×	●	▲	×	×

注：●—优；○—良；▲—尚可；×—不合适

以下是各类刀具材料主要性能指标的排序。

刀具材料的硬度大小顺序：金刚石 PCD＞立方氮化硼 PCBN＞Al_2O_3 基陶瓷＞Si_3N_4 基陶瓷＞TiC(N)基硬质合金＞WC 基超细晶粒硬质合金＞高速钢 HSS。

刀具材料的抗弯强度大小顺序：高速钢 HSS＞WC 基硬度合金＞TiC(N)基硬质合金＞Si_3N_4 基陶瓷＞ Al_2O_3 基陶瓷＞PCD＞PCBN。

刀具材料的断裂韧性大小顺序：HSS＞WC 基硬度合金＞ TiC(N)基硬质合金＞

PCBN>PCD> Si_3N_4 基陶瓷> Al_2O_3 基陶瓷。

刀具材料的耐热性：PCD700～800℃；PCBN1400～1500℃；陶瓷 1100～1200℃；TiC(N)基硬质合金 900～1100℃；WC 基超细晶粒硬质合金 800～900℃；HSS600～700℃。

2.5.2 高速切削刀具结构

刀具结构、切削刃的几何参数以及刀具的断屑方式等对高速切削的效率、表面质量、刀具寿命以及切削热量的产生等都有很大影响。

1）刀具几何角度

合适的刀具后角和合理的进给速度，能产生足够大的切屑厚度，带走热量，避免切削硬化；刀刃前角是影响刀具切削载荷的重要参数，应合理选择；切削载荷与刀具每切刃的进给量有关。

对于多片镶嵌刀具，切削载荷作用在每一个刀片上；对于实体刀具，切削载荷作用在每个齿上。因此，进给量应该在一个合理的数值之间来进行选择。

一般来说，高速刀具的几何角度和传统的刀具大都有对应的关系。选择合适的刀具参数，除了使刀具保持切削刃锋利和足够的强度外，还能形成足够厚度的切屑，使切屑成为切削过程的散热片，带走尽可能多的热量。

2）刀体

采用高连接强度的镶嵌式刀具。高速切削中，大量应用镀层和压层刀具技术，镶嵌式刀具使用量很大。对于镶嵌式刀具，嵌入刀体的刀片如果没有足够的连接强度，就会在很大的离心力作用下和刀体分离。转速在 10000r/min 以上的刀具都有这种危险。因此，在高转速下只靠一个夹紧螺钉来压紧刀片是不安全的。高速切削使用的嵌入式刀具和普通刀具不一样，刀片要安全地嵌入刀体中，即紧嵌入刀体的卡槽里，然后再在与离心力垂直的方向上用螺钉把刀片紧固在刀体上。

高速切削对刀柄和刀具夹头的要求：夹紧精度高；传递转矩大；结构对称性好，有利于刀具的动平衡；外形尺寸小，但应适当加大刀具的悬伸量，以扩大加工范围。

刀具结构选择：① 选用专用的适合高速的镶嵌式刀具，无论粗加工、半精加工和精加工均应如此；② 选择结实、刚性好的刀具结构；③ 选择大一点的刀柄和锥柄，特别是小直径刀具更应该如此；④ 尽可能选择短粗的刀具，避免过长悬伸；⑤ 采用平衡刀具和刀柄，至少应该给出刀具的平衡量参数；⑥ 刀体应该设计得有尽可能大的容屑量；⑦ 刀具中心最好制成带孔结构，以便于吹气和冷却；⑧ 必须要有高精度刀片座和可靠的固定；⑨ 镶嵌刀片的基片应该有最大的刚性和耐磨损性能；⑩强化刀刃连接，保证安全；⑪尽可能选择短切刃，减少振动；⑫不要超过允许的最大切削速度；⑬采用实体稳定的刀具主轴连接界面，避免发生振动。

3）高速切削安装和使用刀具的其他问题

(1) 提高切削刚度。在高速加工中，支撑工件的夹具应该稳固地安装在工作台上，夹具和工作台应该具有足够的质量和阻尼，以免引起刀具的振动，提高刀具的寿命。

(2) 考虑刀具承受的离心力。特别是当选择嵌入式刀具时尤其要注意，使用的刀具在高速运转时产生的离心力不能超过允许的极限转速，以免发生致命的事故。

(3) 特殊的安全设施。例如，当直径为 40mm 的镶嵌式铣刀在主轴转速 40000r/min 运转时，如果刀片脱落下来，其射出去的速度可达到 87m/s，就像机枪射出的子弹一样快，这是非常危险的，必须使用非常安全可靠的保护措施。

2.5.3 高速切削参数

根据工件材料和加工工法，正确选择和优化切削参数，是保证高速切削能够达到预期效果、避免机床颤振的重要环节。目前，高速加工还没有完整的工艺参数表和高速切削数据库，不能通过切削手册进行选择。对于每一种刀具也还没有特定的公式来确定最佳的切削参数组合。在实际生产中，可以根据所加工的材料、工序特征等，通过实验或仿真的方法来确定最佳的切削速度和进给量。

2.6 高速切削监控技术

高速切削监控技术主要指在高速切削加工过程中，通过传感、分析、信号处理等，对高速机床及系统的状态进行实时在线的监测和控制，包括刀具状态和位置、工件状态以及机床工况等多方面的监测和控制技术。切削监控的目的是延长刀具寿命，保证产品质量，提高效率，并保证设备及人员安全。

2.6.1 刀具状态检测

在高速加工中，若有刀片崩裂，飞出的刀具碎片就像出膛的子弹，是非常危险的事情(图 2-35)。另外，刀具的磨损对加工质量有直接影响。因此，必须采取积极的实时监控系统，通过各种传感器，对刀具的破损、磨损状态进行在线识别与控制。

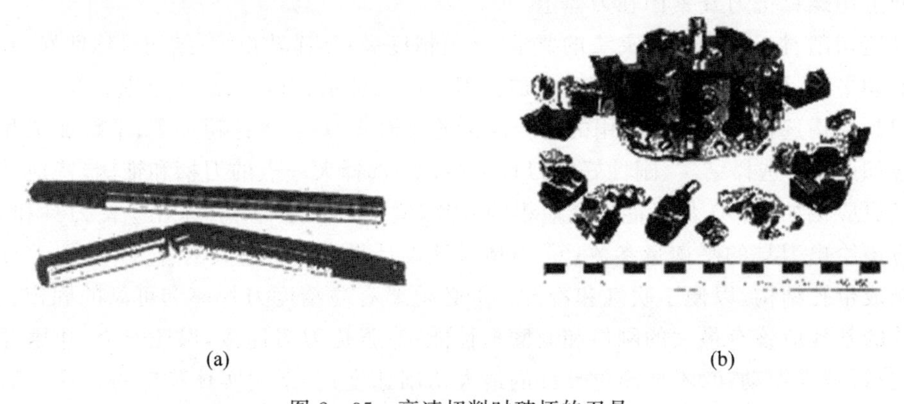

(a) (b)

图 2-35 高速切削时破坏的刀具

(a)36000r/min 时弯曲与折断的带柄立铣刀；(b)36700r/min 时爆碎的面铣刀。

根据监控方法的不同，可以分为直接监控法和间接监控法。直接监控法是通过一定的测量手段来确定刀具材料在体积上或质量上的减少，并通过一定的数学模型来确定刀具的磨损或破损状态。这类监控法有光学图像法和接触电阻法等。间接法则是测量切削过程中与刀具磨损或破损有较大内在联系的某一种或几种参量，或测量某种物理现象，根据其变化并通过一定的标定关系来监控刀具的磨损或破损状态。用于间接监控的切削参量有切削力、振动、切削功率、切削温度和声发射等。目前一般采用间接监控法。

切削监控方法大多尚未达到能完全满足工程实用的程度，存在各类缺点。例如，光学图像法费用较为昂贵；声发射监控法在不同工艺系统间的互换性较差，而且声发射传感器的定位安装也存在一定的困难，若安装在刀具或工件上，虽然对信号采集有利，但实际应用存在一定困难，而如果安装在主轴上或冷却液喷管中，信号则会有一定程度的衰减；振动传感器的监控位置选择也较困难，其理想的安装位置是加工工件的垂直表面，但在实际加工过程中却同样难以实现；利用电流传感器检测伺服系统的电流或功率是一种常用有效的刀具状态监测方法，对刀具的破损检测是比较有效的，但对刀具磨损检测则有一定困难。

多数研究者认为，声发射技术是一种比较有前途并具有工业应用潜力的监控方法，尤其是对于车削加工。对于铣削加工，由于铣刀多刃的轮番切入和切出，会对声发射信号带来干扰，在信号处理方面存在困难。此外，测力轴承（Force－Monitoring Bearing）作为一种测量机床主轴受力情况的新型测力传感器日益受到重视。测力轴承监控系统能根据切削力及频谱能量的变化，有效地监控刀具的磨损和破损情况。

由于高速切削加工过程的复杂性，如果仅使用单一传感器对加工过程刀具状态进行预报，往往会出现误测、误报。因此，在实际加工中需采用多传感器信息融合技术来提高检测、预报的准确性。研究者提出了若干信息融合模型。

2.6.2 机床位置检测

为了保证加工精度，高速机床必须配置位置反馈系统或速度反馈系统。

速度反馈系统可用来检测与控制移动的进给速度，并补偿由机械的背隙、刚性、惯性以及摩擦阻力不均匀等引起的机械常数的变化，常用的速度检测器是测速发电机。速度反馈系统在实际应用中不多。

位置反馈系统用来检测和控制刀架或工作台等按数控装置的指令值移动的移动量，它是高速加工机床闭环伺服系统的重要组成部分。在高速加工机床的每个调好位置的传动轴上或移动件上安装一个测量装置，它可将刀架溜板或工作台的各自实际位置通报给调节器（位置跟踪系统），从而测量直线运动的行程和位置受控的旋转运动的角度。

根据测量位置的不同，高速加工机床的位置测量方法分为直接位置测量法和间接位置测量法。直接位置测量包括待测的位置或非机械移位引起的位置修正；测量系统直接与待测的运动部件相连接，所构成的位置闭环控制称为全闭环控制；其测量精度主要取决于测量元件的精度，不受机床传动精度的影响。间接位置测量法通过测量相应的旋转运动来间接反映移动部件的位置变化，所构成的位置闭环控制称为半闭环控制；其测量精度取决于测量元件和机床进给传动链的精度。

根据测量值的表示形式不同，可以分为模拟位置测量法和数字位置测量法。模拟式测量装置将被测量用连续变量来表示，如相位变化、电压变化等。数字位置测量法把待测的行程或旋转角分成相同大小的基本单元，通过数出或累加途径的基本单元数，或者通过对实际位置上基本单元单个标志的识别进行测量。

根据测量值的计数方法不同,可分为绝对位置测量法、循环绝对位置测量法和增量位置测量法。绝对位置测量法的每个测量值均与刻度尺零点有关,并被分别标出。循环绝对位置测量法将整个移动范围分为同等大小的增量,在增量范围内进行绝对测量。增量位置测量法将整个移动范围划分成同样大小,不作单独标记的步距(增量),由连续运行的增量的总和得出实际位置。

目前在数控机床上常用的测量元件有三速感应同步器、直线(圆形)感应同步器、自动同步机、磁尺、光栅、数码盘、光电盘等。

位置检测装置是数控机床的关键部件之一。不同类型的数控机床对测量元件和测量系统的精度和速度要求也不同。位置检测装置的发展趋势是提高传感器的响应速度和精度、增强其抗干扰能力和工作可靠性、提高处理速度,并采用数字化测量。

2.6.3 工件状态检测

加工精度是数控机床的一个重要性能指标,它反映了该台机床所能保证的理论加工质量。但在实际加工过程中,由于机床、刀具、工件材料以及加工环境等各种不确定因素的影响,往往达不到令人满意的效果。因此,在自动化程度非常高的高速加工中为了确保工件的加工质量,必须对加工过程中存在的误差进行及时检测、补偿和控制,要做到这一点,必须及时检测被加工工件的状态。

对高速加工机床上的工件测量方法主要有在工作区测量和在工作区外测量。在工作区测量属于在线质量监测的方法,它是在加工过程中对工件的尺寸、形状、表面粗糙度等进行测定,并把测定的数据反馈到机床的进刀系统,以控制工具的准确位置,因此在工作区测量又称为加工中的过程测量。在工作区外测量是指抽检已加工完成的成品或半成品的实际尺寸、形状、表面粗糙度等,并对生产进行反馈控制,实际上是一种事后质量控制技术。测量工件质量的传感器有接触式的和非接触式的。一般说来,接触测量主要存在以下问题。

(1) 划伤接触表面,测头本身磨损。

(2) 测头接触工件时的撞击、工件尺寸和形状变化引起的波动或工艺因素引起的振动或跳动所带来的动态测量误差。

(3) 工作频率若超过临界频率,测杆将脱离工件,产生动态误差。

非接触式测量方法更适合工件在线测试系统。对于高速加工而言,要做到实时化的在线监控,还必须解决好非接触式的传感器在加工条件下工作性能要不受切屑和冷却液飞溅影响等问题。

2.6.4 机床工况监控

高速加工机床是在比常规速度高得多的条件下工作的,其切削过程的“危险性”比普通加工方法大得多。为了避免机床的损坏和工件的报废,必须对机床的运行状态(如主轴振动、温升等)进行实时监控。需要采用多传感的数据融合技术和多模型技术,应用小波理论、神经网络以及模糊控制技术,快速、有效地提取故障信号特征,对机床故障进行快速诊断与报警。

2.7 高速切削技术在航空制造中的应用

高速切削技术已在机械制造业得到广泛应用，并已经成为切削加工技术的主流之一。在航空制造业、汽车制造业、模具工业中应用最为广泛并最为成功。在航空制造业应用领域主要是整体结构件的切削加工或钛合金等高温合金材料的加工，汽车制造业主要是发动机机体和传动部件的加工，模具工业主要是模具钢和铸铁件的高速切削。本节简要阐述高速切削技术在航空工业中的应用。

2.7.1 航空结构件特点

由于航空航天器上的零件对于重量要求比较苛刻，同时也出于提高可靠性和降低成本考虑，将原来由多个钣金件铆接或焊接而成的组件，改为整体结构件。整体结构件是由大型整块毛坯直接“掏空”加工而成，由复杂槽腔、筋条、凸台和减轻孔等要素构成的结构件，如飞机的大梁、隔框、壁板；火箭的整流罩、舱体和战略武器战斗部壳体等。图2-36所示为某航空整体框架件。直接由毛坯“掏空”而加工成零件的方法被称为整体制造法。显然，整体制造法的切削工时占整个零件制造总工时的最大比例，切削效率直接关系整个零件的制造效率。

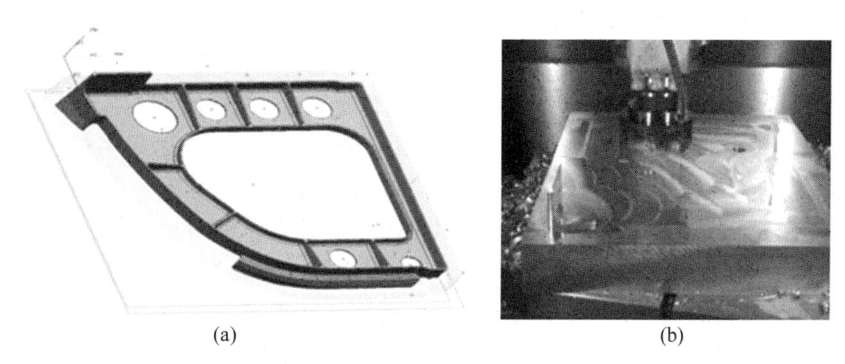

(a) (b)

图 2-36 航空整体结构件及其加工

(a)某航空整体框架件；(b)高速铣削加工。

整体结构零件的基本特点是结构简洁、薄壁、尺寸大、加工余量大、相对刚度较低，加工工艺性差，易发生加工变形，不易控制加工精度。普通的切削速度下加工效率非常低，且不允许有较大的吃刀深度，以免产生较大的切削力和较多的切削热。加工变形和加工效率问题成为制约薄壁结构加工技术发展的主要因素。高速切削时热量少，切削力小，零件的变形小，且切削效率高，因此非常加工适合以轻合金为主的飞机大中型复杂整体结构件。

飞机机体的60%～70%为加入 Si、Cu、Mn 等合金元素的 7075、7050、2024、6061 类热处理预拉伸变形铝合金材料。其硬度与熔点低，具有极好的易切性，但切削时容易粘刀、产生积屑瘤，降低了加工表面质量。随着铝合金硅含量的增加，加工难度也增大。钛合金具有比强度和热强度高、耐腐蚀性能好和低温性能好等优点，被广泛应用在飞机上的许多构件上，如发动机构件、骨架、紧固件、起落架、壁板等。钛合金属于难加工材料，其导热性差、化学活性大、弹性模量小，在高速加工中有切削温度很高、单位面积上切削力大、加工冷硬现象严重、刀具易磨损等缺点。

2.7.2 航空结构件高速切削刀具

针对航空铝、钛合金等材料的性能特点，选择与之合理匹配的刀具材料和几何参数是决定高速切削性能的关键。

PCD 刀具耐磨性、导热性及刀刃锋利性均较好，硬度高，是高速加工铝合金最广泛采用的刀具材料。铝合金中含硅量不同，PCD 刀片的粒度也不同。加工硅含量小于 12%的铝合金，选择 PCD 刀片的粒径为 8～9μm；而加工硅含量大于 12%的高硅铝合金，PCD 粒径为 10～25μm 时加工效果最好。涂层硬质合金和超细晶粒硬质合金刀具加工铝合金也可达到很好的效果。对于整体结构件中常见的铝合金复杂型面的高速切削加工，多采用整体超细晶粒硬质合金。一般不用氧化铝基陶瓷刀具加工铝合金，因为铝与氧化铝基陶瓷的化学亲和力强，易产生黏结现象。

选择加工钛合金的刀具材料时，应从降低切削温度和减少黏结磨损两方面考虑，选用红硬性好、抗弯强度高、导热性能好、与钛合金化学亲和力差的材料。普通涂层刀具加工钛合金磨损较为严重，天然金刚石刀具的加工效果很好，但受成本制约，无法得到广泛应用。与普通硬质合金刀具相比，TiN 涂层硬质合金刀具、PCD 刀具高速切削钛及钛合金的效果较好。通常切削钛及其合金选用的刀具材料以不含或少含 TiC 的硬质合金刀具为主。大量实验表明，YT(P)类硬质合金加工时磨损严重。目前主要采用 YG 类硬质合金刀具(YG8、YG3、YG6X 等)和 PCD 切削钛及合金，在乳化液冷却的条件下，切削速度可达 200m/min。对于加工钛合金用的多刃、复杂刀具，可选用高速钢类材料，如生产中常用的高钒高速钢 W12Cr4V4Mo，铝高速钢 W6Mo5Cr4V2Al 等。

铝合金的高速切削加工，速度很高，刀具前刀面温升高。前角比常规切削时的刀具前角约小 10°，后角稍为 5°～8°，主副切削刃连接处需修圆或导角，以增大刀尖角和刀具的散热体积，防止刀尖处的热磨损，减小刀刃破损的概率。在 PCD 刀具超高速切削铝合金时，切削厚度较小，属于微量切削，后角及后刀面对加工质量的影响较大，刀具最佳前角为 12°～15°，后角为 13°～15°，以减小径向切削力。

钛合金塑性低、切屑与前刀面的接触长度短，应选用小前角，以增加切屑与前刀面的接触面积，改善散热条件，加强切削刃，一般取 $\gamma_0 = 5° \sim 15°$。从提高刀具寿命和切削加工的表面质量考虑，钛合金加工应尽可能选用大后角 $\alpha_0 = 8° \sim 15°$。刀具材料和加工质量要求不同，刀具的最佳几何参数也应随之变化，例如，硬质合金刀具粗加工钛合金时前角 $\gamma_0 = -6° \sim 6°$效果最佳，精加工时 $\gamma_0 = 0° \sim 15°$；而高速钢刀具加工时前角 $\gamma_0 = 5° \sim 15°$，后角 α_0 则一般取 12°左右。

2.7.3 航空结构件高速切削参数与切削方式

高速切削加工整体结构件时，一般采用顺铣方式加工，刀具缓慢切入工件，以降低切削热并减小径向力。例如，在铣削钛合金 TC4(Ti-6Al-4V)时多采用不对称顺铣法，使刀齿前面远离刀尖部分首先接触工件，刀齿切离时的切屑很薄，不易黏结在切削刃上。而逆铣则相反，容易粘屑，当刀齿再次切入时切屑被碰断，造成刀具材料的剥落崩刃。其次，尽可能保持稳定的切削负载，因为负载的变化会引起刀具的偏斜，从而降低加工精度和表面质量，并缩短刀具寿命。最后，大去除量的整体结构件加工(如大型件的槽加工)时，一般采用分层切削，小切深，中进给。在加工内部型腔时，当刀具进到拐角处时，采用摆线切削，可避免切削力突然增大，否则产生的热量会破坏材料的性能。

目前在航空制造业的高速加工中，钛合金的切削速度可达到 90m/min 以上，铝合金的切削速度达 1500～6000m/min。在此速度范围内加工铝合金时，切削温度高于积屑瘤消失的相应温度，有效地避免了积屑瘤的产生，提高了加工表面质量。同时，铝合金含硅量越高，切削速度应越低，加工高硅铝合金时切削速度在 300～1500m/min 时加工效果较好。通常采用的切削方案为：高切削速度、中进给量和小切削深度。但实际加工中，并不是切削速度越高效果越好，要对工件、刀具以及设备综合考虑，制订合理的加工方案。

2.7.4 航空结构件切削走刀策略与装夹方式

航空结构件加工的效率和工件变形很大程度上取决于加工的走刀路径。高速切削要保证刀位路径的方向性，即尽可能简化，少转折点，路径尽量平滑，减少急速转向。

在保证加工精度的前提下，应减少空走刀时间，尽可能增加切削时间在整个工件中的比例，以提高加工效率。进、退刀位置应选在不太重要的位置，并且使刀具沿零件的切线方向进刀和退刀，以免产生刀痕；先加工外轮廓，再加工内轮廓。

目前国内航空业的高速切削加工主要采用回路切削，通过不中断切削过程和刀具路径，减少刀具的切入和切出次数，获得稳定、高效、高精度的切削过程。对于整体结构件中常见的薄壁框体零件，采用单一的环切、螺旋切削时，腹板变形很难控制，而采用分步环切法走刀后，通过零件未加工部分自身的刚性，可达到减小腹板变形的目的。

内槽是指以封闭曲线为边界的平底凹槽，在飞机零件上很常见，一般用平底立铣刀加工，刀具圆角半径应符合内槽的图纸要求。图 2－37 所示为加工内槽的 3 种走刀路径。图 2－37(a)和图 2－37(b)所示分别为用行切法和环切法加工内槽。两种走刀路径的共同点是都能切净内腔中全部面积，不留死角，不伤轮廓，同时尽量减少重复进给的搭接量。不同点是行切法的走刀路径比环切法短，但行切法在每两次进给的起点与终点间留下残留面积，从而达不到所要求的表面粗糙度；用环切法获得的表面粗糙度要好于行切法，但环切法需要逐次向外扩展轮廓线，刀位点计算稍为复杂一些。图 2－37(c)所示的综合法综合行、环切法的优点，先用行切法切去中间部分余量，最后用环切法切一刀，既能使总的走刀路径较短，又能获得较好的表面粗糙度。

在大型复杂曲面高速切削加工中，曲面曲率变化大时，应以最大曲率半径方向作为最优走刀方向。曲面曲率变化小时，曲率半径对走刀方向的影响减弱，宜选择单条刀轨平均长度最长的走刀方向。

航空整体结构件大多为表面由数个槽腔和孔组成的双面结构，机械加工时装夹困难，易产生加工变形，表面加工质量很难控制。在实际装夹时应考虑满足翻面加工时能提供较好的定位和支撑、较薄的结构能提供辅助支撑、外轮廓加工时能连续进行切削等要求。从压紧调整、结构调整、定位调整几个方面考虑，目前航空制造业普遍采用的装夹方式有机械、液压可调夹具、真空吸附装夹等几种。压紧调整可利用液压可调夹具，即压板在零件加工过程中可以松开，并可移出刀具加工区，保证刀具切削轨迹的连续性，刀具切过压

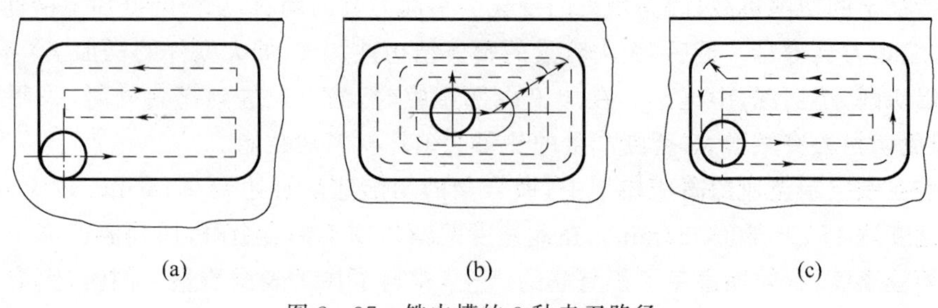

图 2-37　铣内槽的 3 种走刀路径

(a)行切法;(b)环切法;(c)综合法。

紧位置后,夹具系统再使压板返回原来的压紧位置;结构调整是利用改变或更换夹具的部分组件以适应不同零件的加工装夹要求,如可换基础垫板、组合夹具等。实现良好的定位调整方式比较复杂,国外的航空业正采用一种新的装夹方式——电控永磁吸盘装夹,它水平与垂直方向都可以移动,加工时工件无需重复装夹与定位,很好地解决了定位调整的问题,但成本较高。

目前国内航空结构件的装夹存在凭经验来确定装夹力大小、位置及作用顺序,没有考虑高速切削热力耦合对工件变形的影响等问题,很难保证工件的加工精度,并给加工后的工件校形带来很大的困难。同时由于航空件自身结构的特殊性,在实际装夹中存在许多问题。例如,大厚度(50mm 以上)整体结构件在机床上粗加工的装夹,若采用真空吸附方式,由于夹紧力小,难以与夹具定位面紧密贴合;若采用压板压紧,在基准面加工时,零件的后续定位产生偏差,产生整体加工变形;另外,双面结构件在加工中,有些加工部位缺少支撑,容易产生局部加工变形而导致零件结构厚度难于控制;国内常采用的预留工艺凸台方法加工刚度差的薄壁件,造成材料的浪费;若在零件内部压紧,被压紧的薄壁部位可能使零件产生变形甚至损伤,很难达到理想效果。在高速切削加工航空整体结构件的装夹方面,还需要做大量的研究工作。

第3章 快速成形技术

3.1 概 述

快速成形(Rapid Prototyping,RP)技术是由CAD模型直接驱动,快速制造任意复杂形状三维物理实体的技术。快速成形集成了机械、电子、计算机、光学、新材料等领域中的技术,与传统的去除材料加工方法相比,它是通过逐层增加材料来制造零件的。利用快速成形技术可快速地将产品设计转化为三维实体模型或直接制造出零部件,成形材料可以是光敏树脂、塑料、纸、特种蜡及聚合物包金属粉末,以及陶瓷材料、复合材料和金属材料等。目前快速成形技术已经在航空航天、汽车、机械、电子、电器、医学、建筑、玩具、工艺品、文物保护等许多领域得到了非常广泛的应用。

3.1.1 零件成形方法分类

零件形状的成形方式分为以下几类。

(1) 去除成形(Dislodge Forming)。去除成形是运用分离的方法,按照要求将一部分材料有序地从基体上分离出去而获得零件形状。传统的车、铣、刨、磨等加工方法均属于去除成形。去除成形是目前制造业最主要的零件成形方式。

(2) 添加成形(Additive Forming)。添加成形是指利用各种机械的、物理的、化学的等手段通过有序地添加材料来达到零件设计要求的成形方法。

(3) 受迫成形(Forced Forming)。受迫成形是利用材料的可成形性(如塑性等)在特定外围约束(边界约束或外力约束)下成形的方法。传统的铸造、锻造和粉末冶金等均属于受迫成形。目前受迫成形还未实现完全的计算机控制,多用于毛坯制造、特种材料成形等。

(4) 生长成形(Growth Forming)。生长成形是利用生物材料的活性进行成形的方法。自然界中生物个体的发育均属于生长成形,"克隆"技术是在人为系统中的生长成形方式。随着活性材料、仿生学、生物化学、生命科学的发展,这种成形方式将会得到很大的发展和应用。

去除成形与受迫成形均属于传统的成形方式。快速成形技术属于添加成形,或称离散/堆积成形,它从原理上突破了传统的零件成形方式。快速成形技术也是一种降维制造方法,即将物理实体复杂的三维加工离散成一系列二维层片的加工,从而大大降低了加工难度,并且成形过程的难度与待成形的物理实体的形状和结构的复杂程度无关。

3.1.2 快速成形技术过程

具体而言,快速成形的工艺过程包括如下几个步骤(图3-1)。

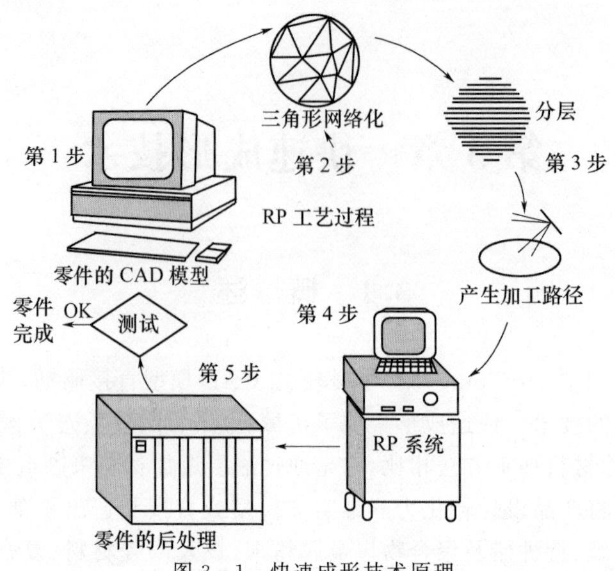

图 3-1 快速成形技术原理

(1) 产品三维模型的构建。三维模型可以利用计算机辅助设计软件(如 Pro/E, I-DEAS,Solid Works,UG 等)直接构建,也可以将已有产品的二维图样进行转换而形成三维模型,或对产品实体进行激光扫描、CT 断层扫描,得到点云数据,然后利用反求工程的方法来构造。

(2) 三维模型的近似处理。由于产品往往有一些不规则的自由曲面,加工前要对模型进行三角形网格化近似处理,以方便后续的数据处理工作。STL 格式文件格式简单、实用,目前已经成为快速成形领域的准标准接口文件。它是用一系列的小三角形平面来逼近原来的模型,每个小三角形用 3 个顶点坐标和一个法向量来描述,三角形的大小可以根据精度要求进行选择。典型的 CAD 软件都带有转换和输出 STL 格式文件的功能。

(3) 三维模型的分层切片和产生加工路径。根据被加工模型的特征选择合适的加工方向,并在成形高度方向上用一系列一定间隔的平面将模型切割,提取截面的轮廓信息。间隔一般取 0.05～0.5mm。间隔越小,成形精度越高,但成形时间也越长,效率就越低。

(4) 成形加工。根据切片处理的截面轮廓,在计算机控制下,相应的成形头(激光头或喷头)按各截面轮廓信息做扫描运动,在工作台上一层一层地堆积材料,每层互相黏结,最终得到原型产品。

(5) 成形零件的后处理。从成形系统里取出成形件,进行打磨、抛光、涂挂,或放在高温炉中进行后烧结,进一步提高其强度。

3.1.3 快速成形技术特点

快速成形技术的出现,开辟了不用刀具、模具而制作原型和各类零部件的新途径,也改变了传统的机械加工去除式的加工方式,带来了制造方式的变革。从理论上讲,添加成形方式可以制造任意复杂形状的零部件,材料利用率可达 100%。和传统制造技术相比,快速成形技术具有如下特点。

(1) 简易性。由于采用离散/堆积成形的原理,将一个十分复杂的三维制造过程简化为二维过程的叠加，可实现对任意复杂形状零件的加工。越是复杂的零件越能显示出RP技术的优越性。RP技术特别适合于复杂型腔、复杂型面等传统方法难以制造甚至无法制造的零件。

(2) 快速性。由CAD模型直接驱动产品制造，在很短的时间内就可制造出零件实体，避免了传统方法中的毛坯制造、工艺规划、工装夹具设计、机械加工等一系列过程。互联网技术使得快速成形方法便于实现远程制造。

(3) 高度柔性。无需任何专用夹具或工具即可完成复杂的制造过程。

(4) 技术的高度集成性。快速成形是计算机、数控、激光、新材料等技术的高度集成。实现了材料的提取(气、液、固相)过程与制造过程一体化、设计(CAD)与制造(CAM)的一体化。

(5) 应用领域广泛。与三维测量、CAD、反求工程等技术相结合，可实现产品快速开发。可实现单件及小批量零件制造、复杂形状零件制造、模具设计与制造、产品设计的外观评估和装配检验、快速反求与复制等。不仅在制造业具有广泛的应用，而且在材料科学与工程、医学、文化艺术以及建筑工程等领域也有广阔的应用前景。

3.2 快速成形工艺

从1988年世界上第一台快速成形机问世以来，快速成形制造技术的工艺方法已有十余种。根据成形原理的不同，快速成形技术可分为两类：一是基于激光及其他光源的成形技术，如立体光刻技术、分层实体制造、选区激光烧结等；二是基于喷射的成形技术，如熔融沉积成形、三维立体印刷、多相喷射沉积等。这两类方法的共同点为均采用分层累积成形，并根据三维CAD模型切片后得到的截面轮廓数据，完成每一层的加工。

3.2.1 立体光刻成形

立体光刻成形(Stereolithography, SL)，又称立体印刷、光固化成形等。Charles W. Hul于1984年获立体光刻美国专利。1988年美国3D Systems公司推出商品化样机SLA－250，这是世界上第一台快速原型成形机。SL方法是目前RP技术领域中研究得最多的方法，也是技术上最为成熟的方法。

1. 工艺原理

立体光刻成形工艺是利用液态光敏树脂的光聚合原理工作的。这种液态材料在一定波长和功率的紫外光的照射下能迅速发生光聚合反应，分子量急剧增大，材料状态从液态转变成固态。图3-2所示为立体光刻工艺原理图。

液槽中盛满液态光敏树脂，激光束穿过透镜和反射镜，在液体表面上扫描。扫描的轨迹及激光的有无均由计算机控制。光点扫描到的地方，液体就固化。成形开始时，工作台在液面下一个确定的深度，如0.05～0.2mm。液面始终处于激光的焦平面，聚焦后的光斑在液面上按计算机的指令逐点扫描和固化。未被照射的地方仍是液态树脂。完成一层扫描后，升降工作台带动平台下降一层高度，已成形的层面上又布满一层树脂，刮刀将黏度较大的树脂液面刮平，然后再进行下一层的扫描。新固化的一层牢固地黏在前一层上，如此重复直到整个零件制造完毕，得到一个三维实体原型。

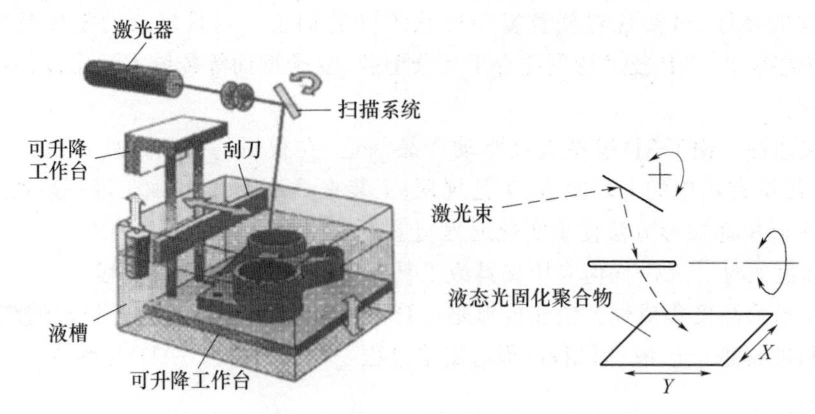

图 3-2　立体光刻成形工艺原理

对采用激光反射镜扫描的成形机来说，由于激光束被偏转而斜射，焦距和液面光点尺寸是变化的，这直接影响薄层的固化。为了补偿焦距和光点尺寸的变化，激光束扫描的速度必须实时调整。另外，制作各薄层时，扫描速度也必须根据被加工材料层厚度变化(分层厚度变化)而作调整。

2. 工艺过程

立体光刻成形工艺过程如图 3-3 所示，共包括 4 个过程。

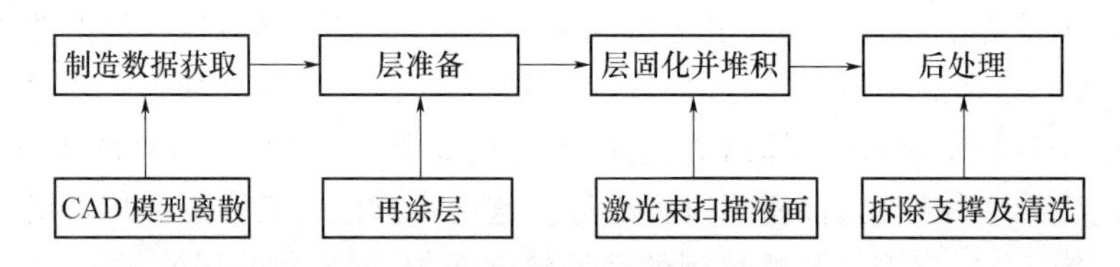

图 3-3　立体光刻工艺过程

(1) 制造数据获取。与其他快速成形方法一样，在叠层制造之前必须获得原型每一层片的信息。通常是将 CAD 模型沿某一方向分层切片，从而得到一组薄片信息，包括每一薄片的轮廓信息和实体信息。目前的分层处理需要先对 CAD 模型作近似处理，转换成标准的 STL 文件格式，然后再进行分层。商用的 CAD 软件都配备了 STL 文件接口，CAD 模型可以直接转换成 STL 文件格式。

(2) 层准备。层准备过程是指在获取了制造数据以后，在进行层层堆积成形时，扫描前每一待固化层液态树脂的准备。必须保证每一薄层的精度，才能保证层层堆积后整个模型的精度。层准备通常通过涂层系统(Recoating System)完成。层准备有两项要求：一是准备好待固化的一薄层树脂；二是要求保证液面位置的稳定性和液面的平整性。

当一薄层固化完后，为满足第二项的要求，这一薄层必须下降一层厚的距离，然后在其上表面涂上一层待固化的树脂，且维持树脂的液面处在焦点平面不变或在允许的范围内变动。焦点平面是指当激光光束垂直照射树脂液面时，光束焦点所在的水平面。因为激光束光斑的大小直接影响到单层的精度及树脂的固化特性，所以必须保证扫描区域内各点光斑的大小不变，使树脂液面处于焦点平面，可以保证焦点平面内扫描区域各点焦程不变。由于树脂本身的黏性、表面张力的作用以及树脂固化过程中的体积收缩，完成涂层并维持液面不动并非易事。

(3) 层固化并堆积。层固化是指在层准备好了以后,用一定波长的紫外激光按分层所获得的层片信息,以一定的顺序照射树脂液面使其固化为一个薄层的过程。单层固化是堆积成形的基础,也是关键的一步。

层层堆积实际上是前两步层准备与固化的不断重复。在单层扫描固化过程中,除了使本层树脂固化外,还必须通过扫描参数及层厚的精确控制,使当前层与已固化的前一层牢固地黏结到一起,即完成层层的堆积。层层堆积与层固化是一个统一的过程。

(4) 后处理。后处理是指整个零件成形完后对零件进行的辅助处理工艺,包括原型的清理、去除支撑、后固化以及必要的打磨和喷砂处理等。有些成形设备需对零件进行二次固化,常称为后固化(Post Curing)。其原因是由于树脂的固化性能或采用不同的扫描工艺,使得成形过程中零件实体内部的树脂没有完全固化(表现为零件较软),还需要将整个零件放置在专门的后固化装置(Post Curing Apparatus,PCA)中进行紫外光照射,以使残留的液态树脂全部固化。

在光刻成形工艺过程中,零件的摆放方位不但影响制作时间和效率,更影响着后续支撑的施加以及原型的表面质量等。一般情况下,从缩短原型制作时间和提高制作效率来看,应该选择尺寸最小的方向作为叠层方向。但是,有时为了提高原型制作质量以及提高某些关键尺寸和形状的精度,需要以较大的尺寸方向作为叠层方向摆放。有时为了减少支撑量,以节省材料及方便后处理,也经常采用倾斜摆放。确定摆放方位以及后续的施加支撑和切片处理等都是在分层软件系统上实现的。

在成形过程中,未被激光束照射的部分材料仍为液态,制件截面上的孤立轮廓和悬臂轮廓不能得到支撑和定位。必须设计和制作一些细柱状或肋状支撑结构,以确保制件的每一结构部分都能可靠固定,并减少制件的翘曲变形。支撑的好坏直接决定原型制作的成功与否及制作的质量。对于结构复杂的数据模型,施加支撑是费时而精细的。施加支撑可以手工进行,也可以由软件自动实现。软件自动施加支撑一般都要经过人工的核查,进行必要的修改和删减。为了便于在后续处理中支撑的去除及获得优良的表面质量,较好的支撑类型为点支撑,即支撑与需要支撑的模型面是点接触。

支撑结构形式应根据零件的表面特征和支撑在制作过程中的作用谨慎设计。其他快速成形方法,例如熔融沉积成形方法,也需要在原型的制作过程中施加支撑结构。

3. 成形材料

1) 对材料的基本要求

光敏树脂是立体光刻成形工艺的基材,其性能对成形零件的质量具有决定性影响。光敏树脂应具有如下性能。

(1) 黏度低。低黏度树脂有利于成形中树脂较快流平。

(2) 固化速度快。树脂的固化速度直接影响成形的效率,从而影响到经济效益。

(3) 固化收缩小。光敏树脂在固化过程中,经过一个从液态向固态转变的变化过程,这种变化常会引起树脂的线性收缩和体积收缩,导致零件的变形、翘曲、开裂等,影响成形零件的精度。低收缩性树脂有利于成形出高精度零件。降低树脂的收缩量是光敏树脂材料研制过程中的主要目标。

(4) 一次固化程度高。这样可以减少后固化收缩,从而减少后固化变形。

(5) 湿态强度高。较高的湿态强度可以保证后固化过程不产生变形、膨胀及层间剥离。

(6) 溶胀小。湿态成形件在液态树脂中的溶胀会造成零件尺寸偏大。

(7) 毒性小。这有利于操作者的健康和不造成环境污染。

开发收缩系数小、固化速度快、强度高、价格低廉的光敏树脂材料是立体光刻成形技术的发展目标。如何降低光敏树脂的成本也是突出的问题,目前,材料的价格高达每千克几百美元。

对激光诱导光敏树脂聚合过程的机理进行研究,是提高快速成形精度和聚合材料性能的基础。目前对光敏树脂的硬化机理还不十分清楚,这是因为材料特性如光学特性、化学特性和力学特性的相互作用,使硬化过程机理复杂化。

2) 材料种类

应用于立体光刻工艺的液态光敏树脂,有光敏环氧树脂、光敏乙烯醚、光敏环氧丙烯酸酯、光敏丙烯树脂等几种。光敏树脂通常由两部分组成,即光引发剂和树脂,其中树脂由预聚物、反应性稀释剂及少量助剂组成。根据光引发剂的引发机理不同,光固化树脂可以分为3类:自由基光固化树脂、阳离子光固化树脂和混杂型光固化树脂。

(1) 自由基光固化树脂。自由基预聚物主要有3类:环氧树脂丙烯酸酯(聚合快、最终产品强度高但脆性较大、产品易泛黄)、聚酯丙烯酸酯(流平好、固化好、性能可调节)和聚氨酯丙烯酸酯(可赋予产品柔顺性与耐磨性,但聚合速度减慢)。稀释剂包括多官能度单体与单官能度单体两类。此外,常规的添加剂还有:阻聚剂、UV稳定剂、消泡剂、流平剂、光敏剂、染料、天然色素、填充剂及惰性稀释剂等。其中的阻聚剂特别重要,因为它可以保证液态树脂在容器中具有较长的存放时间。

(2) 阳离子光固化树脂。阳离子光固化树脂的主要成分为环氧化合物。用于SL工艺的阳离子型预聚物和活性稀释剂,通常为环氧树脂和乙烯基醚。环氧树脂是最常用的阳离子型预聚物,其优点如下。

① 固化收缩小。预聚物环氧树脂的固化收缩率为2%~3%,而自由基光固化树脂的预聚物丙烯酸酯的固化收缩率为5%~7%。

② 产品精度高。

③ 阳离子聚合物是活性聚合,在光熄灭后可继续引发聚合。

④ 氧气对自由基聚合有阻聚作用,而对阳离子树脂则无影响。

⑤ 黏度低。

⑥ 生坯件强度高。

⑦ 产品可以直接用于注塑模具。

(3) 混杂型光固化树脂。与自由基光固化树脂和阳离子光固化树脂相比,混杂型光固化树脂有许多优点,目前的趋势是使用混杂型光固化树脂。其优点主要有以下几点。

① 环状聚合物进行阳离子开环聚合时,体积收缩很小甚至产生膨胀,而自由基体系总有明显的收缩,混杂体系可以设计成无收缩的聚合物。

② 当系统中有碱性杂质时,阳离子聚合的诱导期较长,而自由基聚合的诱导期较短,混杂体系可以提供诱导期短而聚合速度稳定的聚合系统。

③ 在光照消失后阳离子仍可引发聚合,故混杂体系能克服光照消失后自由基迅速失活而使聚合终结的缺点。

3）材料的收缩变形

树脂在固化过程中的体收缩率通常约为10%，线收缩率约为3%。从分子学角度讲，光敏树脂的固化过程是从短的小分子体向长链大分子聚合体转变的过程，其分子结构发生很大变化，因此，固化过程中的收缩是必然的。

树脂的收缩主要由两部分组成：一部分是固化收缩；另一部分是当激光扫描到液体树脂表面时，由于温度变化引起的热胀冷缩。常用树脂的热膨胀系数约为10^{-4}，同时，温度升高的区域面积很小，因此温度变化引起的收缩量极小，可以忽略不计。光固化树脂在光固化过程所产生的体积收缩对零件精度（包括形状精度和尺寸精度）的影响是不可忽视的。从高分子物理学方面来解释，产生这种体积收缩的一个重要原因是，处于液体状态的小分子之间为范德华作用力距离，而固体态的聚合物，其结构单元之间处于共价键距离，共价键距离远小于范德华力的距离，所以液态预聚物固化变成固态聚合物时，必然会导致零件的体积收缩。由上所述，无论从高分子物理还是从高分子化学角度分析，树脂收缩都是由于聚合反应时分子结构的变化而引起的，是一个内部过程。

4. 工艺特点

立体光刻成形技术具有如下优点：①成形过程自动化程度高，速度快，SL系统非常稳定，加工开始后，成形过程可以完全自动化，直至原型制作完成；②尺寸精度高，SL原型件的尺寸精度可以达到或小于0.1mm；③优良的表面质量，虽然在每层固化时侧面及曲面可能出现台阶，但上表面仍可得到玻璃状的效果；④ 可以制作结构十分复杂、尺寸比较精细的模型，尤其是对于内部结构复杂、一般切削刀具难以进入的模型，能轻松地一次成形。

立体光刻成形技术存在如下问题。

(1) 成形过程中伴随着物理和化学变化，制件较易弯曲。需要专门设计和制造支撑，否则会引起制件变形。大多数树脂固化时会产生收缩，影响精度，并产生残余应力和变形。

(2) 液态树脂固化后的性能尚不如常用的工业塑料，一般较脆，易断裂。工作温度通常不能超过100℃。若被湿气侵蚀，还会导致工件膨胀，抗化学腐蚀的能力也不够好。

(3) 设备运转及维护成本较高。由于液态树脂材料和激光器的价格较高，并且为了使光学元件处于理想的工作状态，需要严格的空间环境和进行定期的调整，维护费用也比较高。

(4) 使用的材料种类较少。目前可用的材料主要为感光性的液态树脂材料，并且在大多数情况下，不能进行抗力和热量的测试。

(5) 液态树脂有一定的气味和毒性，并且需要避光保护，以防止提前发生聚合反应。

(6) 在很多情况下，经快速成形系统光固化后的原型树脂并未完全被激光固化，为提高模型的使用性能和尺寸稳定性，通常需要进行二次固化。

立体光刻成形技术可以直接制作面向熔模精密铸造的具有中空结构的消失模；可以用于快速翻制各种模具（间接制模），如硅橡胶模、金属冷喷模、陶瓷模、电铸模、环氧树脂模、消失模等；制作的原型可以在一定程度上替代塑料件；可以制造有透明效果的制件；制件可以用作结构验证和功能测试。

成形件的用途不同，对其性能要求也不同。若制作样品件或功能件，则要求原型具有较好的尺寸精度、表面粗糙度、强度等。若用作熔模精密铸造中的蜡模，则还应满足铸造工艺中对蜡模的性能要求,即具有较好的浆料涂挂性;加热"失蜡"时,膨胀性较小,以及在型壳内残留物要少等。

3.2.2 选区激光烧结

选区激光烧结(Selective Laser Sintering,SLS)又称选择性激光烧结、粉末材料选择性烧结等。1989 年,由美国德克萨斯大学奥斯汀分校的 C. R. Dechard 研制成功。该方法最初被美国 DTM 公司商品化,推出 SLS Model 125 成形机。

1. 工艺原理

选区激光烧结成形工艺使用的是微米级粉末材料,这些粉末材料在高强度激光束的照射下会熔融并相互黏结。

SLS 成形机的主体结构是安装两个活塞机构的成形工作缸,一个用于供粉,另一个用于成形,如图 3-4 所示。成形过程开始前,用红外线板将粉末材料加热至恰好低于烧结点的某一温度。之后,供粉缸内活塞上移一给定量,铺粉滚筒将粉料均匀地铺在成形缸加工表面上,激光束在计算机的控制下以给定的速度和能量对第一层信息进行扫描。激光束扫过之处粉末被烧结固化为给定厚度的片层,未烧结的粉末被用来作为支撑,这样零件的第一层便制作出来。这时,成形缸活塞下移一给定量,供料缸活塞上移,铺粉滚筒再次铺粉,激光束再按第二层信息进行扫描,所形成的第二片层同时也被烧结固化在第一层上,如此逐层叠加。烧结完成后去掉多余的粉末,再进行打磨、烘干处理得到三维实体零件。

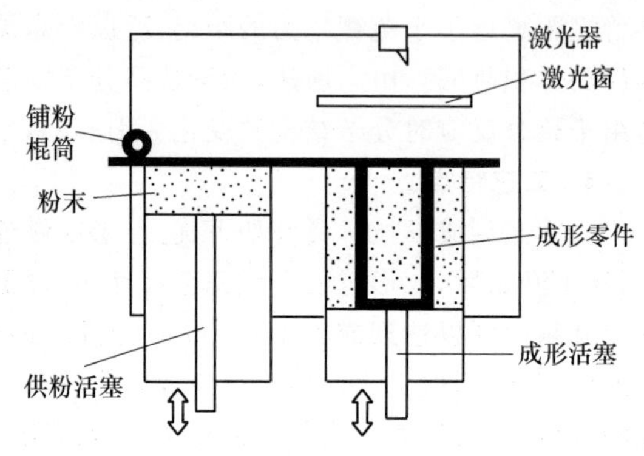

图 3-4　SLS 工艺原理

选区激光烧结工艺与立体光刻成形工艺原理基本相同,只是将液态树脂换成在激光照射下可以烧结的粉末材料,并由一个温度单元控制的辊子铺平材料以保证粉末的流动性,同时控制工作腔热量使粉末牢固黏结。

类似于选区激光烧结的另外一种工艺是,采用电子束流高速撞击粉末材料而产生高温,从而完成粉末的直接烧结。该工艺在大类上也可归于激光选区烧结,只是使能技术的核心由激光束换成了电子束。

2. 工艺过程

选区激光烧结工艺的数据处理工作与其他快速成形工艺(如立体光刻成形)相同。

1) 粉末原料的烧结

(1) 金属粉末的烧结。当材料为金属粉末时,可直接烧结成金属原型零件,但获得的金属零件强度和精度,在目前技术状况下还普遍较低。

① 单一成分金属粉末(如铁粉)。先将铁粉预热到一定温度,再用激光束扫描、烧结。烧结好的制件经热等静压(Hot Isostatic Pressing)处理,可使最后零件的相对密度达到 99.9%。

② 金属混合粉末。如青铜粉和镍粉的混合粉,其中一种粉末熔点较低,另一种粉末

熔点较高。先将金属混合粉末预热到某一温度，再用激光束进行扫描，使低熔点的金属粉先熔化（如青铜粉），从而将难熔的金属粉（如镍粉）黏结在一起。

③ 金属粉末与有机黏结剂粉末的混合体。将金属粉末与有机黏结剂粉末按一定比例均匀混合，激光束扫描后使有机黏结剂熔化，熔化的有机黏结剂将金属粉末黏结在一起，如铜粉和PMMA（有机玻璃）粉。烧结好的制件再经高温后续处理，一方面去除制件中的有机黏结剂，另一方面提高制件的力学强度和耐热性能，并增加制件内部组织和性能的均匀性。

（2）陶瓷粉末的烧结。陶瓷材料的激光选区烧结需要在粉末中加入黏结剂。由于工艺过程中铺粉层的原始密度低，因而制件密度也低，故多用于铸造型壳的制造。例如，以反应性树脂包覆的陶瓷粉末为原料，烧结后，型壳部分成为烧结体，零件部分不属于扫描烧结的区域，仍是未烧结的粉末。将壳体内部粉末清除干净，再在一定温度下使烧结过程中未完全固化的树脂充分固化，得到型壳。

在激光烧结过程中，粉末烧结收缩率、烧结时间、光强、扫描点间距和扫描线行间距对陶瓷制件坯体的精度有很大影响。另外，光斑的大小和粉末粒径直接影响陶瓷制件的精度和表面粗糙度。后续处理（焙烧）时产生的收缩和变形也会影响陶瓷制件的精度。

（3）塑料粉末的烧结。采用一次烧结成形，将粉末预热至稍低于其熔点，然后控制激光束来加热粉末，使其达到烧结温度，从而把粉末材料烧结在一起，其他步骤和陶瓷粉末的烧结相同。烧结好的制件一般不必进行后续处理。

2）烧结件的后处理

金属或陶瓷粉末（或混合体粉末）经过激光选区烧结后只形成了原型或零件的坯体，这种坯体还需要进行后处理以进一步提高其力学性能和热学性能。坯体的后处理方法有多种，如高温烧结、热等静压烧结、熔浸和浸渍等。后处理方法根据材料坯体和零件的性能要求而定。

（1）高温烧结。金属和陶瓷坯体均可用高温烧结的方法进行处理。经高温烧结后，坯体内部孔隙减少，密度、强度增加，其他性能也得到改善，但内部孔隙减少会导致体积收缩，影响制件的尺寸精度。

一般来说，烧结温度升高有助于界面反应，延长保温时间有助于通过界面反应建立平衡，使制件的密度和强度增加，从而改善均匀性及其他性能。在高温烧结后处理中，要尽量保持炉内温度梯度均匀分布。由于炉内温度梯度分布不均匀，可能造成制件各个方向的收缩不一致，使制件翘曲变形，在应力集中点还会使制件产生裂纹和分层。

例如，由金属粉末烧结的制件常称为“绿色”零件，将“绿色”零件放到加热炉内进行后处理，当炉内黏结剂烧尽后，金属粒子被烧结并紧紧地黏结在一起。烧结后的零件称为“棕色”零件，它具有渗透功能。最后一步是向炉内添加一种被称为渗透剂的金属。这种金属在炉内高温下变成液体，通过毛细管作用，渗透到“棕色”零件中，使之成为完全致密的金属零件。

（2）热等静压。热等静压后处理工艺是通过流体介质将高温和高压同时均匀地作用于坯体表面，消除其内部气孔，提高密度和强度，并改善其他性能。热等静压处理可使制件非常致密，这是其他后处理方法难以达到的，但制件的收缩也较大。

金属和陶瓷坯体均可采用热等静压进行后处理。如对铁粉烧结的坯体进行热等静压处理可使最后制件的相对密度达到 99.9%，对 Al_2O_3 陶瓷坯体进行热等静压处理，也可使最后制件的相对密度达到 96%～98%。

(3) 熔浸。前两种处理方法虽然能够提高制件的密度，但也会引起制件较大的收缩和变形。为获得足够的强度(或密度)，又希望收缩和变形很小，可采用熔浸的方法对激光选区烧结的坯体进行后处理。

熔浸是将金属或陶瓷制件与另一种低熔点的液体金属接触或浸埋在液态金属内，让金属填充制件内部的孔隙，冷却后得到致密的零件。熔浸过程依靠金属液在毛细管力作用下浸润零件实现，液态金属沿着颗粒向孔隙流动，直到完全填充孔隙为止。制件的致密化过程主要靠易熔成分从外面补充填满孔隙，而不是靠制件本身的收缩，因此，经过熔浸处理的零件基本上不产生收缩，得到的零件密度高，强度大，尺寸变化小。

(4) 浸渍。浸渍和熔浸相似，所不同的是浸渍是将液态非金属物质浸入多孔的激光选区烧结坯体的孔隙内。和熔浸相似，经过浸渍处理的制件尺寸变化很小。浸渍后坯体零件的干燥过程中，温度、湿度、气流等对干燥后坯体的质量有很大的影响。干燥过程控制不好，会导致坯体开裂，严重影响零件的质量。

3) 工艺参数的影响

SLS 的工艺参数主要包括铺粉层厚、预热温度、激光功率、光斑直径、扫描速度、扫描方向等。对于后处理工艺过程，工艺参数还包括后处理的温度和时间。零件成形质量主要由零件的强度、密度和精度来衡量。

(1) 激光能量与扫描速度。成形零件的致密度和强度随着激光输出能量的加大而增高，随着扫描速度的增大而变小。低的扫描速度和高的激光能量能达到较好的烧结结果，这是由于瞬间高的能量密度使粉末材料的温度升高、熔化，导致大量的液相生成，同时高的温度也使熔化液相的黏度降低，流动性增强，能更好地浸润固相颗粒，从而有利于烧结成形，而且提高了成形零件的性能。但高的激光能量密度也会在成形零件内部产生大的应力。

(2) 预热温度与铺粉层厚。粉末的预热能明显地改善成形制品的性能质量。但是预热温度最高不能超过粉末材料的最低熔点或塑变温度。铺粉层厚是由模型切片的厚度参数控制的，最小的层厚是由粉末材料的颗粒尺寸大小决定的。薄的铺粉层能提高烧结的质量，改善制品的致密度，但薄的铺粉层会使激光能量对先前烧结层产生大的影响。

直接烧结成形出高性能的金属或陶瓷零件是 SLS 的发展目标，但目前与理想要求还有一定距离。现阶段的应用，大多采用金属、陶瓷粉末与黏结剂混合的方法，对后处理工艺有着很高的要求。采用低熔点材料与高熔点材料混合液相烧结的方法，能进一步提高成形制品的功能。

3. 成形材料

激光烧结成形对材料的作用本质上是一种热作用。理论上讲，所有受热后能相互黏接的粉末材料或表面覆有热塑(固)性黏结剂的粉末都能用作烧结材料。但要真正适合烧结，要求粉末材料有良好的热塑(固)性和一定的导热性，且粉末经激光束烧结后要有足够的黏结强度。粉末材料的粒度不宜过大，其粒径一般要求小于 0.15mm，否则会降低成形件质量。烧结材料还应有较窄的“软化—固化”温度范围，该温度范围较大时，制件的精度会受影响。

对于直接用作功能零件或模具的原型，其力学性能和物理性能（强度、刚性、热稳定性、导热性及加工性能）应能满足使用要求。当用覆膜砂或覆膜陶瓷粉制作铸造型芯时，还要求材料有较小的发气性及其与涂料良好的涂挂性等，以利于浇注合格的铸件。

目前用于激光选区烧结的材料主要有以下几种。

(1) 高分子粉末材料。经常使用的材料有聚碳酸酯(PC)、聚苯乙烯粉(PS)、ABS、尼龙(PA)、尼龙与玻璃微球的混合物、蜡粉等。应用于精密铸造金属零件时，所采用的高分子基体材料要求在中、低温易于流动或者易于热分散。已商品化的SLS高分子粉末材料有：①DuraForm PA（尼龙粉末，美国DTM），热稳定性、化学稳定性优良；②DuraForm GF（添加玻璃珠的尼龙粉末，美国DTM），热稳定性、化学稳定性优良，尺寸精度很高；③Polycarbonate（聚碳酸酯粉末，美国DTM），热稳定性良好，可用于精密铸造；④Cast-Form（聚苯乙烯粉末，美国DTM），需要用铸造蜡处理，以提高制件的强度和表面粗糙度，完全与失蜡铸造工艺兼容；⑤Somos 201（弹性体高分子粉末，DSM Somos），类似橡胶产品，具有很高的柔性。

(2) 金属粉末材料。金属基合成材料的硬度高，有较高的工作温度，可用于复制高温模具。常用的金属基合成材料是由以下几种材料组合而成的：①金属粉，使用的金属粉末主要是不锈钢粉末、还原铁粉、铜粉、锌粉、铝粉等；②黏结剂，主要是高分子材料，一般多为有机玻璃粉(PMMA)、聚甲基丙烯酸丁酯(PBMA)、环氧树脂和其他易于热降解的高分子共聚物。金属粉末材料分为直接成形金属粉末材料和间接成形金属粉末材料两种。已商品化的间接成形金属粉末材料有：①LaserFormST-100（包裹高分子材料的不锈钢粉末，美国DTM）；②Rapid Steel2.0（包裹高分子材料的金属粉末，美国DTM）；③Copper Polyamide（铜/尼龙复合粉末）。已商品化的直接成形金属粉末材料为德国EOS的DirectSteel 20-V1（混合有其他金属粉末的钢粉末）。

金属粉末的制取越来越多地采用雾化法。主要有两种方式：离心雾化法和气体雾化法。它们的主要原理是使金属熔融，高速将金属液滴甩出并急冷，随后形成粉末颗粒。

(3) 陶瓷粉末材料。与金属基合成材料相比，陶瓷粉末材料有更高的硬度和更高的工作温度，也可用于复制高温模具。由于陶瓷粉末的熔点很高，所以在采用SLS方法烧结陶瓷粉末时，在陶瓷粉末中加入低熔点的黏结剂。激光烧结时首先将黏结剂熔化，然后通过熔化的黏结剂将陶瓷粉末黏接起来而成形，最后通过后处理来提高陶瓷零件的性能。目前常用的陶瓷粉末有Al_2O_3、SiC、ZrO_2等，其黏结剂有无机黏结剂、有机黏结剂和金属黏结剂3种。

(4) 覆膜砂粉末材料。应用于SLS技术的覆膜砂表面都涂覆有黏结剂，用得较多的为低分子量酚醛树脂。已商品化的覆膜砂粉末材料如下：①SandFonn Si（高分子裹覆的石英砂粉末，美国DTM）；②SandFormZR Ⅱ（高分子裹覆的钻石粉末，美国DTM）；③EOSINT-S700（高分子覆膜砂，德国EOS）。覆膜砂主要用于制作精度要求不高的原型件。

4. 选区激光烧结成形系统

图3-5所示为北京隆源公司的AFS-500激光快速成形机外形。表3-1所列为其基本参数。图3-6所示为激光烧结成形件。

表 3-1 AFS-500 基本参数

成形室体积	125L(500mm×500mm×500mm) 101L(450mm×450mm×500mm)
激光功率	CO_2 射频 50W
分层厚度	0.08～0.3mm
扫描速度	4000mm/s
成形速度	80～120cm³/h
控制系统	奔腾工控机,即时主流配置
操作系统	Windows NT/2000/XP
数据处理软件	Magics RP(Materialise)
运行环境	380V 50Hz±2% 8kW 18～30℃ RH≤90%
设备外型	2860mm×1210mm×2180mm

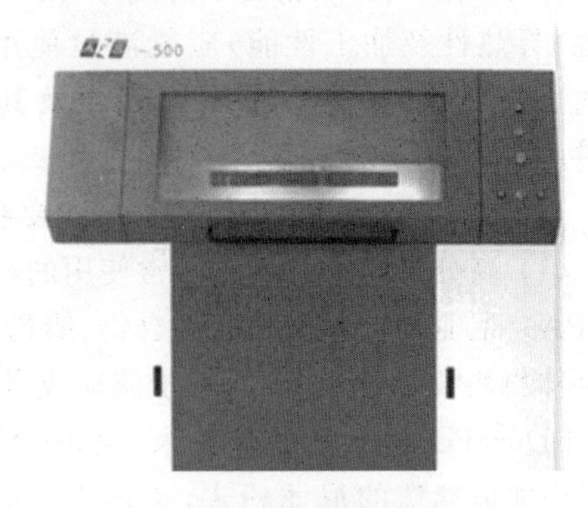

图 3-5 北京隆源公司 AFS-500 激光快速成形机

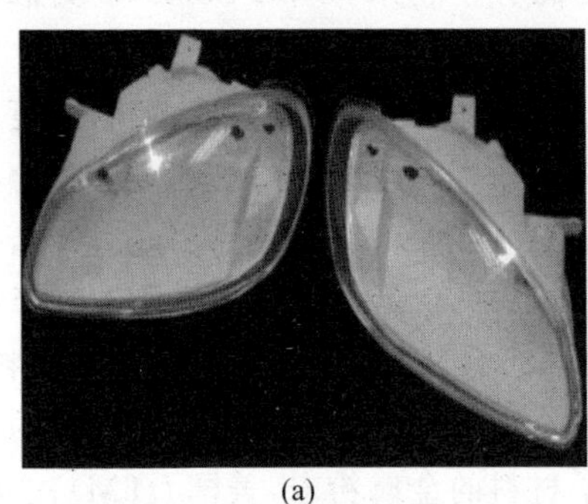
(a)

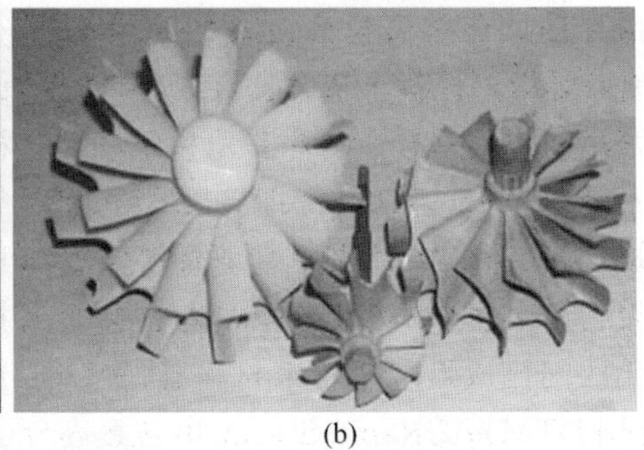
(b)

图 3-6 激光烧结成形件

选区激光烧结快速成形系统一般由主机、控制系统和冷却器 3 部分组成。

1) 主机

主机主要由成形工作缸、废料桶、铺粉辊装置、送料工作缸、激光器、振镜式动态聚焦扫描系统、加热装置、机身与机壳等组成。

零件在成形工作缸中成形,工作缸每次下降的距离即为层厚。零件加工完后,缸升起,以便取出制件和为下一次加工作准备。工作缸的升降由电动机通过滚珠丝杆驱动。废料桶用于回收铺粉时溢出的粉末材料。铺粉辊装置用于把粉末材料均匀地铺平在工作缸上。送料工作缸提供烧结所需的粉末材料。激光器提供烧结粉末材料所需的能源。目前用于固态粉末烧结的激光器主要有两种,CO_2 激光器和 Nd:YAG 激光器。CO_2 激光器的波长为 10.6μm,Nd:YAG 激光器的波长为 1.06μm。选用何种激光器取决于固态粉末材料对激光束的吸收情况。一般金属和陶瓷粉末的烧结选用 Nd:YAG 激光器,而塑料粉末的烧结采用 CO_2 激光器。振镜式动态聚焦扫描系统由 XY 扫描头和动态聚焦模块组成。XY 扫描头上的两个镜子在伺服电动机的控制下,把激光束反射到工作面预定的 X、Y 坐标点上。动态聚焦模块通过伺服电动机调节 Z 方向的焦距,使反射到 X、Y 坐标点上的激光束始终聚焦在同一平面上。动态聚焦扫描系统和激光器的控制始终是同步的。加热装置给送料装置和工作缸中的粉末提供预加热,以减少激光能量的消耗和零件烧结过程中的翘曲变形。机身和机壳给整个快速成形系统提供机械支撑和所需的工作环境。

2）控制系统

计算机控制系统主要由计算机、应用软件、传感检测单元和驱动单元组成。应用软件一般包括切片模块、数据处理模块、工艺规划模块和安全监控模块。传感检测单元包括温度、氮气浓度和工作缸升降位移传感器。温度传感器用来检测工作腔和送料筒粉末的预热温度，以便进行实时控制。氮气浓度传感器用来检测工作腔中的氮气浓度，以便使其控制在预定的范围内，防止零件加工过程中的氧化。驱动单元主要控制各种电动机完成铺粉辊的平移和自转、工作缸的上下升降和振镜式动态聚焦扫描系统 X、Y、Z 轴的驱动。

3）冷却器

冷却器由可调恒温水冷却器及外管路组成，用于冷却激光器，以提高激光能量的稳定性。

5. 选区激光烧结工艺特点

（1）可采用多种材料。从原理上说，这种方法可采用加热时黏度降低的任何粉末材料，通过不同材料或各类含黏结剂的涂层颗粒，满足各类需要。用蜡可以制造精密铸造用蜡模，用热塑性塑料可以制造消失模，用陶瓷可以制造铸造型壳、型芯和陶瓷构件，用金属可以制造金属结构件。

（2）成本较低，制造工艺比较简单，适应面广。激光选区烧结工艺无需加支撑，因为没有被烧结的粉末起到了支撑的作用。按采用的原料不同可以直接生产复杂形状的原型零件、型模、三维构件等。

（3）高精度。具体的精度依赖于材料种类和粒径、产品的几何形状和复杂程度。

（4）成形速度较慢，成形件结构一般较疏松、多孔，表面质量不高，强度较低。

选区激光烧结一般只适用于中小件的快速成形。

3.2.3 熔融沉积制造

熔融沉积制造（Fused Deposition Modeling，FDM），又称丝状材料选择性溶覆、熔融挤出成模，由美国学者 Scott Crump 博士于 1988 年研制成功，并由美国 Stratasys 公司推出商品化的机器。

1. 工艺原理

FDM 工艺是利用热塑性材料的热熔性、黏结性，在计算机控制下层层堆积成形。如图 3－7 所示，加热喷头在计算机的控制下，可根据截面轮廓的信息，作 $X-Y$ 平面运动和高度 Z 方向的运动。丝状热塑性材料（如 ABS 及 MABS 塑料丝、蜡丝、聚烯烃树脂、尼龙丝、聚酰胺丝）由供丝机构送至喷头，并在喷头中加热至熔融态，然后被选择性地涂覆在工作台上，快速冷却后形成截面轮廓。一层截面完成后，喷头上升一截面层的高度，再进行下一层的涂覆。如此循环，最终形成三维产品。

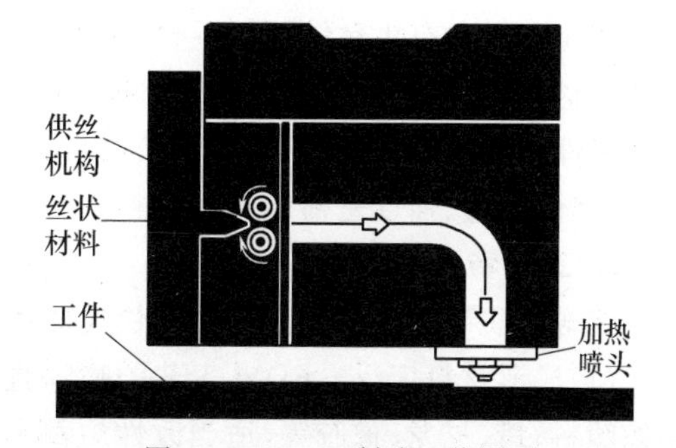

图 3－7　FDM 制造工艺原理

FDM 工艺的关键是用液化器代替了

激光器，保持半流动成型材料刚好在凝固点之上，通常控制在比凝固温度高 1 ℃左右。FDM 喷头受水平分层数据控制，当它沿着 XY 方向移动时，半流动融丝材料从 FDM 喷头挤压出来，很快凝固，形成精确的层，每层厚度范围为 0.025～0.762mm。

2. 成形材料

FDM 工艺对成形材料的要求是熔融温度低、黏度低、黏结性好、收缩率小。影响材料挤出过程的主要因素是黏度。材料的黏度低、流动性好，阻力就小，有助于材料顺利地挤出。材料的流动性差，需要很大的送丝压力才能挤出，会增加喷头的启停响应时间，从而影响成形精度。

熔融温度低对 FDM 工艺的好处是多方面的。熔融温度低可以使材料在较低的温度下挤出，有利于提高喷头和整个机械系统的寿命；可以减少材料在挤出前后的温差，减少热应力，从而提高原型的精度。

黏结性主要影响零件的强度。FDM 工艺是基于分层制造的一种工艺，层与层之间往往会是零件强度最薄弱的地方，黏结性好坏决定了零件成形以后的强度高低。黏结性过低，有时在成形过程中由于热应力就会造成层与层之间的开裂。零件的黏结从理论上主要有两种方式，液固黏结和液液黏结。液固黏结是指从喷头挤出的丝，浸润在上一层已经固化的丝上，黏结在一起，这种方式的黏结对材料的黏结性要求比较高；液液黏结是指从喷头挤出的丝将上一层的丝重新熔化，依靠同种材料本身的亲和性黏结在一起，这种方式黏结强度较高，但是会对造型精度造成不利的影响。

收缩率在很多方面影响零件的成形精度。由于在挤出时，喷头内部需要保持一定的压力才能将材料顺利地挤出，丝在挤出后一般会发生一定程度的膨胀。如果材料收缩率对压力比较敏感，会造成喷头挤出的丝直径与喷嘴的名义直径相差太大，影响材料的成形精度。FDM 成形材料的收缩率对温度不能太敏感。由于 FDM 工艺一般在 80～120℃时进行，材料的收缩率必然会引起尺寸误差，同时会产生热应力，严重时会使零件翘曲、开裂。

FDM 工艺选用的材料为丝状热塑性材料，常用的有石蜡、塑料、尼龙丝等低熔点材料和低熔点金属、陶瓷等的线材或丝材。在熔丝线材方面，主要材料是 ABS、人造橡胶、铸蜡和聚酯热塑性塑料。目前用于 FDM 的材料主要是美国 Stratasys 的丙烯腈－丁二烯－苯乙烯聚合物细丝（ABS P400）、甲基丙酸烯－丙烯腈－丁二烯－苯乙烯聚合物细丝（ABSi P500，医用）、消失模铸造蜡丝（ICW06 wax）、塑胶丝（Elastomer E20）。

采用 FDM 工艺制备陶瓷件的工艺称为 FDC（Fused Deposition of Ceramics）。这种工艺将陶瓷粉和有机黏结剂相混合，用挤出机或毛细管流变仪做成丝后作为 FDM 设备的成形材料，用于制造陶瓷件生坯，通过黏结剂的去除和陶瓷生坯的烧结得到较高致密度的陶瓷件。适用于 FDC 工艺的丝状材料必须具备一定的热性能和力学性能。黏度、黏结性能、弹性模量、强度是衡量丝状材料的 4 个要素。

3. 工艺特点

熔融沉积制造工艺作为非激光快速原型制造系统，具有以下优点。

（1）成形材料广泛。FDM 工艺的喷嘴直径一般为 0.1～1mm，所以，一般的热塑性材料如塑料、蜡、尼龙、橡胶等，适当改性后都可用于熔融沉积工艺。同一种材料可以做出不同的颜色，用于制造彩色零件。该工艺也可以堆积复合材料零件，如把低熔点的蜡或塑料熔融时与高熔点的金属粉末、陶瓷粉末、玻璃纤维、碳纤维等混合成为多相成形材料。可成形材料的广泛性是导致熔融沉积技术快速发展的根本原因。

(2)成本低。熔融沉积造型技术用液化器代替了激光器,相比其他使用激光器的工艺方法,制作费用大大减低。使用、维护简单。

(3)成形过程对环境无污染。FDM 工艺所用的材料一般为无毒、无味的热塑性材料,因此对周围环境不会造成污染。设备运行时噪声也很小。

由于上述优点,FDM 工艺应用广泛,且发展迅速。用蜡成形的零件原型,可以直接用于失蜡铸造。用 ABS 工程塑料制造的原型,具有较高强度,在产品设计、测试与评估等方面得到广泛应用。FDM 系统不仅应用于工业场合,而且是办公室环境的理想桌面制造系统。

熔融沉积制造存在的问题:只适合成形中、小塑料件;成形件的表面有较明显的条纹,质量不如 SL 成形件好;沿成形轴垂直方向的强度比较弱,需设计、制作支撑结构;需对整个截面进行扫描涂覆,成形时间较长,为此,可采用多个热喷头,同时进行涂覆,以便提高成形效率。

3.2.4 分层实体制造

分层实体制造(Laminated Object Manufacturing,LOM)又称叠层实体制造或薄形材料选择性切割,由美国 Helisys 公司的 Michael Feygin 于 1986 年研制成功,并推出商品化的机器 LOM-1050 和 LOM-2030 等。

1. 工艺原理与过程

分层实体制造工艺采用薄片材料,如纸、塑料薄膜等。片材表面事先涂覆上一层热熔胶。图 3-8 为 LOM 工艺原理图。加工时,热压辊热压材料,使之与下面已成形的工件黏结。用 CO_2 激光器在刚黏结的新层上切割出零件截面轮廓和工件外框,并在截面轮廓与外框之间多余的区域内切割出上下对齐的网格;激光切割完成后,工作台带动已成形的工件下降,与带状片材(料带)分离;供料机构转动收料轴和供料轴,带动料带移动,使新层移到加工区域;工作台上升到加工平面;热压辊热压,工件的层数增加一层,高度增加一个料厚;再在新层上切割截面轮廓。如此反复直至零件的所有截面切割、黏结完,最后将不需要的材料剥离,得到三维实体零件。图 3-9 所示为 LOM 工艺的基本过程。

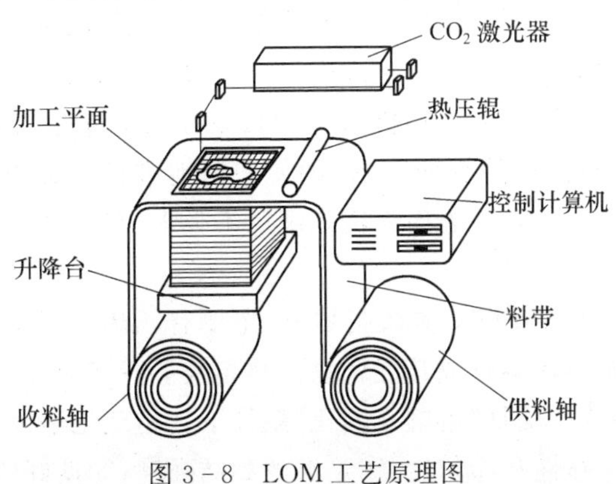

图 3-8 LOM 工艺原理图

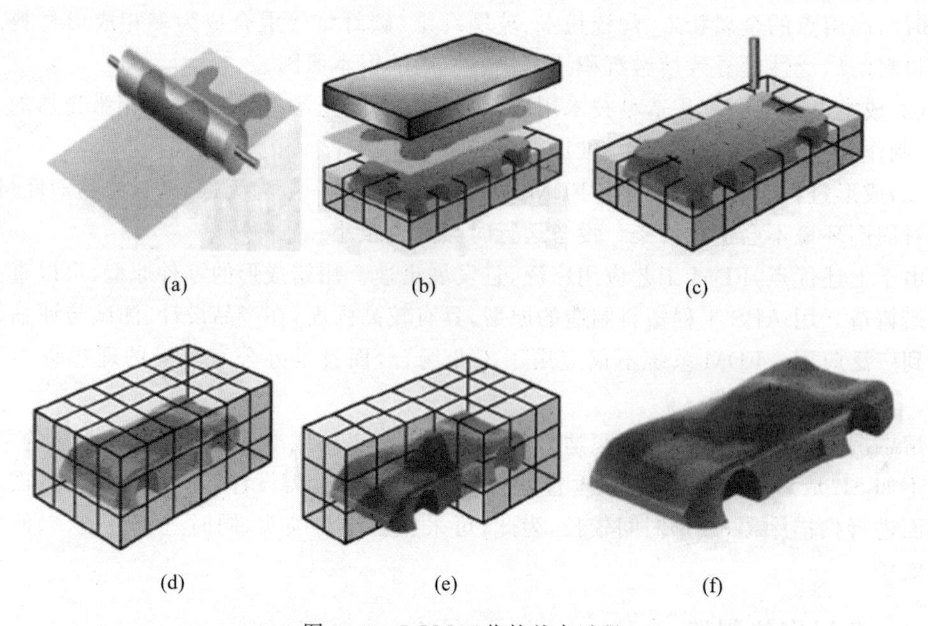

图 3-9　LOM 工艺的基本过程

(a)铺纸;(b)压紧黏合;(c)切割轮廓线;(d)切割完成;(e)剥离;(f)最终原型件。

将废料剥离后,需将原型件抛光、涂漆,以防零件吸潮变形,同时也得到一个美观的外表。LOM 工艺多余材料的剥落是一项较为复杂而细致的工作。

2. 成形材料

分层实体制造中的成形材料为涂有热熔胶的薄层材料,层与层之间的黏结是靠热熔胶保证的。LOM 材料一般由薄片材料和热熔胶两部分组成。

1) 薄片材料

根据对原型件性能要求的不同,薄片材料可分为:纸片材、金属片材、陶瓷片材、塑料薄膜和复合材料片材。对基体薄片材料有如下性能要求:①抗湿性(保证原料不会因时间长而吸水,可用纸的施胶度表示);②良好的浸润性(保证良好的涂胶性能);③抗拉强度(保证在加工过程中不被拉断);④收缩率小(保证热压过程中不会因部分水分损失而导致变形,可用伸缩率表示);⑤剥离性能好,表面光滑并有较好的稳定性。

纸片材应用最多。这种纸由纸质基底和涂覆的黏结剂、改性添加剂组成,成本较低。KINERGY 公司生产的纸材采用了熔化温度较高的黏结剂和特殊的改性添加剂,成形的制件坚如硬木,表面光滑,有的材料能在 200℃ 下工作,制件的最小壁厚可达 0.3～0.5mm,成形过程中只有很小的翘曲变形,即使间断地进行成形也不会出现不黏结的裂缝,成形后工件与废料易分离,经表面涂覆处理后不吸水,有良好的稳定性。

2) 热熔胶

用于 LOM 纸基的热熔胶按基体树脂划分,主要有乙烯－醋酸乙烯酯共聚物型热熔胶、聚酯类热熔胶、尼龙类热熔胶或其混合物。热熔胶要求有如下性能:①良好的热熔冷固性能(室温下固化);②在反复"熔融－固化"条件下其物理化学性能稳定;③熔融状态下与薄片材料有较好的涂挂性和涂匀性;④足够的黏结强度;⑤良好的废料分离性能。

目前,EVA 型热熔胶应用最广。EVA 型热熔胶由共聚物 EVA 树脂、增黏剂、蜡类和抗氧剂等组成。增黏剂的作用是增加对被黏物体的表面黏附性和胶接强度。随着增黏剂用量增加,流动性、扩散性变好,能提高胶接面的润湿性和初黏性。但增黏剂用量过多,胶层变脆,内聚强度下降。

蜡类也是EVA型热熔胶配方中常用的材料。在配方中加入蜡类,可以降低熔融黏度,缩短固化时间,可进一步改善热熔胶的流动性和润湿性,可防止热熔胶存放结块及表面发粘,但用量过多,会使胶接强度下降。

为了防止热熔胶热分解、胶变质和胶接强度下降,延长胶的使用寿命,一般加入0.5%～2%的抗氧剂。为了降低成本,减少固化时的收缩率和过度渗透性,有时加入填料。

热熔胶涂布可分为均匀式涂布和非均匀涂布两种。均匀式涂布采用狭缝式刮板进行涂布,非均匀涂布有条纹式和颗粒式。一般来讲,非均匀涂布可以减少应力集中,但涂布设备比较贵。

LOM原型的用途不同,对薄片材料和热熔胶的要求也不同。当LOM原型用作功能构件或代替木模时,满足一般性能要求即可。若将LOM原型作为消失模进行精密熔模铸造,则要求高温灼烧时LOM原型的发气速度较小,发气量及残留灰分较少等。而用LOM原型直接作模具时,还要求片层材料和黏结剂具有一定的导热和导电性能。

3. 工艺特点

与其他快速成形工艺方法相比,分层实体成形方法具有以下优点。

(1) 制件精度高(小于0.15mm)。这是因为在薄形材料选择性切割成形时,在原材料中,只有极薄的一层胶发生状态变化,即由固态变为熔融态,而主要的基底材料仍保持固态不变,因此翘曲变形较小,无内应力。

(2) 分层实体制造中激光束只需按照分层信息提供的截面轮廓线切割而无需对整个截面进行扫描,且无需设计和制作支撑,所以制作效率高、成本低。结构制件能承受高达200℃的温度,有较高的硬度和较好的机械性能,可进行各种切削加工。

缺点:由于材料质地原因,加工的原型件抗拉性能和弹性不高;易吸湿膨胀,需进行表面防潮处理;薄壁件、细柱状件的废料剥离比较困难;工件表面有台阶纹,需进行打磨处理。

LOM成形件主要用于以下几个方面。

(1) 直接制作纸质功能制件,用作新产品开发中工业造型的外观评价、结构设计验证。

(2) 利用材料的黏结性能,可制作尺寸较大的制件,也可制作复杂薄壁件。

(3) 通过真空注塑机制造硅橡胶模具,试制少量新产品。

(4) 快速制模:①采用薄材叠层制件与转移涂料技术制作铸件和铸造用金属模具;②采用薄材叠层方法制作铸造用消失模;③制造石蜡件的蜡模、熔模精密铸造中的消失模(用环氧树脂和金属粉末制作出铸造用石蜡铸型的模具,这种模具能够承受60℃以上的温度,适于批量加工石蜡模型)。

由于作为LOM工艺主要材料的纸性能一直没有提高,以至该工艺逐渐走入没落,大部分厂家已经或准备放弃该工艺。目前,以金属薄板为基体材料的金属零件的LOM工艺也在研究和完善之中。

3.2.5 其他快速成形制造工艺

1. 三维打印

三维打印(Three Dimension Printing,3DP)或称为三维印刷、粉末材料选择性黏结。前述的FDM工艺也可制作三维打印机。3DP与SLS工艺类似,采用粉末材料成形,如陶瓷粉末、金属粉末。所不同的是材料粉末不是通过烧结连接起来的,而是通过喷头用黏结剂(如硅胶)将零件的截面“印刷”在材料粉末上面。用黏结剂粘接的零件强度较低,还须后处理。先烧掉黏结剂,然后在高温下渗入金属,使零件致密化,提高强度。

3DP工艺的特点是成形速度快,成形材料价格低,非常适合做桌面型的快速成形设备。并且可以在黏结剂中添加颜料,制作彩色原型,这是该工艺最具竞争力的特点之一,有限元分析模型和多部件装配体非常适合用该工艺制造。其缺点是成形件的强度较低,只能做概念原型使用,而不能做功能性实验。

三维打印快速成形机的成形源为喷头,喷头可以做 $X-Y$ 平面运动,工作台做 Z 方向的垂直运动。喷头吐出的材料不是墨水,而是熔化的热塑性材料、蜡或黏结剂等。三维打印快速成形机主要有三维喷涂黏结(也称粉末材料选择性黏结)和喷墨式三维打印两类。

三维喷涂黏结采用的原材料包括陶瓷、金属、塑料的粉末,也可以直接逐层喷陶瓷粉浆,技术关键是配制合乎要求的黏结剂。首先铺粉或薄层基底(如纸张),利用喷嘴将液态黏结剂喷在预先铺好粉层或薄层上的特定区域,如图3-10所示。上一层黏结完毕后,成形缸下降一个距离(等于层厚:0.013~0.1mm),供粉缸上升一高度,推出若干粉末,并被铺粉辊推到成形缸,铺平并被压实。喷头在计算机控制下,按照下一截面的成形数据有选择地喷射黏结剂建造层面。铺粉辊铺粉时多余的粉末被集粉装置收集。如此周而复始地送粉、铺粉和喷射黏结剂,最终完成一个三维粉体的黏结。未被喷射黏结剂的地方为干粉,在成形过程中起支撑作用,且成形结束后,比较容易去除。

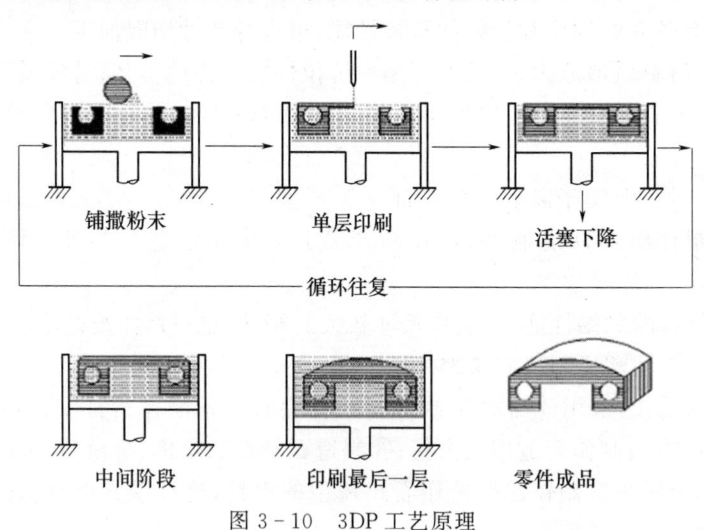

图3-10 3DP工艺原理

图3-11所示为美国Z Corporation公司的Z406成形机外形。

喷墨式三维打印机采用FDM工艺原理,一般采用多个喷嘴。如美国Stratasys公司推出Dimension系列打印机(图3-12),能完成设计方案的三维打印,材料为ABSplus塑料。所制作出的模型强度更高，已经基本达到注塑模型件的水平。拥有这种成形机后，无需求助专门的快速成形服务公司或快速成形实验室，产品设计人员自己在办公室内就能又快又省地制作验证概念设计。

图 3-11　Z406 成形机

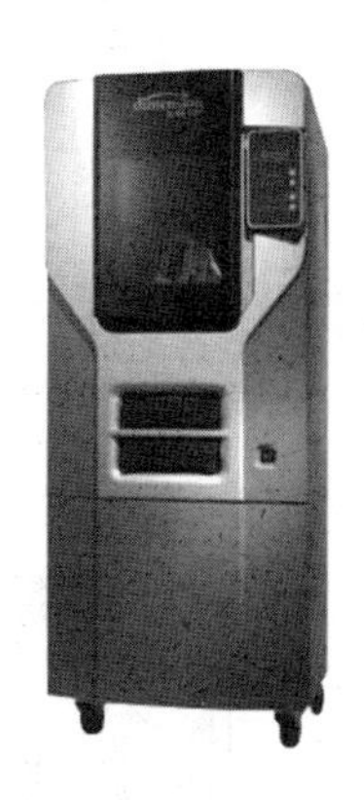

图 3-12　Dimension BST 1200es 三维打印机

2. 掩膜光刻

大规模集成电路发展的关键是以光刻技术为核心的微细加工技术。掩膜光刻技术是立体光刻成形技术的扩展。它摒弃了立体光刻成形技术中以激光束直接在树脂液面扫描成形的方法，而是使激光束或 X 射线通过一个可编程的光掩膜，照射树脂成形。光掩膜上的图形是掩膜机在模型片层参数的控制下，利用电传照相技术在平板玻璃上调色或静电喷涂制成的原型零件截面图形。掩膜表面可透过激光或 X 射线。最终制成零件的对应光刻胶实体，再经过电铸处理形成零件的反模，然后经过充模、脱模处理形成零件的模具，最后经电铸制成相应的零件。掩膜光刻技术采用 2000W 高能紫外激光器，成形速度快，可以省去支撑结构。详细原理见第 5 章。

这一技术的主要优点：①使用的材料广泛，可以是金属、陶瓷、玻璃及聚合物；②可以加工任意复杂的图形结构；③可以制作有较大高宽比的微细元件；④加工精度高，可以达到亚微米；⑤由于采用了铸模复制技术，能够达到工业化批量生产，成本低。

3. 无模铸型制造工艺

无模铸型制造（Patternless Casting Manufacturing，PCM）工艺，将快速成形技术应用到传统的树脂砂铸造工艺中。PCM 工艺也是基于快速成形技术的离散/堆积成形原理，但它是一种完全不同于传统铸型制造工艺的造型方法。

PCM 工艺的基本原理如图 3-13 所示。首先从零件 CAD 模型得到铸型 CAD 模型。由铸型 CAD 模型的 STL 文件分层，得到截面轮廓信息，再以层面信息产生控制信息。造型时，第一个喷头在每层铺好的型砂上由计算机控制精确地喷射黏结剂，第二个喷头再沿同样的路径喷射催化剂，两者发生交联反应，一层层固化型砂而堆积成形。黏结剂和催化剂共同作用的地方型砂被固化在一起，其他地方型砂仍为颗粒态。固化完一层后再黏结下一层，所有的层黏结完之后就得到一个空间实体。原砂在黏结剂没有喷射的地方仍是干砂，比较容易清除。清理出中间未固化的干砂就可以得到一个有一定壁厚的铸型，在砂型的内表面涂敷或浸渍涂料之后就可浇注金属。

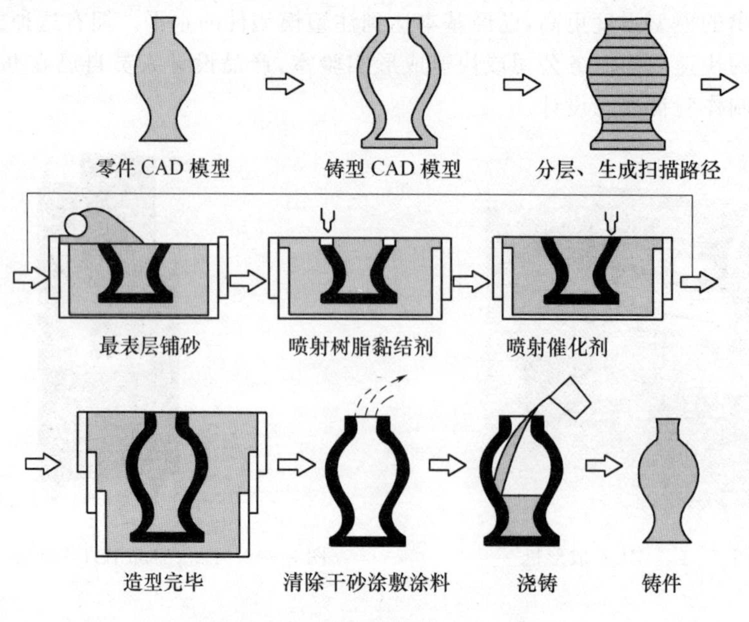

图 3-13　无模铸型制造工艺原理

该工艺具有如下优点：制造时间短；成本低；无需木模；一体化造型，型、芯同时成形；无拔模斜度；可制造含自由曲面(曲线)的铸型。

除了上述成形工艺之外，一些研究者还提出并实践了诸如多相组织的沉积型制造、三维焊接成形、基于活性气体分解沉淀的成形以及减式成形等快速成形技术。快速成形技术正在向着多种材料复合成形、降低成本、提高效率、简化工艺，以及提高成形件的精度、表面质量、力学和物理性能的方向发展。

3.3　快速成形技术中的数据处理

快速成形技术中数据处理的主要任务是从产品 CAD 模型或其他模型经过分层、填充，产生工艺加工信息的层片文件，数据流程如图 3-14 所示。这个层片文件可以通过转换生成可供数控加工的 NC 代码文件。加工路径既可以直接从三维数据获得，也可以经三维数据网格化得到 STL 模型之后获得。

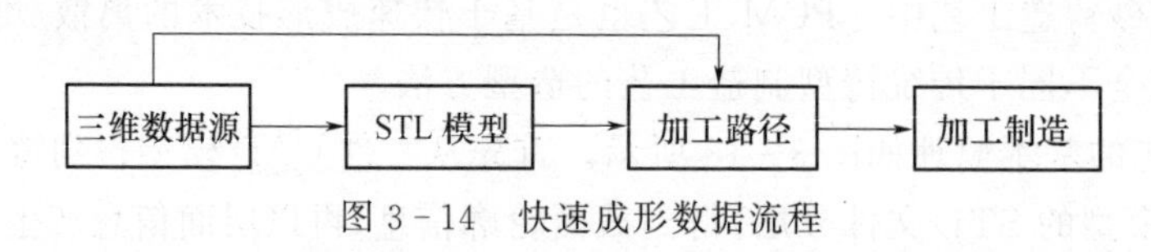

图 3-14　快速成形数据流程

3.3.1　快速成形技术中的数据来源

快速成形的三维数据主要来源于三维 CAD 系统和反求工程。

1. 三维 CAD

这是一种最重要也是应用最为广泛的数据来源。由三维 CAD 软件生成产品的曲面模型或实体模型，将 CAD 模型转化为三角网格模型(STL 模型)，然后分层得到加工路径。或者对模型直接分层得到精确的截面轮廓,再生成加工路径。

三维模型的形体表达方法,常见的有以下几种。

(1) 构造实体几何法(Constructive Solid Geometry,CSG)。又称为积木块几何法(Building-Block Geometry),这种方法用布尔运算法则(并、交、减)将一些较简单的体元(如立方体、圆柱体、环锥体)进行组合,得到复杂形状的三维模型实体。优点是数据结构比较简单,无冗余的几何信息,所得到的实体真实有效,并且能方便地进行修改。缺点是可用于产生和修改实体的算法有限,构成图形的计算量很大,比较费时间。

(2) 边界表达法(Boundary Representation,B-Rep 法)。边界表达法根据顶点、边和面构成的表面来精确地描述三维模型实体。这种方法的优点是,能快速地绘制立体或线框模型。缺点是数据以表格形式出现,空间占用量大;修改设计不如 CSG 法简单,例如要修改实心立方体上的一个简单孔的尺寸,必须先用填实来删除这个孔,然后才能绘制一个新孔;所得到的实体不一定总是真实有效,可能出现错误的孔洞和颠倒现象;描述不一定总是唯一。

(3) 参数表达法(Parametric Representation)。对于自由曲面,难以用传统的体元来进行描述,可用参量表达法。这类方法借助参数化样条、贝塞尔(Bezier)曲线和 B 样条曲线来描述自由曲面,它的每一个 X、Y、Z 坐标都呈参数化形式。各种参数表达法的差别仅在于对曲线的控制水平,即局部修改曲线而不影响临近部分的能力,以及建立几何模型的能力。其中较好的一种是非均匀有理 B 样条(NURBS)法,它能表达复杂的自由曲面,允许局部修改曲率,能准确地描述体元。

(4) 单元表达法(Cell Representation)。单元表达法起源于分析(如有限元分析)软件,在这些软件中,要求将表面离散成单元。典型的单元有三角形、正方形和多边形。在快速成形技术中采用的三角形近似(将三维模型转化成 STL 格式文件),就是一种单元表达法在三维表面的应用形式。

用于构造三维模型的计算机辅助设计软件应有较强的三维造型功能,主要是实体造型(Solid Modeling)和表面造型(Surface Modeling)功能,后者对构造复杂的自由曲面有重要作用。快速成形行业中常用的三维 CAD 软件系统,主要有 UG、Pro/E、CADDS5、I-DEAS等,这些软件系统在产品几何造型、运动分析、计算分析、数控编程及绘图方面的功能都很强。

2. 反求工程

传统的产品设计流程是一种正向的顺序模式,即从市场需求抽象出产品的功能描述(规格及预期指标),然后进行概念设计,在此基础上进行总体及详细的零部件设计,制定工艺流程,设计工装夹具,完成加工及装配,通过检验及性能测试。这种模式的前提是已完成了产品的蓝图设计或其 CAD 造型。

然而在很多场合下设计的初始信息状态不是 CAD 模型,而是各种形式的物理模型或实物样件,若要进行仿制或再设计,必须对实物进行三维数字化处理,数字化手段包括传统测绘及各种先进测量方法,这一模式即为反求工程(Reverse Engineering,RE)。

反求工程中,准确、快速、完备地获取实物的三维几何数据,即对物体的三维几何形面进行三维离散数字化处理,是实现反求工程的重要步骤之一。物体三维几何形状的测量方法基本可分为接触式和非接触式两大类,而测量系统与物体的作用不外乎光、声、机、电等方式。常用的扫描机有传统的坐标测量机(Coordinate Measurement Machine,CMM)、激光扫描机(Laser Scanner,LS)、零件断层扫描机(Cross Section Scanner,CSS)等。反求工程软件有CopyCAD、Surface、Imageware、GeoMagic等。

除了上述两类数据之外,RP数据还可以来自于数学几何数据、医学体素数据以及直接的分层数据(例如地形学上的等高线等)。数学几何数据源自一些实验数据或数学公式,用快速成形制造把那些用数学公式或实验数据表达的曲面制作成看得见、摸得着的物理实体。医学体素数据指人体断层扫描获得的医学数据,这些数据都是真三维的,即物体的内部和表面都有数据,是通过人体断层扫描(Computed Tomography,CT)和核磁共振(Nuclear Magnetic Resonance,NMR)获得的。医学体素数据一般要经过三维重建才能进行加工。

3.3.2 STL数据格式

由于CAD系统众多,数据格式各不相同,CAD模型要能在快速成形系统中进行制造,必须进行数据转换。常用的转换格式有STL、IGES、VRML、CFL、CLI、SLC、PHGL、DXF-FS等。STL(Sterelithography)数据格式由美国3D Systems公司1988年开发,目前已成为快速成形领域的一种准标准数据格式,已被几乎所有的快速成形设备制造商及相关的CAD系统所接受。

1) STL文件

STL文件是将三维模型表面进行三角网格化获得的,这种三角网格化算法经常在有限元分析中使用。三角形的网格化就是用小三角形面片去逼近自由曲面,逼近的精度通常由曲面到三角形面的距离误差或者是曲面到三角形边的弦高差控制,如图3-15所示。误差越小,曲面越不规则,所需要的三角形面片的数目就越多,STL文件就越大。三角形面片数量越多,则近似程度越好,精度越高。用同一CAD模型生成两个不同的STL文件,精度高者可能要包含多达10万个三角形面片,文件达数兆,而精度低者可能只用几百个三角形面片。

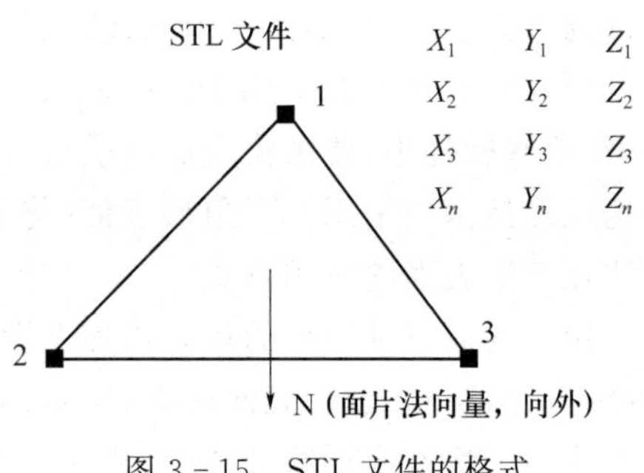

图3-15 STL文件的格式

每个三角形面片由三角形的3个顶点和指向模型外部的面片法向矢量组成,法向矢量用于指明材料包含在面片的哪一边。对于多个三角形相交于一点的情况,与此点有关的每个三角形面片都要记录该点。从整体上看,STL文件是由许多这样的三角形面片无序地排列集合而成的。

STL文件有两种数据格式:一种是ASCII格式;另一种是二进制格式。ASCII格式的文件易读,便于测试。二进制格式的文件小,约为ASCII格式的1/6,便于传输。二进制格式文件的前84个字节为头记录,其中80个字节用来描述零件名、作者姓名和一些有关文件的描述;4个字节说明三角形面片数。接下来对每个三角形面片用50个字节来存放三角形的法向量的X、Y、Z值和3个顶点的X、Y、Z坐标值,每个坐标值占用4个字节,共48个字节,最后2个字节以备特殊用途。

STL 文件具有如下优点。

(1) 数据格式简单,处理方便,与具体的 CAD 系统无关。几乎所有 CAD 软件均具有输出 STL 文件的功能,同时还可以控制输出的 STL 模型的精度。

(2) 对原 CAD 模型的近似度高。原则上,只要三角形的数目足够多,STL 文件就可以满足任意精度要求。

(3) 几乎任何三维几何模型都可以通过表面的三角化生成 STL 文件。面片模型可直接用于有限元分析。

(4) 具有简单的分层算法。由于 STL 文件数据简单,所以分层算法相对要简单得多。

(5) 模型易于分割。当成形的零件很大而难以在成形机上一次成形时,这时应该将模型分割为多个小的部分,分别制造,模型分割对于 STL 文件来说要相对简单得多。

STL 文件的缺点也是显而易见的。

(1) 近似性。STL 模型只是三维曲面的一个近似描述,造成了一定的精度损失。在 STL 文件中,顶点坐标都是单精度浮点型,而在原来的 CAD 模型中,顶点坐标一般都是双精度浮点型。STL 文件中的顶点坐标必须为正值,这样,当坐标值较大时,可能会造成较大的误差。

(2) 数据冗余。文件数据量大,特别是当近似程度较高时。三角形的每个顶点都分属于不同的三角形,所以同样的一个顶点在 STL 文件中重复存储多次。同时,三角形面片的法向量也是一个不必要的信息,因为它可以通过顶点坐标得到。

(3) 易产生裂缝、空洞、悬面、重叠面和交叉面等错误。

(4) 缺乏 CAD 设计的拓扑信息。STL 文件缺乏三角面片之间的拓扑信息,这经常造成信息处理和分层的低效。同时,经过 CAD 模型到 STL 模型的转换之后,丢失了公差、零件颜色和材料等的信息。

由于 CAD 软件和 STL 文件格式本身的缺陷,以及转换过程造成的问题,所产生的 STL 文件会产生一些错误,以至于不能正确描述零件的表面。在从 CAD 到 STL 转换时会有将近 70%的 STL 文件存在这样或那样的错误。如果对这些问题不做处理,会影响到后面的分层处理和扫描线处理等环节,产生严重的后果,所以,一般都要对 STL 文件进行检测和修复,然后再进行分层和路径规划。

2) STL 文件规范

用 STL 文件正确描述三维模型,必须遵守一定的规范。

(1) 共顶点规则。每相邻的两个三角形只能共享两个顶点,即一个三角形的顶点不能落在相邻的任何一个三角形的边上,如图 3-16 所示。

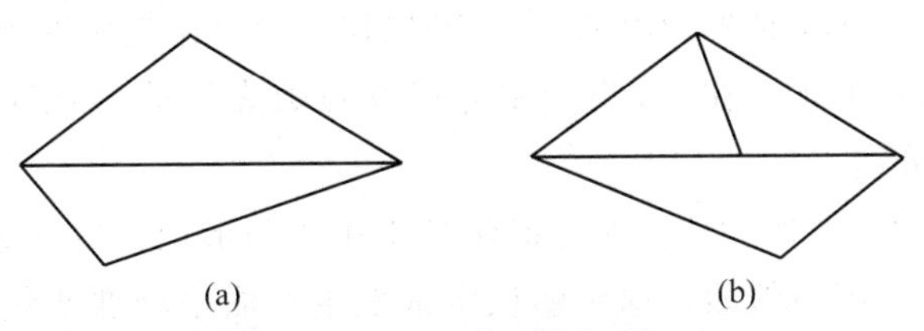

图 3-16　共顶点规则

(a)正确;(b)错误。

（2）取向规则。用平面小三角形中的顶点排序来确定其所表达的表面是内表面或外表面，逆时针的顶点排序表示该表面为外表面，顺时针的顶点排序表示该表面为内表面。根据小三角形顶点排列的顺序，用右手法则判断三角形平面法向量方向。

对于每个小三角形平面的法向量必须由内部指向外部，对于相邻的小三角形平面，不能出现取向矛盾。根据这个规则可判断，图 3-17(a)表示错误（法向量的取向矛盾）；图 3-17(b)表示正确。

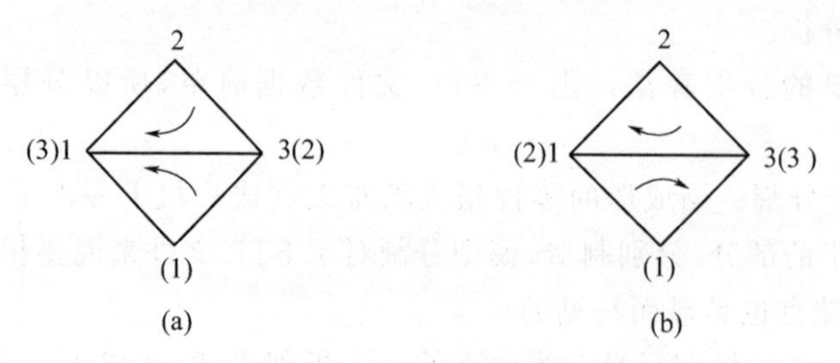

图 3-17　取向规则示例

(a)错误；(b)正确。

（3）充满规则。STL 格式文件不得违反充满规则，又称合法实体规则，即在三维模型的所有表面上，必须布满小三角形平面，不得有任何遗漏（即不能有裂缝或孔洞）；不能有厚度为零的区域；外表面不能从其本身穿过。

(4)取值规则。每个顶点的坐标值必须是非负的，即 STL 模型必须落在第一象限。

3）STL 文件缺陷分析

STL 文件结构简单，没有几何拓扑结构的要求，缺少几何拓扑上要求的健壮性，同时，由于一些三维 CAD 软件在三角形网格算法上存在缺陷，STL 文件常会发生如下错误。

（1）间隙（或称裂纹，孔洞）(图 3-18(a))。这主要是由于三角面片的丢失引起的。当 CAD 模型的表面有较大曲率的曲面相交时，在曲面的相交部分会出现丢失三角面片而造成孔洞的情形。

（2）法向量错误(图 3-18(b))。即三角形的顶点次序与三角形面片的法向量不满足右手规则。这主要是由于生成 STL 文件时顶点记录顺序的混乱导致外法向量计算错误。这种缺陷不会造成以后的切片和零件制作的失败，但是为了保持三维模型的完整性，必须加以修复。

（3）顶点错误(图 3-16)。三角形的顶点在另一个三角形的某条边上，使得两个以上的三角面片共用一条边，违背了 STL 文件的共顶点规则。

（4）重叠或分离错误(图 3-18(c))。重叠错误主要是由三角形顶点计算时的舍入误差造成的，由于三角形的顶点在 3D 空间中是以浮点数表示的，如果圆整误差较大，就会导致面片的重叠或分离。

（5）面片退化(图 3-18(d))。面片退化是指小三角形面片的 3 条边共线，三角形面片 ABC 已经退化成一条直线段。这种错误常常发生在曲率剧烈变化的两相交曲面的相交线附近，为了防止出现裂缝而添加的三角面片上，这主要是由于 CAD 软件的三角形网格化算法不完善造成的。

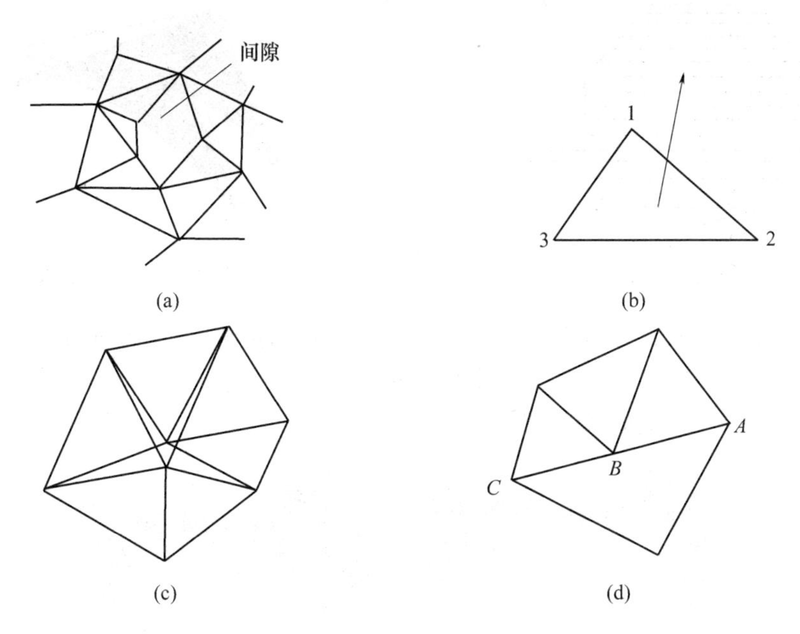

图 3-18　STL 文件缺陷

(a)间隙;(b)法向量错误;(c)重叠或分离错误;(d)面片退化。

(6) 拓扑信息的紊乱。这主要是由某些微细特征在三角形网格化时的圆整所造成的,图 3-19(a)中,直线段 AB 同时属于 4 个三角形面片,这显然违反了 STL 文件的规范;图 3-19(b)中,顶点位于某个三角形面片内;图 3-19(c)中,发生了面片重叠,这些都是 STL 文件不允许的。对于这样的情况,STL 文件必须重建。

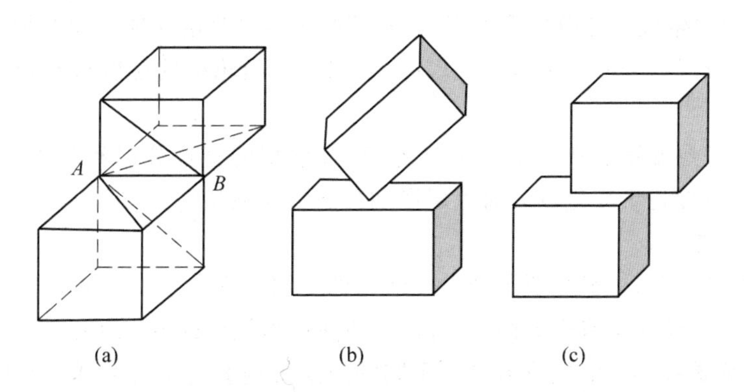

图 3-19　拓扑信息紊乱

(a) 直线段属于多个三角形面片;(b)顶点位于面片内;(c)面片重叠。

如果在 STL 文件中出现间隙,尽管不会造成切片的失败,但会造成切片轮廓的不封闭,在进行区域扫描时,扫描线超出轮廓的情况,导致成形零件的制作失败。如图 3-20 所示,由于轮廓线段 AB 的缺损,导致扫描线超出轮廓区域。当 STL 文件中出现重叠与分离错误时,由于切片不能正常地找到毗邻的三角形面片,直接导致切片的失败,如图 3-21 所示。

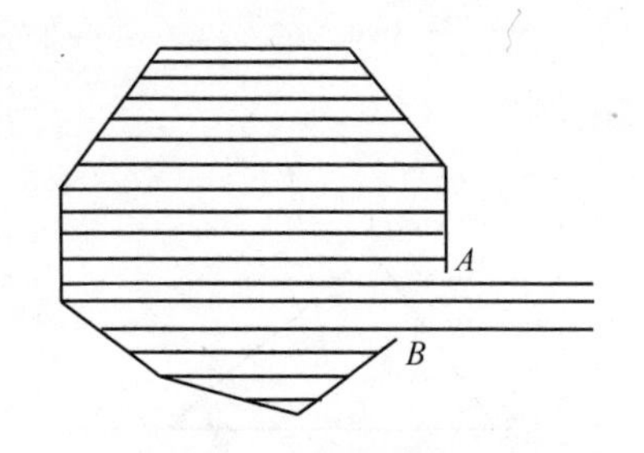

图 3-20　间隙错误造成切片轮廓不封闭

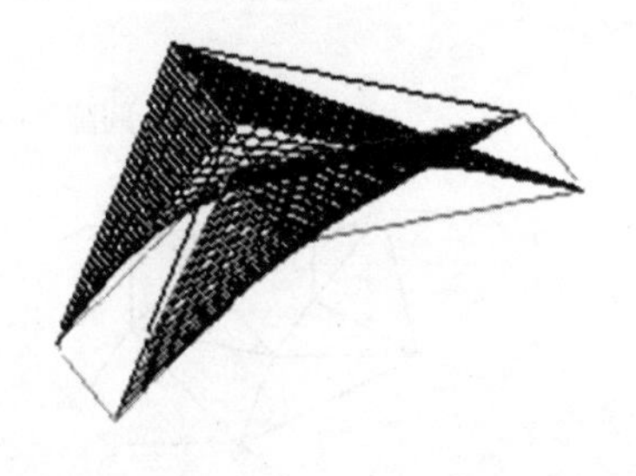

图 3-21　切片失败

图 3-22 所示为 STL 文件修复前后某连杆零件的造型。目前，已有多种用于观察、纠错和编辑（修改）STL 格式文件的专用软件，如 Rapid Prototyping Module（Imageware 公司）、Solid View、Magics QM 等。

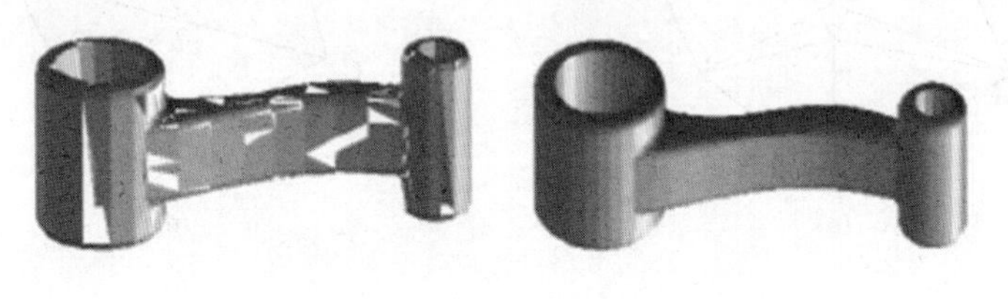

(a)　(b)

图 3-22　STL 文件的错误修复

(a)修复前；(b)修复后。

3.3.3　三维模型分层处理

快速成形技术都是采用分层累积成形，其中每一层的加工都是根据 CAD 模型切片后得到的截面轮廓数据形成加工轨迹。在所有的快速成形工艺中，零件模型无论是在 CAD 造型软件中生成还是由反求工程获得，都必须经过分层处理才能将数据输入到快速成形设备中。分层处理的效率、速度以及所得到的截面轮廓的精度对于快速成形制造技术至关重要。

分层算法按照使用的数据格式可分为 CAD 模型的直接分层和基于 STL 模型的分层。按照分层厚度是否变化可分为等层厚切片和适应性切片。

1. 分层方向

在分层处理之前，一般都要选择一个优化的分层方向（或称成形方向）。将工件的三维 STL 格式文件输入快速成形机后，可以用快速成形机中的 STL 格式文件显示软件，使模型旋转，从而选择不同的成形方向。不同的分层方向会对工件品质（尺寸精度、表面粗糙度、强度等）、材料成本和制作时间产生很大的影响。

(1) 分层方向对工件品质的影响。一般而言，无论哪种快速成形方法，由于不易控制工件 Z 方向的翘曲变形等原因，使工件的 $X-Y$ 方向的尺寸精度比 Z 方向更易保证，应该将精度要求较高的轮廓（例如有较高配合精度要求的圆柱、圆孔），尽可能放置在 $X-Y$ 平面。具体地说，对于 SL 成形，影响精度的主要因素是台阶效应、Z 向尺寸超差和支撑结构的影响；对于 SLS 成形，由于无基底支撑结构，使具有大截面的部分易于卷曲，从而会导致歪扭和其他问题，因此影响其精度的主要因素是台阶效应和基底的卷曲，应避免成形大截面的基底；对于 FDM 成形，为提高成形精度，应尽量减少斜坡表面的影响，以及外支撑和外伸表面之间的接触；对于 LOM 成形，影响精度的主要因素是台阶效应和剥离废料导致工作变形的问题。

对于工件的强度，由于无论哪种快速成形方法，都是基于层材叠加的原理，每层内的材料结合比层与层之间的材料结合得要好。因此，工件的横向强度往往高于其纵向强度。

（2）分层方向对材料成本的影响。不同的分层方向导致不同的材料消耗量。对于需要外支撑结构的快速成形，如 SL 和 FDM，材料的消耗量应包括制作支撑结构材料。总材料消耗量还取决于原材料的回收和再使用，对于 SLS 成形，由于工件的体积是恒定的，成形时未烧结的原材料可再使用，因此，无论哪种成形方向所需的材料几乎都相同。对于 LOM 成形，由于其废料部分不能再用于成形，因此材料消耗量与不同成形方向时产生的废料量有很大关系。

（3）分层方向对制作时间的影响。不同的加工方向影响总的分层数，因而会造成分层叠加成形时间的重大差别。分层方向也会影响后处理时间。对于无需支撑结构的成形工艺，后处理时间可以看作与分层方向无关。当需要支撑结构时，后处理时间与支撑的多少有关。加工方向则密切影响支撑的添加方式、支撑数量的多少和大小。

成形方向最初是由设计者手工选择的。近些年来，研究者研究了一些全自动或者半自动的判断最佳造型方向的方法。台阶误差大小、支撑接触面积、加工时间、表面质量、应力变形等是考虑加工方向的几个主要因素。图 3-23 所示为成形方向选择的实例。

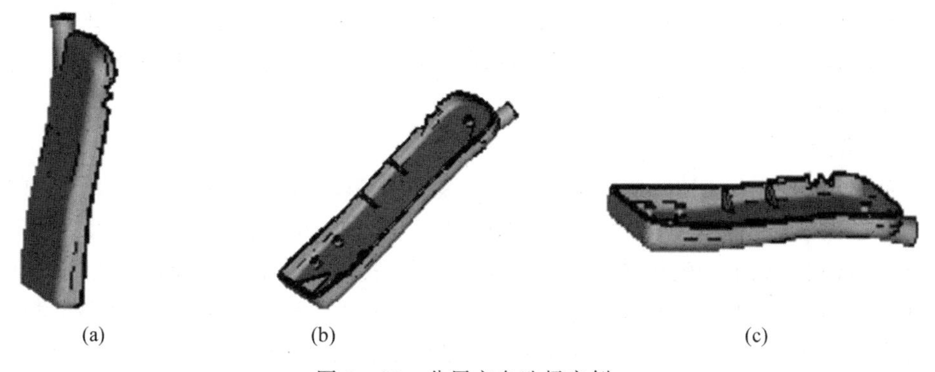

(a)　　(b)　　(c)

图 3-23　分层方向选择实例

(a)最小台阶误差；(b)最小支撑面积；(c)最短加工时间。

2. 分层方法

1）基于 STL 模型的分层方法

分层是几何体与一系列平行平面求交的过程，分层的结果将产生一系列实体截面轮廓。分层算法取决于输入几何体的表示格式。STL 格式采用小三角形平面近似实体表面，这种表示法最大的优点就是切片算法简单易行，只需要依次与每个三角形求交点即可。在获得交点后，可以根据一定的规则，选取有效顶点组成边界轮廓环。获得边界轮廓后，按照外环逆时针、内环顺时针的方向描述，为后续扫描路径生成中的算法处理做准备。

因为 STL 文件是离散的三角形面片信息的集合，要实现高效切片，必须将离散的三角形面片信息组织成有序的形式。按照对三角形信息的组织形式的不同，分层算法可分为 3 类。

（1）基于拓扑信息的分层处理算法。算法首先建立模型的拓扑信息，将 STL 模型的三角形面片用面表、边表和面表的平衡二叉树的形式或者用邻接表的形式表示。这种拓扑信息使得能够从已知的一个面片迅速查找到与其相邻的3个面片。算法的基本原理是：首先根据分层平面的 Z 值，找到一个相交的三角形面片，计算出交点；然后根据拓扑信息找到相邻的三角面片，求出交点坐标，依次追踪下去，直到回到出发点，得到一条封闭的有向轮廓线。重复上述过程，直到所有与分层面相交的三角面片都计算完毕。

这类算法能够高效地进行分层处理，可直接获得首尾相连的有向封闭轮廓，不必对截交线段重新排序，其缺点是占用内存较大，当STL文件有错误时，无法完成正常的切片。

(2) 基于三角面片的位置信息的分层处理算法。这种算法首先将三角面片按照 Z 值进行分类和排序。分层过程中，对某一类面片进行相交关系的判断时，当分层平面的高度小于某面片的 Z_{min}，则对排列在该面片后面的面片无须进行相交关系的判断。同理，当分层平面的高度大于某面片的 Z_{max}，则对排列在该面片前面的面片无须进行相交关系的判断。最后，将所得到的交线首尾相连生成截面轮廓线。还有一种算法是将与分层平面相交的三角面片存储下来，作为下一层分层时的备选三角面片，提高了面片搜索的效率。

这类算法的缺点是三角面片的分类界限模糊，经常发生三角面片与分层平面的位置关系的无效判断。另外，在轮廓线的生成过程中，要对得到的若干离散线段进行排序。

(3) 三角面片没有组织形式的分层算法。这种算法主要为了克服特别大的STL文件需要占用大量内存的缺点。分层过程中，不将STL文件一次读入内存，而是只将与分层平面相交的三角面片读入内存，求出交点，随即释放掉。然后读入邻接三角面片，求出交点，释放，最后得到顺序连接的封闭的轮廓。这种算法的缺点是要频繁读硬盘，造成分层速度较慢。

2) 容错分层

容错切片(Tolerate-Errorsslicing)基本上避开STL文件三维层次上的纠错问题，直接在二维层次上进行修复。由于二维轮廓信息十分简单，并具有闭合性、不相交等简单的约束条件，特别是对于一般机械零件实体模型而言，其切片轮廓多由简单的直线、圆弧、低次曲线组合而成，因而能容易地在轮廓信息层次上发现错误，依照以上多种条件与信息，进行多余轮廓去除、轮廓断点插补等操作，可以切出正确的轮廓。对于不封闭轮廓，采用评价函数和裂纹跟踪处理，在一般三维实体模型随机丢失10%三角形的情况下，仍可以切出有效的边界轮廓。

3) 适应性分层

分层制造的零件在倾斜表面具有明显台阶效应(Stair-Stepping Effect)，影响零件的尺寸精度和表面粗糙度。为了减少分层制造的台阶误差，需要采用较小的层厚来制造零件，这样虽然提高了零件的制造精度，但却成倍地增加了制造时间。

一些微细特征(如尖点)在等层厚分层处理时，可能会处在两个层面之间，导致特征丢失以及平坦区域的特征改变(图3-24)，A处的尖角特征消失，B处平坦的斜面变成了阶梯。而适应性分层的方法可以降低这些问题的影响。

适应性分层(Adaptive Slicing)在轮廓变化频繁、或倾斜严重和大曲率曲面的地方采用小厚度切片，在轮廓变化平缓的地方采用大厚度切片。与统一层厚切片方法比较，可以减小 Z 轴误差、台阶效应与数据文件的长度，解决了制造时间和制造精度之间的矛盾。

适应性分层算法根据模型表面的曲面形状信息来决定最大的制造层厚，以保证不超过指定的零件表面误差。表面误差的计算一般采用计算尖角高度的方法，如图 3 - 25 所示，它是台阶的尖角到理想曲面的法向距离。一般情况下，先根据成形机和制作工艺的需求，由用户设定一个制造层厚的范围[L_{min}，L_{max}]，然后，根据分层位置曲面形状预测尖角高度，计算出相应的分层厚度，这个分层厚度就是由零件的曲面曲率获得的优化的分层厚度。

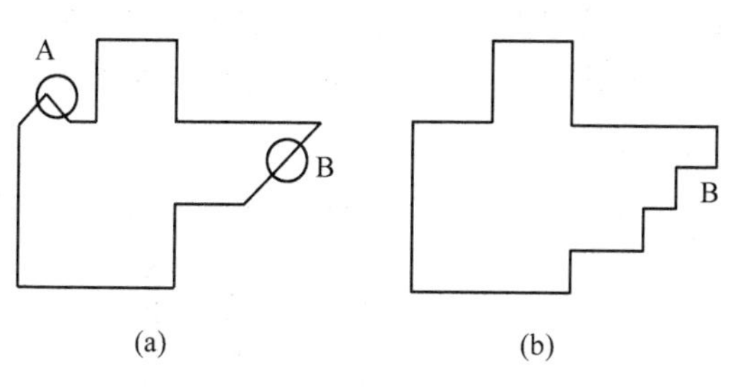

图 3 - 24 分层处理造成的特征丢失

(a)原始模型；(b)分层后的形状。

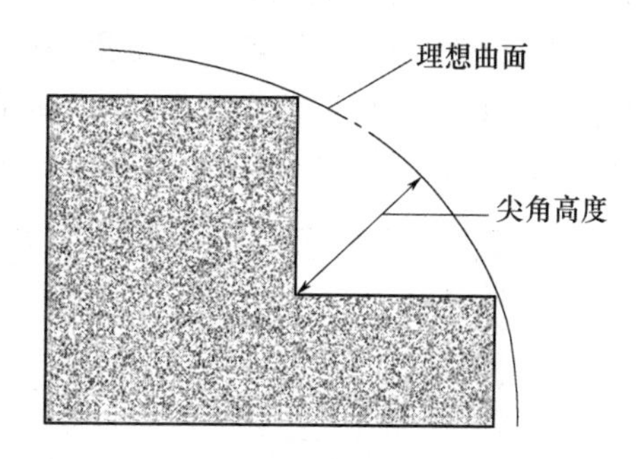

图 3 - 25 零件误差的计算方法

4) CAD 模型直接分层

在工业应用中，保持从概念设计到最终产品的模型一致性是非常重要的。在很多例子中，原始 CAD 模型本来已经精确表示了设计意图，STL 文件反而降低了模型的精度。而且，使用 STL 格式表示方形物体精度较高，表示圆柱形、球形物体精度较差。高次曲面物体，使用 STL 格式，会导致文件巨大，切片费时。

在加工高次曲面时，直接分层明显优于 STL 方法：①能减少快速成形的前处理时间；②可避免 STL 格式文件的检查和纠错过程；③可降低模型文件的规模；④能直接采用 RP 数控系统的曲线插补功能，从而可提高工件的表面质量；⑤能提高制件的精度。图 3 - 26 所示是直接分层的例子。但它也具有明显的缺点，如难以对模型自动加支撑以及需要复杂的 CAD 软件环境等。

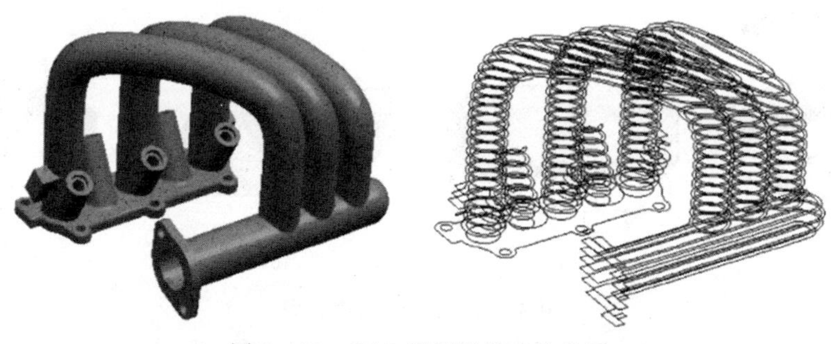

图 3 - 26 CAD 模型及其直接分层

CAD 模型的直接分层方法主要有基于 CAD 软件的 CAD 模型直接分层和基于某种数据格式(如 STEP)的 CAD 模型直接分层两种。

3.3.4 数据处理中的其他问题

1. 支撑结构设计

SL 工艺中，光敏树脂固化过程的体积收缩、成形扫描方式的不同以及所加工零件的构造等因素，都有可能导致零件在加工过程中的变形，例如对于一些具有“孤岛”特征的零件，由于上一层无法为其提供制造基础，造成“孤岛”部分当前加工层没有依附，出现该层漂移现象。因此需要考虑在加工过程中对不同的零件添加不同的支撑。FDM 工艺也需要添加支撑。另外，有一些工艺在成形过程中不需要另外添加支撑，而是用自身材料作为支撑，如 LOM 中切碎的纸，SLS、3DP 中未成形的粉末。

支撑在快速成形工艺中起着重要的作用，它可以防止零件在加工过程中发生变形，保持零件在加工过程中的稳定性，保证原型制作时相对于加工系统的精确定位。如图3-27所示，加入支撑后可以较为有效地防止翘曲变形的产生。

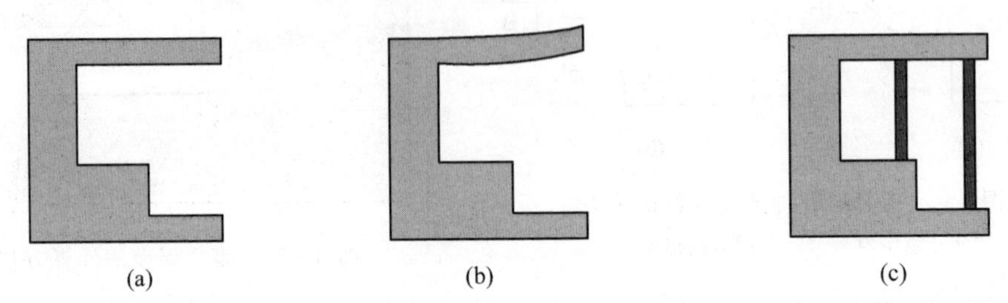

图 3-27　支撑对零件加工质量的影响
(a)零件设计图；(b)未加入支撑的加工零件；(c)加入支撑的加工零件。

一个不良的支撑结构会造成变形、位置偏移、坍塌、裂缝等问题，甚至造成无法成形。支撑的质量主要从以下 3 方面进行判断：①支撑的强度和稳定性；②支撑的加工时间；③支撑的可去除性。

根据零件几何形状的不同，可以选用不同的支撑类型。SL 工艺中常见的支撑类型有：网状支撑、线状支撑、点状支撑和三角片状支撑等(图 3-28)。网状支撑一般用于大面积的支撑区域。对于狭长的支撑区域，应采用由通过其中线的纵板和若干横板组成的线状支撑。点状支撑用于非常小的支撑区域，并且要比待支撑区域稍大。而三角片状支撑用于垂直悬臂，可以大大减少支撑体积，提高支撑的可去除性。图 3-29 所示为加入网状支撑的零件实例。

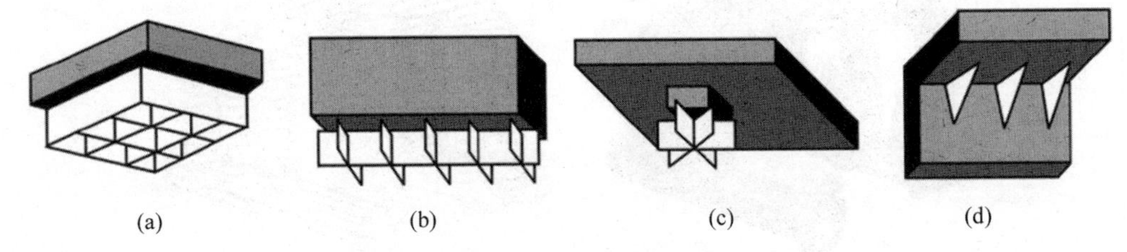

图 3-28　SL 的支撑类型
(a)网状支撑；(b)线状支撑；(c)点状支撑；(d)三角片状支撑。

添加支撑有两种途径：一种是在零件建模时手工添加，这种方法对于设计者而言最直接、最灵活，但对操作者有较高要求；另一种是通过软件自动添加支撑，这种方法对于操作者而言最简单，但添加的支撑的好坏取决于设计者对于软件的设计算法。

零件添加了支撑后，在零件成形过程中，支撑也同时作为一个零件被加工出来，这就需要将零件与支撑合并。合并的方法是布尔运算，可以有 3 种层次上的布尔运算，分别是三维、二维和一维。

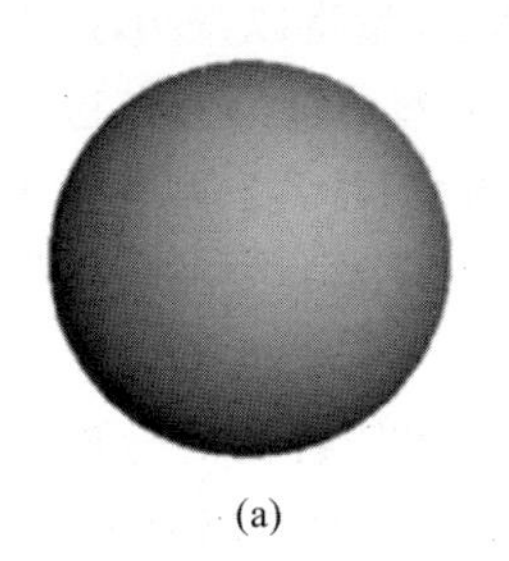

(a)

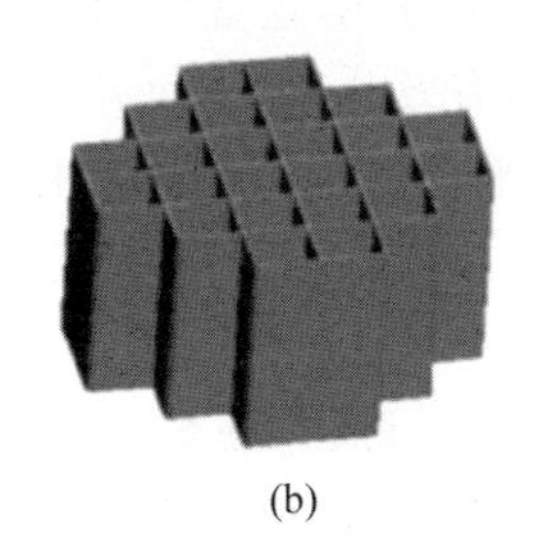

(b)

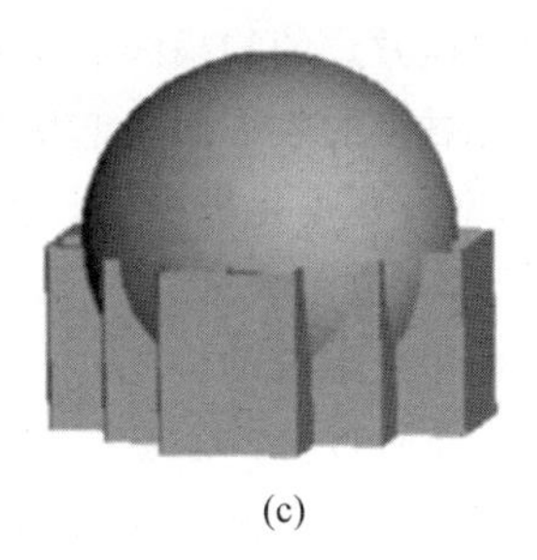

(c)

图 3-29　网状支撑的零件实例

(a)原型零件;(b)网状支撑;(c)加入支撑后的零件。

2. 层片扫描路径规划

扫描路径是指加工过程中扫描头的轨迹,一般包括轮廓和填充两部分。根据 RP 工艺的不同,扫描方式会有很大的不同。合适的扫描方式和路径规划可以提高原型的精度、表面质量和强度,节约造型时间和成形材料。设计扫描方式主要考虑以下 3 个准则。

(1) 截面轮廓形状复杂程度。尽管截面轮廓都是多边形,没有曲线,但多边形可能有一个或多个、凸或凹、包围的区域可能是单连通或是多连通等多种情况。如何判断轮廓的形状是一个关键的问题。

(2) 加工精度。要保证在扫描过程中和扫描结束后已固化层片的翘曲变形小。不同形状的加工区域如采用相同的扫描方式,被固化区域的精度将有较大差异,因此,应考虑到不同形状的加工区域采用何种形式的扫描方式较为合适。

(3) 加工效率。在满足加工精度的前提下,应尽量缩短加工时间,以提高零件的加工效率,这也牵涉到扫描方式的选择及设计问题。

目前已有的扫描方式有多种,如顺序往返直线扫描、分区扫描、环形扫描、分形扫描、三角形剖分扫描等。

(1) 顺序往返直线扫描。要对零件的一个截面轮廓的内部进行扫描填充,最简单的方法是顺序往返直线扫描填充法,从下至上逐行填充。在扫描一行的过程中,实体部分按设定速度扫描,型腔部分(即非加工区域)则以空行程速度快速跨过,如图 3-30(a)所示。这种扫描方式的基本思想与计算机图形学中的区域填充很相似。

该扫描方式的优点在于对数据的处理简单且可靠。其缺点在于需要光开关,即在扫描过程中,遇见零件实体部分时就需要将光开关打开,遇见非实体部分时光开关就得关闭;由于加工扫描方向而导致成形收缩比较明显,尤其是当扫描线越长时,更易引起翘曲变形。

(2)分区扫描。这种扫描方式是依据一定的规则将整个层面分为若干个连贯的小区域,在每个小区域内采用连续扫描法。在扫描过程中,光头扫描至边界即回折反向填充同一区域,并不跨越型腔部分;只有从一个区域转移到另外一个区域时,才快速跨越,图 3-30(b)所示的加工区域分为 4 个部分,加工顺序为①→②→③→④。该种扫描方式可以省去光开关,收缩也有所减小,但在每个小的加工区域中仍然存在着 X 方向及 Y 方向连惯扫描的缺点,并且对于一些薄壁零件由于频繁跨越加工区域而导致加工精度下降。

(3) 环形扫描。这种扫描方式的扫描轨迹平行于轮廓边界,如同螺旋一样,由内向外或由外向内,所以也称螺旋扫描或轮廓平行扫描,如图 3-30(c)所示。从理论上分析,由于这种扫描方式的扫描线在不断地改变方向,这就使扫描线的收缩量得以减小,同时也使因成形时材料的收缩而引起的内应力有效分散,从而有利于减少翘曲变形。在这种扫描方式中,空行程也是极少的。但轮廓平行路径规划要计算偏置曲线,且要去除偏置中产生的多余轮廓,进行大量的有效性测试,算法效率不高,而且在某些情况下对多余轮廓的判断处理是相当困难的。

(4) 分形扫描。分形扫描所采用的扫描轨迹是一种具有自相似特征的分形结构图形。一般采用的都是小折线,在扫描过程中扫描方向在不断变化,从而能够自由收缩,如图 3-30(d)所示。相对其他的扫描方式而言,分形扫描方式对减小原型的变形、残余应力更为有效。分形扫描利用了数学上的分形原理,其扫描轨迹具有局部和全局相似,以及分维数为 2 时能填充整个平面等特点。这种扫描方式能提高成形零件的精度和强度。轮廓平行扫描和分形扫描的算法都很复杂,尤其遇到零件外形复杂、型腔较多时,数据处理量很大。

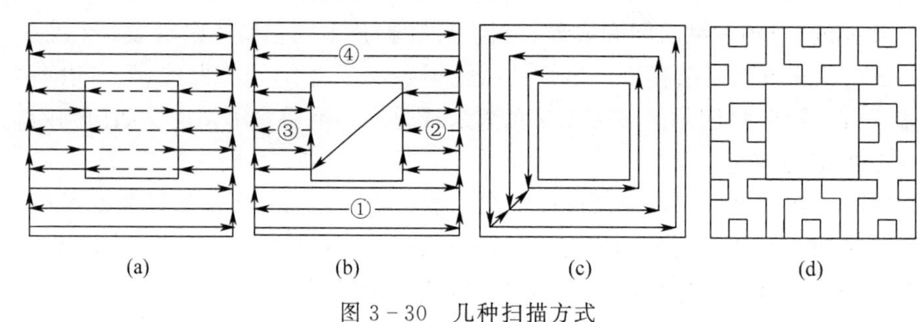

图 3-30 几种扫描方式

(a)顺序往返直线扫描;(b)分区扫描;(c)环形扫描;(d)分形扫描。

(5) 三角形剖分扫描。由于 STL 文件切片后生成的截面轮廓多边形,各自一定为简单多边形,且多边形相互之间不存在相交情况,从而可以证明一定可以对截面轮廓进行三角形剖分,即将该多边形分成许多无空洞的三角形,如图 3-31 所示。该扫描方式的整个扫描过程可分为 3 个步骤:①将整层内的扫描分解为对各个三角形的扫描;②每一个三角形内用环形扫描;③不扫描三角形边界,只扫描多边形的边界。

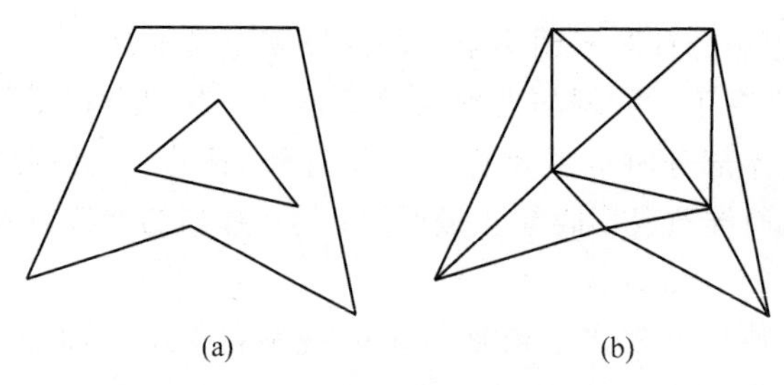

图 3-31 三角形剖分扫描方式示意图

(a) 层片轮廓;(b) 轮廓的三角形剖分。

这种基于三角形剖分的扫描方式较环形扫描在避免原型翘曲变形和提高原型精度方面更为有效,数据处理的算法也较为简单。但考虑到原型件一般会有圆弧,甚至是一些不规则曲面,其特征表面用小三角形平面逼近后的 STL 文件,经切片后的相关层的截面轮廓多边形,也有着较多顶点。若再对其进行三角形剖分,在每一层内会剖分出较多的三角形，最后再对每一个三角形进行环形扫描。整个过程的数据处理量是相当大的。

3. 光斑半径补偿

切片生成的层片截面轮廓是理论边界线，在实际加工零件时，光束聚焦在液面处形成的光斑具有一定的大小，当其尺寸较大时，将会降低零件的加工精度，因此在实际的加工过程中，一般都需要进行光斑的半径补偿。

在进行光斑半径补偿时，首先要识别出层片截面轮廓的内外边界，然后才能决定补偿矢量，因此层片截面内外轮廓的识别是进行光斑半径补偿的基础。

光斑半径补偿与数控加工中的刀具半径补偿原理相同。在树脂固化过程中，光斑中心运动的边界线不能是切片后得到的理论轮廓线，而应根据轮廓的内外性，将理论轮廓线向内侧或外侧偏移一段距离，来作为实际加工时的光斑中心的运动轨迹，这就是光固化工艺中的光斑半径补偿。图 3-32 中，实线为补偿前的理论轮廓线，虚线为补偿后的实际轮廓线。图 3-33 所示为光斑半径补偿流程。

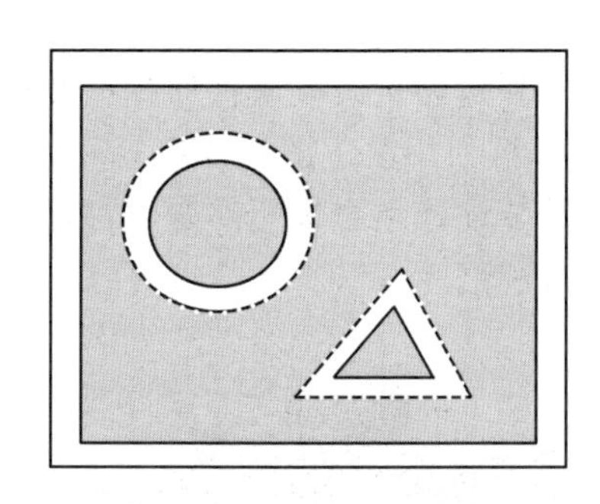

图 3-32 光斑半径补偿

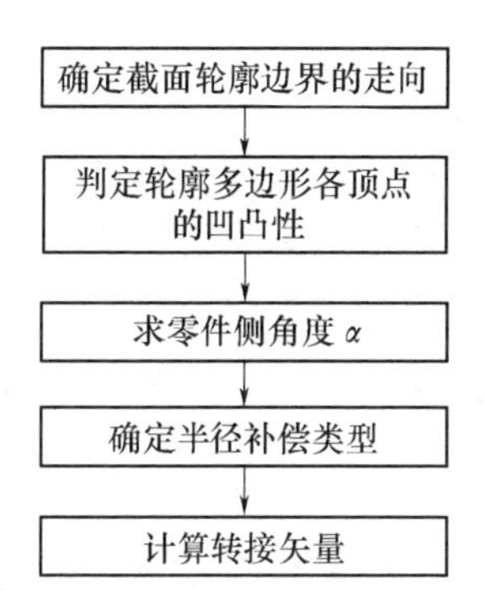

图 3-33 光斑半径补偿流程

光斑半径补偿一般参考数控机床刀具半径补偿方法来处理，但因为加工工艺不同，因而补偿方法也有所差异。在光固化成形工艺中，光束是用来堆积材料，而不是用来切削材料的。所以进行光斑补偿时，截面外轮廓要向内偏移，内轮廓要向外偏移，如图 3-32 所示。这与一般数控加工中的刀具补偿正好相反。

在数控加工中，补偿半径就取为刀半径，在快速成形的 LOM 工艺中，也取激光光斑半径为补偿半径。在 SL 工艺中，因为光束作用于树脂时而发生的固化情况不同，因此不能简单地取光束的光斑半径作为补偿半径。光束照射在树脂表面时，在一段时间内会固化出一定大小的“固化颗粒”。应取固化颗粒的半径为补偿半径。固化颗粒的大小与光束功率、光斑大小、照射时间等都有关系。在要求较高，尤其是在微小机械加工方面，必须精确地确定补偿半径 R。较好的做法是事先做一批测试实验，测定在光斑大小、激光功率、照射时间等各种不同条件下的固化颗粒半径（即补偿半径），并将这些数据存入计算机。在实际加工时，计算机可以根据当时的各物理量来查找最相符的补偿半径值。

4. 模型的几何处理

包括大原型的分割拼装，以及模型抽壳、反型规则等。图 3-34 所示为模型分割和抽壳。分割拼装成形，是将一个 CAD 模型按一定方式分成几个子块之后采用快速成形方法分别加工出来，再采用黏结等方式拼合到一起，形成一个完整的原型。抽壳是将原型进行空腔化处理，减小成形体积，提高成形速度和材料利用率。反型则是计算 CAD 模型的凹模或凸模，以成形零件的模具或铸形，在快速工模具方面有广泛的应用。

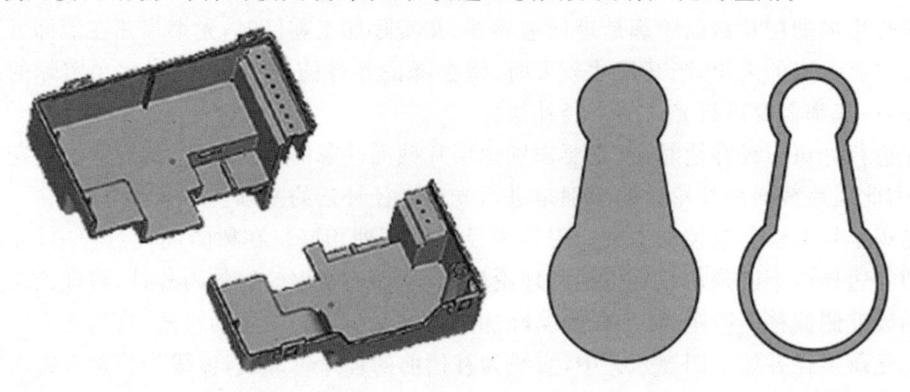

图 3-34　模型分割和抽壳

5. 排样

多零件排样在快速成形制造中有着很重要的意义，其目标是使原型排列尽可能稠密，从而使加工空间的利用效率最大化，提高成形速度和材料利用率。图 3-35 所示为三维排样。通过合理的抽象，自动排样问题可以抽象为布局分配或组合优化问题，然后采用适当的数学方法对其进行求解，如模拟退火算法、遗传算法等。

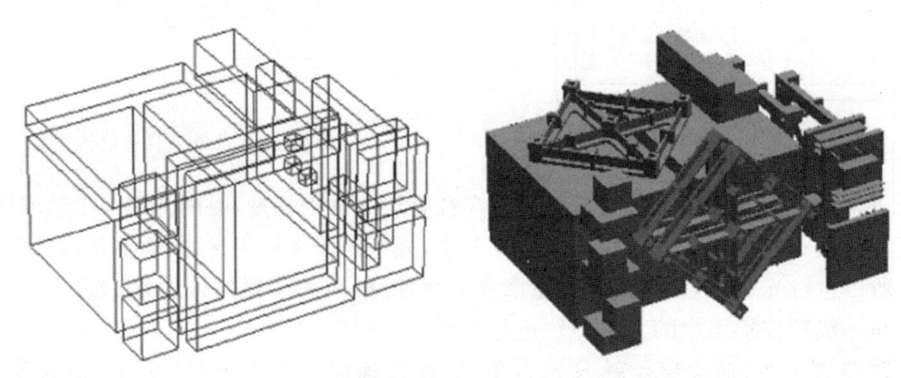

图 3-35　三维排样

3.4　快速成形技术中的后处理

从快速成形机上取下的制品往往需要进行剥离，以便去除废料和支撑结构，有的还需要进行后固化、修补、打磨、抛光和表面强化处理等，这些工序统称为后处理。

例如，SL 成形件需置于大功率紫外线箱（炉）中作进一步的内腔固化；SLS 成形件的金属半成品需置于加热炉中烧除黏结剂、烧结金属粉和渗铜；3DP 和 SLS 的陶瓷成形件也需置于加热炉中烧除黏结剂、烧结陶瓷粉。

制件可能在表面状况或力学强度等方面还不能完全满足最终产品的需要，例如，制件表面不够光滑，其曲面上存在因分层制造引起的小台阶，以及因 STL 格式化而可能造成的小缺陷；制件的薄壁和某些微小特征结构（如孤立的小柱、薄筋）可能强度、刚度不足；制件的某些尺寸、形状还不够精确；制件的耐温性、耐湿性、耐磨性、导电性、导热性和表面硬度不能达标；制件表面的颜色可能不符合产品的要求等。因此在快速成形之后，一般都必须对制件进行适当的后处理，以提高性能和改善表面状况。

以下介绍剥离、修补、打磨、抛光和表面涂覆等表面后处理方法。其中修补、打磨、抛光是为了提高表面的精度，使表面光洁；表面涂覆是为了改变表面的颜色，提高强度、刚度和其他性能。

3.4.1 剥离

剥离是将成形过程中产生的废料、支撑结构与工件分离。虽然 SL 和 FDM 成形基本无废料，但是有支撑结构，必须在成形后剥离；LOM 成形无需专门的支撑结构，但是有网格状废料，也须在成形后剥离。剥离是一项细致的工作，在有些情况下也很费时。剥离有 3 种方法。

(1)手工剥离。手工剥离法是操作者用手和一些较简单的工具使废料、支撑结构与工件分离。这是最常见的一种剥离方法。对于 LOM 成形的制品，一般用这种方法使网格状废料与工件分离。

(2)化学剥离。当某种化学溶液能溶解支撑结构而又不会损伤制件时，可以用此种化学溶液使支撑结构与工件分离。例如，可用溶液来溶解蜡，从而使工件(热塑性塑料)与支撑结构(蜡)、基底(蜡)分离。这种方法的剥离效率高，工件表面较清洁。

(3)加热剥离。当支撑结构为蜡，而成形材料为熔点较蜡高的材料时，可以用热水或适当温度的热蒸气使支撑结构熔化并与工件分离。这种方法的剥离效率高，工件表面较清洁。

3.4.2 修补、打磨和抛光

当工件表面有较明显的小缺陷而需要修补时，可以用热熔性塑料、乳胶与细粉料调和而成的腻子或湿石膏予以填补，然后用砂纸打磨、抛光。常用工具有各种粒度的砂纸、小型电动或气动打磨机。

对于用纸基材料快速成形的工件，当其上有很小而薄弱的特征结构时，可以先在它们的表面涂覆一层增强剂(如强力胶、环氧树脂基漆或聚氨酯漆)，然后再打磨、抛光；也可先将这些部分从工件上取下，待打磨、抛光后再用强力胶或环氧树脂黏结、定位。用氨基甲酸涂覆的纸基制件，易打磨，耐腐蚀、耐热、耐水，表面光亮。

当受到快速成形机最大成形尺寸的限制，而无法制作更大的制件时，可将大模型划分为多个小模型，再分别进行成形，然后在这些小模型的结合部位制作定位孔，并用定位销和强力胶予以连接，组合成整体的大制件。当已制作的制件局部不符合设计者的要求时，可仅仅切除局部，并且只补成形这一局部，然后将补作的部分黏到原来的快速成形件上，构成修改后的新制件，从而可以大大节省时间和费用。

3.4.3 表面涂覆

对于快速成形工件，典型的涂覆方法有如下几种。

(1) 喷刷涂料。在快速成形制件表面可以喷刷多种涂料，常用的涂料有油漆、液态金属和反应形液态塑料等。其中,对于油漆,以罐装喷射环氧基油漆、聚氨酯漆为好,因为它们使用方便,有较好的附着力和防潮能力。所谓液态金属是一种金属粉末(如铝粉)与环氧树脂的混合物,在室温下呈液态或半液态,当加入固化剂后,能在若干小时内硬化,其抗压强度为7~80MPa,工作温度可达140℃,有金属光泽和较好的耐温性。反应型液态塑料是一种双组分液体:一种是液态异氰酸酯,用作固化剂;另一种是液态多元醇树脂。它们在室温(25℃)下按一定比例混合并产生化学反应后,能在约1min后迅速变成凝胶状,然后固化成类似ABS的聚氨酯塑料,将这种未完全固化的材料涂刷在快速成形制件表面上,能构成一层光亮的塑料硬壳,显著提高制件的强度、刚度和防潮能力。

(2) 电化学沉积。采用电化学沉积(也称电镀,原理见第4章),能在快速成形件的表面涂覆镍、铜、锡、铅、金、银、铂、钯、铬、锌以及铅锡合金等,涂覆层厚可达20μm以上(甚至数mm),最高涂覆温度为60℃,沉积效率高。由于大多数快速成形件不导电,因此,进行电化学沉积前,必须先在快速成形件表面喷涂一层导电漆。进行电化学沉积时,沉积在制件外表面的材料比沉积在内表面的多,因此,对具有深而窄的槽或孔的制件进行电化学沉积时,应采用较小的电镀电流,以免材料只堆积在槽、孔的口部,而无法进入其底部。

(3) 无电化学沉积。无电化学沉积(Electroless Chemical Deposition,ECD,也称无电电镀),通过化学反应形成涂覆层,它能在制件的表面涂覆金、银、铜、锡以及合金,涂覆层厚可达5~20μm/h,涂覆温度为60℃,平均沉积率为3~15μm/h。与电化学沉积相比,无电化学沉积有如下优点:①对形状较复杂的制件进行沉积时,能获得较均匀的沉积层,不会在突出和边缘部分产生过量的沉积;②沉积层较致密;③无需通电;④能直接对非电导体进行沉积;⑤沉积层具有较一致的化学性能、力学性能和磁特性。

(4) 物理气相沉积方法。原理见第5章。

此外,也可将电化学沉积和物理气相沉积方法综合起来,以扩大涂覆材料的范围。

3.5 快速成形精度分析

快速成形精度是指成形件与原三维CAD设计模型之间的符合程度,包括几何形状精度、尺寸精度以及表面精度。快速成形精度首先取决于快速成形所采取的工艺方法及设备,同时,成形工艺过程中的每个环节对成形精度均有影响,这些环节有数据处理、成形过程及对制件的后处理等。

3.5.1 工艺和设备对成形精度的影响

工艺和设备对成形精度的影响主要有:扫描直径的限制,成形材料的收缩变形及热应力分布不均,机械本体误差,成形加工的控制精度等。

对于FDM和金属直接烧结等加工时物料沉积直径较大的成形系统,由于加工直径的限制,不能实现小的圆角半径和局部微小曲面特征,产生原理性误差。这种误差在快速成形过程本身很难克服,只有保留较大的余量,在后处理过程中进行修复。

过烧是指某区域被激光重复扫描两次以上。过烧会严重影响成形件的质量。一般来说,零件尖顶处截面、狭长区域截面、局部不规则微小面域容易产生过烧。

成形材料的收缩变形及热应力分布不均、机械本体误差、成形加工的控制精度等对成形精度的影响与具体的成形系统工艺相关。目前典型的快速成形制造工艺精度一般在±(0.1～0.2)mm之间。快速成形工艺和设备两个方面对成形件精度的影响如表3-2所列。

表3-2 工艺和设备因素对快速成形工艺精度的影响

	SL	LOM	SLS	FDM
工艺参数	扫描方式(参数、速度);扫描定位误差;激光强度;固化深度;临界光量	黏结温度;切片方式;热压温度及压力	激光强度;扫描方式(运动路线、参数、间距、重叠量等);烧结温度;光路行走时间	出丝宽度;挤丝扫描速度的匹配;温度控制;扫描路径;出丝启停与相应滞后
材料	树脂材料光敏特性、固化速度、聚合力、黏度、收缩率等	箔材的物理和力学性能;热熔胶的配方及黏结性能	粉末的种类;主要材料的配方;添加剂的性能	材料的相变状态,材料的冷热收缩率、材料的内应力
后续处理	后固化处理的时间和光强度;表面处理	稳定处理;表面处理	后烧结方式;静压处理;浸渗工艺等	表面处理
激光装置	聚焦能力、开关响应速度;激光强度、功率	聚焦能力、开关响应速度	聚焦能力、开关响应速度;激光强度、功率	
驱动系统	定位精度;重复定位精度;运动的平行度、直线度;伺服单元的响应速度、运动刚性等	(同左)	(同左)	(同左)
升降系统	定位精度;重复定位精度;运动的平行度、直线度;伺服单元的响应速度、运动刚性等;升降系统与扫描平面的垂直度;扫描平面与工作台面平行度	(同左)	(同左)	(同左)
控制系统	系统响应速度;数据处理能力;控制信息的损失量;实时信息的采集量	(同左)	(同左)	(同左)
热喷头				喷嘴的几何参数;挤出压力、温度

3.5.2 数据处理过程对成形精度的影响

数据处理是指从CAD模型获取成形机所能接受的控制数据的过程,数据的精度直接影响到控制的精度,自然也就影响零件的精度。在这一过程中,产生误差的原因主要有两个。

（1）面型化处理造成的误差。在对三维 CAD 模型分层切片前，需作实体曲面近似处理，用平面三角面片近似模型表面，即所谓面型化处理。CAD 模型经过面型化后，转换成 STL 文件格式。

STL 文件是原 CAD 模型表面三角化后的一种近似，CAD 型面的信息有所丢失，导致了各类误差的产生。如制作圆柱体时，当沿轴向方向堆积时，如果曲面逼近精度不高，明显可以看到圆柱体就变成了棱柱体，如图 3-36 所示。曲面曲率越大，这种误差越明显。

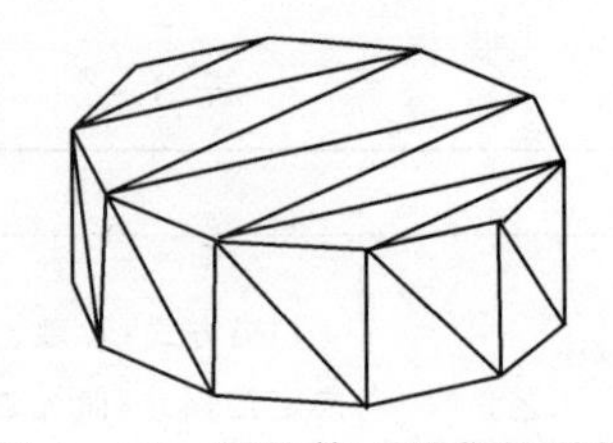

图 3-36　圆柱体面型化的形状

清除面型化误差的根本途径是直接从 CAD 模型产生制造数据，目前尚难做到这一点。现有的办法只能在对 CAD 模型进行 STL 格式转换时，通过恰当选取系统中给定的近似精度参数值，减小这一误差，但这往往依赖于经验。

（2）分层切片时产生的台阶误差。分层切片是在选定了制作方向后，对 STL 文件格式进行一维离散，以获取每一薄层截面轮廓及实体信息。切片不仅破坏了模型表面的连续性，而且不可避免地丢失了两切片层间的信息，导致原型产生形状和尺寸上的误差，并影响表面粗糙度。如图 3-37 所示，切片厚度的选择对快速成形的精度有重要影响。切片方向对精度也有影响。

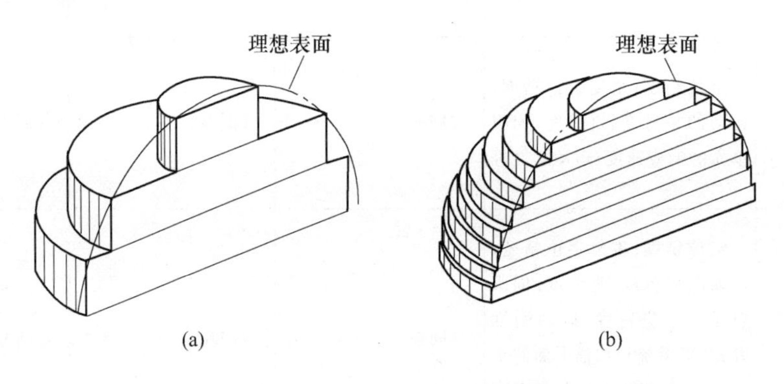

图 3-37　不同的制造层厚形成的零件的制造精度不同

(a)较大的制造层厚；(b)较小的制造层厚。

图 3-38 所示零件尺寸 $A=3.24\text{mm}$、$B=57.78\text{mm}$。当分层时选层厚 $\Delta t=0.10\text{mm}$ 时，制作出的原型尺寸 $A=3.20\text{mm}$、误差 0.04mm，尺寸 $B=57.80\text{mm}$、误差 0.02mm。当选择层厚为 $\Delta t=0.05\text{mm}$ 时，尺寸 $A=3.25\text{mm}$、误差 0.01mm，尺寸 $B=57.80\text{mm}$、误差 0.02mm，由此可以看出层厚越小误差越小。当选择层厚 $\Delta t=0.09\text{mm}$ 时，尺寸 $A=3.24\text{mm}$、尺寸 $B=57.78\text{mm}$，误差为零，由此可进一步看出当所选层厚可以被公称尺寸整除时，误差为零。

当零件上的微小特征信息尺寸小于分层厚度时，该微小信息可能被丢失，例如图 3-39所示零件，当分层厚度 $\Delta t=0.1\text{mm}$ 时，第 200 切片层与第 201 切片层均未切到微槽，微小槽的信息被丢失。

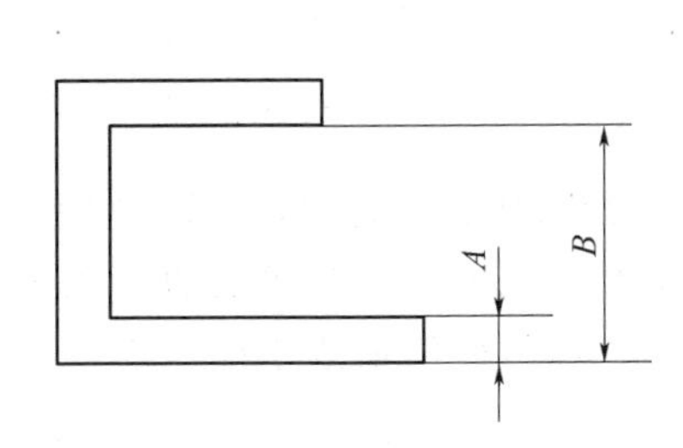

图 3-38　分层切片产生误差

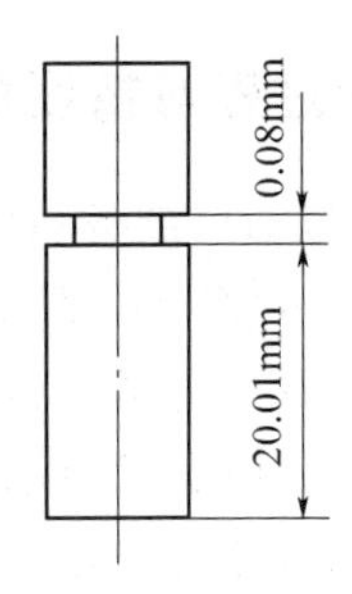

图 3-39　零件上的微小特征信息丢失

可采取如下措施，减少原理性台阶误差对成形件表面精度的影响。

（1）尽量减小层厚。但其缺点是会成倍地增加制造时间。

（2）采用适应性分层算法，并优选分层方向，例如采用斜切法。

（3）使用软件进行补偿和修正。在软件上，根据零件特征在对 CAD 模型进行数据处理时适当加以修改，以降低原理性误差，例如减少光斑补偿半径，为后处理留下余量。

（4）分区变层厚固化工艺。在光固化液态树脂成形工艺中，将整个 CAD 模型的固化分为表面轮廓部分的固化及内部实体部分的固化，前者采用小层厚的固化工艺来减小台阶效应，而后者采用大层厚的固化工艺来提高制作效率。

分区变层厚固化工艺的关键技术是合理划分区域，确定大小层厚的比例关系。区域的划分要尽可能增大实体区域，以提高成形的效率，而大小层厚比例的确定，既要考虑满足表面粗糙度的要求，又要保证实体部分分层之间的可靠黏结。实现分区变层厚的固化工艺需要专门的分区处理软件及成形过程控制软件。

图 3-40 所示为这种工艺的过程示意图。图 3-40(a)所示为对 CAD 模型的分区示意图，实体部分的层厚与表面部分的层厚之比为 3∶1，图 3-40(b)～(e)所示为第 n 层的成形过程。图 3-40(b)所示为先将大层厚的实体部分扫描固化，固化后，托板提升至图 3-40(c)所示，进行轮廓部分的第一层固化，然后托板下降至图 3-40(d)所示，进行轮廓部分第二层的固化，再下降至图 3-40(e)所示，进行轮廓部分的第三层固化；当进行 $n+1$ 层固化时，重复此过程。

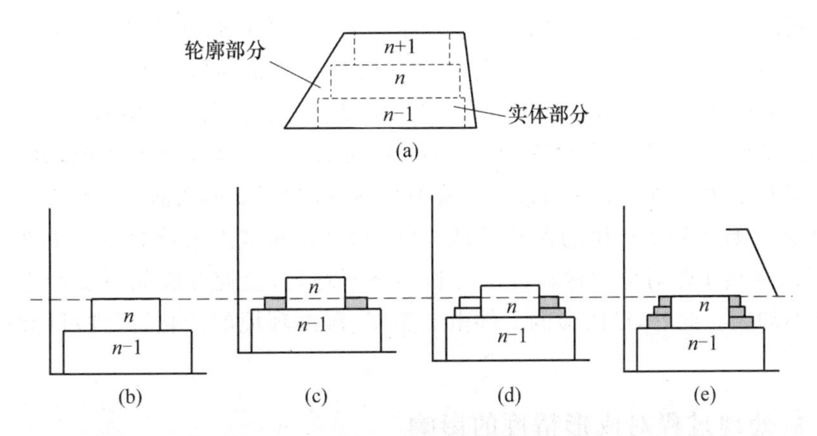

图 3-40　分区变层厚固化工艺过程

3.5.3 成形过程对精度的影响

成形加工包括层准备和层制造与层叠加。

(1) 层准备时产生的误差。层准备就是准备好一层待固化的材料,如液态树脂,由于RP技术是层层固化并叠加成形的,所以原型零件的精度与每一层精度有直接关系。每一层的精度包括液面的平整性,往往通过刮平装置来实现,使液面既不能凸起也不能凹陷;还包括液面位置的稳定性,即不能波动。

假如液态树脂的实际液面位置与相对理想的位置发生 ΔL 的波动,如图3-41所示。激光束发散角为 θ,则引起光斑直径 Φ 变化 $\Delta\Phi = 2\Delta L\tan\theta$。同时引起光点位置的变化 $\Delta\gamma = \Delta L\cos\alpha$,其中 α 为光斑处于 γ 处光线与树脂液面的夹角。

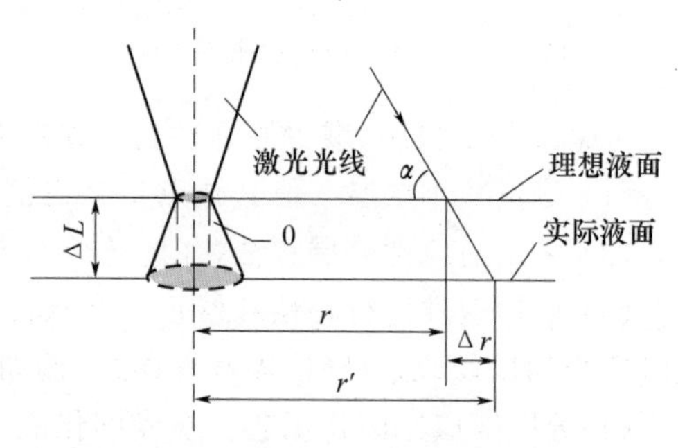

图3-41 液面位置波动引起光斑位置与直径变化

由于树脂的黏性及表面张力的作用,保证层准备的精度并不容易。有多项有关层准备方法的技术专利。

(2) 层制造与层叠加产生的误差。主要包括成形机的工作台移动误差(影响原型的 z 方向的误差)和激光扫描误差,这些误差均由成形机的数控装置来保证。由于数控装置的精度很高,因此这些误差可相对忽略不计。

层制造与层叠加的另一种误差为原材料在成形中产生的误差,这类误差分为以下几个方面。

① 原材料的状态变化。成形时原材料由液态变为固态,或由固态变为液态,熔融态再凝固成固态,而且同时伴随加热作用,这会引起工件形状、尺寸发生变化。

② 不一致的约束。由于相邻截面层的轮廓有所不同,它们的成形轨迹也可能有差别,因此每一层成形截面都会受到上、下相邻层不一致的约束,产生复杂的内应力,使工件产生翘曲变形。

③ 叠层高度的累积误差。理论叠层高度可能与实际值有差别,从而导致切片位置(高度)与实际位置高度错位,使成形轮廓产生误差。在有些快速成形机上,叠加每层材料后,用刮平装置将材料上表面刮平。每层厚度误差的累积导致原型截面形状、尺寸的误差。一般模型的切片层高达几百甚至几千层,所以上述累积误差可能相当大。

④ 成形功率控制不恰当使原型产生误差,如LOM型快速成形系统,难以绝对准确地将激光切割功率控制到正好切透一层薄型材料,因此可能损伤前一层轮廓。

⑤ 工艺参数不稳定产生的误差,例如,当LOM快速成形系统制作大工件时,由于在 X 和 Y 平面内热压辊对薄型材料的压力和热量不均匀,会使黏胶的厚度产生误差,导致制件厚度不均匀。此外,已成形的工件由于温度、湿度环境的变化,工件可能继续变形导致误差。

3.5.4 后处理过程对成形精度的影响

后处理过程引起的误差可分为如下几种。

(1) SL、FDM 制品需剥离支撑等废料，支撑去除后工件可能要发生形状及尺寸的变化，破坏已有的精度。

(2) LOM 制品虽无支撑但废料往往很多，剥离废料时受力将产生变形，特别是薄壳类零件变形尤其严重。

(3) SLS 成形金属件时，需将原型重新置于加热炉中烧除黏结剂、烧结金属粉和渗铜，从而引起工件形状和尺寸误差。

(4) 制件的表面状况和力学性能等方面还不能完全满足最终产品的要求，采用修补、打磨、抛光等提高表面质量的工艺，表面涂覆是为了改变制品表面颜色提高其强度和其他性能，但在此过程中若处理不当则会影响原型的尺寸及形状精度产生后处理误差。

3.6 快速成形技术应用

快速成形制造技术的应用目前主要有新产品研制、市场调研和产品使用。在新产品研制方面，主要通过快速成形制造系统制作原型来验证概念设计、确认设计、性能测试、制造模具的母模和靠模。在市场调研方面，可以把制造的原型展示给最终用户和各个部门，广泛征求意见，尽量在新产品投产之前完善设计，生产出适销对路的产品。在产品使用方面，可以直接利用制造的原型、零件或部件的最终产品。

本节着重介绍快速成形技术在新产品研制和快速模具制造方面的应用。

3.6.1 新产品研制

新产品的开发过程一般为：概念设计（或改型设计）—造型设计—结构设计—基本功能评估—模拟样件试制。如果用传统方法，需要完成绘图、工艺设计、工装模具制造等多个环节，周期长、费用高。如果不进行设计验证而直接投产，则一旦存在设计失误，将会造成极大的损失。

快速成形技术可直接将产品 CAD 模型转换成实物原型。原型在新产品开发过程中的价值是不可估量的，主要有以下方面。

(1) 评估产品外形。很多产品特别是家电、汽车等对外形的美观和新颖性要求极高。一般检验外形的方法是将产品图形显示于计算机终端，但经常发生“画出来好看而做出来不好看”的现象。采用 RP 技术可以很快做出原型，供设计人员和用户审查，使得外形设计及检验更直观、有效、快捷。

(2) 检查设计质量。以模具制造为例，传统的方法是根据几何造型在数控机床上开模，这对于一个价值数十万乃至数百万元的复杂模具来说风险太大，设计上的任何不慎，反映到模具上就是不可挽回的损失。快速原型方法可在开模前真实而准确地制造出零件原型，设计上的各种细微问题和错误就能在原型上一目了然地显示出来，这就大大减少了开模风险。

(3) 产品功能检测。设计者可以利用原型，快速地进行功能测试，以判明其是否能最好地满足设计要求，从而优化产品设计。例如，风扇、风鼓等的设计，可获得最佳的扇叶曲面、最低噪声的结构等。又如，某型双缸摩托车汽缸头设计（图 3-42），需要 10 件样品进行发动机的模拟实验，汽缸头内部结构复杂，只能采用铸造成形。传统试制过程需经过开模、制芯、组模、浇铸、喷砂和机加等工序，费时费力。采用选区激光烧结技术，以精铸熔模材料为成形材料，在快速成形机上仅用 5 天即加工出该零件的 10 件铸造熔模，再经熔模铸造工艺，10 天后得到了铸造毛坯。经过必要的机加工，30 天即完成了此款发动机的试制。

图 3-43 所示为使用 SL 技术制作的多种方案弹体外壳，装上传感器后直接进行风洞实验。避免了制作复杂曲面模的成本和时间，从而可以更快地从多种设计方案中筛选出最优的整流方案。

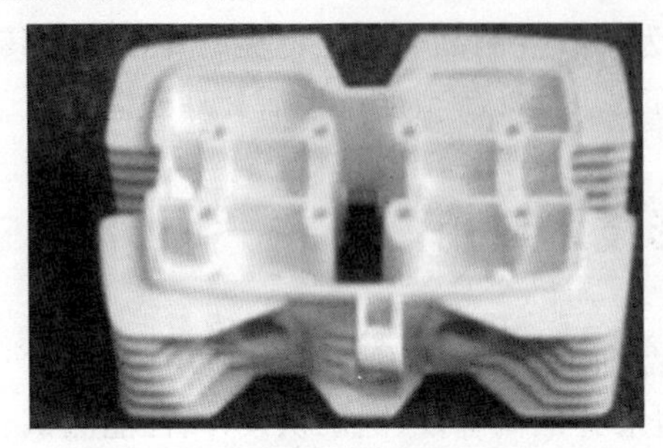

图 3-42　双缸摩托车汽缸头样件

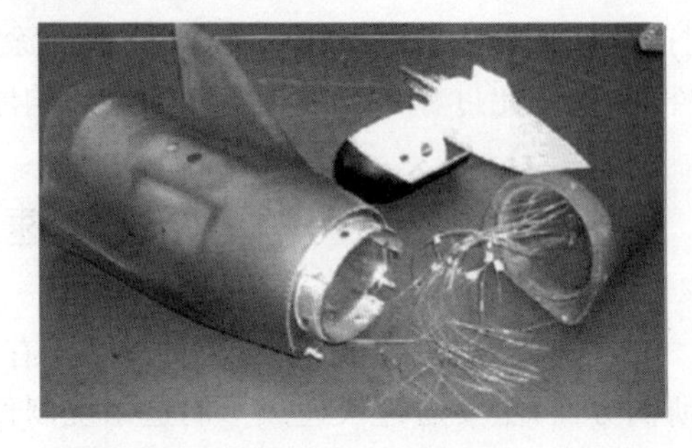

图 3-43　SL 工艺制作的装有传感器的弹体外壳

（4）体验产品手感。通过原型，人们能触摸和感受实体，可以及早发现问题。这对照相机、手握电动工具的外形设计极为重要，这一点在人机工程应用方面具有广泛的意义。

（5）装配干涉检验。在有限空间内的复杂系统，对其进行装配干涉检验与精度检验是极为重要的，如导弹、卫星系统，原型可以用来做装配模拟，观察零件之间如何配合、如何相互影响，大大降低了此类系统的设计制造难度。又如汽车发动机上的排气管，由于安装关系极其复杂，通过原型装配模拟可以一次成功地完成设计。图 3-44 所示为全尺寸航空发动机模型，所有零部件均由 SL 技术实现，可以在较短时间内低成本完成样机模型的制作。

图 3-44　用 SL 工艺制作的全尺寸发动机模型

（6）供货询价及用户评价。利用快速成形技术制作出的样件，能够使用户非常直观地了解尚未投入批量生产的产品外观及其性能，并及时做出评价，使厂方能够根据用户的需求及时改进产品，为产品的销售创造有利条件并避免由于盲目生产可能造成的损失。同时，投标方在工程投标中采用样品，可以直观、全面地提供评价依据，使设计更加完善，为中标创造有利条件。如通信、家电及建筑模型制作等。

（7）反求工程。反求工程是通过实物或技术资料对已有的产品进行分析、解剖、实验，了解其材料、结构、组成、性能、功能，掌握其工艺原理和各种机理，以进行仿制、改进或创造新产品的一种产品开发方法。对三维测量获得的数据，通过反求重构其三维CAD模型，用RP技术可以快速制造出物理原型，并通过快速模具可以方便地对现有产品进行复制、分析和修改，从而有效地提高新产品开发的效率和质量。

3.6.2 快速模具制造

传统模具制作过程复杂、耗时长、费用高，模具的制造往往成为产品设计和制造的瓶颈。例如，铸模的模板、芯盒、压蜡型、压铸模的制造往往是用机械加工的方法来完成的，由于内腔和外形复杂，即使采用五轴数控加工中心等昂贵设备，在加工技术与工艺可行性方面仍有很大困难，有时还需要钳工进行修整，周期长、成本高。

快速成形技术大大简化了模具的制造过程。应用快速成形方法制作模具的方法，即快速模具技术，已成为快速成形技术的主要应用领域之一。基于快速原型技术的模具制造方法，可分为直接制模和间接制模两种。

1. 直接制模

直接制模是用SL、SLS、FDM、LOM等快速成形工艺方法直接制造出树脂模、陶瓷模和金属模等模具，其优点是制模工艺简单、精度较高、工期短，缺点是单件模具成本较高，适用于样机、样件试制。

1）SL工艺直接制模

利用SL工艺制造的树脂件韧性较好，可作为小批量塑料零件的制造模具。适于小型模具的生产。SL制模的特点：可以直接得到塑料模具；模具的表面粗糙度低，尺寸精度高；模型易发生翘曲，在成形过程中需设计支撑结构，尺寸精度不易保证；成形时间长，往往需要二次固化；紫外激光管寿命为2000h，运行成本较高；材料有污染，对皮肤有损害。

2）LOM工艺直接制模

采用特殊的纸质，利用LOM工艺方法可直接制造出纸质模具。LOM模具有与普通木模同等水平的强度，甚至有更优的耐磨能力，可与普通木模一样进行钻孔等机械加工，也可以进行刮腻子等修饰加工。以此代替木模，不仅仅适用于单件铸造生产，而且也适用于小批量铸造生产。实践中已有使用300次仍可继续使用的实例（如用于铸造机枪子弹）。此外，因其具有优越的强度和造型精度，还可以用作大型木模，例如，大型卡车驱动机构外壳零件的铸模。

LOM模具的特点：模具翘曲变形小，成形过程无需设计和制作支撑结构；有较高的强度和良好的力学性能，能耐200℃的高温；薄壁件的抗拉强度和弹性不够好；材料利用率低；后续打磨处理时耗时费力，导致模具制作周期增加，成本提高。

3）SLS工艺直接制模

SLS工艺可以采用树脂、陶瓷和金属粉等多种材料直接制造模具和铸件，这也是SLS技术的一大优势。

混合金属粉末制模是另一个研究热点。所用的成形粉末为两种或两种以上的金属粉末混合体，其中一种熔点较低，起黏结剂的作用。利用不同熔点的几种金属粉末，通过SLS工艺制作金属模具，由于各种金属收缩量不一致，故能相互补偿其体积变化，使制品的总收缩量减小，而且烧结时不需要特殊气体环境，混合金属粉末可选用Fe-Sn、Fe-Cu等。

SLS 制模技术的特点是：制件的强度高，在成形过程中无需设计、制作支撑结构；能直接成形塑料、陶瓷和金属制件；材料利用率高；成形件结构疏松、多孔，且有内应力，制件易变形；生成陶瓷、金属制件的后处理较难，难以保证制件的尺寸精度；在成形过程中，需对整个截面进行扫描，所以成形时间较长；适合中、小型模具的制作。

4）FDM 工艺直接制模

熔融沉积（FDM）快速制模技术是各种快速制模中发展速度最快的一种。根据成形零件的形态一般可分为熔融喷射和熔融挤压两种成形方式。用熔融沉积制模技术可以制作多种材料的原型，如石蜡型、塑料原型、陶瓷零件等。石蜡型零件可以直接用于精密铸造，省去了石蜡模的制作过程。

FDM 快速制模适合于中、小型制件。FDW 制模的特点：生成的制件强度较好，翘曲变形小；在成形过程中需设计、制作支撑结构；在制件的表面有明显的条纹；在成形过程中需对整个截面进行扫描涂覆，故成形时间较长；所需原材料的价格比较昂贵。

有的快速成形件适合用作熔模铸造的消失模，如 FDM 法制作的制件受热膨胀小而且烧熔后残留物基本没有；而有的快速成形件则由于材料的缘故不适于作消失模，如用 LOM 法制作的制件，因其在烧熔后残留物较多而影响产品表面质量，但是由于其具有良好的力学性能，所以可以直接作塑料、蜂蜡和低温合金的注塑模。

2. 间接制模

间接制模法是指利用快速成形技术首先制作模芯，然后用此模芯复制硬模具（如铸造模具），或者采用金属喷涂法获得轮廓形状，或者制作母模具复制软模具等。具体过程为，对由快速成形技术得到的原型表面进行特殊处理后代替木模，直接制造石膏型或陶瓷型，或是由原型经硅橡胶过渡转换得到石膏型或陶瓷型，再由石膏型或陶瓷型浇铸出金属模具。与直接制模法相比，间接快速模具制造由于其翻制技术的多样性，可以根据应用要求，使用不同复杂程度和成本的工艺，一方面可以较好地控制模具的精度、表面质量、力学性能与使用寿命，另一方面也可以满足经济性的要求。

依据材质不同，间接制模法生产出来的模具一般分为软质模具和硬质模具两大类。软质模具因其所使用的软质材料（如硅橡胶、环氧树脂等）有别于传统的钢质材料而得名，由于其制造成本低，制作周期短，因而在新产品开发过程中作为产品功能检测和投入市场试运行，尤其适合于批量小、品种多、改型快的现代制造模式。目前提出的软质模具制造方法主要有硅橡胶浇注法、金属喷涂法、树脂浇注法等。用快速原型制作母模或软模具与熔模铸造、陶瓷型精密铸造、电铸、冷喷等传统工艺相结合，即可制成硬模具。它能批量生产塑料件或金属件。硬模具通常具有较好的机械加工性能，可进行局部切削加工，以获得更高的精度。

随着原型制造精度的提高，各种间接制模工艺已基本成熟，工艺方法根据零件生产批量而不同。例如，硅橡胶模适用的批量为 50 件以下，环氧树脂模适用的批量为数百件金属冷喷涂模适用的批量可达 3000 件，硬质模具则可用于生产上万个零件的批量。

1）软质模具

（1）硅橡胶模。硅橡胶一般由基础聚合物、补强剂、填充料、稀释剂、交联剂、催化剂等组成。基础聚合物一般选用端羟基聚二甲基硅氧烷；补强剂一般选用白炭黑；填充料一般选用硅微粉、氧化铝、硅藻土、高岭土等；稀释剂一般选用甲基硅油；交联剂一般选用硅酸乙酯。

硅橡胶模(简称硅胶模)以原型为样件，采用硫化的有机硅胶浇注制作。硅橡胶有良好的柔性和弹性，对于结构复杂、花纹精细、无拔模斜度或具有倒拔模斜度及具有深凹槽的模具，制件浇铸完成后均可直接取出，这是其独特之处。

目前，硅胶模制作方法主要有真空浇注法和简便浇注法两种。

由于浇注普通硅橡胶时，会产生较多的气泡，从而影响成形品质，为此，常常采用真空浇注法进行浇注。根据硅橡胶的种类、零件的复杂程度和分型面的形状规则情况，这种方法又可以分为刀割分型面制作法和哈夫式制作法两种，前者适用于透明硅橡胶、分型面形状比较规则的情况，后者适用于不透明硅橡胶或分型面形状比较复杂的情况。下面介绍刀割分型面制作法。如图 3-45 所示，硅橡胶模具制作的步骤如下。

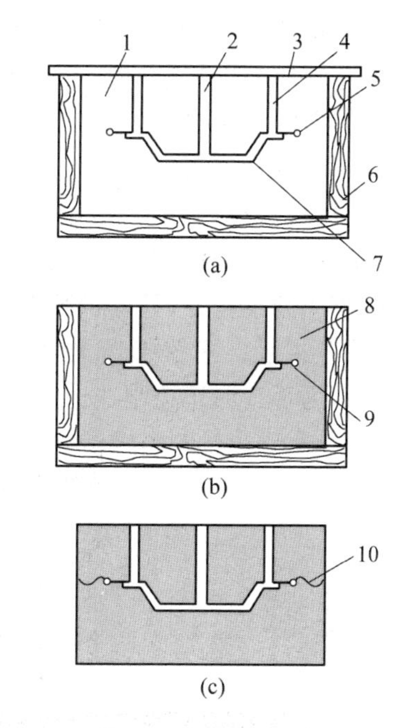

图 3-45 使用透明硅橡胶浇铸模具的步骤
1—模框与原型样件的间距；2—浇注系统；3—支撑模具的横梁；4—排气口；5—着色胶带标志的分模线；6—模框；7—原型样件；8—透明 RTV 硅橡胶；9—着色胶带；10—锁栓和定位线。

① 彻底清洁定型样件，即快速原型零件。

② 用薄的透明胶带建立分型线。首先要分析原型，选择分型面，硅橡胶模具分型面的选择较为灵活，有很多种不同的选择方法。根据原型零件的形状特点，硅橡胶模具可以有上、下两个型腔，也可以只有一个型腔(此种情况就不分型)。选择不同分型面的目的就是要使脱模较为方便，不损伤模具，避免模具变形或者影响模具应有寿命。

③ 利用彩色、清洁胶带纸将定型样件边缘围上，以作后期分模用。

④ 利用薄板围框，把定型样件固定在围框内，必要时在定型样件上黏结固定一些通气杆。根据原型零件的不同，应选择合适的模框，首先模框不能太小，如果太小，模具制作出来后侧壁太薄，分模时容易造成模具损坏并且影响模具的寿命。当然模框过大也会造成不必要的浪费，增加成本。

⑤ 计算硅胶、固化剂用量，称重、混合后放入真空注型机中抽真空，并保持真空 10min。

⑥ 将抽真空后的硅胶倒入构建的围框内，之后，将其放入压力罐内，在 0.4～6MPa 压力下，保持 15～30min 以排除混入其中的空气。

⑦ 硅橡胶固化浇注好的硅橡胶，要在室温 25℃左右放置 4～8h，待硅橡胶不粘手后，再放入烘箱内保持 100℃，8h 左右，这样即可使硅橡胶充分固化。

⑧ 待完全固化后，拆除围框，随分模边界用手术刀片对硅胶模分型。

⑨ 把定型样件完全外露，并取走，得到硅胶模。如果发现模具有少量缺陷，可以用新配的硅橡胶修补，并经同样固化处理即可。

RP 法制作的原型在其叠层断面之间一般存在台阶纹或间隙，需进行打磨和防渗与强化处理等以提高原型的表面光滑程度和抗湿性与抗热性。只有原型表面足够光滑，才能保证制作的硅胶模型腔的光洁度，进而确保翻制产品具有较高的表面质量和便于从硅胶模中取出。

液态硅胶黏度很大、流动性差，在与催化剂混合、搅拌之后，会有大量的气泡存在于胶料中，难以排除，一般用真空除气方法排除这类气体；而且灌注硅胶时难免会卷入部分气体，这部分气体会以气泡的形式滞留于胶料中；同时，若存在于胶料中的气泡与 RP 原型相接触，就会吸附在 RP 原型表面，导致硅胶模型腔表面出现气孔，为确保硅胶模的质量，必须使用真空搅拌和脱气（除气）。

硅胶软模的材料特性和制模工艺对注塑件的尺寸精度与表面质量的影响很大。用作硅橡胶模具的硅胶材料要求具有较短的固化时间，较高的强度和硬度，较强的抗撕裂性能，线收缩率越小越好，且硅橡胶不能与酸碱反应。为了提高零件的精度，应该选择收缩率较小的硅橡胶。对于形状复杂、起模难度大的零件，应该选择硬度低的硅橡胶。图 3－46所示为手轮的快速制造。

(a)

(b)

图 3－46　手轮的快速制造

(a)CAD 模型和 LOM 原型；(b) 硅胶软模和注塑件。

硅橡胶模有以下优点。

① 过程简单，不需要高压注射机等专用设备；制作周期短，一般根据 CAD 文件，在一周内可提供硅胶模，以及用此模具成形的第一个聚氨酯工件，这与传统环氧树脂组合模或铝合金模注塑原型工件相比，开发周期只有原来的 1/10。

② 成本低，材料选择范围较广。适宜于蜡、树脂、石膏等浇注成形，广泛应用于精铸蜡模的制作、艺术品的仿制和生产样件的制作。

③ 弹性好，不必设置拔模斜度工件就能脱模，大大简化模具设计，复印性能好。

④ 能在室温下浇铸高性能的聚氨酯塑料件，特别适合新产品的试制。

硅橡胶模的主要缺点是制模速度慢，寿命短。硅胶一般需要 24h 才能固化，为缩短这个时间，可以预加热原材料，将时间缩短 1/2。聚氨酯的固化通常也需要 20h 左右，采用预加热方法也只能缩短至4h左右，也就是说白天只能作2～4个零件。反注射模(RIM)就是针对硅胶模的缺点设计的。它采用自动化混合快速凝固材料的方法，用单一模具每天能造20～40件，若用多模具，产量还可大大提高。

(2) 环氧树脂模。硅橡胶模具(Epoxy Resin Mould)仅仅适用于较少数量制品的生产，如果制品数量增大时，则可用快速成形翻制环氧树脂模具。它是将液态的环氧树脂与有机或无机材料复合为基体材料，以原型为母模浇铸模具的一种制模方法，也称桥模(Bridge Tooling)制作方法。其工艺过程如图3-47所示。

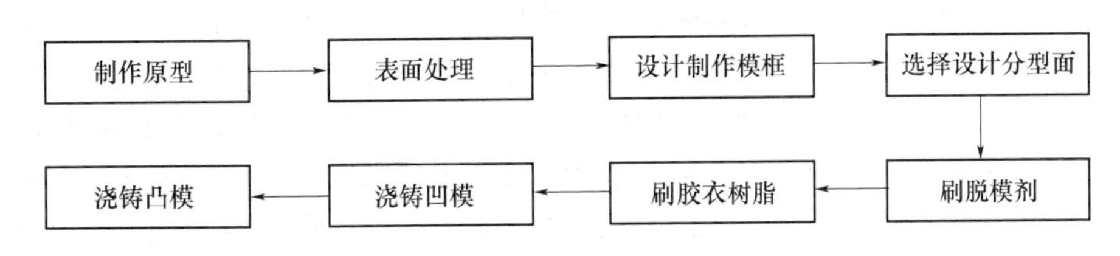

图3-47 环氧树脂模的制作工艺流程

采用环氧树脂浇注法制作模具工艺简单，周期短、成本低廉，树脂型模具传热性能好，强度高且型面不需加工。环氧树脂模具寿命不及钢模，但比硅胶模寿命长，可满足中小批量生产的需要，适用于注塑模、薄板拉伸模、吸塑模及聚氨酯发泡成形模等。

(3) 金属树脂模。金属树脂模具(Metal Resin Mould)就是以环氧树脂与金属粉填料(如铝粉、铁粉、铜粉)为基体材料，以样件为基准浇铸而成的模具。以金属粉为填料所制的树脂模具有以下特点：

① 热传导率高。

② 强度高，由于环氧树脂中的环氧基团与金属表面上的游离键起反应，形成化学键，基体之间形成很强的结合力，使浇铸体具有很高的强度。

③ 工艺简单，周期仅为同类钢模的10%～50%。

④ 型面可不加工，故成本低，仅为同类钢模的20%～50%。

其工艺过程大致如下。

① 设计制作原型。首先按照前述RP原型的设计制作原则，利用快速成形技术设计制作原型。

② 原型表面处理。原型表面必须进行光整处理，采用刮腻子、打磨等方法，使原型尽可能提高光洁度，然后涂刷聚氨酯漆2～3遍，使其达到一定的光洁度。

③ 设计制作金属模框。根据原型的大小和模具结构，设计制作模框。模框的作用：一是在浇注树脂混合料时防止混合料外溢；二是在树脂固化后模框与树脂黏结在一起形成模具，金属模框对树脂固化体起强化和支撑的作用。模框的长和宽应比原型尺寸放大一些，一般原型放到模框内，模框内腔与原型的间隔应为40～60mm，如图3-48所示。高度亦应适当考虑。浇注时模框表面要用四氯化碳清洗，去除油污、铁锈、杂物，以使环氧树脂固化体能与模框结合牢固。

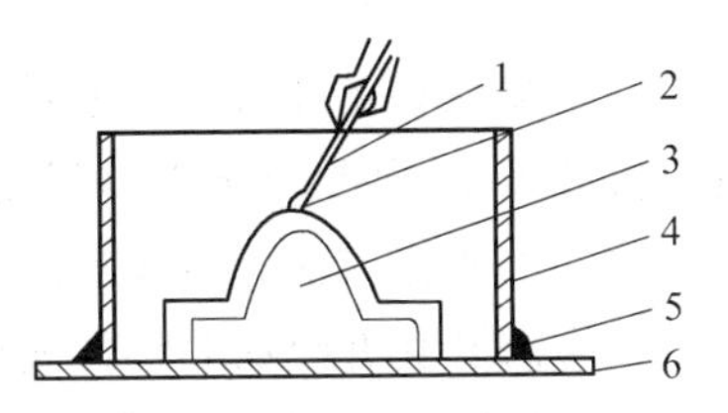

图3-48 涂刷胶衣树脂

1—硬细毛刷；2—胶衣树脂；3—原型；4—金属模框图；5—焊缝；6—底板。

④ 选择和完善分型面。无论是浇铸金属环氧树脂模具还是考虑用模具来生产产品，都要合理选择模具的分型面。这不仅为脱模提供方便，而且是提高产品质量、尽可能减少重复修整工作等必须考虑的技术措施。另外，严禁出现倒拔模斜度，以免出现无法脱模等现象。

⑤ 上脱模剂。选用适当的脱模剂，在原型的外表面(包括分型面)、平板上均要均匀、细致地喷涂上脱模剂。

⑥ 涂刷模具胶衣树脂。把原型和模框放置在平板上(图 3－48)，原型和模框之间的间隙要调整均匀。将模具胶衣树脂按一定的配方比例，分别与促进剂、催化剂、固化剂混合搅拌均匀，即可用硬细毛刷等工具将胶衣树脂刷于原型表面，一般刷 0.5～0.2mm 厚即可。

⑦ 浇铸凹模。如图 3－49 所示，当表面胶衣树脂开始固化但还有黏性时(一般为 30min)，将配制好的金属环氧树脂混合料沿模框内壁(不可直接浇到型面上)缓慢浇入其中的空间。浇注时可将平板支起一角，然后从最低处浇入，这样有利于模框内气泡溢出。

⑧ 浇铸凸模。待凹模制成后，去掉平板，如图 3－50 所示放置，在分型面及原型内表面均匀涂上脱模剂，然后在原型内表面及分型面涂刷胶衣树脂。待胶衣树脂开始固化时，将配制好的混合料沿模框内壁缓慢浇入。

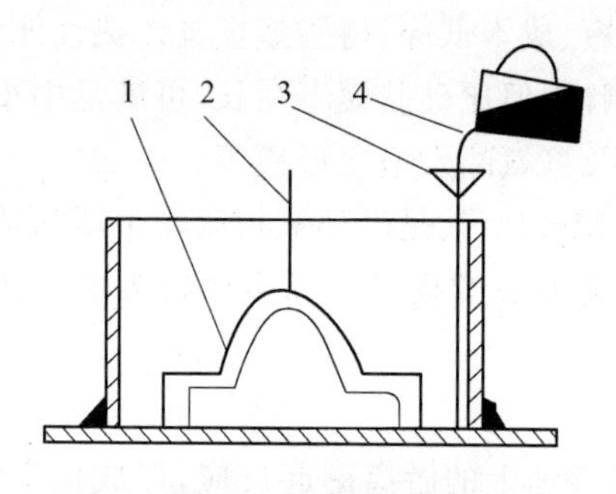

图 3－49　浇铸凹模

1—胶衣树脂；2—顶模杆；3—漏斗；
4—金属树脂混合料。

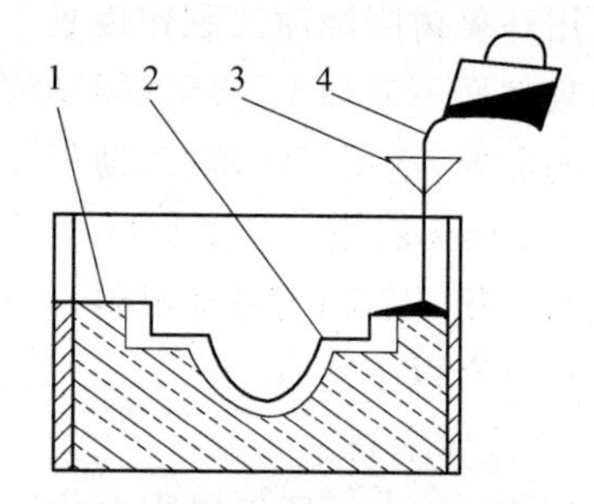

图 3－50　浇铸凸模

1—凹模；2—胶衣树脂层；3—漏斗；
4—金属树脂混合料。

⑨ 分模。在常温下浇铸的模具，一般 1～2 天就可基本固化定型，即能分模。

⑩ 取出原型并修模。正常情况下，如操作得当，脱模十分容易，完全可以避免型面修补工作。取出原型后，将模具切除毛边，修整，人工对型面稍加抛光，有的还要做些钻孔等机械加工，以满足组装需要。

(4) 金属喷涂模。金属喷涂模(Metal－Spraying Mould)的制作过程为在 RP 制作的母模外喷涂一层雾化了的熔化金属(厚约 2mm)，待液态金属固化后形成金属表面，即成模具。受喷涂设备和母模耐温强度限制，通常所用金属材料是低熔点金属，如铅锡合金、锌合金和镍等，如果母模能够耐受高温，也可以喷涂高熔点金属，如不锈钢。

常用的喷涂方法是电弧喷涂。电弧喷涂方法以样件为基准，利用电弧熔化金属，压缩空气使金属雾化并喷射到样件表面，形成模具型腔。这种方法比机械加工或电加工成形都简单，尤其是对于形状复杂、机械加工难以实现的模具型腔，其效果更为明显。

金属电弧喷涂的原理如图 3－51 所示，喷涂机由喷枪、金属丝、送丝机构和电源等构成。其中，左、右两股金属丝在送丝机构的驱动下，不断经喷枪的内腔到达前端出口处，在此处，由于通过金属丝的大电流的作用，两股金属丝如同两个电极，在它们的尖端之间发生电弧放电，导致金属丝熔化。与此同时，压缩空气通过喷枪的内腔吹向出口处已熔化的金属，使它变成雾状，并喷射在快速成形工件(基底)的表面上迅速凝固，形成一层金属薄壳(厚度一般约为2mm)。常用的金属丝有锌、铝、铜、镍及其合金，丝径为2～3mm。喷涂时，工件表面的温度取决于金属丝的熔点T，金属丝尖端与被喷涂表面之间的距离L和喷涂的持续时间t。显然，T越高，L越小，t越长，工件表面的温度越高，应控制此温度不超过快速成形制件的允许工作温度(其热变形温度通常为60℃)。金属电弧喷涂的生产效率高、成本低、操作简单。喷涂前，工件不需预热；喷涂时，只有很少的热量传至制件，所以制件可维持较低的温度(一般不超过65℃)，不易发生变形，从而在很短的时间内能牢固地喷涂10mm厚的金属而不开裂。

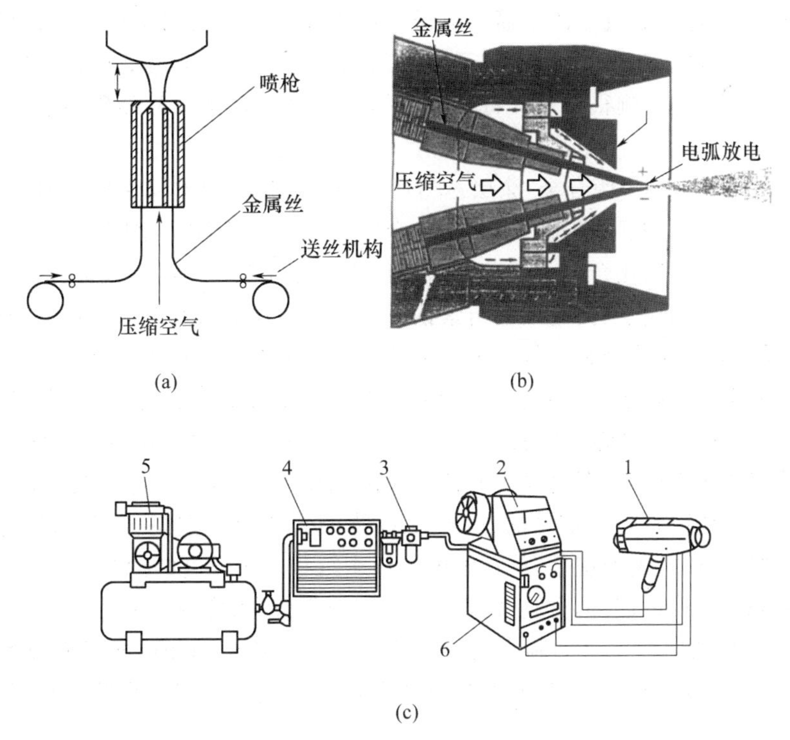

图3-51　金属电弧喷涂原理图

(a)电弧喷涂原理；(b)电弧喷涂枪结构；(c)电弧喷涂系统。

1—电弧喷涂枪；2—送丝机构；3—油水分离器；4—冷却装置；5—空气压缩机；6—电弧喷涂电源。

电弧喷涂中，熔滴直径尺寸分布在几十微米到几百微米不等，熔滴的凝固速度约为1/8000s，喷涂金属熔滴的飞行速度约为70m/s。

在电弧喷涂中，高速压缩空气一方面使飞行中的熔融金属液滴易于散热而降温，另一方面也对涂层和基体有冷却作用。这样对于Al、Zn基的金属喷涂(喷涂金属的熔点在600℃以下)，如果操作得当，涂层温度可控制在60℃～70℃以下，而不会使快速原型零件基体过热。

电弧喷涂制模具有如下特点。

① 制模成本较低。喷涂模具所用的主要材料为喷涂金属丝和基体填充材料。喷丝用量很少，只有薄薄的一层，所占模具费用比例甚微。电弧喷涂设备比等离子喷涂设备简单，体积小、质量轻，设备移动容易。它不需瓶装气体，也不需要燃料，没有水冷系统。设

备中唯一的易损件是喷枪中的导电嘴，但它的成本很低，消耗量也不大。设备对工作环境要求低，可长期可靠地在环境恶劣的场所使用。

② 喷涂效率高，节约能源。电弧直接作用于喷涂金属丝的端部而用来熔化金属，能源利用率可达90%，是所有喷涂方法中能源利用最充分的。等离子喷涂时，大量的热能被冷却喷嘴与钨极的冷却水带走，能源利用率低。使用2.5kW的功率就可以用电弧喷涂绝大多数的材料。对于等离子喷涂，要达到大体相近的生产率就需要30～40kW的功率。除了能降低能源成本外，还使原型受热大大减轻，因为原型接受到的热能只是喷涂粒子所携带的热能。

③ 喷涂质量容易保证。电弧喷涂时喷射出的每个粒子都是丝材被电弧熔化所形成的微小液滴，而不像火焰或等离子喷涂那样将固态粉末送到火焰中加热。在后两种情况下，由于火焰的温度分布很不均匀，粒子要得到充分而均匀的加热是很难保证的，从而其喷涂质量受工艺条件影响很显著。特别是在等离子喷涂时要多个参数都很准确地控制，才能保证质量。

④ 可以方便地获得“伪合金”涂层。当使用两种不同材料的喷涂丝材时，获得的涂层是这两种材料的粒子相互紧密结合的“伪合金”涂层，涂层中粒子之间还会存在少量的两种材料的合金或金属间化合物。这种“伪合金”涂层往往兼具两种组成成分的性能而发挥独特的优越性。应用例子有：高碳钢与紫铜的伪合金涂层兼有高耐磨与高导热性，用于喷涂刹车盘；低碳钢与铜镍合金的伪合金涂层收缩率特别低，易于机械加工，便于喷涂内孔及修补精密表面上的缺陷；低碳钢与锡青铜的伪合金涂层是修复重型机床导轨的好材料。

(5) 电铸制模法。电铸制模法(Electroforming)的原理和过程与金属喷涂法比较类似。它是采用电化学原理，通过电解液使金属沉积在原型表面，背衬其他填充材料来制作模具的方法。电铸法首先将零件的三维CAD模型转化成负型模型，并用快速成形方法制造负型模型，经过导电处理后，放在铜电镀液中沉积一定厚度的铜金属。取出后用环氧树脂或锡填充铜壳层的底部，并连接固定一根导电铜棒，就完成了Cu电极的制备。一般从CAD设计到完成Cu电极的制作需要1周时间。电铸法制作的模具复制性好且尺寸精度高，适合于精度要求较高、形态均匀一致和形状花纹不规则的型腔模具，如人物造型模具、儿童玩具和鞋模等。

2) 硬质模具

软质模具生产制品的数量一般为50～5000件，对于上万件乃至几十万件的产品，仍然需要传统的钢质模具。硬质模具指的就是钢质模具，利用RP原型制作钢质模具的主要方法有熔模铸造法、电火花加工法、陶瓷型精密铸造法等。

(1) 熔模精密铸造。在批量制造金属模具时采用此法。先利用RP原型或根据原型翻制的硅橡胶、金属树脂复合材料或聚氨酯制成蜡模或树脂模的压型，然后利用该压型批量制造蜡模和树脂模消失模，再结合熔模精铸工艺制成钢模具，另外在复杂模具单件生产时，也可直接利用RP原型代替蜡模或树脂消失模直接制造金属模具。

① 制作单件钢型腔。用快速成形系统制作原型母模，将母模浸入陶瓷浆料，形成模壳；然后在炉中固化模壳，烧去母模；之后在炉中预热模壳并在模壳中浇铸钢或铁制成金属型腔，并进行型腔表面抛光处理，然后加入浇铸系统和冷却系统等形成批量生产用注塑模。

② 制作小批量钢型腔。用快速成形方法制作原型母模。用金属表面喷镀或用铝基复合材料、硅橡胶、环氧树脂、聚氨酯浇铸法，制成蜡模的压型。然后可以利用压型小批量制造蜡模，再结合传统熔模铸造工艺生产钢铁型腔。最后对型腔进行表面抛光，加入浇铸系统和冷却系统等，制得批量生产用注塑模。其中蜡模的压型可重复使用，从而制造多件钢或铁型腔。它的优点在于可以利用原型制造形状非常复杂的金属型腔。

(2) 陶瓷型精密铸造。在单件生产或小批量生产钢模时可采用此法。其基本原理是以快速成形系统制作的模型用特制的陶瓷浆料制成陶瓷铸型，然后利用铸造方法制作硬质模具。

(3) 电火花加工法。用电火花技术加工模具正成为一种常规的方法，但是电火花电极的加工往往又成为"瓶颈"过程。电火花加工法是利用 RP 原型制作电火花电极，然后利用电火花加工制作钢模，其制作过程一般为：RP 原型—三维砂轮—石墨电极—钢模。

(4) 用化学黏结钢粉浇铸型腔。用快速成形系统制作纸质或树脂的母模原型，然后浇铸硅橡胶、环氧树脂、聚氨酯等软材料，构成软模。移去母模，在软模中浇铸化学黏结钢粉的型腔，之后在炉中烧去型腔用材中的黏结剂并烧结钢粉，随后在型腔内渗铜，抛光型腔表面，加入浇铸系统和冷却系统等就可批量生产注塑模。

(5) 砂型铸造法。使用专用覆膜砂，利用 SLS 成形技术可以直接制造砂型(芯)，通过浇铸可得到形状复杂的金属模具。

3.7 快速成形技术的进展

我国快速成形技术的研究工作基本与国际同步。自 20 世纪 90 年代初开始，西安交通大学、清华大学、华中科技大学、北京隆源公司等院校和企业在典型的快速成形设备、软件、材料等方面的研究和产业化方面的获得了重大进展。相关研究重点集中在金属成形方面。

国外快速成形技术在航空领域的应用量超过 8 %，而我国在这方面的应用量则非常低。快速成形尤其适合于航空航天产品中的零部件单件小批量的制造，具有成本低和效率高的优点。例如在飞机和航空发动机的零部件快速铸造上，航空器风洞模型制造上，飞机装配实验室上都可采用快速成形技术。这体现出了快速成形在复杂曲面和结构制造上的快速性和经济优势。国外在航空航天器的研制中不断尝试应用快速成形技术，显示出了巨大发展潜力。在我国重大的专项研究和航空航天事业发展中，快速成形技术有广阔的应用前景。

快速成形技术的发展方向可以归结为 3 个方面。

(1) 快速成形制造技术本身的发展。例如，三维打印技术，使快速成形走向信息市场，趋势是作为计算机的通用外设；快速成形技术目前最大的难题是材料的物理与化学性能制约了工艺实现，目前主要是有机高分子材料；金属材料的直接成形是近十多年的研究热点，难点在于如何提高精度和性能，使结构功能零件可直接快速制造，进一步的发展是陶瓷零件的快速成形技术和复合材料的快速成形。

(2) 快速成形应用领域的拓展。例如快速成形在汽车制造领域的应用为新产品的开发提供了快捷的支持技术。快速成形在生物假体与组织工程上的应用，为人工定制假体制造、三维组织支架制造提供了有效的技术手段。进一步是向创意设计、航空航天制造和功能结构器件领域发展。

(3) 快速成形学术思想的发展。快速成形从过去的外形制造向材料组织与外形结构设计制造一体化方向发展，力图实现从微观组织到宏观结构的可控制造。例如在制造复合材料时，能否将复合材料组织设计制造与外形结构设计制造同步完成。这样从更广泛的意义上实现结构体的“设计—材料—制造”一体化。

本节简要介绍功能梯度材料的快速成形技术和金属直接成形技术。

3.7.1 功能梯度材料的快速成形

迄今，大部分零件均是由单一材料制成的，若有特殊要求，一般通过覆层、表面改性和处理使零件的表面或内部呈现出不同物性。随着对产品性能要求的提高，传统的由单一或均质材料构成的零件常常难以满足产品对零件性能的要求。

功能梯度材料(Functionally Graded Materials，FGM)的基本思想是：根据具体要求，选择使用两种(或多种)具有不同性能的材料，通过连续地改变两种材料的组成和结构，使其内部界面模糊化，从而得到功能逐渐变化的非均质材料，以减少和克服结合部位的性能不匹配因素。

以航天飞机推进系统中的超音速燃烧冲压式发动机为例，燃烧气体的温度通常要超过 2000℃，对燃烧室壁会产生强烈的热冲击。燃烧室壁的另一侧又要经受作为燃料的液氢的冷却作用，通常温度为−200℃左右。这样，燃烧室壁接触燃烧气体的一侧要承受极高的温度，接触液氢的一侧又要承受极低的温度，一般材料显然满足不了这一要求。于是人们想到金属的耐低温性和陶瓷的耐高温性，如果将二者有机结合起来使用，零件在极限条件下的性能将得到极大的提高。但是，用传统的技术将金属和陶瓷结合起来，由于二者的界面热力学特性匹配不好，在极大的热应力下还是会遭到破坏。而应用功能梯度材料制备技术，在陶瓷和金属之间通过连续地控制内部组成和结构的变化，使两种材料之间不出现明显界面，从而使整体材料既具有较高耐热应力强度又具有较好的力学性能，以改善零件的整体性能。

功能梯度材料用途已不局限于宇航工业，而是扩大到核能源、电子、化学、生物医学工程等领域，其组成也由金属−陶瓷发展成为金属—合金、非金属—非金属、非金属—陶瓷、高分子膜—高分子膜等多种组合，种类繁多，应用前景十分广阔。

含金属相的功能梯度材料制备方法可分为构造法制备和基于传输的制备两类。构造法是指从功能梯度材料组元的合理分布开始，在构件的初期形式中逐层构造；基于传输的制备方法是指利用流体的流动、原子类的扩散或热传导在局部的微观结构中或在有用的成分中制造梯度。存在如下问题：设备针对性强，一种设备只能制备一种形状和结构的梯度材料；只能制备形状和结构简单的梯度材料块、板和环，不能直接成形形状结构复杂的零件；不同材料组分只是一种自然状态下的简单混合，不能精确控制每种材料组分相在构件中的位置，不能正确反应设计者的意图，从而影响了材料性能。

快速成形技术为功能梯度材料的制备开辟了新途径。多种快速成形工艺可以应用于功能梯度材料的制备。例如，采用激光烧结方法制备，从几个不同的供料系统将不同的金属粉末送入熔池，用大功率激光器熔化，形成合金液滴沉积到一层上；自动控制每种金属粉末的供给速度和激光功率，使每一滴金属沉积均精确可控。

由于材料异质，用于快速成形的零件 CAD 模型除了需要包含几何拓扑信息之外，还需要有材料方面的信息。零件三维 CAD 功能梯度材料表达是采用快速成形技术制造异质材料的前提和关键。在这方面已提出并实践了多种方法。

3.7.2 金属直接成形技术

受成形原理与工艺设备的制约，快速原型制造技术还只能制造出少数几种材料的原型，如光敏树脂、塑料、纸、特种蜡及聚合物包覆金属粉末等。这些材料在性能上与零件的使用要求差距甚远，一般只能作为原型样件以及用于对设计、装配进行验证，还不能作为最终功能性零件或模具使用。激光直接制造(Direct Laser Fabrication，DLF)技术试图制造具有完全使用功能的金属零件和模具，是快速成形技术的重要发展方向。

激光直接制造技术融合了快速成形技术和激光熔覆技术，以“离散—堆积”“添加式制造”的成形原理为基础。成形控制系统采用同步送料激光熔覆的方法按照零件二维轮廓轨迹逐层扫描堆积材料；最终形成三维实体零件或仅需进行少量加工的近形件。

该技术是在 RP 技术的原理上，采用激光作为热源，以预置或同步供给的金属粉末(丝)为材料，在金属基板上逐层堆积，形成金属零件。DLF 工艺的基本工作过程：先借助 CAD 软件或反求技术生成零件的 CAD 模型，再利用成形控制软件将 CAD 模型按一定间距切割成一系列平行薄片，然后根据薄片轮廓设计出合理的激光扫描轨迹，并转换成 CNC 工作台的运动指令。激光束在指令控制下扫描基板并将送料器(送粉器或送丝机)输送的金属原料用激光熔覆的方法沉积出与切片厚度一致的一层薄片。上述过程完成后，聚焦镜、粉末喷嘴等整体上升一定高度并重复上述过程，沉积下一层薄片，如此逐层堆积直至形成具有所需形状的三维实体金属零件。为了防止氧化，上述过程一般应在气氛可控的保护箱中进行。

从激光直接金属快速成形技术的原理可以看出，该技术与 RP 技术的基本思路是一致的，其实质就是 CAD 软件驱动下的激光三维熔覆过程。除具备 RP 技术的一般优点外，DLF 技术还具有以下特点。

(1) 可以方便迅捷地制作出传统工艺方法难以制造甚至无法制造的复杂金属零件(如薄壁结构、封闭内腔结构和共形冷却结构等)，制造过程不需采用铸造模型或锻造模具以及其他专用加工设备和工装，能显著降低制造成本，缩短制造周期。

(2) 为近净成形制造技术，零件最终只需进行少量精加工甚至不需加工，材料可回收再利用，基本不产生废弃物。

(3) 零件不同部位可以采用不同的化学成分进行制造，从而得到梯度功能材料或局部增强结构，还可以在原有零件上添加新的特殊结构，因此实现了柔性设计和制造。

(4) 适于传统铸造、锻压甚至机械加工等方法难以加工的高加工硬化率金属、难熔金属、金属间化合物等材料的成形。

(5) 属于快速凝固过程，零件组织致密，晶粒细小，性能超过铸件，等于或优于锻件。

DLF 技术是一种涉及机械、材料、激光、计算机、自动控制等诸多领域的综合性制造技术。近年来，对各种金属材料的 DLF 工艺进行了广泛研究，并取得了丰硕的成果。

第 4 章　特种加工技术

特种加工是对传统机械加工方法的有力补充和延伸，并已成为机械制造领域不可缺少的技术内容。特种加工方法可以完成传统机械加工方法难以实现的加工，如高强度、高韧性、高硬度、高脆性、耐高温材料和工程陶瓷、磁性材料等难加工材料的加工以及精密、微细、复杂形状零件的加工等。

在已有的特种加工工艺不断完善和定型的同时，新的特种加工技术也不断涌现出来。

4.1　概　述

4.1.1　特种加工方法特点与分类

随着机械产品应用领域的扩大和性能的提高，机械制造行业面临如下挑战。

(1) 各种难切削材料的加工，如硬质合金、钛合金、耐热钢、不锈钢、淬硬钢、金刚石、宝石、石英以及锗、硅等各种高硬度、高强度、高韧性、高脆性的金属及非金属材料的加工。

(2) 各种特殊复杂表面的加工，如喷气涡轮机叶片、整体涡轮、发动机机匣和锻压模与注射模的立体成型表面，各种冲模、冷拔模上特殊断面的型孔，炮管内膛线，喷油嘴、栅网、喷丝头上的小孔、窄缝等的加工。

(3) 各种超精、光整或具有特殊要求的零件的加工，如对表面质量和精度要求很高的航天航空陀螺仪、伺服阀以及细长轴、薄壁零件、弹性元件等低刚度零件的加工。

传统机械加工方法难以解决上述问题。特种加工(又称非传统加工，Non－Traditional Machining，NTM)是一类有别于传统切削与磨削加工方法的总称，是解决上述问题的有效手段。特种加工方法将电、磁、声、光等物理量及化学能量或其组合直接施加在工件被加工的部位上，从而使材料被去除、累加、变形或改变性能等。与传统切削、磨削加工方法相比，特种加工方法具有以下特点。

(1) 特种加工方法主要不是依靠机械能，而是用其他能量(如电能、光能、声能、热能、化学能等)去除材料。

(2) 传统机械加工方法要求刀具的硬度必须大于工件的硬度，即“以硬切软”，刀具与工件必须有一定的强度和刚度，以承受切削过程中的切削力。由于工具不受显著切削力的作用，特种加工对工具和工件的强度、硬度和刚度均没有严格要求。

(3) 采用特种加工方法加工时，由于没有明显的切削力作用，一般不会产生加工硬化现象，又由于工件加工部位变形小，发热少，或发热仅局限于工件表层加工部位很小的区域内，工件热变形小，由加工产生的应力也小，易于获得好的加工质量，且可在一次安装中完成工件的粗、精加工。

(4) 加工中能量易于转换和控制，有利于保证加工精度和提高加工效率。

特种加工方法的材料去除速度一般低于常规加工方法，这也是目前常规加工方法在机械加工中仍占主导地位的主要原因。

特种加工有多种分类方法，一般按能量来源和作用形式及加工原理分类，如表4-1所列。

表4-1 特种加工方法分类

特种加工方法		能量来源及形式	加工原理	英文缩写
电火花加工	电火花成形加工	电能、热能	熔化、汽化	EDM
	电火花线切割加工	电能、热能	熔化、汽化	WEDM
电化学加工	电解加工	电化学能	金属离子阳极溶解	ECM(ELM)
	电解磨削	电化学能、机械能	阳极溶解、磨削	EGM(ECG)
	电解研磨	电化学能、机械能	阳极溶解、研磨	ECH
	电铸	电化学能	金属离子阴极沉积	EFM
	涂镀	电化学能	金属离子阴极沉积	EPF
激光加工	激光切割、打孔	光能、热能	熔化、汽化	LBM
	激光打标志	光能、热能	熔化、汽化	LBM
	激光处理、表面改性	光能、热能	熔化、相变	LBM
电子束加工	切割、打孔、焊接	电能、热能	熔化、汽化	EBM
离子束加工	蚀刻、镀覆、注入	电能、动能	原子撞击	IBM
等离子弧加工	切割(喷镀)	电能、热能	融化、汽化(涂覆)	PAM
超声波加工	切割、打孔、雕刻	声能、机械能	磨料高频撞击	USM
化学加工	化学铣削	化学能	腐蚀	CHM
	化学抛光	化学能	腐蚀	CHP
	光刻	光能、化学能	光化学腐蚀	PCM

电火花加工在20世纪40年代开始研究并逐步应用于生产，它是在加工过程中，使工具和工件之间不断产生脉冲性的火花放电，靠放电时局部、瞬时产生的高温把金属蚀除下来的加工方法，因放电过程可见到火花，故称为电火花加工，现已成为机械制造业的常规加工工艺。

电化学加工包括从工件上去除金属的电解加工和向工件上沉积金属的电镀、涂覆加工两大类。自20世纪30—50年代开始，在工业上得到大规模应用。目前，电化学加工已经成为民用、国防工业中的一种不可缺少的加工手段。

激光加工、电子束加工、离子束加工可以统一称为高能束流加工方法，它们的共同特点是以具有很高能量密度的束流，通过一定的装置在空间传输并在工件表面聚焦，从而去除工件材料或完成其他用途。

在发展过程中也形成了某些介于常规机械加工和特种加工工艺之间的过渡性工艺。例如，在切削过程中引入超声振动或低频振动切削，在切削过程中通以低电压大电流的导电切削、加热切削以及低温切削等。这些加工方法是在切削加工的基础上发展起来的，目的是改善切削的条件，基本上均属于切削加工。

在特种加工范围内还有一些属于减小表面粗糙度值或改善表面性能的工艺，前者如电解抛光、化学抛光、离子束抛光等，后者如电火花表面强化、镀覆、刻字、激光表面处理、改性、电子束曝光和离子束注入掺杂等。

在已有的特种加工工艺不断完善和定型的同时，新的特种加工技术也不断涌现出来，如等离子体熔射成形技术、在线电解修整砂轮镜面磨削技术、时变场控制电化学机械加工技术、三维型腔简单电极数控电火花仿铣技术、电火花混粉大面积镜面加工技术、磁力研磨技术和选择性喷射电铸技术等。

4.1.2 特种加工对材料可加工性和结构工艺性的影响

特种加工技术引起了机械制造工艺技术领域内的许多变革，例如对材料的可加工性、工艺路线的安排、新产品的试制过程、产品零件的结构设计、零件结构工艺性好坏的衡量标准等产生一系列的影响。

(1) 提高了材料的可加工性。以往认为金刚石、硬质合金、淬硬钢、石英、玻璃、陶瓷等是很难加工的，现在已经广泛采用由金刚石、聚晶(人造)金刚石制造的刀具、工具、拉丝模具，用电火花、电解、激光等多种方法来加工。材料的可加工性不再与硬度、强度、韧性、脆性等成直接、反比关系，对电火花、线切割加工而言，淬硬钢比未淬硬钢更易加工。

(2) 改变了零件的典型工艺路线。以往除磨削外，其他切削加工、成形加工等都必须安排在淬火热处理工序之前。特种加工的出现，改变了这种一成不变的程序格式。由于它基本上不受工件硬度的影响，而且为了免除加工后再引起淬火热处理变形，一般都先淬火而后加工。最为典型的是电火花线切割加工、电火花成形加工和电解加工等都必须先淬火，后加工。

(3) 改变了试制新产品的模式。试制新产品时，采用光电和数控电火花线切割，可以直接加工出各种标准和非标准直齿轮(包括非圆齿轮、非渐开线齿轮)，微电机定子，转子硅钢片，各种变压器铁芯，各种特殊、复杂的二次曲面体零件。这样可以省去设计和制造相应的刀、夹、量具，模具以及二次工具，大大缩短了试制周期。

(4) 对产品零件的结构设计带来很大的影响。例如，花键孔、轴，枪炮膛线的齿根部分，从设计观点考虑，为了减少应力集中，最好做成小圆角，但拉削加工时刀齿做成圆角对排屑不利，容易磨损，所以刀齿只能设计与制造成清棱清角的齿根，而用电解加工时由于存在尖角变圆现象，可加工出小圆角的齿根。又如各种复杂冲模如山形硅钢片冲模，过去由于不易制造，往往采用拼镶结构，采用电火花、线切割加工后，即使是硬质合金的模具或刀具，也可做成整体结构。喷气发动机涡轮也由于电加工而可采用整体结构。

(5) 对传统的结构工艺性的好与坏需要重新衡量。过去认为盲孔、方孔、小孔、窄缝等是工艺性很“坏”的典型，工艺、设计人员非常“忌讳”，有的甚至认为是“禁区”。特种加工的采用改变了这种现象。而且，对于电火花穿孔和电火花线切割工艺来说，加工方孔和加工圆孔的难易程度是一样的。喷油嘴小孔，喷丝头小异形孔，涡轮叶片大量的小冷却深孔，窄缝，静压轴承、静压导轨的内油囊型腔，采用电加工后则变难为易。过去淬火前如果忘了钻定位销孔、铣槽等工艺，淬火后这种工件只能报废，现在则可用电火花打孔、切槽进行补救。相反，有时为了避免淬火开裂、变形等影响，故意把钻孔、开槽等工艺安排在淬火之后。

(6) 特种加工已经成为微细加工和纳米加工的主要手段。近年来出现并迅速发展的微细加工和纳米加工技术主要是电子束、离子束、激光、电火花等电物理、电化学特种加工技术。随着半导体大规模集成电路生产发展的需要，这些方法逐渐演变成近年来提出的纳米级超精微加工，即所谓原子、分子单位的加工方法。

4.2 电火花加工技术

4.2.1 电火花加工原理

电火花加工又称放电加工(Electrical Discharge Machining, EDM)，是通过导电工件(包括半导体)和工具电极(正、负电极)之间脉冲性火花放电时的电腐蚀现象来蚀除多余材料，以达到对工件尺寸、形状及表面质量要求的加工技术。加工时，工件和工具电极间通常充有液体电介质。

电腐蚀现象早在19世纪初就被人们发现了，例如在电插头或电器开关触点开、闭时，往往产生火花而把接触表面烧毛、腐蚀成粗糙不平的凹坑而使其逐渐损坏。长期以来电腐蚀一直被认为是一种有害的现象，人们不断地研究电腐蚀的原因并设法减轻和避免它。

电火花腐蚀的主要原因：电火花放电时火花通道中瞬时产生大量的热，足以使任何金属材料局部熔化、汽化而被蚀除掉，形成放电凹坑。电火花腐蚀的微观过程是电场力、磁力、热力、流体动力、电化学和胶体化学等综合作用的过程。

人们在研究抗腐蚀办法的同时，开始研究利用电腐蚀现象对金属材料进行尺寸加工。要利用电腐蚀去除材料，必须具备如下条件。

(1) 放电形式必须是瞬时的脉冲性放电。脉冲宽度一般为$10^{-7}\sim10^{-3}$s，相邻脉冲之间有一个间隔，这样才能使热量从局部加工区传导扩散到非加工区；否则，就会像持续电弧放电那样，使工件表面烧伤而无法用于获得尺寸的加工。为此，电火花加工必须采用脉冲电源。图4-1所示为脉冲电源的电压波形。

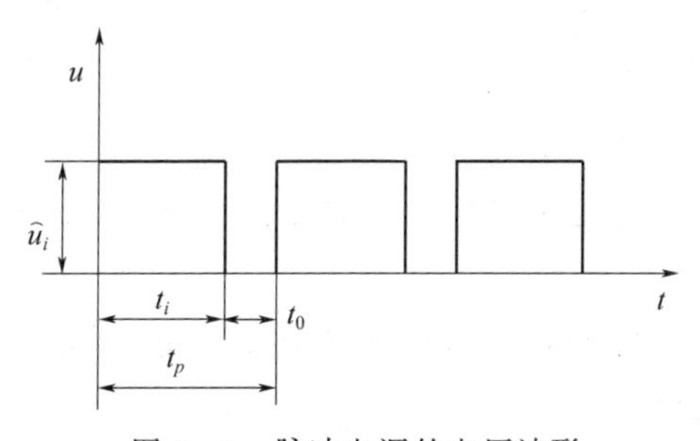

图4-1 脉冲电源的电压波形

t_i—脉冲宽度；t_0—脉冲间隔；t_p—脉冲周期；$\hat{u}_i$—脉冲峰值电压或空载电压。

(2) 火花放电必须在有较高绝缘强度的液体介质(如煤油、皂化液或去离子水)中进行，这样既有利于产生脉冲性的放电，又能使加工过程中产生的屑、焦油、炭黑等电蚀产物从电极间隙中悬浮排出，同时还能冷却电极和工件表面。

(3) 必须有足够的脉冲放电强度，一般要求局部集中电流密度达到$10^5\sim10^8$A/cm^{2}以上才能实现工件材料的局部熔化和汽化。

(4) 工具电极和工件表面间必须保持一定的放电间隙，通常为几微米到几百微米，因此，需要控制工具电极的进给速度并与工件表面的蚀除速度相匹配，以保持放电间隙。

电火花加工的基本原理如图 4-2 所示。工件 5 与工具电极 4 的两输出端相连接。伺服系统 2 使工具和工件间经常保持一很小的放电间隙，当脉冲电压加到两极之间时，便在当时条件下相对某一间隙最小处或绝缘强度最低处击穿介质，在该局部产生火花放电，瞬时高温使工具和工件表面都蚀除掉一小部分金属，各自形成一个小凹坑，如图 4-3 所示。图 4-3(a)表示单个脉冲放电后的电极表面，图 4-3(b)表示多次脉冲放电后的电极表面。脉冲放电结束后，经过一段间隔时间（脉冲间隔 t_0），使工作液恢复绝缘后，第二个脉冲电压又加到两极上，又会在当时极间距离相对最近或绝缘强度最弱处击穿放电，又电蚀出一个小凹坑。这样随着相当高的频率，连续不断地重复放电，工具电极不断地向工件进给，就可将工具的形状复制在工件上，加工出所需要的零件，整个加工表面将由无数个小凹坑所组成。

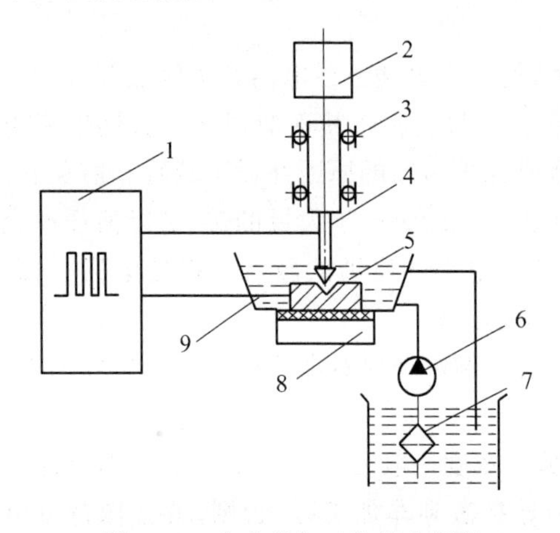

图 4-2 电火花加工的基本原理

1—脉冲电源；2—伺服系统；3—机床床身；4—工具电极；5—工件；6—工作液泵；7—过滤器；8—工作台；9—工作液。

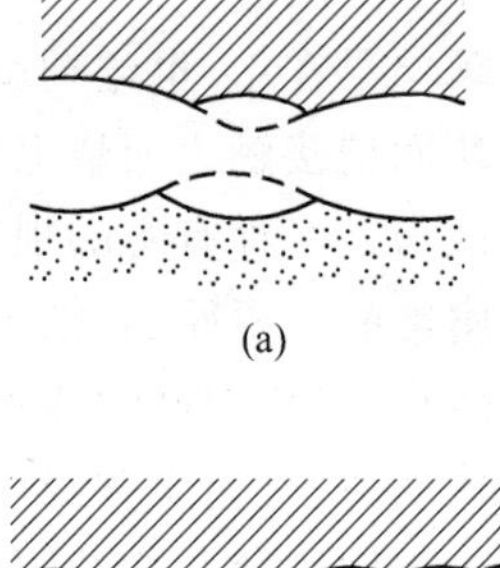

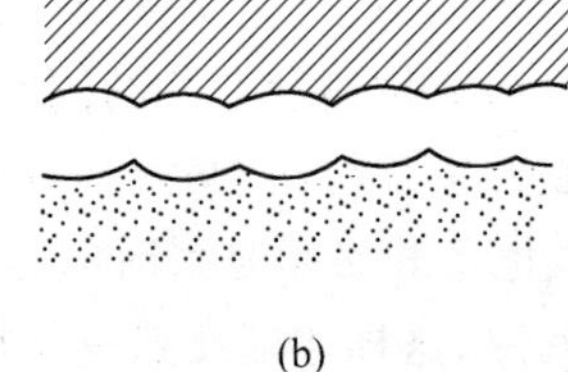

图 4-3 电火花加工表面局部放大图

(a) 单个脉冲放电后的电极表面；(b) 多次脉冲放电后的电极表面。

一台完整的电火花加工设备由以下 4 大部分组成。

(1) 脉冲电源。产生所需要的重复脉冲而加在工件与工具电极上，产生脉冲放电，是放电蚀除的供能装置。

(2) 间隙自动调节器。自动调节极间距离和工具电极的进给速度，维持一定的放电间隙，使脉冲放电正常进行。

(3) 机床本体。用来实现工件和工具电极的装夹固定以及调整其相对位置精度等机械系统。

(4) 工作液及其循环过滤系统。

4.2.2 电火花加工过程

电火花加工大致可分为以下 4 个连续的阶段。

(1) 极间介质的电离与击穿，形成放电通道。图 4-4 所示为矩形波脉冲放电时的电压和电流波形。u 表示电压波形，i 表示电流波形。当脉冲电压施加在工具电极与工件之间时(图4-4中0—1段和1—2段),两极之间立即形成一个电场。电场强度与电压成正比,与极间距离成反比,随着极间电压的升高或极间距离的减小,极间电场强度将随之增大。由于工具电极和工件的微观表面凸凹不平,两极间离的最近的突出点或尖端处的电场强度一般为最大。液体介质中不可避免地含有某种杂质(如金属微粒、碳粒子、胶体粒子等),也有一些自由电子,使介质呈现一定的电导率。在电场作用下,这些杂质将使极间电场更不均匀,当阴极表面某处的电场强度增加到 1×10^5V/mm(100V/μm)左右时,就会产生电子发射,由阴极表面向阳极逸出电子。在电场作用下,负电子高速向阳极运动并撞击工作液介质中的分子或中性原子,产生碰撞电离,形成带负电的粒子(主要是电子)和带正电的粒子(正离子),导致带电粒子雪崩式增多,使介质被击穿从而形成放电通道。

从雪崩电离开始到建立放电通道的过程非常迅速,一般为 $10^{-8}\sim10^{-7}$s,间隙电阻从绝缘状态迅速降低到几分之一欧姆,间隙电流迅速上升到最大值(几安培到几百安培)。由于通道直径很小,所以通道中的电流密度可高达 $10^5\sim10^6$A/cm^2($10^3\sim10^4$A/mm^2)。间隙电压则由击穿电压迅速下降到火花维持电压(一般为20～25V),电流则由0上升到某一峰值电流,如图4-4中2—3段所示。

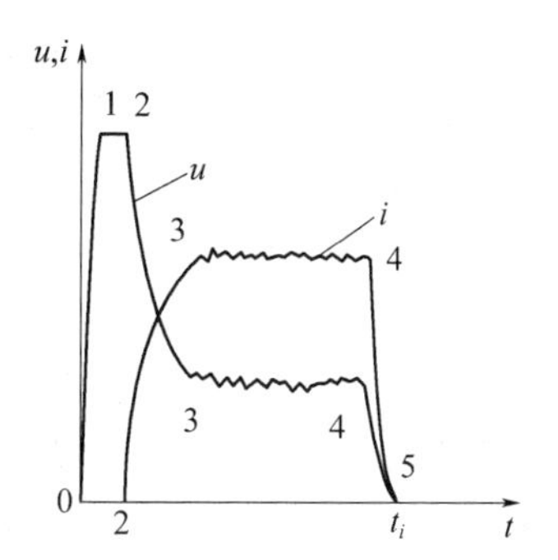

图4-4　极间放电电压和电流波形

0—2:脉冲电压施加于工具电极与工件之间;

2—3:雪崩电离开始,建立放电通道;

3—4:熔化、汽化了的电极材料抛出、蚀除;

4—5:一次脉冲放电结束。

放电通道是由数量大致相等的带正电粒子(正离子)和带负电粒子(电子)以及中性粒子(原子或分子)组成的等离子体。带电粒子高速运动相互碰撞,产生大量的热,通道温度上升到很高,但分布极不均匀,从通道中心向边缘逐渐降低,中心温度高达10000℃以上。由于受到放电时电流产生的磁场以及该磁场反过来又对电子流产生向心的磁压缩效应和周围介质惯性动力压缩效应的综合作用,通道瞬间扩展受到很大阻力,造成放电开始阶段通道截面很小,而通道内由高温热碰撞形成的初始压力高达数十兆帕的状况。高压高温的放电通道以及随后瞬时汽化形成的气体(以后发展成气泡)急速扩展并产生一个强烈的冲击波向四周传播。在放电过程中,同时伴随着一系列派生现象,其中有热效应、电磁效应、光效应、声效应及频率范围很宽的电磁波辐射和爆炸冲击波等。

(2) 介质热分解、电极材料熔化与汽化热膨胀。极间介质一旦被电离、击穿、形成放电通道后,脉冲电源使通道间的电子高速奔向正极,正离子奔向负极。电能变成动能,动能通过碰撞又转变为热能。于是在通道内正极和负极表面分别成为瞬时热源,并分别达到很高的温度。通道内高温首先使工作液介质汽化,进而热裂分解汽化,如煤油等碳氢化合物工作液,高温后裂解为 H_2(约占40%)、C_2H_2(约占30%)、CH_4(约占15%)、C_2H_4(约占10%)和游离碳等;水基工作液则热分解为 H_2、O_2 的分子甚至原子等。正负极表面的高温除使工作液汽化、热分解汽化以外,也使金属材料熔化、直至沸腾汽化。

这些汽化后的工作液和金属蒸气体积瞬时增大并急剧膨胀,产生爆炸现象。观察电火花加工的过程,可以看到放电间隙间冒出很多小气泡,工作液逐渐变黑,并可听到轻微而清脆的爆炸声。这种热膨胀及局部轻微爆炸使得熔化及汽化的电极材料蚀除抛出,如

图 4-4 中的 3—4 段所示。

(3) 电极材料的抛出。通道和正负极表面放电点瞬时高温使工作液汽化和金属材料熔化、汽化，热膨胀产生很高的瞬时压力。通道中心的压力最高，使得气体不断向外膨胀，形成一个扩张的“气泡”。气泡上下、内外的瞬时压力并不相等，压力高处的熔融金属液体和蒸气被排挤、抛出而进入工作液中。由于表面张力和内聚力的作用，使抛出的材料具有最小的表面积，冷凝时凝聚成细小的球形颗粒，直径为 0.1～300μm(其直径随脉冲能量的大小而异)，图 4-5 所示为放电过程放电间隙状况示意图。

熔化和汽化了的金属在抛离电极表面时，四处飞溅，除绝大部分抛入工作液中收缩成小颗粒外，有一部分飞溅、镀覆、吸附于对面的电极表面上。在某些条件下，这种相互飞溅、镀覆以及吸附的现象可以用来减少或补偿工具电极在加工过程中的损耗。

实际上金属材料的蚀除、抛出过程远比上述的复杂。放电过程中工作液不断汽化，正极受电子撞击、负极受正离子撞击，电极材料不断熔化、气泡不断扩大。当放电结束后，气泡温度不再升高，但由于液体介质惯性作用使气泡继续扩展，致使气泡内压力急剧降低，甚至降到大气压以下，形成局部真空，使在高压下溶解于熔化和过热材料中的气体析出，以及材料本身在低压下的再沸腾。由于压力的骤降，使熔融金属材料及其蒸气再次爆沸飞溅而被抛出。然后，电极表面就形成了放电痕，如图 4-6 所示。熔化区未被抛出的材料冷凝后残留在电极表面，形成熔化层，在四周形成稍凸起的翻边，熔化层下面是热影响层，再往下才是无变化的材料基体。材料的抛出是热爆炸力、电动力、流体动力等综合作用的结果。对这一复杂的抛出机理的认识还在不断深入中。

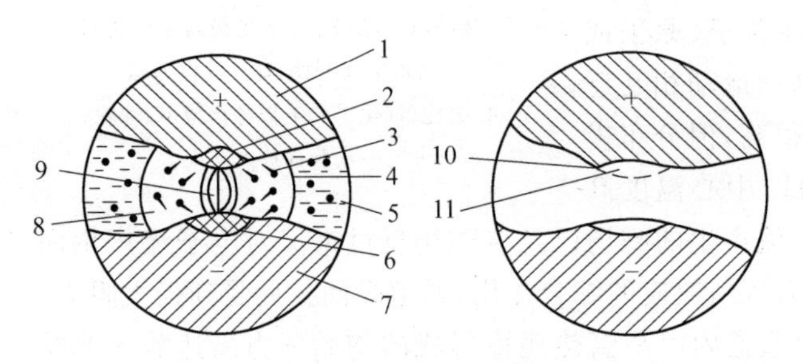

图 4-5　放电间隙状况示意图

1—阳极；2—从阳极上抛出金属的区域；3—熔化的金属微粒；4—工作液；5—在工作液中凝固的金属微粒；6—在阴极上抛出金属的区域；7—阴极；8—气泡；9—放电通道；10—翻边凸起；11—凹坑。

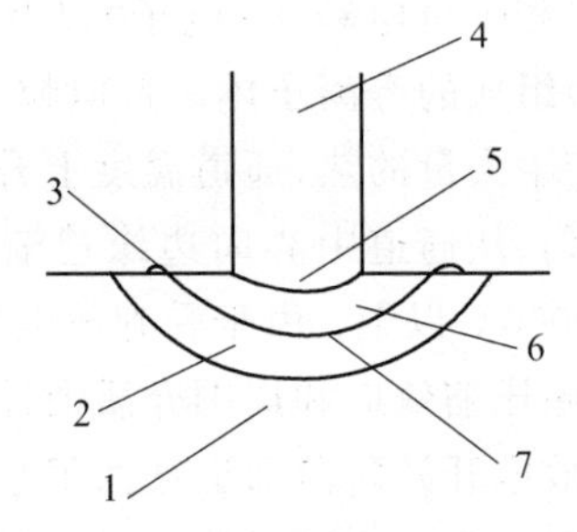

图 4-6　放电痕剖面示意图

1—无变化区；2—热影响区；3—翻边凸起；4—放电通道；5—汽化区；6—熔化区；7—熔化层。

(4) 极间介质的消电离。随着脉冲电压的结束，脉冲电流也迅速降为零。图 4-4 中的 4—5 段标志着一次脉冲放电的结束，但此后仍应有一段间隔时间，使间隙介质消电离，即放电通道中的带电粒子复合为中性粒子，恢复本次放电通道处间隙介质的绝缘强度，以免总是重复在同一处发生放电而导致电弧放电，这样可保证在两极相对最近处或电阻率最小处形成下一个击穿放电通道。

加工过程中产生的电蚀产物(如金属微粒、碳粒子、气泡等)如果来不及排除、扩散出去，就会改变间隙介质的成分和降低绝缘强度，脉冲火花放电时产生的热量如不及时传出，带电粒子的自由能就不易降低。这将大大减少复合的概率，使消电离过程不充分，结果导致下一个脉冲放电通道不能顺利地转移到其他部位，而始终集中在某一部位，使该处介质局部过热而破坏消电离过程，脉冲火花放电将恶性循环转变为有害的稳定电弧放电。同时工作液局部高温分解后可能结炭，在该处聚成焦粒而在两极间搭桥，使加工无法进行下去，并烧伤电极对。

由此可见，为了保证电火花加工过程正常进行，在两次脉冲放电之间一般都应有足够的脉冲间隔时间。这一脉冲间隔时间的选择，不仅要考虑介质本身消电离所需要的时间（与脉冲能量有关），还要考虑电蚀产物排出放电区域的难易程度（与脉冲爆炸力大小、放电间隙大小、抬刀及加工面积有关）。

4.2.3 电火花加工特点与分类

1. 电火花加工方法分类

按工具电极和工件相对运动的方式和用途的不同，大致可分为电火花穿孔成形加工、电火花线切割、电火花磨削和镗磨、电火花同步共轭回转加工、电火花高速小孔加工、电火花表面强化与刻字 6 大类，如表 4－2 所列。前 5 类属电火花成形、尺寸加工，是用于改变零件形状或尺寸的加工方法；后者则属表面加工方法，用于改善或改变零件表面性质。以上方法中以电火花穿孔成形加工和电火花线切割应用最为广泛。

表 4－2　电火花加工分类、特点与适用范围

工艺方法	特点	用途	备注
电火花穿孔成形加工	（1）工具和工件间主要只有一个进给运动。 （2）工具为成形电极，与被加工表面有相同的截面或形状	（1）型腔加工：加工各类型腔模及各种复杂的型腔零件。 （2）穿孔加工：加工各种冲模、挤压模、粉末冶金模、各种异形孔及微孔等	约占电火花机床总数的 30%，典型机床有 D7125，D7140 等电火花穿孔成形机床
电火花线切割加工	（1）工具电极为顺电极丝轴线垂直移动的线状电极。 （2）工具和工件间在两个水平方向同时有相对进给运动	（1）切割各种冲模和具有直纹面的零件。 （2）下料、切割和窄缝加工	约占电火花机床总数的 60%，典型机床有 DK7725，DK7740 数控电火花线切割机床
电火花内外圆和成形磨削	（1）工具与工件有相对的旋转运动。 （2）工具和工件间有径向和轴向的进给运动	（1）加工高精度、表面粗糙度值小的小孔，如拉丝模、挤压模、微型轴承内环、钻套等。 （2）加工外圆、小模数滚刀等	约占电火花机床总数的 3%，典型机床有 D6310 电火花小孔内圆磨床等
电火花同步共轭回转加工	（1）成形工具与工件均作旋转运动，但二者角速度相等或成整倍数，相对应接近的放电点可有切向相对运动速度。 （2）工具相对工件可作纵、横向进给运动	以同步回转、展成回转、倍角速度回转等不同方式，加工各种复杂型面的零件，如高精度的异形齿轮，精密螺纹环规，高精度、高对称度、表面粗糙度值小的内、外回转体表面等	占电火花机床总数不足 1%，典型机床有 JN－2，JN－8 内外螺纹加工机床

（续）

工艺方法	特点	用途	备注
电火花高速小孔加工	(1) 采用细管(大于 0.3mm)电极,管内冲入高压水基工作液。 (2) 细管电极旋转。 (3) 穿孔速度极高(60mm/ min)	(1) 线切割预穿丝孔。 (2) 深径比很大的小孔,如喷嘴等	约占电火花机床 2%,典型机床有 D7003A 电火花高速小孔加工机床
电火花表面强化、刻字	(1) 工具在工件表面上振动。 (2) 工具相对工件移动	(1) 磨具刃口,刀、量具刃口表面强化和镀覆。 (2) 电火花刻字、打印记	约占电火花机床总数的 2% ～ 3%,典型机床有 D9105 电火花强化机等

2. 电火花加工方法特点

电火花加工方法的优点如下。

(1) 可以加工任何难加工的金属材料和导电材料。由于加工中材料的去除是靠放电时的电、热作用实现的,材料的可加工性主要取决于材料的导电性及其热学特性,如熔点、沸点、比热容、导热系数、电阻率等,而几乎与其力学性能(硬度、强度等)无关。这样可以突破传统切削加工对刀具的限制,可以实现用软的工具加工硬韧的工件,甚至可以加工聚晶金刚石、立方氮化硼一类的超硬材料。目前电极材料多采用紫铜或石墨,因此工具电极较容易加工。

(2) 可以加工形状复杂的表面。由于可以简单地将工具电极的形状复制到工件上,因此特别适用于复杂表面形状工件的加工,如复杂型腔模具加工等。数控技术的采用使得用简单的电极加工复杂形状零件成为可能。

(3) 可以加工薄壁、弹性、低刚度、微细小孔、异形小孔、深小孔等有特殊要求的零件。由于加工中工具电极和工件不直接接触,没有机械加工的切削力,因此适宜加工低刚度工件及微细加工。

电火花加工的局限性有以下几点。

(1) 主要用于加工金属等导电材料。在一定条件下也可以加工半导体和非导体材料。

(2) 一般加工速度较慢。因此通常安排工艺时多采用切削来去除大部分余量,然后再进行电火花加工以求提高生产率,但最近已有新的研究成果表明,采用特殊水基不燃性工作液进行电火花加工,其生产率甚至可不亚于切削加工。

(3) 存在电极损耗。由于电极损耗多集中在尖角或底面,影响成形精度。但近年来粗加工时已能将电极相对损耗比降至 0.1%以下,甚至更小。

由于电火花加工具有许多传统切削加工所无法比拟的优点,因此其应用领域日益扩大,目前已广泛应用于机械(特别是模具制造)、宇航、航空、电子、电机电器、精密机械、仪器仪表、汽车拖拉机、轻工等行业,以解决难加工材料及复杂形状零件的加工问题。加工范围小至几微米的小轴、孔、缝,大到几米的超大型模具和零件。

4.2.4 电火花加工基本规律

1. 影响金属蚀除率的主要因素

(1) 极性效应。电火花加工过程中,正极和负极的表面都会受到电腐蚀,但正、负极表面的材料蚀除量是不相等的。即使正、负电极是用相同材料制造的，这种现象也依然存在。这种由于正、负极性不同而导致材料蚀除量不同的现象叫做极性效应。

极性效应是放电加工过程中的一种重要现象，对于提高生产率和降低工具损耗具有实际意义。但产生极性效应的原因是比较复杂的，通常对这一问题的解释是：在火花放电过程中，电子因质量和惯性较小，易于起动和加速，能迅速奔向正极，轰击它而蚀除其表面的材料；而正离子由于质量和惯性比电子大得多，起动慢，加速也慢。大部分还没来得及到达负极表面，电脉冲便已结束了，故负极的蚀除速度小于正极。

因此，采用短脉冲加工时，电子的轰击作用大于离子的轰击作用，使正极蚀除量较大。这时工件应接电源正极，工具接电源负极，即所谓正极性加工。当脉冲放电持续时间较长时，正离子有足够的时间加速和到达负极，由于离子的质量大，高速运动的离子对负极表面的轰击破坏作用比较强，负极的蚀除量将大于正极的蚀除量。这时工件应接电源负极，工具接电源正极，即所谓负极性加工。一般精加工采用正极性加工，粗、中加工采用负极性加工。

显然，在其他因素不变时，电脉冲宽度由短变长，极性效应会由“正”变“负”。当脉宽为某一值时，正、负极蚀除量将相等，极性效应接近于零。为减少工具电极的损耗，实际加工中应避免选用这种脉宽。

正负两极的蚀除量不仅与放电时间（脉冲宽度）有关，而且还与电极材料及单个脉冲能量等因素有关。在电火花加工过程中，极性效应愈显著愈好，应尽量充分地利用极性效应，合理选择加工极性，以提高加工效率和减少工具电极的损耗。

(2) 电参数。所谓电参数，是指脉冲宽度 t_i（或放电时间 t_e）、脉冲间隔 t_0、峰值电压 $\hat{u}_i$ 和峰值电流 $\hat{i}_e$ 等。其中实际起作用的是放电时间 t_e 和放电峰值电流 $\hat{i}_e$，两者的乘积表征着单个脉冲（矩形脉冲）的能量 E_M。E_M 大，蚀除率高。但脉冲间隔 t_0 过大，会减少每秒钟的放电次数，从而降低平均蚀除率。因此，蚀除率正比于 t_e、$\hat{i}_e$，反比于 t_0。

(3) 金属材料热学常数对蚀除率的影响。所谓热学常数，主要是指该材料的熔点、沸点（汽化点）、热导率、比热容、熔化热、汽化热等。

每次脉冲放电时，通道内及正、负电极放电点都瞬时获得大量热能。而正、负电极放电点所获得的热能，除一部分由于热传导散失到电极其他部分和工作液中外，其余部分将依次消耗在：①使局部金属材料温度升高直至达到熔点，而每千克金属材料升高 1℃（或 1 K）所需的热量即为该金属材料的比热容；②每熔化 1g 材料所需的热量即为该金属的熔化热；③使熔化的金属液体继续升温至沸点，每千克材料升高 1℃ 所需的热量即为该熔融金属的比热容；④使熔融金属汽化，每汽化 1g 材料所需的热量称为该金属的汽化热；⑤使金属蒸气继续加热成过热蒸气，每千克金属蒸气升高 1℃ 所需的热量为该蒸气的比热容。

显然，当脉冲放电能量相同时，金属的熔点、沸点、比热容、熔化热、汽化热越高，则电蚀量越小，其加工的难度就越大；另外，热导率大的金属，由于较多地把瞬时产生的热量传导散失到其他部位，因而降低了本身的蚀除量，也不易加工。各种金属材料电火花加工的难易程度依次为钨、铜、银、钼、铝、钽、铂、铁、镍、不锈钢、钛。而且当单个脉冲能量一定时，脉冲峰值电流 $\hat{i}_e$ 越小，即脉冲宽度愈 t_i 越长，散失的热量也越多，从而电蚀量减少；相反，若脉冲宽度 t_i 越短，脉冲峰值电流 $\hat{i}_e$ 越大，由于热量过于集中而来不及传导扩散，虽使散失的热量减少，但抛出的金属中汽化部分比例增大，多耗用不少汽化热，电蚀量也会减少。因此,电极的蚀除量与电极材料的热导率以及其他热学常数、放电持续时间、单个脉冲能量有密切关系。

(4) 影响蚀除率的一些其他因素。主要有工作液的种类和性能,以及冲油、抽油流速流量等的影响。此外进给系统是否稳定,也对电火花加工的生产率有很大的影响。

2. 电火花加工速度和工具电极损耗速度

电火花加工时,工具和工件同时遭到不同程度的电蚀,单位时间内工件的电蚀量称之为加工速度,亦即生产率,单位时间内工具的电蚀量称之为损耗速度,它们是一个问题的两个方面。

(1) 加工速度。加工速度通常用单位时间内的工件体积蚀除量(mm^3/min)或质量蚀除量(g/min)表示。影响加工速度(蚀除率)的因素已在前面讨论。

电火花成形加工的加工速度分别为:粗加工(加工表面粗糙度 $Ra=10\sim20\mu m$)时可达 $200\sim1000mm^3/min$,半精加工($Ra=2.5\sim10\mu m$)时降低到 $20\sim100mm^3/min$,精加工($Ra=0.32\sim2.5\mu m$)时一般都在 $10mm^3/min$ 以下。随着表面粗糙度值的减小,加工速度显著下降。加工速度与加工电流 i_e 有关,对电火花成形加工,每安培加工电流的加工速度约为 $10mm^3/min$。

(2) 工具电极相对损耗速度和相对损耗比。在生产实际中用来衡量工具电极是否耐损耗,不仅看工具损耗速度 v_E,还要看同时能达到的加工速度 v_w,因此,采用相对损耗或称损耗比 $\theta=(v_E/v_w)\times100\%$ 作为衡量工具电极耐损耗的指标。

在电火花加工过程中,降低工具电极的损耗具有重大意义,一直是人们努力追求的目标。为了降低工具电极的相对损耗,必须很好地利用电火花加工过程中的各种效应,主要包括极性效应、吸附效应、传热效应等,这些效应又是相互影响、综合作用的。

① 正确选择极性。一般来说,在短脉冲精加工时采用正极性加工(即工件接电源正极),而在长脉冲粗加工时则采用负极性加工。

② 利用吸附效应。研究表明,电火花加工的煤油中碳微粒一般带负电荷,因此,在电场作用下会逐步向正极移动,并吸附在正极表面。如果电极表面瞬时温度在 400℃左右,且能保持一定时间,即能形成一定强度和厚度的化学吸附碳层,通常称之为碳黑膜。由于碳的熔点和汽化点很高,可对电极起到保护和补偿作用,从而实现"低损耗"加工。

由于碳黑膜只能在正极表面形成,因此实现电极的低损耗,必须采用负极性加工。为了保持合适的温度场和吸附碳黑的时间,增加脉冲宽度是有利的。实验表明,当峰值电流、脉冲间隔一定时,碳黑膜厚度随脉宽的增加而增厚;而当脉冲宽度和峰值电流一定时,碳黑膜厚度随脉冲间隔的增大而减薄。

影响"吸附效应"的除上述电参数外,还有冲、抽油的影响。采用强迫冲、抽油,有利于间隙内电蚀产物的排除,使加工稳定;但强迫冲、抽油使吸附、镀覆效应减弱,因而增加了电极的损耗。应控制冲、抽油的压力,使其不要过大。

③ 选用合适的工具电极材料。钨、钼的熔点和沸点较高,损耗小,但其机械加工性能不好,价格又贵,所以除线切割用钨钼丝外,其他很少采用。铜的熔点虽较低,但其导热性好,因此损耗也较少,又能制成各种精密、复杂的电极,常作为中、小型腔加工的工具电极。石墨电极不仅热学性能好,而且在长脉冲粗加工时能吸附游离的碳来补偿电极的损耗,所

以相对损耗很低，目前已广泛用作型腔加工的电极。铜碳、铜钨、银钨合金等复合材料，不仅导热性好，而且熔点高，因而电极损耗小，但由于其价格较贵，制造成形比较困难，因而一般只在精密电火花加工时采用。

上述诸因素对电极损耗的影响是综合作用的，根据实际生产经验，在煤油中采用负极性粗加工时，脉冲峰值电流应较小，它与放电脉冲宽度的比值（$\hat{i}_e/t_e$）满足如下条件时，可以获得低损耗加工：

石墨加工钢：$\hat{i}_e/t_e \leqslant 0.1 \sim 0.2\text{A}/\mu\text{s}$；

铜加工钢：$\hat{i}_e/t_e \leqslant 0.06 \sim 0.012\text{A}/\mu\text{s}$；

钢加工钢：$\hat{i}_e/t_e \leqslant 0.04 \sim 0.08\text{A}/\mu\text{s}$。

3. 影响电火花加工精度的主要因素

与通常的机械加工一样，机床本身的各种误差以及工件和工具电极的定位、安装误差都会影响到加工精度，这里主要讨论与电火花加工工艺有关的因素。

影响电火花加工精度的主要因素：放电间隙的大小及其一致性；工具电极的损耗及其稳定性。电火花加工时，工具电极与工件之间存在着一定的放电间隙，如果加工过程中放电间隙保持不变，则可以通过修正工具电极的尺寸对放电间隙进行补偿，以获得较高的加工精度。然而，放电间隙的大小实际上是变化的，影响着加工精度。

除了间隙能否保持一致性外，间隙大小对加工精度（特别是仿形精度）也有影响，尤其是对复杂形状的加工表面，棱角部位电场强度分布不均，间隙越大，影响越严重。因此，为了减少加工误差，应该采用较小的加工规准，缩小放电间隙，这样不但能提高仿形精度，而且放电间隙愈小，可能产生的间隙变化量也愈小；另外，还必须尽可能使加工过程稳定。电参数对放电间隙的影响是非常显著的，精加工的放电间隙一般只有 0.01mm（单面），而在粗加工时则为 0.5mm 左右。

工具电极的损耗对尺寸精度和形状精度都有影响。电火花穿孔加工时，电极可以贯穿型孔而补偿电极的损耗，型腔加工时则无法采用这一方法，精密型腔加工时可采用更换电极的方法。

影响电火花加工形状精度的因素还有“二次放电”，二次放电是指已加工表面上由于电蚀产物等的介入而再次进行的非必要的放电，它使加工深度方向产生斜度和棱角棱边变钝。

电火花加工时的加工斜度如图 4-7 所示。由于工具电极下端部加工时间长，绝对损耗大，而电极入口处的放电间隙则由于电蚀产物的存在，“二次放电”的概率大，而使放电间隙扩大，因而产生了加工斜度，俗称喇叭口。

电火花加工时，工具的尖角或凹角很难精确地复制在工件上，这是因为当工具为凹角时，工件上对应的尖角处放电蚀除的概率大，容易遭受腐蚀而成为圆角，如图 4-8(a)所示。当工具为尖角时，一方面，由于放电间隙的等距性，工件上只能加工出以尖角顶点为圆心、放电间隙 S 为半径的圆弧；另一方面，工具上的尖角本身因尖端放电蚀除的概率大而损耗成圆角，如图 4-8(b)所示。采用高频窄脉宽精加工，放电间隙小，圆角半径可以明显减小，因而提高了仿形精度，可以获得圆角半径的尖棱，这对于加工精密小模数齿轮等冲模是很重要的。

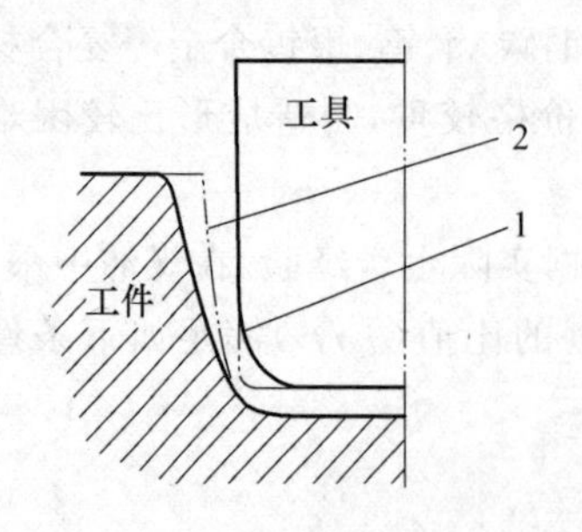

图 4-7　电火花加工时的加工斜度

1—电极无损耗时的工具轮廓线；2—电极有损耗而不考虑二次放电时的工件轮廓线。

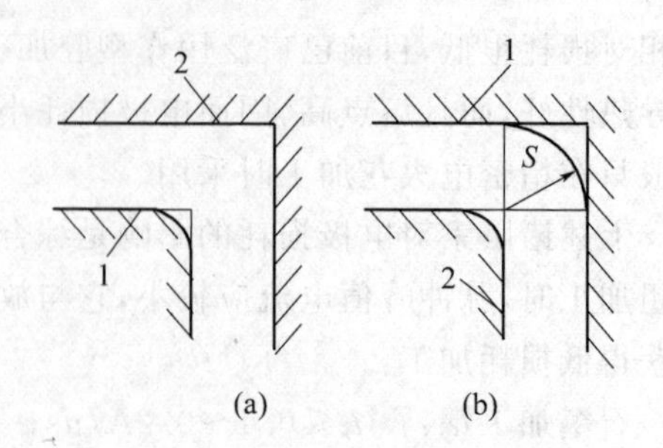

图 4-8　电火花加工时尖角变圆

1—工件；2—工具。

4. 影响电火花加工表面质量的主要因素

表面质量包括表面粗糙度、表面组织变化层以及表面微观裂纹。

(1) 表面粗糙度。电火花加工表面和机械加工的表面不同，它由无方向性的无数小坑和硬凸边所组成，特别有利于保存润滑油；而机械加工表面则存在着切削或磨削刀痕，具有方向性。两者相比，在相同的表面粗糙度和有润滑油的情况下，电火花加工表面的润滑性能和耐磨损性能均比机械加工的好。

表面粗糙度主要决定于单个脉冲能量，单个脉冲能量越大，表面粗糙度数值越大，电火花加工后的工件表面，是脉冲放电时所形成的大量凹穴的重叠结果。加工熔点较高的硬质合金等材料可获得比钢更小一些的表面粗糙度。由于工具电极与工件作相对运动，侧壁表面粗糙度比端面表面粗糙度数值小。

(2) 表面组织变化层。电火花加工后，工件表面的物理、化学和机械性能有所变化，在表面变化层中存在着金相组织、晶粒的变化，有时还有渗碳现象（工作液和石墨电极在电腐蚀过程中分解或析出的碳元素）、渗金属（工具电极材料的金属元素）、显微裂纹和气孔等。表面变化层的厚度与工件材料的种类和电火花加工时的电参数有关，单个脉冲能量越大及脉冲宽度越宽，变化层就越深。粗加工时变化层一般为 0.1～0.5mm，精加工时一般为 0.01～0.05mm。

未经淬火的钢材在电火花加工后表面有淬火现象，硬度变高而耐磨。淬火钢经电火花加工后，表面出现二次淬火层和热影响层。由于电参数、冷却条件及工件材料的原始热处理不同，工件表面的硬度有时降低，有时有不同程度的提高。

(3) 表面微观裂纹。加工硬质合金和金属陶瓷等硬脆材料，容易产生表面裂纹。工件材料越脆、单个脉冲能量越大、脉冲宽度越宽，越容易产生裂纹；反之，则不容易产生裂纹。根据不同的工件材料，合理地选择脉冲参数及工艺过程，可以妥善地解决电火花加工中的表面裂纹问题。

4.2.5　脉冲电源

脉冲电源的作用是把工频交流电流转换成一定频率的单向脉冲电流，以供给火花放电间隙所需要的能量来蚀除金属。脉冲电源对电火花加工的生产率、表面质量、加工速度、加工过程的稳定性和工具电极损耗等技术经济指标有很大的影响。表 4-3 列出了电火花加工机床常用的脉冲电源的特点和应用范围。

表 4-3　电火花加工机床常用脉冲电源

类　型	特　点	应用范围
RC 脉冲电源	结构简单,工作可靠,使用、维修方便。加工精度较高,表面粗糙度值小,但工具电极损耗较大,生产率较低,电能利用率较低,工作液绝缘性能和间隙状态对脉冲参数有影响,稳定性较差	主要用于电火花精微加工
闸流管式脉冲电源	加工稳定,加工精度较高,表面粗糙度值小,生产率比 RC 脉冲电源高,但脉冲参数调节范围较小,较难获得大的脉冲宽度,工具电极损耗较大	主要用于钢打钢时穿孔加工,目前已被晶体管式脉冲电源替代
晶体管脉冲电源	脉冲参数调节范围广,可适应粗、半精、精加工的需要,容易实现自动控制,工具电极损耗低,生产率高,但大功率脉冲电源的线路比可控硅电源复杂	多应用于型腔加工,也适用于穿孔加工。除大功率电源采用可控硅电源外,一般均已采用晶体管电源
可控硅脉冲电源	可适应粗、精加工的需要,生产率高,大能量、大功率加工时的线路比晶体管电源简单,但精加工用脉冲电源的控制和调节不如晶体管电源方便	适用于中、大型工件穿孔和成型加工

脉冲电源应满足以下工艺要求:①脉冲电源应有足够的输出功率,以获得较高的加工速度;②工具电极损耗小,以保证加工精度;③较小的加工表面粗糙度;④脉冲参数调节简便,电源性能稳定可靠,维护方便。以下简单介绍 RC 脉冲电源。

RC 线路脉冲电源的工作原理是利用电容器充电储存电能,而后瞬时放出,形成火花放电来蚀除金属。因为电容器时而充电,时而放电,一弛一张,故又称“弛张式”脉冲电源。

RC 线路是弛张式脉冲电源中最简单、最基本的一种,图 4-9 是它的工作原理图。它由两个回路组成:一个是充电回路,由直流电源 E、充电电阻 R(可调节充电速度,同时限流以防电流过大及转变为电弧放电,故又称为限流电阻)和电容器 C(储能元件)所组成;另一个是放电回路,由电容器、工具电极 1 和工件 2 及其间的放电间隙所组成。

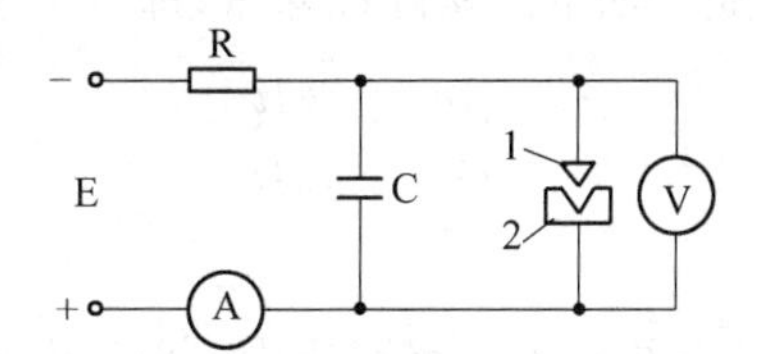

图 4-9　RC 线路脉冲电源的工作原理图

1—工具电极;2—工件。

当直流电源接通后,电流经限流电阻 R 向电容 C 充电,电容 C 两端的电压按指数曲线逐步上升,因为电容两端的电压就是工具电极和工件间隙两端的电压,因此当电容 C 两端的电压上升到等于工具电极和工件间隙的击穿电压 U_d 时,间隙就被击穿,电阻变得很小,电容器上储存的能量瞬时放出,形成较大的脉冲电流。电容上的能量释放后,电压瞬时下降到接近于零,间隙中的工作液又迅速恢复绝缘状态。此后电容器再次充电,又重复前述过程。如果间隙过大,则电容器上的电压 U_c 按指数曲线上升到直流电源电压 E。

4.3 电化学加工

电化学加工(Electro Chemical Machining,ECM)包括从工件上去除金属的电解加工和在工件上沉积金属的电铸加工两大类。早在1834年,法拉第就发现了电化学作用原理,之后人们又陆续开发出诸如电镀、电铸、电解加工等电化学加工方法,这些加工方法先后在工业上获得了广泛应用。

4.3.1 电化学加工原理

1. 法拉第电解定律

电化学加工时,电极上溶解或析出物质的量(质量 m 或体积 V)与通过的电流 I 和电解时间 t 成正比,即与电荷量($Q=It$)成正比,其比例系数称为电化学当量。这一规律即法拉第电解定律,可表示为

$$\begin{cases} m = kIt \\ V = \omega It \end{cases} \tag{4-1}$$

式中:m 为电极溶解或析出产物的质量,g;V 为电极溶解或析出产物的体积,mm^3;k 为被电解物质的质量电化学当量,g/(A·h);ω 为被电解物质的体积电化学当量,$mm^3/(A \cdot h)$;I 为电解电流,A;t 为电解时间,h。

若已知工件材料的电化学当量,便可利用法拉第电解定律,根据电流和时间来计算工件金属的蚀除量;相反,也可根据加工余量计算所需的电流和加工工时。实际电解加工时,某些情况下在阳极上可能还出现其他反应,如氧气或氯气的析出;或者有部分金属以高价离子溶解,从而额外地多消耗一些电荷量。所以被电解掉的金属量有时会小于所计算的理论值。为此实际应用时引入电流效率 η,即

$$\eta = \frac{\text{实际金属蚀除量}}{\text{理论计算蚀除量}} \times 100\% \tag{4-2}$$

则式(4-1)中的理论蚀除量成为如下的实际蚀除量,即

$$\begin{cases} m = \eta kIt \\ V = \eta\omega It \end{cases} \tag{4-3}$$

2. 电化学加工过程

用两片金属作为电极,通电并浸入电解溶液中,即可形成如图4-10所示的通路,导线和溶液中均有电流通过。金属导线和电解质溶液是两类性质不同的导体,前者是靠"自由电子"在外电场作用下沿一定方向移动而导电的,是电子导体;后者是靠溶液中正负离子移动而导电的,是离子导体。

当上述两类导体构成通路时,在金属片和溶液的界面上产生交换电子的反应,即电化学反应。若所接的电源是直流电,溶液中的离子便定向移动,正离子移向阴极并在阴极上得到电子进行还原反应,沉积得到金属物质($M^{+}+e=M$);负离子将移向阳极并在阳极表面失掉电子,或者阳极金属原子失去电子而成为正离子进入溶液进行氧化反应($M^{-}-e=M$ 或 $M-e=M^{+}$)。

溶液中正、负离子的定向移动称为电荷迁移。在阳极和阴极表面产生得、失电子的化学反应叫做电化学反应。阳极金属原子由于失去电子而成为正离子进入溶液的现象称为电解蚀除，即电解加工；而溶液中的阳离子由于得到电子而在阴极上沉积的现象称为镀覆沉积，即电铸（电镀、涂镀）加工。任何两种不同的金属放入任何导电的溶液中，在电场作用下均会发生电化学反应。与电化学反应过程密切相关的概念有电解质溶液、电极电位、电极的极化、钝化以及活化等。

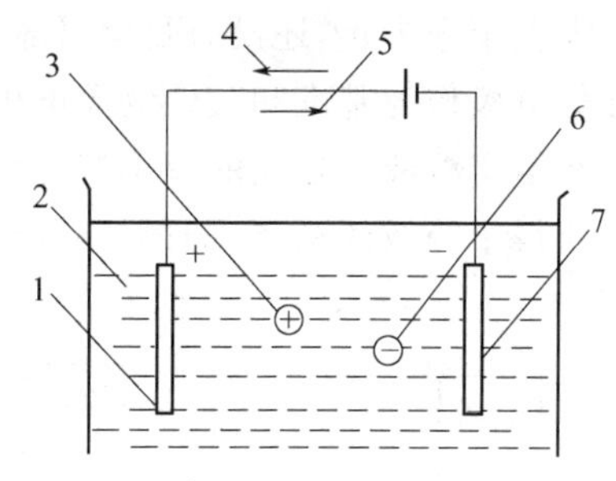

图 4-10　电解溶液中的电化学反应

1—阳极；2—电解液；3—阳离子；4—电流方向；5—电子流方向；6—阴离子；7—阴极。

3. 电解质溶液

凡溶于水后能导电的物质叫做电解质，如盐酸（HCl）、氢氧化钠（NaOH）、氯化钠（NaCl）、氯酸钠（$NaClO_3$）等酸、碱、盐都是电解质。电解质与水形成的溶液为电解质溶液（简称电解液）。电解液中所含电解质的多少即为电解液的质量分数，一般以百分数表示，即指每 100g 溶液中所含溶质的克数。还常用克分子浓度表示，即指一升溶液中的电解质的克分子数。

电解质溶液之所以能导电与其在水中的状态有关。因为水分子是极性分子，可与其他带电的粒子发生电的作用。如 NaCl 是一种电解质，它是结晶体。组成 NaCl 晶体的粒子不是分子，而是相间排列的 Na^+ 离子和 Cl^- 离子，叫做离子型晶体。将其置于水中，便发生 NaCl 晶体电离作用。这种作用使 Na^+ 和 Cl^- 之间的静电作用减弱（约为原来静电作用的 1／80）。因此，Na^+、Cl^- 离子逐个、逐层地被水分子拉入溶液中。在这种电解质水溶液中，每个钠离子、氯离子的周围都吸引一些水分子，成为水化离子。上述过程称为电解质的电离。其电离方程可简写为

$$NaCl \rightarrow Na^+\ Cl^- \tag{4-4}$$

NaCl 在水中能 100％电离，因此属于强电解质。强酸、强碱和大多数盐类都是强电解质。氨（NH_3），醋酸（CH_3COOH）等弱电解质在水中仅小部分电离成离子，大部分仍以分子状态存在，导电能力弱。由于溶液中正负离子的电荷相等，所以整个溶液仍保持电的中性。

4. 电极电位

金属原子都是由金属阳离子和自由电子组成的。当金属和它的溶液接触时，常会发生电子得失的反应过程。当金属上有多余的电子而带负电时，溶液中靠近金属表面很薄的一层则有多余的金属离子而带正电。随着由金属表面进入溶液的金属离子数目增加，金属上负电荷增加，溶液中正电荷增加，由于静电引力作用，金属离子的溶解速度逐渐减慢，与此同时，溶液中金属离子亦有沉积到金属表面上的趋向；随着金属表面负电荷增多，溶液中金属离子返回金属表面的速度逐渐增加。最后这两种相反的过程达到动态平衡。化学性能比较活泼的金属（如铁），其表面带负电，溶液带正电，形成一层极薄的“双电层”，如图 4-11(a)所示。金属越活泼，这种倾向越大。若金属离子在金属上的能级比在溶液中的低（即金属离子存在于金属晶体中比在溶液中更稳定），则金属表面带正电，靠近金属表面的溶液薄层带负电，也形成了双电层，如图 4-11(b)所示。金属越不活泼，此种倾向

也越大。至今为止,还没有足够可靠的方法来测定单个电极的电位。生产实践中,通常以标准氢电极作为基准和其他物质电极比较得出相对值,称为该物质的标准电极电位。

在给定溶液中建立的双电层,除了受静电作用外,由于离子的热运动,使双电层的离子层获得了分散的构造,如图 4-12 所示。只有在界面上极薄的一层,具有较大的电位差 E_a。

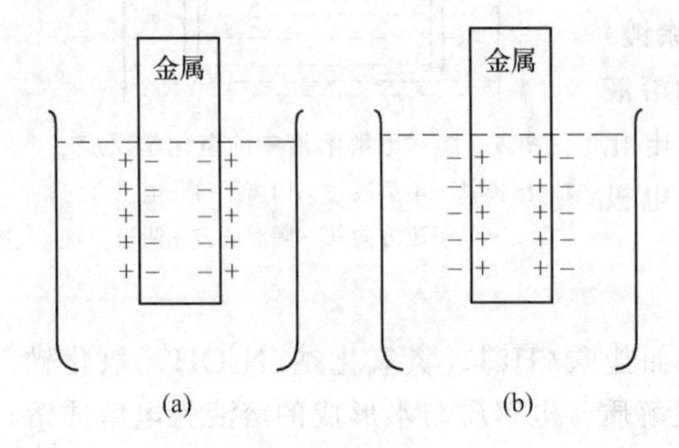

图 4-11　双电层结构示意图

(a)活泼金属;(b)不活泼金属。

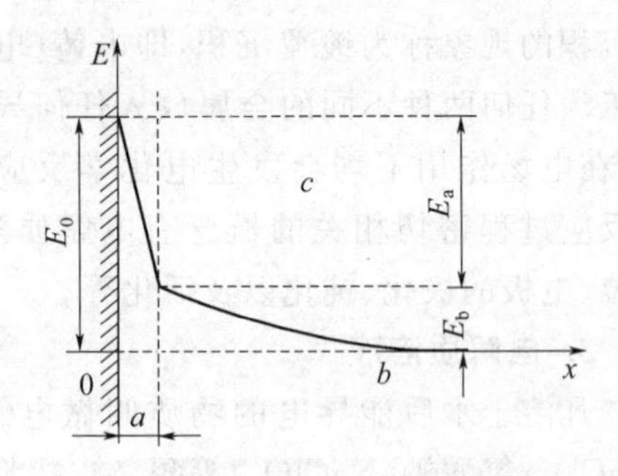

图 4-12　双电层的电位分布

E_0—金属与溶液间的双电层电位差;E_a—双电层紧密部分的电位差;E_b—双电层分散部分的电位差;a—紧密层;b—分散层;c—溶液。

由于双电层的存在,在正、负电层之间,也就是金属和电解液之间形成电位差。产生在金属和它的盐溶液之间的电位差称为金属的电极电位。因为它是金属在本身盐溶液中的溶解和沉积相平衡时的电位差,所以又称为平衡电极电位。

物质的标准电极电位反映了其得失电子的能力,即氧化还原的能力。根据标准电极电位可以判别哪些金属容易发生阳极溶解,哪些物质容易析出,这对研究电化学加工工艺很有帮助。例如常规材料中,铁电极和锌电极比铜电极的标准电极电位要负得多,由此就可判断出铁比铜容易溶解,铜比锌容易析出。

双电层不仅在金属本身离子溶液中产生,当金属浸入其他任何电解液中均会产生双电层和电位差。用任何两种金属例如 Fe 和 Cu 插入某一电解液(如 NaCl)中时,该两金属表面分别与电解液形成双电层,两金属之间存在一定的电位差。其中较活泼的金属 Fe 的电位负于较不活泼的金属 Cu。若两金属电极之间没有导线接通,则两电极上的双电层则均处于可逆的平衡状态;若两金属电极间有导线连通,即有电流流过,则两电极就构成一个原电池。此时,导线上的电子由活泼金属一端向不活泼金属一端流去,从而使活泼金属原子成为离子继续进入溶液,活泼金属一端成为原电池的阳极。这种自发的氧化还原反应过程就是电化学加工的基础。

电化学加工时,在电极两端加上外加电场,促进两电极间电子移动过程加剧,促使活泼金属的溶解速度加快。在外加电场的作用下,电解液中带正电荷的阳离子向阴极方向移动,带负电荷的阴离子向阳极方向移动,外加电源不断从阳极上抽走电子,加速阳极金属的离子溶入电解液而被蚀除;外加电源同时向阴极迅速提供电子,加速阴极反应。

5. 电极的极化

上述平衡电极电位发生在电极中没有电流通过的时候。当有电流通过时,电极的平衡状态遇到破坏,使阳极电位正向移动(代数值增大)、阴极电位负向移动(代数值减小)。

这种现象称电极极化，如图 4-13 所示。极化后的电极电位与平衡电位的差值称为超电位。随着电流密度的增加，超电位也增加。

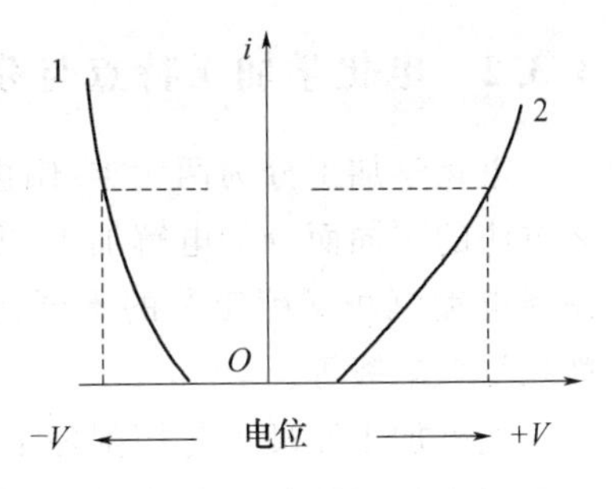

图 4-13 电极极化曲线
i—电流密度；1—阴极；2—阳极。

电化学加工时在阳极和阴极都存在着离子的扩散、迁移和电化学反应。由离子的扩散、迁移速度缓慢而引起的电极极化被称为浓差极化；由电化学反应缓慢而引起的电极极化被称为电化学极化。

(1) 浓差极化。在阳极反应过程中，金属不断溶解的条件之一是生成的金属离子需要越过双电层，再向外迁移并扩散。然而扩散与迁移的速度是有一定限度的，在外电场的作用下，如果阳极表面液层中金属离子的扩散与迁移速度较慢，来不及扩散到溶液中去，使阳极表面造成金属离子堆积，引起了电位值增大，这就是浓差极化。在阴极上，由于水化氢离子的移动速度很快，故一般情况下，氢的浓差极化是很小的。由此可知，凡能加速电极表面离子的扩散与迁移速度的措施，都能使浓差极化减小。这些措施包括提高电解液流速以增强其搅拌作用，升高电解液温度等。

(2) 电化学极化。电化学极化主要发生在阴极上，从电源流入的电子来不及转移给电解液中的阳离子(亦即电化学反应的某一步骤缓慢)，在阴极上积累过多的电子使阴极电位向负移，从而形成电化学极化。阳极上金属溶解过程的电化学极化一般情况下是很小的，但是一旦阳极上产生吸氧反应时，就会产生相当大的电化学极化。电化学极化仅仅取决于反应本身，即电极材料和电解液成分，此外还与温度、电流密度有关。温度升高，反应速度加快，电化学极化减小，电流密度愈高，电化学极化也愈严重。

(3) 钝化和活化。电化学反应过程中，阳极表面形成了一层紧密的极薄的覆盖层或氧的吸附层，使电流通过困难，引起阳极电位正移，反应减慢，被称之为钝化现象。由于钝化主要是产生在阳极表面上，在利用阳极溶解原理的电化学加工时，若阳极溶解过程缓慢，会影响生产率。使金属钝化膜破坏的过程称为活化。影响活化的因素很多，例如将电解液加热；通入还原性气体或某些活性离子；采用机械办法破坏钝化膜等。

6. 材料去除率

电解加工的去除率是以单位时间内被电解去除的导电材料量来衡量的，单位为 mm^3/min 或 g/min。实际生产中，一般用体积蚀除速度、质量蚀除速度和深度蚀除速度来衡量去除率，它们分别为单位时间内去除材料的体积、质量和工件沿进给方向上的材料去除量。

正常电解时，对 NaCl 电解液，阴极上析出气体的可能性不大，所以一般电流效率接近 100%。但有时电流效率会大于 100%，这是由于被电解的金属材料中含碳、Fe_3C 等难电解的微粒产生了晶间腐蚀，在合金晶粒边缘先电解，高速流动的电解液把这些微粒成块冲刷下来，节省了一部分电解电荷量。

有时某些金属在某些电解液($NaNO_3$ 等)中的电流效率很小，这可能是因为金属成为高价离子溶入电解液多消耗了电荷量，或者在金属表面产生了一层钝化膜或发生了其他反应。

4.3.2 电化学加工特点与分类

电化学加工分为两大类:阳极电解蚀除和阴极电镀沉积加工。阳极电解蚀除又因工艺方法的不同而分为电解加工、电解扩孔、电解抛光、电解去毛刺、电解磨削、电解研磨等。阴极电镀沉积又因工艺的不同而分为装饰电镀、电铸(快速、大厚度电镀)、刷镀(无槽电镀)、复合电镀等。

电解加工原理虽与切削加工类似,为"减材"加工,从工件表面去除多余的材料,但与之不同的是电解加工是不接触、无切削力、无应力加工,可以用软的工具材料加工硬韧的工件,"以柔克刚",因此可以加工复杂的立体成形表面。由于电化学、电解作用是按原子、分子一层层进行的,因此可以控制极薄的去除层,进行微薄层加工,同时可以获得较好的表面粗糙度。

电镀、电铸为"增材"加工,向工件表面增加、堆积一层层的金属材料,也是按原子、分子逐层进行的,因此可以精密复制复杂精细的花纹表面,而且电镀、电铸、刷镀上去的材料,可以比原工件表面的材料有更好的硬度、强度、耐磨性及抗腐蚀性能等。

电解加工可以加工复杂成形模具和零件,例如汽车、拖拉机连杆等各种型腔锻模,航空、航天发动机的复杂曲面叶片,汽轮机定子、转子的叶片,炮筒内管的螺旋"膛线"(来复线),齿轮、液压件内孔的电解去毛刺及扩孔、抛光等。电镀、电铸可以复制复杂、精细的表面,刷镀可以修复磨损的零件,改变原表面的物理性能。

电化学加工可以在大面积上同时进行,也无需划分粗、精加工,故一般都具有较高的生产率。

需要着重指出的是,电化学作用的产物(气体或废液)会污染环境、腐蚀设备。而且,"三废"处理比较困难。

4.3.3 电解加工

1. 电解加工过程

图 4-14 所示为电解加工装置示意图。加工时,工件接直流电源 10～20V 的正极,工具接电源的负极,工具向工件缓慢进给,使两极之间保持较小的间隙,即 0.1～0.8mm,压力为 0.5～2MPa 的电解液(如氯化钠溶液)从间隙中流过,这时阳极工件的金属逐渐电解腐蚀,电解产物被速度为 5～50m/s 的高速电解液带走。

若工件的原始形状与工具阴极型面不同,如图 4-15 所示,则工件上各点距工具表面的距离就不相同,各点电流密度也不一样。距离近的地方,通过的电流密度就大,阳极溶解的速度就快;反之,距离远的地方,电流密度就小,阳极溶解就慢。这样,当工具不断进给时,工件表面上各点就以不同的溶解速度进行溶解,工件的型面就逐步地接近于工具阴极的型面,直到将工具的型面复印在工件上,得到所需要的型面为止。

1) 电极间隙

电极间隙的主要作用是顺利、通畅地通过足够流量的电解液,以便在加工表面上产生一定的阳极溶解,实现电解加工,并获得必要的蚀除速度和加工精度,以及更新电解液,迅速排除电极表面上的电解产物,使电解加工顺利地进行。为此,应保证间隙适中、均匀和稳定。实际加工中,电极间隙越小,电解液的电阻也越小,电流密度就越大,蚀除速度也越高。当电解参数、工件材料、电压等均保持不变时，电解蚀除速度与电极间隙成反比。

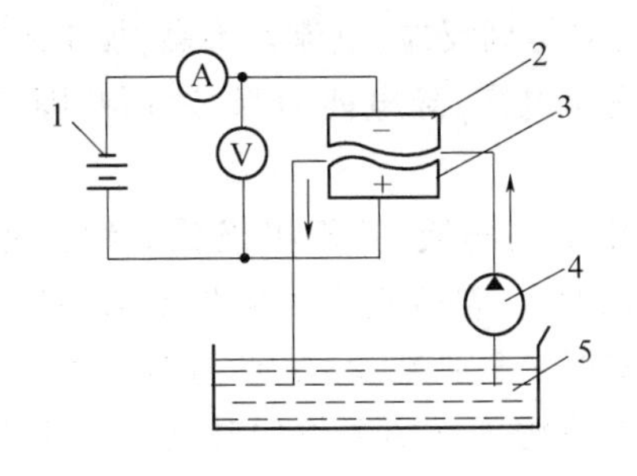

图 4-14 电解加工示意图

1—直流电源；2—工具阴极；3—工件阳极；4—电解液泵；5—电解液。

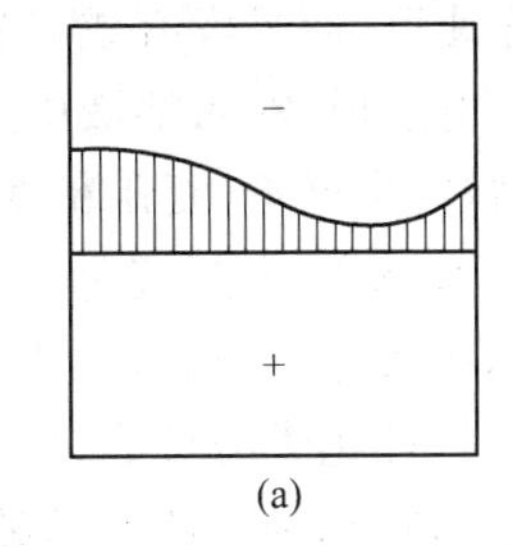

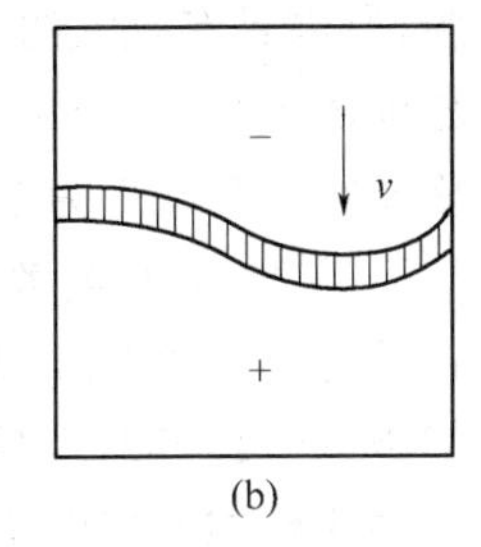

图 4-15 电解加工成形原理

为了提高蚀除速度，必须减小加工间隙。为此应相应地提高电解液的压力和流速，并对工具阴极的型面、流场的均匀性、机床的刚性、过滤的精度提出更高的要求。

2）电极反应

电解加工时电极间的反应是相当复杂的，现以在 NaCl 水溶液中电解加工铁基合金为例分析电极反应。

电解加工钢件时，常用的电解液是质量分数为 14%～18%的 NaCl 水溶液，由于 NaCl 和水的离解，电解液中存在着氢离子、氢氧根离子、钠离子和氯离子 4 种离子。在阳极和阴极表面所有可能发生以下反应：阳极上铁原子在外电源作用下失去电子而变成正的二价或三价离子，氢氧根离子受阳极吸引丢掉电子而析出氧气，氯离子被阳极吸引丢掉电子而析出氯气；阴极上氢离子被吸引到阴极得到电子析出氢气，钠离子被吸引到阴极而析出钠。事实上，根据电极反应过程的基本原理，电极电位最负的物质将首先在阳极反应，因此，在阳极最有可能发生的反应是铁原子丢掉电子而变成二价铁离子，而不太可能是其以三价铁离子的形式溶解，更不可能析出氧气和氯气。溶入电解液中的铁离子和氢氧根离子发生反应生成氢氧化铁沉淀而离开反应系统。而在阴极上电极电位最正的离子将首先反应，因此，在阴极上只能析出氢气而不可能沉淀出钠。

电解加工中的理想状况下，阳极铁不断以二价铁离子的形式被溶解，水被分解消耗，因而电解液的浓度逐渐变大。电解液中的氯离子和钠离子起导电作用，本身不被消耗，所以 NaCl 电解液寿命长，只要过滤干净，适当添加水分，可长期使用。

3）电解液

电解液是电解加工中影响生产率、表面质量等的主要因素之一。电解液的主要作用：作为导电介质传递电流；在电场作用下进行电化学反应，使阳极溶解得以顺利而有控制地进行；将加工间隙内产生的产物及热量及时带走，起更新和冷却的效果。

电解质在溶液中，需具有较高的溶解度和离解度及很高的电导率以具备足够的蚀除速度，以满足生产率的要求。电解液还需具有的综合性能为：适用工件材料的范围广、经济性好、浓度低、寿命长、电能损耗小、价格便宜、安全性好、无毒、不易燃易爆、对人和环境无害、对机床设备腐蚀小、使用过程中性能稳定。

(1) 电解液种类。根据加工对象的不同，电解液有 3 类。

① NaCl 电解液。氯化钠电解液中含有活性 Cl^- 离子，阳极工件表面不易生成钝化膜，所以具有较大的蚀除速度，而且没有或很少有析氧等副反应，电流效率高，加工表面粗糙度值也小。NaCl 是强电解质，在水溶液中几乎完全电离，导电能力强，适用范围广，价格便宜。其缺点为杂散腐蚀也严重，复制精度较差。

② $NaNO_3$ 电解液。$NaNO_3$ 电解液是一种钝化型电解液，其阳极极化曲线如图 4－16 所示。在曲线 AB 段，阳极电位升高，电流密度也增大，符合正常的阳极溶解规律。当阳极电位超过 B 点后，由于钝化膜的形成，使电流密度 i 急剧减少，至 C 点时金属表面进入钝化状态。当电位超过 D 点，钝化膜开始破坏，电流密度又随电位的升高而迅速增大，金属表面进入超钝化状态，阳极溶解速度又急剧增加。如果在电解加工时，工件的加工区处在超钝化状态，而非加工区由于其阳极电位较低而处于钝化状态而受到钝化膜的保护，就可以减少杂散腐蚀，提高加工精度。

图 4－17 所示为成形精度的对比情况。图 4－17(a)所示为 NaCl 电解液的加工结果，由于阴极侧面不绝缘，侧壁被杂散腐蚀成抛物线形，内芯也被腐蚀，剩下一个小锥体。图4－17(b)所示为 $NaNO_3$ 电解液或 $NaClO_3$ 电解液加工的情况。虽然阴极表面没有绝缘，但当加工间隙达到一定程度后，工件侧壁钝化，不再扩大，所以孔壁锥度很小而内芯也被保留下来。

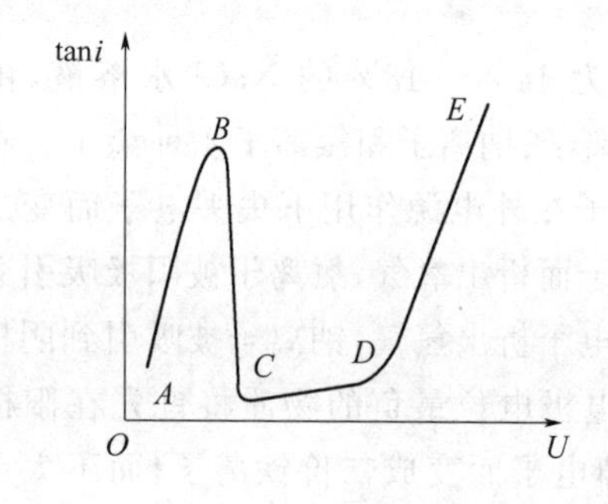

图 4－16　钢在 $NaNO_3$ 电解液中的极化曲线

(a)

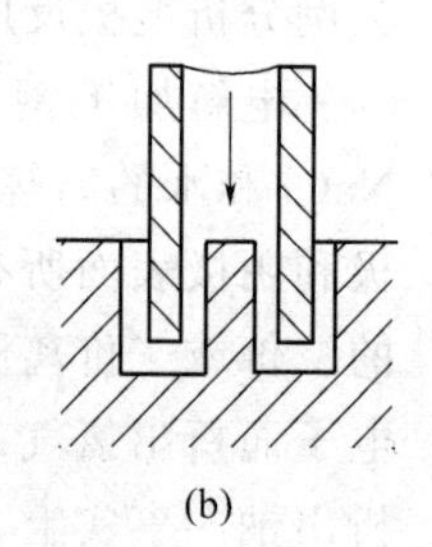

图 4－17　成形精度对比

(a) NaCl 电解液；(b) $NaNO_3$ 电解液或 $NaClO_3$ 电解液。

$NaNO_3$ 电解液在质量分数小于 30％时，有比较好的非线性性能，成形精度高，且对机床设备的腐蚀性小，使用安全，价格也不高。其主要缺点是电流效率低，生产率也低，另外加工时在阴极有氨气析出，所以 $NaNO_3$ 会被消耗。

③ $NaClO_3$ 电解液。$NaClO_3$ 电解液也具有 $NaNO_3$ 电解液的特点，腐蚀性小，加工精度高。据某些资料介绍，当加工间隙超过 1.25mm 时，阳极溶解几乎完全停止，而且有较小的加工表面粗糙度值。另外，$NaClO_3$ 溶解度很高，在 20℃时达 49％(此时 NaCl 为 26.5％)，因而其导电能力强，可达到与 NaCl 相近的生产率。此外，$NaClO_3$ 对机床、管道、水泵等的腐蚀作用很小。

$NaClO_3$ 的缺点是价格较贵，而且由于它是一种强氧化剂，使用时要注意防火。由于在使用过程中 $NaClO_3$ 电解液中的 Cl^- 离子不断增加，电解液有消耗。Cl^- 离子增加后杂散腐蚀作用增加，故在加工过程中还要注意 Cl^- 离子质量浓度的变化。

(2) 电解液添加剂。几种常用电解液都有一定的缺点，为此，在电解液中使用添加剂是改善其性能的重要途径。例如，为了减少 NaCl 电解液的散蚀能力，可加入少量磷酸盐等,使阳极表面产生钝化性抑制膜,以提高成形精度。$NaNO_3$ 电解液虽有成形精度高的优点,但其生产率低,可添加少量 NaCl,能提高加工精度及生产率。为改善加工表面质量,可添加络合剂、光亮剂等,如加入少量 NaF,会改善表面粗糙度。要减轻电解液的腐蚀性,需添加缓蚀添加剂等。

(3) 电解液参数对加工过程的影响。电解液的参数除成分外,还包括浓度、温度、pH 值及粘性等,这些参数对电解加工过程都有显著影响。在一定范围内,电解液的浓度越大,温度越高,其导电率越高,腐蚀能力也强。

电解液温度受到机床夹具、绝缘材料及电极间隙内电解液沸腾等的限制,不宜超过 60℃,一般在 30～40℃的范围内较为有利。电解液浓度越大,生产率越高,但杂散腐蚀越严重,一般 NaCl 电解液的质量分数常为 10%～15%,不宜超过 20%,当加工精度要求较高时,常小于 10%。$NaNO_3$、$NaClO_3$ 在常温下的溶解度较大,分别为 46.7%及 49%,故可采用较高值,但 $NaNO_3$ 电解液的质量分数超过 30%后,其非线性性能就很差了,故常用 20%左右的质量分数,而 $NaClO_3$ 常用 15%～35%的质量分数。

加工过程中电解液浓度和温度的变化将直接影响到加工精度的稳定性。引起浓度变化的主要原因是水的分解、蒸发及电解质的分解。NaCl 电解液在加工过程中浓度基本不变,因为 NaCl 不消耗。$NaNO_3$ 和 $NaClO_3$ 在加工过程中是会分解消耗的,因此在加工过程中应注意检查和控制其浓度变化。在要求达到较高加工精度时,应注意控制电解液的浓度与温度,保持其稳定性。

电解加工过程中,水被电离导致氢离子在阴极放电,溶液中的 OH^- 离子增加,这些会引起 pH 值增大(碱化)。溶液的碱化使许多金属元素的溶解条件变坏,故应注意控制电解液的 pH 值。

电解液黏度会直接影响到间隙中的电解液流动特性。温度升高,电解液的黏度就会下降。溶液内金属氢氧化物含量的增加,会引起黏度的增加,故氢氧化物的含量应加以适当控制。

(4) 电解液的流速及流向。加工过程中电解液必须具有足够的流速,以便把氢气、金属氢氧化物等电解产物冲走,并带走加工区的大量热量。电解液的流速约为 10m/s,电流密度增大时,流速要相应增加。流速的改变是靠调节电解液泵的出水压力来实现的。

电解液的流向一般有如图 4-18 所示的 3 种情况。正向流动是指电解液从阴极工具中心流入,经加工间隙后,从四周流出。它的优点是密封装置较简单,缺点是加工型孔时,电解液流经侧面间隙时已含有大量氢气及氢氧化物,加工精度和表面粗糙度值较大。反向流动是指新鲜电解液先从型孔周边流入,而后经电极工具中心流出。它的优缺点与正向流动恰好相反。横向流动是指电解液从侧面流入,从另一侧面流出,一般用于发动机、汽轮机叶片的加工,以及一些较浅的型腔模的修复加工。

(5) 电流密度。金属的蚀除速度与电流密度成正比,即生产率与电流密度成正比。因此,要提高生产率,就应该提高电流密度。但要注意以下几点:增大电流密度时,电压亦随之增高,应以不击穿加工间隙为限;增大电流密度的同时应加快电解液的流速,以保证反应的继续进行;加大电流密度不应造成电解液的温度太高;电流密度过大,将使工件表面粗糙度增高。

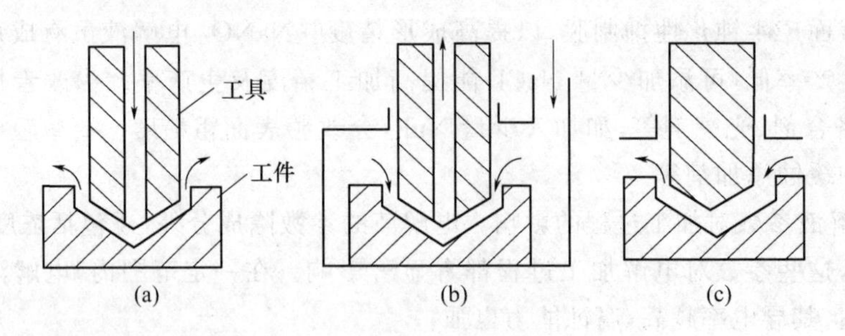

图 4-18　电解液流向

(a)正向流动；(b)反向流动；(c)横向流动。

2. 电解加工应用

目前，电解加工对象小至仪表轴的微小毛刺，大到重达几百千克的转轴，从各种型孔、型腔到各种表面，从各种模具、异型零件到花键、齿轮等加工。此外，还可进行电解车、电解铣、电解切割等加工。

1）深孔扩孔加工

电解深孔扩孔加工，按工具阴极的运动方式可分为固定式和移动式。固定式电解加工工件与工具之间无相对运动，设备简单、生产率高、操作方便、便于实现自动化，但仅适于加工孔径较小、深度不大的工件，如花键孔、花键槽等。

移动式电解加工指工件固定在机床上，加工时工具阴极在工件内孔作轴向移动。其特点是阴极较短，精度要求较低，制造简单，不受电源功率的限制。主要用于深孔，特别是细长孔。在工具电极移动的同时，再作旋转，可加工内孔膛线。

图 4-19 所示为深孔加工用移动式阴极。阴极设计成锥体形状，用黄铜或不锈钢材料制成。非工作面用有机玻璃或环氧树脂等绝缘材料遮盖起来。前引导 4 和后引导 1 起绝缘及定位作用。电解液从接头 6 引进，从出水孔 3 喷出，经过一段导流，进入加工区。

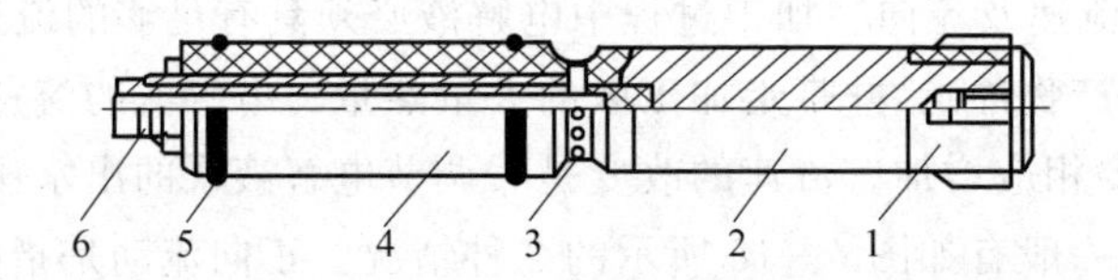

图 4-19　深孔扩孔用的移动式阴极

1—后引导；2—阴极锥体；3—出水孔；4—前引导；5—密封圈；6—接头及入水孔。

2）型孔加工

在实际生产中往往会遇到一些形状复杂、尺寸较小的四方、六方、椭圆半圆等形状的通孔和盲孔，机械加工很困难，如采用电解加工，则可大大提高生产效率和生产质量。图 4-20 为型孔加工示意图。型孔加工一般采用端面进给法，为了避免锥度，阴极 3 侧面必须有绝缘层 4。为了提高加工速度，可适当增加工作端面 6 的面积，使阴极内圆锥面的高度为 1.5～3.5mm，工作端及侧成形环面的宽度一般取 0.3～0.5mm，出水孔的截面积应大于加工间隙的截面积。

3）叶片加工

叶片是喷气发动机、汽轮机中的重要零件，叶身型面形状比较复杂，精度要求高，加工批量大。生产率高，表面粗糙度小。

如图 4-21 所示，叶轮上的叶片逐个加工，采用套料法加工，加工完一个叶片，退出阴极，分度后再加工下一个叶片，直至整个叶轮加工完毕。在采用电解加工以前，加工叶片是经精密锻造、机械加工、抛光后镶到叶轮轮缘的榫槽中，再焊接而成，加工量大，周期长，而且质量不易保证。电解加工整体叶轮，只要把叶轮坯加工好后，直接在轮坯上加工叶片，加工周期大大缩短，叶轮强度高，质量好，且不受叶片材料硬度和韧性的限制，在一次行程中即可加工出复杂的叶身型面。

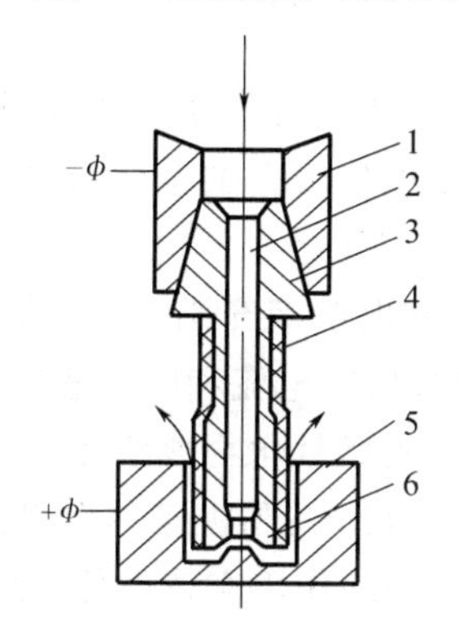

图 4-20　端面进给式型孔加工

1—机床主轴套；2—进水孔；3—阴极主体；4—绝缘层；5—工件；6—工作端面。

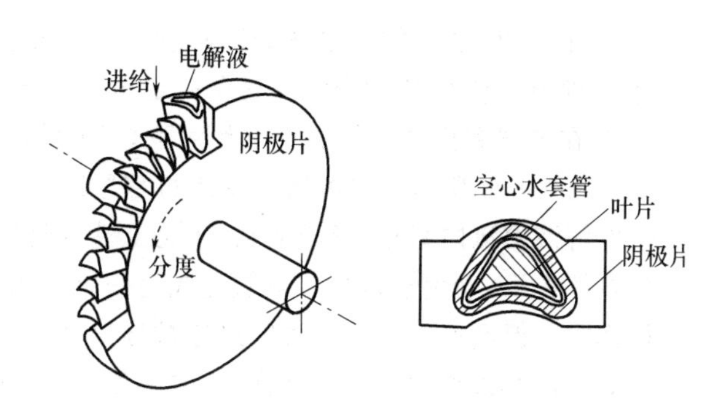

图 4-21　套料法电解加工整体叶轮

4）展成电解加工

航空发动机高推重比、高可靠性的要求对叶片的性能要求越来越高，整体叶轮结构在航空发动机中的应用也越来越广泛。对于变截面扭曲叶片的整体叶轮的加工，展成电解加工工艺独树一帜，形成了一种崭新的电解加工工艺。

展成电解加工技术是利用简单形状的工具阴极，通过计算机控制阴极相对工件的运动来加工复杂型面的电解加工方法。这一加工技术综合了数控加工和电解加工两者的技术特点，既有电解加工的优点，如工具阴极无损耗、无宏观切削力、适宜加工各种难切削材料零件及薄壁件，加工效率高、表面质量好；又具有数控加工的优点，如能通过程序来控制阴极相对工件的运动而加工出复杂型面，避免了复杂的成形阴极的设计制造，投产周期短，适用加工范围广，具有很大的加工柔性，可用于小批量、多品种甚至单件试制的生产；再则，在数控展成电解加工过程中，阴极参与加工的区域与传统拷贝式电解加工相比大为减小，从而使得电解液中产生的气体及热量的影响显著下降，因而也可提高加工精度和表面质量。图 4-22 和图 4-23 所示分别为展成电解加工所用的工具阴极及加工后的整体叶轮。

5）电解磨削

电解磨削属于电化学机械加工的范畴。电解磨削是由电解作用和机械磨削作用相结合而进行加工的，比电解加工具有更好的加工精度和表面粗糙度，比机械磨削有更高的生产率。与电解磨削相近似的还有电解珩磨和电解研磨。

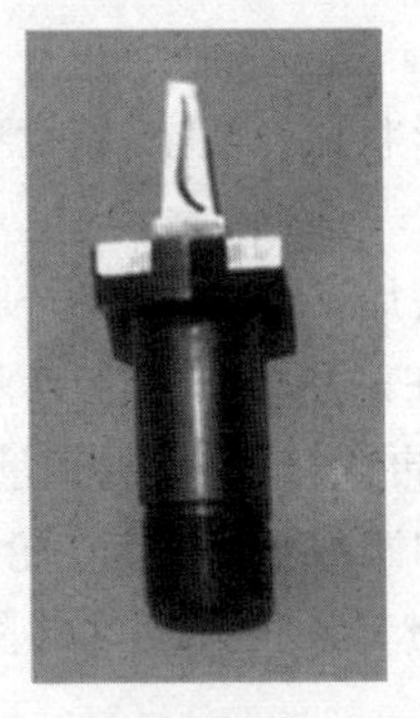

图 4-22　展成电解加工工具阴极

图 4-23　加工后的整体叶轮

图 4-24 所示的是电解磨削示意图。导电砂轮 1 与直流电源的阴极相连，被加工工件 2(硬质合金车刀)接阳极，它在一定压力下与导电砂轮相接触。加工区域中送入电解液 3，在电解和机械磨削的双重作用下，车刀的后刀面很快就被磨光。

图 4-25 所示为电解磨削加工过程原理图。间隙中被电解液充满，电流从工件 3 通过电解液而流向磨轮，形成通路，于是工件(阳极)表面的金属在电流和电解液的作用下发生电解作用(电化学腐蚀)，被氧化成为一层极薄的氧化物或氢氧化物薄膜 4，一般称为阳极薄膜。但刚形成的阳极薄膜迅速被导电砂轮中的磨料刮除，在阳极工件上又露出新的金属表面并被继续电解。这样，由电解作用和刮除薄膜的磨削作用交替进行，使工件连续地被加工，直至达到一定的尺寸精度和表面粗糙度。

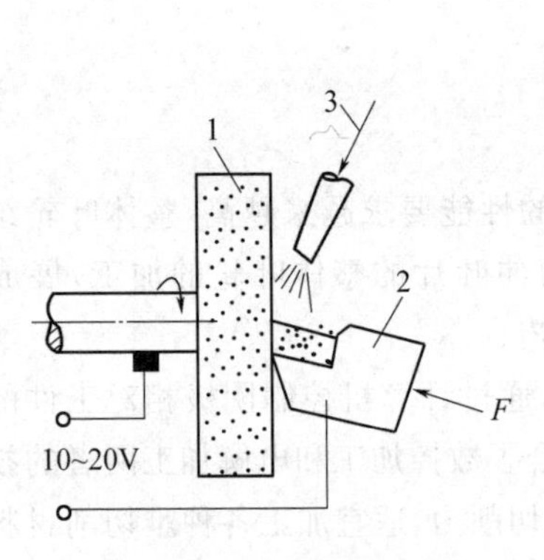

图 4-24　电解磨削原理

1—导电砂轮；2—工件；3—电解液。

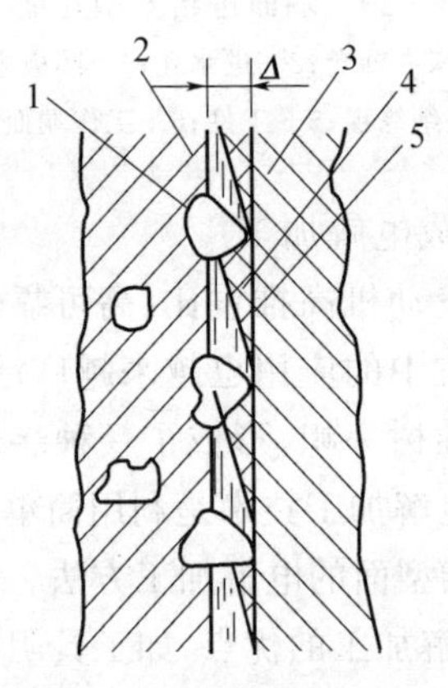

图 4-25　电解磨削加工过程

1—磨粒；2—结合剂；3—工件；4—阳极薄膜；5—电极间隙及电解液。

电解磨削过程中，金属主要靠电化学作用腐蚀下来，砂轮仅起磨去电解产物阳极钝化膜和整平工件表面的作用。

4.3.4　电铸加工

电铸和涂镀与电镀的加工原理都是利用电解液中的金属正离子在电场作用下，镀覆沉积到工件阴极上去的过程，但它们之间也有明显不同之外，如表 4-4 所列。此处只介绍电铸加工。

表 4-4 电铸、涂镀与电镀的对比

对比内容	电 铸	涂 镀	电 镀
工艺目的	复制成形加工	加大尺寸,改善表面性能	装饰和防腐
镀层厚度	0.05～ 8mm	0.001～ 0.5mm 或以上	0.01～ 0.05mm
精度要求	有尺寸和形状精度要求	有尺寸和形状精度要求	要求工件表面光亮、光滑
镀层结合度	要求与原模分离	要求与工件表面牢固结合	要求与工件表面牢固结合

电铸加工(Electroforming)是利用金属在电解液中产生阴极沉积的原理获得制件的特种加工方法,其基本原理如图 4-26 所示。用导电的原模作阴极,用于电铸的金属作阳极,金属盐溶液作电铸溶液,即阳极金属材料与金属盐溶液中的金属离子的种类相同,在直流电源的作用下,电铸溶液中的金属离子在阴极还原成金属,沉积于原模表面,而阳极金属则源源不断地变成离子溶解到电铸液中进行补充,使溶液中金属离子的浓度保持不变。当阴极原模电铸层逐渐加厚达到要求的厚度时,与原模分离,即获得与原模型面相反的电铸制件。

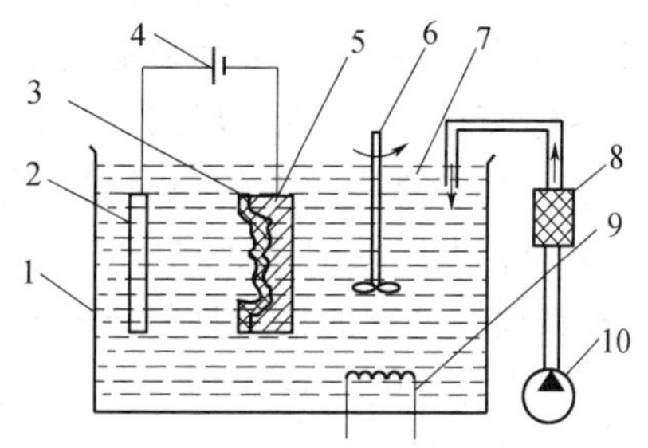

图 4-26 电铸原理示意图

1—电铸槽;2—阳极;3—电铸层;4—直流电源;5—原模(阴极);6—搅拌器;7—电铸液;8—过滤器;9—加热器;10—泵。

电铸工艺有如下特点。

(1) 能获得尺寸精度高、表面粗糙度小于 $Ra=0.1\mu m$ 的复制品,同一原模生产的电铸件一致性极好。

(2) 借助石膏、石蜡、环氧树脂等作为原模材料,可把复杂零件的内表面复制为外表面,外表面复制为内表面,然后再电铸复制,适应性广泛。

(3)可以制造多层结构的构件,并能将多种金属、非金属拼铸成一个整体。

1. 电铸加工工艺过程

电铸的主要工艺过程如图 4-27 所示。

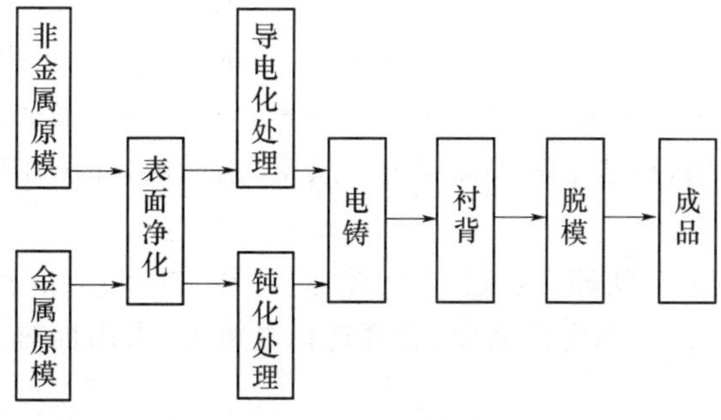

图 4-27 电铸的主要工艺过程

1) 原模的材料与设计

制造合格的原模是电铸的第一步。原模按使用次数可以分为临时性原模和耐久性原模,主要根据电铸零件的形状、精度和表面粗糙度的要求,以及加工批量来决定。通常,要求公差小、表面粗糙度低、批量生产时，选用耐久性原模；当精度和表面粗糙度要求不高或形状复杂、脱模困难时，选用临时性原模。

原模的材料必须根据电铸件具体要求和原模材料的性能及原模类型进行合理选择。常用的耐久性原模材料主要包括碳素钢、镍、不锈钢、黄铜、青铜、玻璃等硬度较高的材料；而临时性原模的材料主要有铝、蜡、石膏等硬度低的材料。

原模的设计必须考虑工件的结构、精度、可加工性能及脱模工艺等因素。例如内外棱角应采取尽可能大的过渡圆弧，以免电铸层内棱角处太薄而外棱角处过厚；原模长度应大于工件长度，即留有 8～12mm 的加工余量，以便电铸后切去粗糙的交接面；对耐久性原模，脱模斜率一般为 1°～30°；如果不允许有斜度，则应选用与电铸金属热膨胀系数相差较大的材料制作原模，以便电铸后用加热或冷却的方法脱模；即使对零件表面粗糙度没有要求，为了顺利脱模，原模表面粗糙度也不应低于 $Ra=0.4\mu m$；零件尺寸精度要求不高时，可在原模上涂上或浸入一层蜡或易熔合金，待电铸后将涂层熔去脱模；外形复杂不能完整脱模的零件，应选用临时性原模或组合式原模。

2）原模电铸前的预处理

电铸前预处理的目的是使原模能够电镀和电铸后的工件能够顺利脱模。

（1）清洗处理。原模电铸前，必须进行清洗，以去掉表面的脏物或油污，保证金属离子能电铸到原模表面上。清洗的方法有多种，如有机洗、酸洗、碱洗、阴极电解清洗等。由于电铸有精度和表面粗糙度要求，所以不可用苛性碱或浓酸清洗，以确保原模不受腐蚀。

（2）钝化处理。电铸前，对金属原模表面要进行钝化处理，使金属表面形成一层钝化膜，一般在重铬酸盐溶液中处理。对于耐久性金属原模，电铸前要保持在半活化半钝化状态，才能使电铸件与原模有不太牢固的结合力，以利用机械方法脱模，并可使原模重复使用。

在耐久性原模中，镍及其合金必须钝化；不锈钢和镀铬的原模表面由于本身具有钝化膜，故不必再钝化处理，直接进行电铸即可。在临时性原模中，铝原模电铸前宜浸锌，预镀铜，以防止原模在电铸液中被腐蚀；对低熔点合金的原模可涂石墨，以免吸附在电铸件表面上。

（3）导电化处理。对非金属原模的表面，电铸前必须进行导电化处理。一般有以下几种处理方法。

① 以极细的石墨、铜粉或银粉混合少量胶合剂做成导电漆，涂敷在非金属原模表面。

② 用真空涂膜或阴极溅射的方法，在非金属表面覆盖一薄层金、银或铂等金属膜。

③ 用化学镀的方法，在非金属表面镀上一层银、铜或镍，此法在生产上经常应用。

3）电铸溶液

由于电铸层较厚，又有物理、机械性能等要求，所以对电铸溶液有以下要求。

（1）沉积速度快。采用高电流密度，合理选择电铸液，采用加热、搅拌、超声波等强化措施。

（2）成分简单便于控制。由于电铸产品主要要求物理、机械性能，因此，要求成分简单，便于控制，可使电铸层的性能保持稳定。

（3）对溶液的净化处理要求高。由于电铸层厚，各种有机、无机和机械杂质的影响严重，使电铸层粗糙、变脆，将影响其他物理、机械性能。因此，必须定期过滤和处理。

(4) 能获得均匀的电铸层。因电铸件脱模后要独立存在,所以对待层厚度要有最低要求,否则强度不足;此外,如果各部分厚度差别太大,将影响产品的性能。因此,要尽量选用均铸能力好的电铸溶液。

电铸常用金属材料有铜、镍和铁,与之相应的电铸溶液有以下几种。

(1) 铜的电铸溶液。铜电铸件的性质柔韧,具有一定的机械强度,传热、导电性能良好,成本低。电铸铜常用的溶液有硫酸盐、氟硼酸盐和焦磷酸盐。硫酸盐溶液成分简单,价格低廉,溶液稳定,导电性能良好,沉积速度快,控制容易,操作方便,应用较广。氟硼酸盐溶液成分简单,对杂质不敏感,易于控制,允许使用更高的电流密度,沉积速度更快,电铸层柔韧、平滑、结晶细致;但配制溶液成本高,溶液腐蚀性强,电铸层内应力较大。焦磷酸盐溶液的成分也简单,工艺稳定,均铸性好,用空气搅拌电铸速度较快;因这种溶液属于弱碱性,适合不耐强酸、强碱的原模材料,但成本较高。

(2) 镍的电铸溶液。电铸镍层比电铸铜层具有更高的硬度和机械强度,抗蚀性也高得多。因此,镍的电铸溶液应用比较广泛,如用于制造标准光洁度样板,高强度、高硬度的压模等。常用的镍电铸溶液有硫酸盐、氟硼酸盐和氨基碳酸盐等。

(3) 铁的电铸溶液。铁电铸层机械性能好,韧而致密,成本低,某些方面可代替铜和镍。铁的电铸溶液广泛用于磨损零件的修复和电铸件的加固,但铁易生锈,应镀镍或铅。常用的铁电铸溶液主要有氯化物和氟硼酸盐。氯化亚铁电铸溶液的导电性能良好,可在大电流密度下操作,沉积速度快,电铸件性质柔韧致密,机械性能好,但溶液温度较高,pH值变化大。氟硼酸亚铁溶液性质稳定,导电性能良好,可以在较低温度下,采用大电流密度,但铸层内应力较大。

4) 衬背

某些电铸件,如塑料模具和印刷版等,电铸成形之后需要用其他材料衬背加固,然后再加工至一定尺寸。衬背的方法有浇铸铝或铅-锡合金及热固性塑料等。对某些零件可以在外表面包覆树脂进行加固。

5) 脱模

如果电铸件需要机械加工,最好在脱模之前进行,一方面原模可以加固铸件,以免零件在机械加工中变形或损坏;另一方面机械力能促使电铸件与原模分离,便于脱模。脱模的方法视原模的材料而定。

2. 电铸加工的应用

电铸具有极高的复制精度和重复精度,可用于形状复杂、精度要求很高的空心零件的制造和复制:厚度仅几十微米的薄壁零件;高尺寸精度且表面粗糙度低于 $Ra=0.1\mu m$ 的精密零件、唱片模、票、纸币、证券等印刷版之类具有微细表面轮廓或花纹的金属制品;具有复杂曲面轮廓或微细尺寸的注塑模具、电火花型腔用电极等金属零件。电铸加工在航空、仪器仪表、塑料、精密机械、微型机械研究等方面发挥了重要作用,举例如下。

1) 精密微细喷嘴的电铸加工

精密喷嘴内孔直径为 0.2~0.5mm,内孔表面要求镀铬。采用传统加工方法比较困难,用电铸加工(图 4-28)则比较容易。

首先加工精密黄铜型芯,其次用硬质铬酸进行电沉积,再电铸一层金属镍,最后用硝酸类活性溶液溶解型芯。由于硝酸类溶液对黄铜溶解速度快,且不浸蚀镀铬层,所以可以

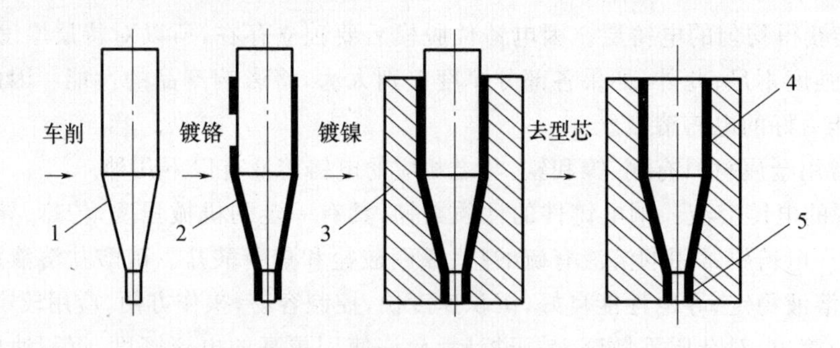

图 4-28　精密喷嘴内孔镀铬工艺过程

1—型芯；2—镀铬层；3—镀镍层；4—内孔镀铬层；5—精密喷嘴。

得到光洁内孔表面镀铬层的精密微细喷嘴。

2）链轮成形模电极的电铸

异形链轮由多曲面组成，形状复杂、要求精度高，且只有实物而无图纸。用传统方法直接加工型腔或制造型腔电极都是十分困难的。用电铸加工可照链轮实物直接复制出电极，省去了对链轮的精密测绘、选用加工机床与特殊的刀具及编制加工程序等。首先由实物拷贝出芯模，再对其表面作导电化处理，然后电铸。电铸铜层至足够厚度后断电取出，并将铸层与芯模分离，铸层背后衬填充物，即制出所需电极。

使用此电极进行电火花加工型腔效果较好，铸出的电极形状复制精确，表面质量、耐蚀性均符合电火花加工对电极的要求。

3）薄壁多孔的电铸

在金属板上加工多孔（圆板直径 100mm、板厚 0.15mm，板上分布 24 个直径 14mm 的孔）时，用电铸加工比较方便。阳极选用厚 1mm、直径 50mm，含碳量为 0.77%的工业纯铁；阴极为 3mm 厚的 A3 钢。电铸溶液的组成及操作条件如表 4-5 所列。电铸时，可在较高温度和较大电流密度下操作，并可缓慢移动阴极，同时注意铸件尺寸，脱模要轻、慢。铸件经检测，几何尺寸符合要求，表面粗糙度为 $Ra=0.1\mu m$，表面残余应力为-9.80MPa。

表 4-5　铁电铸液的组成及操作条件

组成/(g/L)	操作条件		
	pH 值	温度/℃	电流密度/(A·dm^{-2})
氯化亚铁 190～195 氯化钙 95～125	0.15～1.5	90～95	2～8

4）筛网的制造

电铸是制造各种筛网、滤网最有效的方法，因为它无需使用专用设备就可获得各种形状的孔眼，孔眼的尺寸大至几十毫米，小至 5μm。其中典型的就是电铸电动剃须刀的网罩加工。

电动剃须刀的网罩其实就是固定刀片。网孔外面边缘倒圆，从而保证网罩在脸上能平滑移动，并使胡须容易进入网孔，而网孔内侧边缘锋利，使旋转刀片很容易切断胡须。

网罩的加工大致是在铜或铝板上涂布感光胶，再将照相底版与它紧贴，进行曝光、显影、定影后即获得带有规定图形绝缘层的原模，对原模进行化学处理，以获得钝化层，将原模弯成所需形状，使电铸后的网罩容易与原模分离，进行镍电铸，一般控制镍层的硬度为HV500～550，硬度过高则容易发脆，能脱模即可。图 4-29 表示电动剃须刀网罩电铸的工艺过程。

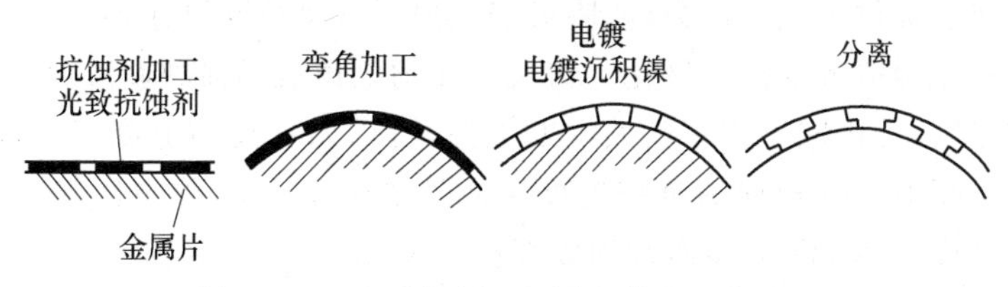

图 4-29　电动剃须刀网罩电铸的工艺过程

5）精密微器件制造

微小、精密零件的制造在现代制造技术领域中占有重要的位置。航空航天、仪器仪表、光学设备、微机械等工业领域存在着很多微小零件，其外部尺寸可小到数十微米，给制造带来极大困难。相对于其他精密加工技术，电铸具有精度高、无切削力等优点，因此在这类零部件的制造中受到了高度重视，并得到深入研究，取得了一系列的重要应用。

20 世纪 80 年代中期，德国的 Karisruhe 核能研究所提出一项基于精密电铸工艺的 LIGA 技术，目前已经成为微型机械中金属零部件的主要制造手段。

3. 电铸加工质量控制

1)影响电铸加工质量的主要因素

(1) 加工速度。在金属沉积的几个阶段中，离子的迁移过程为其瓶颈，该过程的速度决定了整个沉积速度。电解液相对于阴极表面作高速运动产生强烈对流迁移是提高沉积速度的有效途径。阴极移动、压缩空气搅拌、机械搅拌、阴极超声振动等措施都是很有效的方法。但是金属的沉积速度正比于电流密度，电流密度因受极限电流等多种因素限制而不能任意提高。

(2) 铸层均匀性。金属电沉积速度一般正比于阴极电流密度，电流密度的分布也就是电沉积速度的分布。对于复杂型面阴极芯模，电沉积层表面总是微观不平的，存在微小的凸起和凹陷。在凸起的地方电流线集中，凹陷处电流线稀疏。这样一来随着电沉积的持续，凸起和凹陷被加以放大，表面愈来愈粗糙，如不加以有效控制，可能在没达到足够厚度时，已经出现严重枝状凸起甚至烧焦，使电铸工艺失败。

(3) 铸层缺陷。电沉积过程中由于在电铸过程中析出的氢气以及电流密度低等原因，铸层易出现麻点、针孔、结晶粗大、应力，使得铸层的物理特性下降，过大的内应力可能会引起铸层变形，甚至于开裂。

2) 提高电铸加工质量的途径

(1) 脉冲电流电铸。脉冲电流电铸是提高铸层质量的一个有效手段。在脉冲间歇时间内，阴极界面处的金属离子得以迅速补充，降低了扩散层的有效厚度，大大减少了浓差极化，可以采取高于常规直流电沉积的电流密度，从而产生更高的电化学极化，以细化晶粒、提高铸层致密度。在晶核生长过程中，由于存在间歇时间使晶体的增长受到限制，减弱外延生长的趋势，避免了粗大晶粒的产生，显著提高了铸层的致密性和均匀性。

在脉冲电铸中，随着平均电流密度的增加，铸层的晶粒尺寸逐渐减小，晶粒排列致密。峰值脉冲电流密度越大，晶粒越致密。采用脉冲电铸可以获得比采用直流电流时晶粒细致得多的铸层结构，表面质量明显好于直流电铸。

(2) 喷射电铸。喷射电铸是将含有高浓度铸层金属离子的电解液以高速喷射的形式，有选择地喷向阴极进行金属电沉积。电铸液以高速喷射的形式喷向阴极表面为提高金属离子迁移速度提供了强大动力，使阴极表面离子数量得到迅速补充，有效地降低了由于金属离子迁移缓慢造成的浓差极化。铸层表面的电铸液以强烈紊流形式流动极大地降低了扩散层的厚度，使极限电流密度大幅度提高，可以以较高的电流密度进行电铸，从而实现高速电铸。喷射电沉积镍的沉积速度可高达 32μm/min，约为常规电沉积的 90 倍，沉积层的平均硬度可达 HV552，而常规硬度在 HV200 左右。

当电铸液以很细的喷射形式喷向阴极表面时，喷射冲击区的电场分布和电流密度近似均匀，克服了传统电铸由于电场分布不均匀造成的铸层厚度的不均匀，同时也尽可能地避免了电铸层的缺陷。喷射电铸可以实现对工件的局部电铸，可以先对芯模的电铸薄弱环节(如深槽结构等)进行电铸。

随着极化电位的增长，金属沉积时电结晶的临界尺寸减小，晶核形成的概率增加，使得晶粒变细，铸层致密。喷射电铸可以采用远高于普通直流电铸和脉冲电流电铸的电流密度进行电沉积，进而产生更高的电化学极化，进一步达到细化晶粒、提高铸层致密度的效果。在高速液流的冲击下，析出的氢气微气泡也难以附着在阴极表面，降低了铸层出现针孔和麻点的可能，提高了铸层的表面质量。

(3) 复合电铸。复合电铸是在电铸金属中夹杂弥散强化的粒子或纤维，使铸层金属的力学性能得到提高的一种工艺方法。复合电铸的一种主要形式为交替沉积两种不同金属形成层状材料。当交替沉积铜和镍的总厚度至 1mm 时，复合层的强度随复合层数的增加而升高，但其塑性并未降低。在电铸溶液中加入弥散的固体微粒，可使其与金属离子共沉积而形成含有固体微粒的金属层，以提高强度、硬度和耐磨性。如在 Ni－P 的沉积中加入 SiC 颗粒或在芯模表面缠绕高强度纤维丝可获得镶嵌有纤维的金属电铸层，从而达到强化电铸层的目的。

(4) 组合电铸。由于电场分布不均匀，传统的电铸对于深槽的沉积质量和效果是十分不理想的。在进行深槽电铸时，电流密度的分布极其不均匀，槽底的电流密度远小于槽顶，导致铸层金属分布严重不均匀，甚至不连续(图 4－30)。组合式电铸技术，可将这些部位作为独立件用常规的加工方法先行制造出来，和芯模组合在一起进行电铸。在电铸

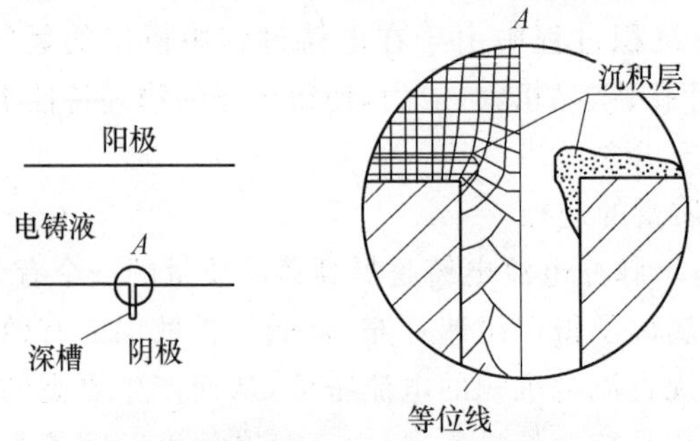

图 4－30　深槽电铸时的电流场及金属分布

时可以通过金属的沉积将它们与铸层有机地结合为一体，从而达到制取产品的目的。

(5) 电铸液成分及添加剂。在铜电铸中采用高酸低铜配方，可以较为显著地提高分散能力。镍电铸中，现多采用分散能力强、应力低的氨基磺酸类溶液，如同时用磺基芳构化乙醛作添加剂，亦可提高沉积镍的硬度，并改善沉积镍的应力状况，使拉应力转变为压应力。糖精也是一种有效的添加剂，可大幅度降低铸层的应力。

4.4 激光加工技术

激光(LASER)是 Light Amplification by Stimulated Emission of Radiation 的缩写，意思是受激辐射产生的光的放大。20 世纪 50 年代，美国科学家汤斯在研究激波时发现了微波受激放大的现象，并预言电磁波也可以受激放大。1960 年，美国休斯实验室的梅曼使用红宝石作为工作物质，制出了世界上第一台激光器，成功地产生了波长为 0.6943μm的红外激光。

随着大功率激光器的出现，应用激光进行材料加工的激光加工(Laser Beam Machining, LBM)技术逐渐发展起来。激光加工可以用于打孔、切割、电子器件的微调、焊接、热处理以及激光存储，具有不受材料限制、加工效率高、精度高等优势。在机械加工中，往往可以同时满足效率和精度这两项加工指标，这是许多其他加工方法所达不到的。

4.4.1 激光及激光加工原理

1. 激光

自然界存在着自发辐射和受激辐射两种不同的发光方式，前者发出的光是随处可见的普通光，后者发出的光便是激光。

原子由原子核和绕原子核作公转运动的电子组成。原子的内能就是电子绕原子核转动的动能和电子被原子核吸引的位能之和。如果由于外界的作用，使电子与原子核的距离增大或缩小，则原子的内能也随之增大或缩小。只有电子在最靠近原子核的轨道上运动才是最稳定的，人们把这时原子所处的能级状态称为基态。当外界传给原子一定的能量时(例如用光照射原子)，原子的内能增加，外层电子的轨道半径扩大，被激发到高能级，称为激发态或高能态。

被激化到高能级的原子一般很不稳定，它总是力图回到能量较低的能级，原子从高能级回落到低能级的过程，称为“跃迁”。

在基态时，原子可以长时间地存在，而在激发状态的各种高能级的原子停留的时间(称为寿命)一般都较短，常在 0.01μs 左右。但有些原子或离子的高能级或次高能级却有较长的寿命，这种寿命较长的较高能级，称为亚稳态能级。气体激光器中的氦原子、二氧化碳分子以及固体激光材料中的铬或钕离子等都具有亚稳态能级，这些亚稳态能级的存在是形成激光的重要条件。

当原子从高能级跃迁回到低能级或基态时，常常会以光子的形式辐射出光能量，所放出光的频率 γ 与高能态 E_n 和低能态 E_1 之差的关系为

$$\gamma = \frac{E_n - E_1}{h} \tag{4-5}$$

式中：h 为普朗克常数，J·s。

当原子从高能级跃迁回到低能级或基态时，常常会以光子的形式辐射出光能量。原子从高能态自发地跃迁到低能态而发光的过程，称为自发辐射，日光灯、氖灯等光源都是由于自发辐射而发光的。由于各个受激原子自发跃迁返回基态时在时序上先后不一，辐射出来的光子在各个方向上。加上它们的激光能级很多，自发辐射出来光的频率和波长大小不一，所以单色性很差，方向性也很差。

物质的发光除自发辐射外，还存在一种受激辐射。当一束光入射到具有大量激发态原子的系统中，若这束光的频率 γ 与 $\frac{E_2-E_1}{h}$ 很接近，则处在激发能级上的原子，在这束光的刺激下会跃迁回较低能级，同时发出一束光。这束光与入射光有着完全相同的特性，它的频率、相位、传播方向、偏振方向都是完全一致的，相当于把入射光放大了，这样的发光过程称为受激辐射，受激辐射是产生激光的基础。

某些具有亚稳态能级结构的物质，在一定外来光子能量激发的条件下，会吸收光能，使处在较高能级（亚稳态）的原子（或粒子）数目大于处于低能级（基态）的原子数目，这种现象称为"粒子数反转"。在粒子数反转的状态下，如果有一束光子照射该物体，而光子的能量恰好等于这两个能级相对应的能量差，这时就能产生受激辐射，输出大量的光能。

例如，人工晶体红宝石的基本成分是氧化铝，其中掺有质量分数为 0.05% 的氧化铬，正铬离子镶嵌在氧化铝的晶体中，能发射激光的是正铬离子。当脉冲氖灯照射红宝石时，处于基态 E_1 的铬离子被大量激发到 E_n 状态，由于 E_n 寿命很短，E_n 状态的铬离子又很快地跳到寿命较长的亚稳态压 E_s。如果照射光足够强，就能够在 3ms 时间内，把半数以上的原子激发到高能级 E_n，并转移到 E_s。从而在 E_s 和 E_1 之间实现了粒子数反转。这时若有频率为 $\gamma=\frac{E_2-E_1}{h}$ 的光子去照射刺激它时，就可以产生从能级 E_1 到 E_2 的受激辐射跃迁，出现雪崩式连锁反应，发出频率为 $\gamma=\frac{E_2-E_1}{h}$ 的单色性好的光，这就是激光。

由于激光是一种经受激辐射产生的加强光，因而发光物质基本上是有组织地、相互关联地产生光发射的，发出的光波具有相同的频率、方向、偏振态和严格的相位关系。由于这些质的区别，激光具有高亮度、高方向性、高单色性和高相干性 4 大综合性能。

2. 激光加工

激光加工是把具有足够能量的激光束聚焦后照射到所加工材料的适当部位，在极短的时间内，光能转变为热能，被照部位迅速升温，材料发生汽化、熔化、金相组织变化以及产生相当大的热应力，从而实现工件材料被去除、连接、改性或分离等加工。

随着激光能量的不断被吸收，材料凹坑内的金属蒸气迅速膨胀，压力突然增大，熔融物爆炸式地高速喷射出来，在工件内部形成方向性很强的冲击波。因此，激光加工是工件在光热效应下产生高温熔融和受冲击波抛出的综合作用过程。

激光加工时，为了达到各种加工要求，激光束与工件表面需要作相对运动，同时光斑尺寸、功率以及能量要求可调。激光加工过程大体可以分为：激光束照射材料→材料吸收光能→光能转变为热能使材料加热→通过汽化和熔融溅出使材料去除或破坏等。不同的加工工艺有不同的加工过程，有的要求激光对材料加热并去除材料，如打孔、切割、动平衡等；有的要求将材料加热到熔化程度而不要求去除，如焊接加工；有的则要求加热到一定温度使材料产生相变，如热处理等。金属材料和非金属材料受激光照射，其加热机理有着本质的区别。

1)材料对激光能量的吸收

激光束照射到材料表面时，一部分从材料表面反射，另一部分透入材料内被材料吸收，透入材料内部的光通量对材料起加热作用。

不同材料对于不同波长光波的吸收与反射，有着很大的差别。一般而言，导电率高的材料对光波的反射率较高，表面粗糙度低的材料其反射率也高；反之，导电率低的材料对光波的反射率也较低；而表面粗糙或人为涂黑的表面，在加工过程中因表面升温、加热会形成液相或气相等，有利于提高材料对光能的吸收，所以吸收率较高。

2）材料破坏

在足够功率密度的激光束照射下，被加工材料表面达到熔化和汽化温度，从而使材料汽化蒸发或熔融溅出，会引起材料的破坏。

激光功率密度过高时，材料在表面上汽化，而不是在深处熔化。如果功率密度过低，则能量就会扩散分布、受热体积增大，这时焦点处熔化深度会很小。

随着激光功率密度的提高，材料表面达到汽化温度，部分材料被汽化。激光功率密度的大小决定材料汽化量的多少。由于激光进入材料的深度很小，所以在光斑中央，材料表面温度迅速提高，在极小的区域内材料达到其熔点和沸点而被破坏。这种局部去除材料的效应可用于打孔、调节动平衡、电阻微调等方面。

当脉冲激光照射材料时，第一个脉冲被材料表面吸收，由于材料表层的温度梯度很陡，因此表面上先产生熔化区，接着产生汽化区。当下一个脉冲来临后，材料表层熔化区吸收的能量致使其较里层材料的温度比表面汽化温度更高，材料内部汽化压力增大，促使熔化区熔融的材料外喷。所以，一般情况下，材料以蒸发和熔融两种状态被去除。当功率密度更高而脉宽更窄时，汽化能量在极短的时间内被多次传递给材料，使局部区域产生过热现象，从而引起爆炸性的汽化，此时材料完全以汽化的形式被去除而几乎不出现熔融状态。

非金属材料在激光照射下的破坏形式与金属材料相比有着本质的区别，不同非金属材料之间的破坏形式差别很大。一般情况下，非金属材料的反射率比金属低得多，因而进入非金属材料内部的激光能量就比金属材料多。

有机材料的熔点或软化点一般较低，有些有机材料由于吸收了光能，内部分子振荡十分激烈，以致使通过聚合作用形成的巨分子又起解聚作用。部分材料迅速汽化，激光切割有机玻璃就是这种情况。有些有机材料，如硬塑料和木材、皮革等天然材料，在激光加工中会形成高分子沉积和加工位置边缘炭化。

对于无机非金属材料，如陶瓷、玻璃等，在激光的照射下几乎能吸收激光的全部能量。但由于其导热性很差，加热区很窄，沿着光束的轨迹产生很高的热应力，导致材料破碎且无法控制。比较而言，石英材料膨胀系数很小，可以进行激光切割和焊接。

3)激光加工特点

(1) 聚焦后，激光加工的功率密度可高达 $10^8 \sim 10^{10}\ W/cm^2$，光能转化为热能，几乎可以熔化、汽化任何材料。例如，耐热合金、陶瓷、石英、金刚石等硬脆材料都能加工。

(2) 激光光斑大小可以聚焦到微米级，输出功率可以调节，因此可用于精密微细加工。

(3) 加工所用工具是激光束,是非接触加工,所以没有明显的机械力,没有工具损耗问题。加工速度快、热影响区小,容易实现加工过程自动化。能在常温、常压下于空气中加工,还能通过透明体进行加工,如对真空管内部进行焊接加工等。

(4) 激光可通过玻璃等透明材料进行加工,如对真空管内的器件进行焊接等。

(5) 和电子束加工等比较起来,激光加工装置比较简单,不要求复杂的抽真空装置。

(6) 激光加工是一种瞬时、局部熔化、汽化的热加工,影响因素很多,因此,精微加工时,必须进行反复试验,寻找合理的参数,才能达到一定的加工要求(精度和表面粗糙度)。由于光的反射作用,对于表面光泽或透明材料的加工,必须预先进行色化或打毛处理,使更多的光能被吸收后转化为热能用于加工。

激光加工中产生的金属气体及火星等飞溅物,要注意通风抽走,操作者应戴防护眼镜。

激光加工的主要参数为激光的功率密度、激光的波长和输出的脉宽、激光照在工件上的时间及工件对能量的吸收等。只要对主要参数进行合理选用,激光便可以进行多种类型的加工。如对材料的表面热处理、焊接、切割、打孔、雕刻及微细加工等。

4.4.2 激光加工设备

激光加工的基本设备包括激光器、电源、光学系统及机械系统 4 大部分。

(1) 激光器。把电能转变成光能,产生激光束。

(2) 激光器电源。激光器电源根据加工工艺的要求,为激光器提供所需要的能量,它包括电压控制、储能电容组、时间控制及触发器等。由于各类激光器的工作特点不同,因此对它们的供电电源要求也不同。例如,固体激光器电源有连续的和脉冲的两种,气体激光器电源有直流、射频、微波、电容器放电以及这些方法的联合使用等。

(3) 光学系统。光学系统将光束聚焦并观察和调整焦点位置,包括显微镜瞄准、激光束聚焦及加工位置在投影仪上显示等。聚焦是为了把激光束聚焦在加工工件上,以便获得高密度的能量。为了获得良好的聚焦效果,聚焦物镜的焦距不宜太大,生产实践中一般取 $f=20\sim30\text{mm}$,而聚焦物镜的大小(即直径 D)约为焦距 f 的 1/3。

显微镜瞄准系统的作用,不仅是观察工件加工后的情况,更重要的还是对加工位置进行瞄准,使激光束的焦点准确无误地落在加工位置上。

投影仪也称投影屏,目的是把工件背面情况显像在投影仪上,有利于直观地定位和检查工件被打穿后背面的情况。一般的设计结构是在台面玻璃底板下装一个碘钨灯,利用碘钨灯发出的光线经过一套光学镜片投影在台面玻璃的工件上,把工件背面照亮。从工件背面反射回来的光线再经过一套光学镜片至投影屏,毛玻璃上就显示出放大了几倍至几十倍的工件背面情况。为此,工件背面必须是有一定反光率的表面,否则投影将是漆黑一片,看不出图像。

(4) 机械系统。机械系统主要包括床身、能够在三坐标范围内移动的工作台及机电控制系统等。随着电子技术的发展,许多机床已采用数字计算机来控制工作台的移动,实现激光加工的连续工作。光束运动的调节和工作台上工件运动的轨迹都是靠数控系统控制的。所以加工机床必须有良好的数控系统和可靠的检测、反馈系统,特别精密的加工机床更是这样。在一般的切割或焊接加工中,只需根据加工要求,按程序控制激光的能量(或功率)及波形来完成加工任务,而不需测量、反馈信息。

激光加工设备除了上述基本组成部分外,为有助于排除加工产物,提高加工速度和质量,激光加工机床上都设计有同轴吹气或吸气装置,安装在激光输出的聚焦物镜下,以减少蚀除物的粘附,有利于保持工件表面及聚焦物镜的清洁,特别是聚焦物镜片上如果粘有脏物时,容易烧毁镜片。通常使用的保护气体有压缩空气、氧气、氮气和氩气等。

4.4.3 激光器

按激活介质种类划分,激光器可分为固体激光器、气体激光器、液体激光器及半导体激光器 4 大类,以前两者为主;按激光器的工作方式,大致可分为连续激光器和脉冲激光器。表 4-6 列出了常用激光器的性能和特点。

由于 He—Ne(氦—氖)气体激光器所产生的激光不仅容易控制,而且方向性、单色性及相干性都比较好,因而在精密测量中被广泛采用。而激光加工则要求输出功率与能量大,目前多采用二氧化碳气体激光器及红宝石、钕玻璃、YAG(掺钕钇铝石榴石)等固体激光器。

表 4-6 常用激光器的性能和特点

种类	工作物质	激光波长/μm	发散角/rad	输出方式	输出能量功率	主要用途
固体激光器	红宝石(Al_2O_3,Cr^{3+})	0.69(红色)	$10^{-2}\sim10^{-3}$	脉冲	几焦至10J	打孔、焊接
	钕玻璃(Nd^{3+})	1.06(红外)	$10^{-2}\sim10^{-3}$	脉冲	几个至几十焦	打孔、焊接
	掺钕钇铝石榴石	1.06(红外)	$10^{-2}\sim10^{-3}$	脉冲	几至几十焦	打孔、切割、焊接、微调
				连续	100W～1kW	
气体激光器	二氧化碳(CO_2)	1.06(远红外)	$10^{-2}\sim10^{-3}$	脉冲	几焦	切割、焊接、热处理、微调
				连续	几十瓦至几千瓦	
	氩(Ar^+)	0.5145(绿色) 0.4880(青色)				光盘刻录存储

1. 固体激光器

固体激光器一般采用光激励,能量转化环节多,光的激励能量大部分转换为热能,所以效率低。为了避免固体介质过热,多采用脉冲工作方式,并采用合适的冷却装置。由于晶体缺陷和温度引起的光学不均匀性,固体激光器不易获得单模而用于多模输出。

固体激光器常用的工作物质有红宝石、钕玻璃和掺钕亿铝石榴石 3 种。

固体激光器(图 4-31)包括工作物质、光泵、玻璃套管、滤光液和冷却水、聚光器及谐振腔等部分。当激光工作物质受到光泵(激励脉冲氙灯)的激发后,吸收具有特定波长的光,在一定条件下可导致工作物质中的亚稳态粒子数大于低能级粒子数,即产生粒子数反转。此时一旦有少量激发粒子产生受激辐射跃迁,就会造成光放大,再通过谐振腔内的全反射镜和部分反射镜的反馈作用产生振荡,最后由谐振腔的一端输出激光。

2. 气体激光器

气体激光器一般直接采用电激励,因其效率高、寿命长、连续输出功率大,可达几千瓦,所以广泛用于切割、焊接、热处理等加工,常用于材料加工的气体激光器有二氧化碳激

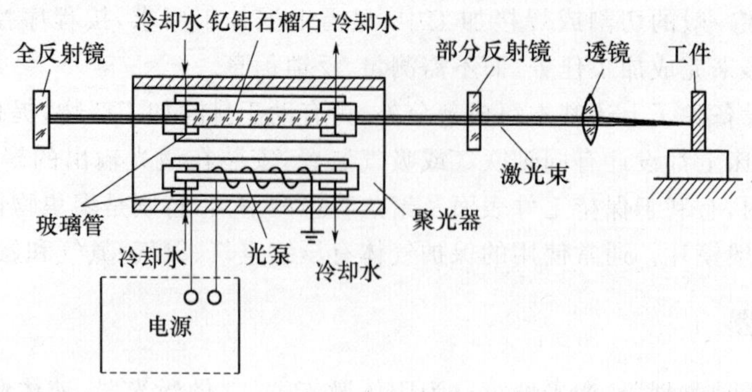

图 4-31 固体激光器工作原理

光器、氩离子激光器等。

二氧化碳激光器是以二氧化碳气体为工作物质的分子激光器，最大连续输出功率可达万瓦，是目前连续输出功率最高的气体激光器，它发出的谱线是在 10.6μm 附近的红外区，输出最强的激光波长为 10.6μm。二氧化碳激光器的效率可以高达 20%以上，这是因为二氧化碳激光器的工作能级寿命比较长，为 10^{-1}～10^{-3} s。工作能级寿命长有利于粒子数反转的积累。另外，二氧化碳的工作能级离基态近，激励阈值低，而且电子碰撞分子，把分子激发到工作能级的几率比较大。

为了提高激光器的输出功率，二氧化碳激光器一般都加进氮(N_2)、氦(He)、氙(Xe)等辅助气体和水蒸气。

氩离子激光器是惰性气体氩(Ar)通过气体放电，使氩原子电离并激发，实现离子数反转而产生激光。氩离子激光器发出的谱线很多，最强的是波长为 0.5145μm 的绿光和波长为 0.4880μm 的蓝光。因为其工作能级离基态较远，所以能量转换效率低，一般仅 0.05%左右。通常采用直流放电，放电电流为 10～100A，功率小于 1W 时，放电管可用石英管，功率较高时，为承受高温而用氧化铍(BeO)或石墨环做放电管。在放电管外加一适当的轴向磁场，可使输出功率增加 1.2 倍。

由于氩激光器波长短，发散角小，能聚焦成更小的光斑，所以可用于精密微细加工，如用于激光存储光盘基板的蚀刻制造等。

4.4.4 激光加工应用

1. 激光打孔

利用激光几乎可在任何材料上打微型小孔，目前已应用于火箭发动机和柴油机的燃料喷嘴加工、化学纤维喷丝板打孔、钟表及仪表中的宝石轴承打孔、金刚石拉丝模加工等方面。

激光打孔适合于自动化连续打孔，如在钟表行业红宝石轴承上加工 Φ0.12～0.18mm、深 0.6～1.2mm 的小孔，采用自动传送每分钟可以连续加工几十个宝石轴承。又如生产化学纤维用的喷丝板，在 Φ100mm 直径的不锈钢喷丝板上打 1 万多个直径为 0.06mm的小孔，采用数控激光加工，不到半天即可完成。激光打孔的直径可以小到 0.01mm以下，深径比可达 50：1。

激光打孔的成形过程是材料在激光热源照射下产生的一系列热物理现象综合的结

果。它与激光束的特性和材料的热物理性质有关。

(1) 输出功率与照射时间。激光的输出功率大、照射时间长时,工件所获得的激光能量也大。

激光的功率密度为 $10^7 \sim 10^8\ W/cm^2$。照射时间一般为几分之一毫秒到几毫秒。当激光能量一定时,时间太长,会使热量传散到非加工区,时间太短,则因功率密度过高而使蚀除物以高温气体喷出,都会使能量的使用效率降低。

(2) 焦距与发散角。发散角小的激光束经短焦距的聚焦物镜以后,在焦面上可以获得更小的光斑及更高的功率密度。焦面上的光斑直径小,所打的孔也小,而且,由于功率密度大,激光束对工件的穿透力也大,打出的孔不仅深,而且锥度小。所以,要减小激光束的发散角,并尽可能地采用短焦距物镜(20mm 左右),只有在一些特殊情况下,才选用较长的焦距。

(3) 焦点位置。激光束焦点位置对于孔的形状和深度都有很大影响,如图 4-32 所示。当焦点位置很低时,如图 4-32(a)所示,透过工作表面的光斑面积很大,这不仅会产生很大的喇叭口,而且会由于能量密度减小而影响加工深度,或者说增大了它的锥度。从图 4-32(a)~(e),焦点逐步提高,孔深也增加,但如果焦点太高,同样会分散能量密度而无法加工下去。一般激光的实际焦点在工件的表面或略微低于工件表面为宜。

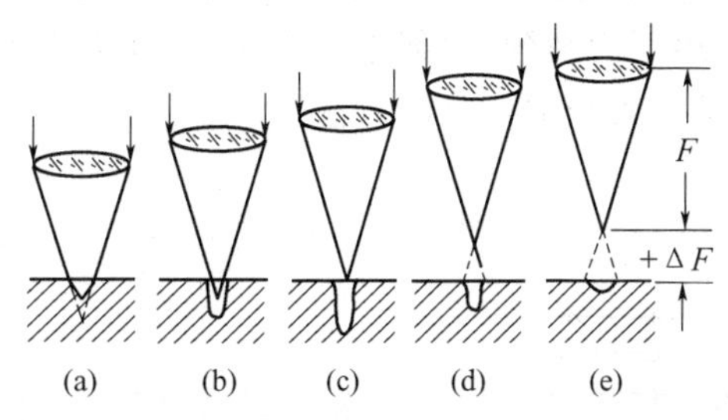

图 4-32　焦点位置对孔形的影响

(4) 光斑内的能量分布。激光束经聚焦后光斑内各部分的光强度是不同的。在基模(激光输出的一种模式,基模的发散角最小,能量最集中,能聚焦成极高的能量密度,在激光加工中最为有利)光束聚焦的情况下,焦点的中心强度最大,越是远离中心,光强度越小,能量是以焦点为轴心对称分布的,这种光束加工出的孔是正圆形的(图 4-33(a))。当激光束不是基模输出时,其能量分布就不是对称的,打出的孔也必然是不对称(图4-33(b))。如果在焦点附近有两个光斑(存在基模和高次模),则打出的孔如图 4-33(c)所示。

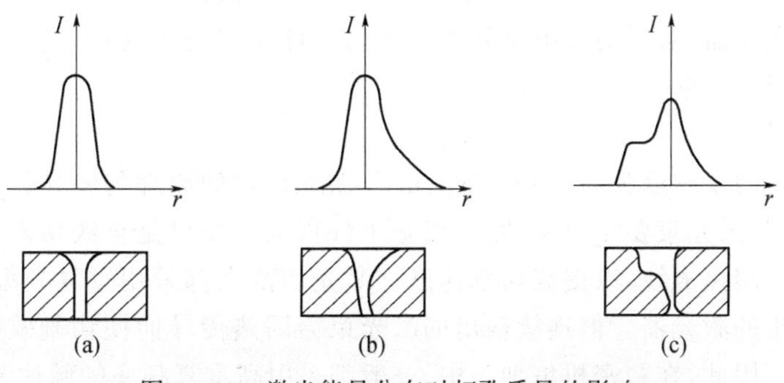

图 4-33　激光能量分布对打孔质量的影响

激光在焦点附近的光强度分别与工作物质的光学均匀性以及谐振腔调整精度直接有关。如果对孔的正圆度要求特别高,就必须在激光器中加上限制震荡的措施,使它仅能在基模振荡。

(5) 激光的多次照射。用激光照射一次,加工的深度大约是孔径的5倍左右,但锥度较大。如果用激光多次照射,其深度可以大大增加,锥度可以减小,而孔径几乎不变。但是,孔的深度并不是与照射次数成正比的,而是加工到一定深度后,由于孔内壁的反射、透射以及激光的散射或吸收以及抛出力减小、排屑困难等原因,使孔的前端的能量密度不断减小,加工量逐渐减小,以致不能继续打下去。图4-34所示是用红宝石激光器加工蓝宝石时获得的实验曲线,从图中可知,照射20~30次以后,孔的深度到达饱和值,如果单脉冲能量不变,则不能继续加工。

多次照射可在不扩大孔径情况下将孔逐渐打深,这主要是由于光管效应的结果。图4-35所示是两次照射的光管效应示意图。第一次照射后打出一个不太深且带锥度的孔;第二次照射时,聚焦光在第一次照射所打的孔内发散,由于光管效应,发散的光(角度很小)在孔壁上向下反射深入孔内,因此第二次照射后所打出的孔是原孔形的延伸,孔径基本不变,所以多次照射能加工出深而锥度小的孔,多次照射的焦点位置宜固定在工件表面而不宜逐渐移动。实际上激光多次照射后的孔形并不是很直的小圆柱孔,而是像"花瓶"那样上端有喇叭口的,稍下为细颈,中部直径最大,下部为尖锥形。如果要加工较大的孔(大于Φ1mm),则需用激光束扫描切割的方法。

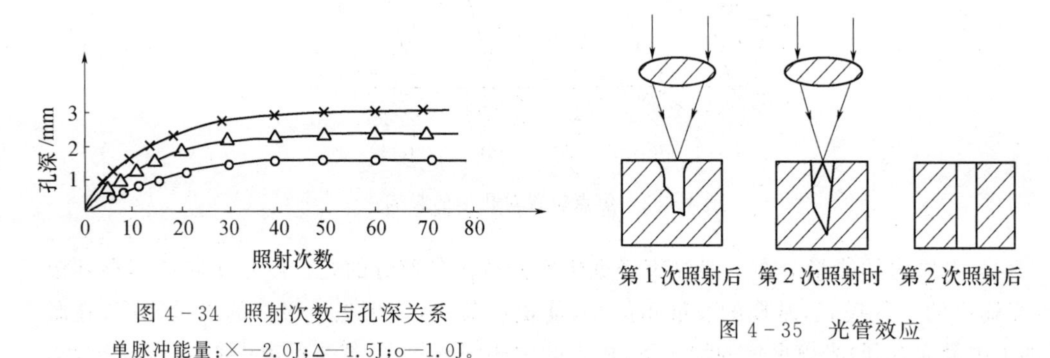

图4-34 照射次数与孔深关系

单脉冲能量:×—2.0J;Δ—1.5J;o—1.0J。

图4-35 光管效应

(6) 工件材料。由于各种工件材料的吸收光谱不同,经透镜聚焦到工件上的激光能量不可能全部被吸收,而有相当一部分能量将被反射或透射而散失掉,其吸收效率与工件材料的吸收光谱及激光波长有关。在生产实践中,必须根据工件材料的性能(吸收光谱)去选择合理的激光器,对于高反射率和透射率的工件应作适当处理,例如打毛或黑化,增大其对激光的吸收效率。

2. 激光切割

激光切割的功率密度为10^5~10^7W/cm^2。激光切割的原理与激光打孔基本相同,所不同的是,工件与激光束要相对移动,一般是工件移动。如果是直线切割,还可借助于柱面透镜将激光束聚焦成线,以提高切割速度。激光切割大都采用重复频率较高的脉冲激光器或连续输出的激光器。但连续输出的激光束会因热传导而使切割效率降低,同时热影响层也较深。因此,在精密机械加工中,一般都采用高重复频率的脉冲激光器。

激光可用于切割多种材料，既可以是金属，也可以是非金属。它可以代替锯切割木材，代替剪子切割布料、纸张，还能切割无法进行机械接触的工件(如从电子管外部切割内部的灯丝)。由于激光对被切割材料几乎不产生机械冲击和压力，故适宜于切割玻璃、陶瓷和半导体等既硬又脆的材料。再加上激光光斑小、切缝窄，且便于自动控制，所以更适宜于对细小部件作各种精密切割。

生产实践表明，切割金属材料时，采用同轴吹氧工艺，使切割下来的材料在高温下氧化(燃烧)吹走，可以大大提高切割速度，而且工件表面粗糙度也有明显改善。切割布匹、纸张、木材等易燃材料时，则采用同轴吹保护气体(二氧化碳、氮气等)快速吹走激光产物，能防止烧焦和缩小切缝以及提高切割速度。

固体激光器(YAG)输出的脉冲式激光常用于半导体硅片的切割和化学纤维喷丝头异型孔的加工等。而大功率的 CO_2 气体激光器输出的连续激光不但广泛用于切割钢板、钛板、石英和陶瓷，而且用于切割塑料、木材、纸张和布匹等。图 4-36 所示为 CO_2 气体激光器切割钛合金板材示意图。

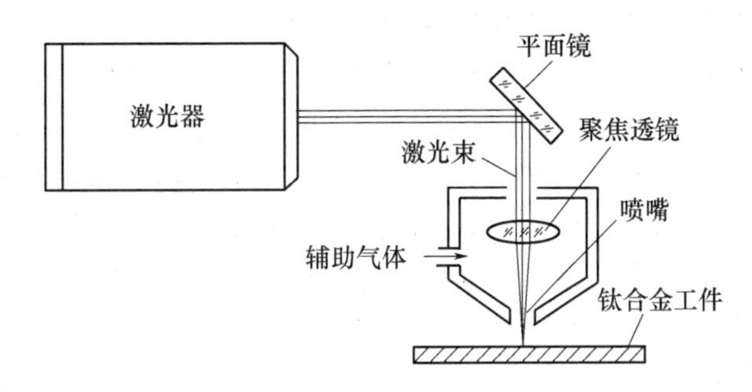

图 4-36　CO_2 气体激光器切割钛合金板材

3. 激光焊接

当激光的功率密度为 $10^5 \sim 10^7 W/cm^2$，照射时间约为 1/100s 时，可进行激光焊接。激光焊接一般无需焊料和焊剂，只需将工件的加工区域“热熔”在一起即可，如图 4-37 所示。焊接过程迅速，热影响区小，焊接质量高，既可焊接同种材料，也可焊接异种材料，还可透过玻璃进行焊接。

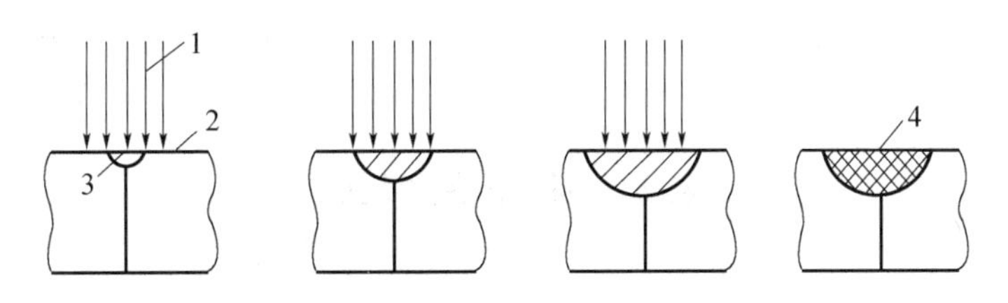

图 4-37　激光焊接过程示意图

1—激光；2—被焊接零件；3—被熔化金属；4—已冷却的熔池。

4. 激光表面处理

当激光的功率密度为 $10^3 \sim 10^5 W/cm^2$ 时，可实现对铸铁、中碳钢甚至低碳钢等材料的激光表面淬火。淬火层深度一般为 0.7～1.1mm，淬火层硬度比常规淬火约高 20%。激光淬火变形小，还能解决低碳钢的表面淬火强化问题。

对激光淬火能获得超高硬度的机理，一般认为是由于激光淬火是骤冷骤热过程，碳在奥氏体中来不及均匀化，因而马氏体中碳含量较高，同时在激光淬火中由于碳扩散不均匀，可获得更细的马氏体，致使其硬度升高。最明显的例证是10号低碳钢激光淬火，其表层硬度可达700HV，而常规淬火的低碳马氏体硬度只有380HV。研究Cr12钢激光淬火时发现，该材料原始组织的晶粒度为12级，而激光表面淬火硬化后为15级，晶粒明显细化。此外，在研究GCr12钢时发现，经激光处理过的GCr12钢中的位错密度很高，而在残余奥氏体中也有同样的位错密度。因此，激光表面淬火能得到超高硬度是由于马氏体本身硬度增高、马氏体细化和具有很高的位错密度所致。

激光不仅可用作单一的表面淬火处理，而且可对工件表面进行复合处理，这就是激光表面合金化和表面激光熔覆工艺。

激光表面合金化如图4-38所示，在工件基体的表面采用沉积法预先涂一层合金，然后用激光束照射涂层表面。当激光转化为热量后，合金层和基体薄层被熔化，基体与合金混合而形成合金。采用这种工艺方法能使贵重金属诸如铬、钴和镍等熔入低级而廉价的钢表面。表面合金化与整体合金化相比，能节约大量贵重金属。

表面激光熔覆如图4-39所示，当激光对工件表面进行处理时，用气动喷注法把粉末注入熔池中，连同工件表层一起熔化形成表面熔覆层。除了用气动喷注法把粉末注入熔池外，还可以在工件表面预先放置松散的粉末涂层，然后用激光熔化。不过前一种方法被认为能效较高，因为激光束与材料的相互作用区被熔化的粉末层所覆盖，这样可提高对激光能量的吸收能力。表面激光熔覆可在低熔点工件上熔覆一层高熔点的合金，并能局部熔覆，具有良好的接触性；微观结构细致，热影响区小，熔覆层均匀无缺陷。

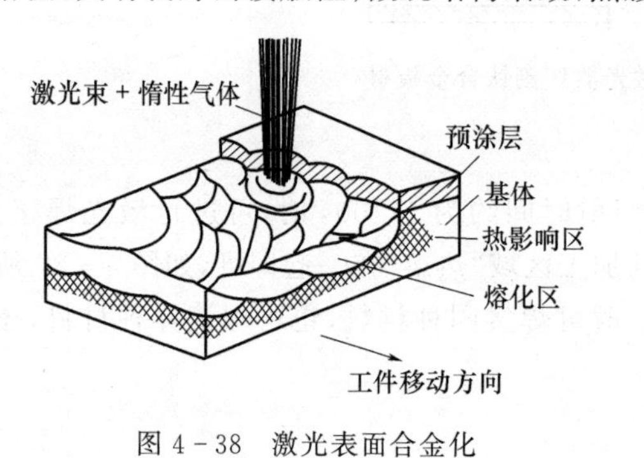

图4-38　激光表面合金化

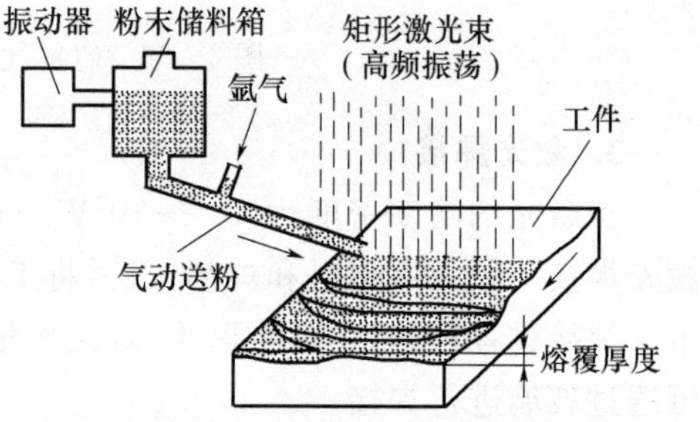

图4-39　激光表面熔覆

4.5　电子束加工

4.5.1　电子束加工原理

电子束加工是利用高能电子束流轰击材料，使其产生热效应或辐射化学和物理效应，以达到预定的工艺目的。电子束加工根据其所产生的效应可分为电子束热加工和电子束非热加工两类。

1. 电子束热加工

图4-40所示为电子束加工的原理图。通过加热发射材料产生电子，在热发射效应

下，电子飞离材料表面。在强电场作用下，热发射电子经过加速和聚焦，沿电场相反方向运动，形成高速电子束流。电子束通过一级或多级会聚便可形成高能束流，当它冲击工件表面时，电子的动能瞬间大部分转变为热能。由于光斑直径极小(其直径可达微米级或亚微米级)，电子束具有极高的功率密度，可使材料的被冲击部位温度在几分之一微秒内升高到几千摄氏度，其局部材料快速汽化、蒸发，而实现加工的目的。这种利用电子束热效应的加工方法，被称为电子束热加工。

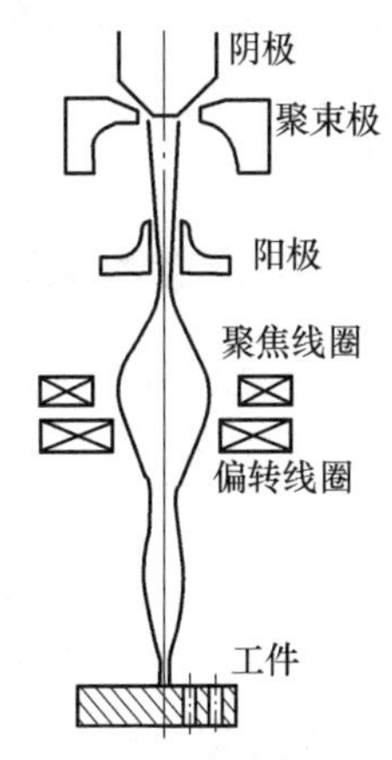

图 4-40　电子束热加工原理图

2. 电子束非热加工

电子束非热加工是基于电子束的非热效应，利用功率密度比较低的电子束和电子胶(又称电子抗蚀剂，由高分子材料组成)相互作用，产生的辐射化学或物理效应。当用电子束流照射这类高分子材料时，由于入射电子和高分子相碰撞，使电子胶的分子链被切断或重新聚合而引起分子量的变化以实现电子束曝光。将这种方法与其他处理工艺联合使用，就能在材料表面刻蚀细微槽和其他几何形状。该类工艺方法广泛应用于集成电路、微电子器件、集成光学器件、表面声波器件的制作，也适用于某些精密机械零件的制造。其加工方法通常是在材料上涂覆一层电子胶(称为掩膜)，用电子束曝光后，经过显影处理，形成满足一定要求的掩膜图形，而后进行不同后置工艺处理，达到加工要求，其槽线尺寸可达微米级。

控制电子束能量密度的大小和能量注入时间，就可以达到不同的加工目的。如只使材料局部加热就可进行电子束热处理；使材料局部熔化就可进行电子束焊接；提高电子束能量密度，使材料熔化和汽化，就可进行打孔、切割等加工；利用较低能量密度的电子束轰击高分子光敏材料时产生化学变化的原理，即可进行电子束光刻加工。

3. 电子束加工特点

(1) 由于电子束能够极其微细地聚焦，甚至能聚焦到 0.1μm，所以加工面积和切缝可以很小，是一种精密微细的加工方法。

(2) 电子束能量密度很高，使照射部分的温度超过材料的熔化和汽化温度，去除材料主要靠瞬时蒸发，是一种非接触式加工。工件不受机械力作用，不产生宏观应力和变形。加工材料范围很广，对脆性、韧性、导体、非导体及半导体材料都可加工。

(3) 电子束的能量密度高，因而加工生产率很高，例如，每秒钟可以在 2.5mm 厚的钢板上钻 50 个直径为 0.4mm 的孔。

(4) 可以通过磁场或电场对电子束的强度、位置、聚焦等进行直接控制，所以整个加工过程便于实现自动化。特别是在电子束曝光中，从加工位置找准到加工图形的扫描，都可实现自动化。在电子束打孔和切割时，可以通过电气控制加工异形孔，实现曲面弧形切割等。

(5) 由于电子束加工是在真空中进行的，因而污染少，加工表面不会氧化，特别适用于加工易氧化的金属及合金材料，以及纯度要求极高的半导体材料。

(6) 电子束加工需要一整套专用设备和真空系统，价格较贵，生产应用有一定的局限性。

在电子束加工中，必须注意 X 射线辐射对人体的危害，当电子束撞击到金属、气体或金属蒸汽时，会产生 X 射线，伤害人体细胞，因此需要配置足够厚的钢壁或外壁包铅以防止射线外溢。

4.5.2 电子束加工设备

电子束加工装置的基本结构如图 4-41 所示，主要由电子枪、真空系统、控制系统和电源等部分组成。

(1) 电子枪。电子枪是获得电子束的装置。它包括电子发射阴极、控制栅极和加速阳极等。阴极经电流加热发射电子，带负电荷的电子高速飞向带高电势的阳极（工件），在飞向阳极工件的过程中，经过加速阳极加速，又通过电磁透镜把电子束聚焦成很小的束斑，最后由偏转线圈使电子束在水平面内作偏移扫描。

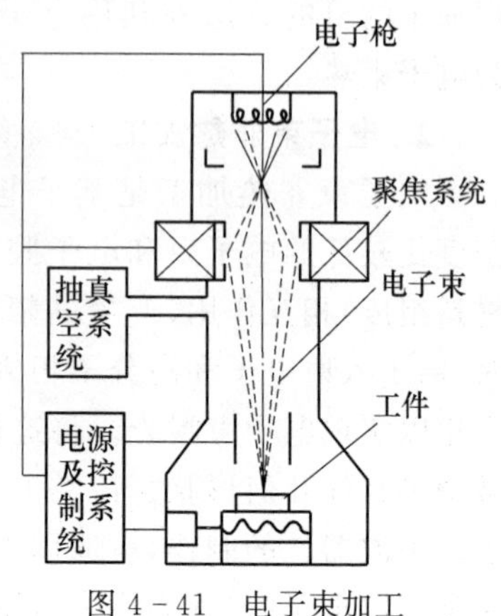

图 4-41 电子束加工装置的基本结构

发射阴极一般用钨或钽制成，在加热状态下发射大量电子。小功率时用钨或钽做成丝状阴极，大功率时用钽做成块状阴极。控制栅极为中间有孔的圆筒形，其上加以较阴极为负的偏压，既能控制电子束的强弱，又有初步的聚焦作用。加速阳极通常接地，而阴极相对为很高的负电压，所以能驱使电子加速。

(2)真空系统。真空系统是为了保证在电子束加工时维持 $1.4\times10^{-2}\sim1.4\times10^{-4}$ Pa 的真空度。因为只有在高真空中，电子才能高速运动。此外，加工时的金属蒸气会影响电子发射，产生不稳定现象，因此，也需要不断地把加工中生产的金属蒸气抽出去。

真空系统一般由机械旋转泵和油扩散泵或涡轮分子泵两级组成，先用机械旋转泵把真空室抽至 1.4～0.14Pa，然后由油扩散泵或涡轮分子泵抽至 0.014Pa～0.00014Pa 的高真空度。

(3) 控制系统和电源。电子束加工装置的控制系统包括束流聚焦控制、束流位置控制、束流强度控制以及工作台位移控制等。

束流聚焦控制是为了提高电子束的能量密度，使电子束聚焦成很小的束斑，它基本上决定着加工点的孔径或缝宽。聚焦方法有两种：一种是利用高压静电场使电子流聚焦成细束；另一种是利用“电磁透镜”靠磁场聚焦，后者比较安全可靠。所谓电磁透镜，实际上为一电磁线圈，通电后它产生的轴向磁场与电子束中心线相平行，端面的径向磁场则与中心线相垂直。根据左手定则，电子束在前进运动中切割径向磁场时将产生圆周运动，而在圆周运动时在轴向磁场中又将产生径向运动，所以实际上每个电子的合成运动轨迹为一半径越来越小的空间螺旋线而聚焦交于一点。根据电子光学的原理，为了消除像差和获得更细的焦点，常需进行第二次聚焦。

束流位置控制是为了改变电子束的方向，常用电磁偏转来控制电子束焦点的位置。如果使偏转电压或电流按一定程序变化，电子束焦点便按预定的轨迹运动。

工作台位移控制是为了在加工过程中控制工作台的位置。因为电子束的偏转距离只能在数毫米之内，过大将增加像差和影响扫描轨迹的线性，因此在大面积加工时需要用伺服电动机控制工作台移动，并与电子束的偏转相配合。

电子束加工装置对电源电压的稳定性要求较高，常用稳压设备，这是因为电子束聚焦以及阴极的发射强度与电压波动有密切关系。

4.5.3 电子束加工工艺

电子束加工按其功率密度和能量注入时间的不同(图 4 - 42)，可用于打孔、焊接、切割、热处理、刻蚀等多方面加工，但是生产中应用较多的是打孔、焊接、曝光、刻蚀等。

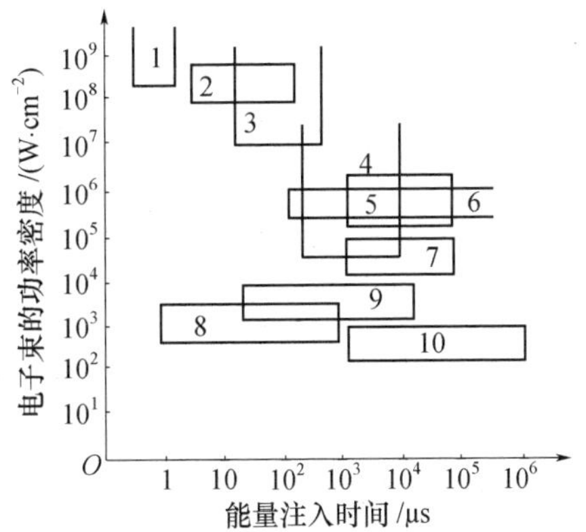

图 4 - 42　电子束的应用范围

1—升华；2—刻蚀；3—铣削、切割；4—打孔；5—熔炼；6—焊接；7—淬火硬化；8—电子抗蚀剂；9—塑料打孔；10 一塑料聚合。

1. 打孔

无论工件是何种材料，如金属、陶瓷、金刚石、塑料以及半导体材料都可以用电子束加工工艺加工出小孔和窄缝。例如喷气发动机套上的冷却孔。电子束加工不受材料硬度限制，不需要容易磨损的加工工具。目前，电子束打孔的最小孔径已达 1μm。当孔径为 0.5～0.9mm 时，其最大孔深已超过10mm，孔的深径比≥15∶1。将工件置于磁场中，适当控制磁场的变化使束流偏移，即可用电子束加工出斜孔，倾角为 35°～90°，甚至可以用电子束加工出螺旋孔。

电子束打孔的速度很高。通常每秒可加工几十至几万个孔。例如，板厚 0.1mm、孔径 0.1mm 时，每个孔的加工时间只有 15μs。利用电子束打孔速度快的特点，可以实现在薄板零件上快速加工高密度的孔。例如，机翼的吸附屏的孔，不仅孔的密度可以连续变化，孔数达数百万个，而且有时还可改变孔径，最宜用电子束高速打孔。高速打孔也可在工件运动中进行，例如，在 0.1mm 厚的不锈钢上加工直径为 Φ0.2mm 的孔，速度为每秒 3000 个孔。

电子束还能加工小深孔，如在叶片上打深度 5mm、直径 Φ0.4mm 的孔，孔的深径比大于 10∶1。用电子束加工玻璃、陶瓷、宝石等脆性材料时，由于在加工部位附近有很大温差，容易引起变形甚至破裂，所以在加工前或加工时，需用电阻炉或电子束进行预热。

在人造革、塑料上用电子束打大量微孔，可使其具有如真皮革那样的透气性。人造革打透气孔的方式如图 4 - 43 所示。加工时，用一组钨杆将电子枪产生的单股电子束分割为 200 条平行细束，使其在一个脉冲内同时打出 200 个孔，由于对孔形无要求，因此效率非常高。当人造革在滚筒上连续旋转时，电子束无需随之转动。如对 1.5mm 厚的 PVC 革加工时，采用频率为 25Hz 的脉冲电子束，滚筒转速为 6r/min，可获得 5000 个/s 的打孔速率。

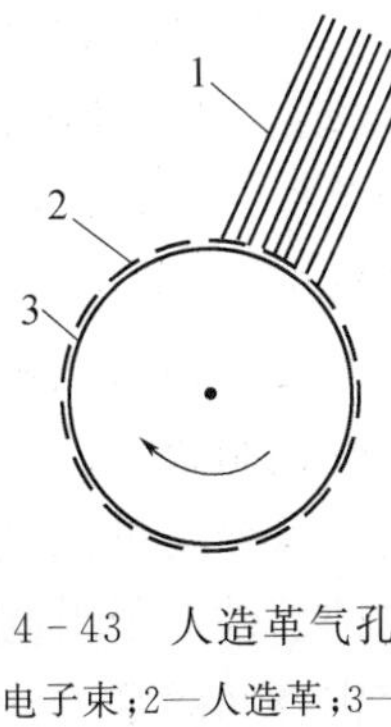

1
2
3

图 4 - 43　人造革气孔打孔

1—电子束；2—人造革；3—转台。

电子束不仅可以加工各种直的型孔和型面，也可以加工弯孔和曲面。利用电子束在磁场中偏转的原理，使电子束在工件内部偏转，控制电子速度和磁场强度，即可控制曲率半径,加工出弯曲的孔。如果同时改变电子束和工件的相对位置,就可进行切割和开槽。图 4 - 44(a)是对长方形工件 1 施加磁场之后,若一面用电子束 3 轰击,另一面依箭头 1 方向移动工件,就可获得如实线所示的曲面。经图 4 - 44(a)所示的加工后,改变磁场极性再进行加工,就可获得图 4 - 44(b)所示的工件。同样原理,可加工出图 4 - 44(c)所示的弯缝。如果工件不移动,只改变偏转磁场的极性进行加工,则可获得图 4 - 44(d)所示的入口为一个而出口有两个的弯孔。

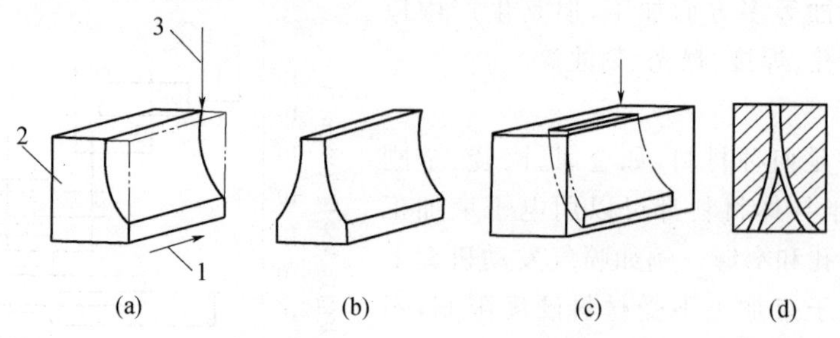

图 4 - 44　电子束加工曲面、弯孔

1—工件运动方向;2—工件;3—电子束。

2. 电子束焊接

电子束焊接是利用电子束作为热源的一种焊接工艺。当高能量密度的电子束轰击焊件表面,使焊件接头处的金属熔融,在电子束连续不断地轰击下,形成一个熔融金属窄而深的毛细管状的熔池,如果焊件按一定速度沿着焊件接缝与电子束作相对移动,则接缝上的熔池由于电子束的离开而重新凝固,使焊件的整个接缝形成一条窄而深的焊缝。

由于电子束的能量密度高,焊接速度快,所以电子束焊接的焊缝深而窄,焊件热影响区小,变形小,可以在工件精加工后进行焊接。电子束焊接一般不用焊条,焊接过程在真空中进行,因此焊缝化学成分纯净,焊接接头的强度往往高于母材。

电子束焊接可以焊接难熔金属(如钽、铌、钼等),也可焊接钛、锆、铀等化学性能活泼的金属。对于普通碳钢、不锈钢、合金钢、铜、铝等各种金属也能用电子束焊接。它可焊接很薄的工件,也可焊接厚为几百毫米的工件。

电子束焊接还能完成一般焊接方法难以实现的异种、不相亲和金属焊接,如铜和不锈钢的焊接,钢和硬质合金的焊接,铬、镍和钼的焊接等。利用这个特性,对于复杂的工件,可以将其分成几个零件,这些零件可以单独用最合适的材料,采用合适的方法来加工制造,最后利用电子束焊接成一个完整的零部件。例如,航空发动机某些部件(如高压涡轮机匣,高压承力轴承等)可通过异种材料的组合,使发动机高速运转,利用材料线膨胀系数不同,实现主动间隙配合,从而达到提高发动机性能,增加发动机推重比,节省材料,延长寿命等目的。如将 GH4169 和 GH907 两种高温合金零件焊在一起,采用适当工艺参数和工艺措施,以满足异种材料拼焊。

某可变后掠翼飞机的中翼盒长达 6.7m,壁厚 12.7～57mm,可以用钛合金小零件以电子束焊接制成,共 70 道焊缝。仅此项工艺,便可减少飞机质量 270kg。某大型涡轮风扇发动机钛合金机匣,壁厚 1.8～69.8mm,外径 2.4m,是发动机中最大,加工最复杂,成本最高的部件。采用电子束焊接后,节约了材料和工时,成本可降低 40%。

宇宙空间满足了电子束焊所需要的真空环境,而且电子束的能量转换效率最高,可以在宇宙飞行中进行特种材料焊接,使用的电子束焊接设备包括电源、控制系统和手握式电子枪,重量轻。

在发动机部件、航空航天器结构件的制造中,为了应用最新材料和省时省料,一般采用先分块加工然后利用电子束拼焊。如批量制造发动机压气机轮盘时,采用分体制造轮毂和轮缘,将轮缘分为 8 段(由 8 个小锻件加工成扇形),再用电子束将其余轮毂组合拼焊成压气机轮盘。为省去发动机转子联接螺栓及安装边,减轻转子重量,简化转子结构,增加刚性,可采用电子束焊接将转子盘鼓拼焊为整体,从而提高了发动机工作的可靠性。

应用电子束焊接技术可以改进机械结构设计,例如加工大型齿轮组件时,传统结构是用整体加工或用螺栓组合分体加工,费时、费料且结构笨重,而采用电子束焊接时,可将齿轮分别加工出来,而后用电子束焊接总成。由于焊接变形仅为几个微米,对组件精度没有影响。这样的齿轮组件,啮合好、噪声小、传输力矩大,这是电子束焊接最成功的应用范例之一,在汽车工业已得到广泛采用。

电子束焊接还常用于传感器以及电气元件的连接和封装,尤其一些耐压、耐腐蚀的小型器件在特殊环境工作时,电子束焊接有其很大优越性。随着大功率的电子束焊机的发展,电子束焊接工艺已进入重工业领域,在厚壁压力容器、造船工业等都有良好的应用前景。

3. 刻蚀

在微电子器件生产中,为了制造多层固体组件,可利用电子束对陶瓷或半导体材料刻出许多微细沟槽和孔来,如在硅片上刻出宽 2.5μm、深 0.25μm 的细槽,在混合电路电阻的金属镀层上刻出 40μm 宽的线条。还可在加工过程中对电阻值进行测量校准,这些都可用计算机自动控制完成。

电子束刻蚀还可用于制板,在铜制印刷滚筒上按色调深浅刻出许多大小与深浅不一的沟槽或凹坑,其宽度或直径为 70~120μm,深度为 5~40μm,小坑、浅坑印出的是浅色,大坑、深坑印出的是深色。

4. 电子束曝光

在集成电路、微电子器件、集成光学器件、表面声波器件以及微机电系统(MEMS)等元器件的图形制作技术中,通常需要用电子束曝光处理,作为刻蚀前置工序,如图 4-45 所示。其实际过程是用电子束照射涂覆在衬底材料(可以是硅片、石英、陶瓷、玻璃等)上的一层厚度均匀的辐射敏感聚合物薄膜(亦称电子抗蚀剂或电子胶),使电子和电子胶相互作用,电能转变为化学能以实现曝光。

同光刻胶一样,电子胶也分正、负性。正电子胶在电子轰击下,聚合物链的断链作用超过交链作用,因而曝光部分可以用显影剂除去(图 4-45(b))。负电子抗蚀剂在电子轰击下,聚合物主要产生交链作用,因而未曝光部分在显影剂作用下被除去(图 4-45(c))。曝光时,应采用能量密度较低的电子束,使其对工件表面的辐射敏感聚合物仅起断链或交链作用,而不能致其分解或软化,甚至发生熔化现象。

电子束曝光一般分为两类,扫描电子束曝光(又称电子束线曝光)和投影电子束曝光(又称电子束面曝光)。由于微型电子器件的图形精细、复杂,且基片面积大,要求电子束精细聚焦,并能自由移动,精确地扫描到达规定的位置上,即扫描曝光。

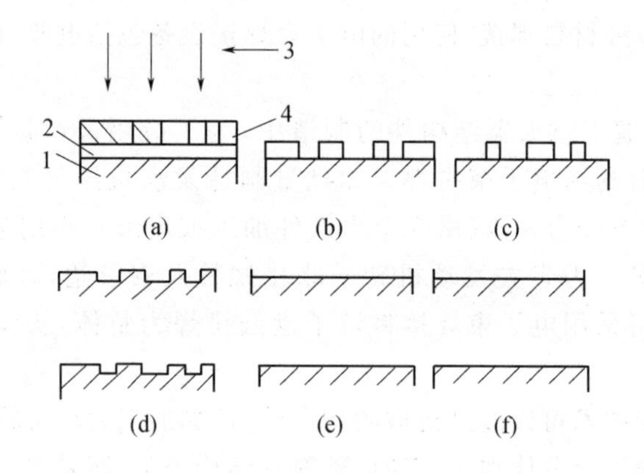

图 4-45 电子束曝光加工过程

(a) 曝光;(b) 正胶;(c) 负胶;(d) 刻蚀;(e) 注入;(f) 镀膜。

1—工件;2—曝光胶;3—辐射线;4—掩膜。

5. 电子束热处理和表面改性处理

电子束热处理也是把电子束作为热源,但适当控制电子束的功率密度,使金属表面加热而不熔化,达到热处理的目的。电子束热处理的加热速度和冷却速度都很高,在相变过程中,奥氏体化时间很短,只有几分之一秒乃至1ms,奥氏体晶粒来不及长大,从而能获得一种超细晶粒,可使工件获得用常规热处理不能达到的硬度,硬化深度可达0.3~0.8mm。

电子束热处理与激光热处理类同,但电子束的电热转换效率高,可达90%,而激光的转换效率只有7%~10%。电子束热处理在真空中进行,可以防止材料氧化,电子束设备的功率可以做得比激光功率大,所以电子束热处理工艺很有发展前途。

电子束表面改性处理可以根据聚焦电子束能量密度不同,分为:只对材料表面加热而不熔化的固态处理;使金属熔化一定深度,实现表面熔化处理,而且可以加入其他成分的合金,以满足材料耐蚀性、韧性和塑性等技术要求。

电子束熔炼是用电子束轰击金属锭,使其重熔,然后在坩埚中凝固结晶。可以熔炼钨、钽、铌等难熔金属材料,得到高纯度的金属锭。

电子束镀膜是用电子束作为热源,轰击放在水冷坩埚中的蒸发材料,使其受热蒸发而沉积在基片上得到所需膜层。它适合于蒸发难熔材料,如钨、钼、氧化钇、氧化锆等。用于光学镜片镀氧化锆和氧化钍膜;薄膜电路中铼膜电阻器和氟化铜薄膜电容器等。

4.6 离子束加工

离子束加工在许多精密、关键、高附加值的加工模具等机械零件的生产中得到了广泛应用,如改善涡轮机主轴承、精密轴承、齿轮、冷冻机阀门和活塞的性能。离子注入改进人工关节在医学上的应用是另一个典型例子,仅美国每年用这种技术就处理了十万只人工关节。另外,离子注入半导体掺杂已成为超大规模集成电路微细加工的关键工艺,并导致了20世纪80年代集成电路产业的腾飞。

4.6.1 离子束加工原理

离子束加工的原理和电子束加工基本类似，也是在真空条件下，将离子源产生的离子束经过加速聚焦，使之撞击到工件表面。不同的是离子带正电荷，其质量比电子大数千、数万倍，如负离子的质量是电子的 7.2 万倍，所以一旦离子加速到较高速度时，离子束比电子束具有更大的撞击动能，它是靠微观的机械撞击能量，而不是靠动能转化为热能来加工的。

离子束加工的物理基础是离子束射到材料表面时所发生的撞击效应、溅射效应和注入效应。具有一定动能的离子斜射到工件材料（或靶材）表面时，可以将表面的原子撞击出来，这就是离子的撞击效应和溅射效应；如果将工件直接作为离子轰击的靶材，工件表面就会受到离子刻蚀（也称离子铣削）作用；如果将工件放置在靶材附近，靶材原子就会溅射到工件表面而被溅射沉积吸附，使工件表面镀上一层靶材原子的薄膜；如果离子能量足够大并垂直工件表面撞击时，离子就会钻进工件表面，这就是离子的注入效应。各类离子束加工如图 4-46 所示。

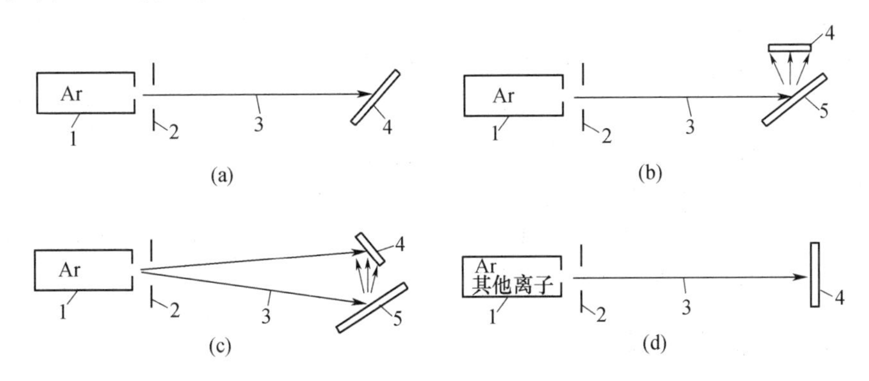

图 4-46　各类离子束加工示意图

(a)离子束刻蚀；(b)溅射镀膜；(c)离子镀；(d)离子注入。

1—离子流；2—吸极(吸收电子，引出离子)；3—离子束；4—工件；5—靶材。

离子束加工特点有以下几点。

(1) 由于离子束可以通过电子光学系统进行聚焦扫描，离子束轰击材料是逐层去除原子，离子束流密度及离子能量可以精确控制，所以离子刻蚀可以达到毫微米级的加工精度。离子镀膜可以控制在亚微米级精度，离子注入的深度和浓度也可极精确地控制。可以说，离子束加工是所有特种加工方法中最精密、最微细的加工方法，是当代毫微米加工（纳米加工）技术的基础。

(2) 由于离子束加工是在高真空中进行的，所以污染少，特别适用于对易氧化的金属、合金材料和高纯度半导体材料的加工。

(3) 离子束加工是靠离子轰击材料表面的原子来实现的，它是一种微观作用，宏观压力很小，所以加工应力、热变形等极小，加工质量高，适合于对各种材料和低刚度零件的加工。

(4) 离子束加工设备费用贵、成本高，加工效率低，因此应用范围受到一定限制。

4.6.2 离子束加工装置

离子束加工装置与电子束加工装置类似，也包括离子源、真空系统、控制系统和电源等部分。主要的不同部分是离子源系统。

离子源用以产生离子束流。产生离子束流的基本原理和方法是使原子电离。具体办法是把要电离的气态原子(如氩等惰性气体或金属蒸气)注入电离室，经高频放电、电弧放电、等离子体放电或电子轰击，使气态原子电离为等离子体(即正离子数和负电子数相等的混合体)。用一个相对于等离子体为负电位的电极(吸极)，就可从等离子体中引出离子束流。根据离子束产生的方式和用途的不同，离子源有很多形式，常用的有考夫曼型离子源。

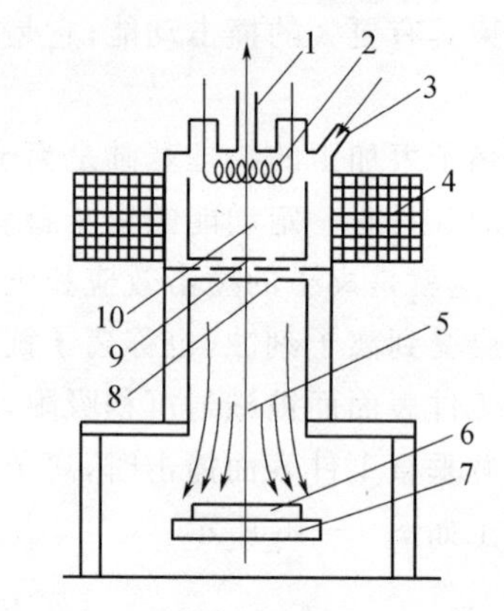

图 4-47 考夫曼型离子源示意图

1—真空抽气口；2—灯丝；3—惰性气体注入口；4—电磁线圈；5—离子束流；6—工件；7—阴极；8—引出电极；9—阳极；10—电离室。

图 4-47 所示为考夫曼型离子源示意图，它由灼热的灯丝 2 发射电子，电子在阳极 9 的作用下向下方移动，同时受线圈 4 磁场的偏转作用，作螺旋运动前进。惰性气体氩从注入口 3 注入电离室 10，在电子的撞击下被电离成等离子体，阳极 9 和引出电极(吸极)8 上各有 300 个直径为 Φ0.3mm 的小孔，上下位置对齐。在引出电极 8 的作用下，将离子吸出，形成 300 条准直的离子束，再向下则均匀分布在直径为 Φ50mm 的圆面积上。

4.6.3 离子束加工方法

离子束加工按照其所利用的物理效应和达到目的的不同，可以分为 4 类。

1. 刻蚀加工

离子束刻蚀(图 4-46(a))是从工件上去除材料，是一个撞击溅射的过程。当离子束轰击工件，入射离子与靶原子碰撞时将动能传递给靶原子，使其获得的能量超过原子的结合能，导致靶原子发生溅射，从工件表面溅射出来，以达到刻蚀的目的。为了避免入射粒子与工件材料发生化学反应，必须使用惰性元素的离子，通常使用氩离子进行轰击刻蚀。由于离子直径很小，可以认为离子刻蚀的过程是逐个原子剥离的，刻蚀的分辨率可达微米甚至纳米级，但刻蚀速度很低。刻蚀加工时，对离子入射能量、束流大小、离子入射角度以及工作室压力都需要根据不同的加工需求进行调整。用氩离子轰击被加工材料时，其效率取决于离子的能量和入射角度。一般在入射角为 45°～55°时达到最大刻蚀速率。例外的是，金(Au)在法线入射时刻蚀速率最大。离子束刻蚀可以在以下方面得到应用。

(1) 高精度加工。离子束刻蚀可达到很高的分辨率，适合刻蚀精细图形。离子束加工小孔的优点是孔壁光滑，邻近区域不产生应力和损伤，能加工出任意形状的小孔，且孔形状只取决于掩膜的孔形。如能在玻璃毛细管的端面加工一定曲面，而不破坏毛细管的中心孔。由于毛细管端面形状是轴对称的，所以采用大面积离子束，并让掩膜在毛细管端面的上方旋转。毛细管端面上各点的总刻蚀量也取决于掩膜的形状。

加工线宽为纳米级的窄槽是超精微加工的需要。如某零件要求在10nm的碳膜上，用电子束蒸镀10 nm的金一铝膜。将样品置于真空系统中，其表面自然形成一种污染抗蚀剂掩膜，用电子束曝光显影后形成线宽为8nm的图形，然后用氩离子束刻蚀，离子束流密度为0.1mA/cm^2，离子能量是1keV。在20nm厚的金一钯膜上刻出线宽为8nm的图形，深宽比提高到2.5：10。研究表明，此时线宽的限制并非电子束曝光掩膜和离子束刻蚀所致，而是由于电子束蒸镀金一钯膜的晶粒尺寸已经达到5～10nm，由此可见离子束加工可达到很高的精度。

(2) 表面抛光。离子束能完成机械加工中的最后一道工序——精抛光，以消除机械加工所产生的刻痕和表面应力。加工时只要严格选择溅射参数(入射离子能量、离子质量、离子入射角、样品表面温度等)，光学零件就可以获得极佳的表面质量，且散射光极小。对于光学玻璃的最终精加工，用机械方法抛光光学零件，零件表面会产生应力裂纹，并导致光线散射，会降低光学透明系统的成像效果，在激光系统中使用时会消耗大量的能量。而用离子束抛光激光棒和光学元件的表面，表面可以达到极高的均匀和一致性，而且元件本身在工艺过程中也不会被污染。

(3) 石英晶体谐振器制作。石英晶体的谐振频率与其厚度有关。用机械研磨和抛光致薄的晶体，可制作低频器件，频率超过20MHz时，上述工艺已不适用，因为极薄的晶片已不能承受机械应力。采用离子束抛光，可以不受此限制。石英晶体谐振器的金属引线要求重量轻、电阻低，通常用铝沉积在晶体表面沟槽中，以高电导率铝作引线电极。用离子束溅射加工晶体上的沟槽是最有效的方法。

如采用的氩离子能量为500eV，束流密度0.7mA/cm^2，有效束径为8cm的离子束，离子入射角为35°，可以加工出3.3μm厚的石英晶体薄片，其基频可达450～500MHz，等效电阻为16～105Ω(基频)，Q值提高到$4.31\times10^4\sim16\times10^4$。进一步改进工艺之后，加工出基频为700～1000MHz、平均电阻为14.2Ω，平均Q值为45000的谐振器。

沟槽器件的表面要刻出沟槽栅，即周期性变化的线条，有些器件的槽深不等，按预定的函数变化，加工较为困难。离子束加工是制作沟槽器件，尤其是不等槽深沟槽器件的最佳工艺手段，其加工的图形线宽只有0.5μm。由于离子束加工精度高，刻线的分辨率最好，用离子束制造的声表面波器件其信号沿表面传播损失最小。

随着微机电系统技术的发展，对超精微加工的要求越来越高，微机械、微传感器、微机器人所要求的结构尺寸皆在微米级，因而离子束刻蚀就成为重要的加工手段，必将得到更广泛的应用。

2. 溅射镀膜加工

溅射镀膜基于离子轰击靶材时的溅射效应。离子束在电场或磁场的加速下飞向阴极靶材，阴极表面靶原子溅射至靶材附近的工件表面，形成镀膜。溅射镀膜有3种溅射技术：直流二级溅射、三级溅射和磁控溅射，其区别在于放电方式有所不同。溅射镀膜的主要应用领域如下。

(1) 硬质膜磁控溅射。在高速钢刀具上用磁控溅射镀氮化钛(TiN)超硬膜，大大提高刀具的寿命，可以在工业生产中应用。氮化钛可以采用直流溅射，因为它是良好的导电材料，但在工业生产中更为经济的是采用反应溅射。

(2) 固体润滑膜的镀制。在齿轮的齿面上和轴承上溅射控制二硫化钼润滑膜，其厚度为0.2～0.6μm，摩擦系数为0.04。溅射时，采用直流溅射或射频溅射，靶材是用二硫化钼粉末压制成形。为保证得到晶态薄膜(此种状态下，有润滑作用)，必须严格控制工艺参数。

(3) 欧姆接触层的镀制。磁控溅射镀铝或铝合金可用于制备大规模集成电路的欧姆接触层。所适用的合金有Al-Si(1.2%)、Al-Cu(4%)和Al-Si(1%)等。溅射时，要求靶材纯度高，并严格控制氢、氯等杂质气体含量。

(4)薄壁零件的镀制。难以实现机械加工的薄壁零件，通常可以用电铸方法得到，但材料的选用有很大局限性，纯金属中的钼，二元合金及多元合金电铸都比较困难。而用溅射镀膜成形薄壁零件的最大特点是不受材料限制，可用该工艺制成陶瓷和多元合金的薄壁零件。

例如某零件是直径为15mm的管件，壁厚为63.5μm，材料为10元合金，成分为：Fe-Ni(42%)、Cr(5.4%)、Ti(2.4%)、Al(0.65%)、Si(0.5%)、Mn(0.4%)、Cu(0.05%)、C(0.02%)、S(0.008%)。先用铝棒车成芯轴，而后镀膜。镀膜后，用氢氧化钠的水溶液将铝芯全部溶蚀，即可取下零件。或用不锈钢芯轴表面加以氧化膜，溅射镀膜后，用喷丸方法或者液氮冷却方法使之与芯轴脱离。溅射镀制的薄壁管，其壁厚偏差小于1%(径向)和2%(轴向)，远低于一般4%的偏差要求。

3. 离子镀加工

离子镀是在真空蒸镀和溅射镀膜的基础上发展起来的一种镀膜技术。从广义上讲，离子镀这种真空镀膜技术是膜层在沉积的同时又受到高能粒子束的轰击。这种粒子流的组成可以是离子，也可以是通过能量交换而形成的高能中性粒子。这种轰击使界面和膜层的性能发生某些变化：膜层对基片的附着力、覆盖情况、膜层状态、密度、内应力等改变。

离子镀能利用辉光放电所产生的高能粒子流对基片表面溅射清洗，并将洁净的基片表面保留全过程，因而能获得良好的附着力；另外，离子镀过程中溅射和沉积并存，会导致组分过程层(伪扩散层)的形成，从而使基片与膜层间的材质不相容性分散到过渡层中，同时改善了膜层的附着性能。

离子镀比真空蒸镀的绕射性好。离子镀时蒸发的镀料粒子，由于工作气体有1Pa左右的压强，要与气体分子多次碰撞才能到达基片，导致非面对蒸发源的基片上也有镀料沉积；同时，带正电荷的膜料离子会向加有负偏压的基片各处运动而沉积下来，这也是其绕射性好的原因之一。

离子镀过程中的带能粒子，不仅使膜层附着良好、分布均匀，并且使其质地致密、针孔少，有时还能提高基片的延伸率和抗疲劳性。由于离子镀的附着力好，使原来在蒸镀中不能匹配的基片材料和镀料，可以用离子镀完成，还可以镀出各种氧化物、氮化物和碳化物的膜层。离子镀加工的应用领域如下。

(1) 耐磨功能膜。为提高刀具、模具或机械零件的使用寿命，可采用离子镀工艺镀上一层耐磨材料，如铬、钨、锆、钽、钛、铝、硅、硼等的氧化物、氮化物或碳化物，或多层膜如Ti+TiC。

(2) 润滑功能膜。固体润滑膜有很多液体润滑无可比拟的优点，但用浸、喷、刷涂方法成膜，所得膜层不均匀，附着力差。用离子镀方法可以得到良好的附着润滑膜。国外的一些航空工厂已在喷气发动机的轮毂、涡轮轴支承面和直升机旋翼轴的转动部件上，用离子镀成功地镀制了铬或银等固体润滑膜，既实现了无油润滑，又能防止腐蚀。

(3) 抗蚀功能膜。离子镀所镀覆的抗蚀膜致密、均匀、附着良好。在与钛合金零件相连接的钢制品上，采用镀铝代替镀镉后，可避免钛合金零件产生的镉脆现象。在原子能工业中，反应装置中的浓缩铀芯的保护层，以离子镀铝层代替电镀镍层，可防止高温下的剥离。

(4) 耐热功能膜。离子镀可以得到优质的耐热膜，如钨、钼、钽、铌、铁、氧化铝等。用纯离子源离子镀在不锈钢表面镀上一层 Al_2O_3，可提高基体在 980℃介质中抗热循环和抗蚀能力。在适当的基体上镀一层 ADT-1 合金（35%～41%铬，10%～12%铝、0.25%钇和少量镍），有良好的抗高温氧化和抗蚀性能，比氧化铝膜的寿命延长 1～3 倍，是钴、铬、铝、钇镀层寿命的 1～3 倍。这种膜可用作航空涡轮叶片型面、榫头和叶冠等部位的保护层。

(5) 装饰功能膜。由于离子镀所得到的 TiC，TaN，TaC，ZrN，VN 等膜层都具有与黄金相似的色泽，加上良好的耐磨性和耐蚀性，人们常将其作为装饰层。手表带、表壳、装饰品、餐具等金黄色镀膜装饰已进入市场。

4. 离子注入加工

离子注入加工既不从加工表面去除基体材料，也不在表面以外添加镀层，仅仅通过改变基体表面层的成分和组织结构，造成表面性能变化，以达到材料的使用要求。

离子注入是在 1×10^{-4} Pa 的高真空室中进行的。将要注入的化学元素的原子在离子源中电离并引出离子，在电场加速下，离子能会达到几万到几十万电子伏，将此高速离子射向置于靶盘上的零件。入射离子在基体材料内，与基体原子不断碰撞而损失能量。结果离子就停留在几纳米到几百纳米处，形成了注入层。进入的离子在最后以一定的分布方式固溶于工件材料中，从而改变了材料表面层的成分和结构。

离子注入加工向工件表面直接注入离子，它不受热力学限制，不受合金系统平衡相图中固溶度的限制，含量可达 10%～40%，注入深度可达 1μm。注入离子的数量及注入深度可以通过调节离子能量、束流强度、作用时间等参数进行精确控制，在零件表层可以获得用一般冶金工艺无法得到的各种合金成分。

离子注入被广泛地应用在半导体加工领域和金属表面改性领域，以制造一些常规方法难以获得的各种特殊要求的材料。

4.7 超声波加工

人耳能感受的声波频率在 16～16000Hz 范围内，声波频率超过 16000Hz 被称为超声波。超声波加工（Ultrasonic Machining）是近几十年发展起来的一种加工方法，它弥补了电火花加工和电化学加工的不足。电火花加工和电化学加工一般只能加工导电材料，不能加工不导电的非金属材料。而超声波加工不仅能加工脆硬金属材料，而且更适合于加工不导电的脆硬非金属材料，如玻璃、陶瓷、半导体锗和硅片等。同时，超声波还可用于清洗、焊接和探伤等。

4.7.1 超声波加工的原理和特点

超声波和声波一样，可以在气体、液体和固体介质中传播。由于超声波频率高、波长短、能量大，所以传播时反射、折射、共振及损耗等现象更显著。

超声波能传递很强的能量。超声波的作用主要是对其传播方向的物体施加压力(声压)，因此，可用这个压力的大小表示超声波的强度，传播的波动能量越强，则压力越大。

当超声波经过液体介质传播时，将以极高的频率压迫液体质点振动，在液体介质中连续地形成压缩和稀疏区域，由于液体介质的不可压缩性，由此产生正、负交变的压力变化，由于这一过程时间极短，液体中的气体在此脉冲压力作用下会破开，发生冲击波，局部产生极大的冲击力、瞬时高温、物质的分散、破碎及各种物理化学作用。这种现象称为超声波的空化作用。

超声波加工是利用工具端面的超声振动，通过磨料悬浮液加工脆硬材料的方法。磨粒在超声振动作用下发生机械撞击和抛磨作用，悬浮液体发生超声波空化作用，超声波加工是这两种作用综合的结果，其中磨粒的撞击作用是主要的。

超声波加工原理如图 4-48 所示。超声波发生器 7 产生的超声频电振荡通过换能器 6 产生 16000Hz 以上的超声频纵向振动，并借助于变幅杆 4、5 把振幅放大到 0.05～0.1mm，从而使工具 1 的端面作超声频振动。在工具 1 和工件 2 之间注入磨料悬浮液 3，当工具端面迫使磨粒悬浮液中的磨粒以很大的速度和加速度不断地撞击、抛磨被加工表面时，会把被加工表面的材料粉碎成很细的微粒，从工件上剥落下来。虽然每次剥落下来的材料很少，但由于每秒撞击的次数多达 16000 次以上，所以仍有一定的加工速度。与此同时，当工具端面以很大的加速度离开工件表面时，加工间隙内形成负压和局部真空，在工作液体内形成很多微空腔；当工具端面又以很大的加速度接近工件表面时，空泡闭合，引起极强的液压冲击波，从而强化加工过程。此外，正负交变的液压冲击也使悬浮磨料的工作液在加工间隙中强迫循环，使变钝的磨粒及时得到更新。

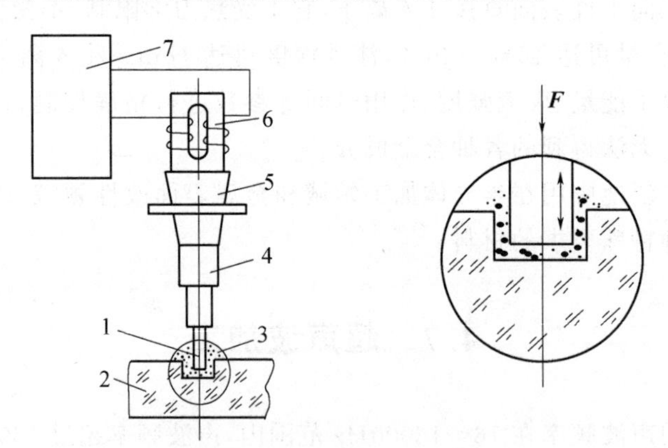

图 4-48 超声波加工原理图

1—工具；2—工件；3—磨料悬浮液；4、5—变幅杆；6—换能器；7—超声波发生器。

超声波加工的特点如下。

(1) 适合于加工各种脆硬材料。既然超声波加工是基于微观局部撞击作用，所以材料越是脆硬，受撞击作用所遭受的破坏越大，越适宜超声波加工。例如，玻璃、陶瓷(氧化铝、氮化硅等)、石英、锗、硅、石墨、玛瑙、宝石、金刚石等材料,比较适宜超声波加工。相反,脆性和硬度不大却具有韧性的材料,由于具有缓冲作用而难以采用超声波加工。因此,选择工具材料时,应选择既能撞击磨粒,又不使自身受到很大破坏的材料,例如不淬火的钢等。

(2) 由于工具材料较软,易制成复杂的形状,工具和工件又无需作复杂的相对运动,因此普通的超声波加工机床结构简单,只需一个方向轻压进给,操作、维修方便。

(3) 由于去除加工材料是靠极小磨粒瞬时局部的撞击作用,故工件表面的宏观切削力很小,切削应力、切削热很小,不会引起变形及烧伤,Ra 可达 1~0.1μm,加工精度可达 0.01~0.02mm,而且可以加工薄壁、窄缝、低刚度零件。

4.7.2 超声波加工设备

超声波加工设备一般包括超声波发生器、超声波振动系统、机床本体和磨料工作液循环系统。

1. 超声波发生器

超声波发生器将 50Hz 工频交流电转变为有一定功率输出的超声频电振荡,以提供工具端面往复振动和去除被加工材料的能量。其基本要求是:输出功率和频率在一定范围内连续可调,最好具有对共振频率自动跟踪和自动微调的功能。此外还要求结构简单、工作可靠、价格便宜和体积小等。

超声发生器的组成如图 4-49 所示,由振荡级、电压放大极、功率放大级及电源等 4 部分组成。

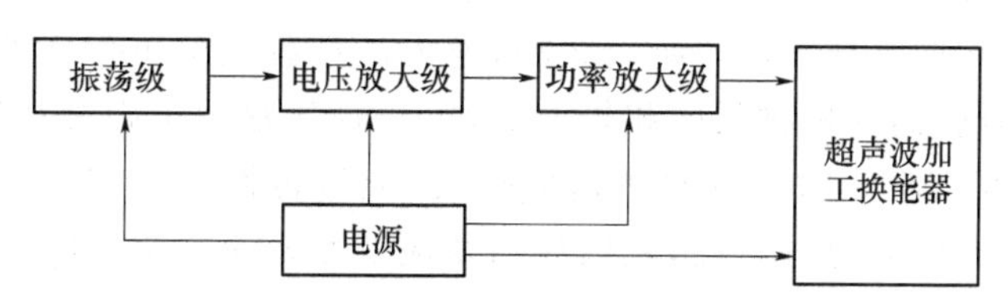

图 4-49 超声发生器的组成框图

振荡级是由三极晶体管接成电感反馈振荡电路,调节电容量可改变振荡频率,即可调节输出的超声频率。振荡级的输出经耦合至电压放大级进行放大后,利用变压器倒相输送到末级功率(放大)管,功率管有时用多管并联推挽输出,经输出变压器输至换能器。

2. 超声波振动系统

超声波振动系统的作用是把超声频电振荡转变为机械振动,使工具端面获得高频率及一定振幅的振动。它是超声波加工机床中最重要的部分,由换能器、振幅扩大棒及工具组成。

(1) 超声波换能器。超声波换能器的作用是把高频电能转变为机械能,目前实现这种能量转换常采用压电效应和磁致伸缩效应两种方式。

① 压电效应超声波换能器。石英晶体、钛酸钡($BaTiO_3$)以及锆钛酸铅($ZrPbTiO_3$)等物质在受到机械压缩或拉伸变形时,在它们两对面的界面上将产生一定的电荷,形成一定的电势;反之,在它们的两界面上加一定的电压,则将产生一定的机械变形,这一现象称为“压电效应”。如果两面加上 16000Hz 以上的交变电压,则该物质产生高频的伸缩变形,

使周围的介质作超声振动。为了获得最大的超声波强度,应使晶体处于共振状态,故晶体片厚度应为声波半波长或整倍数。

石英晶体的伸缩量太小,3000V 电压才能产生0.01μm以下的变形。钛酸钡的压电效应比石英晶体大20～30 倍,但效率和机械强度不如石英晶体,锆钛酸铅具有二者的优点,一般可用作超声波清洗。中、小功率(250W 以下)的超声波加工的换能器,常制成圆形薄片,两面镀银,先加高压直流电进行极化,一面为正极,另一面为负极。使用时,常将两片叠在一起,正极在中间,负极在两侧经上下端块用螺钉夹紧(图 4 - 50),装夹在机床主轴头的变幅杆(振幅扩大棒)的上端。正极必须与机床主轴绝缘。为了导电引线方便,常用一镍片夹在两压电陶瓷片正极之间作为接线端片。压电陶瓷片的自振频率与其厚薄、上下端块质量及夹紧力等成反比。

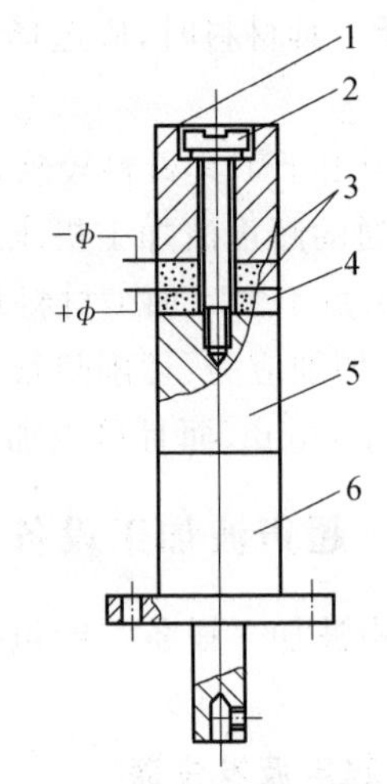

图 4 - 50　压电陶瓷换能器

1—上端块;2—压紧螺钉;3—导电镍片;4—压电陶瓷;5—下端块;6—变幅杆。

② 磁致伸缩效应超声波换能器。铁、钴、镍及其合金的长度能随其所处磁场强度的变化而伸缩的现象称为磁致伸缩效应(图 4 - 51),其中镍在磁场中最大缩短量为其长度的 0.004%。铁和钴则在磁场中伸长,当磁场消失后这些材料又恢复原有尺寸。杆件的长度在交变磁场中将交变伸缩,其端面将随之作交变振动。

为减少高频涡流损耗,常用纯镍片叠成封闭磁路做成超声波加工装置的换能器。如图 4 - 52 所示,在两芯柱上同向绕以线圈,通入超声频电流可使之伸缩,这种换能器比压电式换能器有较高的机械强度和较大的输出功率,常用于中等功率和大功率的超声波加工。其缺点是镍片的涡流发热损失较大,能量转换效率较低,故加工过程中需用风或水冷却,否则随着温度升高,磁致伸缩效应变小甚至消失,还有可能烧坏线圈的绝缘材料。

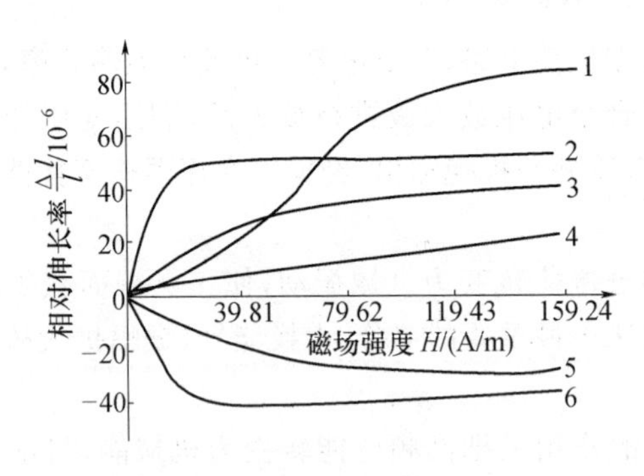

图 4 - 51　几种材料的磁致伸缩曲线

1—75%镍+25%铁;2—49%钴+2%钒+49%镍;3—6%镍+94%铁;4—29%镍+71%铁;5—退火钴;6—镍。

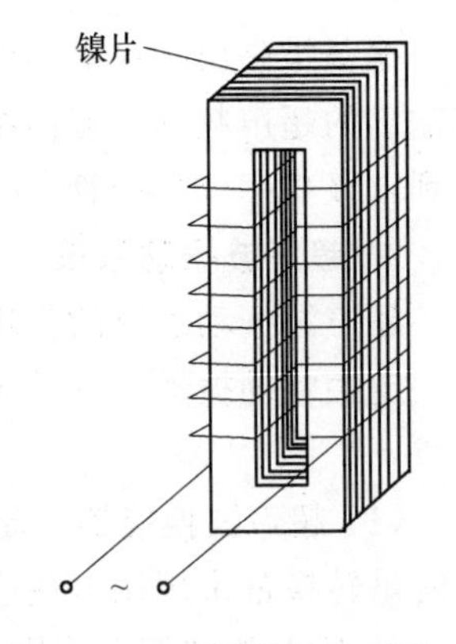

图 4 - 52　磁致伸缩换能器

镍片的长度也应等于超声波半波长或其整倍数,使其处于共振状态。

(2) 变幅杆(振幅扩大棒)。压电或磁致伸缩的变形量是很小的(即使在共振条件下,其振幅也超不过 0.005～0.01mm)，不足以直接用来加工，超声波加工需 0.01～0.1mm 的振幅，因此必须通过一个上粗下细的棒杆将振幅加以扩大，此杆称为变幅杆(振幅扩大棒)，如图 4-53 所示。

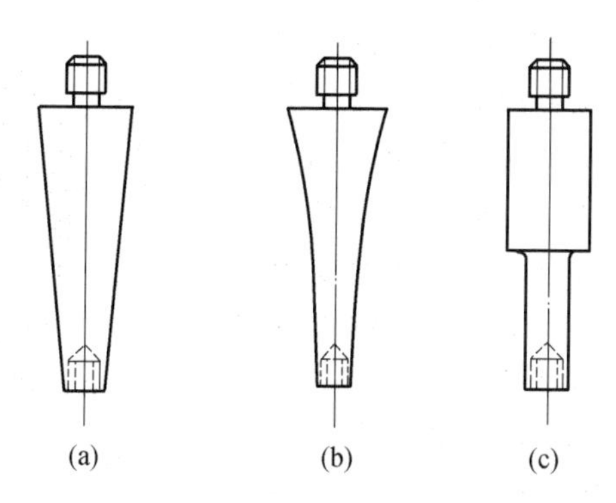

图 4-53 变幅杆

(a) 锥形；(b) 指数形；(c) 阶梯形。

变幅杆能扩大振幅，是因为通过它每个截面的振动能量是不变的(略去传播损耗)，截面小的地方能量密度大，振幅也大。

为了获得较大的振幅，应使变幅杆的固有振动频率和外激振动频率相等，处于共振状态。为此，在设计、制造变幅杆时，应使其长度 l 等于超声振动的半波长或整倍数。

锥形的变幅杆(图 5-53(a))"振幅放大比"较小(5～10 倍)，但易于制造；指数形的变幅杆(图 5-53(b))放大比中等(10～20 倍)，使用中性能稳定，但不易制造；阶梯形的变幅杆(图 5-53(c))放大比较大(20 倍以上)，也容易制造，但当它受到负载阻力时振幅易减小，性能不稳定，而且在粗细过渡的地方容易产生应力集中而导致疲劳断裂，为此须加过渡圆弧。实际生产中，加工小孔、深孔常用指数形变幅杆；阶梯形变幅杆因设计、制造容易，也常被采用。

必须注意，超声波加工时并不是整个变幅杆和工具都是在作上下高频振动，它和低频或工频振动的概念完全不一样。超声波在金属棒杆内主要以纵波形式传播，引起杆内各点沿波的前进方向一般按正弦规律在原地作往复振动，并以声速传导到工具端面，使工具端面作超声振动。

(3) 工具。超声波的机械振动经变幅杆放大后传给工具，工具端面推动磨粒和工作液以一定的能量撞击工件。

工具的形状和尺寸由被加工表面的形状和尺寸决定，它们相差一个"加工间隙"(稍大于平均的磨粒直径)。工具和振幅扩大棒可做成一个整体，亦可将工具用焊接或螺纹连接等方法固定在振幅扩大棒下端。当工具不大时，可以忽略工具对振动的影响，但当工具较重时，会减小共振频率，故工具较长时，应对扩大棒进行修正，使其满足半个波长的共振条件。

超声波振动系统所有的连接部分应接触紧密，否则超声波传递过程中将损失很大能量。为此在螺纹连接处应涂以凡士林油，避免空气间隙的存在，因为超声波通过空气时会很快衰减。换能器、扩大棒或整个声学头应选择在振幅为零的"波节点"(或称"驻波点")，夹固支承在机床本体上。

3. 机床本体

普通超声波加工机床的结构比较简单，包括支撑超声波振动系统的机架、安装工件的工作台、使工具以一定压力作用在工件上的进给机构以及机身等部分，图 4－54 所示是国产 CSJ-2 型超声波加工机床简图。超声波振动系统安装在能上下移动的导轨上。导轨由上下两组滚动导轮定位，使导轨能灵活精密地上下移动。工具的向下进给以及对工件施加压力靠超声波振动系统的自重。为了能调节压力大小，在机床后部可加平衡重锤 2，亦可采用弹簧进行平衡。

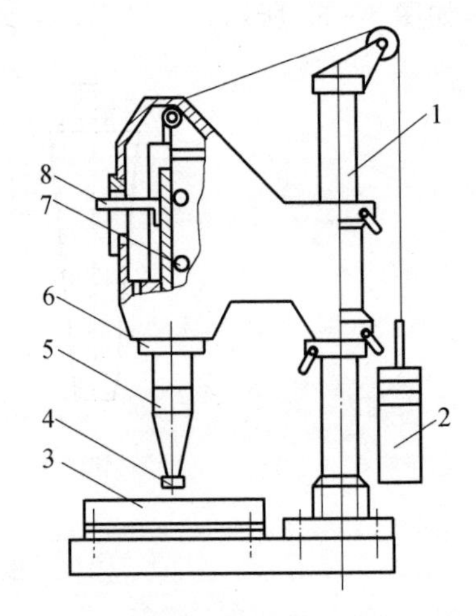

图 4－54　CSJ－2 型超声波加工机床简图

1—支架；2—平衡重锤；3—工作台；4—工具；5—振幅扩大棒；6—换能器；7—导轨；8—标尺。

简单的超声波加工装置，磨料要靠人工输送和更换，即在加工前将悬浮磨料的工作液浇注堆积在加工区域，加工过程中需要定时反向抬起工具以补充和更新磨料。较复杂的超声波加工机床则利用小型离心泵将磨料悬浮液搅拌后注入加工间隙。对于较深的加工表面，需要经常将工具定时抬起以便磨料的更换和补充。

超声加工中常用的磨料有氧化铝、碳化硼、碳化硅、金刚砂。

磨料悬浮在液体中，液体应具有以下功能：在工件和振动工具间起着传声器的作用；有助于工件和工具间能量的有效传递；起冷却剂的作用；提供一种把磨料带到切削区的介质；有助于清除钝化的磨料和切屑。磨料悬浮液应具有如下特性：密度要大致等于磨料的密度；有好的润湿性浸湿工具、工件和磨料；有高的热导率和比热容来有效地带走切削区的热量；黏度低，以便于磨料沿着工具和工件之间孔隙边下落；无腐蚀性，以避免腐蚀工件和工具。

磨料悬浮液中的液体最常用的是水，为了提高表面质量，也可用煤油或机油。

4.7.3　超声波加工速度、加工精度、表面质量及其影响因素

1. 加工速度及其影响因素

加工速度是指单位时间内去除的材料量，单位为 g/min 或 mm^3/min。影响加工速度的主要因素有工具振动频率、振幅、工具作用在工件上的静压力、磨料种类和粒度、磨料悬浮液浓度、供给及循环方式、工具与工件材料、加工面积和加工深度等。

1）工具的振幅和频率的影响

超声波振动能量的强弱，用能量密度衡量。能量密度是指通过垂直于波的传播方向的单位面积上的能量，单位为 W/cm^2。由于超声波频率很高，故其能量密度很高，可达 $100W/cm^2$ 以上。采用大的振幅和高的频率可以获得大的加工能量，一般认为加工速度会增加。但过大的振幅和过高的频率会使工具和变幅杆承受很大的内应力，甚至超过其疲劳强度而降低使用寿命，而且在连接处的损耗也增大，因此，一般使振幅为 0.01～0.1mm，频率为 16000～25000Hz。

2）进给压力的影响

在加工时，应使工具对工件保持一个合适的进给压力。压力过小，则工具末端与工件加工表面之间的间隙增大，减小了磨料对工件的撞击力和打击深度；压力过大，会使工具与工件加工表面之间间隙减小，磨料和工作液不能顺利循环更新，二者都会导致生产率下降。

在通常情况下，当加工面积小时，可使单位面积最佳静压力较大，反之则较小。例如，采用圆形实心工具在玻璃上加工孔时，加工面积为 5～15mm^2 时，最佳静压力约为 4000kPa；当加工面积在 20mm^2 以上时，最佳静压力为 2000～3000kPa。

3）磨料种类和粒度的影响

磨料硬度越高，加工速度越快。通常加工金刚石和宝石等高硬材料时，必须用金刚石磨料；加工硬质合金、淬火钢等材料时，宜采用硬度较高的碳化硼磨料；加工硬度不太高的脆硬材料时，可采用碳化硅做磨料；加工玻璃、石英、半导体等材料时，可以用氧化铝做磨料。

磨料粒度越粗，加工速度越快，精度和表面粗糙度则越差。

4）磨料悬浮液浓度的影响

磨料悬浮液中磨料浓度低，加工间隙内磨粒少，特别在加工面积和深度较大时可能造成加工区局部无磨料的现象，使加工速度大大下降。随着悬浮液中磨料浓度的增加，加工速度也增加。但浓度太高时，磨料在加工区域的循环运动和对工件的撞击运动受到影响，又会导致加工速度降低。通常采用的浓度为磨料对水的质量比为 0.5～1。

5）工件材料的影响

材料越脆，则承受冲击载荷的能力越低，越容易加工；反之韧性较好的材料则不易加工。若以玻璃的可加工性为 100%，则锗、硅半导体单晶为 200%～250%，石英为 50%，硬质合金为 2%，淬火钢为 1%，未淬火钢小于 1%。

2. 加工精度及其影响因素

超声波加工的精度，除受机床、夹具精度影响之外，主要与磨料粒度、工具精度及其磨损程度、工具在横向振动的大小、加工深度、被加工材料性质等因素有关。加工孔的尺寸精度一般为±(0.02～0.05)mm。

一般超声加工的孔径范围为 0.1～90mm，深径比可达 10～20。当工具尺寸一定时，加工出的孔径比工具尺寸有所扩大，扩大量约为磨料磨粒直径的 2 倍，即孔的最小直径 D_{min} 约等于工具直径 D_1 加磨料平均直径 d 的 2 倍，即 $D_{min}=D_1+2d$。

超声波加工孔的精度，采用 240#～280# 磨粒时，一般可达±0.05mm，采用 W28～W7 时，可达±0.02mm 或更高。

另外，加工圆孔还可能出现椭圆和锥度。出现椭圆，与工具横向振动和工具沿圆周磨损不均匀有关。出现锥度与工具磨损有关。如果采用工具或工件旋转的方法，可以提高孔的圆度和生产率。

3. 表面质量及其影响因素

超声波加工具有较好的表面质量，不会产生表面烧伤和表面变质层。超声波加工的表面粗糙度值也较小，一般可达 $Ra=1～0.1\mu m$。超声波加工的表面粗糙度取决于每颗磨粒每次撞击工件表面后留下的凹痕大小，它与磨粒的直径、被加工材料的性质、超声波振动的振幅以及磨料悬浮工作液的成分等有关。

当磨粒尺寸较小、工件材料较硬、超声波振幅较小时，加工表面粗糙度 Ra 值较小，但生产率也随之降低。

磨料悬浮工作液体的性质对表面粗糙度的影响比较复杂。实践表明，用煤油或润滑油代替水可使表面粗糙度有所改善。

4.7.4 超声波加工应用

超声波加工的生产率虽然比电火花、电解加工等低，但其加工精度和表面粗糙度都比它们好，而且能加工半导体、非导体的脆硬材料（如玻璃、石英、宝石、锗、硅甚至金刚石等）。即使是经电火花加工后的一些淬火钢、硬质合金冲模、拉丝模、塑料模具，最后还常用超声抛磨进行光整加工。

1. 型孔、型腔加工

超声波加工目前在工业部门中主要用于对脆硬材料加工圆孔、型孔、型腔、套料和微细孔等，如图 4-55 所示。

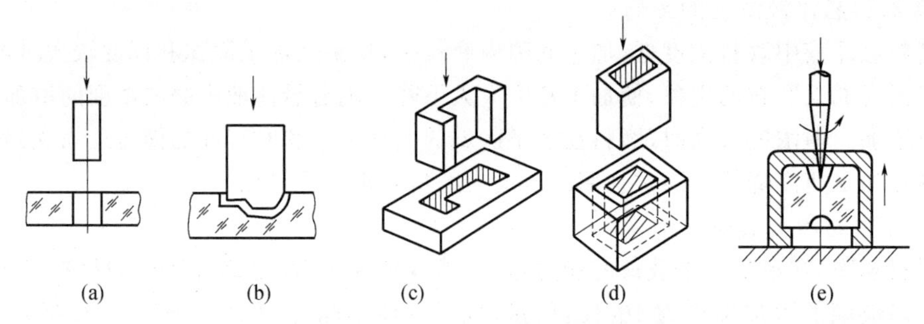

图 4-55 超声波加工的型孔、型腔类型
(a)圆孔；(b)型腔；(c)异形孔；(d)套料加工；(e)微细孔。

2. 切割加工

用普通机械加工切割脆硬的半导体材料很困难，采用超声波切割则较为有效。图 4-56所示为用超声波加工切割单晶硅片示意图。用锡焊或铜焊将工具（薄钢片或磷青铜片）焊接在变幅杆的端部。加工时喷注磨料悬浮液，一次可以割 10～20 片。

图 4-57 所示为成批切块刀具，它采用了一种多刃刀具，即包括一组厚度为0.127mm 的软钢刃刀片，间隔 1.14mm，铆合在一起，然后焊接在变幅杆上。刀片伸出的高度应足够在磨钝后作几次重磨。最外边的刀片应比其他刀片高出 0.5mm，切割时插入坯料的导向槽中，起定位作用。

加工时喷注磨料悬浮液，将坯料片先切割成 1mm 宽的长条，然后将刀具转过 90°，使导向片插入另一导槽中，进行第二次切割以完成模块的切割加工。

3. 复合加工

利用超声波加工硬质合金、耐热合金等金属材料时，存在加工速度低，工具损耗大等问题。为了提高加工速度，降低工具损耗，可以把超声波加工与其他加工方法结合起来，这就是所谓的复合加工。例如采用超声波与电化学或电火花加工结合加工喷油嘴、喷丝板上的小孔或窄缝，能极大地提高加工速度和加工质量。图 4-58 所示为超声波电解复合加工小孔和深孔的示意图。工件 5 接直流电源 6 的正极，工具 3（钢丝、钨丝或铜丝）接

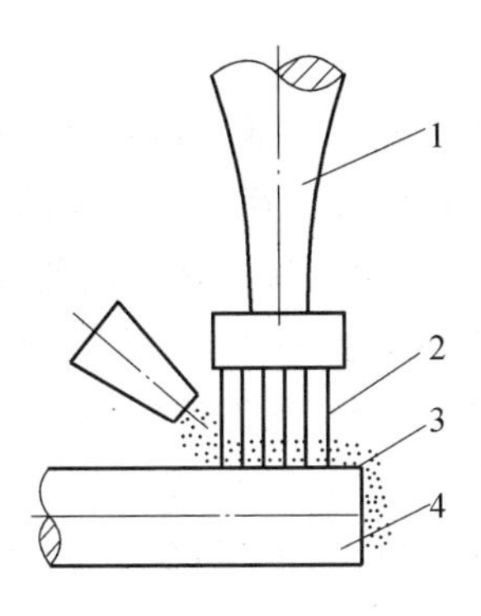

图 4-56 超声波切割单晶硅片图

1—变幅杆；2—工具(薄钢片)；

3—磨料液；4—工件(单晶硅)。

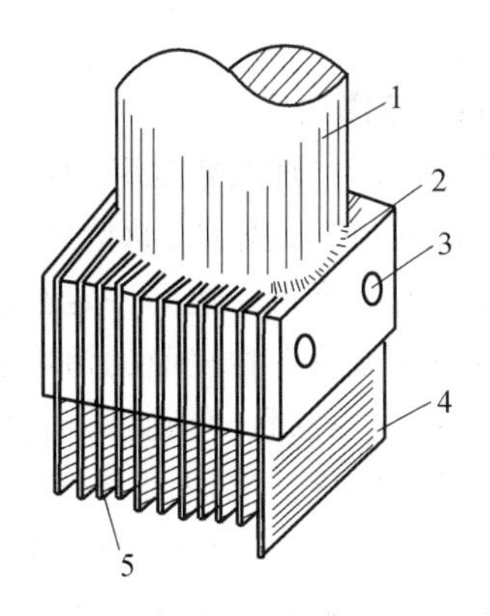

图 4-57 成批切槽(块)刀具

1—变幅杆；2—焊缝；3—铆钉；

4—导向片；5—软钢刀片。

负极，在工件与工具间加 6～18V 的直流电压，采用 20%浓度的硝酸钠等钝化性电解液混加磨料作为电解液。工件被加工表面在电解液中产生阳极溶解，电解产物阳极钝化膜被超声频振动的工具和磨料破坏，由于超声波振动引起的空化作用加速了钝化膜的破坏和磨料电解液的循环更新，从而使加工速度和质量大大提高。

在光整加工中，利用导电油石或镶嵌金刚石颗粒的导电工具，对工件表面进行电解超声波复合抛光加工，更有利于改善表面粗糙度。如图 4-59 所示，用一套超声波振动系统使工具头产生超声频振动，并在变幅杆上接直流电源阴极，在被加工工件上接直流电源阳极。电解液由外部导管导入工作区，也可以由变幅杆内的导管流入工作区。于是在工具和工件之间产生电解反应，工件表面发生电化学阳极溶解，电解产物和阳极钝化膜不断地被高频振动的工具头刮除并被电解液冲走。这种方法由于有超声波的作用，使油石的自励性好，电解液在超声波作用下的空化作用，使工件表面的钝化膜去除加快，增加了金属表面活性，使金属表面凸起部分优先溶解，从而达到表面平整的效果。工件表面的 Ra 值可达 0.15～0.17μm。

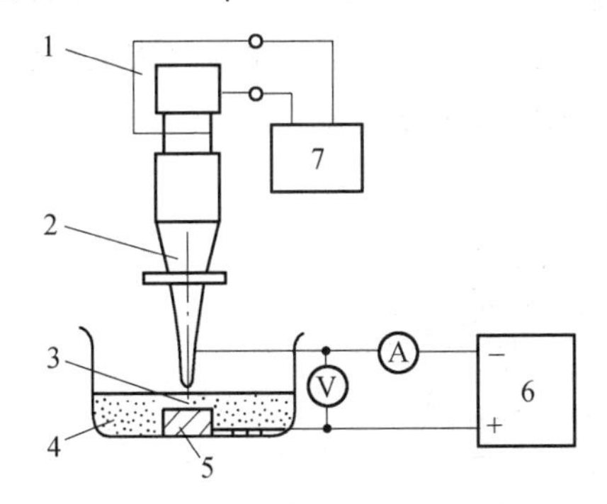

图 4-58 超声波电解复合加工小孔抛光原理图

1—换能器；2—变幅杆；3—工具；4—电解液和磨料；

5—工件；6—直流电源；7—超声波发生器。

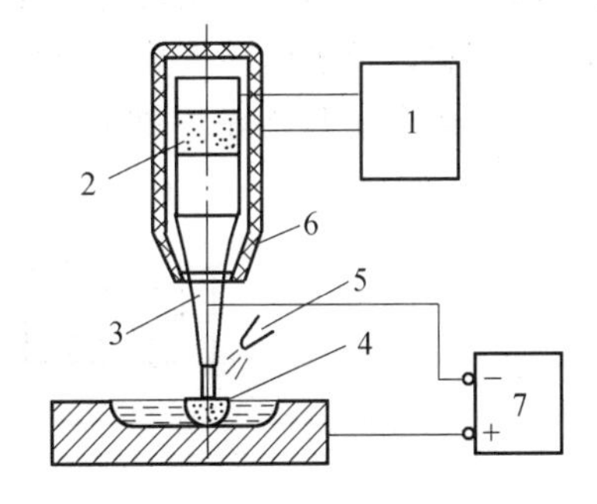

图 4-59 手携式电解超声波复合抛光原理

1—超声波发生器；2—压电陶瓷换能器；3—变幅杆；

4—导电油石；5—电解液喷嘴；6—工具手柄；7—直流电源。

在切削加工中引入超声振动(如在对耐热钢、不锈钢等硬韧材料进行车削、钻孔、攻螺纹时)，可以降低切削力，改善表面粗糙度，延长刀具寿命和提高加工速度等，图 4-60 列出了其示意图。

4. 超声波清洗

超声清洗的原理主要是利用超声频振动在液体中产生的交变冲击波和空化作用。超声波在清洗液(汽油、煤油、酒精、丙酮或水等)中传播时,液体分子往复高频振动形成正负交变的冲击波。当声强达到一定数值时,液体中产生微小空化气泡并瞬时强烈闭合,造成的微冲击波使被清洗物表面的污物脱落下来。由于超声波无孔不入,即使污物在被清洗物上的窄缝、细小深孔、弯孔中,也容易被清洗干净。虽然每个微气泡的作用并不大,但每秒钟有上亿个空化气泡作用,仍可获得很好的清洗效果。所以,超声波广泛用于对喷油嘴、喷丝板、微型轴承、仪表齿轮、手表整体机芯、印制电路板、集成电路微电子器件的清洗。图 4-61 所示为超声波清洗装置示意图。

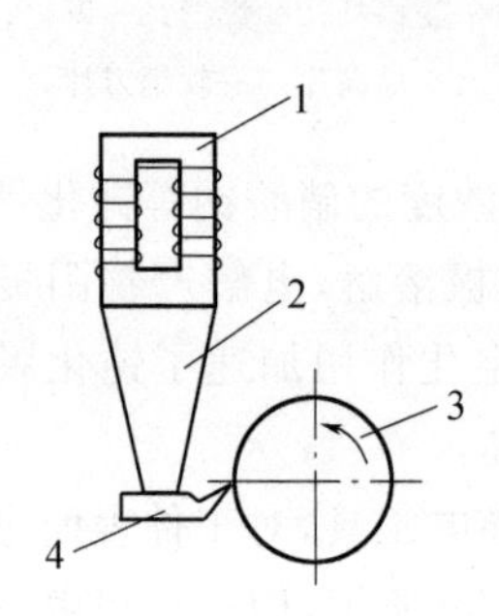

图 4-60　超声振动车削加工

1—换能器;2—变幅杆;3—工件;4—车刀。

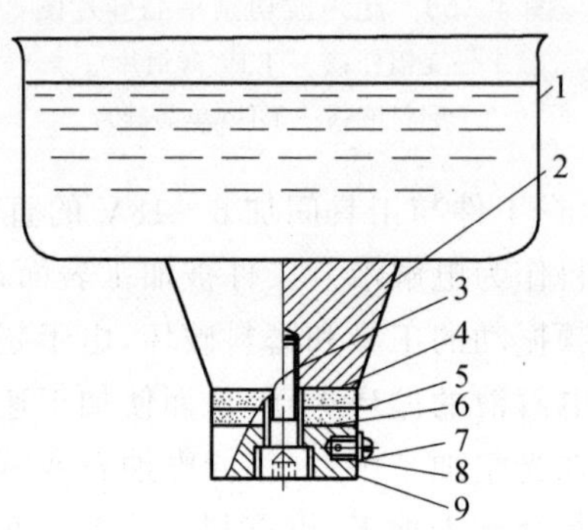

图 4-61　超声波清洗装置示意图

1—清洗槽;2 一硬铅合金;3—压紧螺钉;
4—换能器压电陶瓷;5—镍片(+);6—镍片;
7 一接线螺钉;8—垫圈;9—钢垫块。

5. 超声波焊接

超声波焊接原理是利用超声频振动作用去除工件表面的氧化膜,暴露出新的本体表面,通过两个工件表面在一定压力下相互剧烈摩擦、发热而亲和黏结在一起。它不仅可以焊接尼龙、塑料以及表面易生成氧化膜的铝制品等,还可以在陶瓷等非金属表面挂锡、挂银、涂覆熔化的金属薄层等。图 4-62 所示为超声波焊接示意图。

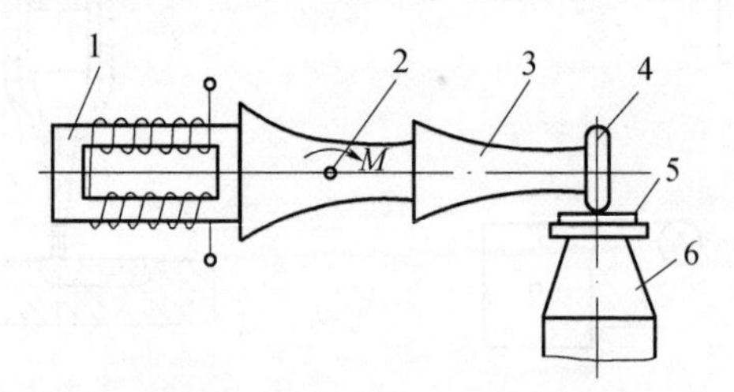

图 4-62　超声波焊接示意图

1—换能器;2—固定轴;3—变幅杆;4—焊接工具头;5—被焊工件;6—反射体。

第 5 章　微细加工技术

近 20 年来,微机械技术得到了迅速发展。微细加工技术是获得微机械的必要手段,微机械的实用化离不开微细加工技术的进步。微细加工技术起源于平面硅工艺,目前已成为一门多学科交叉的制造系统工程,其技术手段遍及传统和非传统加工等各种方法。微细加工的加工尺度从亚毫米到亚微米量级,而加工单位从微米到原子或分子线度量级。所加工的尺寸公差及形位公差小至数十纳米,表面粗糙度则低达纳米级。微细加工技术已受到人们的高度重视,被列为 21 世纪的关键技术之一。

5.1　微机械与微细加工概述

5.1.1　微机械

微机械或微机电系统(Micro Electro Mechanical System,MEMS)是指具有很小外形轮廓尺度的微型机械电子系统,它可对声、光、热、磁、运动等信息进行感知、识别、采集,能够处理与发送信息或指令,还能够按照所获取的信息自主地或根据外部的指令采取行动。MEMS 是在微电子工艺的基础上发展起来的,涉及电子、机械、材料、物理、化学以及生物医学等学科与技术。

随着微/纳米科学与技术的发展,以形状尺寸微小或操作尺度极小为特征的微机械也已成为人们在微观领域认识和改造客观世界的一种高新技术。MEMS 器件可以完成常规机电系统由于尺度限制所不能完成的任务,也可以嵌入大尺寸系统中,提高系统自动化、智能化和可靠性。MEMS 对航空、航天、兵器、水下、汽车、信息、环境、生物工程、医疗等领域的发展正在产生重大影响,将使许多工业产品发生质的变化和飞跃。

对微型机械的尺寸,尚没有统一的标准。一般认为,在微小尺寸范围内,微机械依其特征尺寸可以划分为:小型机械(1～10mm),微型机械(1μm～1mm)以及纳米机械(1nm～1μm)。从广义上讲,微机械包括微小型机械和纳米机械,指可以批量制作的,集微型机构、微型传感器、微型执行器以及信号处理和控制电路,直至接口、通信和电源等于一体的微型机电系统。人们普遍接受的微机械概念,除了包含 MEMS 之外,还应包括微缩后的传统机械,如微型机床、微型汽车、微型飞行器、微型机器人等。

概括起来,微机械具有以下几个基本特征。

(1) 体积小、质量轻、结构坚固、精度高。其体积可小至亚微米以下,质量可轻至纳克,尺寸精度可高达纳米级。已经制出了直径细如发丝的齿轮、能开动的 3mm 大小的汽车和花生米大小的飞机。

(2) 能耗小、响应快、灵敏度高。完成相同的工作,微机械所消耗的能量仅为传统机械的十几分之一或几十分之一,而运作速度却可达其 10 倍以上。如微型泵的体积可以做到 5mm×5mm×0.7mm，远小于小型泵，但其流速却可达到小型泵的 1000 倍，由于机电一体的微机械不存在信号延迟等问题，因此更适合高速工作。

(3) 性能稳定、可靠、一致性好。由于微机械器件的体积极小，几乎不受热膨胀、噪声及挠曲变形等因素的影响，因此具有较高的抗干扰能力，可在较恶劣的工作环境下稳定工作。

(4) 多功能化和智能化，既能感知环境又能控制环境。许多微机械集传感器、执行器和电子控制电路等为一体，特别是应用智能材料和智能结构后，更利于实现微机械的多功能和智能化。

(5) 适于大批量生产，制造成本低廉。微机械能够采用与半导体制造工艺类似的生产方法，像超大规模集成电路芯片一样，一次制成大量完全相同的零部件，因而可大幅度降低制造成本。

微机械的主要产品可分为以下 4 个方面。

(1) 微构件。如微薄膜、微轴、微孔、微梁、微探针、微连杆、微齿轮、微轴承、微弹簧等。微构件是微系统的基础机械部件。

(2) 微传感器。如压力传感器、加速度计、位移传感器、流量计、温度传感器、微触觉传感器、微型生物传感器、微型图像传感器、微陀螺仪等。微传感器具有共同的特点：一般均为平面结构，大多采用硅材料，特别适合于硅平面工艺批量制作。

(3) 微执行器(或称为微致动器)。如微电机、微阀、微泵、微开关、微扬声器、微谐振器等。微执行器是复杂微系统的关键，制造难度较大。

(4) 专用微机械器件及系统。应用较多的是医疗及外科手术设备，如人造器官、体内施药及取样微型泵、微型手术机器人等。航空航天领域中的微型惯性导航系统、微型卫星、微型飞机等，以及微光学系统、微流量测量控制系统、微气相色谱仪、生物芯片、仿生 MEMS 器件等。

5.1.2 微细加工技术

微细加工(Microfabrication)是 MEMS 及微小型零件制造的基础技术，是产品微型化的支撑技术。只有采用微细加工技术，才能使 MEMS 器件和微系统从设计构想转化为现实产品。

微细加工技术是指能够制造微小尺寸零件的加工技术的总称。微细加工起源于半导体制造工艺，原来指加工尺度约在微米级范围的加工方式。在微机械研究领域中，它是微米级、亚微米级乃至纳米级微细加工的通称，即微米级微细加工(Microfabrication)、亚微米级微细加工(Submicrofabrication)和纳米级微细加工(Nanofabrication)等。

广义地讲，微细加工技术包含了各种传统精密加工方法以及与其原理截然不同的新方法，几乎涉及各种现代加工方式，如微细切削加工、磨料加工、微细电火花加工、电解加工、化学加工、超声波加工、微波加工、等离子体加工、外延生长、激光加工、电子束加工、离子束加工、光刻加工、电铸加工等。微机械制造过程又往往是多种现代加工方式的组合。

狭义地讲，微细加工技术目前一般是指以光刻技术为基础的微加工工艺，包括表面微加工工艺和体微加工工艺，以及 LIGA 技术。MEMS 器件目前较多地采用硅材料制造，在工艺上沿袭了半导体集成电路制造工艺的规范和步骤，更容易兼容“机”和“电”两部分。

随着 LIGA 等许多新加工工艺的开发，各种结构更为复杂、功能更加完善的 MEMS 器件不断出现。现今的微器件和微系统的制造任务不可能仅由某一项技术就可以独立完成，而需要由许多方法和技术共同承担。微细加工是由多项技术构成的一个技术群体，主要包括以下几个方面。

(1) 由 IC 工艺技术发展起来的硅微细加工技术。

(2) 在特种加工和常规切削加工基础上发展形成的微细制造技术（微细电铸成形、微注塑、微细电火花加工、准分子激光加工、微细铣削加工、微成形技术等）。

(3) 由(1)、(2)两种技术集成的新方法，如 LIGA、LIGA-LIKE（又称准 LIGA，用准分子激光替代同步辐射 X 射线光刻再与 LIGA 工艺中的电铸、注塑工艺集成制作微器件）等。

这些方法各具所长，构成了微细加工技术群，承担着丰富多样的微细加工任务。就微型飞行器制作而言，在传感、控制等单元部件上较多地采用微硅技术、LIGA 技术；而在推进、动力、执行等单元系统方面，涉及到微型齿轮、传动轴、臂、舵、桨、减速器、平面线圈等，制造则更多地依靠其他微细加工手段。

另外，在某些 MEMS 中，为了提高性能或者得到特定性能，必须采用金属微部件代替部分硅结构来实现高反射率、高质量密度、低电阻率、特定的强度要求以及特殊的形状结构，这些情况可能需要多种微细加工技术的组合和集成。

微细加工的加工尺度从亚毫米到亚微米量级，而加工单位从微米到原子或分子线度量级（Å，1nm＝10Å）。因而，微细加工与常规尺寸加工的机理是截然不同的，其主要区别体现在以下几个方面。

(1) 加工精度的表示方法不同。在一般尺度加工中，加工精度常用相对精度（加工误差与加工尺寸的比值）表示；而在微细加工中，其加工精度则用绝对精度表示。

现行的公差标准中，公差单位是计算标准公差的基本单位，它是基本尺寸的函数，基本尺寸越大，公差单位也越大。属于同一公差等级的公差，对不同的基本尺寸，其数值就不同，但认为具有同等的精确程度。在微细加工时，由于加工尺寸的微小化，精度就必须用尺寸的绝对值来表示，即用去除（或添加）的一块材料（如切屑）的大小来表示，从而引入加工单位的概念，即一次能够去除（或添加）的一块材料的大小。当微细加工（包括电子束、离子束、激光束等多种非机械切削加工）0.1mm 尺寸零件时，必须采用微米（μm）加工单位进行加工；当微细加工微米尺寸零件时，必须采用亚微米加工单位来进行加工；现今的超微细加工已采用纳米（nm）加工单位。

(2) 加工机理存在很大的差异。微细加工中加工单位急剧减小，此时必须考虑晶粒在加工中的作用。假定把软钢材料毛坯切削成一根直径为 0.1mm、精度为 0.01mm 的轴类零件，实际加工中，对于给定的要求，车刀至多只允许产生 0.01mm 的吃刀深度；而且在对上述零件进行最后精车时，吃刀深度要更小。由于软钢是由很多晶粒组成的，晶粒的大小一般为十几微米，这样，直径为 0.1mm 就意味着在整个直径上所排列的晶粒只有 20 个左右。如果吃刀深度小于晶粒直径，那么，切削就不得不在晶粒内进行，这时就要把晶粒作为一个个的不连续体来进行切削。相比之下，如果是加工较大尺度的零件，由于吃刀深度可以大于晶粒线度，切削不必在晶粒中进行，就可以把被加工体看成是连续体。这就导致了加工尺度在亚毫米、加工单位在数微米的加工方法与常规加工方法的微观机理的不同。

(3) 加工特征明显不同。一般加工以尺寸、形状、位置精度为特征；微细加工则由于其加工对象的微小型化，目前多以分离或结合原子、分子为特征。例如，利用离子束溅射腐蚀的微细加工方法，可以把材料一个原子层一个原子层(或分子层)地剥离下来，实现去除加工。这里，加工单位是原子或分子线度量级，也可以进行纳米尺度的加工。扫描隧道显微镜和原子力显微镜的出现，为实现以单个原子作为加工单位创造了条件。

(4) 当构件缩小到一定尺寸范围时将出现尺度效应。尺度效应的影响反映在许多方面，例如，构件尺寸减小，材料内部缺陷减少，因而材料的机械强度显著增加；微构件的抗拉强度、断裂强度、疲劳强度以及残余应力等均与大构件不同，而且有些表征材料性能的物理量(如弹性模量、泊松比、疲劳极限、强度，以及内部应力和内部缺陷等)需要重新定义。

由于微细加工方法的种类繁多、原理迥异，很多基本加工方法都可以从常规向微细延伸。从总的加工机理来看，微细加工可分为分离、结合、变形 3 大类。

分离加工机理是从工件上去除一块材料，可以用分解、蒸发、扩散、切削等手段去分离。

结合加工又可称为附着加工，其机理是在工件表面上附加一层别的材料。如果这层材料与工件基体材料不发生物理化学作用，只是覆盖在上面，就称为附着，也可称为弱结合，典型的加工方法是电镀、蒸镀等。如果这层材料与工件基体材料发生化学作用，生成新的物质层，则称之为结合，也可称之为强结合，典型的加工方法有氧化、渗碳等。

变形加工又可称为流动加工，其机理是通过材料流动使工件产生变形，其特点是不产生切屑，典型的加工方法是压延、拉拔、挤压等。

5.2 硅微细加工技术

单晶硅是 MEMS 和微系统采用最广泛的材料。纯净的单晶硅外观为浅灰色。硅有许多特点：良好的传感性能，如光电效应、压阻效应、霍耳效应等；单晶硅具有许多与金属相近，甚至更为优良的特性，如它的杨氏模量、硬度和抗拉强度与不锈钢非常相近，但其质量密度与铝相仿；非常脆，会像玻璃一样断裂破碎，不能像金属一样产生塑性变形；热膨胀系数小，熔点较高，在高温情况下可保持尺寸的稳定；硅材料是各向异性的。

在自然界中，硅主要以石英砂的形式存在。将硅原材料加热熔化，在熔融硅中掺入一小粒硅晶体晶种，然后将其缓慢拉出，便形成单晶硅棒，将硅晶棒切割成薄片进行化学机械抛光(CMP)，即制成硅晶片。

硅微细加工(Silicon Micromachining)主要是指以硅材料为基础制作各种微机械零部件的加工技术。它总体上可分为体加工和面加工两大类。体加工主要指各种硅刻蚀(腐蚀)技术，而面加工则指各种薄膜制备技术。

从加工对象上看，硅微细加工不但加工尺度极小，而且被加工对象的整体尺寸也很小。由于硅微机械的微小性和脆弱性，仅仅依靠控制和重复采用宏观的加工运动轨迹达到加工目的，已经很不现实。必须针对不同对象和加工要求，具体考虑不同的加工方法和手段。

5.2.1 硅的体微加工

硅的体微加工(Bulk Micromachining)技术是指利用刻蚀(Etching)等工艺对块状硅进行准三维结构的微加工,即去除部分基体或衬底材料,以形成所需要的硅微结构。主要包括刻蚀和停止刻蚀两项关键技术。

体微加工在微机械制造中应用最早,可以在硅基体上得到一些坑、凸台、带平面的孔洞等微结构,成为建造悬臂梁、膜片、沟槽和其他结构单元的基础,利用这些结构单元可以研制出压力或加速度传感器等微型装置。

刻蚀法分为湿法刻蚀和干法刻蚀两类。

1. 湿法刻蚀

湿法刻蚀是通过化学刻蚀液和被刻蚀物质之间的化学反应将被刻蚀物质剥离下来的刻蚀方法。湿法刻蚀不仅可用于硅材料刻蚀,还可用于金属、玻璃等很多材料,是应用非常广泛的微细结构图形制备技术。

湿法刻蚀成本比较低,不需要太昂贵的装置和设备。刻蚀的速率取决于基底上被腐蚀的材料和溶液中化学反应物的浓度以及溶液的温度。湿法刻蚀因基底材料不同可以分为各向同性刻蚀和各向异性刻蚀。

1) 各向同性刻蚀

大多数湿法刻蚀是不易控制的各向同性刻蚀。被腐蚀的基底材料是均匀且各向同性的,在刻蚀图形时容易产生塌边现象,即在纵向刻蚀的同时,也出现侧向钻蚀,以至使刻蚀图形的最小线宽受到限制。图形的分辨率受到限制,难以获得高深宽比的沟槽或筋板结构。

通常用刻蚀系数 E_f 反映刻蚀向纵向深入和向侧向钻蚀的情况(图 5-1),即

$$E_f = 2D/(W_2 - W_1) = D/R \tag{5-1}$$

侧向钻蚀越小,刻蚀系数越大,刻蚀部分的侧面就越陡,刻蚀图形的分辨率也就越高。

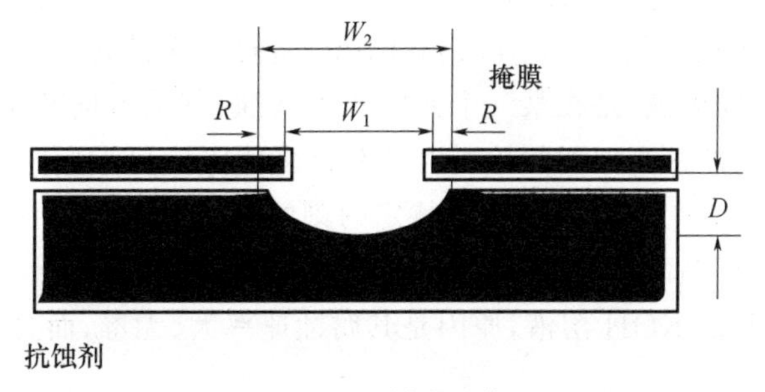

图 5-1 刻蚀系数

由于反应中的扩散限制,刻蚀会在狭窄的通道内慢下来,在这种情况下,搅动刻蚀剂能够控制刻蚀速率和刻蚀结构的最终形状。搅拌的作用是为了加速反应物和产物的转移,并保证转移在各个方向的一致性。通过适当的搅动刻蚀剂,能得到具有球形表面的坑和腔,甚至可以得到近乎完美的半球形,图 5-2(a)、(b)所示是各向同性刻蚀与各向异性刻蚀的示意图。

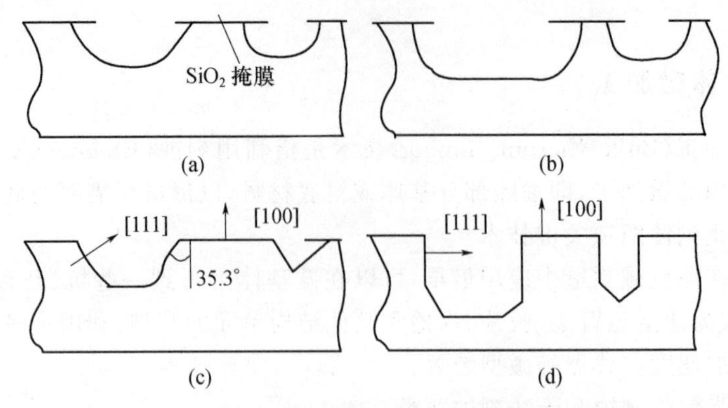

图 5-2　各向同性刻蚀与各向异性刻蚀示意图

(a)各向同性刻蚀(搅拌);(b)各向同性刻蚀(不搅拌);(c)各向异性刻蚀(搅拌);(d)各向异性刻蚀(不搅拌)。

常用的各向同性刻蚀剂是 HNA 系统,它是 HF(氢氟酸)、HNO_3(硝酸)、CH_3COOH(乙酸)和水的混合溶液。

HNA 系统在高稀释情况下(如体积比 $1HF+3HNO_3+8CH_3COOH$)可以对掺杂浓度不同的硅(电阻率不同)进行选择性腐蚀。利用这一特性,可以实现各向同性腐蚀的停蚀。试验表明,对于重掺杂硅和低掺杂硅,在 HNA 系统腐蚀 2min 后,其腐蚀深度比为 160∶1;但随着时间的推移,如 15min 后,这个比值降为 67∶1。这是因为在反应过程中亚硝酸 HNO_2增加,导致了两种硅的腐蚀程度开始接近。为了保持较好的选择性腐蚀效果,可以加入氧化剂(如双氧水 H_2O_2)或还原剂(如 NaN_3)以控制 HNO_2 的产生,这样就可以达到对低掺杂硅几乎不腐蚀的停蚀效果。

2) 各向异性刻蚀

各向异性刻蚀是指在某个方向上的刻蚀速率远大于另一方向。刻蚀速度与基底材料的结晶取向密切相关;硅材料具有立体晶体结构,是一种各向异性材料,在 3 个晶面上表现出不同的性质。3 个晶面法线方向上表现出不同的力学性能和抗腐蚀能力。在半导体工业中常用到[100]、[111]两个晶面。[100]是唯一可以在垂直界面上分解晶体的晶面,而[111]是最难腐蚀的晶面。硅在[111]和[100]晶向的腐蚀速度比为 1∶400。可以认为,硅材料的各向异性刻蚀,是在某一个方向产生腐蚀、其他方向几乎不发生腐蚀的定向刻蚀。硅各向异性刻蚀在几何形状控制上具有许多优点,可以制作出许多具有垂直侧壁的微机械零件。如图 5-2(c)、(d),对于特定的刻蚀剂,硅的[100]晶面的腐蚀速度最快,[110]晶面次之,[111]晶面的腐蚀速度最慢。

最常用的刻蚀剂是 KOH 溶液,原因是其腐蚀速率大、无毒,而且是无色透明液体,便于观察腐蚀情况。

各向异性刻蚀的停蚀方法有重掺杂停蚀、[111]面停蚀、电化学停蚀和 PN 结停蚀等。例如[111]面停蚀方法:由于常用的 KOH 系统等刻蚀剂对[100]和[111]面的腐蚀速率相差极大,因此如选用[111]面作为停蚀面,就可以在[100]面上腐蚀出[111]取向的硅膜。由于在[100]的硅片上不能直接生长[111]的硅,可利用热键合工艺将[100]与[111]硅“粘合”在一起。图 5-3 所示为[111]面停蚀方法,即在[100]面上用做掩膜形成腐蚀窗口,进行腐蚀,在[111]面停蚀,得到高精度的硅膜。

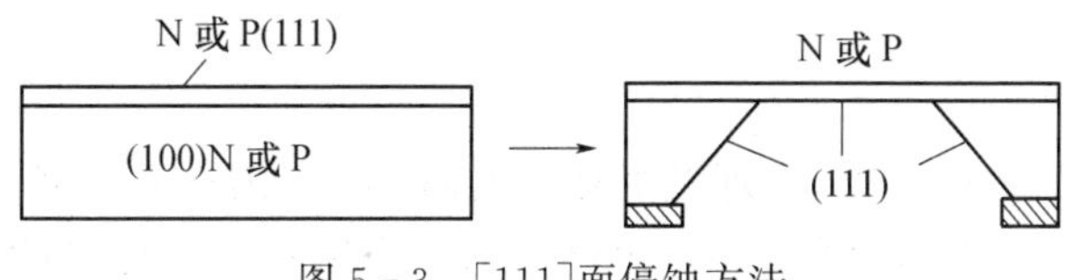

图 5-3 [111]面停蚀方法

在完成刻蚀后，要对工件进行充分水洗，以便把刻蚀液全部除去。而后立即浸入剥膜液中，抗蚀剂一接触剥膜液就会很容易地分离或溶解。然后用热风干燥。

2. 干法刻蚀

当半导体制造业进入微米、亚微米时代以后，要求刻蚀的线宽越来越细，传统的湿法化学刻蚀因其固有的横向钻蚀、无法控制线宽甚至造成断裂，难以满足要求，取而代之的是以等离子体为基础的干法刻蚀。这种方法是将被加工的硅片置于等离子体中，在带有腐蚀性、具有一定能量的离子轰击下，反应生成气态物质，去除被刻蚀膜。干法刻蚀不需要大量的有毒化学试剂，不必清洗，而且分辨率高，各向异性腐蚀能力强，可以得到较大的深宽比结构，易于自动操作。

1）干法刻蚀种类

干法刻蚀种类较多，常见的有等离子刻蚀、反应离子刻蚀、反应离子束刻蚀、增强反应离子刻蚀等。此外还有气相干法刻蚀。

(1) 等离子刻蚀。等离子刻蚀(Plasma Etching，PE)是比较早期的刻蚀方法，腐蚀气体在高频电场(标准工业频率 13.56MHz)作用下，发生电离形成辉光放电，产生等离子体，利用离子与薄膜间的化学反应，生成挥发性物质，由真空抽走，达到刻蚀的目的。这种刻蚀速率较大，但是各向异性差。适用于微米级线宽刻蚀，早期以筒式为主，后来出现平行板式，多片加工变成单片加工。

(2) 反应离子刻蚀。反应离子刻蚀(Reactive Ion Etching，RIE)是在反应式平板式反应器的基础上使阴极与阳极的面积比为(2∶1)～(3∶1)，被加工的硅片放在阳极板上，被激励的等离子体与阳极板表面形成偏压加速正离子溅射进行刻蚀。反应离子刻蚀以物理溅射为主，兼有化学腐蚀。为了获得高度的各向异性，通常利用侧壁钝化技术，即在刻蚀露出的侧壁上形成聚合物和二氧化硅保护膜，使侧壁不受刻蚀。这种刻蚀有着比较好的各向异性，但刻蚀速率要低一些。

(3) 离子束刻蚀与反应离子束刻蚀。离子束刻蚀(Ion Band Etching，IBE)是利用惰性离子的物理腐蚀法。惰性离子是在等离子体内通过气体放电产生的，离子通过离子枪由等离子体中分离出来并向基底加速运动，基底位于等离子体之外的高真空腐蚀室内，腐蚀形状呈明显的各向异性。

反应离子束刻蚀(Reactive Ion Band Etching，RIBE)是改进的离子束刻蚀，加入离子源的气体不是惰性气体，而是反应气体。这两种刻蚀方法都是通过一个栅电极从等离子体中萃取离子而形成离子束，避免了硅片与等离子体直接接触。栅电压是可以调节的，以控制离子能量；通过控制等离子体的电离程度来控制离子束密度，从而控制刻蚀速率。

(4) 增强反应离子刻蚀。增强反应离子刻蚀(M Reactive Ion Etching，MRIE)是改进型 RI 刻蚀，目的是为了增强离子能量。它在 RIE 反应室周围增加了磁场呈 90°的磁铁，使电子在磁场作用下成螺旋状行进，增加与气体分子碰撞的机会，增加等离子体密度，提高刻蚀速率。

2）干法刻蚀工艺

在干法刻蚀的工艺过程中，物理溅射作用越高，侧向刻蚀越小，各向异性越好，但是其选择性差，刻蚀速率低，对硅片损伤大；而化学刻蚀作用对刻蚀性能的影响恰恰相反。现代干法刻蚀工艺的理想特征是：①离子平行入射，以产生各向异性；②反应性的离子，以提高选择性；③高密度的离子，以提高刻蚀速率；④低的入射能量，以减轻对硅片的损伤。

在半导体实际生产中，主要被研究的刻蚀材料是二氧化硅和氮化硅。对二氧化硅所用的反应气体主要是 CHF_3、CHF_3/O_2 混合气体、CHF_3/CF_4 混合气体；对氮化硅所用的反应气体主要有 CHF_3/O_2 混合气体、CHF_3/He 混合气体、CF_4/He 混合气体。

为了对刻蚀过程中的化学过程有所了解，需要对其进行等离子体分析，主要应用质谱仪及电子探针测量等离子体中的离子、原子、原子团。对不同工艺条件下的粒子进行检测，为分析发生在等离子体中以及刻蚀表面上的反应提供依据，由此推断可能的刻蚀机理及模型。

为了能够精确地控制刻蚀过程，刻蚀终点的检测是很重要的。实际生产中，在达到刻蚀终点后，适当的过刻是必要的。具体刻蚀时间取决于被刻蚀层的均匀性、刻蚀工艺的均匀性、硅片的表面情况等。设备上常用的终点检测方法有激光干涉法和光学发射光谱法。

3. 体微加工举例

1）凹槽加工

通常被刻蚀的晶片基底是[100]方向，其上面是 SiO_2 或 Si_3H_4 掩膜层，局部暴露的硅便可成形。各向异性湿刻蚀剂作用在硅表面，[100]晶面原子层逐层被清除，[100]晶面的连续清除被[111]晶面的侧面所抑制。一旦[111]晶面一部分暴露，它便以非常低的速度进行腐蚀。由于[100]晶面与[111]晶面之间存在 54.74°的夹角，因此，在对[100]晶面的硅片腐蚀时，其侧壁不是竖直的，如图 5-4 所示。

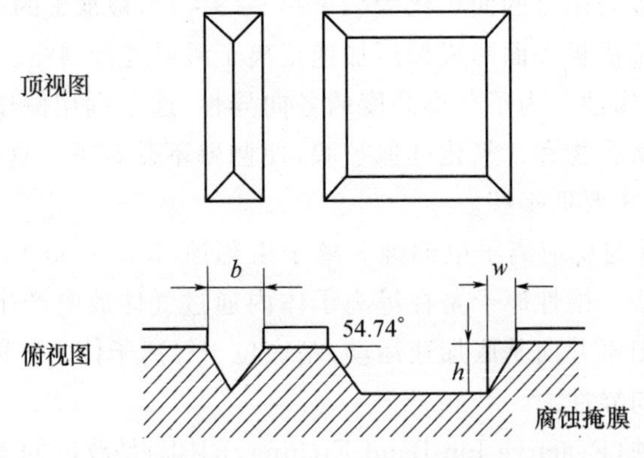

图 5-4 [100]硅片各向异性腐蚀的凹槽

在某些应用中，可以选择[110]型晶片为基底材料。由于[110]晶面与[111]晶面垂直，因此可以制作出带有竖直侧壁的蚀刻槽。

2）悬臂梁加工

悬臂梁可用于共振器、加速度计、微型红外线传感器、微型气流流量传感器、微型化学传感器和测试结构等多种设备中。

悬臂梁可以在[100]晶片和[110]晶片上产生,如图 5-5 所示。掩膜槽有两个凸起的角,在微加工过程中被腐蚀。当腐蚀底面减少,[111]晶面外围仍然很稳定时,悬臂梁逐渐被腐蚀,直到[111]晶面的后部。逐渐减少的腐蚀边缘在尖角处相交,有时这个角上薄膜的局部压力会导致微悬臂梁破碎。

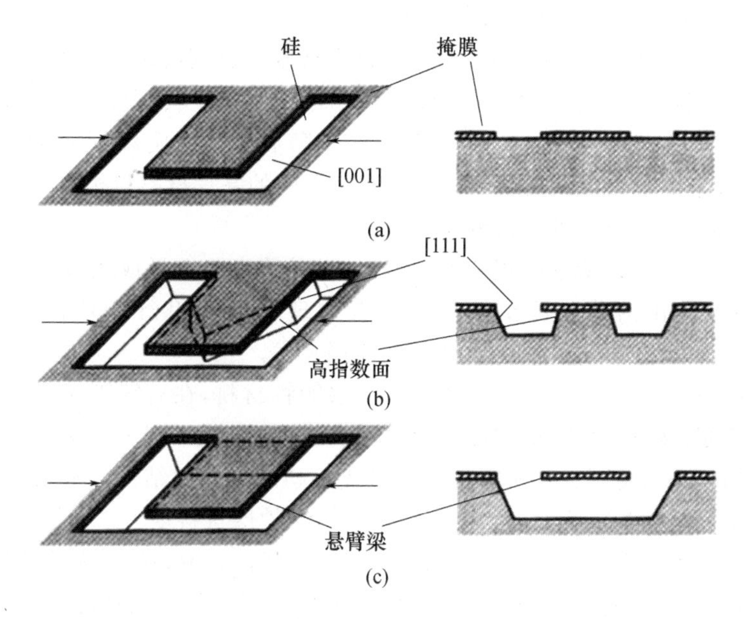

图 5-5 腐蚀凸起的拐角产生悬臂梁

3) 桥梁加工

由于要求在垂直于[111]的晶向上进行快速的底部腐蚀,因此两端固定支撑梁的结构一般只能在[110]晶面上进行腐蚀。在使用[100]衬底时,只有当两端固支的梁边与腐蚀槽的侧面不平行时,才能加工出桥梁,否则只能加工出两个互不相连的平行槽。图 5-6(a)产生的是平行的分离腐蚀槽,是失败的桥设计,图 5-6(b)产生的是桥梁。

4) 复杂结构加工

通过硅的双面腐蚀,即从硅片的正面和背面先后进行腐蚀,几乎可以制作出任意形状的结构元件。图 5-7 所示是采用 CMOS 工艺制造出的复杂结构,该结构是在温度为 95℃的 S 型(慢型)EDP 溶液中腐蚀出的复杂桥梁结构。

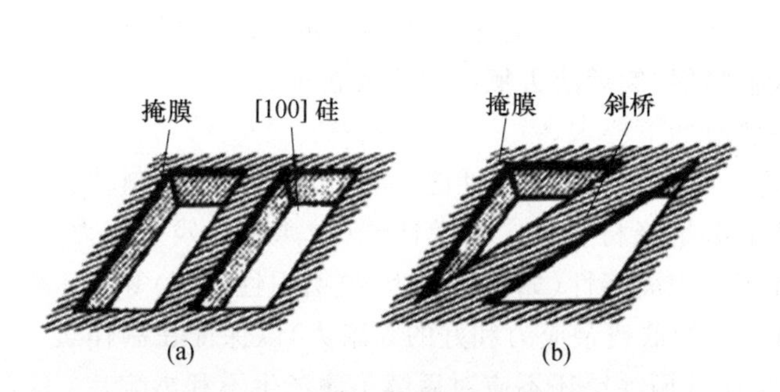

图 5-6 两端固定支撑梁的加工

图 5-7 采用 CMOS 工艺制作的硅复杂微结构

5.2.2 硅的面微加工

微机械结构常用薄膜材料层来制作。薄膜是指存在于衬底上的一层厚度为几纳米到几十纳米的薄层材料。常用的薄膜层材料有二氧化硅、氮化硅、磷硅玻璃(PSG)、硼硅玻璃(BSG)、多晶硅和一些金属薄膜(如 Al、Au、Mo、W 等)。

薄膜层的主要作用:完成所确定的功能,如传感器、执行器、化学敏感层等;提供辅助功能,如绝缘层和保护层、牺牲层等。薄膜的应用范围决定了其厚度从几纳米至几微米。对薄膜的要求多种多样,其性能要求差别很大。但薄膜的纯净质量、内部结构的同质性、与基底的黏结度等是所有薄膜的重要特性。若将不同的基片材料与相应的膜系结合起来可构成微传感器等功能复杂的微机械器件。

硅的面微加工是通过薄膜沉积和蚀刻工艺,在晶片表面上形成较薄微结构的加工技术。表面微加工使用的薄膜沉积技术主要有物理气相沉积(PVD)和化学气相沉积(CVD)等方法。典型的表面微加工方法是牺牲层技术。

所谓牺牲层技术就是在微结构层中嵌入一层牺牲材料,在后续工序中有选择地将这一层材料(牺牲层)腐蚀掉(也称为释放)而不影响结构层本身。这种工艺的目的是使结构薄膜与衬底材料分离,得到各种所需的可变形或可动的表面微结构。常用的衬底材料为单晶硅片,结构层材料为沉积的多晶硅、氮化硅等,牺牲层材料多为二氧化硅。

图 5-8 给出了牺牲层技术表面微加工的工艺步骤。其中,图(a)为基础材料,一般为单晶硅晶片;图(b)在基板上沉积一层绝缘层作为牺牲层;图(c)在牺牲层上进行光刻,刻蚀出窗口;图(d)在刻蚀出的窗口及牺牲层上沉积多晶硅或其他材料作为结构层;图(e)从侧面将牺牲层材料腐蚀掉,释放结构层,得到所需微结构。

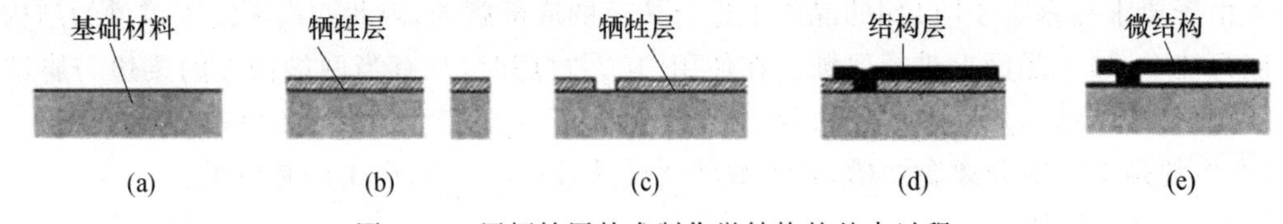

图 5-8 用牺牲层技术制作微结构的基本过程

通过在硅片表面沉积的牺牲层和结构层可以制作三维微结构。图 5-9 所示是需要两个牺牲层和两个结构层的中心销轴承的制作过程示意图。其中,图(a)沉积第一层牺牲层,并制作与凸起点相匹配的凹坑;图(b)沉积第一层结构层,并制作转子图形,此时转子的凸起点自动形成;图(c)沉积第二层牺牲层,并制作中心销轴承的指定区域;图(d)沉积第二层结构层,此时转子的中心已嵌入牺牲层,然后溶去牺牲层释放转子。

表面微加工中,对所采用的材料一般有如下要求。

(1) 结构层必须能够保证所要求的使用性能。如电学性能(如静电电机、静电制动器等需要的导电结构元件;绝缘层所需要的电绝缘材料等)、力学性能(如薄膜的残余应力、结构层的屈服应力和强度、抗疲劳特性等)、表面特性(如静摩擦力、抗磨损性能等)等。

(2) 牺牲层必须具有足够的力学性能(如低残余应力和好的黏附力)以保证在制作过程中不会引起分层或裂纹等结构破坏。而且牺牲层还不应对后续工序产生不利影响。

(3) 选择牺牲层和结构层材料后,薄膜沉积和腐蚀将起重要作用。沉积工艺需要有很好的保形覆盖性质,以保证完成微结构设计要求。腐蚀所选的化学试剂,应能优先腐蚀

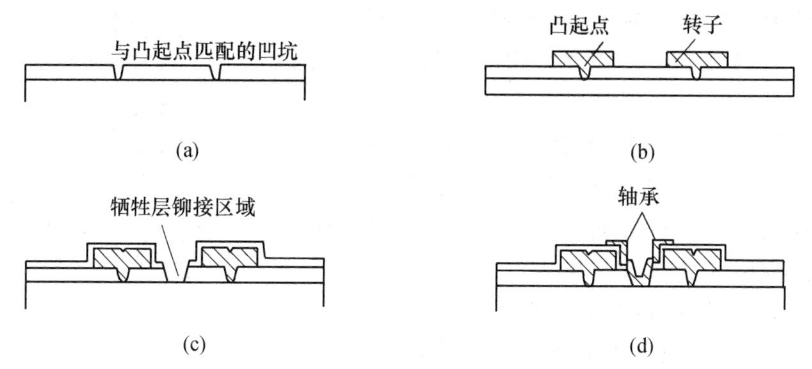

图 5-9 中心销轴承的制作过程示意图

牺牲层材料而不是结构层材料，必须有适当的黏度和表面张力，以便能充分地除去牺牲层而不产生残留。

(4) 表面加工工艺还应注意与集成电路工艺的兼容性，以保证微机械结构的控制、信号输入和输出等。

非晶薄膜的腐蚀是表面微加工的重要工艺，薄膜腐蚀有以下几个特点：①薄膜比相应的体材料腐蚀得快，因此腐蚀液必须稀释，以便控制腐蚀速率；②受辐照的薄膜一般腐蚀得较快；③内应力高的薄膜腐蚀得快，通常薄膜中的内应力由沉积速度、沉积技术及衬底温度等决定；④微观结构差的薄膜腐蚀得快，这包括多孔、疏松的薄膜，高于生长温度的热处理可使薄膜致密化，其腐蚀速率将比生长态慢；⑤若制备技术使化合物薄膜偏离化学计量成分，则腐蚀得快，氮化硅属于这类薄膜材料；⑥混合膜比单元膜腐蚀得快，这是因为其中一种组元受到腐蚀后薄膜中孔洞迅速增多，腐蚀表面也相应增大，因而它总比单组元薄膜易于腐蚀，硼硅玻璃、磷硅玻璃属于这种类型的薄膜材料。

5.3 光 刻

光刻(Photolithography)也称照相平版印刷，是加工制作半导体结构或器件和集成电路微图形结构的关键工艺技术。其原理与印刷技术中的照相制版相似：在硅等基体材料上涂覆光致抗蚀剂(或称为光刻胶)，然后利用极限分辨率极高的能量束通过掩膜对光致抗蚀剂层进行曝光(或称光刻)。经显影后，在抗蚀剂层上获得了与掩膜图形相同的极微细的几何图形，再利用刻蚀等方法，在工件材料上制造出微型结构。

光刻的具体过程包括掩膜制作和光刻过程两个部分。

5.3.1 掩膜制作

掩膜的基本功能是当光束照在掩膜上时，图形区和非图形区对光有不同的吸收和透过能力。理想的情况是图形区可让光完全透射过去，非图形区则将光完全吸收，或与之完全相反。掩膜原版的制作是光刻加工技术的关键，其尺寸精度、图像对比度、照片的浓淡等将直接影响光刻加工的质量。

由于掩膜有两种结构(即图形区吸收或不吸收光)，而基底上涂布的抗蚀剂也有正负之分，故掩膜和硅片结构共有 4 种组合方式。通过它们的不同组合，可以将掩膜图形转印到硅片抗蚀剂上再经过显影、刻蚀和沉积金属等工艺，即可获得诸如集成电路的图形结构。掩膜制作工艺流程(图5-10)如下。

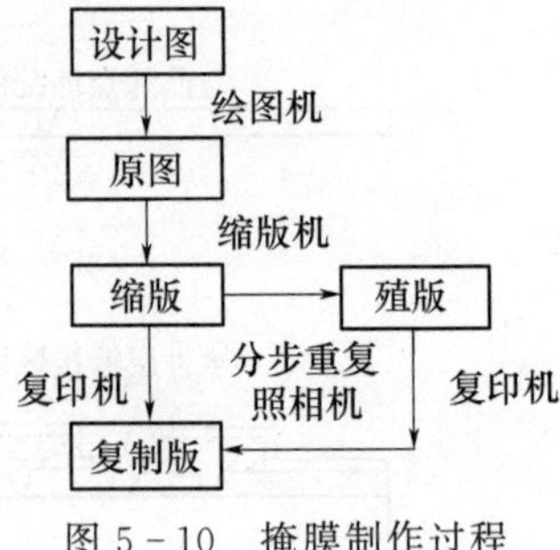

图 5-10 掩膜制作过程

(1) 绘制原图。原图一般要比最终要求的图像放大几倍到几百倍，它是根据设计图纸，在绘图机上用刻图刀在一种叫红膜的材料上刻成的。红膜是在透明或半透明的聚酯薄膜表面涂敷一层可剥离的红色醋酸乙烯树脂保护膜而制成的，刻图刀将保护膜刻出后，剥去不需要的那一部分保护膜而形成红色图像，即为原图。

(2) 缩版、殖版制作。将原图用缩版机缩成规定的尺寸，即成缩版，视原图放大倍数有时要多次重复缩小才能得到缩版。如果要大量生产同一形状制品，可用缩图在分步重复照相机上做成殖版。

(3) 工作原版或工作掩膜制作。缩版、殖版可直接用于光刻加工，但一般都作为母版保存。从母版复印形成复制版，这就是光刻加工时的原版，称工作原版或工作掩膜(版)。

目前一般由计算机辅助设计CAD制作版图，而后在计算机控制下经电子束曝光机直接制作主掩膜版，或由计算机控制光学图形发生器制版。为提高掩膜精度，绘图机→图形发生器→电子束曝光的流程正成为制造工艺的主流。

5.3.2 光刻过程

光刻加工过程如图5-11所示，其主要工序如下。

预处理 脱脂、抛光、酸洗、水洗	氧化膜 基片	显影与烘片	窗口
涂胶 甩涂、浸渍、喷涂、印刷	光致抗蚀剂	刻蚀 干式、湿式	离子束
曝光 电子束、X射线、远紫外线、离子束	电子束 掩膜	剥膜、检查	

图 5-11 光刻加工过程

(1) 预处理。基底材料通常为单晶硅或其他硅基材料。采取打磨、抛光、脱脂、酸洗、水洗等方法，对硅材料表面进行光整和净化处理，以保证光刻胶与基底表面有良好的附着力。

(2) 涂胶。把光致抗蚀剂(光刻胶)涂敷在氧化膜上的过程称为涂胶。它又可分为正性胶和负性胶。常用的涂胶方法有旋转(离心)甩涂、浸渍、喷涂和印刷等。

(3) 曝光。在涂好光刻胶的硅片表面覆盖掩膜版，或将掩膜置于光源与光刻胶之间，利用紫外光等透过掩膜对光刻胶进行选择性照射。在受到光照的地方，光刻胶发生光化学反应，从而改变了感光部分的胶的性质。曝光时准确的定位和严格控制曝光强度与时间是其关键。

从成本考虑,曝光光源多采用紫外光,当对分辨率或深宽比有很高要求时,采用电子束或X射线曝光。电子束光刻可以制造出亚微米级图形,而且由于图形是由电子束扫描运动形成的,因此可以不用掩模进行直接刻写。X射线光刻可获得高分辨率和高生产率,在LIGA技术中起到了关键作用。

(4) 显影与烘片。曝光后的光致抗蚀剂,其分子结构产生化学变化,在特定溶剂或水中的溶解度也不同,利用曝光区和非曝光区的这一差异,可在特定溶剂中把曝光图形呈现出来,这就是显影。有的光致抗蚀剂在显影干燥后,要进行200~250℃的高温处理,使它发生热聚合作用,以提高强度,防止胶层脱落,这一过程称为烘片。

(5) 刻蚀。用刻蚀工艺,将没有光致抗蚀剂部分的氧化膜去除,得到期望的图形。由于有侧面刻蚀现象,使刻蚀成的窗口比光致抗蚀剂窗口大,因此在设计时要进行修正。侧面刻蚀越小,刻蚀系数越大,制品尺寸精度就越高,精度稳定性也越好。双面刻蚀比单面刻蚀的侧面刻蚀量明显减小,时间也短,当加工贯通窗口时多采用双面刻蚀。

(6) 剥膜与检查。用剥膜液去除光致抗蚀剂的过程称为剥膜。剥膜后洗净修整,再进行外观线条尺寸、间隔尺寸、断面形状、物理性能和电学特性等检查。

5.4 LIGA技术与准LIGA技术

硅表面微加工与体微制造技术存在局限性:制造的微器件或微结构几何深宽比低;材料一般只限于硅。LIGA是一种三维微细制造技术,来源于德文制版术Lithographie、电铸成形Galvanoformung和注塑Abformung的缩写。该工艺在20世纪80年代初创立于德国的Karlsruhe核研究所,是为制造微喷嘴而开发出来的。它在制造高深宽比金属微结构和塑料微结构件方面具有独特的优势。采用LIGA技术已制造出微米尺度的微齿轮、微过滤器、微红外滤波器、微加速度传感器、微型涡轮、光纤耦合器和光谱仪等多种结构器件。

5.4.1 LIGA技术

LIGA技术是一种利用同步辐射X射线制造三维微器件的技术,主要工艺如图5-12所示,包括深层同步辐射X射线光刻、电铸成形和微复制3个工艺过程。

1. 深层同步辐射X射线光刻

深层同步辐射X射线光刻是LIGA工艺的核心,方法与普通X射线光刻基本相同,但光刻胶的厚度要大得多(达数百微米),其技术难度相应也大。

1) 掩膜和基板材料

掩膜材料包括衬基材料和吸收体材料。同步辐射X射线透过掩膜对厚光刻胶曝光,然后对曝光后的光刻胶进行显影以制成膜板。X射线光刻掩膜是由低原子序数的轻元素材料形成的衬基薄膜(如SiC、金刚石薄膜、Si_3N_4等)和附着在该衬基薄膜上的重原子序数X射线吸收体(如Au、Ta、W等)图形组成的。

选用何种薄膜作为衬基薄膜,需要综合考虑材料的抗辐射性、强度、可见光透过率及薄膜应力等诸多因素。在X射线光刻所使用的波段内,光子能量较高,有很强的穿透力。

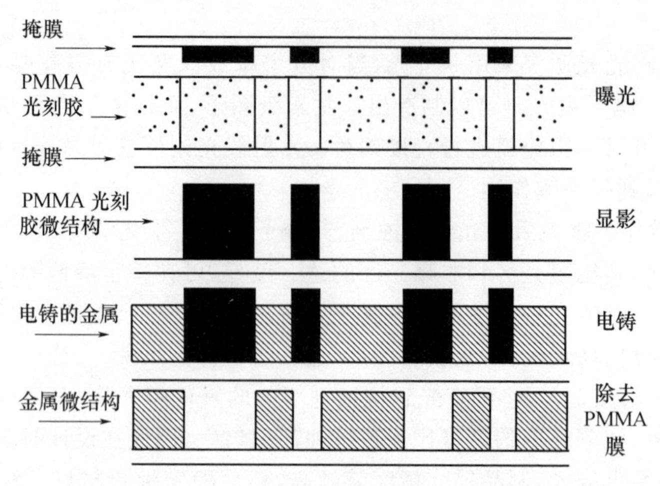

图 5-12　LIGA 与准 LIGA 工艺流程

由于辐照强度较大，曝光时间长，作为吸收体的支撑膜，基底材料应比较厚、不变形，力学和理化性能应具有良好的稳定性。为使掩膜反差大，基底材料对 X 射线吸收系数应较小，有良好的透过率，所以掩膜基底一般由原子序数较小的元素制成。另外，基底还必须对可见光有良好的透明度以便于光学对准。Si_3N_4 薄膜具有良好的透光性能和表面平整度，是广泛采用的主要支撑薄膜材料。SC 薄膜在耐辐射性和机械强度方面表现出比 Si_3N_4 膜更为优越的性能，但是它的表面平整度往往不太好，需要高质量的抛光技术，另外它对可见光的透光率不很高，不太有利于进行套刻对准。

吸收体材料需对同步辐射 X 光有较大吸收能力，即高的 X 射线吸收率，因此吸收体应由原子序数较大的元素制成。Au、Ta、W 等都是制作掩膜吸收体的良好材料。利用 LIGA 工艺进行超微细加工时，曝光剂量大，为得到高质量的较大高宽比图形，掩膜图形应有较大的反差，须采用较厚的吸收体。考虑到各种因素，如对同步辐射 X 射线的吸收、应力控制和电铸时图形的形成等，目前最常用的吸收体材料是金(Au)。

2）同步辐射 X 射线掩膜制备

LIGA 技术中采用同步辐射 X 射线进行刻蚀，其掩膜吸收体要求比较厚，一般为 10～20μm。而且图形边缘垂直性能要好，通常达到这种要求的掩膜制备要分两步。第一步为中间掩膜的加工，国外用电子束进行光刻和电铸制成一块图形吸收体为 2～5μm 厚的 X 光掩膜，即中间掩膜；也可用可见光光刻加干法刻蚀替代，但精度稍低。第二步是利用得到的中间掩膜做膜板，然后再用同步辐射 X 射线光刻，将中间掩膜翻制成 10～20μm 厚的吸收体图形掩膜，就可制出 LIGA 技术所需要的掩膜。

3）光刻胶和胶层制备

可用于同步辐射 X 射线光刻的光刻胶有多种，正性的有聚甲基丙烯酸甲脂、聚丙交脂等，负性的有 PCMS、CMS、SEL-NAx 等。目前通常所采用的光刻胶是正性光刻胶聚甲基丙烯酸甲脂(Polymethylmethacrylate，PMMA)，其极限分辨率可达 5nm。

要得到较大高宽比的图形，光刻胶必须很厚(一般为几百微米，有时达 1000μm)，一般的甩胶工艺甩出的光刻胶厚度都小于 50μm，很难获得所需的厚光刻胶层。这时可采用膜压工艺，PMMA 胶预先被溶解成具有良好流动性的液态预聚体，再添加适量固化剂、交联剂、增敏剂,注入特制的基片表面,在 Si 片两侧设置垫高块,然后将压板(可以用玻璃片)压在垫高块上,以避免空气中的氧对聚合反应的抑制作用。压板与垫高块之间的高度即为胶厚。待胶固化后,将获得的 PMMA 光刻胶铣削加工至所需厚度,最后放入烘箱中进行温度处理。

4) 同步辐射 X 射线曝光

LIGA 技术所采用的曝光光源是同步辐射 X 光,它除具备普通 X 射线所具有的短波长、高分辨率、穿透力强等优点外,还具备如下特点。

(1) 采用同步加速器,因而具有很高的能量,发散角小。光的能量高,刻蚀的深度深,发散角小,则刻蚀的线宽分辨率高,能制造出更小、更复杂的结构及系统。

(2) 具有高度的准直性。几乎是完全平行的 X 射线辐射,可以进行大焦深的曝光,减小几何畸变影响。

(3) 高辐射强度,可以利用灵敏度较低但稳定性较好的光刻胶来实现单层胶工艺。

LIGA 技术最合适的光源波长为 0.2~0.8μm,波长过长,能量易被上面的光刻胶吸收,而使光刻胶表面曝光过量,底层光刻胶却达不到所要求的曝光剂量,造成图形损坏;波长过短,未被光刻胶吸收的硬 X 光打到基板上产生二次电子,造成光刻胶底部曝光,显影后产生光刻胶与基板的黏结问题。由 PMMA 的刻蚀深度和辐射波长之间的关系可知,对 500μm 厚的光刻胶而言,X 射线波长为 0.2~0.3μm 时,能够得到精度较好的复制图形。通常光刻胶越厚,选用的 X 光波长越短。

由于到目前为止还无法对 X 射线聚焦,采用的曝光方式基本上都是接近式或者 1∶1 投影式。这种曝光方法能获得的分辨率与掩膜板和基底间的距离有关,并且也随着 X 射线的曝光剂量变化。试验表明,只要将这些因素综合优化,接近式 X 射线光刻能获得小于 0.1μm 的分辨率。

5) 化学显影处理

在受到 X 光照射的光刻胶中,聚合物分子长键断裂,性质发生变化。对光照后的光刻胶进行显影处理,溶解掉相应部分,得到一个与掩膜图形结构相同,厚度为几百微米的三维立体光刻胶结构,作为后续微电铸工艺的基础,即铸膜。

显影液必须满足一定条件,即不侵蚀未被照射区、不引起光刻胶膨胀,否则将会造成结构变形或边缘变钝,对于高深宽比微结构更应注意这个问题。适用于 PMMA 光刻的显影液一般是由乙二醇单丁基醚、单乙醇胺、四氢-1,4-恶嗪和水配制成的。

2. 电铸成形

对显影后的样品进行微电铸,就可获得含有高深宽比微结构的金属零件。

LIGA 技术利用光刻胶层下面的金属薄层作为阴极进行电沉积,由于部分阴极表面有一层光刻胶图形,因此金属只能沉积到光刻胶所形成的三维立体结构的空隙中,直至光刻胶上面完全覆盖了金属层为止,形成一个与光刻胶图形相对应的金属结构。这种金属微结构体可以是最终产品,也可以作为微塑铸的模具,用于大批量生产塑料微结构产品。

LIGA 技术的微电铸工艺与常规电铸工艺有所不同。深度 X 射线光刻的光刻胶图形具有很大的高宽比,而横向结构尺寸很小,对这样高深宽比的深孔、深槽进行微电铸,金属离子的补充、沉积层的均匀性、致密性都要采取特殊措施加以保证。由于表面张力,电铸液很难进入深孔、深窄槽,不容易形成溶液的对流条件,离子补充较困难,影响沉积速度和沉积质量。解决该问题的措施有：在电铸液中添加表面抗张剂，减小溶液表面张力；采用脉冲电流，提高深镀能力；采用超声波扰动溶液，增加金属离子的对流速度。

电铸可用金属种类有限。LIGA 技术中微电铸材料可以是镍、铜、金、铁镍合金等。最常用的是镍。镍的电铸工艺已很成熟，过程易控制。镍的性能稳定，力学性能如杨氏模量、屈服强度、硬度及耐蚀性等是许多金属所不及的，具有较高的硬度，呈现很高的抗拉强度和很好的耐腐蚀性能，非常适合微模具的制作。一般采用氨基磺酸镍电铸液，该种铸液沉积速度快，可获得高硬度、低内应力电沉积镍。除了镍之外，金也常用于微电铸。在前述的掩膜板制造中，金常用作为吸收体，也依靠微电铸来产生。另外，有些传感器和执行器需要用电磁力作为驱动力，故具有磁性的铁镍合金的微电铸对 LIGA 技术也很重要。其他如银、铜、铁等，也在 LIGA 技术中得到使用。

微电铸合金材料是一个重要发展方向。合金材料的许多优良性能或特殊性能，将拓宽微电铸的应用范围。开展研究的镀种有 NiFe，NiP，FeCo，CoNiP 等，其中 FeNi 合金作为软磁材料在微执行器中有较广泛的应用，特别为电磁微电机的实用化奠定了基础。

也有采用化学镀进行金属微结构件成形的。化学镀基于化学氧化还原反应的原理，不需要额外电源，不存在电流分布不均的问题，故化学镀具有镀层厚度均匀、针孔少、不受工件几何形状限制等优点，特别适合体积小、形状复杂的镀件。

3. 微复制技术

从经济性来说，采用上述工艺步骤制造微结构件不太实际，因为其成本极其高昂，所以，微结构件的批量生产大多通过微复制技术来实现。目前微复制方法主要有两种：注塑成形和模压成形。注塑成形适用于塑料产品批量生产，模压成形既适用于塑料产品，也适用于金属产品的批量生产。

在微注塑工序中，用获得的微金属结构件作为模具进行微塑铸，这样由一个金属件可制造出成千上万个高质量低成本的微型结构件。具体可采用反应注射成形法、热塑注射成形法、压印成形法等来实现。微注塑技术可以批量制造由高分子材料或陶瓷组成的微器件。

微注塑的典型工艺过程：将电铸金属结构作为二级模板，用带有喷射孔的闸板覆盖在模板上方；将低黏滞度的聚合物通过喷射孔注入到模板的空腔内，充满结构内部的自由空间；待聚合物变硬后，塑性结构与闸板在喷射孔处形成牢固的连接，使得塑性结构可以从模板中提出。按此方法可以重新制作塑性结构。

考虑到高深宽比微结构的特殊性，用于 LIGA 技术中的微复制工艺，必须对普通注塑机进行改装，需要增设真空装置，在塑料注入前将微孔中的空气抽掉；还需要很好的控温装置，在注入前要将塑料和模具均加热到塑料的熔融温度，当模具中充满塑料后，再通过降温使塑料固化，然后脱模获得所需的塑料产品。

可用于微塑铸工艺的塑料很多，通常有 PMMA、聚甲醛、聚酰胺、聚碳酸酯和聚苯乙烯等，一般常选用 PMMA。但在某些场合下，PMMA 的性能不能完全满足微系统的全部要求，例如在医疗器具制造方面，材料的化学稳定性和热稳定性至关重要。此外，对一些活动的微型结构，还要求其摩擦系数小。相比之下，氟聚合物如 PVDEF，由于它的处理温度比较低，在 150℃以下力学性能比较好且抗化学腐蚀，因此比较适合用于 LIGA 技术制作微结构。

利用微注塑获得的塑料微型结构件，还可以进行二次微电铸，得到所需要的产品结构，清除掉胶和注塑板，获得有几百微米厚的三维立体金属结构器件，这样就可以在微塑铸得到塑模的基础上进行金属微器件的大批量生产。

另外，模压成形工艺也是一种批量获得金属结构件的方法：在导电基片上涂覆一层塑料，通过模压工艺获得在导电基片上的塑料微结构，然后对该微结构进行微电铸，去除导电基片后就可获得金属产品。

4. LIGA 技术特点

（1）能制造出有很大高宽比的微结构。由于 LIGA 技术所使用的同步辐射 X 射线的穿透力极强，因此可以制作具有很大纵横比的微结构，纵向尺寸可达数百微米，最小横向尺寸为 1μm。由于同步辐射 X 射线的波长短，分辨率高，因此制作精度极高，尺寸精度可达亚微米级。由于同步辐射 X 射线的高指向性，LIGA 技术适合于制作垂直结构。所加工结构在整个高度上可保持极高的宽度一致性，结构侧壁平行度在亚微米级。

（2）取材比较广泛。LIGA 技术所胜任的几何结构不受材料特性和结晶方向的限制，较硅材料的加工技术有了一个很大的飞跃，材料可以为镍、铜、金、镍钴合金、塑料等。

（3）可以制作复杂图形结构。这一特点是硅微细加工技术所不具备的，因为硅微细加工采用各向异性刻蚀，硅晶体沿晶轴各方向的溶解速度不同，从而在硅晶体中生成的结构不可能是任意设计的；用 LIGA 技术制作微结构，其二维平面内的几何形状可以任设计者的意图设计，微结构的形状只取决于所设计的掩膜图案。

（4）可重复复制。由于结合了模具成形技术，LIGA 技术为微结构的廉价制造提供了可能，具有大批量生产的特性。

5.4.2 准 LIGA 技术

LIGA 技术必须采用同步辐射 X 射线光源，加工时间比较长，工艺过程复杂，价格昂贵。为克服 LIGA 工艺技术的缺陷，出现了准 LIGA（SLIGA）技术。用深层刻蚀工艺（如利用常规的紫外光光刻方法）代替同步辐射 X 射线深层光刻，然后进行后续的微电铸和注塑过程。它不需要昂贵的同步辐射光源和特殊的 LIGA 掩膜版。利用感应耦合等离子体（Inductiviely Coupled Plasma，ICD）刻蚀设备进行高深宽比塑料或硅刻蚀后，从硅片上直接进行微电铸，得到金属模具后，再进行微复制工艺，就可实现微机械器件的大批量生产。利用此技术既可制造非硅材料高深宽比的微结构，又有与微电子技术更好的兼容性。

准 LIGA 工艺虽然不能完全达到 LIGA 工艺的性能，但其应用门槛较低，已经能够满足微机械零件制作中的许多需求。

表 5-1 列出了准 LIGA 与 LIGA 技术的对比。准 LIGA 工艺除了所使用的光刻光源和掩膜外，与 LIGA 工艺基本相同。首先在基片上沉淀电铸用的种子金属层，再在其上涂上光敏聚酰亚胺，然后用紫外光光源光刻形成模子，再电铸上金属，去掉聚酰亚胺，形成金属微结构。为实现较厚的结构制作，可进行多次涂胶、软烘的重复涂胶法。利用准 LIGA 工艺可以得到厚度达 150μm 的镍、铜、金、银、铁镍合金等金属结构。利用牺牲层释放金属结构还可制备可动构件，如微齿轮、微电机等。选择聚酰亚胺作为准 LIGA 工艺的光刻成模材料，是因为聚酰亚胺具有抗酸碱腐蚀，能经受电镀槽中的长时间浸泡；耐高温，在其上还能沉淀其他材料等特点。聚酰亚胺广泛应用于集成电路工艺多重布线的平滑材

料和绝缘层。利用准 LIGA 技术既可制造非硅材料高深宽比的微结构,又有与微电子技术更好的兼容性。

表 5-1 LIGA 和准 LIGA 工艺的对比

特 点	LIGA 技术	准 LIGA 技术
光源	同步辐射 X 射线(波长为 0.1~1nm)	常规紫外线(波长为 350~450nm)
掩膜版	以 Au 为吸收体的 X 射线掩膜版	标准 Cr 掩膜版
光刻胶	常用聚甲基丙烯酸甲脂(PMMA)	聚酰亚胺、正性和负性光刻胶
高宽比	一般小于或等于 100,最高可达 500	一般小于或等于 10,最高可达 30
胶膜厚度	几十微米至 1000μm	几微米至几十微米,最后可达 300μm
生产成本	较高	较低,约为左者的 1/100
生产周期	较长	较短
侧壁垂直度	可大于 89.9°	可达 88°
最小尺寸	亚微米	1μm 到数微米
加工材料	多种金属、陶瓷及塑料等材料	多种金属、陶瓷及塑料等材料

5.4.3 用 LIGA 进行微三维结构的加工

LIGA 技术适合于制作直壁垂直结构,而对于具有斜面、自由曲面的结构则不擅长。为此,人们已经开始对其进行技术改进,以拓展 LIGA 技术的加工范围。

1. 移动掩膜 LIGA

从 LIGA 的工艺原理可以看出,用 X 射线制版法加工抗蚀剂所得到的深度取决于曝光量,即取决于积聚的 X 射线能量的分布。在曝光的过程中,如果以一定的速度移动掩膜,就可以使抗蚀剂中各处积聚的 X 射线能量具有所要求的分布。控制这种积聚能量的分布,就有可能得到任意倾斜的侧壁。侧壁的倾斜角度取决于掩膜相对于加工深度的振动幅度,因此,只要预先掌握了积聚能量的分布与加工深度之间的关系,就可以加工出所需要的倾斜角。图 5-13 给出了掩膜在一个方向以一定速度作振动的例子。如果使掩膜作二维运动,并且改变移动的速度,就可以加工出曲面,从而制作出具有台形结构和锥形结构的制品。对该方法作进一步的研究,就有可能制作出更加复杂的微三维结构。事实上,在实际应用中,为了便于把已经成形的塑料成品从模具中取出来,也需要有一定的锥度,因此,移动掩膜法对于 LIGA 的实际应用具有十分重要的意义。

2. 平面图形断面转印 PCT

为了用 LIGA 技术制造出所希望的三维结构,需要用到其 X 射线吸收层的平面图形同三维结构的断面形状相似的 X 射线掩膜。当进行 X 射线曝光时,可以使抗蚀剂层相对于此射线掩膜沿一定方向移动,并且根据 X 射线掩膜上 X 射线吸收层图形的开口面积比的不同来选择不同的曝光量,以此来控制 X 射线在抗蚀剂层断面方向积聚能量的二维分布。将经过这种方式曝光的抗蚀剂显影以后,就可以得到具有所需断面形状的微结构。这种加工方法称为平面图形断面转印法(Planepattern to Cross-section Transfer,PCT)。PCT 所使用的抗蚀剂是同 LIGA 中一样的 PMMA。PMMA 开始显影时的 X 射线积聚能量阈一般为 1～2 kJ/cm³，而且此阈值界限分明，十分稳定，比较容易设计断面的形状。可以直接按照所需微结构的断面形状来设计掩膜上的 X 射线吸收层的形状。如果在一个方向移动抗蚀剂层以后再转过 90°向着与之垂直的方向移动，进行二次曝光，就有可能得到由许多针状结构物排列起来的阵列。PCT 加工的典型特点，就在于能够预先在掩膜上设计出所希望的制品的断面结构。图 5－14 所示为用 PCT 加工的自由曲面微结构。把这种微结构作为模具，可以制作出高性能的微机械和 MEMS 的功能部件。

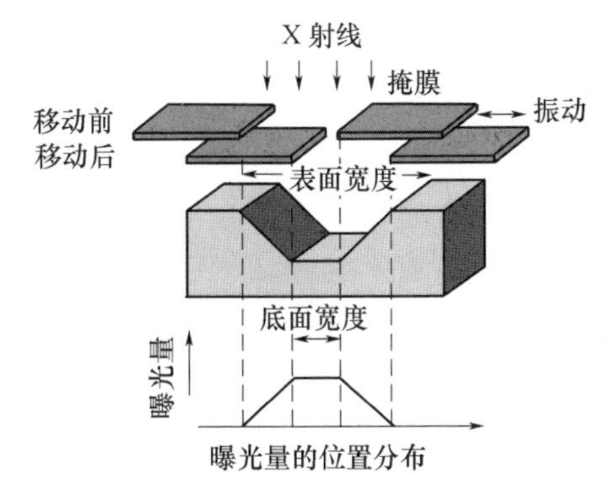

图 5－13　移动掩膜 LIGA 加工

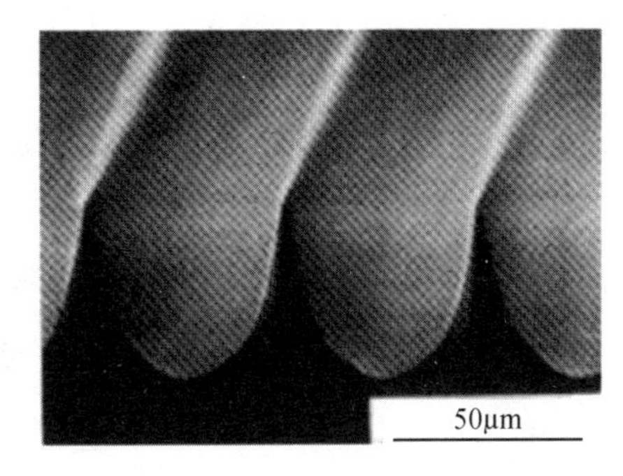

图 5－14　用 PCT 法加工出的自由曲面微结构

5.4.4　LIGA 技术与准 LIGA 技术的应用

LIGA 技术与准 LIGA 技术目前被认为是微机械加工的一个重要发展方向，目前已研制成功或正在研制的 LIGA 产品有：微齿轮、微铣刀（医疗行业用）、微电机、微喷嘴、微打印头、微管道、微阀、微开关、电容式加速度计、谐振式陀螺等。下面举例介绍 LIGA 技术在微传感器制造中的应用。

微电容加速度传感器的结构如图 5－15 所示。质量块用悬臂梁支持，并被固支在基片上，它可以在两个固定在基片上的静电极之间摆动，使之与各静电极之间形成电容。容量随加速度大小而相互差变，以此保证测值的稳定性。其制造工艺过程如图 5－16所示。

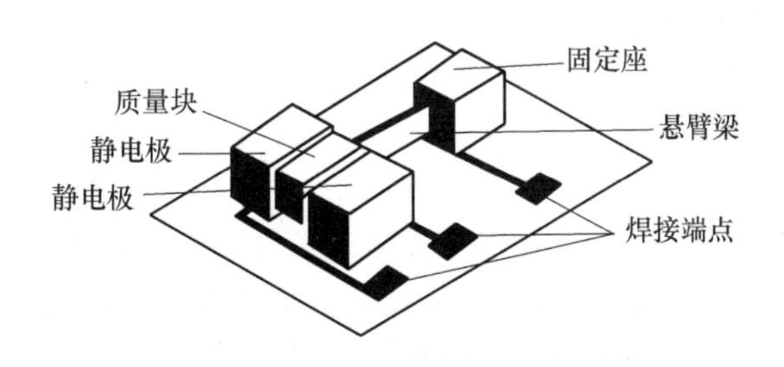

图 5－15　微电容加速度传感器

（1）溅射附着层、电镀基层。把金属溅射到绝缘基片上形成薄层，绝缘基片可以是陶瓷或碳化硅片。先溅射铬层，以保证导电层对基片的良好粘附，再溅射银层作为工艺过程中的中间层，它也用作电铸时的沉积电极。

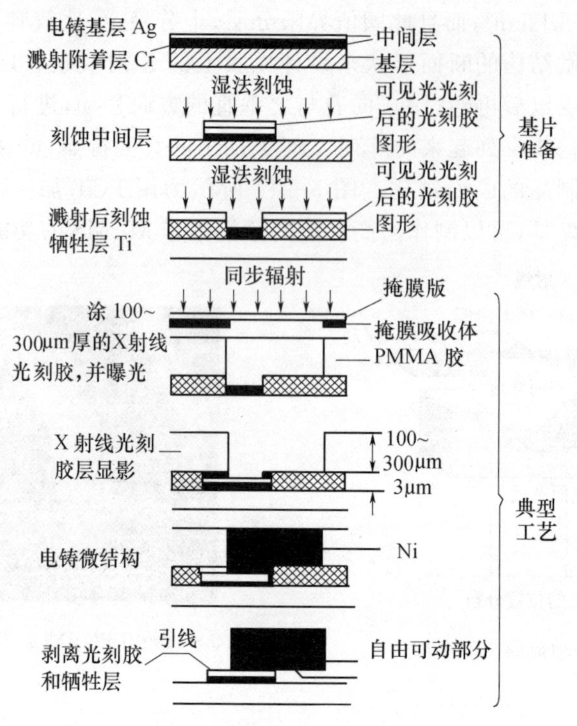

图 5-16 微电容加速度传感器的制造工艺过程

(2) 刻蚀中间层。以常规光刻和湿法蚀刻上述的中间层,形成所需图形。用它作为支承将来电铸后形成的微结构和后接信号处理电路的连线和焊接区的基础。

(3) 溅射与刻蚀牺牲层。将钛溅射到基片上,形成牺牲层。并用光刻法对准中间层湿法套刻。选用钛作为牺牲层材料,主要是因为它与 PMMA 胶有良好粘附作用。

(4) 涂 X 射线光刻胶与曝光。将 PMMA 胶直接聚合到已准备好的基片上。X 射线通过掩膜,对准图形牺牲层,进行同步辐射曝光。经过调整,使微结构可动部分精确定位在牺牲层顶上。微结构不可动部分被安置在镀银基片上,以保证该微结构永久地联结到基片上。

(5) 显影与电铸微结构。

(6) 剥离光刻胶和牺牲层。在剥离光刻胶后,牺牲层钛被有选择地腐蚀掉,以形成摆动运动所需要的活动间隙。这样就作出微电容加速度传感器的活动电极和固定电极。

三维加速度传感器系统是从 X 方向、Y 方向由 LIGA 工艺制作的加速度传感器阵列,集成在同一硅基片而成的。它是用模压工艺来实现 LIGA 微结构与微电子电路组合,非直接辐射曝光的。它是 LIGA 技术与硅微刻技术的完善结合,能大大提高加速度测量精度,具有更高的可靠性,可使困扰第一代 LIGA 加速度传感器的较高温度依赖性问题得以解决。可完全不用附加温度传感器与电子补偿电路,在产品制成后也无需进行调整。

5.5 微细电火花加工

微细电火花加工技术的研究起步于 20 世纪 60 年代末。荷兰 Philips 研究所的

Dsenbruggen 等人用微细电火花加工技术成功地加工出了直径为 30μm、精度为 0.5μm 的微孔。80 年代末，随着 MEMS 技术的发展，以及线电极电火花磨削（Wire Electric Discharge Grinding，WEDG）技术的逐步成熟与应用，微细电极的在线制作得到了解决，使得微细电火花加工技术进入了实用化阶段。

5.5.1 微细电火花加工的特点与实现条件

电火花放电蚀除材料的过程是热效应、电磁效应、光效应、声效应及频率范围很宽的电磁辐射和爆炸冲击的综合过程。微细电火花加工的原理与普通电火花加工并无本质区别。

电火花加工的"切削深度"，即单发放电所产生的蚀痕深度和宽度是由脉冲电源的电参数决定的。也就是说，单个脉冲的放电能量越小，则所发生的蚀坑的深度越浅，宽度尺寸也越小。脉冲电源电参数易于调整，所以，电火花加工比较容易实现"切削深度"的微小化。随着技术的发展，电火花加工的加工单位（每次放电的蚀除量）日趋变小，目前，应用电火花加工技术已可稳定地得到尺寸精度高于 0.1μm，$Ra<0.01\mu m$ 的加工表面。图 5-17 所示是用微细电火花技术加工的 2.5μm 微细轴和 5μm 微小孔。

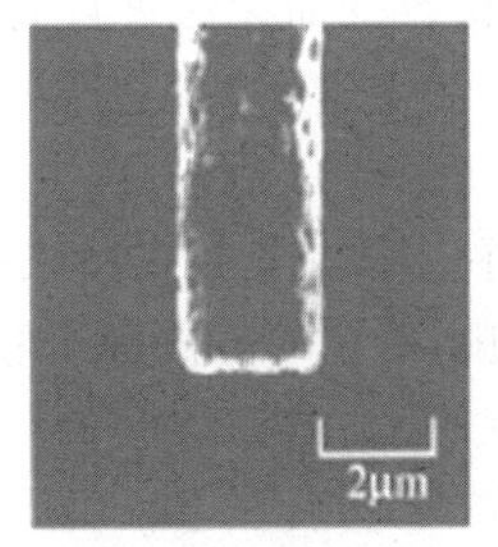

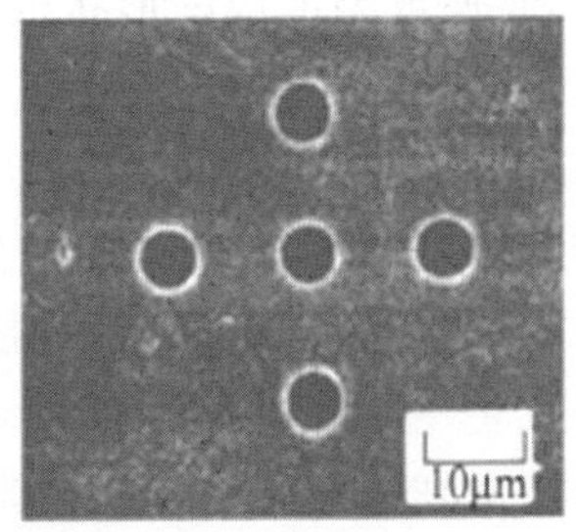

图 5-17　微细电火花加工的 2.5μm 微细轴和 5μm 微小孔

电火花加工是使金属材料的局部熔化、汽化而蚀除金属的，是非接触加工，几乎没有宏观的切削力，因此大大减轻了工件和加工工具的力学负担，不会产生受力变形，利于加工尺寸的微细化。电火花加工不受工件材料硬度的限制，对加工硬脆材料更为有利，不仅可加工导电物质金属晶金刚石、立方氮化硼等，亦能加工硅等半导体高阻抗材料。电火花加工还有较好的成形能力，适合于加工微孔、微槽、窄缝、微细轴类零件以及各种微小复杂形状的三维结构。

与常规电火花加工相比，微细电火花加工具有以下特点。

（1）放电面积很小。微细电火花加工的电极一般为 5～100μm，对于一个小于 5μm 的电极来说，放电面积不到 $20\mu m^2$，在这样小的面积上放电，放电点的分布范围十分有限，极易造成放电位置和时间上的集中，增大了放电过程的不稳定，使微细电火花加工变得困难。

（2）单个脉冲放电能量很小。为适应放电面积极小的电火花放电状况要求，保证加工的尺寸精度和表面质量，每个脉冲的去除量应控制在 0.01～0.10μm，因此必须将每个放电脉冲的能量控制在 $10^{-6}\sim10^{-7}$J，甚至更小。

（3）放电间隙很小。由于电火花加工是非接触加工，工具与工件之间有一定的加工间隙。该放电间隙的大小随加工条件的变化而变化，数值从几微米到几百微米不等。放电间隙的控制与变化规律直接影响加工质量、加工稳定性和加工效率。特别是微细电火花加工中，微孔的加工占大部分，放电间隙的大小与稳定程度更是微孔加工得以成功的关键。

(4) 工具电极制备困难。要加工出尺寸很小的微小孔和微细型腔，必须先获得比其更小的微细工具电极，要求具有高精度的 WEDG 系统，同时还要求电火花加工系统的主轴回转精度达到极高的水准，一般应控制在 1μm 以内。

(5) 排屑困难，不易获得稳定火花放电状态。

5.5.2 微细电火花加工关键技术

实现微细电火花加工的关键技术有加工工艺和设备两个方面，包括：微细电极的制作，高精度微进给驱动装置，微小能量脉冲电源技术，加工状态检测与控制系统。

1. 微细电极的在线制作与检测

微细电极的精密、高效制作在微细电火花加工中占有极为重要的地位。用简单形状的微细电极进行微细孔和微三维结构的加工，已经成为当前微细电火花加工的主流技术之一。这是因为复杂形状微小成形电极本身就极难甚至无法制作，而且由于加工过程中严重的电极损耗现象，将使成型电极的形状很快改变而无法进行高精度的微细三维曲面加工。

1) 微细电极的在线制作

微细电极制作的传统方法主要有两种：一种方法是把通过冷拔得到的细金属丝，矫直后安装到电火花机床上；另一种方法是把用切削、磨削等方法制作好的电极安装到电火花机床上。

采用离线方式进行微细电极制作，并将其二次安装在主轴头上的方法很难满足微细电火花加工的要求。这是因为电极的二次安装过程中将不可避免地产生回转精度误差及其与工作台面的垂直度误差。在精度、重复性方面存在很多问题，对操作人员技术的依赖性强。这种方式所能使用电极直径一般以 50μm 为极限，难以获得更为精细的电极。

微细电极的在线制作可以克服该缺陷。在线制作方法主要有反拷块加工和线电极电火花磨削两种方式，如图 5-18 所示。21 世纪初，为提高微细工具电极的制备效率，又提出了一种用单脉冲放电加工方法进行微细电极在线制备的方法。

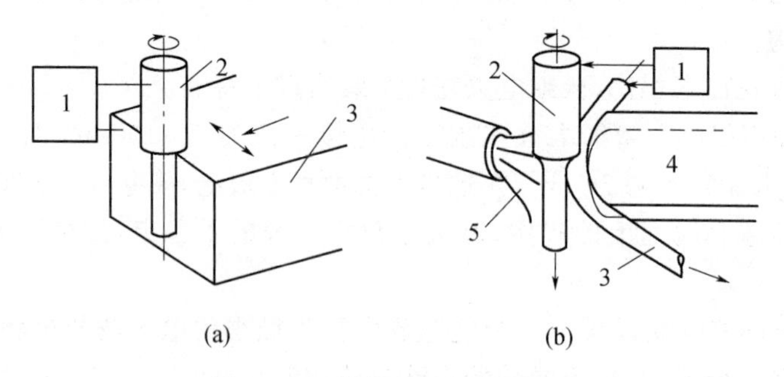

图 5-18 微细电极的在线制作

(a)反拷块方式；(b)WEDG 方式。

1—脉冲电源；2—工件；3—反拷块(线电极)；4—导向器；5—工作液。

应用反拷块方式在线制作微细电极，如图 5-18(a)所示，其原理是逆向电火花加工，即以反拷块为工具，以待加工微细电极为工件完成电极的在线制作。加工过程中所制作电极的全长同时参与放电，因此加工效率较高。由于反拷块工作面与工作台平面不可避免地存在垂直度误差，加之反拷块工作面本身的平面度误差等，因此其所加工出的微细电极也必将存在加工锥度等误差；而且由于加工中反拷块电极本身的损耗现象，所加工的微细电极的尺寸不易控制；加工中的放电面积相对较大，很难做到微能放电，这给制作超微细电极带来了极大的困难。

WEDG 技术的出现，较好地解决了微细工具电极的制作与安装问题。WEDG 的加工原理如图 5-18(b)所示。加工过程中，由于线电极与待制作电极间为点接触，因此极易实现微能放电。线状工具电极沿导向器槽缓慢连续移动，移动速度一般为 5～10mm/min。金属丝的移动，使加工过程可不考虑工具电极损耗所带来的一系列影响。导向器沿工件的径向作微进给，而工件随主轴旋转的同时作轴向进给。通过控制工件(电极)的旋转与分度及导向器的位置，可以加工出多种不同形状的电极，如图 5-19 所示。

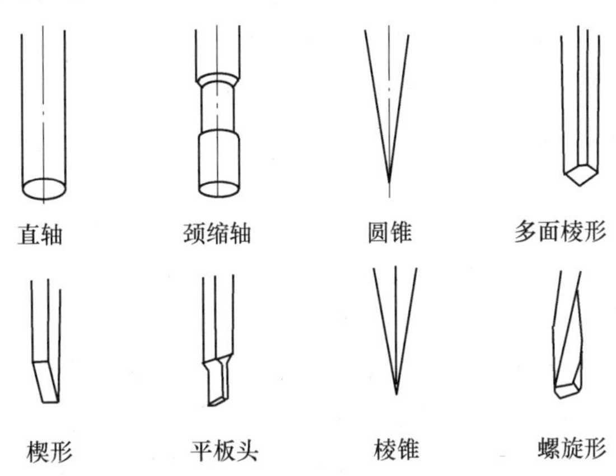

图 5-19　用 WEDG 法加工出的电极形状

WEDG 法是一种在线工具制作方式，可以保证微细工具的几何轴线与主轴的回转轴线始终是重合的，没有偏心和倾斜等二次装配误差。因线电极与工件为点接触，故工件的加工形状仅与成形运动轨迹有关，与操作者的技术水平无关，而且极易实现微能放电。由于线电极是连续移动的，因此可以忽略线电极损耗的影响，有利于所制作电极的尺寸控制，提高加工的精度。

WEDG 法加工时是点放电，与反拷块法相比，加工速度较慢。为提高微细工具电极的制作精度和效率，可在机床的不同部位上同时安装反拷块及 WEDG 装置，用反拷块进行粗加工、用 WEDG 装置进行精加工可以充分发挥各自的特点，兼顾加工效率与精度。

WEDG 已成为微细高精度电极在线制作的有效手段。在用微细电极进行去除加工时，电极的损耗较大，在实际加工中必须反复成形电极。而且 WEDG 法成形微细电极较为费时，并且需要附加一套 WEDG 设备。如何缩短微细电极的成形时间并减少设备成本是需要解决的关键性问题。

单脉冲放电加工制作微细电极的方法最先是由日本毛利尚武教授发明的，他在研究用细小钨电极(0.1mm)对工件表面进行液中表面改性处理时，发现当选择合适的电规准和加工极性时，仅用一次脉冲放电就可使钨电极前端变细变尖，即可得到微细轴和探针。已有相关的研究单位(如哈尔滨工业大学)对此现象进行了深入研究，对于其加工机理和应用等的深入研究将可能进一步推进微细电极在线制备技术的进步。

2）微细电极的在线检测

为了实现较复杂三维微结构的加工，除了要解决微细电极的在线制作问题外，对制作出的微细电极进行在线检测也十分重要。这是因为在加工一个较为复杂的微三维结构时，往往需要多次进行微细电极的在线制作，如果在线制作出的微细电极进行离线测量后再进行二次装夹的话，不仅费时，而且由于二次装夹误差的存在，制作出的电极很难再利用，这就失去了实际应用的意义。

电火花加工一般是在绝缘性工作液中进行的，这种加工环境的限制也给采用光学测量方式带来了相当大的困难。因此，目前对微细电极的检测一般采用试切方式进行，即通过电极所加工孔的尺寸来间接推算微细电极的直径。电火花加工存在如下缺陷：①由于电火花加工过程中必然存在的加工间隙，使得所测得的孔径与轴径之间必然相差2倍的加工间隙值，而此加工间隙值却无法准确量化；②由于电火花加工过程中必然存在的电极损耗现象，使得进行过孔加工的电极的直径变小；换言之，若再使用此电极，在同一工艺参数下进行第二次孔加工，其加工出的孔径一定比上一个孔的小。

可以利用电火花加工机床特有的接触感知功能和数控功能来解决这个问题。已有相关单位（如哈尔滨工业大学）进行了这方面的研究。

2. 脉冲电源

脉冲电源的作用是提供击穿间隙中加工介质所需的电压，并在击穿后提供能量以蚀除工件材料。脉冲电源对电火花加工的生产率、表面质量、加工精度、加工过程的稳定性和工具电极损耗等技术经济指标有很大的影响。

微细电火花加工对脉冲电源的要求是单脉冲放电的能量小而且可控。减小单个脉冲的放电能量是提高加工精度、降低表面粗糙度的有效途径。这是因为电火花加工是靠工具与工件电极间周期性的脉冲放电来进行加工的，单脉冲放电能量决定了放电凹坑的直径D和深度H大小，放电凹坑的直径和深度决定了电火花加工的表面质量。

如图5-20所示，基于热源模型假设，并经过若干实验，在铜为正极加工钢，矩形波脉冲电源条件下，放电凹坑直径D的经验公式为

$$D = 19.9E^{0.4} \tag{5-2}$$

式中：E为脉冲放电能量，J；D为放电凹坑直径，μm。

电火花加工中，单个脉冲的放电能量可用式(5-3)表示，即

$$E_M = \int_0^{t_i} u(t) \cdot i(t) \mathrm{d}t \tag{5-3}$$

式中：$i(t)$为放电电流；$u(t)$为极间电压；t_i为放电时间。

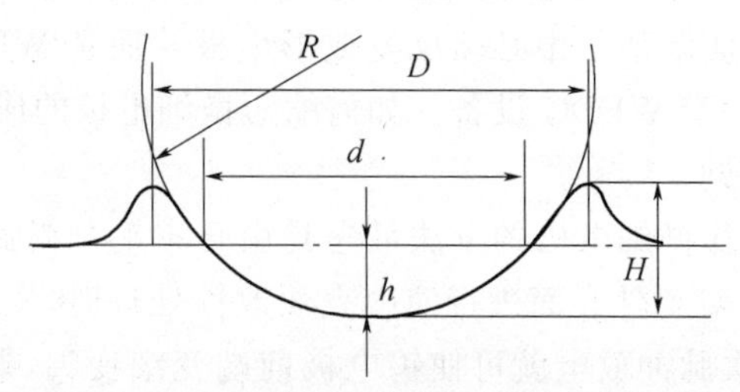

图5-20　电火花加工放电凹坑断面几何形状

放电能量主要取决于峰值电流和放电脉宽。

根据上述放电凹坑与表面粗糙度的关系，要达到微米级的加工精度及表面粗糙度，单个脉冲的放电能量应控制在 $10^{-6} \sim 10^{-7}$J 数量级。由于放电过程中，极间电压一般可视为常数，因此可调整的参数只有 $i(t)$ 和脉冲宽度 t_i。为满足微细电火花加工要求，放电电流一般不应小于几百毫安，而 t_i 则应减小到 1μs 左右。这样，就要求脉冲电源的频率必须很高，这就给脉冲电源的设计带来了一定的困难。

目前，微小能量脉冲电源主要有两种形式：独立式晶体管脉冲电源和弛张式 RC 脉冲电源。

(1) 独立式晶体管脉冲电源。多采用 MOSFET 管做开关器件，具有开关速度高、无温漂以及无热击穿故障的优点。晶体管电源脉冲频率高，脉冲参数容易调节，脉冲波形好，容易实现多回路和自适应控制，因此应用范围比较广泛。但进行电火花加工时需要有一定的维持电压(一般为 25～30V)，放电电压不能过低，由于受开关元件开关速度以及设计原理的限制，在提高脉冲电源的频率方面也受到一定的限制。

(2) 弛张式 RC 脉冲电源。RC 脉冲电源是利用电容器充电储存电能、而后瞬时放出的原理工作的。目前，微细电火花加工用的脉冲电源多为弛张式 RC 电源。这种电源结构简单、易于调整单脉冲放电能量，同时易于实现很高的充放电频率，当加工电容很小时，理论的充放电频率可达 20MHz 以上。

RC 脉冲电源储存的能量可表示为

$$E_{\mathrm{p}} = \frac{1}{2}(C + C')U^2 \tag{5-4}$$

式中：E_{p} 为单个脉冲放电能量；C 为标称电容量；C' 为离散电容量；U 为 RC 电源的工作电压。

从式(5-4)可以看出，要降低单个脉冲的放电能量，可以从降低电容 C 和电源工作电压 U 两方面入手。降低电容量是一种较为理想的选择，但电容量受整个装置离散电容 C'(一般在几百皮法至几千皮法之间)的影响，因此，降低电容量也是有限度的。这样，要降低单个脉冲放电的能量就集中在能否降低电源的工作电压 U 上，如果能够有效地降低电源工作电压，则单个脉冲放电能量将成平方关系减小。

弛张式 RC 电源放电过程中存在两个问题：一是没有消电离环节，经常发生电弧性脉冲放电现象；二是脉冲能量不可控，脉冲放电能量的一致性差。于是出现了可控 RC 微细电火花加工脉冲电源，主要由弛张式 RC 脉冲电源、充电控制开关管 V1、消电离控制开关管 V2 和检测控制电路组成(图5-21)。放电能量控制和放电通道消电离控制是通过检测电容器充、放电电压，进而控制开关管 V1、V2 实现的。实现过程：①当 V1 导通、V2 截止时，直流电源通过限流电阻 R、开关管 V1 向电容 C 充电，此时放电通道没有电流，处于消电离状态；②电容 C 充电至设定值，V1 截止，切断充电回路，V2 导通，电容 C 通过 V2 击穿工件和电极的间隙，产生放电；③电容 C 放电至设定值，V2 截止，V1 导通，重复①，形成微细电火花的循环加工。

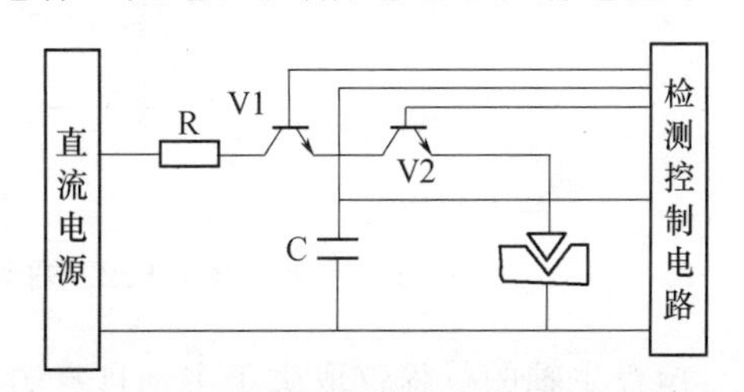

图 5-21 可控 RC 微细电火花加工电源

3. 加工状态检测与控制系统

微细电火花加工与常规电火花加工波形

相比，其放电脉冲频率高，放电波形易畸变，加工状态的检测需要更为有效的方法。

在电火花加工过程中，放电状态主要由工具电极与工件之间的间隙来决定，因此电火花加工过程主要是要求维持一个稳定的最佳的放电间隙。由于放电间隙很难用直接的方法测量，一般采用间接的方法，主要是通过对放电间隙的电压、电流以及脉冲放电时存在的大量的射频发射和声发射信号的测量来判断加工状态。

传统的加工状态检测方法有门槛电压法、击穿延时检测法、检测高频信号和RF信号的方法、DDS(Data-Dependent-System)检测方法等。

基于模糊控制逻辑理论、神经网络乃至模糊神经网络等方法的加工状态识别技术，为微细电火花加工状态的检测提供了新的可行途径。硬件主要是检测电路的设计，以便提供微细电火花加工放电间隙的电压和电流的瞬时信息，用于加工状态识别判断。

由于影响微细电火花加工状态的参数较多，如果对其进行在线调节，不仅会增加寻找最佳状态的时间，增加系统的复杂性，甚至系统的稳定性也会受到影响。因此，选择伺服进给速度、脉宽与脉间宽度作为微细电火花加工系统的控制参数，其他对加工性能有所影响的参数可采用离线优化。

4. 高精度微进给驱动装置

由于微孔加工时放电面积、放电间隙很小，极易造成短路，因此欲获得稳定的火花放电状态，其进给伺服控制系统必须有足够的灵敏度，在非正常放电时能快速地回退，消除间隙的异常状态，提高脉冲利用率，保护电极不受损坏。

微进给机构是实现微细电火花加工的前提和保证。传统的滚珠丝杠进给机构传动链长，传动装置之间存在间隙，其精度和频响都难以满足微细电火花加工技术的要求。近年来一些新型微进给机构的出现，很好地解决了微细电火花加工中微小步距进给的难题。

1）蠕动式压电陶瓷微进给机构

蠕动式微小型电火花加工机构主要由两个压电陶瓷钳位器(其中一个轴向固定)、一个压电陶瓷驱动器以及电极丝等组成。为保证电极运动的平稳性，在两个钳位器与电极之间装有导向机构。通过控制钳位器和驱动器的动作时序和初始状态，即可实现电极的微量进给与回退。图5-22所示为蠕动式压电微进给原理，重复以上4个节拍即可完成电极的连续蠕动微量进给。如果驱动器的初始状态为伸长状态，则可实现电极的回退。

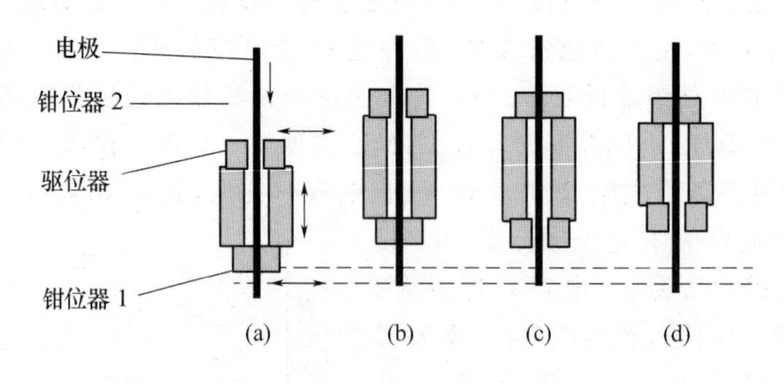

图 5-22　蠕动式压电微进给原理

电极主轴的行程仅取决于主轴自身的长度。移动速度可通过改变加于轴向压电致动器上的控制电压以及径向钳位夹紧件的动作频率来调节。

蠕动式压电微进给机构具有在保持压电致动器高位移分辨率的同时实现大位移行程的优点。其进给分辨率可达几十纳米，频响可达 500Hz。基于压电致动原理的微进给机构的开发使微细电火花加工机床趋于小型化。日本的毛利尚武等利用这种原理开发出的小型电火花加工机构，外形尺寸为 26mm×30mm×90mm，电极直径为 0.1～0.5mm，可实现每步 0.7μm 进给。

2）冲击式微进给机构

冲击式微进给机构是利用压电振子的轴向快速伸缩运动及重物的冲击惯性来驱动电极运动的，其工作原理如图 5-23 所示。压电陶瓷通电后快速收缩，惯性体（重物）产生加速度通过压电陶瓷冲击移动体，然后压电陶瓷断电快速伸长，冲击惯性体和移动体。通过惯性体和压电陶瓷的冲击，使移动体克服摩擦力产生微位移。

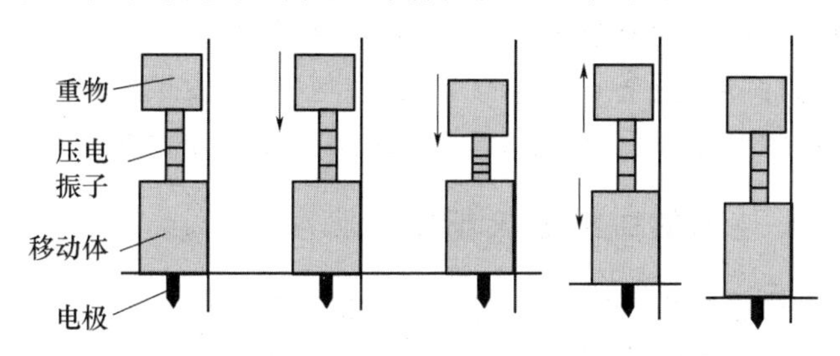

图 5-23　冲击式微进给机构工作原理

3）椭圆式微进给机构

椭圆式微进给机构的工作原理如图 5-24 所示。不同相位的交流电作用于上下相互垂直排列的压电陶瓷上，使驱动块表面产生椭圆运动轨迹。通过控制各压电振子的通电时序和初始相位，即可实现电极的进给或回退。其运动速度可通过调节压电振子的电压来改变。其相应频率可达 1000Hz。

4）线性超声电机微进给机构

利用线性超声电机微进给机构直接驱动电极的小型电火花加工装置的结构如图 5-25所示。它包括两个线性步进式超声电机定子、一个移动体、摩擦材料、预紧弹簧、电极等部分。移动体上下表面覆盖有摩擦材料，以增大驱动力并提高步进式超声马达的使用寿命；预紧力由预紧螺钉通过预紧弹簧加在电机定子上；电机定子在其波节处由弹性橡胶固定。电极的进给和回退通过上、下两个电机定子的差动实现。该类装置运行平稳，直线性好，响应频率约为 100Hz。

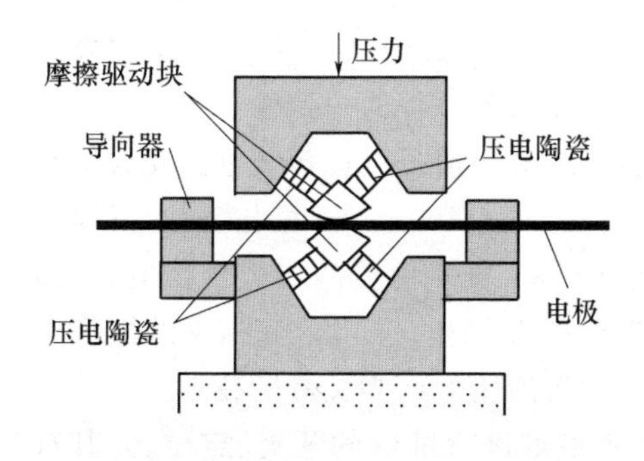

图 5-24　椭圆式微进给机构工作原理

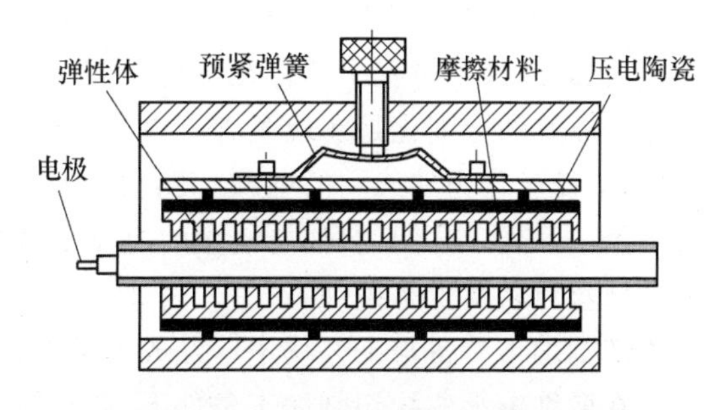

图 5-25　线性超声电机微进给机构

5. 工作液

工作液在加工中起到多种作用：压缩放电通道，使放电能量集中，加强蚀除效果；有利于电蚀产物排除；放电后极间消电离，防止破坏性电弧出现；加速间隙中物质的降温。

工作液的种类、成分、特性对加工过程和工艺结果有显著影响。在常规电火花加工中，主要采用油基工作液，如电火花加工专用液、煤油等。

在微细加工中，由于加工间隙小，放电区工作液循环困难，产物排除能力差，因此利于产物排除是选择工作液的一个重要依据。密度和黏度大的油类工作液有利于压缩放电通道，使放电能量集中，从而加强蚀除效果，但同时由于黏度大，不利于加工产物的排出，因此不宜用于微细电火花加工。微细电火花加工常采用煤油基或水基工作液。煤油黏度较低，绝缘性能好，加工稳定，但在放电过程中会析出炭黑，形成胶体物质，不利于微细加工产物的排出。普通自来水中含有过多的导电杂质，绝缘强度低，使脉冲放电能量不够集中，加工稳定性差。高纯度、低杂质含量的水，如去离子水，效果比较好，排屑容易。但水基工作液会发生微弱的电化学反应，对加工质量的控制有不利的影响。

5.5.3 基于LIGA技术的微细电火花加工

采用微小成形电极进行传统的拷贝式电火花加工是一种有效的工艺途径，问题主要是复杂形状的微电极本身就很难制造。利用LIGA技术为微细电火花加工提供电极制备手段，然后再进行微细放电加工，是近年的一个主要研究方向。

LIGA技术可以制作出具有高深宽比的金属微结构件，但是材料局限于镍和铜。将LIGA制造出的铜微结构件作为微细电火花加工的电极，发挥电火花加工可以加工任意导电材料的优点，就能制作出材料综合性能更好的微结构或器件。同时，如果电极损耗得到很好的控制，将可以加工出更高深宽比的微结构件。

采用LIGA或准LIGA和EDM组合，已加工出高1000μm、齿顶直径ϕ42μm的WC-Co微齿轮。这种组合在加工群孔时优势更加突出。有研究报道，利用LIGA工艺可制作出圆柱形铜电极阵列，单个电极直径为ϕ100μm，彼此间距为500μm。利用该电极阵列在50μm厚的不锈钢薄片上可批量制作出喷嘴群孔，所花时间(4min)不到单个电极逐一加工总时间(14min)的1/3。

5.5.4 微细电火花线切割加工

微细电火花线切割加工是指加工过程中采用钨合金或其他材料的微细电极丝(直径为10～50μm)进行切割，主要用于加工轮廓尺寸为0.1～1.0mm的工件。由于它属于非接触式加工，加工过程中不存在切削力，因此能够保证加工过程的一致性。

电极丝的微细化是实现微细电火花线切割加工的必要前提。在传统电火花线切割加工中，电极丝作为加工用的电极，其直径一般为0.10～0.35mm。随着电极丝直径减小，将产生一系列工艺问题，如电极丝的电流承载能力变差，所能承受的张力变得更小，加工中电极丝容易发生磨损、断丝等。因此，针对电极丝的微细化，深入研究相关的微细电火花线切割加工装备与工艺技术已经成为推进该技术实用化的最为关键的技术。

在微细电火花线切割加工条件下，微小零件将很难进行准确的装夹、定位，尤其对于需要凸模加工的微小零件，需要更加精密的装夹、定位系统以保证加工之后零件的完整。

目前已经出现了许多类型的装夹系统，定位精度最高可以达到 1μm。此外，为了提高装夹机构的使用寿命，在装夹机构经常磨损的地方还进行了涂层处理，涂层材料主要是硬度比较高的 TiC 或者 WC。

加工过程中微小零件的位置及尺寸的在线检测技术也是保证加工精度的重要手段。光学检测虽然是一种精密的检测技术，但由于在微细电火花线切割加工中，放电间隙很小(一般为 3～6μm)，因此光学视镜经常受工作液和熔融的工件蚀除物所影响，以至于不能准确地完成对微小零件的在线检测。

微细电火花线切割加工与常规电火花线切割加工的最大区别在于能量控制方式的不同，故能够提供能量精确可控的脉冲电源也是实现微细电火花线切割加工的关键技术之一。

微细电火花线切割要求机床结构利于加工时热量的散发，避免加工中精密部件的热变形造成对机床使用寿命以及加工工艺指标的影响。而且，微细电火花线切割加工对工作环境的要求也非常严格，加工过程需要在无尘、恒温的条件下进行，而且必须对机床进行隔振处理。

为了实现高的加工精度，微细电火花线切割还需要十分精确的定位系统和非常精细的运动控制，因此高性能的伺服进给系统也是实现微细电火花线切割加工的必要条件。目前在生产领域普遍采用的是交流伺服系统驱动精密滚珠丝杠导轨副传动部件构成的伺服进给系统。在最新的一些高档电火花线切割机床上，还出现了精密光栅尺与直线电机驱动组成的闭环控制伺服进给系统。

5.6 微细切削加工技术

微细切削加工是指微小尺寸零件的切削加工技术。微细切削加工的主要方法有微细车削、微细铣削、微细磨削、微孔钻削等。目前切削加工技术可以达到极高的加工精度和极微细的尺寸，已经成为微细加工领域中的重要手段。

5.6.1 微切削加工机理

一般的金属材料是由直径为数微米到数百微米的晶粒构成的，在普通切削时，由于工件尺寸较大，允许的切削深度、进给量均较大，可以忽略晶粒本身大小而作为一个连续体来看待。

在微细切削时，由于工件尺寸很小，从强度和刚度上不允许有大的吃刀量，同时为保证工件尺寸精度的要求，最终精加工的表面切除层厚度必须小于其精度值，因此切屑极小，吃刀量可能小于晶粒的大小，切削在晶粒内进行，晶粒就被作为一个一个的不连续体来进行切削，这时切削不是晶粒之间的破坏，切削力一定要超过晶体内部非常大的原子、分子结合力，刀刃上所承受的切应力就急速地增加并变得非常大。

1. 切屑和表面形成

在微切削加工过程中，在切削刃前端的工件材料晶格发生变形，当储存在变形晶格中的变形能积累到一定程度时，原子开始重新排列以便释放储存在晶格中的变形能。但储存的变形能还不足以使全部原子都重新排列，随着刀具切削刃的向前行进，在靠近刀具和工件接触的工件表面上产生了晶格位错，位错沿着不同的滑移方向呈现出不连续交替运动的状态，这种状态与切削力产生的波动密切相关。当位错移向滑移面的时候，一些原子就有机会与其他原子在距离为几个原子大小的范围内接近，这时在位错之间的一些原子发生了轻微的移动，该过程是在晶格持续振动期间完成的。位错以图 5-26 所示的字形移向宏观剪切区，并通过剪切区到达自由表面。这样，一个原子层大小的切屑形成了。从晶格位错的产生和消失情况看，切屑像是被刀具平稳地移走了一样，而错位晶格则渗入切削刃底部的工件表面内。在切削刃走过后，所有渗入工件表面内的位错晶格开始向后移动并且最终在工件表面消失。由于工件材料本身具有弹性恢复功能，因此在工件表面形成了原子级的阶梯。残留在工件表面上的阶梯高度即可被认为是微切削加工过程中最终获得的表面粗糙度。

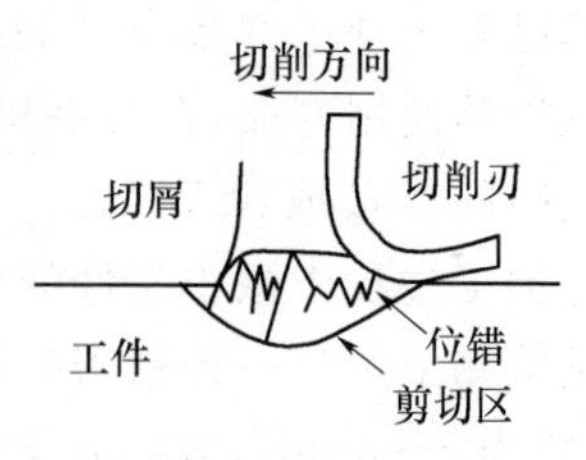

图 5-26　剪切区位错移动

2. 切削力

微切削时的切削力的幅值虽然不大，但其单位切削力却极大。与一般传统常规切削时切削力随着切削深度增加而增加不同，微细切削时，随着切削深度的增加切削力却在减小。而且在很小切深时切削力将急速上升。

微切削(尤其是在纳米级切削)中，切削力的物理模型必须同刀具刃口的亚微米结构结合起来才能在更多细节上进行分析。切削刃在纳米量级上可以有一个很大的负前角(与刃口半径 ρ 有关)，ρ 增大将使切削变形明显加大。在切削深度小于或等于 $1\mu m$ 时，ρ 造成的切削变形已占总切削变形的很大比例，ρ 值的微小变化将使切削变形产生很大变化，因此在切削深度很小的超微细切削时，应特别注意采用 ρ 值很小的锋锐刀具。

3. 切削温度

同传统的切削加工相比，超微细切削的温度是非常低的。这是由低的切削能量及金刚石刀具和工件的高导热性造成的。然而，由于加工尺度和刀具尺度的微小化，使得刀具上很小的温升就会导致刀杆的膨胀并引发加工精度的下降，切削温度通常被认为是决定刀具磨损率的主要因素。对于表面的形成来说，即使是刀具的微米级的损伤也是致命的。有证据表明，在金刚石的化学损伤中，温升是一个极为重要的因素。

5.6.2　微细车削

1. 微细车削工艺

1）刀具

微细车削一般采用金刚石刀具。用天然单晶金刚石刀具进行微细切削加工，如切削条件正常，无意外损伤，刀具的耐用度将很高。金刚石刀具的耐用度常以其切削长度表示，在正常切削条件下，可达几百千米。金刚石刀具的磨损可分为机械磨损、破损和碳化磨损。

金刚石车刀一般是把金刚石固定在小刀头上的，小刀头用螺钉或压板固定在车刀刀杆上。

实际使用中，金刚石刀刃会产生微小崩刃而不能继续使用，这主要是由切削时的振动或刀刃碰撞引起的，因此在使用金刚石刀具时要极其小心，同时设计刀具时应正确选择金刚石晶体方向，以保证刀刃有较高强度。

金刚石刀具的研磨和用钝后重磨是一项极为关键的技术。金刚石刀具的重磨，费用高而且不方便，因此目前已经出现了一次性使用的不重磨刀具。不重磨金刚石刀片结构如图5－27所示。金刚石钎焊在硬质合金片上，再用螺丝钉夹固在车刀杆上。刀片上的金刚石由制造厂研磨得很锋锐，切削用钝后不再重磨，使用的金刚石颗粒很小，价格比较便宜，适用于非大量生产的精密和超精密车削加工。

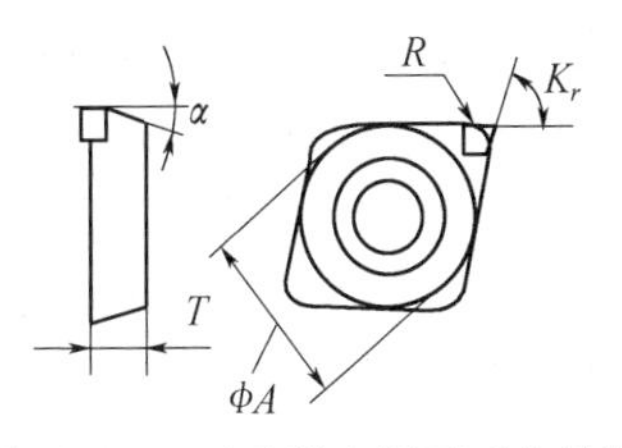

图 5－27　不重磨金刚石刀片结构

2）切削速度

微细车削要求得到极为光滑的加工表面和加工精度，这就要求刀具有极高的尺寸耐用度。刀具的磨损，将以已加工表面的质量是否下降超差为依据。金刚石刀具的尺寸耐用度高，切削时刀具的磨损很慢，因此微细切削时，切削速度将不受刀具耐用度的制约，这是与普通的切削规律不同的。

实际选择的切削速度，常根据所用机床的动态特性和工艺系统的动态特性选取，即选择振动最小的转速。因为在该转速时表面粗糙度值最小，加工质量最高。使用动特性好、振动小的精切设备可以使用高的切削速度，提高加工效率。

3）进给量和修光刃

为使加工表面粗糙度降低，微细车削时都采用很小的进给量，并且刀具带修光刃。修光刃可以减小加工的超光滑表面粗糙度值。但是，修光刃长度过长对减小加工表面粗糙度值的效果不大。实验表明，在微细车削时修光刃的长度一般取 0.05～0.10mm 较为适宜。

对有修光刃的金刚石车刀，加工时要精确对刀，使修光刃和进给方向一致。生产中常用显微镜来精确对刀。为易于对刀，可将修光刃制成曲率半径较大的圆弧刃，这种刀具使用方便，但制造较复杂。

4）刀刃锋锐度

刀刃锋锐度对加工表面质量有很大影响，刀刃锋锐度可用刀具刃口半径 ρ 来表征。ρ 是微细和超微细切削加工中的一个关键技术参数。ρ 值一般采用扫描电镜在放大 20000～30000 倍时测量。$\rho<0.1\mu m$ 时，可采用扫描探针显微镜测试。

超微细切削时，加工表面变质层必须严格加以控制。变质层厚度和变形程度与刀刃锋锐度有关：刀刃锋锐度不同时，加工表面变质层的冷硬和显微硬度有明显差别；刀刃锋锐度较锋锐情况下，加工表面仍有较大的冷硬存在，在要求变质层很小的情况下，应努力使刀具研磨得更锋锐。

微切削加工表面层的残余应力，不仅影响材料的疲劳强度和耐磨性，也影响加工零件的前期尺寸稳定性。有关实验表明：用较锋锐（$\rho=0.3\mu m$）与稍钝的（$\rho=0.6\mu m$）金刚石车刀切削时，前者比后者加工表面残余应力要低得多；切削深度减小可使残余应力减小，但当切削深度减小到某临界值时，再继续减小切削深度，却使加工表面应力增大。

目前常用的金刚石刀具的刀刃锋锐度 $\rho=0.2\sim0.3\mu m$，最小切削厚度可达 0.03～0.15μm；经过精心刃磨的刀具可达 $\rho=0.1\mu m$，最小切削厚度可达 0.014～0.026μm。若需加工切削厚度为 1nm 的工件，刀具刃口半径必须小于 5nm，而目前对这种极为锋利的金刚石刀具的刃磨和应用都非常困难。

5）积屑瘤与工作液

积屑瘤的产生对加工表面粗糙度影响极大。实验表明，切削速度、进给量和背吃刀量会直接影响积屑瘤的生成及积屑瘤的高度。刀刃的微观缺陷会直接影响积屑瘤的高度，有微小崩刃的积屑瘤高度较高。普通切削软钢时，积屑瘤可增加刀具实际前角，故积屑瘤增大可使切削力下降；微细切削时的规律正相反，积屑瘤大时切削力大，积屑瘤小时切削力小。

要减小表面粗糙度值，应消除或减小积屑瘤，使用合理的工作液可达到此目的。加工硬铝时，用航空煤油为工作液，可明显降低表面粗糙度值；加工铝合金和纯铜时，用酒精或煤油为工作液，这两种工作液效果都很好，可任意选用；加工黄铜时，用切削液无明显效果，低速时加工表面粗糙度值不大，故加工黄铜可不用工作液。

2. 微细切削车床

日本通产省工业技术院机械工程实验室 MEL 于 1996 年开发了世界上第一台微型化的机床——微型车床（图 5 - 28），其规格为长 32mm，宽 25mm，高 30.5mm，质量为 100g。主轴电机额定功率为 1.5W，转速为 10000r/min。

图 5 - 28　微型车床

图 5 - 29 所示为日本金沢大学研制的一种微细车床系统，由微细车床、控制单元、光学显微装置和监视器组成。

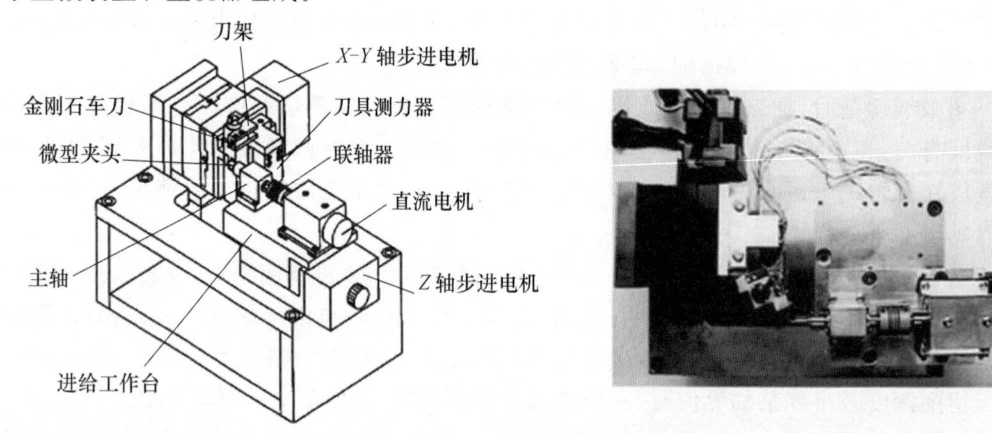

图 5 - 29　一种微细车床系统

该机床的主要性能参数：主轴功率 0.5W；转速为 3000～15000r/min，无级连续变速；径向跳动 1μm 以内；装夹工件直径 0.3mm；X、Y、Z 轴的进给分辨率为 4nm。因为工件的直径很小，车削时沿 $X-Y$ 方向移动的幅度不大，所以令刀架沿 $X-Y$ 移动。工件装在主轴前的微型夹头上，如图 5-30 所示。

在该系统中采用了一套光学显微装置来观察切削状态，还配备了专用的工件装卸装置。主轴用 2 个微型滚动轴承支承，由直流电机带动主轴旋转。主轴装在 Z 轴驱动滑台上，沿 Z 方向进给。刀架固定不动，车刀与工件的接触位置是固定的，以便于用光学显微装置观察。驱动主轴的微电机通过弹性联轴器与主轴联接。

图 5-31 所示是微刀架装置。刀轴安装在刀架上，通过微操作使其能够转位。对于微细车削端面、圆柱面、槽、锥形面等各种形状的加工，则可通过变换刀尖刃在空间的方向和位置，以适应不同类型零件的切削工艺要求。

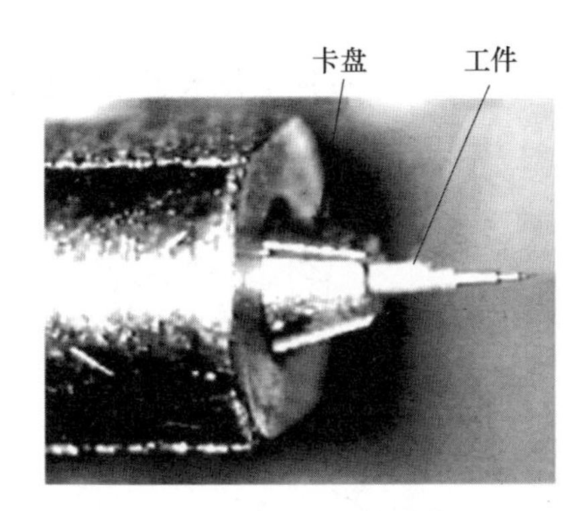

图 5-30 主轴微卡盘与工件

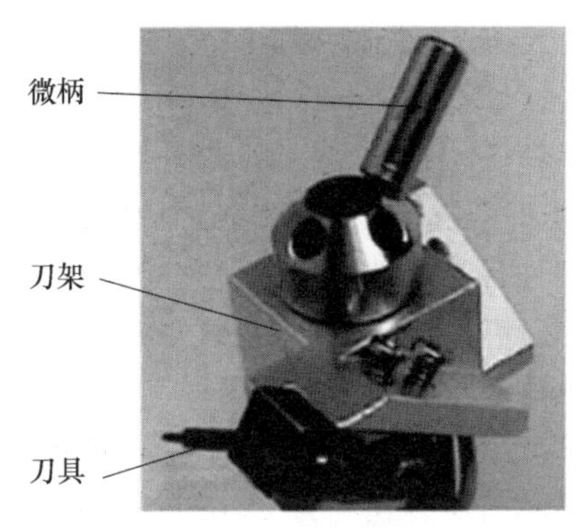

图 5-31 微刀架

可借用扫描隧道显微镜 STM 的金刚石探针头作为微细车削刀具头，三角棱锥形金刚石颗粒的刀头装在直径为 0.25mm 的刀杆上。从图 5-32 中可清楚地看到刀杆尖端的单晶金刚石刀头的刃口。

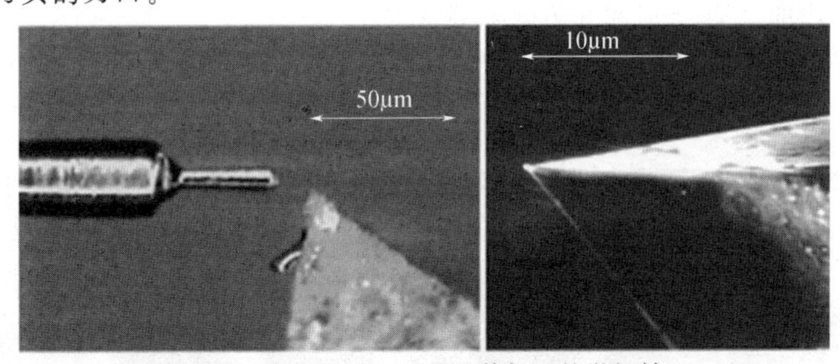

图 5-32 金刚石刀具及其加工的微细轴

由于以下两方面的原因，制约了车削加工的进一步微细化：一是车床的精度，包括主轴回转精度和进给分辨率、车刀刀尖半径、在线测量精度等；二是车削中存在切削力，使轴在车削时产生挠曲变形。因此车削微细轴应解决好以下问题：提高主轴的回转精度，径向跳动应限制在 1μm 以内；提高进给分辨率，实现纳米级进给；微细加工车刀的制备，刀尖半径达到纳米级；引入在线显微观测手段；提高切削力的测量精度，建立精确的切削力—挠曲变形数学模型，对切削力产生的挠曲变形实施有效补偿。

微细切削加工车床并非机床的尺寸越小，加工出的工件尺度就越小、精度就越高。微细车床的发展方向，一方面是微型化和智能化，另一方面是提高系统的刚度和强度，以便于加工硬度比较大、强度比较高的材料。

5.6.3 微细铣削

铣削是最常用的机械加工方法之一。在微结构制作及材料去除加工中，微细铣削加工技术已经表现出极强的发展潜力，可以获得较高的加工效率和表面质量。尤其是在复杂微三维结构的加工中，微细铣削加工方法更具有其独特优势。采用硅微加工和 LIGA 制造技术进行微曲面轮廓加工是很困难的，微细铣削是对光刻、半导体平面硅工艺及 LIGA 技术等微细加工工艺的一种补充，特别是当加工比较大的复杂结构（大于 10μm）时，微细铣削加工更为有利。

1. 微细铣削刀具

微细铣刀的制作技术可谓微细铣削的难点之一。采用离子束加工技术制作微细铣刀是一种可行的方法。在真空条件下，将离子源产生的离子束经加速聚焦，形成高速离子束流，打击到刀具材料上进行加工。它是靠离子撞击产生变形、破坏等方式进行微机械加工，而不是靠动能转化成热能来去除材料的。

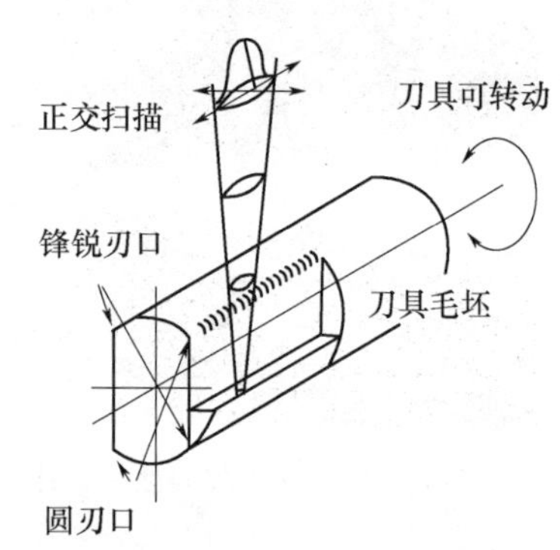

图 5-33 离子束加工方法制作微细铣刀

如图 5-33 所示，离子束可进行正交扫描，刀具毛坯前端直径约为 25μm，后端直径可较大。先沿前端圆柱面离子铣削出长 90μm、径向切深 5μm 的微小刻面，该面与圆柱体端面竖直中心线成 7°角，实际上加工出了一个后刀面，切穿则可形成锋锐刃口。图 5-34 所示为美国 Sandia 国家实验室和路易斯安那州技术大学微制造学院用此方法加工出的 2 刃、4 刃和 6 刃微细端铣刀。

除了离子束加工技术外，还可采用冶金成形、LIGA 工艺等方法来制作微细加工工具或工具毛坯，也可用这几种方法的组合来制作微细工具。

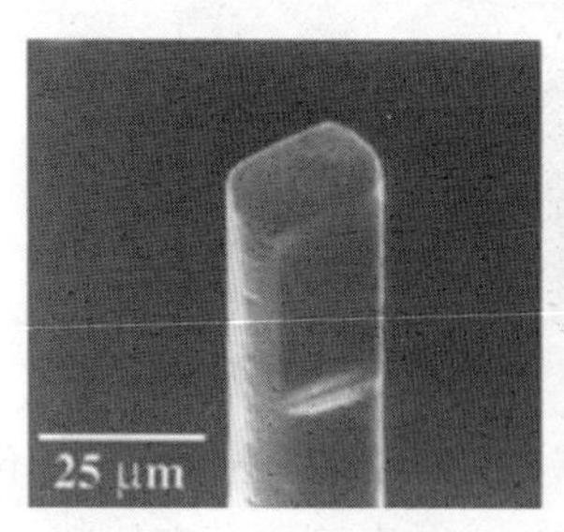

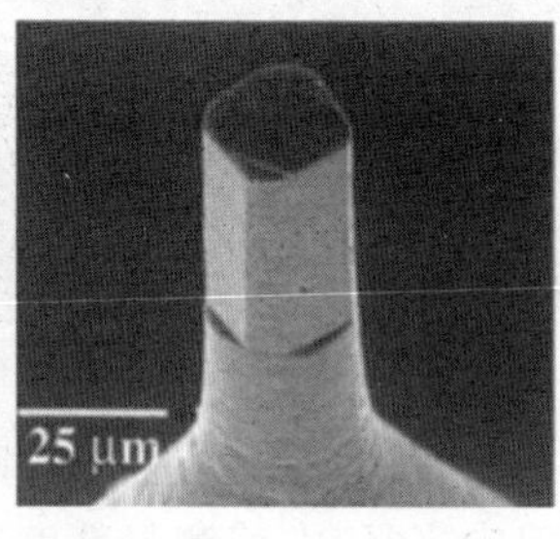

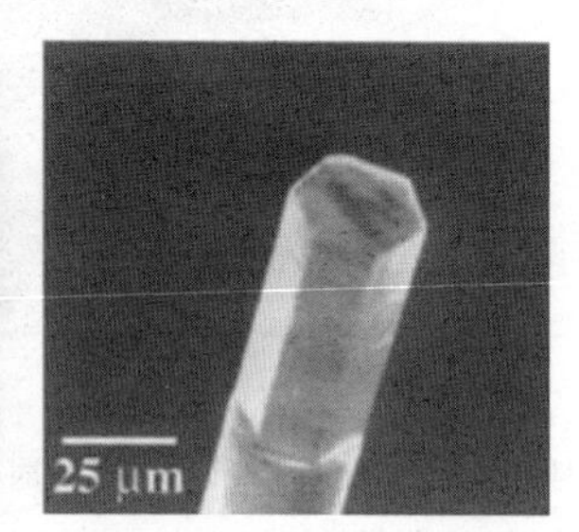

图 5-34 离子束加工出的 2 刃、4 刃、6 刃微细端铣刀

用上述微细铣刀可对不同材料进行微细切削加工。美国 Sandia 国家实验室在 PMMA（聚甲基丙烯酸甲脂，有机玻璃）、6061－T4 铝合金、黄铜和 4340 钢不同材料上成功地加工出槽等微结构。

2. 微细铣床

FANUC公司和有关大学合作研制的车床型超精密铣床(图5-35),在世界上首次用切削方法实现了自由曲面微细加工,这种超精密切削加工技术使用切削刀具,可对包括金属在内的各种可切削材料进行微细加工,而且可利用CAD/CAM技术实现三维数控加工,具有生产率高、相对精度高的优点,为光刻技术领域中的微细加工技术,如半导体平面硅工艺、LIGA工艺等技术所不及。

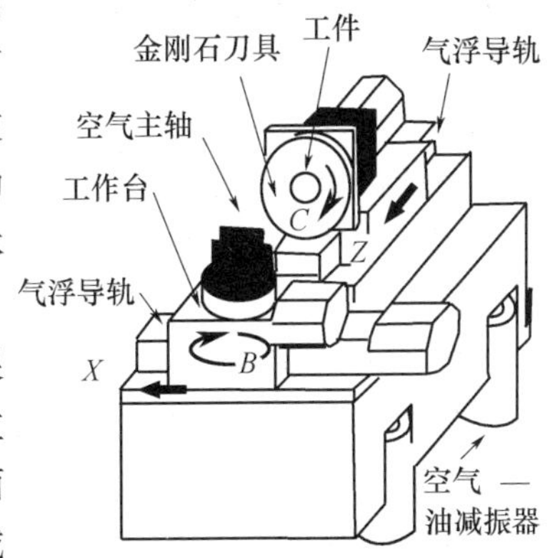

图5-35 车床型微细铣床

该机床是在X、Z、C三轴控制车床上附加了一根可绕Y轴回转的B轴,用于调整刀具轴线的空间位置。机床底座使用空气一油减振器,以隔离来自地面的振动和吸收机床自身发生的振动,使静态振幅衰减到纳米量级。机床的X、Z两轴采用气浮导轨,B、C两轴采用径向推力气静压轴承。工作台的导向结构为方形导轨,动力传递采用面节流型空气静压丝杠螺母副。螺母与工作台的滑动部件做成一体,丝杠与伺服电机作成一体,伺服电机采用空气轴承。转子与定子之间的间隙也用静压空气维持,B轴由空气蜗轮驱动,回转工作台的动力传递由表面涂覆固体润滑材料的蜗轮蜗杆副完成。利用编码器实现工作台位置的全闭环控制,编码器分辨率为(64×10^6)脉冲/r。微细切削工具采用单晶金刚石球头立铣刀。

机床的主要性能如下:X、Z轴的最小分辨率为1nm,C、B轴的最小分辨率分别为0.0001°和0.00001°,当主轴的最大供气压力为6MPa时,回转速度为55000r/min。

5.7 薄膜气相沉积技术

薄膜制备方法很多,归纳起来有如下几种:气相方法制膜,包括物理气相沉积和化学气相沉积;液相方法制膜,包括化学镀、电镀、浸喷涂等;其他方法制膜,包括喷涂、涂敷、压延、印刷、挤出等。

以下主要介绍气相方法中的物理气相沉积和化学气相沉积两种薄膜制备技术。

5.7.1 物理气相沉积

物理气相沉积(Physical Vapor Deposition,PVD)指的是利用某种物理过程,如物质的热蒸发或在受到粒子束轰击时物质表面原子的溅射等现象,实现物质从源物质到薄膜的原子可控的转移过程。主要工艺方法有蒸发法、溅射法、离子镀、反应蒸发沉积、离子束辅助沉积和离化原子团束沉积等,其中最为基本的两种方法是蒸发法和溅射法。

特点:需要使用固态的或者熔化态的物质作为沉积过程的源物质;源物质要经过物理过程成为气相;需要相对低的气体压力环境;在气相中及衬体表面不发生化学变化。

1. 蒸发法

蒸发法是指固态或液态材料被加热到足够高温度时会发生汽化,由此产生的蒸汽在较冷的基体上沉积下来就形成了固态薄膜。这种蒸发成膜的方法简单、方便,具有较高的沉积速度和较高的真空度，由此导致薄膜的质量也较好，因而目前应用仍然最为广泛。

蒸发镀膜过程可以分3个阶段：①从蒸发源（通常指蒸发镀膜中对膜材加热的装置）开始的热蒸发；②蒸发料原子或分子从蒸发源向基片转移；③蒸发料原子或分子沉积在基片上。

蒸发法的原理如图5-36所示。在蒸发过程中，将欲沉积在基底上的物质放在坩埚内加热到熔融温度以上。由于热能的作用，加之液体中的结合力较低，一些原子通过蒸发便离开了熔化物，沉积到基底上，在基底上凝结形成薄而均匀的薄膜。这个过程是在压力为10^5～10^2Pa的真空室内进行的。在这个压力范围内，粒子的平均自由轨迹超过了真空室的内部尺寸，因此与其他气体的无用碰撞几乎为0，这样沉积过程就能在良好的控制条件下进行。蒸发过程无论从理论上还是技术上都得到了充分认识，是一种较成熟的方法。

在集成电路制造工艺中，常用这种方法在基片上沉积铝或铝合金等熔点较低的材料，作为电极或连线，对器件进行金属化。

2. 溅射法

溅射法是利用带有电荷的离子在电场中加速后具有一定动能的特点，将离子引向欲被溅射的靶电极。在离子能量合适的情况下，入射的离子将在与靶表面的原子的碰撞过程中使后者溅射出来。这些被溅射出来的原子将带有一定的动能，并且会沿着一定的方向射向衬底，从而实现在衬底上薄膜的沉积。

在图5-37所示的真空系统中，靶材是需要溅射的材料，它作为阴极，相对于阳极的衬底加有几千伏的电压。阳极是可以接地的，也可以处于浮动电位或是处于一定的正、负电位。在对系统预抽真空以后，充入适当压力的惰性气体，例如，Ar作为气体放电的载体，压力一般处于0.1～10Pa的范围内。在正负电极高压的作用下，极间的气体原子将被大量电离。电离过程使Ar原子电离为Ar^+离子和可以独立运动的电子，其中电子飞向阳极，而带正电荷的Ar^+离子则在高压电场的加速作用下高速飞向阴极的靶材，并在与靶材的撞击过程中释放出其能量。离子高速撞击的结果之一就是大量的靶材原子获得了相当高的能量，使其可以脱离靶材的束缚而飞向衬底。

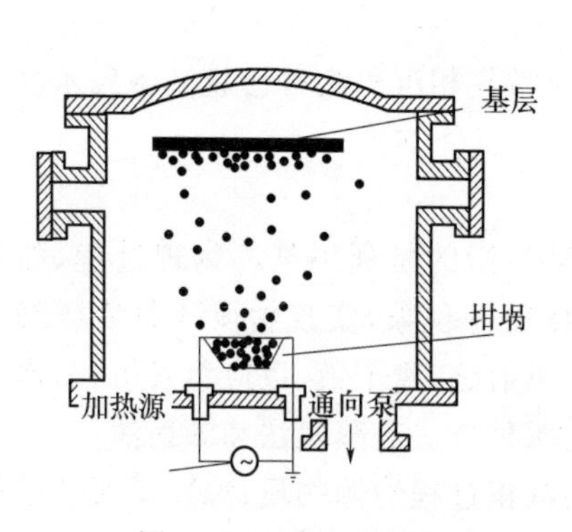

图5-36 真空蒸发法

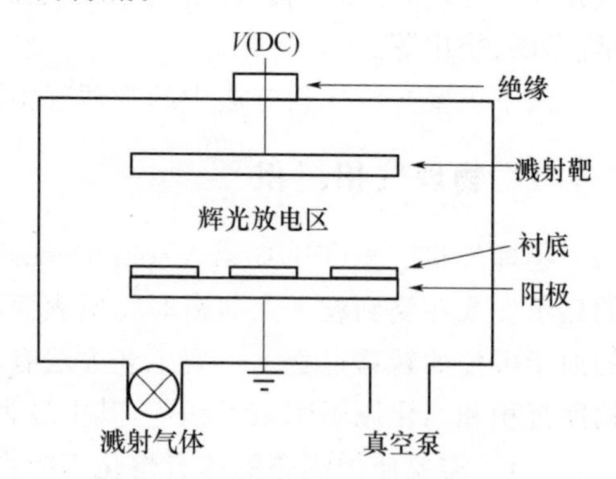

图5-37 直流溅射沉积装置的示意图

溅射法易于保证所制备薄膜的化学成分与靶材基本一致，这一点对于蒸发法来说是很难做到的。溅射法与蒸发法在保持确定的化学成分方面产生巨大差别的原因可以归纳为以下两点。

(1) 与不同元素溅射产额相比,元素间在平衡蒸气压方面的差别太大。例如,在1500K时,易于蒸发的硫元素的蒸气压可以比难熔金属的蒸气压高10个数量级以上。而相比之下,它们在溅射产额方面的差别则要小得多。

(2) 更为重要的是,在蒸发的情况下,被蒸发物质多处于熔融状态。这时,源物质本身将发生扩散甚至对流,从而表现出很强的自发均匀化的倾向。在持续的蒸发过程中,这将造成被蒸发物质的表面成分持续变动。相比之下,溅射过程中靶物质的扩散能力较弱。

由于溅射产额差别造成的靶材表面成分的偏离很快就会使靶材表面成分趋于某一平衡成分,从而在随后的溅射过程中实现一种成分的自动补偿效应,即溅射产额高的物质已经贫化,溅射速率下降;而溅射产额低的元素得到了富集,溅射速率上升。其最终的结果是,尽管靶材表面的化学成分已经改变,但溅射出来的物质成分却与靶材的原始成分相同。

溅射法使用的靶材可根据材质分为纯金属、合金及各种化合物。金属与合金靶材通常可用冶炼法或粉末冶金法制备,其纯度及致密性较好;化合物靶材多采用粉末热压法制备,其纯度及致密性往往要稍逊于前者。溅射法根据其特征分为直流溅射,射频溅射,磁控溅射,反应溅射,偏压溅射。

与受热过程相比,溅射法有两个优点:一是被溅射的粒子的动能是受热过程中的10~100倍,在基底上形成的膜的黏结力也比蒸发形成的膜的黏结力大得多;另一个优点是靶材料不必被加热,因此耐火材料如钽、钨或陶瓷等也可用于溅射过程。溅射法的主要缺点是沉积速度较低。

表5-2所列为溅射法与蒸发法的比较。

表5-2 溅射法与蒸发法的原理及特性比较

蒸发法	溅射法
沉积气相的产生过程	
(1) 原子的热蒸发装置。 (2) 低的原子动能(温度1200K时约为0.1eV)。 (3) 较高的蒸发速率。 (4) 蒸发原子运动具方向性。 (5) 发生元素贫化或富集,部分化合物有分解倾向。 (6) 蒸发纯度较高	(1) 离子轰击和碰撞动量转移机制。 (2) 较高的溅射原子能量2~30eV。 (3) 稍低的溅射速率。 (4) 溅射原子运动具方向性。 (5) 可保证合金成分,但有的化合物有分解倾向。 (6) 靶材纯度随材料种类而变化
气相过程	
(1) 高真空环境。 (2) 蒸发原子不经碰撞直接在衬底上沉积	(1) 工作压力稍高。 (2) 原子沉积前要经过多次碰撞

3. 离子镀

离子镀(Ion Plating)使用蒸发方法提供沉积用的物质源,同时在沉积前和沉积中采用高能量的离子束对薄膜进行溅射处理。由于在这一技术中同时采用了蒸发和溅射两种手段,因而在装置的设计上需要将提供溅射功能的等离子体部分与产生物质蒸发的热蒸发部分分隔开来。离子镀装置的示意图如图5-38所示。

在沉积开始之前，先在2～5kV的负偏压下对衬底进行离子轰击，其作用是对衬底表面进行清理，清除其表面的污染物。紧接着，在不间断离子轰击的情况下开始蒸发沉积过程，但要保证离子轰击产生的溅射速度低于蒸发造成的沉积速度。在沉积层初步形成之后，溅射可以持续下去，但也可以停止离子的轰击和溅射。

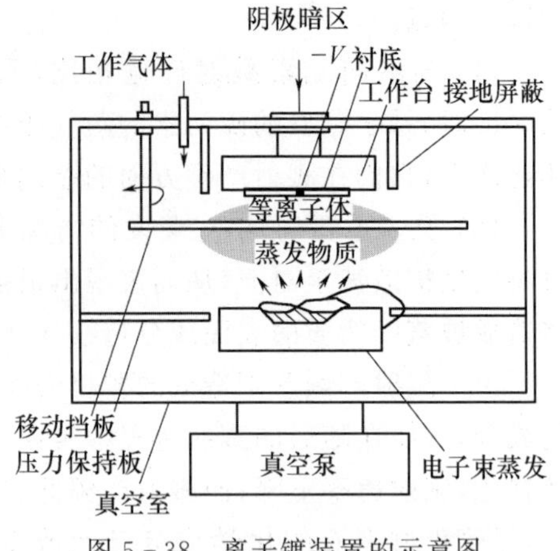

图5-38 离子镀装置的示意图

离子镀的主要优点在于它所制备的薄膜与衬底之间具有良好的附着力，并使薄膜结构致密。这是因为，在蒸发沉积之前以及沉积的同时采用离子轰击衬底和薄膜表面的方法，可以在薄膜与衬底之间形成粗糙洁净的界面，并形成均匀致密的薄膜结构和抑制柱状晶生长，其中前者可以提高薄膜与衬底间的附着力，而后者可以提高薄膜的致密性，细化薄膜微观组织。离子镀的另一个优点是它可以提高薄膜对于复杂外形表面的覆盖能力。这是因为，与纯粹的蒸发沉积相比，在离子镀过程中，原子将从与离子的碰撞中获得一定的能量，同时加上离子本身的轰击等，这些均造成原子在沉积至衬底表面时具有更高的动能和迁移能力。

离子镀主要的应用领域是制备钢及其他金属材料的硬质涂层，比如各种工具耐磨涂层中广泛使用的TiN、CrN等。在制备这些涂层的反应离子镀（Reactive Ion Plating，RIP）中，电子束蒸发形成的Ti、Cr原子束在Ar-N_2等离子体的轰击下反应形成TiN或CrN涂层。这一技术被广泛用来制备氮化物、氧化物以及碳化物涂层。

5.7.2 化学气相沉积

化学气相沉积（Chemical Vapor Deposition，CVD）是指在一定温度条件下，在容器中通以气相状态的、用以构成薄膜材料的化学物质，使其与加热了的基体表面进行高温化学反应，使气体中某些成分分解，并在基体表面沉积金属或化合物膜层的过程。高温下的气相化学反应，例如金属卤化物、碳氢化合物等的热分解，氢还原或使它的混合气体在高温下发生化学反应以析出金属、氧化物、碳化物等无机材料。

CVD技术特征：高熔点物质能够在低温下合成；析出物质的形态有单晶、多晶、晶须、粉末、薄膜等多种；不仅可以在基片上进行涂层，而且可以在粉体表面涂层；能有效地控制薄膜的化学成分，薄膜的纯度高、致密性好；可以一次对大量基片进行镀膜，适于批量生产；运转成本较低；与其他相关工艺具有较好的相容性。

化学气相沉积的主要缺点是：反应温度太高，一般要在1000℃左右，使许多基体材料都受不住化学气相沉积的高温，因此限制了它的应用范围。

化学气相沉积过程是一个涉及反应热力学和动力学的复杂过程，实际反应中的动力学问题包括反应气体对表面的扩散、反应气体在表面的吸附、在表面的化学反应和反应副产物从表面解吸与扩散等过程。

CVD工艺大体分为两种：一种是使金属卤化物与含碳、氮、硼等的化合物进行气相反应；另一种是使加热基体表面的原料气体发生热分解。

化学气相沉积法制备薄膜的过程，可以分为以下几个主要阶段。

(1) 反应气体向基片表面扩散。

(2) 反应气体吸附于基片表面。

(3) 在基片表面上发生化学反应。

(4) 在基片表面上产生的气相副产物脱离表面而扩散掉或被真空泵抽走，从而在基片表面留下不挥发的固体反应产物——薄膜。

化学气相沉积方法有多种，如常压化学气相沉积(NPCVD)、等离子增强型化学气相沉积(PECVD)及金属有机物化学气相沉积(MOCVD)等。图5-39所示是常压化学气相沉积装置的原理示意图，它主要由反应室、气体控制系统、衬底加热器和尾气回收系统等组成。反应气体进入反应器后，与基片表面发生化学反应生成所需要的薄膜。气体的成分与纯度、混合比例、流动方向以及整个系统的清洁度等将直接影响所沉积薄膜的均匀性和致密性。

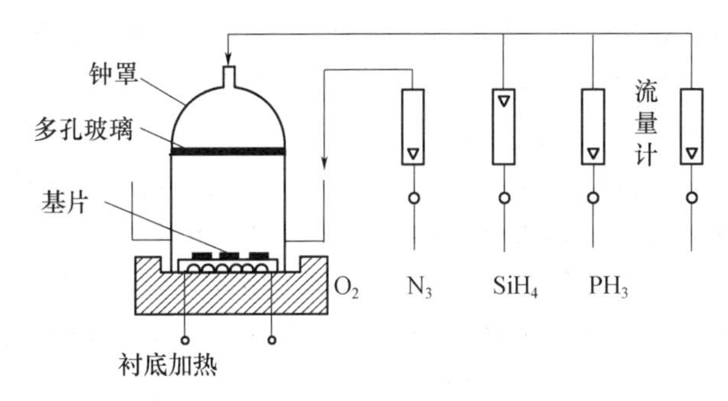

图5-39 常压化学气相沉积装置的原理示意图

在材料发生化学反应时，用射频诱发等离子体，以提供反应能，这种化学气相沉积方法称为等离子增强型化学气相沉积(PECVD)。典型的常压CVD过程需要在600℃以上的高温下进行，而许多基底材料或基底上的精细结构都难以承受如此高的温度，此时应用PECVD就比较合适了，它可以在300℃的较低温度下完成薄膜沉积。在PECVD过程中，原料气体处于等离子体状态，变成了化学上非常活泼的激发态分子、原子、离子和原子团来促进化学反应。

PECVD装置的原理如图5-40所示，它主要由反应室、真空系统、射频电源、气体控制系统和尾气回收系统等组成。在两块平行的不锈钢板上施加高频电场，上极板加高压，下极板接地并可旋转。低压原料气体输入到真空室内，极板通电使其成为等离子体状态，通过化学反应使其沉积在基片上。这种情况下的处理温度可降至300℃以下，层厚可达10μm，在最优反应控制下表面质量与基底材料表面质量可以达到一致。在低压区复杂形状的零件表面也可以被均匀覆盖。这种方法有利于批量生产，近年来发展很快，已进入实用化阶段。其缺点是可能会在薄膜表面混有较多的氢，导致晶片的化学性能

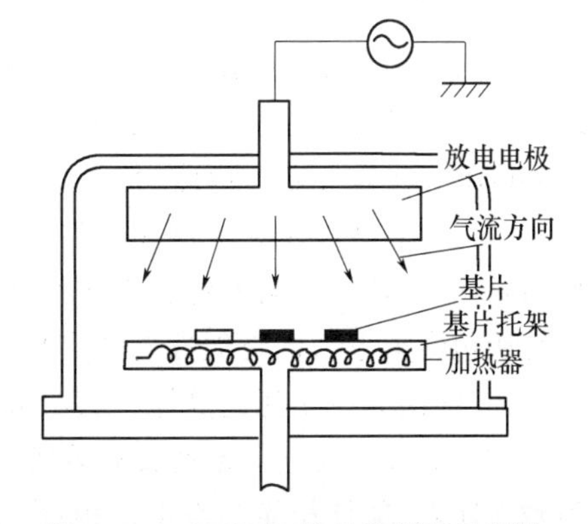

图5-40 PECVD装置的原理示意图

和电性能下降。

5.7.3 薄膜在机械工程中的应用

现代科学技术对机械部件提出的综合性能要求往往超出了单一材料可以达到的性能范围。例如对于在高温环境中使用的部件，除了要求其具有高的高温强度之外，还要求它具有良好的抗高温氧化、腐蚀、冲刷和磨损的能力。对于在剧烈磨损环境中使用的工具，则对其在高温强度、韧性、耐磨性等方面都提出了比以前更高的要求。单一的材料往往不可能满足上述的所有性能要求，而采用综合方法制备的材料组合则可以有效地发挥各种材料的优点，同时避免其各自的局限性。

耐磨及防护涂层技术的采用可以有效地降低各类部件的机械磨损、化学腐蚀及高温氧化倾向，从而延长其使用寿命。涂层材料涉及各种氧化物、碳化物、氮化物、硼化物陶瓷（如 Al_2O_3，SiC，TiN，WC，TiB_2 等）、某些合金材料或金属间化合物（如 CoCrAlY，NiAl，TiAl 等）。上述材料的共同特点是它们一般均具有很高的硬度和熔点，耐磨性和耐化学腐蚀性能良好，因而可以被应用在需要耐磨涂层的机械零件上。

机械涂层的主要应用有以下 4 方面。

(1) 耐磨涂层。目的是减少零件的机械磨损。因而一般涂层均是由硬度极高的材料制成的，其典型例子是各种切削刀具、模具、工具和摩擦零件的 TiN 和 TiC 涂层。

(2) 耐热涂层。广泛应用于燃气涡轮发动机等需要在较高温度中使用的机械部件的耐热保护方面，其作用一是要降低部件的表面氧化倾向，二是要降低或部分隔绝部件所要承受的热负荷，从而延长部件的高温使用寿命。

(3) 防腐涂层。用于保护受化学腐蚀性气体或液体侵蚀的工件，应用领域包括石油化工、煤炭气化以及核反应堆的机械部件涂层方面。

(4) 装饰涂层。装饰涂层是在金属、塑料、玻璃、陶瓷等表面镀多种金属、化合物膜，起到装饰美观的效果。

5.8 纳米加工技术

5.8.1 纳米技术

$1nm=10^{-9}m$。一般人类头发丝的直径为 70～100μm，即为 $7\times10^4\sim10^5$ nm。氢原子的直径为 0.1nm，一般金属原子直径为 0.3～0.4nm。当微粒达到纳米量级（0.1～100nm）时，会具有如下特性。

(1) 量子尺寸效应。光、电、磁、热、声及超导电性与宏观特性显著不同，例如，纳米微粒的磁化率、比热容与所包含电子奇偶性有关，光谱线的频移、催化性质、介电常数变化等也与所包含电子数的奇偶性有关。例如，纳米 Ag 微粒在热力学温度为 1K 时出现量子尺寸效应（即由导体变为绝缘体），其临界尺寸为 20nm。

(2) 小尺寸效应。光吸收显著增加，并产生吸收峰的等离子共振频移；磁有序态转变为磁无序态；超导相能变为正常相；声子谱发生变化等。

(3) 表面和界面效应。纳米微粒由于尺寸小，表面积大，表面能高，位于表面的原子占相当大的比例。这些表面原子处于严重的缺位状态，因其活性极高，极不稳定，很容易与其他原子结合，从而产生一些新的效应。

(4) 宏观量子隧道效应。微观粒子具有贯穿势垒的能力，称为隧道效应。近年来，人们发现一些宏观量子如微颗粒的磁化强度、量子相干器件中的磁通量等也具有隧道效应，称之为宏观量子效应。量子尺寸效应、宏观量子隧道效应将会是未来微电子器件的基础，或者可以说它确立了现有微电子器件进一步微型化的极限。

研究表明，当微粒尺寸小于100nm时，由于以上所说的特性，物质的很多性能将发生质变，从而呈现出既不同于宏观物体，又不同于单个独立原子的奇异现象：熔点降低，气压升高，活性增大，声、光、电、磁、热、力学等物理性能出现异常。

因此，纳米技术通常就是指在纳米级上研究物质(包括原子、分子)的特性和相互作用(主要是量子特性)，以及利用这些特性的多学科交叉的科学与技术。根据纳米科技与传统学科领域的结合，可将纳米科技细分为纳米材料学、纳米电子学、纳米生物学、纳米化学、纳米机械学与纳米加工等。

纳米科技的首要任务就是要通过各种手段，如微细加工技术和扫描探针技术等来制备纳米材料或具有纳米尺度的结构；其次借助许多先进的观察测量技术与仪器来研究所制备纳米材料或纳米尺度结构的各种特性；最后根据其特殊的性质来进行有关的应用。所以，从一定程度上来讲，纳米材料、纳米加工制造技术以及纳米测量表征技术构成为纳米科技发展的3个非常重要的支撑技术。

5.8.2 纳米加工机理与关键技术

要达到1nm的加工精度，加工的最小单位必然在亚微米级。由于原子间的距离为0.1～0.3nm，纳米级加工实际上已到加工精度的极限。纳米级加工的物理实质就是要切断原子间的结合，实现原子或分子的去除。各种物质是以共价键、金属键、离子键或分子结构形式结合而组成的，要切断这种结合所需的能量，必然要求超过该物质的原子或分子间结合能，因此所需能量密度很大。在机械加工中刀具材料的原子间结合能必须大于被加工材料的原子间结合能。

纳米级加工技术包括切削加工、化学腐蚀、能量束加工、复合加工、扫描隧道显微技术加工等多种方法。传统的切削、磨削方法的能量密度较小，实际上是利用原子、分子或晶体间的缺陷而进行加工的，用这种方法实现切断原子间的结合是十分困难的。因此，直接利用光子、电子、离子等基本能子的加工，必然是纳米加工的主流。纳米加工的关键技术如下。

(1) 检测技术。纳米级加工要求达到极高的加工精度，使用基本能子进行加工时，如何进行有效的控制以达到原子级的去除，是实现纳米级加工的关键。常规的机电测量仪在纳米级检测中，一方面受分辨率和测量精度的局限，达不到预期精度；另一方面还会损伤被检测元件表面，因此必须采用其他技术。现在纳米级测量技术主要有两个发展方向：一是光干涉测量技术，如双频激光干涉测量、激光外差干涉测量、X射线干涉测量、衍射光栅尺测量；二是扫描显微测量技术，如扫描隧道显微镜(STM)、原子力显微镜(AFM)、磁力显微镜(MFM)、激光力显微镜(LFM)、静电力显微镜(EFM)、光子扫描隧道显微镜(PSTM)等。

(2) 环境条件控制。纳米加工对环境的要求较高,必须在恒温、恒湿、防振、超净环境下进行。空气中的尘埃可能会划伤被加工表面,从而达不到预期效果,因此要进行空气洁净处理。振动对加工表面质量影响也很大。加工设备必须安装在带防振沟和隔振器的防振地基上。

(3) 机床及工具。纳米加工时对机床的基本要求有以下几点。

① 高精度。要求机床有高精度的进给系统,实现无爬行的纳米级进给;有回转运动时,需保证有纳米级的回转精度。

② 高刚度。要求机床具有足够高的刚度,以保证工件和加工工具之间相对位置不受外力作用而改变。

③ 高稳定性。要求设备在使用过程中应能长时间保持高精度,抗干扰、抗振动、良好的耐磨性,稳定工作。

对于加工工具来说,如果具有固定形状,则要求工具必须具有纳米级的表面粗糙度和极小的刀尖圆弧半径,否则必须采用高能密度的束流加工。

5.8.3 纳米级加工精度

作为一种加工方法,纳米级加工同样存在精度的表征问题。常包括以下 3 个方面:纳米级尺寸精度、纳米级几何形状精度和纳米级表面质量。

(1) 纳米级尺寸精度。

① 较大尺寸构件的绝对精度很难达到纳米级。零件材料的稳定性、内应力、重力等内部因素造成的变形以及外部环境温度变化、气压变化、振动、粉尘和测量误差等都将导致产生尺寸误差。因此现在的长度基准不采用标准尺寸为基准,而是采用光速和时间作为长度基准。

② 较大尺寸构件的相对精度或重复精度可以达到纳米级。如某些特高精度轴和孔的配合、超大规模集成电路制造过程中要求的重复定位精度等。目前使用的激光干涉测量和 X 射线干涉测量法等都可以达到埃级的测量分辨率和重复精度,可以满足此类要求。

③ 微小尺寸构件的加工可以达到纳米级。这是精密机械、微型机械和超微型机械中常遇到的问题。无论是加工还是测量都需要更深入的研究。

(2) 纳米级几何形状精度。纳米级几何形状精度是精密机械、微型机械中常遇到的问题。如精密轴和孔的圆度和圆柱度;精密球(如陀螺球、计量用标准球)的球度;制造集成电路用的的单晶硅基片的平面度;光学透镜、反射镜的平面度、曲面形状等。这些精密零件的几何形状精度将直接影响其工作性能和使用效果,在纳米级尺度的加工与检测中,其几何形状精度必须在纳米级。

(3) 纳米级表面质量。表面质量不仅仅是指它的表面粗糙度,其表层的物理力学状态将更为重要。如制造大规模集成电路用的单晶硅基片,不仅要求很高的平面度、很低的表面粗糙度值和无划伤,更要求其表面无(或很少)变质、无表面残余应力、无组织缺陷;高精度反射镜的表面粗糙度和变质层影响其反射率;精密机械、微型机械和超微型机械的零件对其表面质量亦有严格的要求。

5.8.4 基于扫描探针显微镜的纳米加工

扫描探针显微镜(Scanning Probe Microscope,SPM)的发明与应用极大地促进了纳米加工技术的实用化进程。各类扫描探针显微镜都是在扫描隧道显微镜(Scanning Tunneling Microscope,STM)的基础上发展起来的,如原子力显微镜(Atomic Force Microscope,AFM)、扫描力显微镜(Scanning Force Microscope,SFM)、弹道电子发射显微镜(Ballistic Electron Emission Microscope,EEM)、扫描近场光学显微镜(Scanning Nearfield Optical Microscope,SNOM)等。这些显微技术都是利用探针与样品的不同类型的相互作用,如电的相互作用、磁的相互作用、力的相互作用等,来探测表面或界面在纳米尺度上表现出的物理性质和化学性质,为纳米级加工提供了有力手段。

1. 扫描隧道显微镜的工作原理

1981 年,IBM 瑞士苏黎士实验室的两位科学家 G. Binnig 和 H. Rohrer 利用电子隧道效应发明了 STM 并清晰地得到了 Si[111]表面的原子排列结构。STM 与光学显微镜、电子显微镜等有很大不同,不需要任何的光学透镜和电子透镜,能达到极高的分辨率。它的出现使人类第一次能够实时地观察单个原子在物质表面的排列状态和与表面电子行为有关的物理、化学性质。目前,除了进行纳米级检测外,STM 还在单原子操纵、组装等方面发现了更为有效的应用潜力。STM 的发明被公认为 20 世纪 80 年代世界十大科技成果之一,它的发明者也因此而获得 1986 年诺贝尔物理学奖。

STM 的基本原理是利用量子理论中的隧道效应理论。正常情况下,互不接触的两个电极之间是绝缘的,但当把这两极之间的距离缩短到 1nm 左右时,由于量子力学中粒子的波动性,电子在外加电场的作用下,会穿过两极之间的势垒而从一极流向另一极,这就是所谓的隧道效应。当其中一个电极是非常尖锐的探针时,将由于尖端放电而使隧道电流加大。在 STM 中,将原子线度的极细探针和被检测的试件表面作为两极,用探针在试件表面上扫描,

当针尖接近试件表面的距离约为 1nm 时,将形成隧道结。隧道电流和隧道间隙成负指数的关系,隧道电流对针尖与试件表面的距离的变化非常敏感,如果距离减小 0.1nm,隧道电流将增加一个数量级。将触针感觉到的原子高低和电子状态的信息采集起来,通过计算机处理,即可得到表面的纳米级三维表面形貌。其工作原理如图 5-41 所示。

STM 的探针要求其尖端极为尖锐,最好尖端为单个原子,以形成尖端放电加强隧道电流,这是使 STM 具有高分辨率的前提。

2. 原子力显微镜工作原理及特点

STM 虽然具有极高的分辨率和测试灵敏度,但其是依靠探针与试件间隧道电流进行测量的,工作时要监测针尖与试件之间的隧道电流的变化,不能用于非导体材料的测量。但许多研究对象是非导体材料的,因此研究非导体材料时,只能在其表面覆盖一层导电膜,这样会掩盖表面的结构细节。

图 5-42 所示为原子力显微镜原理,它是在 STM 基础上发展起来的。它是通过原子之间非常微弱的相互作用力来检测样品表面的。事实上,由于各种材料之间均会产生原子间作用力,因此 AFM 可以检测导体、半导体和非导体等不同材料的试件。

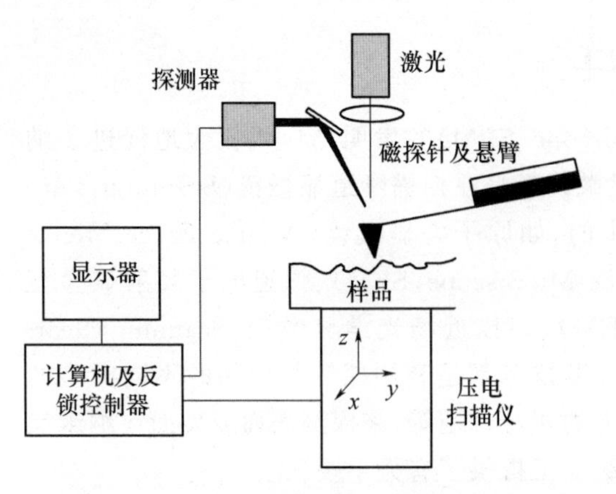

图 5-41　扫描隧道显微镜的工作原理

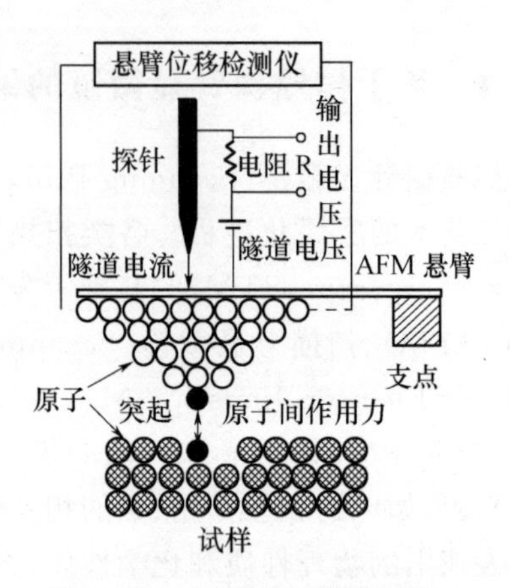

图 5-42　原子力显微镜原理

用一个三角形的微悬臂，长约几微米，顶部有个锥形体做针尖。这种悬臂像弹簧一样对作用力很敏感。当这个针尖向表面逼近时，针尖的尖端与样品表面原子相互作用，两者到一定距离就会产生原子间的排斥力。这个排斥力一般是其他几种作用力的综合。排斥力会使针尖往上翘，当受到的作用力大，就翘得高一些。利用光学检测法或隧道电流检测法，测得微悬臂对应于各扫描点位置的变化，从而可以获得试件表面微观形貌的信息。这个检测方法的最大特点是不要求样品具有导电性。

由上可知，原子力显微镜不仅可以提供纳米级的观察，而且也可以利用其尖锐的针尖作为切削刃来实现纳米级的加工，它有能力突破传统单点切削加工精度(0.01μm)的极限。可以用 AFM 的金刚石针尖来模拟一个尖锐的单点金刚石车刀在工件表面进行切削，因此便有可能在变换载荷、金刚石针尖几何形状等条件下实现对多种材料所进行的微纳米量级的可控制的二维及三维微细加工。同时，针尖作用于被加工表面的法向力及切削速度可以由 AFM 的电子组件加以控制，切削完成后 AFM 又可以作为成像工具对微加工区域进行定量化表征。从这一点来看，基于原子力显微镜的加工技术也为我们理解纳米量级下材料的去除机理提供了可能。

3. 扫描探针显微关键技术和特点

扫描探针显微技术有以下特点：扫描探针显微镜可以在各种条件(比如真空、常温、低温、高温、熔温)下和在纳米尺度上对表面进行加工；STM 是目前能提供具有纳米尺度的低能电子束的唯一手段，在控制和研究诸如迁移、化学反应等过程中有着显而易见的重要性，为人们提供了在微观甚至在原子、分子领域进行观察、研究、操作的技术手段。结合 SPM 技术和刀具加工的诸多优点，传统的机械加工方法有望在纳米技术领域得以延伸。

以上几种扫描探针显微技术从原理上讲比较简单，但实验并不容易，需要解决以下关键技术。

(1) 振动的影响。一般情况下地面振动是在微米量级的，可是要产生稳定的隧道电流，针尖和样品间距必须小于 1nm。微小的振动就会使针尖撞上样品，甚至难以严格控制它在精细位置上的扫描，所以要尽量减少振动。

(2) 噪声的影响。因为产生的电流是纳安级，要取得原子分辨率(约为 0.01nm)，必须控制针尖以实现扫描，这要求仪器本身稳定，隔绝电子噪声。

(3) 针尖的要求。如果针尖很钝,就不可能探测到单个的原子,达不到原子分辨率,所以针尖必须很尖。一般要求其具有纳米尺度,这要求极高的微细加工技术。

(4) 样品的要求。扫描隧道显微镜工作时需要产生隧道电流,所以要求样品必须是导体或者半导体,否则就不能用 STM 直接观察。对不导电的样品虽然可以在表面上覆盖一层导电膜,如镀金膜、镀碳膜,但是金膜和碳膜的粒度和均匀性等问题均限制了图像对真实表面的分辨率。而原子力显微镜可检测非导体,但要求样品黏度不能过大;否则针尖扫描时就会拖着样品一起动,达不到高的分辨率。

4. 扫描探针显微技术用于纳米加工

1) 利用 STM 移动原子

当 STM 的探针针尖对准试件表面的某个原子并非常接近时,试件上的该原子将受到两个方面的力:一是探针针尖原子对该原子间的作用力,二是试件上其他原子对该原子间的结合力。如果探针尖端原子对该原子间的距离小到一定程度时,针尖就可以带动该原子跟随针尖移动而又不脱离试件表面,从而实现试件表面原子的搬迁。当在探针针尖接近试件表面某原子时,如果加上脉冲电压,就可使该原子成为离子而被电场蒸发,达到去除原子形成空位的目的。在有脉冲电压情况下,也可从针尖上发射原子,达到增添原子填补空位的加工目的。

1990 年,美国圣何塞 IBM 阿尔马等研究所的研究人员用 STM 将镍(Ni)表面吸附的氙(Xe)原子逐一移动,最终以 35 个 Xe 原子排列 IBM 这 3 个字母,每个字母高 5nm,Xe 原子间的最短距离约为 1nm。图 5-43 表示了上述原子的搬迁过程,具体作法:在 4K 的低温下,首先将 Xe 原子吸附在镍表面,用 STM 得到该表面的高分辨率图像;在针尖与样品之间施加一定的电场,使该 Xe 原子与针尖间产生相互作用而将该 Xe 原子吸住;最后将针尖拖动该 Xe 原子沿样品表面移动到指定位置,此时去掉电场(或使电场极性反转)使针尖与 Xe 原子分离,针尖退回到正常高度。重复上述过程,得到了由 35 个 Xe 原子组成的 IBM 图案。这一成果开创了人类操纵单原子的先河,不仅可以用 SPM 观察、测量试样表面上的原子、分子结构,而且可以根据人的意志随意加工制造出原子级的人工结构,

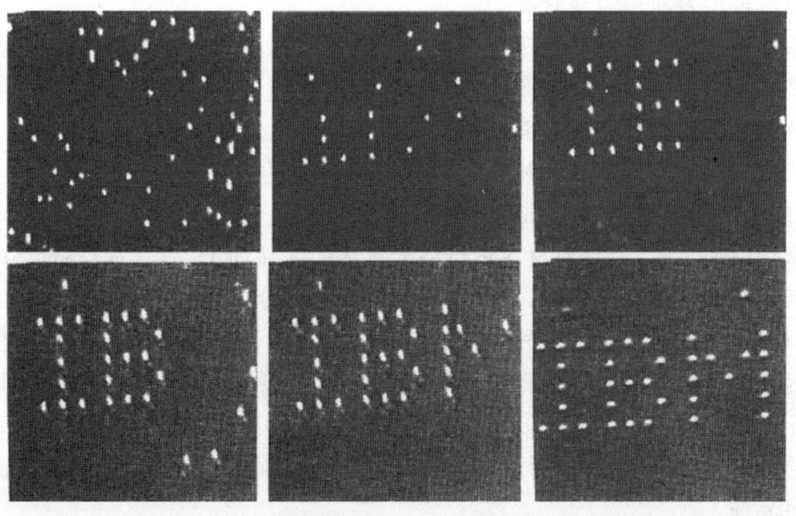

图 5-43 首次原子操作:35 个 Xe 原子组成的"IBM"

将原子、分子进行重新组装、排列成一定的形状。一年之后，他们又用一氧化碳分子在铂表面上构造了一个大头娃娃的分子人，分子人从头到脚仅 5nm。

AFM 使用高硬度的金刚石或 Si_3N_4 探针尖，可以对试件表面直接进行刻划加工。改变针尖作用力的大小可以控制刻划深度；按要求的形状进行扫描可以得到所需的图形结构，包括较窄而深的沟槽和其他极小的三维立体结构。

适当控制工作环境条件（如针尖与试样间的距离、外加偏压和环境温度等），利用 SPM 技术可以进行原子的自组装而生成三维立体纳米级微结构。日本电子公司 Iwatsuki 等在 600℃的高温下，通过增大 STM 针尖与试样 Si[111]表面之间的负偏压，使试样表面上的 Si 原子聚集到 STM 的针尖下，从而自组装形成了一个直径约为 80nm、高度约为 8nm 的纳米尺度六边形金字塔。

使用 SPM 操纵原子，实现原子在三维空间的立体搬迁，从而自组装形成三维立体微结构，对于纳米级精微加工具有重要意义。利用这些技术，可以组装纳米器件，如纳米光电子器件、纳米计算机等。

2）利用 SPM 的纳米切削加工

典型的纳米切削工艺是采用金刚石单点刀具，结合扫描探针显微镜技术，切削速度通常为 1～100m/s。它已能够实现几十纳米尺度的切削加工。扫描探针显微镜中，最为常用的是 STM 和 AFM。

扫描探针显微镜通过探针检测原子和原子间局域化场如力、电、磁、光等物理量对空间距离的微小变化，实现包括表面形貌、微观物理化学性质以及一个个原子状态的观测。探针对表面的检测包含两个过程：一个是检测表面各点相应的物理量；另一个是检测这些物理量随表面不同位置产生的变化，包括表面形貌凹凸引起的变化。

在 SPM 观察检测技术中有两个主要方面：一个是物理信息的检测、处理和控制；另一个是确保优于纳米级甚至原子级精度的机械扫描运动。用 STM 所检测的物理量是探针针尖－表面之间的隧道电流；而对于 AFM，则是探针针尖－表面之间的原子力。因此通过探针对试样表面逐点扫描，获得相应于表面各点的物理信息变化，再经计算机信息处理输出图像后再现表面形貌或状态。

扫描探针显微技术通过一组压电陶瓷等电致伸缩器件来控制和保持探针与试样表面之间 1nm 数量级范围以内的空间约束关系，从而来检测各种物理信息，然后再通过另外两组电致伸缩器件使探针相对表面扫描。从机械设计的角度来看，SPM 拥有一个能产生原子量级的空间运动机构。这种机构在试样表面垂直的方向上易于实现 0.1nm 的分辨率，水平方向上则能够达到 0.1nm 的空间分辨率。

在纳米切削加工中，刀具对材料进行纳米量级的去除加工，刀具本身精度和材料可加工性等因素会对加工精度有影响，但最本质和重要的部分是，提供刀具相对于加工材料以稳定、可靠和纳米精度的运动，这种运动还应有抵御外部干扰的刚性。如上所述，SPM 原理和技术为产生这样的机械运动提供了基础。利用压电体的电致伸缩现象，即通过施加一电压于压电体上使之产生某一方向的微小变形，可以实现纳米级精度的加工运动，并且这种方式的运动具有高的动态刚性和动态响应能力，从而能够使纳米加工系统有足够的稳定性和可靠性。

图 5－44 所示是 SPM 用于切削加工的原理示意图，图中的 SPM 工作于 AFM 测试

模式。在这种模式下，针尖与试样表面间的原子相互作用力通过探针的微小变形被检测到。这些代表试样表面轮廓信息的信号被检测器转换为电信号并输入信息处理系统和控制系统。另外，依靠扫描器的输出，试样相对探针作扫描运动。如图所示，在 AFM 测试系统中置入加工机构，并将试样和金刚石刀具分别置于试样台和工作台上，调整试样台或工作台来粗调刀具和试样的相对加工位置后，即可进行纳米加工和测试实验。纳米切削进给或微动可以通过两种途径获得：一种是工作台由电致伸缩器件构成；另一种是直接利用 AFM 扫描器的位移输出实现。加工过程中材料变形和切屑形成的微观细节可直接在 AFM 上进行扫描观察，同时可以在光学显微镜监控下进行。

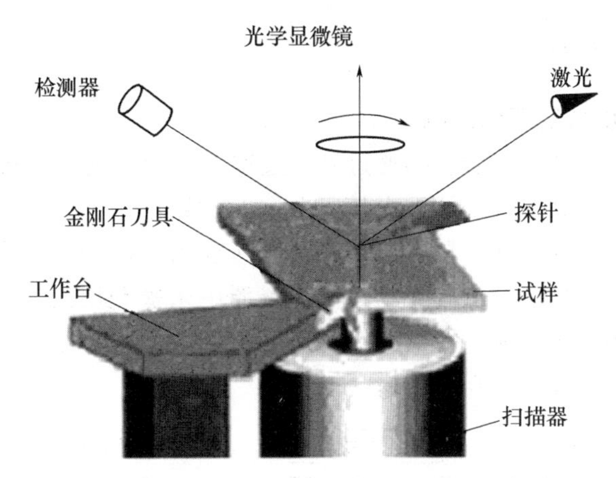

图 5-44　SPM 用于切削加工的原理示意图

3）利用 SPM 技术的电子束光刻

电子束光刻方法是当前超大规模集成电路加工的最常用手段。由于受电子束聚焦的限制，最小线宽小于 0.1μm 时加工极为困难，而最小线宽的有效缩减是提高芯片集成度的必要条件。当 AFM 使用导电探针时，控制探针与试件间的偏压（取消针尖与试件间距离的反馈装置），由于针尖端部极其尖锐，就可以将针尖处的电子束聚焦到极细。再采用常规的光刻工艺，使试件表面光刻胶局部感光，将未感光的光刻胶去除，再进行化学腐蚀，可以得到极为精细的光刻图形。

第6章 绿色制造

6.1 概述

6.1.1 绿色制造背景

1. 制造业对环境与资源的影响

制造业是将可用资源(包括能源)通过制造过程转化为可供人们利用的工业品或生活消费品的产业。它涉及到国民经济的大量行业,如机械、电子、化工、食品、军工等。制造业是创造人类财富的支柱产业。制造业在将资源转变为产品的过程中,以及产品的使用和处理过程中,产生大量废弃物(废弃物是制造资源中未被利用的部分,所以也称废弃资源),消耗不可再生的资源。制造业对环境的影响如图6-1所示。制造业对环境与资源的影响具体表现在如下几个方面。

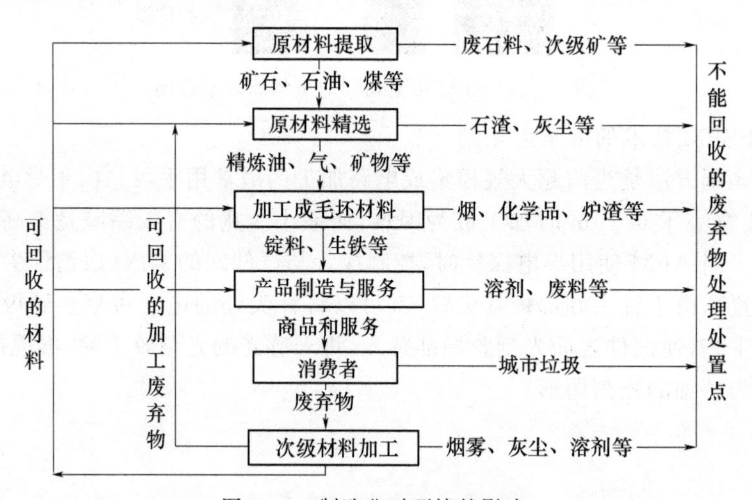

图6-1 制造业对环境的影响

(1) 全球气候变暖。根据一些气候预测模型预计,到2050年,冬季的平均气温将提高2.0～2.5℃。气温的上升会导致冰架融化,海平面上升,气候异常,造成严重的生态后果。全球气候变暖的罪魁祸首为人类生产活动排放的CO_2、CH_4、CFCs、NO_2等物质。CO_2来源于燃烧的石油、煤炭和木材。CH_4来自于未经过燃烧的天然气,以及北极冰帽释放的甲烷。

(2) 同温层臭氧耗竭和地面臭氧污染。同温层臭氧能吸收太阳的大部分紫外线辐射,而透过的少量紫外线辐射可以杀菌防病,保护地球上的人类和其他生物。氯氟烃类物质(CFCs)是用于制冷剂、发泡剂和喷雾罐的推进气体,会损耗臭氧层。如果臭氧层变薄,或者大面积消失就会产生臭氧层空洞,给地球生物带来灾难。据统计,臭氧层每减少

3%，皮肤癌患者将增加20万，白内障患者将增加40万；很多动物、植物对紫外线敏感，会影响其生长和生存，有些农作物将减产。

地面臭氧是覆盖许多城市地区的光化学烟雾的主要成分。它是燃料燃烧时氮氧化物和大气中未燃烧的汽油或油漆溶剂等挥发性有机化合物反应时形成的。地面臭氧污染会带来对人类健康的损害：呼吸道发炎，损害肺功能，引起咳嗽、气短和胸痛。

(3) 大气污染。排入大气的有害气体包括硫氧化物、碳氢化物、氮氧化物、一氧化碳和二氧化碳等，每年多达近10亿吨。大气污染会诱发呼吸道炎症、支气管炎、肺气肿等疾病，会腐蚀建筑物和金属制品等，产生酸雨现象，使农业减产。在我国，工业用量的增加导致煤炭消耗量增长，二氧化硫排放量每年在增加。全国酸雨面积已占国土面积的1/3左右，并呈扩大趋势。有些城市更是“十雨九酸”，pH值低于4，最低时竟达到3左右。

(4) 淡水危机和水污染。工业生产所产生的大多数液体废物和固体废物最终汇入江河湖泊，导致水污染和淡水危机。据调查，国内的河流湖泊不同程度地受到污染。受污染的河流汇入海洋，使海洋也受到了严重污染，海洋生物减少，不少鱼、贝类濒临灭绝。

(5) 固体废弃物。据统计，传统工业化生产的终端消费产品占资源开发原材料的20%～30%，即70%～80%成为工业废弃物。未经处理的工厂废物、废渣简单露天堆放，占用土地，破坏景观。固体废弃物无论采用哪种处理处理方式（倾倒法、填埋法和焚烧法），均会造成环境污染。废物中的有害成分可通过空气传播，最关键的是经过雨水进入土壤、河流或地下水源。

(6) 生物资源减少。由于环境的破坏和资源的过度开发，地球上的物种正在不断消失。森林吸收二氧化碳，可以有效地遏制温室效应和全球变暖；它对气候稳定、水土保持和生物多样性都有不可替代的作用。造成森林生态破坏的主要原因是过度砍伐和酸雨及大气污染。动物资源也在减少。人类活动不仅造成生物物种的消失，而且使得生物在数量上也迅速萎缩。

(7) 矿产资源消耗。地球上的许多自然资源（如石油、煤炭、金属矿产等）是不能重新生成或需要经过相当长的时间才能形成的，因此称为不可再生资源。然而当今工业生产主要依靠高投入、高消耗、高污染的粗放型方式谋求经济的增长，社会生产对资源和能源的摄取消耗能力远远地超过了环境对经济的承载能力，从而造成了资源枯竭危机。

(8) 土地资源退化。工业生产导致环境污染，使土地资源退化。据专家估计，全球约有29%的陆地呈现荒漠化，35%的土地处于荒漠化威胁之下，严重荒漠化的土地已占6%。

2. 可持续性发展

环境、资源、人口是当今人类社会面临的3大主要问题。环境问题日益恶化，资源短缺，正在对人类社会的生存与发展造成严重威胁。可持续发展（Sustainable Development）是既满足当代人的要求，又不对后代人满足其需求的能力构成危害的发展方式。换句话说，就是指经济、社会、资源和环境保护协调发展，构成一个密不可分的系统，既要达到发展经济的目的，又要保护好人类赖以生存的大气、淡水、海洋、土地和森林等自然资源和环境，使子孙后代能够持续发展和安居乐业。

可持续发展与传统的以“高投入、高消耗、高污染”为特点的经济增长模式不同，也不主张那种停止发展的“零增长”模式。可持续发展要求资源可持续利用、环境保护、清洁生产和可持续消费。

1）资源可持续利用

资源的可持续利用主要是指自然资源利用的可持续性，它是可持续发展的物质基础。因此，可持续发展的关键就是要合理开发和利用资源，使可更新资源保持更新能力，不可更新资源不致过度消耗并得到替代资源的补充，使环境的自净能力得以维持，以最低的环境成本确保自然资源的可持续利用。

资源的持续性要求人类在利用资源时关注下列问题。

（1）再生资源的利用不应超过资源的再生能力。

（2）单一的再生资源在生态上的持续性利用所引起的生态系统的不可持续性，应予以调整，以使得整个生态系统的进化过程具有生态可持续性。

（3）人类已经导致某些特定再生资源的利用暂时超过它们的再生能力，要采取行动保护资源不致不可持续利用，对已经不能持续利用的部分必须及时地补充再生资源的替代物，或至少要用其所产生的效益进行资源补偿。

（4）利用处在灭绝或不可持续开发危险之中的特殊再生资源，例如野生动植物等，应遵守自然、道德和精神的原则，同时应提供可供选择的方案，使它们恢复正常的再生能力。

（5）非再生资源的利用不应超越其替代物产生的速率。

2）环境保护

生态环境持续良好是可持续发展追求的主要目标之一。人们已经认识到，在传统的国民生产总值（GDP）的核算中，并未将由于经济增长对自然资源和环境状况造成的损害情况考虑在内。环境影响通常没有相应的市场表现形式，但按照可持续发展的观点，应该将所发生的任何环境损失都进行价值评估并从 GDP 中扣除。

3）清洁生产

清洁生产是指将综合预防的环境策略持续地应用于生产过程和产品之中，以便减少对人类和环境的危险性。对生产过程而言，清洁生产包括节约原材料和能源、淘汰有毒原材料，并在全部排放物和废物离开生产过程以前即减少其数量和毒性。对产品而言，清洁生产旨在减少产品在生命周期（包括从原料提炼到产品用后的最终处置）中对人和环境的影响。清洁生产通过应用专业技术、改进工艺流程和改善管理来实现。清洁生产的内容包括清洁能源、清洁生产过程和清洁产品 3 个方面，采用全过程控制和综合防治战略，通过应用专门技术改进工艺流程和改善管理来实现其目标。亦即使用清洁的原料和能源、清洁的工艺设备、无污染或少污染的生产方式、科学与严格的管理，达到保护人类与环境、提高经济效益的目的。

4）可持续消费

不可持续的生产方式和消费方式是造成全球环境问题的主要原因。可持续消费是一种通过选择既不危害环境又不损害未来各代人的产品与服务来满足人们的生活需要的一种理性消费方式，它是一种服从于全球可持续发展目标的消费方式。1994 年，联合国环境署于内罗毕发表的《可持续消费的政策因素》中提出了可持续消费的定义，即“提供服务以及相关的产品以满足人类的基本需求，提高生活质量，同时使自然资源的有毒材料的使用量最少，服务或产品的生命周期中所产生的废物和污染物最少，从而不危及后代的需求”。

可持续消费的原则是公平和公正。消费看作是一项相互联系的社会活动，因而，必须遵循社会活动的基本原则——代际公平和代内公正。

如何最有效地利用资源和最低限度地污染环境，满足人类可持续发展的需求，是当前制造科学面临的重大问题。

6.1.2 绿色制造内涵

绿色制造（Green Manufacturing），又称环境意识制造（Environmentally Conscious Manufacturing）、面向环境的制造（Manufacturing For Environment，MFE），正是在上述背景下提出的。有关绿色制造的研究可追溯到20世纪80年代。美国制造工程师学会于1996年发表的关于绿色制造的蓝皮书Green Manufacturing比较系统地提出了绿色制造的概念、内涵和主要内容。有很多机构或研究者给出了绿色制造的定义，此处将绿色制造定义为：绿色制造是一个综合考虑环境影响和资源消耗的现代制造模式，其目标是使得产品在从设计、制造、包装、运输、使用到报废处理的整个产品生命周期中，对环境的损害最小，对资源利用效率最高，并使企业经济效益和社会效益协调优化。

绿色制造也可简单地表述为：用绿色材料、绿色能源，经过绿色的生产过程（绿色设计、绿色工艺技术、绿色生产设备、绿色包装、绿色管理等），最终生产出绿色产品。

有关绿色制造概念，以下几个方面值得关注。

(1) 绿色制造涉及产品全生命周期。产品全生命周期包括了从原材料制备到产品报废后的回收处理及再利用的全过程，如图6-2所示。从地球环境（土地、空气和海洋）中提取材料，加工制造成产品，并流通给消费者使用，产品报废后经拆卸、回收和再循环将资源重新利用。在产品整个生命周期过程中，不断地从外界吸收能源和资源，排放各种废弃物质。

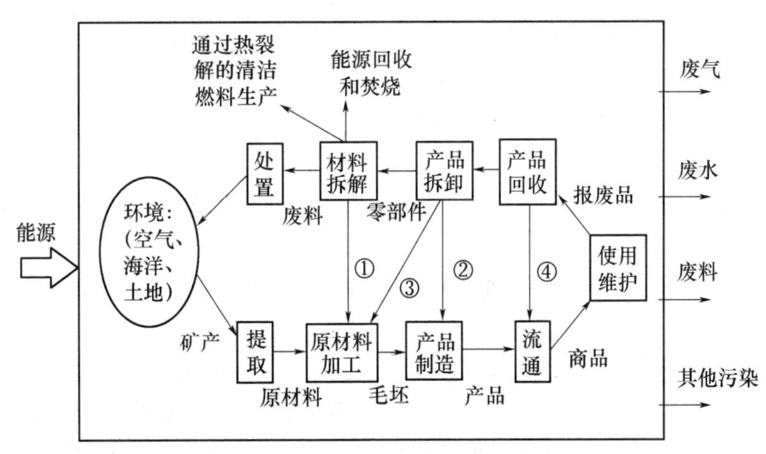

图6-2 产品全生命周期

①—直接再循环/重复利用；②—可重复利用成分的再制造；
③—循环材料的再加工；④—单体/原材料再生。

(2) 绿色制造主要涉及两个问题：环境影响问题和资源优化问题。这两个问题与制造技术本身相互交叉和影响。在满足社会效益和经济效益的同时，最终实现节约资源能源和环境保护的绿色制造目标。

(3) 绿色制造不仅涉及制造科学问题,还涉及环境科学和管理科学领域的问题。

(4) 绿色制造必须与市场需求、经济发展相适应。随着相关科学技术的发展,绿色制造的目标、内容会产生相应的变化和提高,也会不断地走向完善。

绿色制造涉及的内容包括:绿色设计、绿色材料、绿色制造工艺和绿色处理。其中,绿色设计是关键。绿色设计在很大程度上决定了产品整个生命周期的绿色性。

另外,在绿色制造中有一个重要的分支——再制造工程(Again Manufacturing)。它是利用多种表面工程的技术和其他技术形成的先进再制造成形技术,引入全寿命周期的设计,通过恢复和提高废旧产品零部件的尺寸、形状和性能的途径制造新产品,从而为解决资源浪费、环境污染和废旧装备翻新创造了一个最佳方法和途径。

6.2 绿色产品

绿色产品(Green Product)是指在其整个生命周期(原材料获取、生产、运输、销售、使用维护、再使用、再循环和处置)过程中,对人类及生态环境无危害或危害少、资源利用率高、能源消耗低的产品。绿色产品是绿色设计和绿色制造技术创新的最高级别和最终体现,较好地实现了经济效益、社会效益和环境效益的协调与优化。

6.2.1 绿色产品特点

(1) 优良的环境友好性。产品从生产到使用乃至废弃、回收、处理处置的各个环节都对环境无害或危害甚小。这就要求企业在生产过程中选用清洁的原料、清洁的工艺过程,生产出清洁的产品;用户在使用产品时不产生或很少产生环境污染,并且不对使用者造成危害;报废产品在回收处理过程中很少产生废弃物。

(2) 最大限度地利用材料资源。绿色产品应尽量减少材料使用量,减少使用材料的种类,特别是稀有昂贵材料及有毒、有害材料。这就要求设计产品时,在满足产品基本功能的条件下,尽量简化产品结构,合理选用材料,并使产品中的零件材料能最大限度地再利用。

(3) 最大限度地节约能源,绿色产品在其生命周期的各个环节所消耗的能源应最少。资源及能源的节约利用本身也是很好的环境保护手段。

“绿色”是一个相对的概念,很难有一个严格的标准和范围界定,它的标准可以由社会习惯形成,也可由社会团体制定或法律规定。绿色产品具有时间和空间上的相对性,即随着技术的进步和对环保要求的提高,产品的绿色含义将会深化和扩展;国别不同或地域不同,对绿色产品的要求也不一致。例如,在温室效应没有广泛地被人类认知之前,二氧化碳的排放量就不会被认为是衡量绿色产品的度量之一;又例如,由于经济发展水平不一,发达国家和发展中国家对产品绿色性的要求也有高低之分。

绿色产品的类型很多,例如绿色机电产品、绿色食品、绿色服饰、绿色计算机、绿色包装等。可以从不同的角度对绿色产品进行分类,例如可按与原产品区分的程度分为改良型、改进型,也可按对环保作用的大小,按“绿色”的深浅来划分。德国是世界上发展绿色产品最早的国家。德国将绿色产品共分为 7 个基本类型,下面列举这 7 个基本类型中的一些重点产品类别。

(1) 可回收利用型，如经过翻新的轮胎、回收的玻璃容器、再生纸、可复用的运输周转箱(袋)、用再生塑料和废橡胶生产的产品、用再生玻璃生产的建筑材料、可复用的磁带盒和可再装上磁带盘、以再生石制的建筑材料、废食用油再生的肥皂等日常用品等。

(2) 低毒低害型，如非石棉闸衬、低污染油漆和涂料、粉末涂料、无汞电池、安全卫生杀虫气雾剂、不含汞和镉的锂电池、低污染灭火剂、无铅汽油、无磷洗衣粉等。

(3) 低排放型，如低排放的雾化燃烧炉、低排放燃气焚烧炉、低污染节约型燃气炉、凝气式锅炉、低废物排放式印刷机等。

(4) 低噪声型，如低噪声割草机、低噪声摩托车、低噪声建筑机械、低噪声混合粉碎机、低噪声低烟尘城市汽车、低噪声洗衣机等。

(5) 节水型，如节水型清洗槽、节水型水流控制器、节水型清洗机等。

(6) 节能型，如燃气多段锅炉和循环水锅炉，太阳能产品及机械表，高隔热多型玻璃等。

(7) 可生物降解型，如以土壤营养物和调节剂合成的混合肥料，易生物降解的润滑油和润滑脂，可降解塑料制品等。

6.2.2 绿色标志

狭义上理解，只有授予绿色标志的产品才算是正式的绿色产品。绿色标志(Green Label)，亦称绿色产品标志、环境标志，指贴在或印刷在产品或产品的包装上的图形，以表明该产品的原材料获取与加工、产品生产制造、使用及处理过程等皆符合环境保护要求，即资源利用率高，不危害人体健康，对环境影响极小。

绿色标志认证制度是指政府部门或专门的第三方认证机构依据一定环境标准向有关厂商及产品颁发绿色标志，证明其产品符合环境标准。绿色标准一般由技术专家在产品生命周期分析的基础上制定，充分考虑了产品生命周期各个阶段对环境的影响。标志获得者可把标志印在或贴在产品或其包装上。绿色标志具有如下特点。

(1) 证明性。它主要是为了向消费者证明该产品或服务不仅质量符合标准，而且对生态系统及人类健康无危害或危害极小。

(2) 权威性。绿色标志是由政府管理部门或民间团体制定的，并且得到政府的承认和保护，这必然使它具有权威的地位。

(3) 专证性。一种产品获得绿色标志认证后，并不意味着该厂商生产的其他产品也符合该种绿色标志认证。

(4) 时限性。各国的环境标志一般规定 3～5 年内有效，超过这个时限，企业就必须重新申请才能获得。企业必须时时用绿色标志的标准来约束自己的产品，否则将被淘汰出市场。

绿色标志工作是环境管理制度的有力补充，通过给对环境友好的产品及其生产企业发放环境标志来引导消费者购买，用市场的手段吸引更多的企业主动治理污染，生产环境友好产品。在国际贸易中，绿色标志就像一张“绿色通行证”，发挥着重要的作用。有些国家把它当作贸易保护的有利武器，严格限制非绿色标志产品进口，这也就是“绿色贸易壁垒”。实行绿色标志有利于参与世界经济大循环，增强本国产品在国际市场上的竞争力；也可以根据国际惯例，限制别国不符合本国环境保护要求的商品进入国内市场，从而保护本国利益。

ISO14020～ISO14029 是环境标志实施的国际标准。目前已颁布了 ISO14020《环境标志和声明－基本原理》、ISO14021《环境标志－自我环境申诉（Ⅱ型环境标志）》、ISO14024《环境标志－Ⅰ型环境标志－指导原则和程序》和 ISO14025《环境标志－Ⅲ型标志－指导原则和程序》。绿色标志制度发展很快，很多国家和地区推出了自己的绿色标志制度。以下是几个有代表性的绿色标志。

(1) 德国(图 6-3(a))。第一个实行环保标志的国家，1977 年提出蓝色天使(Blue Angle Mark)计划。德国的环境标志以联合国环境规划署(UNEP)的蓝色天使为主体图案，蓝色天使标志上面伴有“环境标志”(Umweltzeichen)字样。蓝色天使标志是目前世界上最严格的环保产品标志，远高于欧盟标志，是现今许多环保标志的示范。蓝色天使计划的主要目标：一是引导消费者购买对环境冲击小的产品；二是鼓励制造者发展和供应不会破坏环境的产品；三是将环保标志当作一个环境政策的市场导向工具。

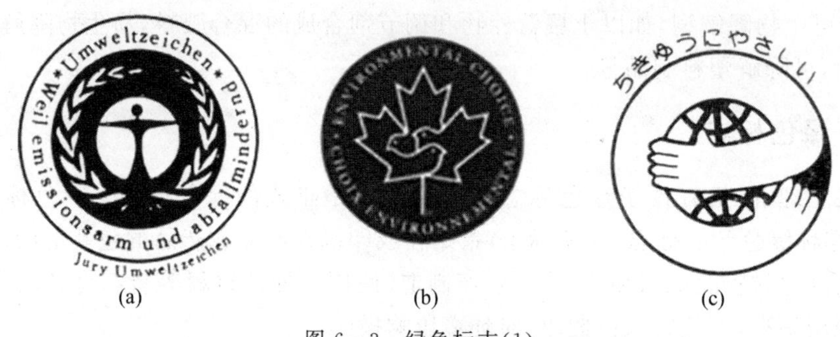

图 6-3　绿色标志(1)

(a) 德国蓝色天使标志；(b) 加拿大绿色标志；(c) 日本绿色标志。

(2) 加拿大(图 6-3(b))。图形上一片枫叶代表加拿大的环境，由 3 只鸽子组成，象征 3 个主要的环境保护参加者：政府、产业、商业。商标伴随着一个简短的解释性说明，解释商标为什么被认证。

(3) 日本(图 6-3(c))。2 只手环抱世界，含义是“用我们的双手保护地球”。手臂的形状围成 e 字，为“地球”“环境”“生态”3 个英文单词的词头，意味着对地球、环境、生态的保护。生态标志商品的选择原则在于使用阶段产生较小的环境负荷，使用此产品以后对环境改善有帮助，使用商品后的废弃阶段可产生最小的环境影响。

(4) 北欧(图 6-4(a))。1989 年，丹麦、芬兰、冰岛、挪威、瑞典等北欧国家，统一实施了北欧委员会环境标志。图案中，一只白色天鹅翱翔于绿色背景中，上部语言表达“环境标志”，下部是选择理由的简短描述，解释性描述分别使用各国家的语言文字。

(5) 美国。绿色标志主要由绿色封(Green Seal)(图 6-4(b))和标准标签认证系统(Standard Label System，SLS)两个体系组成，另外还有能源之星(Energy Star Program)(图 6-4(c))标志。

(6) 欧盟(图 6-5(a))。1992 年颁布了生态标志“欧盟之花”。对同一类产品，按照对环境的影响进行排名，只有排名在 10%～20%的产品才可申请到生态标志。

(7) 中国(图 6-5(b))。1993 年 8 月，国家环保局正式颁布中国的环境标志图形：由青山、绿水、太阳及 10 个环组成。环境标志图形的中心结构表示人类赖以生存的环境；外

(a)

(b)

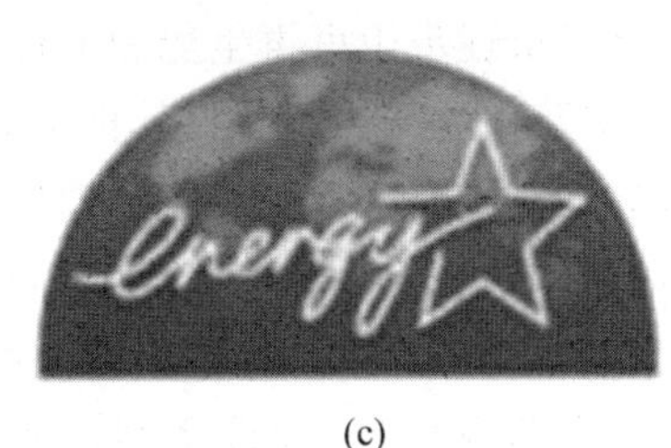

(c)

图 6-4 绿色标志(2)

(a) 北欧绿色标志;(b) 美国绿色封;(c) 能源之星。

围的 10 个环紧密结合,环环紧扣,表示公众参与,共同保护环境;同时 10 个环的“环”字与环境的“环”同字,其寓意为“全民联合起来,共同保护人类赖以生存的环境”。获准使用该标志的产品不仅质量合格,而且在生产、使用和处理过程中符合特定的环境保护要求,与同类产品相比,具有低毒少害、节约资源等环境优势。首批对 6 种产品(家用制冷器具、气溶胶制品、可降解地膜、车用无铅汽油、水性涂料、卫生纸)实施了绿色标志制度。

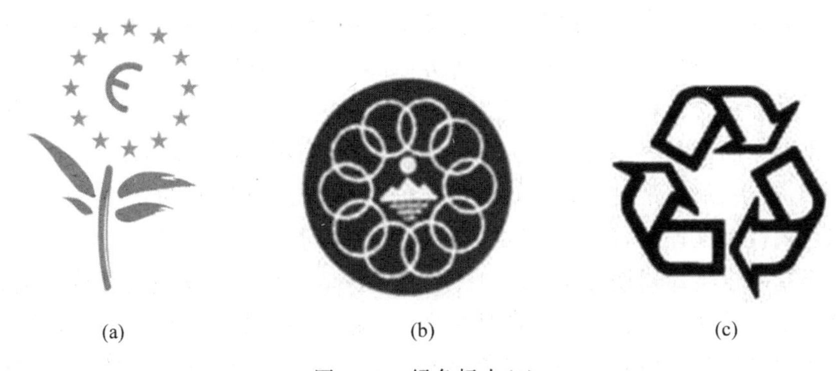

(a) (b) (c)

图 6-5 绿色标志(3)

(a)“欧盟之花”绿色标志;(b) 中国绿色标志;(c) 回收标志。

此外,还有广泛使用的回收标志(图 6-5(c)),印在商品或其包装上,有两个方面的含义:一是提醒人们,在使用完印有这种标志的商品包装后,请把它送去回收,而不要把它当作垃圾扔掉;二是标志着商品或商品的包装是用可再生的材料做的,因此是有益于环境和保护地球的。

6.2.3 绿色产品评价

绿色产品在全生命周期过程中资源和能源消耗少、利用率高,对环境无害或少害,这种对资源、能源和环境的友好程度,称为产品的“绿色度”。绿色产品评价问题是研究如何正确评价绿色产品的“绿色度”,从而指导企业改进产品设计和生产,并指导消费者正确消费。绿色产品评价可从以下几个方面进行。

(1) 环境属性。绿色产品在其整个生命周期具有良好的环境保护性,即从原材料采掘与加工、产品制造、使用维护到回收处理都应具有良好的环境属性:不危及人体健康与安全,不造成环境污染。环境属性指标可分为环境污染和生态环境破坏两方面。环境污染可分为大气污染、液体污染、固体污染和噪声污染。

(2) 能源属性。绿色产品不仅要求在其生命周期循环中用最少的能耗来获得最大效益,而且要求逐步用可再生能源取代目前大量使用的化石能源。能源属性指标主要用能源的类型及种类、能源利用率、再生能源使用率、使用能耗、回收处理能耗等来衡量。

(3) 资源特性。由于地球资源的有限性,要求单位重量或单位产品的材料由最少的资源量构成或者尽量多地由可再生资源构成,这是社会可持续发展的要求。包括:①材料资源,通常用材料利用率、材料种类数、材料回收利用率、有害材料使用比例等来衡量;②设备资源,如设备利用率、设备资源配置情况等;③信息资源,如绿色战略决策信息、绿色技术、生产管理和资金信息等;④人力资源,如管理、技术、生产和服务人员等。

(4) 经济属性。包括生产成本、用户成本(如使用成本、回收费用、处理费用等)和社会成本(如环境污染治理、职业保健、废弃物处理等)。对产品的生产进行成本分析,从中找出降低成本的环节,以最少的投入得到最大的经济效益,这便是产品的经济判据。与传统产品的成本的构成不同,绿色产品的成本不仅包括其制造成本、使用成本、维护成本、能耗成本等,还应包括回收处理费用、相关的环境保护的各种费用。

(5) 质量属性。绿色产品首先应具有优良的的使用功能,质量是反映产品功能好坏的指标,它集中地反映了产品设计、生产等方面的技术先进性。

绿色产品评价方法可分为两大类。

一类是对产品的"绿色属性"实施综合评价,可以采用一些多目标评价方法,如经济分析法、专家咨询法、加权平均法、成本效益法、价值分析法、模糊评价法、层次分析法等,对产品的绿色属性实施评价,最终得到各产品的"绿色属性"。

另一类是基于生命周期评价(Life Cycle Analysis,LCA)方法进行评价。生命周期评价是一种评价产品从原材料采集到产品生产、运输、销售、使用、回收再利用、维护和最终处置整个生命周期各阶段有关的环境负荷的过程;它首先辨识和量化整个生命周期各阶段中能量和物质的消耗以及对环境释放的废弃物,然后评价这些消耗和释放对环境的影响,最后辨识和评价减少这些影响的机会。

6.3 绿色设计概述

绿色设计(Green Design)是绿色制造的前提和基础,它反映了人们对于现代科技以及制造技术所引起的环境生态破坏、资源衰竭的反思,是对传统设计的革新和完善。

对绿色设计产生直接影响的是美国设计理论家维克多·巴巴纳克(Victor Papanek)。20世纪60年代末,他出版了一部专著《为真实世界而设计》(Design For The Real World)。该书专注于设计师面临的人类需求最紧要的问题,强调设计师的社会及伦理价值。他认为,设计的最大作用并不是创造商业价值,也不是包装和风格方面的竞争,而是一种适当的社会变革过程中的元素。他同时强调设计应该认真考虑有限的地球资源的使用问题,并为保护地球的环境服务。20世纪70年代"能源危机"爆发后,绿色设计得到了越来越多的人的关注和认同。

6.3.1 绿色设计概念

绿色设计是指在产品设计过程中，将产品全生命周期内的环境属性(可拆卸性、可回收性、可维护性、可重复利用性等)作为设计目标，在满足环境目标要求的同时，保证产品应有的功能、使用寿命、质量等。具体而言，在设计产品时必须按环境保护的指标选用合理的原材料、结构和工艺，在制造和使用过程中降低能耗、不产生毒副作用，最终的产品易于拆卸和回收，回收的材料可用于再生产。

产品绿色设计的核心是“3R”(Reduce、Recycle、Reuse)，即不仅要减少物质和能源的消耗，减少有害物质的排放，而且要使产品及零部件能够方便地分类回收并再生循环或重新利用。按照产品绿色设计过程所考虑的侧重点的不同，绿色设计有时又被称为面向环境的设计(Design for Environment)、面向能源的设计(Design for Energy)、面向材料的设计、可拆卸性设计等。

绿色设计与传统设计的根本区别在于：绿色设计要求设计人员在设计构思阶段就要把降低能耗、易于拆卸、再生利用和保护生态环境，与保证产品的性能、质量、寿命、成本的要求列为同等的设计目标。设计时就让产品在整个生命周期内不产生环境污染，而不是产品产生污染后再采取措施补救。表6-1所列为绿色设计与传统设计的比较。

表6-1 传统设计与绿色设计的比较

比较因素	传统设计	绿色设计
设计依据	产品应满足的功能、质量和经济性要求	产品应满足的功能、质量、经济性要求和生态环境要求
设计思想	设计人员很少或没有考虑到产品对环境的影响和对资源的消耗	要求设计人员的在产品设计阶段就考虑能源消耗、资源消耗和对环境的影响程度
设计过程	在设计、制造和使用过程中很少考虑产品回收，或仅是有限的材料回收，用完后就被废弃	在设计、制造和使用过程中，考虑产品的可拆卸性和可回收性，采用绿色材料和绿色包装，对环境的破坏和对资源的消耗尽可能少
设计目的	为功能需求而设计	为功能需求和环境而设计，满足可持续发展的需求
产品	传统意义的产品	绿色产品或绿色标志产品

绿色设计扩大了产品的生命周期。传统的生命周期为“产品的生产到投入使用”，也称为“从摇篮到坟墓”的过程。绿色设计的生命周期延伸到“产品使用结束后的回收重用及处理处置”，即“从摇篮到再现”的过程。

绿色设计涉及产品生命周期的每一个阶段，即使设计时考虑得非常全面，但由于所处时代的技术水平的限制，在有些环节或多或少还会产生非绿色的现象。

6.3.2 绿色设计原则与内容

(1) 技术先进性原则。技术先进性是绿色设计的前提。绿色设计强调在产品生命周期中采用先进的技术，从技术上保证安全、可靠、经济地实现产品的各项功能和性能，保证产品生命周期全过程具有很好的环境协调性。

(2) 技术创新性原则。技术创新是绿色设计的灵魂,绿色设计作为一门新兴的交叉性边缘学科,它面对的是以前从来没有解决过的新问题,这样的学科必然伴随着技术上的创新。所以在绿色设计中,设计者要善于思考,敢于想象,大胆创新。

(3) 功能先进实用原则。功能先进实用是绿色设计的根本原则,绿色设计的最终目标是向用户和社会提供功能先进实用的绿色产品。不能满足顾客需求的设计是绝对没有市场的。所以不管任何时候,都应将产品功能先进实用作为设计的首要目标。

同样的功能,用先进技术来实现不仅容易,产品的可靠性也会增强,产品会变得更加实用,功能的扩展也更容易。功能实用性意味着产品的功能能够满足用户要求,并且性能可靠、简单易用,同时它排斥了冗余功能的存在。目前国际上兴起的"低价位"产品热正好反映了制造厂家观念的改变。

(4) 环境协调性原则。绿色设计强调在设计中通过在产品生命周期的各个阶段中应用各种先进的绿色技术和措施使所设计的产品具有节能降耗、保护环境和人体健康等特性。

(5) 资源最佳利用原则。在资源选用时,应充分考虑资源的再生能力,避免因资源的不合理使用而加剧资源的稀缺性和资源枯竭危机,从而制约生产的持续发展。在设计上应尽可能保证资源在产品的整个生命周期中得到最大限度的利用,因技术限制而不能回收再生重用的废弃物应能够自然降解,或得到便捷安全的最终处理,以免增加环境的负担。

(6) 能量最佳利用原则。在选用能源类型时,应尽可能选用可再生能源,优化能源结构,尽量减少不可再生能源的使用。通过设计,力求使产品全生命周期中的能量消耗最少,以减少能源的浪费。

(7) 污染极小化原则。绿色设计应彻底抛弃传统的"先污染、后治理"的末端治理方式,在设计时就充分考虑如何使产品在其全生命周期中对环境的污染最小、如何消除污染源并从根本上消除污染。产品在其全生命周期中产生的环境污染为零是绿色设计的理想目标。

(8) 安全宜人性原则。绿色设计不仅要求考虑如何确保产品生产者和使用者的安全,而且还要求产品符合人机工程学、美学等有关原理,安全可靠、操作性好、舒适宜人,对人们的身心健康造成的伤害为零或最小。

(9) 综合效益最佳原则。经济合理性是绿色设计中必须考虑的因素之一。一个设计方案或产品若不具备用户可接受的价格,就不可能走向市场。与传统设计不同,在绿色设计中不仅要考虑企业自身的经济效益,而且还要从可持续发展观点出发,考虑产品全生命周期的环境行为对生态环境和社会所造成的影响,即考虑设计所带来的生态效益和社会效益。以最低的成本费用收到最大的经济效益、生态效益和社会效益。

产品类型不同,对产品绿色性的要求侧重点是不一致的,例如,产品根据其应用情况,可重点考虑对人体健康的无害性,节能性,可回收性,对环境的无害性,或者制造过程中的低污染和低耗能性等。

绿色设计主要有以下内容:绿色产品的描述与建模;产品总体绿色设计;绿色设计的材料选择与管理;产品的可回收性设计;产品的可拆卸性设计;绿色产品的成本分析;绿色设计数据库;等等。

6.4 产品总体绿色设计

产品总体绿色设计策略围绕产品本身特性以及其生命周期中的各个阶段展开，可以概括为下述几个方面。

6.4.1 产品概念创新

(1) 产品非物质化。绿色设计的最高境界是产品与服务的非物质化，即通过非物质化的服务来代替有形的产品，从而最大限度地减少产品制造、运输、使用和报废过程中对资源的消耗和对环境的破坏。依靠技术进步，可以实现产品非物质化，例如，互联网技术的发展和通信技术的进步大大减少了通信纸张和新闻纸张的使用。

(2) 产品共享。当多人共享某一产品时，可以使产品的使用效率大大提高，从而降低制造产品的原材料和能源的消耗，也降低了产品运输过程中的能源消耗。现实生活中可以共享使用的产品其实很多，如复印机、洗衣机、建筑机械，以及很多电气、电子产品。

(3) 服务替代产品。人们其实并不真正需要物理的产品，而是需要产品所提供的功能(服务)。当一个企业更多地考虑为消费者提供与产品相关的服务时，同样可以从出售这种服务中获取商业利益，有时可能获利更高，而用户花费也可能更少，实现“双赢”，例如，提供机器清洗服务的保洁公司。

企业提供服务意味着企业承担了该产品整个生命周期的维护维修、处置以及再循环等责任。物理形态的产品减少了，则对资源的消耗和对环境的破坏就会降低。提供服务的公司对废弃物的处理和对资源的利用率，由于其专门化，将会更有效。

(4) 整合产品功能。将几种功能或产品组合设计成一种产品，则可节约大量的原材料和空间，例如，笔记本电脑将键盘、显示器等合为一体，集打印机、传真机、扫描仪、复印机于一体的多功能复合机也体现了这种最新的设计思路。

6.4.2 产品结构优化

(1) 增加产品的可靠性和耐用性，使其易于维护和维修。绿色设计应保证产品易于清洁、维护和维修，可靠性和耐用性高，以延长产品的使用寿命。

维护和维修包括用户和制造商两个方面。对用户来讲，厂家应为用户提供常见简单维护和维修的文字指导，使用户能及时进行维护或维修，以避免或减少维护或维修的运输成本和其他成本。针对厂商的维修系统，在产品设计中需要考虑的是产品的易运输性、维护和维修的技能及有关工具的开发；产品拆卸的难易程度；可否进行模块化维修。同时，在保证产品耐用的基础上，赋予产品合理的使用寿命，努力减少产品超期使用过程中能量的消耗。

具体的设计要点：应清楚标明产品如何打开以进行维护或维修；标明产品的某一零件应以某种特殊的方式进行清洁或维护；标明产品中需要定期检查的部件；需要定期更换的部件应易于更换。

(2) 避免整体报废的模块化设计。对一定范围内的不同功能或相同功能不同性能、不同规格的产品，在进行功能分析的基础上，划分并设计出一系列功能模块，通过模块的选择和组合可以构成不同的产品，满足不同的需求。

模块化的产品设计具有制造方便、结构紧凑、空间体积小、使用故障率低的特点，同时又便于维修和方便产品功能与造型的升级换代（只需更换相应的模块），例如，机床部件的模块化设计、计算机各功能部件的模块化、可变换彩壳型手机等。

（3）简化产品结构，提倡“简而美”的设计原则，即简约主义。绿色设计强调尽量减少无谓的材料消耗，重视再生材料的使用原则。在绿色设计中，“小就是美”“少就是多”具有了新的含义。造型简洁，没有多余装饰的现代设计产品不仅适宜于大批量生产，而且大大降低了资源消耗和可能的环境污染，并降低了生产成本。

因此，尽量减少零部件的数目，尽量减少零部件的体积和质量。在同一性能情况下，通过产品的小型化来尽量减少资源的使用量。采用轻质材料，去除多余的功能，避免过度包装，以减小产品的质量。摒弃无用的功能和纯装饰的样式。

（4）系列化设计。在设计过程中注重产品的多品种及系列化，以满足不同层次的消费需求，避免大材小用，优品劣用。

（5）加强产品与用户的关系。在实际生活中，很多产品，特别是消费产品，通常都不是因为产品报废而失去价值，而是消费者认为产品过时，失去了对产品的兴趣而造成产品过早地被废弃，导致资源浪费。因此，绿色设计者应从资源节约的角度出发加强产品与用户的关系，从外观、功能、宜人性等方面提高产品对消费者的长期吸引力，而延长产品使用寿命。

6.4.3 产品生产过程优化

（1）选择对环境影响小的生产工艺。采用并行设计的思想，在产品设计时考虑到产品生产工艺，选择生产工艺环境友好的结构和材料，减少生产过程的资源消耗和对环境的排放。

（2）尽可能减少生产工艺环节。工业生产常常包括若干工艺环节。工艺环节越多，所使用的能源就越多，废物排放量也越多。减少工艺环节是提高能源利用效率和减少污染排放的强有力措施。

（3）减少生产过程能耗或采用清洁能源。措施：减少现有生产设备的能耗，推行节能管理方案，建立热电冷暖供应系统等减少过程能耗，清洁能源可以采用太阳能、风能、水能及天然气等。

（4）减少生产废弃物。优化现有生产过程，以提高效率，减少废弃物的产生。具体的措施可以是选择合适的工业成形工艺，如在锯、压、轧、锻等工艺中尽可能减少边角料的产生。要求一线工人和供应商提高管理水平，减少废弃物，尽可能采用工艺内部再循环工艺，对废物进行再循环利用。

（5）减少生产过程中的消耗品使用或采用清洁消耗品。

6.4.4 优化产品销售网络

确保产品能以最有效的方式从工厂运送到零售商和用户手中。这其中主要涉及产品包装、产品运输、储存方式及有关后勤服务体系等。

（1）减少包装品用量、重复利用包装品并采用绿色包装。包装的精简化可节约原料，减少运输过程的能耗以及相应的废物排放。

(2) 减少产品运输过程中的能源消耗。产品运输过程中对环境的影响主要来源于运输过程中的能源消耗和空气污染物排放。在运输中需要考虑的因素有价格、体积、可靠性、运输时间、运输距离以及环境影响等。需要对各种运输方式中上述因子进行综合比较。如果可能的话,还需考虑对运输工具的能源效率的改进。

(3) 建立完善配送体系。完善产品配送体系有利于减少运输量。

6.4.5 减少产品使用阶段的潜在环境影响

产品使用过程中,需消耗能源及其他资源(如水、洗涤剂、电池)。在产品的设计过程中应考虑减少这些方面可能造成的环境负面影响。

(1) 降低产品使用阶段的能耗。很多耐用消费品在其使用阶段的能源消耗要大于其制造阶段,如电冰箱、洗衣机等。因此,在产品设计中需要重点考虑产品使用过程中的能耗。具体措施:选择节能组件,以降低产品的能耗;预制电源关闭模式;加载时钟开关,增加待机状态、关闭开关以及其他减少不必要电耗的装置;如果产品涉及长距离运输,应考虑采用轻质材料;如果产品涉及加热(冷却),应加隔离层;考虑采用人力替代电力;采用被动式太阳能加热或可充电电池。

(2) 使用清洁能源。使用清洁能源可大大降低对环境有害的污染物的排放,尤其是对于高耗能的产品。

(3) 减少辅助品或消耗品的使用。在满足功能的前提下,尽量减少对消耗品的需求,将辅助材料的使用降到最低程度。

(4) 采用清洁的消耗品或辅助品。如果辅助产品或消耗品为新产品所必须的,则需对消耗品或辅助品进行生命周期评价,以保证其是清洁的。

(5) 减少消费过程中的废物产生。使用者的态度可能会受到产品设计的影响,如产品上标示出的刻度可以帮助使用者准确掌握辅助产品的用量(如洗衣粉),从而避免不必要的浪费。在设计时应遵循以下要求:操作简单易用,指令明白清晰;预防使用者过量使用消耗品;对可能的辅助品消耗予以明确表示;标明产品的状况,如电源开关或待机。

6.4.6 产品的回收处理

产品设计必须考虑产品报废或弃用后的回收处理问题,提高产品的回收重用率,减少废旧产品造成环境污染。

(1) 提高产品重复利用率。产品越以完整的状态被重复利用,其价值就越高。经典的产品设计常常对二手用户具有很强的吸引力,对提高产品的重复使用具有重要作用。

(2) 可拆卸性设计和可回收性设计。

(3) 产品的再制造。应考虑重新利用产品中有价值的组件,以避免其直接进入焚烧炉或填埋场。

(4) 产品报废后原材料的再循环利用。物料的循环利用往往可以节省时间和投资并带来经济效益。循环利用可分为 3 级:初级循环利用,物料按其原有的使用级别重新循环利用;第二级循环利用,指物料降低使用级别重新循环利用;第三级循环利用,指物料经加工后重新循环利用,如塑料分解后作为其他原材料。物料的循环利用应首先考虑初级循环利用,其次是第二级和第三级循环利用。

(5) 报废产品的安全焚烧。如果再使用和循环利用均无法实现，下一步最好的方案是安全焚烧，以回收热能，前提是不能严重污染生态环境。

6.5 材料的绿色选择

材料是产品设计的物质基础，材料的选择是产品设计的第一步。在传统的产品设计中，由于在材料选用上较少考虑对环境的影响，因而在产品的制造、消费过程中对环境产生一定的危害，如氟里昂的使用导致臭氧层的破坏；矿物燃料的使用使大气中 CO_2 含量过高，产生了温室效应等。随着产品对环境性能要求的不断提高，在传统产品设计中，材料选择的不足之处日益明显。

面向材料的设计技术是以材料为对象的，在产品的整个生命周期(设计、制造、使用、废弃)中的每一阶段，以材料对环境的影响和有效利用作为控制目标，在实现产品功能要求的同时，使其对环境污染最小和能源消耗最少。面向材料设计技术的核心是为产品设计选择综合性能优良的绿色材料，产品结构在满足功能前提下，尽可能少地消耗材料(简约主义)。

6.5.1 产品材料对环境的影响

在材料的制备、生产、使用及废弃的过程中，常消耗大量的资源和能源，排放大量的污染物，造成环境污染，影响人类健康。

(1) 材料本身的制备过程对环境的影响。与工程材料(如钢铁、有色金属、塑料等)制备相关的行业，包括冶金、化工等，都是造成环境污染的主要行业。对于制备过程中污染环境严重的材料，应避免选择或减少其需求量。

(2) 材料在产品制造过程中对环境的影响。材料加工工艺，例如铸造、锻造、热处理、电镀、油漆、焊接，对环境的影响都比较大，可尽量通过材料的选择避免这些工艺的采用或选用先进的替代工艺。材料在加工过程中对环境和人体的损害包括：产生大量的切屑、粉尘，以及超标的噪声；在加工过程中使用对环境有害的辅助物质(如切削液)等；材料中含有有毒有害物质，如卤素、重金属元素等，在加工或被作为催化剂使用时对人体和环境造成危害。

(3) 材料在产品使用过程中对环境的影响。产品在使用过程中对环境的污染，很多是由材料的原因引起的。例如，非绿色电冰箱在使用过程中对环境的污染是由于选用了氟里昂作为制冷材料；汽车内饰件由于采用了有害塑料，使得车厢内充满有害人体健康的气体；室内装饰材料甲醛含量超标，会诱发白血病等。

(4) 材料在产品报废后对环境的影响。产品在报废后的处理通常是回收利用或废弃，不便于回收利用和废弃后难以降解的材料都将造成环境污染。例如，不可降解塑料制品造成的白色污染；难以回收或回收过程严重污染环境的废弃电子元器件。

6.5.2 绿色材料

绿色材料，又称环境协调材料(Ecologically Beneficial Material)、环境材料、生态环境材料，是指从原材料获取、生产、加工、使用、再生和废弃等寿命周期全程中具有较低环境负荷值、较高可循环再生率和良好使用性能的材料。环境负荷主要包括资源摄取量、能源消耗量、污染排放量及其危害、废物排放量及其回收和处置的难易程度等因素。与传统材料相比，绿色材料具有如下特征。

(1) 节约能源和资源。采用更优异的性能(如质轻、耐热、绝热性、探测功能、能量转换等)提高能量效率。改善材料的性能可以降低能量消耗，达到节能目的。通过更优异的性能(强度、耐磨损、耐热、绝热性、催化性等)可降低材料消耗，从而节省资源。采用能提高资源利用率的材料(催化剂等)和可再生的材料。

(2) 可重复使用和循环再生。产品材料经过收集后，仅需要净化过程如清洗、灭菌、磨光和表面处理等即可再次使用，或作为另一种新产品使用。

(3) 对环境无害和对生物安全。材料在使用环境中不会对动物、植物和生态系统造成危害。不含有毒，有害，导致过敏和发炎，致癌的物质和环境激素，具有很高的生物学安全性。

(4) 化学稳定性。材料在很长的使用时间内通过抑制其在使用环境中(暴风雨、化学、光、氧气、水、土壤、温度、细菌等)的化学降解实现的稳定性。

(5) 有毒、有害替代。可以用来替代已经在环境中传播并引起环境污染的材料，因为已经扩散的材料是不可收回的，使用具有可置换性的材料是为了防止进一步的污染。如生物降解塑料对塑料的可置换性。

(6) 舒适性和环境清洁、治理功能。材料有在使用时能给人提供舒适感的性质。包括抗振性、吸音性、抗菌性、湿度控制、除臭性等。具有对污染物分离、固定、移动和解毒以便净化废气、废水和粉尘等的性质，以及探测污染物的功能。

绿色材料的合成加工工艺包括如下 4 类。

(1) 能源节约工艺。能够通过提高能源效率或降低能量消耗但又不损害生产率来节省能量的加工方法，也包括热能循环。

(2) 资源节约工艺。能够通过提高材料的效率或降低材料的消耗但不损害生产率来节省资源的加工方法。

(3) 降低污染的加工技术。能够降低污染物(如废气、废液、有毒副产品和废渣等)排放但又不损害生产率的加工技术。

(4) 净化环境的加工技术。能够净化有害物质(如废气、废液和有毒副产品)，净化已经污染的空气、河流、湖泊和土壤等的加工技术。

对绿色材料可以从几个角度来分类。一般可以分为天然材料、低环境负荷材料、循环再生材料和环境功能材料 4 类。

(1) 天然材料。木材是应用最广泛、历史最悠久的天然材料。木材集生物材料、能源材料、信息材料和人工材料于一体。随着社会技术的进步，木材也逐渐扩大到以不同形状木材组元为基本单元的新型木质材料，如胶合板、纤维板、刨花板、胶合梁、石膏刨花板、木基复合材料、木质陶瓷等。

(2) 低环境负荷材料。具有下列主要特征：①废弃物在处理或处置过程中能耗和物耗很小；②废弃物在处理或处置的过程中不形成二次污染。简而言之，这类材料对环境的影响相对最小。低环境负荷材料主要包括高分子材料和无机材料。

聚乙烯是最常用的高分子材料之一。它是农用地膜和日用包装袋的主要原料。随着聚乙烯的大量使用，其废弃量大量地增加，形成了严重的白色污染。为了解决白色污染，使聚乙烯能够自行降解，人们开发了生物降解塑料薄膜和光生物降解薄膜。对于生物降解材料，多数研究者的思路是在聚乙烯中加入淀粉等天然聚合物，研究的重点是如何改善淀粉和聚乙烯的混合性能以及提高淀粉热塑性性能的各种添加剂。如果能在生物降解薄膜中加入光激活剂，则可加速生物降解的速度，使降解的过程更加彻底。

(3) 循环与再生材料。材料的再生利用是节约资源，实现可持续发展的一个重要途径，同时，也减少了污染物的排放，避免了末端处理的工序，增加了环境效益。

循环再生材料具有下列特征：多次重复循环使用；废弃物可作为再生资源；废弃物的处理消耗能量少；废弃物的处理对环境不产生二次污染或对环境影响小。实质上，现有的许多材料，如某些钢材或高分子材料已基本具备良好的可循环再生利用条件，例如，各种废旧塑料、农用薄膜的再生利用，铝罐、铁罐、塑料瓶、玻璃瓶等旧包装材料的回收利用，冶金炉渣的综合利用，废旧电池材料、工业垃圾中金属的回收利用等。对于钢而言，在其废弃之后的再生冶炼过程中，有些合金元素或杂质元素是难以去除的，目前已研究了多种方法，以除去或利用这些元素或杂质，使钢真正可循环再生利用。

(4) 环境功能材料。能分离、分解或吸收废气或废液的材料称为环境功能材料或净化材料，具有下列特征：材料在使用的过程中具有净化、治理、修复环境的功能；在其使用过程中不形成二次污染；材料本身易于回收或再生。尽管环境材料的概念是近年来才出现的一个新东西，但环境功能材料的应用和生产却已经有了相当长的历史。许多新型的环境功能材料不断面世。

一般来说，环境工程材料可分为治理大气污染或水污染、处理固态废弃物等不同用途的几类材料。例如，离子交换纤维，其净化环境功能的作用基础在于其离子交换；陶瓷过滤器，主要应用于汽车尾气的污染控制，为了在高温或耐蚀环境中使用，一般用堇青石制成蜂窝结构作为净化触媒的载体；废水净化材料(如有机或无机的薄膜材料和陶瓷球)等。

就材料的具体使用领域而言，绿色建筑材料值得关注。人类有一半以上的时间在建筑物中度过，建筑材料使用量最多。绿色建材是指在原料采用、产品制造、使用或者再循环以及废料处理等环节中对地球负荷最小和有利于人类健康的建筑材料。绿色建材的内涵丰富，包括原料、生产、使用以及再循环利用等诸多方面。绿色建材与传统建材相比具有以下 5 个方面的特征：

① 所用原料尽可能少用天然资源，大量使用尾矿、废渣、垃圾、废料等废弃物。

② 采用低能耗制造工艺和无污染环境的生产技术。

③ 在产品配制或生产过程中，不使用甲醛、卤化物溶剂或芳香族碳氢化合物，产品中不含有汞及其化合物，不用铅、镉、铬等金属及其化合物作颜料和添加剂。

④产品不仅不损害人体健康，而且有益于人体健康，具有多功能，如抗菌、灭菌、防霉、除臭、隔热、阻燃、防火、调温、调湿、消磁、防射线、抗静电等。

⑤ 产品可循环或回收再利用，无污染环境的废弃物。

绿色建材有如下几类：

① 再生型绿色建材。采用天然成分的原材料作为建筑材料，取自大自然，用之于人类。常见的土、木、竹及其他天然成分的材料一般对人类和环境都具有相容性，损坏后可以回收再利用。

② 节能型绿色建材。在生产过程中能显著降低能耗，例如采用免烧、低温快烧、新预

分解及其他新技术、新工艺生产的，或者是采用新型节能原材料生产的产品。

③ 利废环保型绿色建材。采用新技术、新工艺，利用工业废渣或生活垃圾及其他废弃物生产的绿色建材产品，不仅实现了废弃物的资源化，同时治理了环境污染。

④ 安全舒适型绿色建材。具有高强、轻质、防火、防水、保温、隔热、隔音、调温、调湿、调光等多种功能，在某种意义上是一类智能型建材。这类建材作为居室材料使人具有安全感、舒适感。

⑤ 保健型绿色建材。具有促进人体健康功能，如具有防臭、防霉、吸附 CO_2 等功能的建材。

⑥ 特殊环境型绿色建材。适用于恶劣环境，具有超高强、长寿命、抗风沙、抗腐蚀等方面的特殊功能，例如适用于地下、海洋、河流、沙漠、沼泽等特殊环境的建材产品。

6.5.3 材料绿色选择

影响材料选择的因素很多，包括材料的力学性能、产品功能要求、结构要求、安全性、抗腐蚀性、市场供求、环境对产品材料的影响（例如冲击与振动、温度与湿度、噪声、噪光、气候条件等）、材料对环境的影响（材料自身生产过程中对环境的影响，材料在产品制造过程中对环境的影响，材料在使用过程中对环境的影响，材料在回收处理中对环境的影响）、经济性以及其他要求（例如材料不合乎规格造成资源浪费和对环境的污染）。传统设计法在选择材料中存在以下不足。

(1) 使用的材料种类多。这不仅增加了制造难度及成本，而且不利于回收。

(2) 没有考虑材料加工过程对环境的影响。有的材料难加工、能耗高、噪声大，铅、镍、铬等元素的材料在加工过程中产生的切屑、粉尘对环境影响极大。

(3) 没有考虑产品报废后的回收处理问题。

(4) 没有考虑材料生产过程对环境的影响。例如用纸或用聚苯乙烯制作的一次性水杯，一般认为纸质杯对环境无害，但若考虑造纸对环境的影响，则结果可能恰恰相反。

材料的环境协调特性是绿色产品设计过程中材料选择的重要依据。绿色设计和绿色制造中的材料选择原则，主要包括如下要点。

(1) 材料的最佳利用原则。提高材料的利用率，不仅可以减少材料浪费，解决资源枯竭问题，而且可以减少排放，减少对环境的污染。尽量选择绿色材料和可再生材料，使材料的回收利用与投入比率趋于1。产品报废后的资源的有效回收利用对解决目前所面临的资源枯竭问题是非常重要的。尽量减少产品中的材料种类，以利于产品废弃后的回收。少用短缺或稀有的原材料，多用废料、余料或回收材料，多用代用材料。尽量采用相容性好的材料，不用难于回收或无法回收的材料。优先采用可再利用或再循环的材料。

(2) 能源的最佳利用原则。在材料生命周期中应尽可能采用清洁型可再生能源（如太阳能、风能、水能、地热能）。材料生命周期能量利用率最高，即输出与输入能量的比值最小。

(3) 污染最小原则。在材料生命周期全过程中产出的环境污染最小。选择材料时必须考虑其对环境的影响，严重的环境污染会给人类乃至整个生物圈造成巨大的损害。

(4) 损害最小原则。在材料生命周期全过程中对人体健康的损害最小。在选择材料时必须考虑其对人体健康的损害，通常应注意材料的辐射强度、腐蚀性、毒性等，尽量少用或不用有害的原材料。

在进行绿色设计时，不仅要正确选择材料，还要重视材料的管理，例如，做好材料的标志，对不同种类和性能的材料要分类归存和管理，不把含有害成分与无害成分的材料混放。对于达到生命周期的产品，其有用部分要充分回收利用，不可用部分要采用一定的工艺方法进行处理，使其对环境的影响最低。建立材料数据库，包括材料性能数据库和材料环境负荷数据库，开发材料计算机管理系统。

面向绿色设计和绿色制造的材料选择途径有以下一些。

(1) 尽量选用绿色材料。

(2) 选用原料丰富、低成本、少污染的材料替代昂贵、污染大的材料。这是从所用材料自身的制备过程来考虑的。不同的材料所消耗的矿产资源、制备成本以及制备过程中对环境的污染也不相同。如国外生产电冰箱、洗衣机等已采用镀层板、涂塑板、复合钢板等材料，不但使用寿命可延长 2～5 倍，而且 1t 钢材可替代原来 3～6t 钢材使用，从而大大节省了相对昂贵、制备污染大的钢材的消耗，有利于环境和资源的保护。

(3) 选用无毒无害材料。有些材料中含有如铅、镍、铬、铍、硫、氟等化学物质，在使用过程中，对人体和生态环境都将造成严重的危害和污染，应尽量避免使用。有毒有害材料的使用一般有两种方式：一是在产品中直接使用，如传统冰箱中使用 CFC-12 作为制冷剂，造成对臭氧层的破坏和温室效应；二是在产品加工过程中用有毒有害材料来做溶剂、催化剂等，如产品在加工过程中的电镀处理，电镀过程中往往要使用含铬或氰的有毒物质。避免使用有毒有害材料的途径一般也有两种：一是使用各种替代物，如电冰箱用 R600 替代 CFC－12 作制冷剂；二是改变产品的加工工艺，避免有毒有害物质的使用。如果产品中一定要使用有毒有害材料，则需要给出明确的预防措施和回收处理方案。

(4) 选用可回收利用或再生的材料。材料回收后可以送入冶炼厂再生利用；如果性能基本不变，则可以直接利用。避免抛弃式的设计，减少垃圾的产生，提倡可拆卸结构。标明部件中所使用的材料名称，明确标示回收标志，使消费者能明确了解回收的材料类别，进行垃圾分类，以便回收再利用。例如，在发达国家，汽车材料(包括钢材、复合新型材料、塑料、橡胶、玻璃等)都可以回收利用。废旧汽车的理论回收利用率达 100%，实际回收利用率超过 75%，有效地节约了资源。图 6-6 所示为用废旧自行车零件设计的茶几。

图 6-6 用废旧自行车零件设计的茶几

(5) 减少所用材料种类。产品所用材料种类繁多，不仅会增加产品制造的难度，而且给产品报废后的回收处理也带来不便，从而造成环境污染。使用较少的材料种类，有利于零件的生产、标记、管理以及材料的回收。

(6) 考虑所选材料的相容性。材料相容性好，意味着这些材料可以一起回收，能大大减少拆卸回收的工作量。例如，金属和塑料之间的相容性差，则不能一起回收，必须对其进行拆卸分离；塑料中的 PC(聚碳酸脂)与 ABS(丙烯腈－丁二烯－苯乙烯三元共聚物)的相容性好，在其零部件不能重用的情况下，则不必进一步分类，可以一起回收。

(7) 减少不必要的表面装饰。在产品设计中为了达到美观、耐用、耐腐蚀等要求，大量使用表面覆饰材料，这不仅给废弃后的产品回收再利用带来困难，而且大部分覆饰材料本身有毒，覆饰工艺本身会给环境带来极大的污染，因此，应尽量选用表面不加任何涂饰、镀覆、贴覆的原材料。

在实际的材料选择中，还应结合产品具体情况，从全局的角度出发，充分考虑材料对产品全生命周期各阶段的环境影响以及产品性能、成本等因素的约束，使得产品整体环境性协调优化。

[例 1]电冰箱材料的绿色改进。

电冰箱是一种普及型家用电器。绿色材料选择可遵循如下 6 个原则。

(1) 优先选用可再生材料，所用材料易于再利用、回收、再制造或易于降解。如冰箱设计中使用可回收铝材和钢材、热塑性塑料等。

(2) 尽量减少冰箱的材料种类和材料之间的相容性，以便于冰箱废弃后的有效回收。如采用相容性好的 PC 和 ABS 塑料。

(3) 尽量选择环境兼容性好的材料及零部件。如应尽量选择无卤塑料，因为在焚烧含卤塑料(PVC、CPVC、CPE 等)以及塑料中的含氯或含溴的染料、颜料、阻燃剂、增塑剂和各种添加剂时，会产生大量的黑烟及氯化氢气体等有毒物质。

(4) 不使用有毒物质，考虑采用替代材料。如冰箱中的电镀件、电路板、丝印的印油中含铅，铜管焊接使用的焊料中含铅，阻燃塑料中含有 PDB 或 PBDE。不用镀铬的零部件。电源线中阻燃剂含溴物质用三氧化二锑代替。

(5) 不使用破坏臭氧的物质。以 CFC-12 为制冷剂、CFC-11 为发泡剂，虽然其效果最好，且均无毒性，但是会产生破坏臭氧层的有害气体。联合国制定的《关于消耗臭氧层物质(ODS)的蒙特利尔议定书》《哥本哈根修正议定》等条例，对 CFCs 的禁产和禁用做出了明确的控制日程，发展中国家对 CFCs 最迟到 2010 年全部停用。于是，当不得不停用 CFCs 时，人们又重新面临制冷剂、发泡剂的选择问题。绿色冰箱要着眼于采用各种低氟、无氟工艺取代现有的 CFC 工艺，主要从以下两方面着手。

① 改进隔热材料。隔热材料是指冰箱外箱(钢板)和内箱(ABS 树脂)之间箱体夹层的一种保温材料。最常见的是采用隔热性能好的发泡剂制作的泡沫材料。CFC-11 易于发泡，热传导率小，隔热效果好，作为冰箱隔热材料的发泡剂一直被广泛应用。平均每台冰箱需 1kg 发泡剂 CFC-11。目前对 CFC-11 的替代主要有两种方案，即 HCFC-141b 方案和环戊烷方案。

HCFC-141b 分子式为 CH_3CCl_2F，同 CFC-11 相比，HCFC-141b 的 ODP(Ozone Depletion Potential，臭氧破坏潜能值)小，GWP(Globe Warming Potential，全球升温潜能值)也小。但是，HCFC-141b 中仍含有氯原子，且气体热传导率大于 10%。对树脂的溶解性也大，对冰箱内胆 ABS 板材有腐蚀，需采用双层拱挤板或改性 ABS 板，这样会增加费用。另外，在泡沫的物理性能方面，HCFC-14lb 泡沫的强度低，需要改进原有工艺。

环戊烷以及与之类似的正、异戊烷虽然不同于 CFC-11，对臭氧层没有破坏，但导热系数比 HCFC-141b 高，隔热性能略差。使用这种物质将使冰箱能耗增加 10%～20%，对全球变暖产生促进作用。相反意见认为：这种冰箱抗老化性能较好，就整个生命周期而言，隔热效果与 HCFC 大致相同，能耗仅多 2%～4%。

对于其他隔热方式的研究正在继续。欧洲的一些冰箱厂开始采用真空隔热技术。把塑料或钢板之间抽成真空，通过加入填料可以提高真空板的隔热性能。填料有玻璃纤维、硅藻土、硅石等。采用箱中套箱的方法能够更进一步地提高隔热效果。

② 改进制冷剂。制冷剂在冰箱的制冷回路中循环，通过抽空、充注、蒸发、压缩等工况，完成吸热和放热的过程，实现冰箱制冷。CFC-12 的分子式为 CCl_2F_2，每台冰箱平均需要制冷剂约 0.2kg。CFC-12 对臭氧层破坏大，其 GWP 值为 CO_2 的 7500 倍。替代物质主要有 CFC-134a 和 R600a。

CFC-134a 除了不破坏臭氧层、不可燃、原料生产已具规模的优点外，也有许多问题：冰箱能耗会增加；由于它对矿物油的不溶性，需要改用酯类油作润滑剂；又由于它的吸水性容易在系统中造成冰堵现象，因此生产过程要求严格控制水分和零部件矿物油含量，造成生产麻烦，费用增加；还需要专用的压缩机，采用与 CFC-134a 不溶的辅助材料，维修成本上升；同 CFC-12 相比，冰箱制冷性能下降 5%～10%；而且，CFC-134a 也是一种温室效应气体，OWP 为 CO_2 的 1200 倍。

R600a 即异丁烷，分子式为 C_4H_{10}。作为制冷剂有许多优点：ODP 和 GWP 均为零；无色气体，微溶于水，无毒无污染；制冷效率较高，每台冰箱仅需灌注两个打火机的量即可；运行压力低，噪声小，能耗低；与水不发生化学反应；不腐蚀金属；与 CFC-12 的润滑油完全兼容。异丁烷的主要缺点是它的易燃易爆性，燃点为 462℃，爆炸极限为空气中体积分数为 1.8%～8.4%。

6.6 可拆卸性设计与可回收性设计

拆卸是将废弃淘汰产品的连接按照需要和回收目标拆开，将零部件相互分离；回收则是将产品中的可重用零部件及材料按照其性质进行分类，以实现零部件重用或材料循环。拆卸是回收的前提，良好的拆卸性能，可以使产品中的有用部分得到充分的循环利用，提高资源能源的利用率，减小环境污染，最终获得良好的社会和经济效益。

可拆卸性设计(Design for Disassembly，DFD)，是指产品设计时，充分考虑从产品或部件上有规律地拆下可用零部件，保证不因拆卸过程造成该零部件的损伤。可拆卸设计有利于产品零部件的重复利用和材料的回收，避免了因产品整体报废而导致的资源浪费和环境污染。

可回收性设计(Design for Recovering & Recycling，DFR)，是指在产品设计时，充分考虑产品零部件及材料回收可能性、回收价值大小、回收处理方法、回收处理结构工艺性，以及与可回收性有关的一系列问题，以实现零部件及材料资源和能源的有效利用，并在回收过程中对环境污染减至最小。

产品可拆卸设计是可回收设计的前提和基础，产品拆卸和回收过程不应对环境造成二次污染。

6.6.1 产品拆卸与回收的方法与原则

机电产品的拆卸方式有 3 种：①将产品自顶向下拆到最底层，即对产品进行完全拆卸，最终得到一个个单独的零件，这种拆卸方式仅适用于理论研究，在实际中应用很少，因为对产品进行完全拆卸往往是不经济的；②对产品进行部分拆卸，这种拆卸方式在实际拆卸中应用最为广泛；③特定目标的拆卸，这种特定目标往往是可翻新重用，零部件材料的价值很高或对环境影响较大。

机电产品在其整个生命周期过程中的回收环如图 6-7 所示。对已拆卸产品所进行的回收方式主要有以下几种类型：①回收零部件的直接重用（对于制造成本高、革新周期长或使用寿命长的零部件单元可考虑直接利用，如盛液体的瓶子）；②回收的零部件再加工后的利用（如汽车零部件经过加工后再利用）；③重新处理的零件材料被应用在另一更高价值的产品中的高级回收；④回收的零件材料用于低价值产品中的次级回收；⑤通过化学方式将回收零件分解为基本元素的三级回收；⑥焚烧用于发电的四级回收；⑦无法处理部分的填理处理。

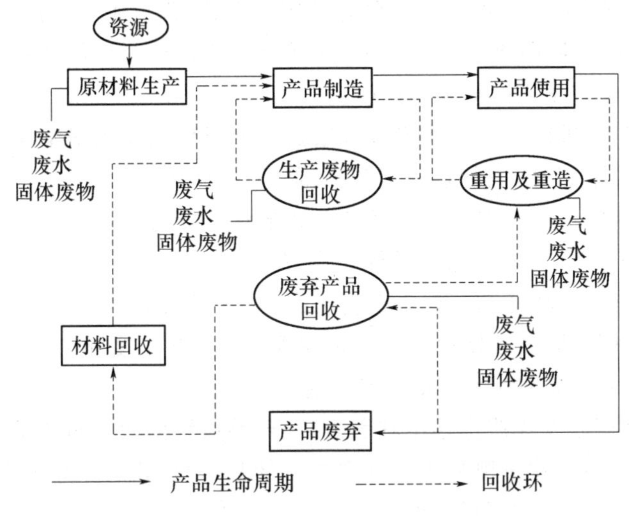

图 6-7　机电产品生命周期中的回收环

产品的拆卸与回收受到废物处理费用、操作条件、工作场地、环境温度等诸多因素的影响，故应对影响产品拆卸与回收价值的因素进行细致的分析。根据废旧产品回收效益与回收费用的比较，确定产品回收的可行性。根据废旧产品的拆卸费用与处理费用之比，确定是否继续拆卸。

产品拆卸与回收设计的总原则是，一方面需获取最大的利润，另一方面是使零部件材料得到最大限度的利用，并使最终产生的废弃物数量为最少。在产品拆卸回收过程中，当某一点（该点称为经济回收的极限点）的回收价值已小于拆卸成本时，则表明此时的拆卸回收已开始进入负价值阶段。在这种情况下，产品的进一步拆卸与回收从经济利益的角度来讲已无利可图。具体而言，回收过程中必须遵循以下原则。

(1) 若零件回收价值加上该零件不回收而进行其他处理所需的费用大于拆卸费用时，则回收该零件。

(2) 若零件的回收价值小于拆卸费用，而两者之差又小于该零件的处理费用时，则回收该零件。

(3) 若零件的回收价值小于拆卸费用，而两者之差又大于该零件的处理费用，则不回收该零件，除非为了获得剩余部分中其他更有价值的零件材料所必须进行的拆卸。

(4) 对所有无法回收利用的零件材料都需要进行填埋或焚烧处理。

6.6.2 可拆卸性设计

传统的产品设计是以功能性、经济性为主要指标的设计，设计过程中仅考虑产品的基本属性（功能、质量、寿命、成本），以及制造与装配的工艺性，很少或根本没有考虑产品的可拆卸性以及零部件的再生利用。当某个零件失效时，由于拆卸困难，只好将整个部件全部废弃；当产品寿命终结后，大量可重用零部件及组成材料也由于拆卸困难或拆卸成本太高而不能回收，这样既浪费了资源，又可能造成环境污染。

一些工业发达国家已开始以法律的形式规定：谁造成环境污染，谁就负责治理。这使得制造商们开始重视产品报废的回收处理问题，从设计阶段就考虑可拆卸与可回收问题。

根据拆卸目的不同，可把拆卸方法分为破坏性拆卸、部分破坏性拆卸和非破坏性拆卸3种类型。造成产品拆卸困难的原因是多方面的，归纳起来主要有以下几点。

(1) 产品设计不宜于连续拆卸和回收。

① 连接结构难于拆卸。产品的连接方法是根据简化装配和安全连接而选择的，因而存在不可拆连接以及难以接近的连接，使得拆卸难以进行。

② 材料的多样性。材料选择仅从经济性和最佳性能的角度考虑，采用了大量不同种类甚至不可回收的材料，且需高昂的拆卸分类费用。

③ 产品结构是基于功能和装配要求优化的，导致了大量不必要的拆卸步骤。

(2) 产品在使用阶段由于修理、污染、腐蚀等原因发生了变化。

(3) 需要拆卸的产品缺乏完整的产品信息。

可拆卸性设计就是要克服上述不利因素，在产品设计阶段就将维护及可回收、可拆卸要求作为设计目标，明确将来哪些零部件要被拆卸和回收，并从产品结构、连接方式、材料选择等方面充分考虑产品的可拆卸性。

拆卸性设计准则是为了将产品的拆卸性要求及回收约束转化为具体的产品设计而确定的，需要根据设计和使用、回收中的经验拟定。常用的拆卸设计准则如下。

(1) 简化产品功能准则。产品功能多样化，特别是机电产品的功能日趋增多，是导致产品结构与使用复杂化的根源。当前产品的小型化设计已成为设计领域的趋势，它可以有效地节约资源的使用量。在满足使用要求的前提下，应减少产品零部件数量，以便于装配、拆卸、重新组装、维修及报废后的处理，并尽量简化掉一些不必要的功能。

① 合理寿命原则。考虑产品报废因素，赋予产品合理的使用寿命及注重产品的多品种及系列化，以满足不同层次的消费需求。

② 零件合并准则。将完成功能相似或结构上能够组合在一起的零部件进行合并。零件合并必须满足：该零件与其他零件不能有相对移动；该零件与其他零件的材料相同；该零件无装配或拆卸要求。在零件合并时，应该满足合并后的零件其结构要易于成型和制造，以免增加制造成本。如由工程塑料制成的零件，由于工程塑料本身的成型性能良好，故可制造结构复杂的复合零件。

(2) 紧固连接易于拆卸准则。产品零部件之间的连接方式对拆卸性有重要影响。设计过程中要尽量采用简单的连接方式，尽量减少紧固件数量，统一紧固件类型，并使拆卸过程具有良好的可达性及简单的拆卸运动。

① 采用易拆卸或易破坏的连接。易于拆卸的连接方式如搭扣式连接;快速紧固件可以减少拆卸所需的时间及工具种类。

② 紧固件数量最少。拆卸部位的紧固件数量要尽可能少,使拆卸容易且省时省力。

③ 紧固件类型统一。以减少拆卸工具种类,简化拆卸工作。

④ 简化拆卸运动。这是指完成拆卸只要作简单的动作即可,具体地讲,就是拆卸应沿一个或几个方向做直线移动,尽量避免复杂的旋转运动,并且拆卸移动的距离要尽可能短。

⑤ 可达性准则。手工及自动分离的零件其连接部位和连接应易于接近及操作。可达性包括:视角可达,为拆卸提供便于观察的空间;实体可达,拆卸工具应能够达到被拆零部件,若希望用电动工具进行拆卸,则要留出电动工具进入的空间;空间可达,应预留足够的拆卸操作空间。

(3) 减少材料种类准则。

① 材料相容性准则。组成产品的零件材料之间的相容性好,意味着这些构成零件的材料可以一起回收,即将零部件作为整体回收,因而可大大简化拆卸。

② 单纯材料零件准则。尽量避免金属材料与塑料零件的相互嵌入,如目前广泛采用的注塑零件就往往将金属部分嵌入塑料中,这会使以后的分离拆卸工作难于进行。

③ 有害材料的集成准则。有些产品必须使用对环境或人身有毒或有害的材料,产品结构设计中,在满足产品功能要求的前提下,应尽量将这些材料组成的零部件集成在一起,便于以后的拆卸与分类处理。

(4) 拆卸易于操作准则。拆卸过程中,不仅拆卸动作要快,而且还要易于操作,这就要求在结构设计时,在要拆下的零件上预留可供抓取的表面,避免产品中有非刚性零件存在。

① 零部件合理布局。易损件、可重复利用的零部件或有毒有害的零部件往往必须拆下,应该接近拆卸路径的顶层,连接方式选择易于分离的连接,以减少拆卸难度,此外零件配合面应简化及标准化。

② 废液排放准则。有些产品在废弃淘汰后,其中往往含有部分废液,如机床中的润滑油、汽车中的汽油和润滑油等。为了不使这些废液在拆卸过程中遍地横流,在拆卸前首先要将废液放出。在产品设计时要留有易于接近的排放点,使这些废液能方便地并完全排出。

③ 便于抓取准则。待拆卸的零部件当处于自由状态时,要能方便地拿掉,必须在其表面预留便于抓取部位,以便准确、快速地取出目标零部件。

④ 非刚性零件准则。由于拆卸麻烦,产品设计时,应尽量不采用非刚性零件。

(5) 易于分离准则。

① 一次表面准则。即组成产品的零件,其表面最好是一次加工而成,尽量避免在其表面上再进行诸如电镀、涂覆、油漆等二次加工。因为二次加工后的附加材料往往很难分离,残留在零件材料表面则形成材料回收时的杂质,影响材料的回收质量。

② 完好性准则。在拆卸过程中不能损坏零件材料本身,也不能损坏拆卸设备。如洗衣机原先的底座平衡块是由混凝土制造而成的,在底座粉碎过程中,混凝土往往会损坏破碎机,而现在已改为铸铁材料制成,避免了这一问题。

③ 标准化准则。从简化拆卸及维修的角度，要求尽量采用国际标准、国家标准的硬件(元器件、零部件等)和软件(如技术要求等)，减少元器件、零部件的种类、型号和式样。实现标准化有利于产品的设计、制造和拆卸，也有利于废弃淘汰后产品的拆卸回收。

④ 模块化设计准则。模块化是实现部件互换通用、快速更换和拆卸的有效途径，因此，在设计阶段采用模块化设计，可按功能将产品划分为若干个能各自完成的模块，并统一模块之间的连接结构、尺寸，这样不仅制造方便，而且拆卸回收非常有效。

(6) 产品结构的可预估性准则。产品在使用过程中，由于存在污染、腐蚀、磨损等，且在一定的时间内需要进行维护或维修，这些因素均会使产品的结构产生不确定性，即产品的最终状态与原始状态之间产生了较大的改变。为了使产品被废弃淘汰时，其结构的不确定性减少，设计时应遵循以下准则。

① 避免将易老化或易被腐蚀的材料与所需拆卸、回收的材料零件组合。

② 要拆卸的零部件应防止被污染或腐蚀。

③ 若零件暴露在恶劣环境下，则采用防锈连接。

上述这些准则是以有利于拆卸回收为出发点的，在设计过程中有时准则之间会产生矛盾或冲突，此时应根据产品的具体结构特点、功能、应用场合等综合考虑，从技术、经济和环境三方面进行全局优化和决策。

6.6.3 可回收性设计

产品的可回收性是绿色产品设计的主要内容之一，产品可回收设计的实质是，设计产品使得产品废弃后可以回收材料或零部件，然后再把它们用到新产品上。主要内容包括：①可回收材料及其标志；②可回收工艺与方法；③可回收性经济评价；④可回收性结构设计。产品可回收设计应遵循以下准则。

(1) 产品结构易于拆卸，这是最基本的要求。

(2) 洁净的净化工艺。可重用零件的布局应考虑其净化工艺对环境不产生污染。

(3) 可重用零部件材料要易于识别分类。即可重用零件的状态(如磨损、腐蚀等)要能明确地识别，这些具有明确功能的拆卸零件应易于分类，结构尺寸应标准化，并根据其结构、连接尺寸及材料给出识别标志。

(4) 结构设计应有利于维修调整。设计的结构尽可能用简单的夹具、调整装置及尽可能少的材料种类，其布局应符合人机工程学原理，便于对拆下零件进行再加工，易于调整件及新换零件的重新安装。同时尽可能避免磨损或使磨损最小，可根据任务分解原理，将易损件布局在能调整、再加工或需更换的零件上或区域内，由磨损引起的易损件，可采用减少腐蚀表面、采用特殊材料或表面保护措施来改善。

(5) 尽可能减少零部件数量。零部件数量少，也会使材料种类减少、产品结构简化，其后的拆卸回收也较容易。因此，在不影响产品功能及加工工艺的情况下，尽可能合并零件(如工程塑料可通过其能形成复杂零件的能力实现多件合并)；若合并零件有困难，也可考虑将零部件分解，将拆卸复杂、难于回收的零部件分解成几个简单零件。

(6) 尽可能利用回收零部件或材料。在回收零部件的性能、使用寿命满足使用要求时，应尽可能将其应用于新产品设计中；或者在新产品设计中尽可能选用回收的可重用材料。

(7) 应便于分离拆卸不合理的材料组合。有些零件为满足使用性能要求,在目前状况下不得不采用不同材料组合,这样在设计时应从结构上考虑其便于拆卸分离,便于以后的回收工作。

(8) 对重用有可能产生性能退化的材料或有毒有害材料进行标记,这些标志可对回收时的材料识别及分类提供便利。

6.6.4 产品生命周期中的回收

回收既可以是能源回收,也可以是资源回收。能源回收就是通过焚烧等手段使包含在零部件材料上的能量得以释放,是其他回收方法无法进行时才采用的一种回收手段;资源回收是指回收废旧产品中的材料或零部件,使其直接进入生产过程而获得重用。按回收在产品生命周期中所处的位置划分,可将回收划分为生产阶段回收、使用阶段回收和废弃后回收 3 种类型。

(1) 生产阶段回收。指对产品在生产制造过程产生的废弃物和材料进行回收,例如当产品检验不合格时,可将其合格的零部件回收重用;机械加工过程中金属切屑、边角料、切削液等的回收利用等。

(2) 使用阶段回收。指产品在使用阶段,对产品维护时更换下来的失效零部件进行回收,通常这样的失效零部件进行修整重造后,仍可使用或可移作它用,或者其成分含有有价值的材料。

(3) 废弃后回收。回收的最终结果应使达到寿命周期的产品具有最大的零部件重复利用率、尽可能大的材料回收量,减少最终处理量,不污染或少污染环境。废弃后回收的全过程包括以下几个方面。

① 取下可重用的零部件并作为旧零件进行销售。

② 对某些旧零件进行修理重造,实现重用或移作它用,赋予其二次生命。

③ 分解剩余的残骸,并将金属和其他高价值的材料分离以便回收。

④ 将无价值的部分进行废弃处理,使之进入废物流并最终进入焚烧炉或填埋到垃圾场。

6.7 绿色包装

产品包装多属一次性消费品,寿命周期短,且多作为废弃物处理。废弃包装物被称为“环境污染之公敌”,占废弃物很大比重,并且数量还在逐年上升,尤其是在当前的我国。有关统计资料显示,废弃包装物约占城市固态废弃物质量的 1/3,体积的 1/2。

产品包装物若大量采用不能降解的塑料,则会形成永久性的垃圾。塑料垃圾难以处理,若燃烧将会产生大量有害气体,包括容易致癌的芳香烃类物质。包装物若大量采用木材或纸张,则会造成对森林的大量砍伐而破坏生态平衡。

国内外出台了若干法规,以限制和规范产品的过度包装,减少包装对环境造成的污染和对资源的浪费。实际上,消费者也不情愿为产品的过度包装付费。一些绿色运动组织对那些因包装给环境造成重大污染的产品采取了联合抵制的行动。

6.7.1 绿色包装含义

产品包装有两层含义:一是指产品的容器和外部包扎,即包装器材;二是指包装产品的操作过程,即包装方法。产品包装是为保护产品数量与质量的完整性而必需的一道工序。由于产品的包装直接影响到产品的价值与销路,因而对绝大多数的产品来说,包装是产品运输、储存、销售不可缺少的必要条件。包装的作用:①保护产品;②提高产品储运效率;③便于使用;④促进产品销售;⑤增加企业收入。

绿色包装(Green Package)又称无公害包装和环境之友包装(Environmental Friendly Package),指对生态环境和人类健康无害、节约资源、能重复使用和再生、符合可持续发展的包装。具体而言,绿色包装具有以下的含义。

(1) 包装减量化(Reduce)。绿色包装在满足保护、方便、销售等功能的条件下,应是用量最少的适度包装。欧美等国将包装减量化列为发展无害包装的首选措施。

(2) 包装应易于重复利用(Reuse)或易于回收再生(Recycle)。通过再生制品、焚烧利用热能、堆肥化改善土壤等措施,达到再利用的目的。既不污染环境,又可充分利用资源。

(3) 包装废弃物可以降解腐化(Degradable)。为了不形成永久性的垃圾,不可回收利用的包装废弃物要能分解腐化,进而达到改善土壤的目的。世界各工业国家均重视发展利用生物或光降解的包装材料。

(4) 包装材料对人体和生物应无毒无害。包装材料中不应含有有毒物质,或有毒物质的含量应控制在有关标准以内。

(5) 在包装产品的整个生命周期中,均不应对环境产生污染或造成公害。即包装制品从原材料采集、材料加工、制造产品、产品使用、废弃物回收再生,直至最终处理的生命全过程均不应对人体及环境造成公害。

以上绿色包装的含义中,Reduce、Reuse、Recycle 和 Degradable 被称为发展绿色包装的 3R 和 1D 原则。前 4 点是绿色包装必须具备的要求,最后一点是依据生命周期评价,用系统工程的观点,对绿色包装提出的理想的、最高的要求。

绿色包装是一种理想包装,完全达到它的要求需要一个过程。为了既有追求的方向,又有可供操作分阶段达到的目标,可以按照绿色食品分级标准的办法,制定绿色包装的分级标准。

A 级绿色包装是指废弃物能够循环复用、再生利用或降解腐化,有毒物质在规定限量范围内的适度包装。

AA 级绿色包装是指废弃物能够循环复用、再生利用或降解腐化,且在产品整个生命周期中对人体及环境不造成公害,有毒物质在规定限量范围内的适度包装。

上述分级主要考虑首先要解决包装使用后的废弃物问题,这是当前世界各国保护环境关注的热点,也是提出发展绿色包装的主要内容。在此基础上再进而解决包装生产过程中的污染,这是一个已经提出多年,现在仍需继续解决的问题。

6.7.2 绿色包装方法

(1) 采用绿色包装材料。绿色包装材料按照环境保护要求及材料用毕后的归属大致可分为可回收处理再造的材料、可自然风化回归自然的材料及准绿色包装材料3大类，如图6-8所示。准绿色包装材料是指可回收焚烧、不污染大气且可能量再生的材料，包括部分不能回收处理再造的线型高分子、网状高分子材料，部分复合型材料（塑—金属、塑—塑、塑—纸）等。

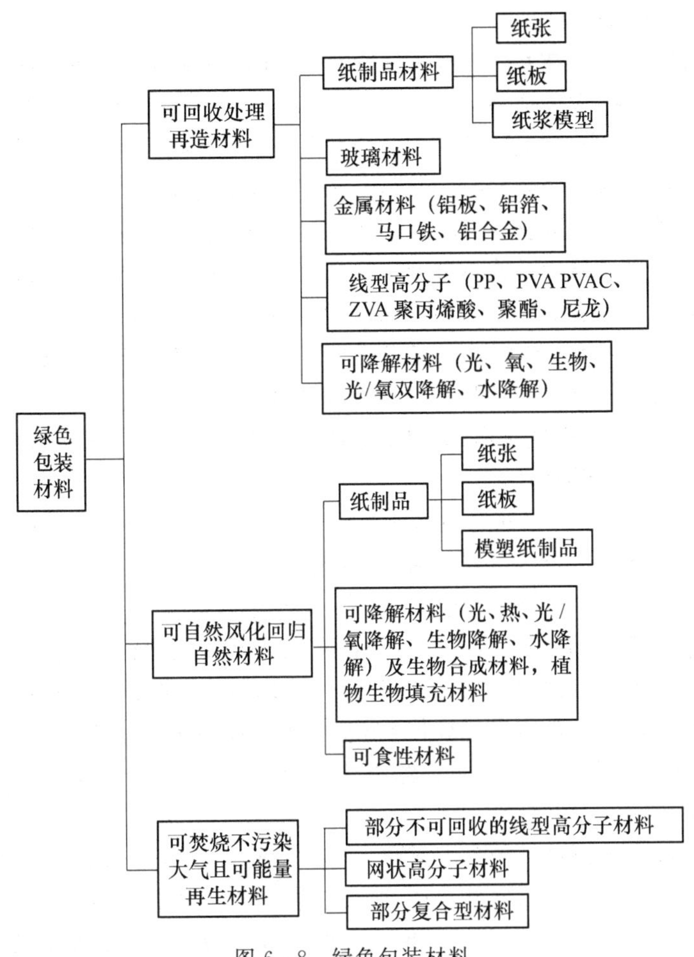

图6-8 绿色包装材料

可降解塑料材料是指在特定时间和环境下，其化学结构发生变化的一种塑料。可降解塑料包装材料既具有传统塑料的功能和特性，又可以在完成使用寿命之后，通过阳光中紫外光的作用或土壤和水中的微生物作用，在自然环境中分裂降解和还原，最终以无毒形式重新进入生态环境中，回归大自然。

纸的原料主要是天然植物纤维，在自然界会很快腐烂，不会造成污染环境，也可回收重新造纸。因此许多国际大公司使用纸包装。纸材料还有纸浆注型制件、复合材料、建筑材料等多种用途。纸浆模塑制品除具有质轻、价廉、防振等优点外，还具有透气性好，有利于生鲜物品的保鲜的优点，在国际商品流通上，被广泛用于蛋品、水果、玻璃制品等易碎、易破、怕挤压物品的周转包装上。

另外，包装设计师可利用纯正天然的一些源于自然的材质来对包装设计进行改良，如利用椰子壳设计出的碗形容器可巧妙地设计成食品包装。

(2) 无包装设计。指抛弃包装的设计，或者是包装物本身与被包装的产品同时被使用的设计。将产品的运输和售卖“化零为整”，对单个产品而言就省去了包装材料。对于那些原材料或生产资料的包装来说，更应如此，例如散装水泥运输车，可以使水泥的贮运处于一种无包装化的状态。又例如一种以淀粉为原料的饮料杯，它不易溶于水，当人们取杯喝水后，该杯也可以被吃掉。

(3) 避免过度包装。由于社会和文化方面的原因，过度包装现象目前相当严重，如包装层次过多、喧宾夺主(包装成本超过产品成本)，这样不但造成资源浪费和环境污染，而且增加了产品成本。一般情况下产品包装层次为1～2层，常见的为2层，即内包装和外包装。应尽可能减少包装体积、质量和层数，采用薄形化包装。

(4) 功能多样性。产品包装的使命完结之后，可在终极消费者手上转为他用，如许多日用品的包装也可以兼做生活器具以及家庭器物等；把包装制成展销陈列柜、储存柜、玩具等。这样就延长了包装的使用寿命，也减少了对资源的消耗和对环境的破坏。

(5) 模块化设计。将包装的各个组成部分依据功能的不同而设计成几个可以相互拆装的模块，可根据使用过程中不同的损耗来自由更换不同的模块。如国外部分洗涤、洗发用品的包装，瓶嘴部分可重复使用，而瓶身则使用纸质软包装。这样做既可以避免包装的整体报废，又减少了对环境的污染。

(6) 再利用包装设计。报废是绝大多数包装都不可避免的宿命，如何方便回收是绿色包装设计的核心问题。可以采取的措施包括：尽可能使用可再生的资源(如纸)作为包装材料；将功能模块化与材质模块化统一起来，在包装报废时可进行分类处理；将包装的体积进行可压缩化设计；鼓励包装物的有价收购，例如空铝罐和空塑料瓶的处理。批发运输的包装常常用可重用容器，如各种大小的箱子、钢丝框、木箱、瓶子、塑料盒等。

以谷物材料来研制快餐容器，这种容器不会像发泡塑料餐盒那样不易回收、不易再造、不易消灭而造成白色污染。谷物容器用过之后，可被直接转化为牲畜的饲料，或者成为农作物的肥料。

可食性包装膜是解决食品包装废弃物与环保之间矛盾的有效办法，例如可食用土豆片包装；可食用的果蔬保鲜剂，它是由糖、淀粉、脂肪酸和聚酯物调配成的半透明的乳液，采用喷雾、涂刷或浸渍等方法覆盖于水果蔬菜的表面。由于这种保鲜剂在水果表面形成了密封膜，故能防止氧气进入果蔬内部，从而延长了熟化过程，起到保鲜作用，涂上这种保鲜剂的水果蔬菜保鲜期可长达200天以上。这种保鲜剂还可以同果蔬一起食用。人们熟悉的糖果包装上使用的糯米纸及包装冰激淋的玉米烘烤包装杯都是典型的可食性包装。

(7) 产品包装的种类应尽可能少。为了美化外观，以吸引更多的消费者，提高产品的档次，一些产品包装采用了不同种类的材料，这不利于回收。

(8) 用包装设计图案及色彩等唤起人们的环保意识。产品包装的图案和色彩听起来似乎和绿色包装没有多大的关系，但是它却直接影响着消费者的视觉感受。如果包装刻意的附上一些环保标志和环保图片，可以提醒消费者不要乱丢弃包装废弃物，注意该包装的垃圾分类属性；有些包装上的图片往往采用美丽的山水风景画面，不仅可以给人以视觉上的享受，还可以借以增强消费者的环保意识。

另外，通过改善产品结构使其适应包装设计，也有助于简化包装。

6.7.3 绿色包装设计实例

(1) 机床的绿色包装。目前机床包装主要采用木材和混凝土两种材料,其中绝大部分是以木材包装。以一台普通数控车床为例,每台机床的包装大约需要75kg的木材,如果把边角料算进去,大约需要100kg木材,价格昂贵。国内机床年产量大约为4万台,则一年需要木材400万kg,这需要砍伐大量森林。由于机床包装在拆卸过程中破坏了部分材料,所以厂家基本不回收包装。而且拆卸工作量大,又不安全(因为有铁钉)。

机床包装材料也可采用混凝土。侧面和顶部挡板用竹子做加强筋,底部大梁用钢筋做加强筋。这种包装的价格相对于木材要便宜一些,但包装材料笨重,运输和拆卸过程中常常破损,基本无法回收,废弃后产生大量的固体废弃物。不同尺寸规格的机床需制作不同的浇注模型,比较麻烦。

机床包装材料要达到绿色要求,应具备少污染或无污染、可循环利用、可回收、可降解、重量轻、易拆卸、易组装、防水等特点。所选材料硬度不能太大,要有一定的韧性和柔性,以防机床运输过程中颠簸可能碰伤机床外观或零部件。机床拆卸过程要安全可靠,对人身不会产生伤害。

可以采用废弃塑料作机床包装材料。在废塑料中,适合用来制作机床包装材料有PP、PE、PVC塑料,PS废塑料与其他材料混合也可制成。不过,塑料回收一般适用于热塑型、再生加热时老化不严重的塑料,其中同一种材料的单纯再生是最理想的闭环回收方法。在原料树脂中加入10%~30%再生树脂,补偿由于热降解、氧化降解等原因的制品性能下降,达到反复再生的目的,使资源、能源都能得到有效的回收。

废塑料可能是多种塑料混杂在一起。此时,可将混杂废塑料粉碎成小颗粒后直接成形再生制品,或添加锯木粉后挤压成耐湿耐腐的"塑料木材",或添加废纸混合后制成复合木材,也可与其他材料混合制成木板,此即所谓的废塑料木材化,可直接制成机床包装用材。

这种包装可重复使用,节约了木材能源,降低了环境污染,同时也为企业和用户节省了资金。根据绿色设计材料选择的准则,机床包装材料除了要循环利用外,还应考虑最终报废后的处理问题。废旧塑料经过多次使用性能下降或报废废弃,处理方法:①对再加部分新塑料粒子进行改性;②油化裂解制成液体燃料,或焚烧利用其热能;③采用可降解塑料,减小对环境的影响。

包装结构设计也要考虑装卸的方便性。如图6-9所示,底座的3个横梁设计了10cm高的支撑,这样便于铲车装卸。4块侧板的上下面设计成10°的斜坡面,便于与底座、顶盖的坡口槽配合安装。同时,底座、顶盖四周与侧板螺栓连接处的搭扣采用开口式设计,只要将紧固螺栓旋松就可卸下,节省了时间。

(2) 电视机的绿色包装。过去,电视机的包装都采用发泡泡沫塑料作保护包装。这种包装的优点是生产和包装方便,减振防冲击性好,成本低;缺点是包装材料会造成环境"白色"污染。针对目前电视机包装的缺点,从包装材料和电视机包装特点入手,进行绿色包装设计。

就目前已有包装材料情况分析,既环保、强度又好、成本又低、取材方便的材料是瓦楞纸板。根据电视机质量大、体积大、结构对称的特点,将瓦楞纸板做成相互穿插构成蜂窝

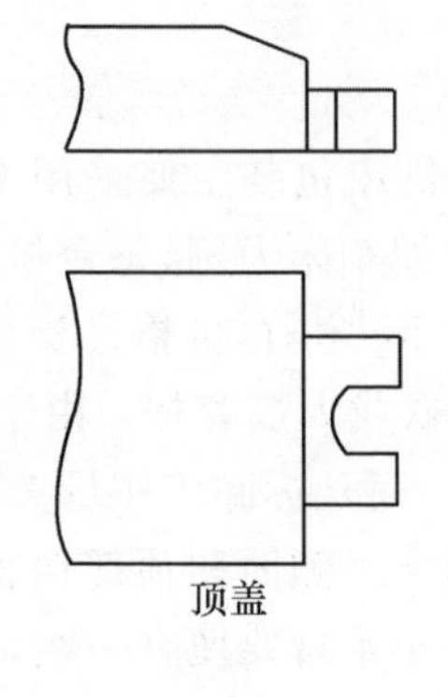

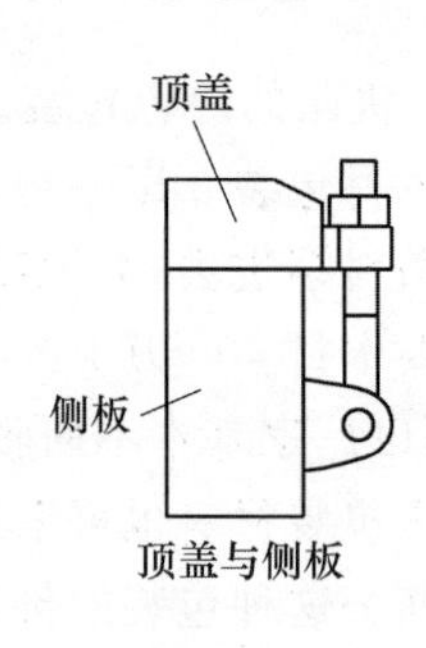

(a) (b)

图 6-9 机床绿色包装

(a)总结构;(b)连接。

芯体的结构,外由瓦楞纸板折叠成包装角块的方法包装保护电视机。蜂窝结构的作用是提高包装块的力学性能的各向同性,以满足电视机在运输及储存过程中减振缓冲及承压要求,折叠结构是为了便于包装角块成形及整机包装。另外,为了提高包装防潮、防水性,包装角块所采用的瓦楞纸板要进行防潮处理,以保证受潮时包装强度不降低。

电视机的绿色包装既符合环保要求,又包装方便,结构可靠,如图 6-10 所示。

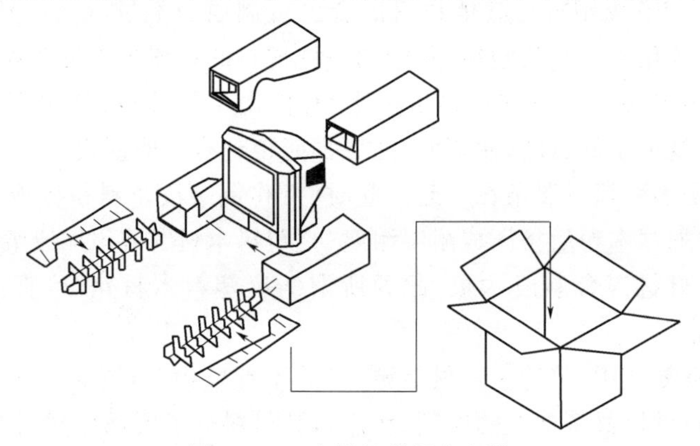

图 6-10 电视机的绿色包装

6.8 绿色机械制造

6.8.1 概述

机械制造过程会消耗大量的能源和资源,并对环境产生一定的负面影响,例如加工过程中皂化液、硫化油等冷却液的大量使用,铸件、锻件的表面精整工艺(打磨、抛丸)产生的粉尘、噪声污染,以及金属切削机床在加工中产生的油烟雾。

绿色机械制造是指在不牺牲产品的质量、成本、可靠性、功能和能量利用率的前提下,充分利用资源,尽量减轻制造过程对环境产生有害影响的程度,实现优质、低耗、高效及清洁化的目标。根据绿色制造的追求目标,可将绿色制造分为 3 种类型,即节约资源的制造技术、节省能源的制造技术和环保型制造技术。

节约资源的制造技术，指在加工工程中，尽量节省材料消耗。如通过优化毛坯形状或采用近净成形方法，减少加工余量；提高刀具寿命，减少刀具材料的消耗；减少或取消切削液；简化加工系统的组成要素等。

节省能源的制造技术，加工过程实际是一个能量转化的过程。目前采用的主要方法有减摩、降耗和低能耗工艺。例如，对切削加工机理进行研究，考虑如何降低切削力（如高速切削）、减少切削振动等。

环保型制造技术，就是通过一定的工艺手段减少或完全消除机械加工过程对人体和和环境的损害。加工过程中不可避免地产生大量的废液、废气、固体废弃物、粉尘污染和相当大的噪声污染。可以通过改进工艺（如采用无切削液加工、真空吸尘加工等）、改进工具（合理实用的刀具和机床等）、改进加工环境（采用噪声主动抑制等）等方法来实现。

在实际生产中，往往不是追求单一的目标，所以往往在一种加工方法中包含这 3 类技术，只不过是偏重点不同而已。另外，经济性也是绿色加工必须考虑的因素，一个产品若不具备用户可以接受的价格，就不能走向市场。

6.8.2 绿色干切削技术

在金属切削加工过程中经常要用到切削液。干切削是指在切削加工中不使用切削液的工艺方法，它从源头上消除了切削液带来的一系列环境负面效应，是一种有效的绿色机械加工方法。

干切削的优点：①形成的切屑洁净、无污染，易于回收和处理；②省去了与切削液有关的供应、回收、过滤等有关装置的购买及保养费用，以及与切屑、切削液处理有关的费用，既简化了生产系统，又节约了生产成本；③不污染环境。

目前，干切削技术也存在如下问题：①直接的加工能耗（加工变形能和摩擦能耗）增大，切削温度增高；②刀具/切屑接触区的摩擦状态及磨损机理发生改变，刀具磨损加快；③切屑因较高的热塑性而难以折断和控制，切屑的收集和排除困难；④加工表面质量易于恶化。

干切削技术涉及刀具、机床、工件、加工方式与切削参数等多方面。超硬刀具材料，特别是刀具涂层材料的发展，刀具几何形状的改进，微量润滑材料的应用以及适合干切削机床等相应配套设备的开发，有力地推动了干切削技术的迅速发展。干切削加工技术正日益成熟，并已进入了实用化阶段。

1. 切削液的作用与危害

1）切削液作用

切削液主要用来减少切削过程的摩擦（润滑作用）；降低切削温度，散发刀具、工件和机床上的热量（冷却作用）；使用切削液，还可帮助排屑，并去除附在工件、刀具和设备上的切削残留物（洗涤和排屑作用）；如果在切削液中加入防锈添加剂，能使金属表面生成保护膜，防止机床、刀具、工件、夹具受空气、水分和酸等介质的腐蚀（防锈、防蚀作用）。

2）切削液类型

切削液种类繁多、作用各异，一般分为油基切削液和水基切削液。

（1）油基切削液。又称切削油，其组分包括基础油、摩擦学添加剂和辅助添加剂。基础油主要有矿物油和合成油，矿物油按原料油来源可分为石蜡基和环烷基两种类型。合成油由于其分子结构是人为设计的，因而它的理化性质和机械性质比矿物油更趋合理。

油基切削液质量稳定，具有良好的润滑性和切削性，使用寿命长，并能再生利用，不受细菌侵蚀影响，不会引起皮肤病等。冷却性能比水基切削液稍差。在用高速钢刀具而且切削速度较慢的时候采用油基切削液，能延长刀具寿命，降低工件表面粗糙度值。但是，如果用在高速和重切削等加工过程中，油基切削液会剧烈地冒烟而污染环境，甚至有引起火灾的危险。油的飞溅和散落也加剧了对环境的污染。

(2) 水基切削液。优点是冷却性好，加工件易清洗，主要用于高速切削加工工序中。由于用大量的水进行稀释，所以克服了切削油冒烟、易燃以及加工后粘附在金属表面上的油脂难于清洗的弊病，而且价格便宜。缺点有：因为是用水作稀释剂，机床和被切削金属材料容易生锈；若与机床上的其他润滑油混合，就会使其润滑能力变坏，从而降低机床寿命。近年来由于水基润滑剂的组分的改进，大大提高了它的润滑性能和防腐蚀能力，因而需求量日渐增大，尤其在对铝和铜材加工方面。水基切削液可分为如下 4 种。

① 乳化型切削液。乳化液是将浓缩液用水稀释而成的乳状液体。是以轻质矿物油加入表面活性剂(乳化剂)，表面活性剂由稳定剂、防锈剂、油性极压剂、抗泡剂以及防霉剂等组成。其中前 4 种添加剂是主要成分，而其他添加剂则根据乳化油的成分和用途而定。乳化油兼有水的极好冷却性和油的润滑性，因而有较好的适用性和经济性。乳化油在机械加工中用途广泛，占所有切削液消耗量的 50%以上。

② 半合成切削液。国内又称微乳液。它以水为基础，由有机和无机材料的分散精细胶体组成。并含有 5%～30%的矿物油，但油的含量远低于乳化油的含量。主要组分是分散剂或表面活性剂，它能改善润湿性、确保更大的均匀散热性，还能促进其他化学成分的结合。其他添加剂包括消泡剂等。

③ 合成切削液。是一种完全不含油的切削液，由水溶性 EP 剂、油性剂、防锈剂、表面活性剂等形成切削液浓缩物，使用时用自来水按一定比例稀释成半透明或透明液体。最突出的优点是工件可见度好、使用寿命长、使用安全、节约油料资源；并具有良好的润滑、冷却、防锈和清洗等性能。

④ 化学溶液。它是以亚硝酸钠、铬酸钠、三磷钠、碳酸钠等无机盐类为主体，加少量的表面活性剂和有机胺如三乙醇胺、二乙醇胺等组成的。这类切削液一经水稀释，就成为全透明稳定的水溶液，不起泡沫，抗硬水能力强，不容易变质发臭。但润滑性能不良，表面张力较大，因无机盐类对铁表面的阴离子吸附性较强，故防锈性能较好。

3) 切削液危害

首先，切削液的使用会恶化工作环境，危害工人健康。切削液的使用、切削液受热挥发易形成烟雾和产生异味，工人长期接触可能感染皮肤病与气管炎等。极压添加剂所含的硫、磷、氯等化学元素，在切削过程中形成的物质也会诱发多种疾病。

其次，切削液的大量使用会造成零件生产成本的大幅度提高。为了达到工作环境的要求，需要安装切削液过滤装置、空气净化装置等，所带来的附加费用相当可观。统计资料表明，切削液的使用费用占总制造成本的 16%，而切削刀具消耗的费用仅占制造成本的 3%～4%。维持切削液系统需要定期添加防腐剂、更换切削液等，这也浪费了时间和花费了资金。

最后，切削废液若不加处理直接排放，会污染土壤和水质。切削废液的处理需耗费大量资金。在通常排放的未处理的废乳液中，经检测含油量高达20000mg/L，化学耗氧量高达18000mg/L，生物耗氧量高达9300mg/L。此外还含有大量亚硝酸钠、三乙醇胺等缓蚀剂和表面活性剂等。据资料介绍，某大型汽车厂每年用油基切削液达400t；某大型轴承厂每年用乳化油约15t，折算排放的废液达7000～10000t。就全国而言，这个数目是相当惊人的。

另外，就切削工艺本身而言，在一些情况下切削液的使用并不总是带来益处。例如，断续切削（例如铣削）时，若切削区域温度太高，则使用切削液并不合适。因为切削液克服铣刀高速旋转产生的离心力进入切削区时，早已汽化，对切削区几乎没有冷却作用，相反会使刀片切入切出时产生温度波动，冷热交替变换，产生热应力，引起刀具的裂纹和破损。

2. 干切削刀具技术

1）干切削对刀具的基本要求

干切削由于不用切削液，因而不可避免地会使加工中产生的热量增加，导致切削温度升高，排屑不畅，刀具寿命变短，生产效率降低，加工表面质量变差。只有克服这些不利因素，才能使干切削具有湿切削的同样效果。干切削对刀具的要求也就更严格。

（1）优良的热硬性和耐磨性。热硬性是指金属材料在较高温度下仍能保持其高硬度的特性。干切削时的切削温度通常比湿切削高得多，对刀具材料的热硬性和耐磨性要求更高。

（2）较低的摩擦因数。降低刀具与切屑、刀具与工件表面之间的摩擦因数，在一定程度上可替代切削液的润滑作用，抑制切削温度的上升。

（3）较高的强度和耐冲击性能。干切削时切削力比湿切削时要大，并且干切削的切削条件差，故刀具应具有较高的强度和耐冲击性能。

（4）合理的结构和几何角度。合理的刀具结构和几何角度，不但可以降低切削力，抑制积屑瘤的产生，降低切削温度，而且还有断屑或控制切屑流动方向的功能。刀具形状保证排屑流畅，易于散热。

2）干切削刀具材料

干切削加工时刀具材料最重要的是具有耐高温性。如果必须用大的前角，则高硬度也是必需的。目前，适用于干切削加工的刀具材料有PCD（聚晶金刚石）、CBN、陶瓷和金属陶瓷等。

除了选择适宜的刀具材料外，刀具表面涂层对干切削来讲也非常重要。涂层刀具很适宜于干切削加工，因为适宜的刀具涂层既可承受高的切削温度，降低刀具/切屑及刀具/工件表面之间的摩擦因数，减少刀具磨损和产生的热量，还可使刀具具有强韧的基体及满足切削要求的切削刃或工作表面。涂层在干切削加工中的主要功能表现在以下几个方面：分隔刀具和切削材料；降低刀具接触区以及刀槽内的摩擦；为刀具隔热；保护刀具不受切屑影响。

涂层刀具常用的基体材料有硬质合金和高速钢，其中以硬质合金应用最多。涂层材料主要有TiC、TiN、TiCN、TiAlN、Al_2O_3、MoS_2、金刚石等。涂层方式有单涂层和多涂层，根据涂层性质有硬涂层和软涂层。

3）干切削刀具结构

（1）热扩散是干切削加工中的基本问题之一，因此，刀具结构设计必须考虑使加工过程中产生的热量尽可能少，也就是说刀具结构应力求做到低切削力及低摩擦。

（2）干切削刀具的结构设计必须着重考虑断屑和排屑的问题。较大的正前角、锐利而强有力的切削刃有利于断屑，不过在加工韧性材料时，还需根据工件材料和切削用量设计断屑槽。此外，为了加速刀具的冷却以降低切削温度，也可采用热管式刀具或液氮冷却刀具。例如，为干加工而专门研制的 ALPHA22 型深孔钻头（图 6-11），很好地遵循了上述设计准则。这种钻头可以在不进行润滑和冷却的情况下，钻削深度为 7～8 倍于直径的孔。它是采用特殊的 40°螺旋角结构，结合较高钴含量的微晶粒硬质合金，实现较大的螺旋角和较大的前角，同时在使用过程中具有较高的可靠性。

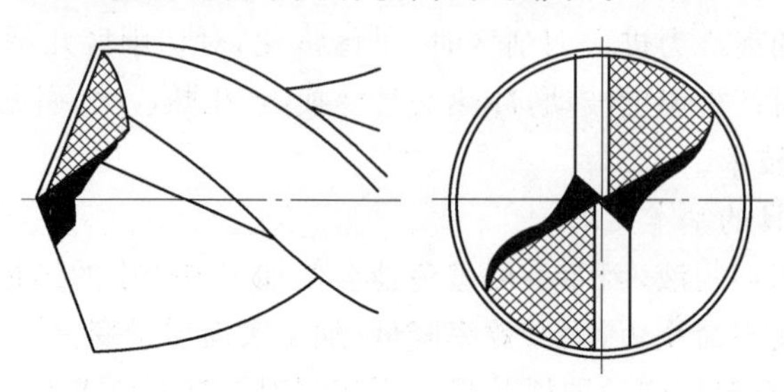

图 6-11　ALPHA22 的切削部分

（3）干切削刀具设计应力求遵循“低切削力”设计原则，即要求刀具具有较大的前角，并配合有适宜的切削刃形状。

在干切削加工中，刀具几何形状的优化非常重要。优化目的是减少加工中刀具与切屑间的摩擦。刀具几何形状优化应做到：减少刀具工件表面之间的接触面积，如增大钻头的倒锥量和螺旋角；考虑刀具表面的最大润滑性，防止积屑瘤的产生。尽管近几年在新型刀具材料的制备与开发上取得了很大的进步，但用金属陶瓷、陶瓷、CBN 和 PCBN 制造的刀具仍然比硬质合金要脆得多，不能承受太大的压力，因此，用这些材料制造的刀具必须结合其特点进行设计，即对它加强支撑，分散压力。通常可采用 3 种刃口强化措施。

① T 形刃带。就是一个倒棱——在刃口上磨出的窄平面，以取代较脆弱而锋利的切削刃。需找出最小的平面宽度和能赋予切削刃适当强度和寿命的角度，因为大的宽度和加强刀片的角度会增加切削力。

② 强化。强化就是圆整锋利的切削刃。虽然强化不像 T 形刃带那样有棱有角，但是对于精加工用的刀片材料效果很好。这些强化刀具用于切削时，应采用小背吃刀量、低速进给，并保持切削压力。

③ T 形刃带强化。当强化用于倒棱的前面与后面相交处时，也能加强 T 形刃带。切削加工时，发生微小的剥落时，强化能分散这些点上的压力。

3. 干切削机床技术

1）干切削对机床的要求

在干切削中，由于没有切削液的冷却、润滑和排屑作用，会产生以下问题。

（1）切削过程中产生比湿切削更多的热量，而这些热量主要集中在切屑中。虽然选用超硬刀具材料、对刀具表面进行适宜的涂层处理、优化刀具的几何参数以及采用合适的切削用量都能减少切削力，降低切削温度，但却无法避免大量炽热的切屑堆积在切削区和机床上，如不及时地将其从加工机床的主体机构排出，会影响切削过程，还会使机床温度升高和热变形加剧，严重影响加工质量和生产效率。

（2）在干切削石墨电极和铸铁等硬脆材料时，会产生大量粉尘，如不及时清除，会对操作工人的身体健康造成严重损害，同时细微颗粒也会侵入丝杠、轴承等关键部件，加大机床的磨损以及影响机床的加工精度和可靠性。

（3）由于没有切削液的润滑，干切削中的切削阻力会大大增加，相应的振动会增加。

由于存在上述现象，干切削机床应具有如下要求。

（1）干切削机床应有较高的刚性，以避免加工中产生振动。

（2）机床结构与切削力相适应，尽量减少零件数量。干车削硬度较高的零件时，刀具转塔可以对着机床刚性强的方向进行加工，因为这个方向的长导轨能够分散切削力。机床结构设计合理时，也能直接在短导轨上分散这些切削力，同时应简化刀架结构，使其组成零件数量尽可能少；另外，可考虑用螺栓将一组刀具直接固定在横滑板，省去回转分度机构。

（3）干切削机床应尽可能是高速机床，这种机床可降低30%左右的切削力，95%以上的切削热可由切屑带走，工件可基本保持室温状态。

（4）机床应有吸尘、排屑装置，机床结构应有利于排屑，应注意主轴、导轨等精密运动部件的密封。

（5）对于采用最少量润滑切削、冷气切削或氮气切削的准干切削机床，还应在切削区附近安装喷雾装置、冷气供给装置或氮气供给装置，以保证油雾、冷气或氮气能可靠、快速地喷向切削区。

（6）由于干切削会在加工区产生非常高的热量，会影响切屑的成形。过高的温度会导致形成带状和缠结状的切屑，影响加工精度和降低工件表面质量，所以还有必要在加工区设置温度传感器，用以监控机床温度场的变化情况，并进行必要的温度补偿。

（7）干切削机床应合理使用。在使用加工中心等机床进行干切削时，应尽量使刀具伸出长度较短，使主轴处在刚度最佳的情况下，同时还要考虑机床的速度和额定功率等。

采用干切削技术的主要目的就是减少对环境的危害，所以干切削机床在满足上述要求的前提下，还必须注意机床本身的绿色特性（低能耗、低污染、低噪声和轻量化）。

2）干切削机床机械结构设计

目前适合干切削的机床有两类：一类是在现有机床的基础上，添加排除切屑的抽吸装置、微量润滑装置或冷风装置，这类机床目前用得比较多；另一类是针对干切削的切屑堆积和排出问题而重新设计床身结构，使切屑易于落入切屑输送器中。有的机床甚至作更大的改动。

干切削机床的组成部件虽然与湿切削机床相似，但为了满足快速排屑的要求，其机床总体布局还是有很大的变化。图6-12所示为干切削用金属切削机床的结构原理图。为使炽热切屑的热量不传给机床部件，排屑槽用绝热材料制造，而机床部件借助专用的封闭系统冷却。由于切屑积聚在工作区时会破坏切削过程，使已加工表面的质量恶化，故工件和刀具的安装处应与切屑隔绝。机床应配备压缩空气、吸尘和工作区密封的一些辅助装置。

干切削机床主轴通常采用高速电主轴单元。

支承件是机床的基础大件，其结构应具有高强度和刚度、较好的抗振性和热稳定性。

常用的主要措施包括：铸件采用全封闭截面；合理布置内部隔板和肋条；含砂造型或填充混凝土等材料；导轨面加宽；车床采用倾斜的床身；床身、立柱采用钢质焊接结构以及采用热对称结构等。支承件结构设计时，必须重点考虑排屑和热稳定性问题，应注意以下几点。

(1) 保证排屑顺畅。在结构允许的情况下，降低立柱高度。例如，三菱重工的CNC滚齿机采用工件主轴卧式布局的结构，其立柱的高度减少了一半，不仅有利于顺利排屑，还可减少机床支承件的热变形。在刀架下方的床身上设计出排屑槽，可保证切屑在重力的作用下，顺利落入排屑槽下的切屑传送装置上。

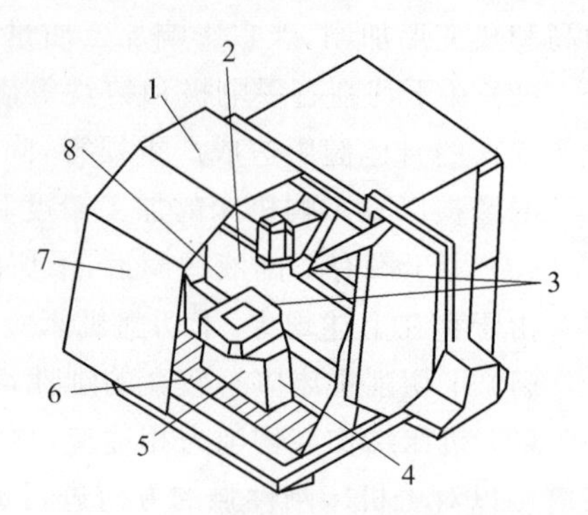

图6-12　干切削加工用金属切削机床的结构原理图

1—吸尘；2—热补偿；3—刀具和工件安装处的绝热；4—排屑槽；5—吸尘装置；6—排屑用传动装置；7—封闭冷却系统；8—排屑用的压缩空气入口。

(2) 改善隔热条件，减少排屑过程中切屑传给机床部件的热量。例如，对于铸铁床身，采用保护罩来保护陡峭的倾斜壁，防止切屑与机床铸件之间的直接接触；排屑槽用绝热材料制造等。

(3) 采取均热结构。热变形影响加工精度的原因不仅仅是温升，更重要的是温度不均的影响。可采取的措施有很多，可以在床身的左右两侧以及顶部与底部设计4个相通的型腔，并注入油液，从而使床身顶部与底部、左侧与右侧都具有相同的温度；或者将金属管嵌入床身内对称分布的4个型腔黏滞材料中，并使控制温度的切削液循环通过这些金属管，不仅可均衡温度，还可增加阻尼，衰减振动，如图6-13所示。

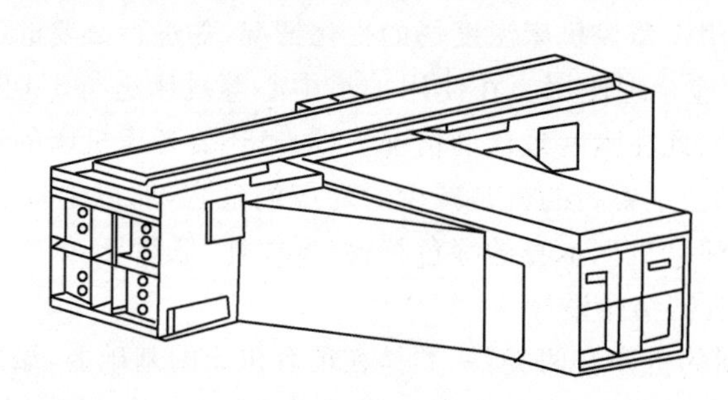
图6-13　均热与减振的机床床身结构

(4) 采用专门设计的抗弯曲扭矩管状铸造床身，并在床身中填满疏松的聚合物材料。这样不仅床身的刚性好，而且吸振能力比普通的铸造床身高几十倍。或者采用热膨胀系数小的材料整体制造，如立柱与底座采用人造花岗岩(树脂混凝土)整体制造，人造花岗岩具有低的热导率、极好的振动阻尼特性(阻尼比平均提高40%～90%)以及无吸湿性等特点，而且铸件的加工制造及处理完全符合生态学要求。

(5) 减少机床的材料使用量。通常在制造精密产品或是大型物件时，机床结构必须满足所要求的刚性，因此，机床的体积往往会增大，不仅机床所用材料较多，驱动功率增大，而且占用较大空间。因此，在满足使用要求的情况下，为使机床轻巧化，减少机床的材料使用量，减少功率消耗，充分利用环境空间，通常采用的方法有：采用有限元分析等方法，去除材料，减少不必要的浪费；多使用复合材料；采用蜂窝式结构。

干切削机床常用的排屑装置有真空排屑装置（利用空气的减压将切屑从切削区吸走）、喷气排屑装置（利用压缩空气将切屑吹出切削区）和虹吸排屑装置（利用干燥的空气吸出切屑）。其中，真空吸尘装置能及时将悬浮颗粒从机床内部吸走，对干切削机床来说，它是最理想的吸尘装置。

良好的机床设计应在机构上避免出现能聚集切屑的洼坑和高台，并用排屑螺旋与传送器尽快将切屑排出机床外。若采用工件在下、刀具在上的传统立式布局，则在工件下方安装排屑装置来辅助排屑。现在某些干加工机床上采用的倾斜导轨（与水平方向倾斜45°），借助重力来排屑，甚至出现了工件在上，刀具在下的布局，从下方清除切屑的方法，如图 6-14 所示。

图 6-15 所示是利用重力排屑的机床结构原理图。在加工过程中，切屑由于重力作用，掉落在切屑输送器上，随即被从加工区排出。

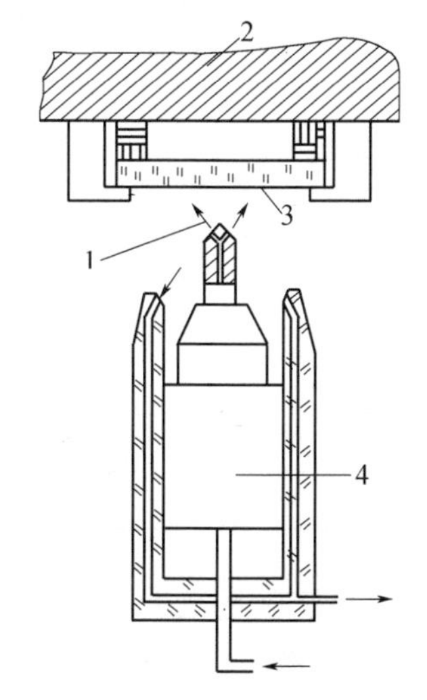

图 6-14　从下方清除切屑的方法

1—雾状润滑剂；2—工作台；3—工件；4—主轴。

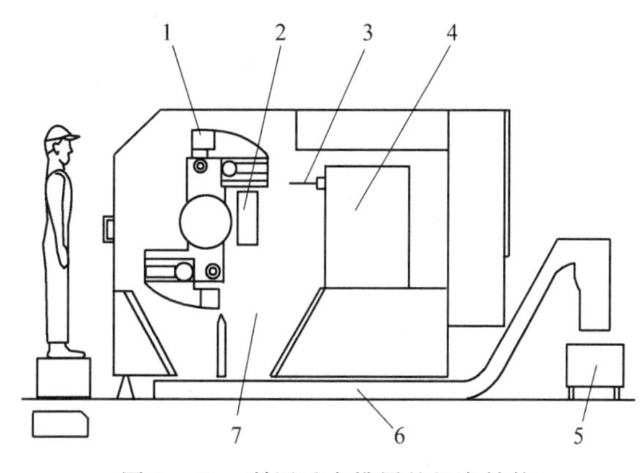

图 6-15　利用重力排屑的机床结构（垂直结构的夹具）

1—旋转夹具；2—工件；3—刀具；4—床头箱；5—切屑堆放小车；6—切屑输送器；7—排屑空间。

从机床结构上不能有效解决排屑问题时，可用压缩空气等方法辅助排屑。压缩空气的压力为 1.0～1.4MPa。在现有机床上可利用传输切削液的管道输送压缩空气，也可以采用真空泵系统，用吸气法将切屑排除出切削区。排屑效果与切屑形状有关，因此，刀具及加工参数的选择应形成压缩机或真空泵系统便于清除的切屑形态。此外，机床应备有能保证切屑顺利收集和吸出的装置，以防止干切削过程中形成的切屑堆积，并将切屑中贮存的切削热传输给机床、刀具和工件。

图 6-16(a)所示为日本三菱公司专门开发的干切滚齿机与普通滚齿机排屑方式比较。将结构从传统的立式改为卧式，把加工部分的下侧结构加大，使该处的切屑靠重力作用下落。下落的部位设置有切屑传送带，可将切屑迅速地排出机床外。这样一来，切屑的处理完全不用切削油。另外，由于发热切屑不接触床头，切屑所引起的滚齿机热变形可以控制在最低限度。从图6-16可以看出，由于卧式加工部分的高度比立式有所降低（从1340mm 降至 1150mm），这种结构有利于提高机床的刚度。

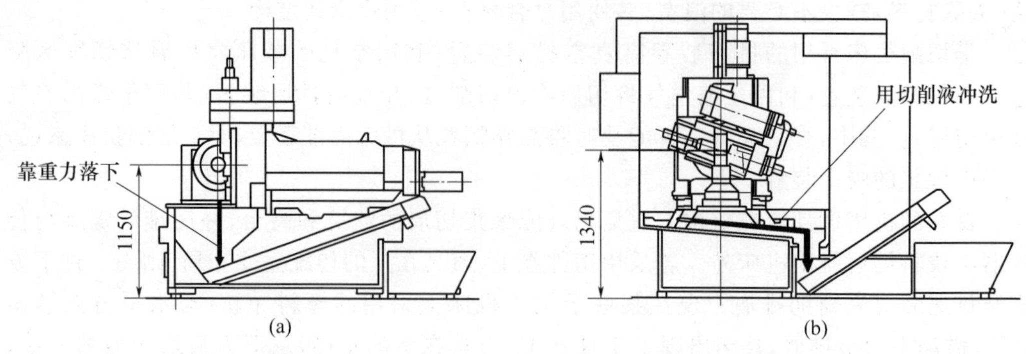

图 6-16 干切滚齿机与普通滚齿机排屑方式比较

(a)干切滚齿机;(b)普通滚齿机。

4. 干切削工艺技术

干切削是否能进行,在很大程度上决定于工件材料。难于进行干切削的工件材料和加工方法如表 6-2 所示。

表 6-2 难于进行干切削的工件材料和加工方法组合

工件材料	加工方法				
	车削	铣削	铰削	攻丝	钻孔
钢		√	√	√	
铝合金		√		√	
超硬合金	√	√	√	√	√
注:√ 表示难于进行干切削					

铝合金传热系数高,在加工过程中会吸收大量的切削热;热膨胀系数大,使工件发生热变形;硬度和熔点都较低,加工过程中切屑很容易与刀具发生“胶焊”或粘连,这是铝合金干切削时遇到的最大难题。解决这一难题的最好办法是采用高速干切削。在高速切削中,95%~98%的切削热都传给了切屑,切屑在与刀具前刀面接触的界面上会被局部熔化,形成一层极薄的液态薄膜,因而切屑很容易在瞬间被切离工件,大大减小了切削力和产生积屑瘤的可能性,工件可以保持常温状态,既提高了生产效率,又改善了铝合金工件的加工精度和表面质量。为了减少高温下刀具和工件之间材料的扩散和粘结,应特别注意刀具材料与工件之间的合理搭配。例如,金刚石与铁元素有很强的化学亲和力,故金刚石刀具虽然很硬,但不宜于用来加工钢铁工件。钛合金和某些高温合金中有钛元素,因此也不能用含钛的涂层刀具进行干切削。又如,PCBN 刀具能够对淬硬钢、冷硬铸铁和经过表面热喷涂的硬质工件材料进行干切削,而在加工中、低硬度的工件时,其刀具寿命还不及普通硬质合金的寿命高。

硬车是一种“以车代磨”的新工艺,用于某些不适宜进行磨削的回转体零件的加工,是一种高效的干切削技术。在对氮化硅工件进行硬车时,由于该材料有极高的抗拉强度,使任何刀具都很快破损。可采用激光辅助切削,用激光束对工件切削区进行预热,使工件材料局部软化(其抗拉强度由 750MPa 降至 400MPa),则可减小切削阻力 30%~70%,刀具磨损可降低 80%左右,干切削过程中的振动也大为减小,大大提高了材料切除率,使干切削得以顺利进行。

钛铝钒合金(Ti_6Al_4V)和反应烧结氮化硅(RBSN)是典型的难加工材料,其传热系数很小,干加工中产生大量的热,使刀具材料发生化学分解,刀具很快磨损。图 6-17 所示为用液氮冷却刀具加工这类材料的新方法。在车刀前刀面上倒装了一个金属帽状物,其内腔与刀片的上表面共同组成一个密闭室。帽状物上有液氮的入口和出口。在干切削过程中,液氮不断在密闭室中流动,吸收刀片上的切削热,使刀具不产生过高的温升,始终保持良好的切削性能,顺利实现干切削。

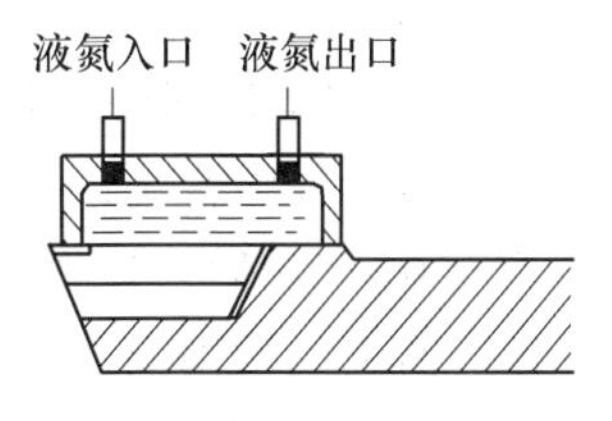

图 6-17 用液氮冷却刀具

5. 绿色切削液

研究开发绿色切削液的目的在于使切削液对人体健康和环境不造成危害,其废液经处理所含油成分回收后可安全排放,残留废油和添加剂在自然界可安全降解,不会对环境造成污染。

研究开发绿色切削液的基本要求是:在切削液的配方组成(包括基础油与添加剂的选用)、配制方法及工艺、使用方法及设备、废液的循环利用及处理排放等各个环节中,应充分考虑人体健康及环境要求。为此应当将整个切削液的研究、开发及应用作为一个有机整体,综合评判切削液对健康和环境的影响,使切削液在整个生命周期中对人体健康和环境的危害最小。

1) 改善切削液的成分

用植物油代替矿物油来研制油基切削液。植物油是可再生的资源,在自然中可完全降解,对人和环境没有危害性。与矿物油相比,植物油的应用受到其氧化和水解的不稳定性及老化性能的制约,挥发性低,加入一定的抗氧化剂等添加剂后,能很好地满足某些加工要求,有广阔的应用前景。另外也可采用酯类油代替矿物油,现在国内外生产的各类酯类油中,生物降解率就可达 90%~100%,但价格较高。

2) 研究开发新型高效无毒添加剂

为了使切削液具有较好的润滑、防锈、冷却和清洗性能,通常在其中加入大量的添加剂。这些添加剂通常含有硫、磷、氯、亚硝酸钠等,会产生较重的环境污染。在保证切削液综合性能的基础上,研制新型高效无毒添加剂,其中环保型生物降解添加剂是重点研究与应用的方向。

硼酸酯类添加剂:有机硼酸酯作为一种新型的减摩抗磨添加剂,受到越来越广泛的重视。硼酸酯容易合成,大部分硼酸酯均由带羟基的物质(如醇)与硼化剂(如硼酸)反应而成。目前已有关于水溶性硼酸酯的合成技术的研究,即在硼酸酯中引入了硫、氮,生成含硫硼酸酯和含氮硼酸酯,并证实了硼酸酯是一种多功能环保型添加剂。

钼酸盐系缓蚀剂:钼酸盐是阳性缓蚀剂,添加到切削液中,能在工件金属表面生成 $Fe-MoO_4-Fe_2O_3$ 钝化膜,可获得良好的缓蚀效果。通常认为,钼酸盐作为防锈剂是无毒的,也不污染环境,但它价格昂贵,影响了使用的广泛性。为了推广应用,人们研究了钼酸盐和其他有机、无机缓蚀剂配合使用时的协同效应,合成出了一种由钼酸盐、硼酸盐和有机胺等组成的高效、价廉的防锈络合物。此外,钼酸盐还能提高切削液的极压抗磨性能。

新型防腐杀菌剂:切削液本身具有微生物和菌类滋生繁衍的条件,容易腐败变质。新型防腐杀菌剂的作用在于抑制细菌和霉菌的滋生，杀灭液体中已存在的细菌，以延长切削液的使用寿命。

3）开发传统切削液的替代品

氮气是大气中含量最多的成分，液氮作为制氧工业的副产品，资源十分丰富。以液氮作为切削液，使用后直接挥发成气体返回大气中，不会产生任何污染物，从环保角度看，是一种极有前途的切削液替代品。液氮冷却的利用方法之一是将液氮作为切削液直接喷射到切削区，在超低温加工状态下，刀具材料能够保持良好的切削性能，同时液氮可显著降低磨削区温度，减少磨削烧伤。液氮冷却的另一种利用方法是间接利用，即不将液氮直接喷射到切削区，例如喷气冷却，直接用于切削冷却的不是氮气本身，而是被液氮冷却过的气体。

切削废液的无害化处理和回收技术，也是增强切削液绿色性能的有效措施。

6.8.3 低温强风冷却切削

用低温强风对切削部分冷却和排屑是一种新的无污染加工方法。通常人们认为气体的比热低，因此冷却效果比液体差，但由于采用低温风作为介质进行吸热、传热和对流，与此同时通过降低切削环境温度加快了切削热在工件、切屑和刀具上的传导，所以能够达到有效降低温度、提高刀具耐用度的目的。由传热的基本方程 $Q=\alpha A\Delta Q$ 也可以说明冷风冷却能够获得理想的冷却效果和经济效益。

（1）一般冷却气体介质温度可以控制在－15～－50℃，而切削液不能低于零度，低温气体扩大了切削区温度和冷却介质之间的温差 ΔQ，因此有较强的冷却能力。

（2）一定压力的气体射向切削区，其通过切削区的流速大于一般浇注切削液，单位时间通过切削区截面的冷气越多，说明通过切削区动态的换热面积 A 越大，因而冷却的能力和效果也越好。另外，气体比液体更容易进入切削区及刀具与切屑和工件的接触界面，冷却作用更直接。气体介质是空气，无成本，也无排放和处理费用。因此，切削过程的运行效果和效益均比较理想。低温气体冷却系统如图 6－18 所示。

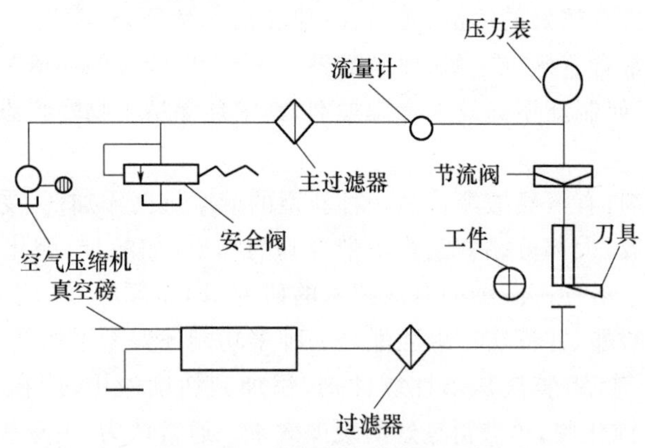

图 6－18 低温气体冷却原理图

图 6－19 所示为采用水基切削液、自然环境（自然冷却）和低温风（－15℃）3 种冷却条件下，以切削速度 49m/min、进给量 0.15mm/r 的工艺参数切削轴承钢得到的切削力对比曲线。由图可见：自然冷却切削时切削力最大，风冷次之，水基浇注冷却最小；随着切

削深度加大,切削力上升,气体冷却曲线有向浇注冷却曲线靠近的趋势,且都远离自然冷却曲线,说明随着切削力增大,冷风冷却效果越好。

图6-20所示是不同冷却方法,切削45钢,背吃刀量1.0mm、进给量0.2mm/r时切削热对比曲线。随着切削速度的增高,风冷的冷却效果越好,在一定条件下超过了水基切削液的冷却效果。这些实验都表明:低温风冷却能取得良好的冷却效果,且随着切削力、切削热增大效果越明显。

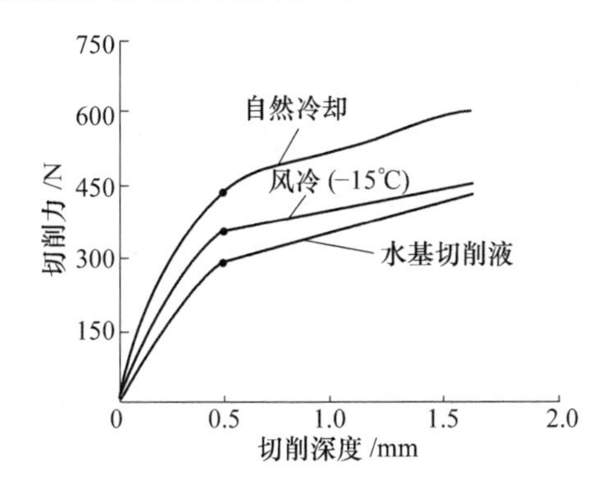

图6-19 不同冷却条件下的切削力比较

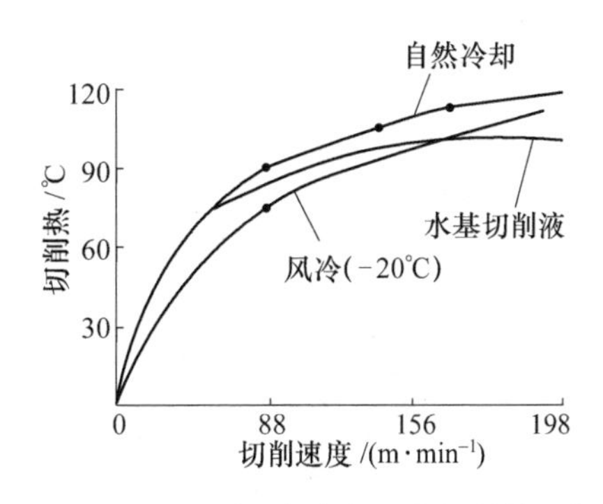

图6-20 不同切削条件下的切削热比较

如果以冷风冷却为基础,辅以微量润滑油及冷却介质,借助冷风雾化并射向切削区,则射向切削区的润滑油比常规加注方式容易进入切削区,减少摩擦;冷却介质以特殊的方式射向切削区,如能达到沸腾汽化,其换热冷却作用远远高于一般的冷却,从而能充分地降低切削温度,保护和延长刀具切削性能,增强被加工零件质量的稳定性;同时大的冷却效果能减少润滑油在切削区的挥发,增强润滑作用,使整个切削过程诸因素作用效果趋于良性循环。这种切削方式被称为准干切削加工。

理想的准干切削是以低温或亚低温气体射流为动力,给予切削区最小的润滑(满足基本的润滑条件),最大的冷却(有限冷却介质达到沸腾汽化的最大冷却效果),极大地提高切削过程诸效果的冷却切削方法,称为最小润滑、最大冷却技术。

6.8.4 绿色热处理技术

热处理生产对环境污染和对能源的消耗均很大,污染源包括热处理过程中排放的废水、废液、废气、废渣、粉尘、噪声、电磁辐射等。我国热处理生产的污染问题仍很严峻,具体表现:①盐浴炉仍普遍使用,产生大量的盐浴蒸气和废渣,其中很多为含氰盐的废盐渣;②大量采用矿物油淬火剂,矿物油因蒸发或局部燃烧而污染大气,并污染水质;③量大面广的以气体为介质的渗碳、渗氮、碳氮共渗、氮碳共渗等化学热处理工艺,产生约1千万立方米数量级的CO_2、残氨,甚至氢氰酸(HCN)等废气排入大气,如常用的气体软氮化(氮碳共渗)废气中的HCN含量超过国家允许的排放标准达几千倍;④热处理加热设备大量采用耐火纤维,而耐火纤维受热粉化会带来粉尘污染;⑤化学热处理零件和油淬零件的前后道清洗工序的废水多数未得到有效治理,表面镀膜的前处理还采用有毒清洗剂,其危害更大;⑥发黑(发蓝)或磷化的废液随意排放。多数热处理工艺和设备能耗大,而能耗越大,CO_2的排放量也随之增大,增加温室效应。燃煤加热炉仍在使用,排放大量的SO_2,造成严重的环境污染。

绿色热处理的主要控制目标是少或无污染，少或无氧化和节能，使热处理从污染大户变为绿色工业。发展绿色热处理的关键是技术创新，例如可控气氛热处理、真空热处理、流态床热处理、智能控制喷水冷却、无碳的洁净短时渗氮、替代发黑(发蓝)和磷化的无污染工艺，以及化学热处理排出气体的回收与利用等。

1. 绿色热处理工艺

1）节能热处理工艺

严格控制铸、锻等严重影响显微组织的成形工艺，以减少或取消某些预备热处理工序。用零件表面或局部热处理取代整体热处理，如零件感应表面加热淬火，不但加热速度快，能耗大大降低，而且工件表面氧化脱碳少，变形小，环境污染小，生产率高。

洁净的短时渗氮技术：铁素体氮碳共渗具有被处理件耐磨性好、疲劳强度高、耐腐蚀、变形小、处理温度低、时间短、节能等一系列优点。但是各种气体氮碳共渗炉气中 HCN 的含量为 10^2ppm 数量级，大大超过安全标准；QPQ 等盐浴氮碳共渗中含 CN 达 3%，严重污染环境。研究不加任何渗碳成分的洁净短时渗氮工艺，以替代传统的气体氮碳共渗。该工艺保留了氮碳共渗的全部优点而从根本上消除了 CN 的污染。另外，短时渗氮与氧化复合处理可以替代发黑、发蓝及磷化。

缩短加热时间；快速加热；降低加热温度，如亚低温渗碳和淬火、中断正火等；利用提高渗碳温度、直生式气氛、金属表面活化催渗技术、离子轰击(离子渗 C、N)、化学催渗技术(稀土催渗法)加速化学热处理过程。

利用铸、锻工序后的余热进行热处理(如形变热处理)不仅可提高材料的综合力学性能，而且简化了热处理工序，利用了余热，节约了能源，降低了材料消耗。

2）复合热处理工艺

复合热处理是将两种或两种以上的热处理工艺复合，或将热处理与其他加工工艺复合，得到参与组合的几种工艺的综合效果，使工件获得优良的性能，延长零件使用寿命，提高材料的利用率，并节约能源，降低成本，提高生产效率，如渗氮与高频淬火的复合，淬火与渗硫的复合、渗硼与粉末冶金烧结工艺的复合等。新的复合表面处理技术，如激光加热与化学气相沉积(CVD)，离子注入与物理气相沉积(PVD)，物理化学气相沉积(PCVD)等，均具有显著的表面改性效果，应用日益增多。

3）流态床热处理

用流态床热处理取代盐浴工艺有利于推动绿色热处理的发展。当前，我国流态床热处理技术已基本成熟，无论是内热式还是外热式流态炉，在炉子结构、粒子回收、流态化效果、环境净化等方面均有了根本改观，形成了系列化产品，并向多功能化发展。流态床热处理方面的新进展：①用氦气冷却的冷却流态床取代油淬，更洁净，有利于环保；②利用氮氦流态床冷却优于真空炉高压气冷的特点，将真空加热与流态床冷却相结合以达到最佳状态；③将计算机控制技术引进流态床渗碳的在线控制；④在热处理炉上直接用流态床作为高效率、低成本的加热源以取代气体燃烧器或电热元件；⑤采用流态床作为沉积超硬层(为 TD 工艺)的替换介质。另一方面，目前国内外流态床仍不同程度存在粉尘污染问题。因此要使流态床热处理成为名副其实的绿色热处理技术，尚需解决下列问题：①进一步减少或消除粒子飞扬和粉尘污染；②对尾气进行净化处理。

2. 加热设备

热处理改变金属材料组织和性能是通过消耗能源的加热、保温、冷却来实现的。因此,加热设备使用的能源属性、能耗大小和环境友好性对于实现绿色热处理有着重要的意义。应研究采用生态能源、高效节能、环境友好性热处理设备。感应和高能率加热都具有加热速度快,表面质量好,变形小,能耗低,无污染等优点,是极为有效的经济节能表面加热方式。

整体加热方式的流态床加热,虽然能量密度不高,但加热快且均匀,工件变形小,表面光洁,处理后不需清洗,工艺转换容易,能提高产品质量,节能,公害小,成本低,并可以与化学热处理相结合,特别适宜于多品种、小批量和周期性生产,可用来取代传统的盐浴热处理。

其他新型热处理设备,如离子热处理炉、激光热处理装置、电子束热处理装置等,也应积极开发应用。激光热处理和离子注入表面改性技术在国外已进入生产阶段。

3. 绿色加热介质

加热介质应当无毒、无污染,具有良好的环境友好性。少无氧化加热可以减少金属氧化损耗。采用真空和可控气氛是实现少无氧化加热的主要途径。高压气淬真空热处理既可使零件保持洁净(表面无氧化无脱碳),又免除了淬火后的清洗工序。

1) 氮基气氛

可控气氛有吸热式气氛、放热式气氛、氨分解气氛和氮基气氛。在可控气氛中,氮基气氛是一种成熟并便于推广的绿色热处理技术。

氮基气氛是以氮气为基本成分(占炉气氛的40%~98%)并加入适量添加剂制备而成,是20世纪70年代为解决国际能源危机而发展起来的一种工艺技术,其优点如下。

(1) 节能。和吸热式气氛相比,使用氮基气氛可节约有机化合物原料约25%~85%,如果采用 $N_2+CH_3OH+CH_4$ 进行中等深度的渗碳,CH_4(天然气)的消耗量节省25%以上。吸热式气氛含 H_2 40%左右,而 H_2 的导热率约为 N_2 或空气的7倍。在氮基气氛热处理中,其炉衬主要被 N_2 所包围,故可减少炉衬的传导热损失,从而降低能耗约10%~20%。

(2) 气源丰富。氮以双原子存在于大气中,并占大气总体积的78%,因此大气是最大的制氮原料气存储库。目前多采用深冷空分法、变压吸附空分法及膜分离法等实现氧氮分离,从而利用大气制得氮气。

(3) 安全经济。氮气是惰性气体,无毒,无燃烧爆炸危险,便于运输、储存和使用。采用氮基气氛的运行成本仅为吸热式气氛的50%左右,经济效果较显著。

(4) 适应性广。氮气易与其他气体配制成满足各种材料和工艺要求的热处理气氛,如用于各种碳钢、不锈钢以及铜、铝等有色金属的热处理。由于氮基气氛中CO和 H_2 的相对含量较小,因此可以避免和减轻钢在加热过程中的内氧化和氢脆,故很适宜作为氢脆敏感钢的加热保护气氛。

常用的氮基保护气氛大体上分为中性气氛、碳势气氛和氮-甲醇基气氛等类型。中性气氛是指对钢材不氧化、不脱碳、不渗碳,具有一定还原性的氮基气氛,常用的有 N_2+H_2 和 N_2+CO+H_2 两种。碳势气氛是指具有一定碳势的氮基气氛,具有能产生渗碳或脱碳作用的成分,通常是在氮气中加入碳氢化合物或烃的含氧衍生物添加剂制成的。

氮一甲醇基气氛属碳势气氛范畴,是目前广泛使用的氮基气氛。当气氛中的 $CO:H_2:N_2=1:2:2$ 时,与用天然气作原料气制备的吸热式气氛的组成十分接近。控制氮与甲醇的比例,从而改变 CO、H_2 的含量,可适应不同的热处理工艺要求。

2) 真空热处理

高压气淬真空热处理既使零件保持洁净(表面无氧化无脱碳),又免除了淬火后的清洗工序。高压气淬真空热处理技术已经成熟,并已在工具制造、齿轮等行业得到应用。

这种工艺最引人注目的优点是使用无氧处理介质,故渗碳零件不会发生内氧化。由于设备能做到提高渗碳温度,从而缩短了生产周期。另外还有气体消耗量和排放量显著减少,不需火帘、点燃器及排气装置,空载时可停炉,加热和降温时间更短,从而可使设备获得最大利用率。例如,用高压气淬取代渗碳钢油淬,使用高速高压(达 4×10^6Pa)氦气能获得良好的硬化效果,且有益于环保。氦气还可以回收,重复使用,提高了经济效益。

真空热处理的主要发展方向:①抽真空后反充惰性气体并在炉膛内配置搅拌风扇,使用对流传热方式使加热更快、更均匀;②采用计算机模拟进行气流动力学设计,使气淬更加均匀;③通过加压,使用更高热交换能力的气体、冷淬室和喷嘴等提高冷却速率,以推广应用真空气淬技术;④将流量传感器作真空淬火专家控制系统的一个输入端,用来测量气淬的热传导效率;⑤发展负压渗碳或等离子渗碳技术;⑥开发新型真空气淬炉;⑦推广将加热室与高压气淬室相互分离并可以灵活更换的高压气淬技术。

4. 绿色冷却介质

冷却介质应当无毒、无污染,具有良好的环境友好性。应选择具有多生命周期的冷却介质;当冷却介质生命周期结束后,可以作为再生资源使用。正确选择和合理使用淬火介质,可以减小工件变形,防止开裂,保证达到所要求的组织和性能。

目前,国内最广泛应用的淬火介质仍然是水基介质和矿物油介质,因此不可避免地存在污染问题。在淬火冷却方面应按绿色热处理要求进行研究和变革:①研究开发控制冷却技术,所谓控制冷却,就是以不含任何添加剂的清水作淬火剂,采用喷淋或喷雾冷却,并通过改变水压、流量、风压等参数,获得不同的冷却强度,以适应不同材料、不同技术要求的零件的淬火冷却;②无机物水溶液淬火剂和有机聚合物淬火剂是新型淬火介质的发展重点,特别是有机聚合物淬火剂,无毒、无烟、无臭、无腐蚀,不燃烧,抗老化,使用安全可靠,且冷却性能好,冷却速度可调,适用范围广,工件淬硬均匀,可明显减少淬火变形和开裂倾向;③发展以植物油为基的油类淬火剂,与矿物油相比,这种淬火油能迅速被生物降解、可再生、毒性低、闪点高、沸点高,且来源丰富;④研究采用新的淬火方法获得最佳的淬火效果,如采用高压气冷淬火法、强烈淬火法、流态床冷却淬火法、水空气混合剂冷却法、沸腾水淬火法、热油淬火法、冷处理法等。

5. 热处理剩余物的处理技术

热处理对环境的污染主要包括生产中及生产结束后排放的废气、废水、废渣、粉尘、噪声和电磁辐射等,研究开发热处理剩余物再利用技术,是绿色热处理技术的发展方向。工业生态方法认为生命周期终结后的“废弃物”是不同生产和使用阶段的剩余物,是可以重新使用的资源,如可以利用余热预热助燃用的空气和燃料、低温炉的热源或预热冷的工件。

各种渗碳和碳氮共渗热处理(包括氮基气氛渗碳和负压渗碳)排出的废气含有大量的

CO、CO_2 和一定数量的烷类气体，不利于环保。目前，将渗氮废气经过完全吸收实现清洁排放(排出 N_2 和 H_2)的技术可以防止渗氮废气中的氨对环境的污染，也可以避免有些工厂将渗氮废气直接燃烧生成 N_xO 的弊端。

6. 绿色热处理辅助技术

(1) 热处理数据库。热处理数据库包括材料成分、性能组织数据库，材料及热处理环境负荷数据库，热处理工艺数据库，热处理介质数据库，热处理能源及设备数据库，计算机辅助设计和控制等。

(2) 计算机控制热处理技术。不仅用于工艺的优化设计、工艺过程的自动控制、质量检测与统计分析等，而且也用于设备、生产线和车间的自动控制和生产管理，保证热处理工艺的稳定性和产品质量的再现性。

(3) 热处理环境协调性评估。热处理的环境协调性不仅涉及到材料、能源、热处理介质本身，而且涉及到整个热处理过程。热处理环境协调性评估包括对能源消耗、资源消耗(材料和热处理介质等)、向环境的排放(固态、液态和气态的废弃物、噪声和电磁辐射等)进行实际的数据采集和汇总计算，在编目和列表分析的基础上，得出热处理过程造成的环境负荷，提出减小环境损害的建议，促进环境的改善。

(4) 虚拟热处理技术。在较完善的热处理数据库基础上，利用计算机生成模拟热处理炉内环境，虚拟加热保温冷却，实现材料组织性能变化的虚拟热处理技术将大大加快人类对金属材料的认识，减少能源消耗，改善热处理的环境协调性。

(5) 热处理管理技术。在管理上应发挥专业化生产的优越性，采用新技术、新工艺、新设备，严格按照标准和规范合理组织热处理的批量生产，力求集中和连续性生产。专业化生产热处理工艺材料，如各种淬火介质、渗剂、保护涂料、清洗剂、加热盐、保护气氛和可控气氛的气源等，尽可能实现规格化、标准化、系列化。

6.8.5 绿色铸造技术

绿色铸造工程，即铸造产品从设计、生产、使用到回收和废弃处理的各个环节都符合资源的有效利用和最大限度地保护环境要求，并获得较好的产出和效益。

铸造生产输入端是资源和能源，其输出端是产品和废料。随着铸造技术的发展和生产规模的增长，一方面资源的开发利用范围不断扩大；另一方面废料的数量和种类也不断增多。我国是世界铸造大国，铸造行业资源和环境的要求日益突出。由于技术和历史的原因，我国铸造行业具有明显的粗放型特点，一些铸造车间除尘设备基本上陈旧不堪，亟待改进，冲天炉配有有效环保设施的很少，基本上是一片空白。冷风冲天炉熔化和手工造型为主的铸造厂占总数的大部分，铸件质量差，劳动条件和环境恶劣，能源利用率很低。生产能力过剩的规模小、技术落后、粗放型生产的铸造厂占 90%以上。

通过技术创新，大力发展绿色铸造技术是我国铸造行业的必由之路。下面介绍几种具有应用前景的绿色铸造工艺和技术。

(1) 熔炼工部的清洁生产技术。目前，我国 90%的铸件是用冲天炉熔炼生产的。这也是目前发达国家乃至我国今后相当长一段时期内的基本状况，成熟且有推广价值的清洁生产技术有：①采用清洁高寿命耐火材料、高效热风连续冲天炉、铁液封闭运输处理、浇注和型砂处理技术；②采用(国际铸造环境控制委员会推荐)炉料净化处理技术，可以减少熔炼过程中粉尘散发量的30%;③采用水冷粒化炉渣技术使炉渣100%成为高效建筑材料;④冲天炉废气的综合利用。冲天炉的废气含有可燃烧碳粒和可燃性气体,既造成环境的污染,又浪费了大量的热能。热风冲天炉技术很好地解决了这个问题。这项技术的先进性在于热风温度可达600~800℃,冲天炉铁水可达1500~1550℃,熔化效率可提高45%。该技术在铸造生产方面的突出优点是:利用排烟回收再燃烧方式,充分利用烟气的物理热和化学潜热,改变了冲天炉的冶金条件,使铁液温度升高,获得良好的工艺性,改善了铸造过程的环境友好性。

(2) 精密清洁成形技术。采用刚性型成形或称金属型成形,有着明显的先进性和突出的绿色铸造优点。这是因为金属型铸造是用铸铁、钢或其他金属材料制成铸型,用以浇注各种铸件的工艺方法。金属型铸造时可使用金属型芯或砂芯,也可用金属型敷砂工艺,其目的是在局部改变条件,从而使铸件达到所要求的性能。金属型铸造方法可以用于铸铁件、钢件及各种有色金属铸件的生产。金属型铸造可完全取消或减少95%以上型砂用量,可减少硅砂处理中的硅粉污染,同时也消除和减少了铸件清理所产生的粉尘和噪声污染。

(3) 低毒、高效气硬冷芯盒制芯工艺与材料技术。该技术是用碱性树脂水溶液作为黏结剂和砂混合,射入型盒后,吹入雾化的有机酯气体而迅速使砂型芯固化的制芯工艺方法。其硬化机理是:树脂大分子中的酚氧负离子与有机酯发生亲核反应,先形成不稳定的中间产物,再转变成体型高聚物而使树脂快速交联硬化。它与三乙胺和SO_2的作用不同之处是后两者只起催化作用,而有机酯则直接参与化学反应。

该技术在绿色铸造方面的突出特点是,硬化剂在空气中允许的最大浓度是三乙胺的10倍,是SO_2的50倍,因为其毒性很小,可直接排到大气中。用该法制造的型芯浇注时,无大量有害气体产生,有良好的生产环境。这样可以较好地解决三乙胺和SO_2法高效气硬冷芯盒制芯工艺带来的环境危害。

(4) 有机酯硬化水玻璃砂及其旧砂再生复用技术。用经过物理或化学改性、模数稍高的水玻璃作黏结剂,用乙二醇醋酸酯或丙二醇醋酸酯作为固化剂,与砂混合,在常温下型砂可自行硬化成形。由于改变了水玻璃的硬化方式,提高了水玻璃强度,解决了水玻璃砂应用中长期存在的溃散性差的难题。这种型砂工艺产生的旧砂可以用冲击和摩擦相结合的干法再生形式使砂粒表面的惰性膜去除,适合于90%铸钢件的生产。

该技术的先进性在于节省能源,无需进窑烘干,常温下可自行硬化,成本低等。使用该法无毒、无刺激性气味,造型过程中不产生游离甲醛等有害气体,且因旧砂再生回用方便,减少了旧砂对环境的污染,可取代树脂砂和传统的水玻璃砂应用于铸钢件生产中。

(5) 铸造生产末端无害化处理技术。铸造生产末端无害化处理技术包括铸造旧砂再生技术、冲天炉烟气净化技术、有害气体处理技术、铸造车间除尘技术、除尘器粉尘后处理技术、全面通风及吹吸通风技术等。

6.9 绿色再制造

6.9.1 绿色再制造工程的含义

绿色再制造工程是以产品全寿命周期理论为指导,以废旧产品性能跨越式提升为目标，以优质、高效、节能、节材、环保为准则，以先进技术和产业化生产为手段，来修复、改造废旧产品的一系列技术措施或工程活动的总称。简言之，再制造工程是废旧产品高技术修复的产业化，对报废产品的零部件按照规定的标准、性能指标，通过先进技术手段进行系统加工，并重新使用在机器上。

绿色再制造工程的基本要求是：再制造产品的质量和性能要达到或超过新品，并且在成本、耗能、耗材、环保方面应均优于或不低于新品。否则，再制造工程就失去了意义。

（1）绿色再制造工程以废旧产品为对象。废旧产品经分解、鉴定后可分为4类零部件：①可继续使用的；②通过再制造加工可修复或改进的；③无法修复或修复在经济上不合算，通过再循环（如回炉冶炼）变成原材料的；④只能做环保处理的。绿色再制造工程的目标是要尽量加大前两者的比例，即尽量加大废旧零部件的回用次数和回用率，尽量减少再循环和环保处理部分的比例。经过再制造工程，产品寿命周期或其零部件的寿命周期可以延长。

“废旧产品”是广义的，它既可以是设备、系统、设施，也可以是其零部件；既包括硬件，也包括软件。在再制造工程中，最重要的是机电产品的再制造。

产品的报废是指其寿命的终结。产品的寿命可分为物质寿命、技术寿命和经济寿命。

① 物质寿命是指从产品开始使用到实体报废所经历的时间。产品实体磨损、金属腐蚀、材料老化、机件损坏等原因决定了产品的物质寿命。搞好产品的维护和修理能延长其物质寿命。因物质寿命终结而报废产品的零部件，其相当部分可直接使用或通过再制造加工后使用。

② 技术寿命是指从产品开始使用到因技术落后被淘汰所经历的时间，科技发展的速度决定产品的技术寿命。进行适时的改造升级可延长产品的技术寿命。

③ 经济寿命是从产品开始使用到继续使用经济效益变差所经历的时间。产品的低劣化（因使用中维修费、燃料动力费、生产成本、停工损失逐渐增加等造成）决定其经济寿命。产品技术经济学中有多种方法可计算产品的经济寿命——最佳使用期。适时的维修、改造、升级可延长产品的经济寿命。

再制造工程在产品寿命周期中的地位和作用可简略地用图6-21表示。传统的产品寿命周期是“从研制到坟墓”，即产品使用到报废为止，其物流是一个开环系统。而理想的绿色产品寿命周期是“从研制到再生”，其物流是一个闭环系统。

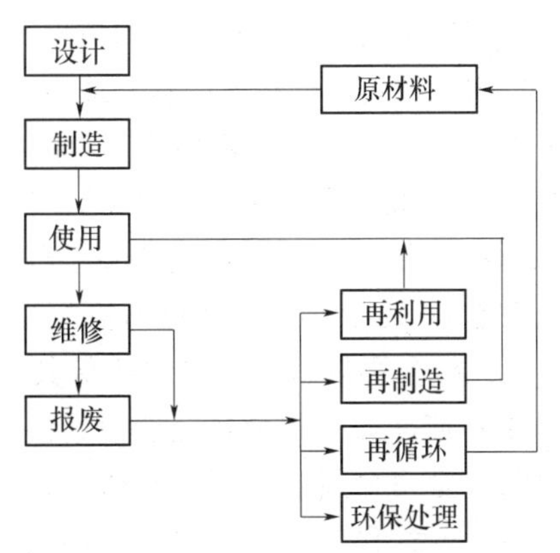

图6-21 再制造工程在产品寿命周期中的地位

再制造与传统制造的重要区别在于毛坯不同。再制造的毛坯是已经加工成形并经过服役的零部件，要恢复甚至提高这种毛坯的使用性能，有很大的难度和特殊的约束条件。在这种情况下，只有依靠先进的制造技术和修复技术，并在产品设计时也提出再制造设计要求。

机电产品再制造的工艺流程与维修有相似之处，但是两者也有明显的不同。维修是指在产品的使用阶段为了保持其良好技术状况及正常运行而采用的技术措施，常具有随机性、原位性、应急性。维修的对象是有故障的产品，多以换件为主，辅以单个或小批量的零(部)件修复。其检测设备比较先进，而加工设备和技术一般相对落后，而且难以形成批量生产。维修后的产品多数在质量、性能上难以达到新品水平。再制造是规模化、批量化生产；必须采用先进技术和现代生产管理，包括现代表面工程技术、先进的加工技术、先进的检测技术，这是大修难以全面做到的；再制造不仅是恢复原机的性能，还兼有对原机进行的技术改造；最主要的不同点是再制造后的产品性能要达到新品或超过新品。

再制造也不同于再循环，再循环的基本技术途径是回炉。回炉时，原先制造时注入零件中的能源价值和劳动价值等附加值全面丢失，所获得的产品只能作为原材料使用，而且在回炉及以后的成形加工中又要消耗能源。

再制造还是一个对旧机型升级改造的过程。以旧机型为基础，不断吸纳先进技术、先进部件，可以使旧产品的某些重要性能大幅度提升，具有投入少见效快的特点，同时又为下一代产品的研制积累了经验。

(2) 绿色再制造工程通过修复与改造充分提取原产品中的附加值。绿色再制造工程的内容包括以下几个方面。

① 再制造加工。主要针对达到物质寿命和经济寿命的产品，在失效分析和寿命评估的基础上，把有剩余寿命的废旧零部件作为再制造毛坯采用先进表面技术、复合表面技术和其他加工技术，使其迅速恢复或超过原技术性能和应用价值的工艺过程。

② 过时产品的性能升级。主要针对已达到技术寿命或经济寿命的产品，通过技术改造、更新，特别是通过使用新材料、新技术、新工艺等，改善产品的技术性能的新技术提升。

再制造产品既包括质量与性能等同于或高于原产品的复制品，也包括改造升级的换代产品。技术进步的加快和人们需求的提高，使得产品的使用时间缩短，废品数量增多。通过再制造工程以最低成本和资源消耗生产升级换代产品将是一条重要途径。例如，美国B-52H轰炸机，原机设计始于1948年，1961—1962年生产，1980年、1996年两次进行技术改造和再制造工程，其战术技术性能至今仍保持先进。

通过修复与改造，再制造工程充分提取投入到原产品里的附加值。产品附加值是指在产品的制造过程中加入到原材料成本中的劳动力、能源和加工设备损耗等成本。一般来说，产品的附加值要远远高于原材料成本。如光学镜片，其原材料成本不超过产品成本的5%，另外的95%则是产品的附加值。而通常所说的再循环(如将回收的金属零部件回炉冶炼做原料)不但不能回收产品的附加值，还需要增加劳动力、能源和加工成本，才能把报废产品变成原材料。有的专家认为，再制造工程与初始制造的原料消费量之比为(1∶5)～(1∶9)；发动机改造，只需生产新发动机所需能量的50%和劳动力的67%。

(3) 绿色再制造工程必须确保其产品质量等同于或略高于原产品。再制造的重要特征是再制造产品的质量和性能达到甚至超过新品，对环境的不良影响与制造新品相比显著降低。全寿命周期费用分析研究显示，机电产品的使用和维修所消耗的费用往往数倍于前期(开发、设计、制造)费用。再制造工程主要针对损坏或报废的零部件，在失效分析、寿命评估等全寿命分析的基础上，进行再制造工程设计，采用高新表面工程技术、快速成形技术等先进制造技术，使再制造产品质量达到或超过新品，以形成再制造新产品的系统工程。

在再制造工程中，汽车发动机再制造技术已比较成熟，并初步形成了比较完善的产业链。

6.9.2 绿色再制造工程的实施基础

（1）机器各部件的使用寿命不相等。再制造能够实施并具有潜在价值的根本原因在于机器中各部件的使用寿命不相等，而且每个零件的各工作表面的使用寿命也不相等。

机器中通常固定件的使用寿命长，如箱体、支架、轴承座等，而运转件的使用寿命短。在运转件中，承担扭矩传递的主体部分使用寿命长，而摩擦表面使用寿命短。与腐蚀介质直接接触的表面使用寿命短，不与腐蚀介质接触的表面使用寿命长。这种各零部件的不等寿命性和零件各工作表面的不等寿命性，往往造成由于机器中部分零件以及零件上局部表面的失效而使整个机器不能使用。再制造的着眼点是对没有损坏的零部件继续使用，对有局部损伤的零件采用先进的表面工程技术等手段通过再制造加工继续使用，而且延长使用寿命。

（2）可再制造产品中蕴含高附加值。机器及其零部件成本由原材料成本、制造劳动成本、能源消耗成本和设备工具损耗成本构成，后 3 项成本称为相对于原材料成本的成品附加值。据估算，汽车发动机原材料的价值只占 15%，而成品附加值却高达 85%。

图 6－22 所示为宏观统计的发动机原始制造和再制造过程中能源消耗、劳动力消耗和材料消耗的对比图。此图说明再制造过程中由于充分利用了废旧产品中的附加值，因而能源消耗只是新品制造中的 50%，劳动力消耗只是新品制造中的 67%，原材料消耗只是新品制造中的 11%～20%。随着高新技术的发展和其在再制造产品上的应用，材料和能源消耗将会进一步降低，对节约能源、节省材料、保护环境的贡献会更大。

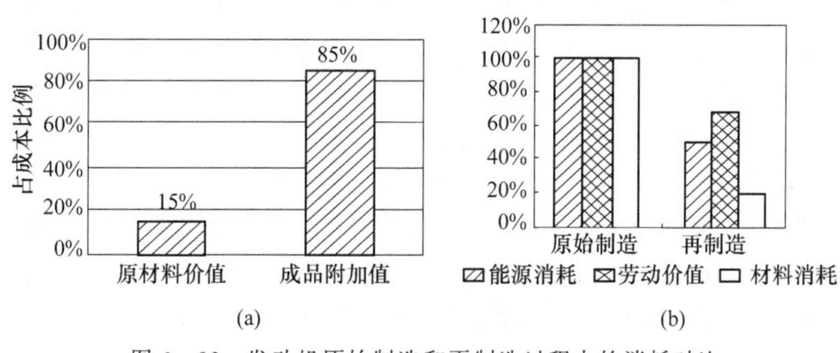

图 6－22 发动机原始制造和再制造过程中的消耗对比

(a)发动机成本分析；(b)发动机原始制造与再制造消耗对比。

（3）再制造的技术优于原始制造。机电产品自制造出厂到使用报废，中间会经过若干年。在这个期间制造技术发展迅速，新材料、新技术、新工艺不断涌现，所以对废旧机电产品进行再制造时可以吸纳最新的科技成果。这样既可以提高易损零件、易损表面的使用寿命，又可以对老产品进行技术改造，使它的整体性能能够跟上时代要求。再制造技术与原始制造技术的差别，是再制造产品的性能可以达到甚至超过新品的主要原因。

再制造技术优于原始制造技术的典型例子是先进表面工程技术在再制造产品上的应用。机械产品的故障往往是由个别零件失效造成的，而零件失效基本是由局部表面造成的，例如腐蚀从零件表面开始，摩擦磨损发生在零件表面，疲劳裂纹也是由零件表面向内延伸的。如果应用表面工程技术将机械产品中那些易损零件的易损表面的失效期延长，则产品的整体性能就可以得到提高。现在表面工程技术发展非常迅速,已由传统的单一表面工程技术发展到复合表面工程技术,进而又发展到以微纳米材料、纳米技术与传统表面工程技术相结合的纳米表面工程技术阶段。纳米表面工程中的纳米电刷镀、纳米等离子喷涂、纳米减摩自修复添加剂、纳米固体润滑膜、纳米黏涂技术等已进入到实用化阶段,纳米表面工程技术在再制造产品中的应用使零件表面的耐磨性、耐蚀性、抗高温氧化性、减摩性、抗疲劳损伤性等力学性能大幅度提高,成为再制造中的关键技术之一。

6.9.3 绿色再制造工程的分类、组成与关键技术

根据目的与方法的不同,通常可以将再制造工程分为以下几个方面。

(1) 恢复性再制造。将批量报废的产品恢复到原来新品的性能。

(2) 升级性再制造。将因过时而退役的批量产品通过再制造进行升级,使之性能超过原来产品。

(3) 改造性再制造。将退役后的产品通过功能易位生成另外的产品,满足新领域的需求。

(4) 应急性再制造。在特殊条件下(如战场、施工现场等),通过适当的再制造方法,使产品具有部分的功能。

绿色再制造工程主要包括绿色再制造工程设计技术、绿色再制造工程技术、绿色再制造工程质量控制、绿色再制造工程技术设计等部分。

(1) 绿色再制造工程的设计技术。包含多方面的理论研究内容,其中产品服役的环境行为和失效机理,是实施再制造过程从而决定产品性能的基本理论依据;产品的再制造性评价是在技术上和经济上综合评定废旧产品的再制造价值;产品寿命预测与剩余寿命评估是在失效分析的基础上,通过建模与实验建立寿命预测与评价系统,评估零部件的剩余寿命和再制造产品的寿命;绿色再制造过程的模拟与仿真用以预览再制造过程,预测再制造产品质量和性能,以便优化再制造工艺。

(2) 绿色再制造工程技术。包含的技术种类非常广泛,其中各种表面技术和复合表面技术主要用来修复和强化废旧零件的失效表面,是实施再制造工程的主要技术。由于废旧零部件的磨损和腐蚀等失效主要发生在表面,因而各种各样的表面涂敷和改性技术应用得最多;纳米涂层及纳米减摩自修复技术是以纳米材料为基础,通过特定涂层工艺对表面进行高性能强化和改性,或应用摩擦化学等理论在摩擦损伤表面原位形成自修复膜层的技术,它也可以归入表面技术之中;修复热处理是通过恢复内部组织结构来恢复零部件的整体性能的特定工艺;应急修复技术是用来对战伤武器装备或野外现场设备进行应急抢修的各种先进快速修复技术;再制造毛坯快速成形技术是根据要求的零件几何信息,采用积分堆积原理和激光同轴扫描等方法进行金属的熔融堆积、快速成形的技术;过时产品的性能升级技术不仅包括通过再制造工程使产品强化、延寿的各种方法,而且包括产品使用后的改装设计,特别是引进高新技术使产品性能升级的各种方法,除上述这些有特色的技术外,通用的机械加工和特种加工技术也经常使用。

(3) 绿色再制造工程的质量控制。检测废旧零部件的内部和外部损伤,在技术和经济上决定其再制造工程的可行性。为确保再制造产品的质量,要建立全面质量管理体系,尤其是要严格进行再制造过程的在线质量控制和再制造成品的检测。

(4) 绿色再制造工程的技术设计。包括再制造工艺过程设计，工艺装备、设施、车间的设计，再制造技术经济，再制造工程组织管理等多方面内容。

上述对再制造工程内涵和组成等看法还有待于不断修正和完善。随着对再制造工程研究的不断加深和再制造工程产业的不断发展，它对我国国民经济可持续发展的贡献将会越来越大。

绿色再制造工程的关键技术如下。

(1) 先进表面技术。表面工程是绿色再制造工程的主要技术基础。运用单一表面技术在某些苛刻工况下很难满足要求，往往需要与其他表面技术加以复合，形成具有不同功能性的多元、多层复合涂覆层，以提高再制造产品的综合性能和功能。包括复合表面工程技术、功能梯度材料(FGM)、气相沉积和高能束沉积技术、特殊功能涂层技术。

(2) 再制造毛坯快速成形技术。再制造毛坯快速成形技术，是指利用原有废旧的零件作为再制造零件毛坯，根据离散/堆积成形原理，利用CAD零件模型所确定的几何信息，快速获得金属零件。金属直接快速成形技术是其中的关键。

(3) 修复热处理技术。修复热处理技术是解决长期运转的大型设备零部件内部损伤问题的再制造技术之一。有些重要零部件(如汽轮机叶片、锅炉过热管、各种转子发动机曲轴等)制造过程耗资巨大，价格昂贵，在其失效后往往只是用作炼钢废料回收，浪费严重。修复热处理技术是在允许受热的变形范围内通过恢复内部显微组织结构来恢复零部件整体使用性能，如采用重新奥氏体化并辅以适当的冷却使显微组织得以恢复，采用合理的重新回火使绝大部分微裂纹被碳化物颗粒通过“搭桥”而自愈合等。

(4) 应急快速维修技术。高科技条件下的局部战争及生产线协同运行等作业方式压缩了损伤装备修理的时间和空间。应急快速维修的地位和作用也变得更为重要。采用先进技术快速修复损伤的装备，使其迅速恢复战斗力和生产力，也是装备再制造的重要研究方向。包括应急维修专家系统、应急快速抢修技术、应急机动保障体系等方面的研究。

(5) 过时产品性能升级技术。为延长废旧产品及零部件的技术寿命和经济寿命，要适时对过时产品进行技术改造，用高新技术装备过时产品，实现技术升级。包括：①性能升级性设计技术，使设计者在设计阶段就考虑到产品今后在技术落后时改造升级的方便性，如采用模块化设计、标准化设计等；②产品的改造升级技术，通过局部修改产品设计或连接、局部制造等方法，特别是引进高新技术，使产品的使用性能与技术性能得到提高，使产品适合于新的服役环境或条件。

(6) 纳米涂层与纳米减摩自修复技术。纳米涂层和纳米表面自修复技术是以纳米粉体材料为基础，通过特定的工艺手段，对固体的表面进行强化、改性，或者赋予表面新功能，或者对损伤的表面进行自修复。

主要技术包括以下两个方面。

① 纳米涂层制备技术的研究，特别是研究纳米粉体材料在介质中的分散和稳定等关键工艺；纳米涂层的高强度、高韧性及其他特殊优异性能；纳米涂层对热疲劳及高温磨损等苛刻条件下的微裂纹萌生、扩展和损伤抑制机理；纳米涂层抗氧化性和热稳定性的机理。

② 纳米减摩自修复技术研究：研究在不停机、不解体的状况下，应用摩擦化学理论，利用纳米材料的特性在摩擦微损伤表面原位形成自修复膜层的方法及材料；自修复膜的

形成机制及其强化机理原位自修复膜的控制和模拟技术。

6.9.4 表面工程技术

1. 表面工程技术含义与特点

表面工程是由多个学科交叉、综合发展起来的新兴学科。现有的表面工程技术种类繁多，曾分属于不同的学科，如化学热处理、表面淬火技术曾属于金属材料学，电镀与电刷镀、涂装技术属于应用化学或化工工程学。而真空镀膜、离子镀等常归类于物理电子学。由于发展过程不同，人们习惯于将表面工程技术的内涵限定于与结构材料的耐磨、耐腐蚀、抗氧化等相关的内容，而忽略了其在许多重要领域如微电子、光学领域中的广泛应用。

表面工程是将产品表面预处理后，通过表面涂覆、表面改性或多种表面工程复合处理，改变固体金属表面或非金属表面的形态、化学成分、组织结构和应力状态等，以获得所需要表面性能的系统工程。这只是表面工程的狭义定义。

表面工程技术的最大优势是能够以多种方法制备出优于本体材料性能的表面功能薄膜层，赋予零件耐高温、防腐蚀、耐磨损、抗疲劳、防辐射等性能，这层表面材料与制作部件的整体材料相比，厚度薄，面积小，但却承担着功能部件的主要功能。

根据表面工程学科特点及发展规律，表面工程的广义定义是指为满足特定的工程需求，使材料或零部件表面具有特殊的成分、结构和性能(或功能)的化学、物理方法与工艺。上述定义下的表面工程，由“单纯表面改性”扩展到“表面加工和合成新材料”，其实施对象由“结构材料”扩展到“功能材料”，涵盖材料学、材料加工工程、物理、化学、冶金、机械、电子与生物领域的有关技术与科学，交叉学科的特征名副其实。

表面工程具有如下特点。

(1) 它主要作用在基材表面，对远离表面的基材内部组织与性能影响不大。因此，可以制备表面性能与基材性能相差很大的复合材料。

(2) 采用表面涂(镀)、表面合金化技术取代整体合金化，使普通、廉价的材料表面具有特殊的性能，不仅可以节约大量贵重金属，而且可以大幅度提高零部件的耐磨性和耐蚀性，提高劳动生产率，降低生产成本。因此，表面工程技术被广泛应用于提高材料的耐磨、耐蚀、抗高温氧化性能，零部件的表面装饰以及各类零件的修复等方面。

(3) 表面工程技术可以兼有装饰和防护功能，可以在大气与水质净化、抗菌灭菌和疾病治疗等方面发挥作用。

(4) 以化学气相沉积、物理气相沉积、掩膜、光刻技术为代表的表面薄膜沉积技术和表面微细加工技术是制作大规模集成电路、光导纤维和集成光路、太阳能薄膜电池等元器件的基础技术。

(5) 计算机技术与材料科学、精密机械和数控技术相结合，使二维的表面处理技术发展成为三维零件制造技术，创造了全新的制造方法——生长型制造法，不仅大幅度降低了零部件的制造成本，亦使设计与生产速度成倍提高。

(6) 表面工程技术已成为制备新材料的重要方法，如可以在材料表面制备整体合金化难以做到的特殊性能合金等。

2. 表面工程技术分类

按照表面工程技术的特点，可以将其分为表面改性、表面加工、表面加工三维成形、表面合成新材料等几大类。

1）表面改性技术

表面改性技术主要指赋予材料（或零部件、元器件）表面以特定的物理、化学性能的表面工程技术。材料的表面性能包括高强度、高硬度、耐蚀性、导电性、磁性能、光敏、压敏、气敏特性等。按照工艺特点的不同，表面改性技术又可分为表面组织转化技术，表面涂层、镀层及堆焊技术（以下简称表面涂镀技术）和表面合金化（包括掺杂）技术等3大类。

（1）表面组织转化技术。它不改变材料的表面成分，只是通过改变表面组织结构特征或应力状况来改变材料性能，如激光表面淬火和退火技术，感应加热淬火技术和喷丸、滚压等表面加工硬化技术等。

（2）表面涂镀技术。主要利用外加涂层或镀层的性能使基材表面性能优化，基材不参与或者很少参与涂层的反应，对涂层的成分贡献很小。典型的表面涂镀技术包括：气相沉积技术（如物理气相沉积和化学气相沉积等）、化学溶液沉积法（如电镀、化学镀、凝胶法等电刷镀）、化学转化膜技术（如磷化、阳极氧化、金属表面彩色化技术、溶胶－凝胶法等）、各种现代涂装技术、热喷涂和喷焊技术、堆焊技术等。由于表面涂镀技术可以根据零部件或元器件的用途方便地选择或设计表面材料成分，控制表面性能，因此应用很广。

（3）表面合金化和掺杂技术。它主要是利用外来材料与基材相混合，形成成分既不同于基材也不同于添加材料的表面合金化层，如热扩渗技术、离子注入技术、激光表面合金化技术等。当添加的元素含量很微量时，常称为掺杂。如在微电子技术器件制作时的单晶硅片中热扩渗硼、磷，可以大幅度地改变基材的导电性并形成晶体二极管、三极管等。

2）表面微细加工技术

表面微细加工技术主要指在材料表面（不大于100μm）区域内进行各种形状或尺寸的精密、微细加工，使其成为具有各种功能的元器件（或零部件）的技术。在各种功能元器件的制备过程中，常常需要在特定性能的薄膜上加工、制作各种形状，如导电线路等。这些加工的特点是精度要求高，且主要集中于元器件的表面。如微电子线路板制作的关键基础技术：光刻和腐蚀技术、离子束精密刻蚀技术等，它们和薄膜沉积技术一起，成为微电子工业中的基本制造工艺。微细加工技术在第4章中已有详细讨论。

3）表面加工三维成形技术——快速原型制造

表面加工三维成形技术主要指通过计算机控制，在材料表面不断实现特定形状的涂镀加工与堆积，形成三维零部件的快速原型制造技术。现代表面工程技术与计算机、自动控制技术相结合，在三维零部件的原型制造方面正发挥越来越重要的作用。快速原型制造在第3章中已有详细讨论。

4）表面合成新材料技术

表面合成新材料技术主要指采用特定的表面工程技术，在材料表面合成常规工艺方法无法获得的新材料，或者利用材料的表面加工过程获得全新材料的工艺。由于表面工程技术具有一般整体材料加工技术不具备的优点，如气相沉积技术可从气相原子直接凝固成固相，离子注入技术的粒子可强行注入基材，从而形成相图上无法得到的非平衡材料。

纳米表面工程技术获得了广泛关注。纳米表面工程技术主要是利用纳米材料的特殊性能，开展符合装备再制造的纳米表面制备新技术及其纳米复合新材料研究，用以提高再制造部件的性能和使用寿命。目前，国外再制造产业中所使用的技术是以换件为主的传统尺寸修理法。而采用纳米复合表面制备和成形一体化技术，不但实现了对再制造部件或产品尺寸的完全恢复，而且提高了旧品利用率，降低了再制造成本，提升了再制造产品的性能。

6.9.5 汽车再制造工程

汽车、工程机械、大型成套机械设备，以及计算机、手机、空调、电冰箱等电子电器产品，使用寿命到期后将会报废。在这些报废产品中，有很多可以纳入再制造工程。

1. 汽车再制造工程概述

汽车的技术和经济寿命通常远远小于其物质寿命。一些耗能高、排污大及性能和科技含量低的汽车总成和零部件会被市场抛弃，或被企业或政府部门强制淘汰。它们一般都没有达到它的物质寿命，其相当部分的零部件可再使用或可通过再制造改造成为新型零部件。

汽车再制造工程就是运用先进的表面技术、复合表面技术等，通过产品化生产方式、严格的质量管理和市场管理模式，使废旧汽车零部件得以高质量地再生和再使用。汽车再制造工程能够对汽车零部件作技术改造，并区分报废的零件是作为回炉材料还是作为再制造毛坯，采用先进的表面工程技术或快速成形技术使其起死回生。汽车再制造的零部件主要包括发动机、离合器、转向器、启动机等。汽车再制造的产品已在技术标准、生产工艺、售后服务等方面形成了一套完整的体系。

例如，采用金属材料的表面硬化处理、热喷涂、激光表面强化等技术修复手段，强化汽车零件表面，赋予零件耐高温、耐腐蚀、耐磨损、抗疲劳、防辐射等性能。这一层表面材料与制作部件的整体材料比较，其厚度薄，面积小，但是却承担着工作部件的主要功能。不同表面工程技术所获得的覆盖层厚度一般从几十微米到几毫米，仅占工件整体厚度的几百分之一到几十分之一，却使零件具有了比本体材料更高的耐磨性、抗腐蚀性和耐高温等能力。表面工程技术能够直接针对许多贵重汽车零部件的失效部位进行局部表面强化或修复，重新恢复其使用价值。

汽车再制造工程可以充分挖掘废旧汽车的价值，延长废旧汽车或其零部件的使用寿命。汽车再制造工程是一种从汽车部件中获得最高价值的方法，通常可获得更高性能的汽车再制造产品，它是对汽车产品的第二次投资，是汽车产品升值的重要举措。在汽车的整个寿命周期（包括设计、制造、使用、维修和报废）中，应都能体现回收利用的概念，从设计开始就注重汽车的可回收性。

2. 汽车发动机再制造工程

1）发动机再制造工程的特点

发动机是汽车的心脏，发动机的修复在汽车维修过程中举足轻重。发动机再制造在汽车再制造中占据重要地位。随着汽车车身和底盘质量的不断提高，更换发动机成为延长汽车使用寿命的最经济的方法。将更换下来的旧发动机按照再制造标准，经严格的再制造工艺后，恢复成各项性能指标达到或超过新机标准的。汽车发动机再制造既不是一般意义上的新发动机制造，也非传统意义上的发动机大修，而是一个全新的概念。

在发达国家，发动机再制造技术从技术标准、生产工艺、加工设备、供应销售到售后服务，已建立了完整的体系和足够的规模。欧美一些大型汽车制造厂，诸如通用、福特、大众、雷诺，都有自己的发动机再制造厂，并积累了成熟的技术和丰富的经验，而且已形成足够的规模。发动机再制造具有如下优势。

(1) 制造技术先进。再制造发动机的基础部件都是由高精度的专用设备进行特殊的修复和加工处理，主要磨损件全部更换为正常的原厂配件，每台发动机都须通过严格的调试、检验才出厂，因此可完全达到与新机一样的技术指标(低油耗、低尾气排放)，满足日趋严格的环保要求。

(2) 成本降低。再制造发动机与新机相比，其价格优势非常明显。这是因为再制造发动机充分挖掘了旧发动机基础件的潜在价值，和传统的发动机大修相比，再制造发动机采用专业化、大批量的流水线生产方式，极大地提高了生产效率，降低了生产成本，保证了再制造发动机的价格远低于新机，甚至接近大修成本。发动机再制造以旧发动机为"毛坯"，省去了毛坯的制造及加工过程，节约了能源、材料、费用，并减少了污染。统计资料表明，新制造发动机时，制造零件的材料和加工费用占 70%～75%。而再制造中其材料和加工费用仅占 6%～10%。

(3) 安装方便。再制造发动机一般可直接装到待修车上使用(总成互换)，能在短时间内恢复待修车的使用性能，适应了现代社会快节奏的使用要求。

此外，发动机再制造的质量也有保障：再制造发动机一般都提供保质期，从 1 年到 3 年不等，因此质量有保障。

2) 汽车发动机再制造工艺方案

(1) 全面拆解旧机：拆解中直接淘汰旧发动机中活塞总成、主轴瓦、油封、橡胶管、气缸垫等易损零件，一般这些零件因磨损、老化等原因不可再制造或者没有再制造价值，装配时直接用新品替换。同时要剔除明显损坏且不可修复的零件。

(2) 清洗拆解后保留的零件：根据零件的用途和材料，选择不同的清洗方法，如高温分解、化学清洗、超声波清洗、振动研磨、液体喷砂、干式喷砂等。

(3) 零件分类：对清洗后的零件进行严格的检测，检测后的零件可分为两类，可直接用于再制造发动机装配的零件，主要包括进气管总成、前后排气支管、油箱底壳、正时齿轮室等，这类零件 80%以上可直接应用；可再制造修复的失效零部件，主要包括缸体总成、连杆总成、曲轴总成、喷油泵总成、缸盖总成等，这类零件可再制造率一般达 80%以上；需用新品替代的淘汰零件。

(4) 失效零件的再制造加工：对失效零件的再制造加工可以采用多种方法和技术，如利用先进表面技术进行表面尺寸恢复，使表面性能优于原来零件，或者采用机加工技术重新加工，使其达到装配要求的尺寸，以使再制造的发动机达到要求的标准配合公差。

(5) 装配再制造发动机：将全部检验合格的零部件与加入的新零件，严格按照新品生产要求装配成再制造发动机。

(6) 整机性能指标测试：对再制造发动机按照新发动机的标准进行整机性能指标测试，应满足新发动机设计要求。

(7) 包装入库：对发动机外表喷漆和包装入库，并根据客户订单发送至用户。

以上 7 条是一般情况下的发动机再制造过程，若对发动机有改装或者升级要求的，还可以在上述再制造步骤中采用模块或零件更换，新模块加装，或者其他方法，以实现发动机的功能或性能的升级，满足新环境的要求。例如尾气排放标准由欧 0 或欧Ⅰ标准，经过再制造，可以生产出符合欧Ⅱ排放标准的再制造发动机；或者将汽油机改为柴油机，将车用发动机改为工程机械用发动机，将燃油发动机改为燃气发动机等。

3）汽车发动机再制造的关键技术

发动机再制造的关键是对发动机的主要零部件的再制造，这些零部件主要包括缸体、缸盖、曲轴和连杆等，表面工程技术尤其是纳米表面工程技术是零部件再制造的重要技术手段，应用纳米电刷镀技术、热喷涂技术等先进表面技术将保证再制造产品的质量。

（1）纳米电刷镀技术。由于纳米材料具有优异的力学性能，可用于制造超硬、高强、高韧、超塑性材料和高性能陶瓷及高韧、高硬涂层，不仅能够获得质量优良的原材料，而且可以采用表面工程技术对零部件进行维修或再制造，获得高性能的零件或备件。以纳米金刚石和纳米陶瓷为代表的纳米硬粉，具有很高的硬度和较好的耐高温能力，在镀层应用中可以较大幅度改善电刷镀镀层的机械性能。通过将纳米材料与高效的电刷镀技术结合，并采用镍包覆法对纳米粉表面进行处理，可有效地提高纳米粉在镍基复合镀层中的沉积量，大大改善纳米粉在镀层中的均匀程度，解决纳米粉在复合镀层中难以均匀分散这一关键问题。在纳米材料的弥散强化作用下，获得的纳米复合镀层表现出比单一快速镍刷镀层更好的性能。例如含纳米金刚石的复合镀层在室温高负荷下具有优良的抗疲劳和抗磨损性能。纳米复合电刷镀技术可用于进行装备零部件表面损伤的修复、新品零部件表面的强化和防护，有望在汽车发动机的轴承及轴类零件的磨损部位得到应用。

（2）高速电弧喷涂技术。电弧喷涂技术是热喷涂技术的一种，也是表面工程的重要组成部分。随着喷涂设备、材料、工艺的迅速发展与更新，电弧喷涂科技已经成为目前热喷涂领域中最引人注目的技术之一。新型高速电弧喷涂与普通电弧喷涂相比，粒子速度显著提高，雾化效果明显改善；涂层的结合强度显著提高，涂层的孔隙率和表面粗糙度降低。高速电弧喷涂具有优质、高效、低成本的特点，在汽车发动机再制造中具有广阔的应用前景。

（3）纳米固体润滑干膜技术。表面减摩技术的应用，能够提高机械设备运行的可靠性，延长使用寿命，减少维修次数。固体润滑干膜技术是一种新型减摩技术，能够在高温、高负荷、超低温、超高真空、强氧化还原和强辐射等环境条件下有效润滑。纳米固体润滑技术通过在固体润滑干膜中添加润滑和抗磨作用的纳米粒子，改善固体润滑干膜的润滑、耐磨损性能，能够在常规油脂不宜使用的特殊环境下实现有效润滑，并且没有油脂润滑所存在的污染及漏油等问题。如含有纳米氧化铝材料的固体润滑干膜的耐磨性提高了 2 ～ 5 倍。纳米固体润滑膜可以用到几乎所有的摩擦部件上而不需要改变部件的尺寸，而且还具有优良的防腐蚀性能和动密封性能，能起到防止机械振动和减少机械噪声的作用，在一些重载车辆中使用效果良好。

（4）其他技术。划伤快速填补技术，利用微区脉冲点焊设备和专用材料，对零部件的损伤部位进行快速修复的技术。该技术通过高能电脉冲产生高温，使补材在经过预处理的待修表面上熔化，实现二者的微区焊接，能够对均匀磨损、沟槽和特形表面棱边损伤等进行快速修复。

超声速等离子喷涂技术、纳米减摩原位动态自修复技术等在汽车发动机再制造中也将发挥重要的作用。超声速等离子喷涂以等离子弧为热源，可以将微纳米陶瓷粉、复合粉等多种喷涂材料加热到熔融状态，利用超声速射流沉积得到结合强度高、孔隙率低的高质量涂层，在修复强化零件方面有广泛的应用前景。纳米减摩原位动态自修复技术通过在润滑油中加入纳米减摩添加剂，在摩擦化学作用下原位动态修复零件表面微损伤，能够有效降低摩擦、减小磨损、降低油耗、提高发动机的有效功率，能够用于提高再制造发动机的性能，延长使用寿命。

第7章　制造模式

7.1　概　述

除了直接服务于制造业的制造技术问题之外，制造业的另一个核心问题是制造模式问题。模式是某种事物的标准形式或使人可以照着做的标准样式。制造模式是一个制造企业的生产模式、组织模式、管理模式、信息模式的总称。它是制造企业总的、战略级的配置资源、制造产品、占领市场的方式与行为准则，像神经系统一样贯穿到企业的每一项活动之中，企业的各项具体活动无不打上相应的制造模式的印记。随着科学技术的进步、产品市场的变化，制造模式问题愈显重要。

与制造模式相关的另一个概念是制造系统。制造系统是可以产生出特定产品的一系列制造工序或者操作之集合。制造工序是指利用特定设备完成特定工序的制造过程，如车、铣、刨、磨、铸、锻、焊等。制造系统是制造模式在生产领域中的载体和执行机构。制造模式不限于制造系统的运作和管理，还包括诸如市场模式、供应链、产品销售、产品回收和再制造等环节。

7.1.1　制造模式的发展历程

各种制造模式都有其不同的市场竞争环境、技术水平、企业规模和企业战略，都是一种独特的管理哲理的具体表现。一定的制造模式是人类社会生产力发展到一定水平的产物，适应于特定的经济、政治、文化环境和具有特定自身条件的企业。分工是制造模式演变的基础之一，对制造模式分工特征的考察，有助于把握制造模式演变的本质。

随着时代的变迁，制造业模式的重心也在改变，分别经历了以产品为中心、以客户为中心和以人与自然协调发展为中心的制造模式。以产品为中心的制造以产品的批量生产，满足人类生活必需为主要特征；以客户为中心的制造以产品的多样化，满足人类个体个性化生活需要为特征。现代制造业在将制造资源转变为零件制造过程中以及产品的使用和处理过程中，同时也消耗掉了大量人类社会有限的资源并对环境造成严重污染。一种新的、考虑人类存在问题的制造业可持续发展模式——绿色制造（也称为可持续制造）被正式提出。绿色制造是一种追求人与自然协调发展的制造模式。

产品制造模式大致经历了以下几个发展阶段。

（1）专业工匠型。对自然物进行加工改制，通过改变其原有形状或性能而赋予新的使用价值，这种活动就是制造。制造活动同人类的劳动是同时发生的。第一个把石头打制成石斧的人，就是制造业的发明者。制造业的真正形成始于第二次社会大分工，即农业与工业相分离，从而导致了专业工匠的形成。它大约发生在原始社会野蛮时代的高级阶段。第二次社会大分工的发生原因为：专业化经济的显著性；手工业自身的发展；需求量的增加;自然地域的影响;人口密度及劳动规模的扩大。

专业工匠的形成导致了生产消费环由一个主体扩大为两个以上的主体。由此派生出解决制造的有效性的两个基本问题:第一个问题是信息的传递问题,消费者的需求信息如何传递给生产者,使生产者按照消费者的实际需要进行生产;生产者的信息如何传递给消费者,使得消费者知道,生产者已经生产出了用户需要的产品,从而消费者进行购买。第二个问题是激励-约束问题,即如何保证生产者按照消费者的需要进行生产,如何保证消费者购买生产者所生产的产品。

(2) 工场手工业。工场手工业是家庭手工业过渡到企业工业的最初形式。15 世纪,工场手工业就已在意大利弗兰德兴起,17 世纪它逐渐集中到英国,形成企业的基本生产方式。纺织业是工场手工业的第一个行业,随后,工场手工业扩张到一切主要行业。

在工业社会初期,当生产工具和技术条件尚未发生变革的时候,工场手工业分工标志着生产力进步的第一个阶段,它提高了产品的生产率。

工场手工业分工是以两种不同方式产生的。一种方式是把原来社会上不同行业的手工业者集中到一个作坊,生产一种产品。例如,马车过去是很多独立手工业者,如马车匠、马具匠、裁缝、钳工、铜匠、饰丝匠、玻璃匠、彩画匠、油漆匠、描金匠等项独立劳动的总产品。马车工匠把所有这些不同的手工业者联合到一个工作场所,让他们只为生产马车而劳动,其中每一种操作便形成了工人的一个专门职能,裁缝等不再是可以缝制其他东西的手艺人,而成了专门生产马车的一个局部工人。

工场手工业分工产生的另一种方式,是把同一种行业的独立手工业者集中到作坊中来,生产同一种产品。起初是每个人独立完成产品制造的全部操作,后来便改为每个人只完成其中的一种局部操作,产品则由全部手工业者的流水作业完成。例如,制针生产就是这种分工的经典例子。在没有分工的地方,一个制针匠可能依次完成 20 种不同操作,在工场手工业分工中,这些操作则由 20 个人分别承担,甚至划分还要更细些,这种分工是在新的协作基础上产生的,它是一种不同于原来社会分工的一种新生的分工劳动。

工场手工业不管采取哪种形式,都是以手工劳动为基础的,因此它的基本特征是:一方面,分工的原则是人的技艺和经验,劳动过程不能得到科学的分解;另一方面,劳动分工和劳动者分工直接统一,每一种劳动操作都要求成为一个人的固定职能。在工业社会初期,当生产工具和技术条件尚未发生变革的时候,工场手工业分工标志着生产力进步的第一个阶段,它提高了制成一种产品的生产率。

(3) 少品种小批量生产模式。18 世纪后半叶,由于蒸汽机和纺织机的发明而引发工业革命,出现了制造工厂,标志着制造业生产模式开始从以手工作坊式单件生产转变为以机械加工和分工原则为中心的少品种小批量生产模式。由于受当时条件的限制,生产的规模不可能很大,产品的设计、加工、装配和检验基本上由单人或几个人来完成,产品的品种比较单一,生产的效率也比较低。少品种小批量生产方式具有如下特点。

① 工厂组织和管理结构分散。例如,单件小批制作汽车时,汽车大部分零件都是采用协作方式制造的,由许多小的机械作坊来进行。装配厂的企业主与所有的有关方面,包括顾客、雇员、协作者直接联系。装配工厂内部也没有系统的管理制度和管理方法。

② 要求工人知识全面,技巧娴熟。这些工匠通晓和掌握设计、机械加工和装配等方面的知识和操作技能。大多数人都是从学徒开始经过勤学苦练得来的本领,其中有不少

人本人就是业主。

③ 采用通用机床或简单通用的工具进行各种加工工序，没有或很少专用机床或工具。

④ 产品零部件之间没有互换性。例如，在单件生产汽车时，由于所有的承包商都不采用标准的计量系统，制造出来的汽车零件只能达到近似要求的规格，组装汽车时，需要熟练的装配工进行选配或加以修整。由于单件生产技术必然导致各种差异，即使在按同一设计制作的汽车中，也没有两辆是完全相同的，不仅增加制造困难，还会导致维修困难。

⑤ 产量低，成本高，质量难以保证。产品质量不仅取决于产品设计和零件的制造水平，还取决于工人的技艺高低及现场发挥。生产成本也不会随着产品产量的增加而下降。由于制造出来的每个产品(例如汽车)实际上都是一个样品，因而可靠性和一致性也不能得到保证。

(4) 少品种大批量生产模式。19 世纪电气技术的发展，开拓了机电制造业的新时代。20 世纪 20 年代，福特吸取了惠特尼(E. Whiteney)的“互换性”“大批量生产”以及泰勒的“科学管理”等思想，将当时电气化、标准化、系列化技术与机械传送技术相结合，创造性地建立了用于大量生产廉价 T 型汽车的专用流水线，标志着“少品种大批量生产”这一制造模式的诞生，这种模式又称为“福特生产模式”。自此以后，大规模的生产流水线一直是现代工业生产的主要特征，它以标准化、通用化、集中、大批量生产来降低生产成本，提高生产效率并保证产品质量。这种模式推动了工业化的进程和世界经济的高速发展。少品种大批量生产方式具有如下特点。

① 零件具有高度互换性。大规模生产方式的关键不在于移动的或连续的组装线，而是零件有全部的、连贯的互换性，而且相互连接非常方便。正是由于在制造工艺上的这种创新，才有可能设立组装线。另外，零件互换不再需要技巧精湛的装配工人。

② 采用刚性的流水生产线装配产品及或制造零部件。流水生产线由高效专用机床组成，用传送带、运输链输送零件和产品总成。大大减少了在单件生产条件下因变换零件调试机床的时间和运输零件的时间，提高了生产效率。福特的移动式总装线由两块金属板组成，汽车两侧的车轮下各有一块。这两块金属板装在一条皮带上，沿着车间的长度方向移动。当这两块板到了总装线的终点时，就翻转到地面下，重新回到起点。

③ 实行高度的专业分工。用熟练的工序工人替代技艺高超的工匠。不论在装配线上还是在机床旁边，新雇来的工人，经过几分钟的培训，就能学会操作。只要能遵守纪律，跟上总装线的速度就行。福特不但使零件完全可以互换，而且使工人也可以随便调换。一旦出现怠工或其他原因就可以像汽车上的零件那样，随时把他替换掉。这样，就可以极大地提高生产效率和降低劳动成本。

福特不仅在工厂里进行分工，在工程部门里也划分专业，而且越分越细。关键的生产设备由设备工程师负责设计。工艺工程师和设备工程师是平行的，由产品工程师把他们的工作结合起来。产品工程师负责汽车的总体设计和工程设计。在工艺工程师中还要分工，有的专门负责总装作业，有的专门负责加工个别零件的专用机床的作业。在设备工程师中，有的专门负责设计总装所有的硬件装备，有的专门负责设计加工某个具体零件的特定机床。在产品工程师中，有的专长于设计发动机，有的负责车身设计，有的负责设计悬架或电气系统等。

④ 纵向一体化的组织结构。福特把一切与制造轿车相关的工作都归并到厂内自制，包括从最基本的原材料开始。由于福特公司比协作厂先掌握大量生产方式技术，每件工作都由自己来完成，能够大幅度地降低成本。在这以后的几十年时间里，随着汽车零部件制造业的发展，这种纵向一体化的制度逐渐被突破，但自制率高仍是大量生产方式的主要特征。

⑤ 产品极大地方便用户，便于维修。为了吸引中等消费者这个市场目标，福特在设计汽车时，对汽车的使用和维护提供了前所未有的方便。T 型车的使用手册只有 64 页，以问答方式告诉了车主如何用简单的工具解决 T 型车可能出现的 140 个问题。例如，发动机气缸盖内和活塞顶部的积碳会引起爆震，并降低发动机的功率。这时，车主只要把紧固气缸盖的 15 个螺钉松开，就可以卸下气缸盖，并用一柄油灰刀当做刮刀把这些积碳除去。对于福特 T 型车来说，不需要什么修配工作。

福特生产方式的上述几个特征，按现在的观点去分析，存在许多自身难以克服的缺点和矛盾。如劳动分工过细导致了大量功能障碍；生产单一品种的专用工具、设备和生产流水线不能适应产品规格变动的需要；纵向一体化的组织结构形成了臃肿、官僚的“大而全”体制等。但是与单件生产方式相比，大量生产方式获得了很大的成功。

大规模生产方式在 1955 年的美国达到鼎盛期。这一年，美国的汽车销售量第一次超过了 700 万辆。3 大企业——福特、通用和克莱斯勒，它们的销售量占销售总量的 95%，而 6 种车型的销售量占销售总量的 80%，

(5) 多品种小批量的现代制造模式。少品种大批量生产模式在制造业占主导地位近 100 余年后，市场竞争环境、制造技术出现了新的变化。制造厂商之间的竞争呈现全球性，并且消费者的需求日趋表现为主体化、个性化和多样化。大批量生产模式虽能降低成本，产品质量易于保证，但在快速响应市场方面有其固有的缺陷。单项先进制造技术，如 CAD、CAM、数控技术等，可以提高产品质量，缩短产品设计和制造周期，但在快速响应市场方面并没有实质性的改观。巨额投资与实际效益形成了强烈反差，由此，人们意识到根本问题不在于具体制造技术和管理方法本身，而是制造的生产组织模式和管理者的思维习惯仍束缚于大批量生产模式的旧框架之中。在此背景下，出现了先进制造模式。

7.1.2 先进制造模式

先进制造模式(或称现代制造模式)的出现是与先进制造技术密切相关的，广义的先进制造技术概念包含制造模式问题。先进制造技术是实施先进制造模式的基础。先进制造模式更加强调生产制造的哲理，以及环境和战略的协同，先进制造技术强调功能的发挥。

信息化技术的进步促进了先进制造模式的发展。信息社会对制造业的影响包括：

① 知识(技术)和信息对产品的贡献大，而劳动和资本的贡献相对减小。有人提出产品的一种新的定义“人们在原始资源上赋予信息和知识的产物”。

② 产品生命周期大大缩短，市场风险增加。

③ 产品需求向个性化、多样化方向发展。

市场竞争全球化对先进制造模式的影响也很大。市场竞争全球化的原因在于：技术进步导致产品市场范围扩大；全球性的运输成本下降；世界贸易制度的完善以及政府限制

的减少；国家间的交往增多，地区市场的经济和文化环境变得更加相似；互联网的出现和发展。产品市场全球化使得市场竞争的程度空前激烈，要求企业由"生产导向型"(Production-in)变为"市场导向型"(Market-in)、"及时抵市"(Time to market)。在质量(T)、成本(Q)、时间(T)、服务(S)上都令顾客满意。尤其是在上市时间上，要求企业实现基于时间的市场竞争战略。

先进制造模式定义：现代制造企业组织、管理企业人、财、物、产、供、销等一系列生产与经营的活动方式，是确定整个企业资源配置、产品制造、销售的组织管理方式和行为准则。它将先进的制造技术、设备和科学的管理有机地结合在一起以使企业快速响应市场和周围环境的变化，获取最优、最大的效益。

主要的先进制造模式有精益生产、计算机集成制造、敏捷制造等；有时也可将绿色制造归类为先进制造模式。

精益生产的核心是强调人的作用和以人为中心，以顾客为中心，以"简化"为手段，排除生产中一切不增值的工作。

计算机集成制造模式的基本思想是统一考虑企业的各个生产经营环节，将企业生产中的人、技术、管理三要素以及信息流、物料流、价值流有机集成在一起，使企业实现优质、高效、低耗生产。

敏捷制造模式的焦点是变竞争为合作，力图将先进制造技术、有知识的高素质劳动力与促进企业内部和企业之间相互合作的灵活管理集成在一起，通过所建立的共同基础结构对用户需求和市场变化作出快速响应。

企业采用先进制造模式的目的是通过培育核心竞争力，发挥比较竞争优势(例如质量、成本、时间等)使企业达到赢利等最终目的，核心是实现基于时间的市场竞争策略。

7.2 精益生产

精益生产(Lean Production，LP)是美国麻省理工学院在"国际汽车项目"(International Motor Vehicle Program)研究中，基于对日本丰田生产方式的研究和总结，于1990年提出的制造模式。它是随着《改变世界的机器》一书而闻名于世的。

与之相关的生产方式的名称有多种，如丰田生产方式(Toyota Production System)、准时制生产(Just-in-time Production，JIT Production)、看板生产方式(Kanban Production System)、世界级制造(World Class Manufacturing)、零库存生产方式(Zero Inventories)、连续流制造(Continuous Flow Manufacturing)等，这些名称所蕴涵的方法和哲理与精益生产相同或类似。也有人将准时制生产分为大JIT和小JIT。大JIT被认为是通常所说的精益生产，是一种生产哲理。小JIT内容较窄，较多侧重于计划产品库存、在必要的地点和必要的时间提供必要的资源。

7.2.1 丰田公司的精益生产方式

第二次世界大战以后，日本丰田汽车公司的丰田和大野考察了福特汽车公司轿车厂。当时，丰田公司经历了13年的努力，到1950年总共生产了2685辆汽车，而当时福特公司的鲁奇厂一天就要生产7000辆汽车。考察之后，丰田认为：福特生产体制还有些改进的可能，大规模生产方式不适用于日本。丰田和大野进行了一系列的探索和实验，根据日本国情（社会和文化背景、严格的上下级关系、团队工作精神），建立了一整套新的生产管理体制，以适应多品种、小批量混合生产模式并达到高质量、低消耗，这套模式后被称为精益生产。

丰田汽车公司的精益生产组合了单件小批技艺性生产和大批量生产两者的优点，避免了技艺性生产的高费用和大批量生产的高刚性，特点可以归纳如下。

（1）拉动式的准时生产方式，杜绝一切超前、超量制造；采用快换工装模具新技术；把单一品种生产线改造成多品种混流生产线，把小批次大批量轮番生产改变为多批次小批量生产，最大限度地降低在制品储备，提高适应市场的能力。

在大批大量生产方式下，汽车覆盖件冲压模具的更换是个很大的问题。由于精度要求极高，模具的更换既昂贵且费时，需要极高技术的工人来完成。传统方法是采用一组冲压机床来生产同一种零件，几个月甚至几年不更换模具。20世纪50年代的丰田公司，没有足够的资金来购买好几百台冲压机用于汽车覆盖件的生产，他们必须用少数的几条生产线生产所有汽车的冲压件。于是，大野发明了一种快速更换模具的新技术（Single Minute of Dies，SMOD），这种技术使更换一副模具的时间从1天减少到3min，而且不需要专门的模具更换工。

小批量生产不需要大批量生产那样大的库存（包括设备和人员）；在装配前，只有少量的零件被生产，发现错误可以立即更正。而在大批量生产中，零件总是被提前大批量地制造好，零件的错误只有到最后装配时才会发现，造成大量的报废或返修。丰田公司认为产品的库存时间应控制在两个小时以内（JIT生产模式和零库存的起源）。

（2）“零缺陷”工作目标和发现问题随时修改。所追求的目标不是“尽可能好一些”，而是“零缺陷”，即最低的成本、最好的质量、无废品、零库存与产品的多样性。为此，在生产中发现问题，随时修改；工人被组成若干多功能作业小组（Team Work），强调一专多能。作业小组不仅完成生产任务，而且参与企业管理，从事各种改善活动。发现问题可以随时让组装线停下来。“零缺陷”工作取得的成效是，工厂里实际上已没有返修场地，几乎没有返修作业。

在大批大量生产企业，组装线上的工人只重复地执行一些简单的动作，领班人不承担组装工作，他只需保证组装线工人按照规定工作。这些规定和要求是由工艺师制定的，并由他负责提出改进工艺的办法。其他像维修工、清洁工、检验工均各司其职，发现问题无权当场处理，必须留到组装线终端的返修厂里给予纠正。还有一类工作属于“万能工”，用来顶替那些临时缺勤的工人。在大批大量生产工厂里，为了保证产量，组装流水线一般不应停下来，否则无法保证产量，有问题的产品允许继续在流水线走下去，直到组装完成后进行返修。组装线上的工人只要完成自己的工作即可，被置于无足轻重的地位。对他们来说，放过错误并不会使他们受罚，反正错误后来总会被纠正，但任何使流水线停止的行动都会受到惩罚。这样做的结果是：或者造成错误的累积，或者由于最前面工序的一个错误导致在返修现场的大量拆卸返修工作。这种工作制度在多个方面造成惊人的浪费：首先组装线以外的任何一个专职人员都没有对汽车产生一点增值，都是人力浪费；再者就是最终产生的废品，导致材料设备和生产过程（包括返修）的浪费。

大野认为：组装线上的工人能够完成其他专职人员的大部分工作，甚至可以完成得更出色，因为他们最了解组装线上的一切；为了保证组装线不停下来而允许有错误的产品继续组装下去，将会使错误不断倍增。

因此，大野采取了截然相反的做法。首先，他把工人分组，组长不仅要协调全组的工作，其本人也承担组装工作。组长领导的工作小组负责一套组装工序，要求大家共同努力，搞好他们的工作。其次，大野把清理工作现场、工具的小修和质量检查等任务也都交给小组。小组还需要定期集体讨论，对改进工艺流程提出建议。这种小组化工作方式就是 Team Work 和 QC 小组工作方式的来源，后来又进一步演变为项目组的概念，并被认为是未来制造业的主要工作方式之一。接着，大野在每个工位都设置了一个拉线装置，并告诉工人，一旦发现问题，只要他们当时解决不了，就立刻拉线让整个组装线停下来，然后大家(整个小组)都过来一起解决这个问题。与大批大量生产中只有专门负责流水线的高级管理人员才有权让生产线停下来相比，这是一种革命性的措施。在大批大量生产工厂里，倾向于把出现的问题看成是随机事件，其思路是单纯的修复。大野则采取了另外的措施，他制定了一套解决问题的制度，告诉每个工人如何系统地追溯每个差错的基本原因，要层层深入地找问题的根源，对每个不明白的问题都要问个为什么(总结为"5 个为什么")，最后找出改进问题的措施，使这种问题不再发生。这实际属于全面质量管理的思想。

当这些想法付诸实施时，车间起初一片混乱，组装线老是停下来，但当所有的工作小组在识别问题并找出其根本原因方面取得经验后，差错的数量就大为减少了。在今天的丰田组装厂，每个工人都有权让生产线停下来，但生产线几乎从来没停过。相反，在西方大批大量生产厂里，除组装线的主管以外，其他任何人无权让生产线停下来，但生产线却经常停下来，并不是为了纠正错误，停止的原因是由于材料供应和协调问题，开工率达到90%已被认为是管理良好的标志。更惊人的是在生产线的终端，返修工作量不断减少，使得出厂汽车的质量稳步上升。理由很简单，因为专职质检人员不管如何努力，他也不可能发现像汽车这样复杂产品(10000 多个零件)的所有差错(特别是组装后)。

(3) 以"精简"为主要手段。在组织机构方面实行精简化，去掉一切多余的环节和人员。实现纵向减少层次，横向打破部门壁垒，将层次细分工，管理模式转化为分布式平行网络的管理结构。在生产过程中，采用先进的柔性加工设备，减少非直接生产工人的数量，使每个工人都真正对产品实现增值。此外，精益不仅仅是指减少生产过程的复杂性，还包括在减少产品复杂性的同时，提供多样化的产品。

(4) 在生产组织结构和协作关系上，丰田生产方式一反大量生产方式追求纵向一体化的做法，把 70%左右的汽车零部件的设计和制造委托给协作厂进行，主机厂只完成约占整车 30%的设计和制造任务。协作单位在经济上虽然都是独立的，但主机厂通过签订长期合作协议拥有协作厂股份，并且向协作厂输送高级管理人员，以组织互助协作会等办法，把主机厂与协作厂之间存在的单纯买卖关系变成利益共同的血缘关系。在开发产品、提高质量、改善物流、降低成本等方面密切合作，确保主机厂和协作厂共同获得利益。

在供货环节上，最早的企图是建立一个集权的订货系统，所有订货命令都来自最高决策者，但会产生许多问题。零件应自制还是外购，是大批量生产厂至今尚未从理论上解决的问题。在传统的美国汽车公司里，汽车上的一万多个零件和总成，都是由公司总部的技术人员负责设计，然后公司把图纸交给协作厂，再采用招标的方式选择合作厂家。在所有投标单位中，报价最低，质量满足要求并且交货时间短的单位中标。汽车厂和协作厂之间的关系是属于临时性质的，因为汽车厂常常在协作厂之间变动定货单，事先并不通知对方。当汽车工业的市场出现衰退时，每个公司都各自为自己打算。协作厂家都以短期行为来处理业务。

而丰田生产方式可以避免这些问题。不仅如此，丰田公司内部推行的一些管理体制，像JIT，也可以推行到其协作单位，构成一个一环套一环的有机整体。在这种环境下，丰田公司以24h为基础的实时供货制才得以顺利推行。只有当下一个工序需要时才向上一个工序提出供货要求，上道工序可以在极短的时间内制造出所需要的零件并恰好在需要时送到下道工序。这就是"拉动"式实时供货系统，与大批大量生产中的"推动"式具有本质性的区别。但是，这种系统的推行既很困难也面临着极大的风险，因为它几乎取消所有库存，当一个很小的部分发生故障，整个生产系统都会停止。由于取消了所有的供货安全措施，它就要求所有的人都时刻密切注意寻找系统可能出现的问题，将它们消灭在"萌芽"状态。

(5) 采用多功能作业小组和并行设计方式进行新产品开发。作业小组由企业各部门专业人员组成，全面负责一个产品型号的开发和生产，包括产品设计、工艺设计、编制预算、材料购置、生产准备及投产等工作，并根据实际情况调整原有的设计和计划。产品设计采用并行工程方法，克服了大量生产方式中由于分工过细所造成的那些信息传递慢、协调工作难、开发周期长等缺陷。

新产品开发汽车是一种极其复杂的产品，它的设计需要许多不同专业人员的共同努力。在组织工程设计的过程中，很容易发生这样的错误：最后总体结果要低于各部分的总和(根据系统工程的观点，总体大于部分之和)。在大批大量生产企业，人们试图通过细分任务来解决这个问题，例如，汽车门锁的设计工程师可以花费毕生的精力去设计门锁，但是他却不是制造门锁的专家，因为制造是工艺师的任务。门锁设计工程师只知道设计它的外观，如果制造无误，门锁应该正常工作。丰田公司的多功能作业小组和并行设计方式则可以解决这个问题。

(6) 与用户保持密切联系，将用户纳入产品开发过程。以多变的产品，尽可能短的交货期来满足用户的需求，真正体现用户是"上帝"的精神。产品的适销性、适宜的价格、优良的质量、快的交货速度、优质的服务是面向用户的基本内容。不仅要向用户提供周到的服务，而且要洞悉用户的思想和要求，以生产出适销对路的产品。

福特大批量生产方式中，公司与顾客的关系是简单的。因为产品品种单一，买主可以进行大部分修理工作，供应商只需要存储足够多的汽车和备件即可。汽车制造商将他们的汽车零售商作为产量增减的缓冲对象。零售商则把顾客当作自己的临时"榨取"对象，不断改变价格和供货来获取最大利润。这种系统的特点是相互不信任，缺乏长期行为。

丰田公司按订单组织生产，逐步取消在不知道顾客是谁之前就大批生产汽车的做法。将零售商集成进生产系统，将顾客结合进产品开发过程而与零售商和顾客之间建立了一种长期的、稳定的合作关系。零售商作为"看板生产"系统的第一个环节，他们把订单送交工厂，1～3个星期内将汽车交付给定购的用户。公司走访顾客，和顾客直接联系，并建立用户数据库，注意回头顾客。

(7) 改变劳资关系，强调人的作用。人是企业一切活动的主体。劳动力和机器一样，不仅从短期看是企业的不变成本,而且从长远看是更重要的固定成本。丰田公司采用终身雇佣制,工资按资历分级,奖金与公司盈利挂钩。充分发挥一线职工的积极性和创造性,使他们积极为改进产品的质量献计献策,使一线工人真正成为"零缺陷"生产的主力军。下放部分权力,使人人有权、有责任、有义务随时解决碰到的问题。形成独特的、具有竞争意识的企业文化。

7.2.2 精益生产方式特征

在"精益生产方式"这个名称产生之前就存在着丰田生产方式的提法。丰田生产方式内涵主要集中在生产制造领域,核心是准时化生产方式。1981 年,一汽在大野亲自指导下,按照丰田生产方式的原理改造成功了两条生产线,一汽人将其称为同步节拍生产。后来二汽在生产线改造中又把这种方法称为"一个流"生产。以上这些提法都是从丰田生产方式中派生出来的,其内涵没有超出生产制造领域。

精益生产方式的提出,把丰田生产方式从生产制造领域扩展到产品开发、协作配套、销售服务、财务管理等各个领域,贯穿于企业生产经营活动的全过程,使其内涵更加全面和丰富,对指导生产方式的变革更具有针对性和可操作性。

综前所述,精益生产方式的基本思想是通过系统结构、人员组织、工装设备、运行方式和市场供求等方面的变革,使生产系统能很快适应用户需求不断变化,并能使生产过程中一切无用、多余的东西被精简,最终达到包括市场供销在内的生产的各方面最好的结果。表 7-1 列出了精益生产方式和大批大量生产方式的比较。

表 7-1 精益生产和大批大量生产的比较

比较项目	精益生产方式	大批大量生产方式
生产目标	追求尽善尽美	尽可能好
工作方式	集成,多能,综合工作组	分工,专门化
管理方式	权利下放	宝塔式
产品特征	面向用户,生产周期短	数量很大的标准化产品
供货方式	JIT 方式,零库存	大库存缓冲
产品质量	由工人保证,质量高,零缺陷	检验部门事后把关
返修率	几乎为零	很大
自动化	柔性自动化,但尽量精简	刚性自动化
生产组织	精简一切多余环节	组织机构庞大
设计方式	并行方式	串行模式
工作关系	集体主义	相互封闭
用户关系	以用户为上帝,产品随用户需求多变	以用户为上帝,产品少变
供应商	同舟共济,生死与共	互不信任,短期行为
雇员关系	终身雇佣,以企业为家	随时解雇,工作无保障

(1) 精益生产与大批量生产的最大区别在于它们的最终目标上。大批量生产强调"足够"好的质量,这意味着可以容忍一定的废品率、可以接受的最大限度的库存量、系列

范围很窄的标准产品；而精益生产则追求完美性（不断降低价格、零缺陷、零库存和无限多的品种）。

（2）以彻底消除无效劳动和浪费为目标，最大限度地创造经济效益。“精益”的“精”就是“精干”，“益”就是“效益”，“精益”就是要少投入、多产出，把成果最终落实到经济效益上。这是精益生产方式的核心所在。

（3）精益生产的逆向思维与风险思维。例如，传统观点认为销售是企业生产经营活动的终点，精益生产方式却偏偏把销售说成是起点，而且把用户看成是生产制造过程的组成部分；传统的生产方式一直是“推动式”的，从上到下下指令，从前道工序到后道工序，一道一道地往前推。精益生产方式却偏偏是“拉动式”，由后道工序向前道工序，一道一道工序拉。以前的观点总认为超量超前生产是好事，而精益生产认为它是无效劳动，是浪费。

（4）以人为本，把开发人力资源放在首要位置。在大量生产方式中雇用的工人被看作是机器某种功能的延伸。精益生产方式就是要充分发挥人的智慧和才能，由机器的附庸转变为机器的主人。在精益生产方式条件下，企业的员工不再是简单的劳动者，而是具有多种技能的生产者，而且还成为企业最实在的管理者。过去那种上下级等级森严、彼此相处紧张的人际关系，逐渐被上下相信、彼此尊重、团结协作精神所替代。

（5）精益生产方式的资源配置借助于现代管理技术和手段的配套应用。实行准时化生产，要应用工业工程、价值工程、并行工程、动作研究等有关的制造技术和管理方法，这是推行精益生产方式所不可缺少的。

7.2.3 生产制造领域中的精益化

精益生产方式在生产制造领域的推广应用，主要是消除生产制造过程中的无效劳动和浪费、拉动式生产、改善劳动组织和现场管理等。这些方法也常被为准时化生产（Just In Time，JIT）。

可以将准时化生产方式概括为：只在需要的时间和地点生产必要数量和完美质量的产品和零部件。目标：废品量最低（零废品）；准备时间最短（零准备时间）；库存量最低（零库存）；搬运量最低；机器损坏率低；生产提前期短；批量小。

1. 消除无效劳动和浪费

企业中的劳动有有效和无效之分。精益生产方式认为只有能增加价值和附加价值的劳动才是有效的，不能增加附加价值的劳动是无效劳动，是一种浪费。通过揭示出生产过程中的浪费，进而暴露出其他方面的浪费（如设备布局不当、人员过多），然后对设备、人员等资源进行调整。如此不断循环，使成本不断降低，生产计划和管理水平也随之不断提高。

生产过程中的无效劳动和浪费主要有以下几个方面。

（1）超量生产造成的无效劳动。过多的制造和提前生产，其实是一种浪费，结果是生产过剩的半成品。在制品堆满了生产现场和仓库，增加了面积、运输、资金和利息支出。由于有了过多储备，还掩盖了生产过程的许多矛盾，养成了懒散的管理作风。

（2）等待的浪费。由于劳动分工过细，生产工人只管生产操作，设备坏了要找修理工，检查质量要找检验工，更换模具要找调整工，这些停机找人等待都是浪费。在生产工人操作机床期间，设备维修等那些非直接生产工人也都在等待。有人认为维修人员闲着正是表示机床运行正常,是件好事。但维修力量过剩也是一种浪费现象。

(3) 搬运的浪费。搬运在工厂里是必要的,但搬运不产生附加价值。有些工厂由于平面布置和物流组织不合理,造成搬运路线过长,中转环节过多,不仅增加了搬运费用,还会带来物体搬运中的损坏和丢失。

(4) 动作上的浪费。工位布置不合理,使用工具和操作方法不得当,都会造成动作上的浪费。一个作业人员的劳动可以分成3个部分:一是纯作业,即创造附加价值的作业;二是无附加价值但又必须的作业,如装卸作业和搬运作业;三是无效劳动,即作业中毫无必要的劳动动作。

(5) 库存的浪费。虽然适量库存是必要的,多一点储存就多一分保险,但过量库存会造成浪费。资金积压在原材料、在制品和成品上,企业的利润有相当一部分被贷款利息吃掉了。由于库存过久,还会产生锈蚀变质。在加工或装配之前,又得花上很多时间去修整。在制品和库存物资都得用很多人去清点,去整理、整顿。这种无效劳动和浪费隐藏在企业的每个角落。

(6) 加工本身的无效劳动和浪费。在机械加工作业中,由于没有贯彻工艺或者工艺本身的问题,使得加工工时过多、工具耗用过度、损坏加工设备、降低工作质量。

(7) 制造不良品的浪费。在生产过程中出现废品、次品和返修品,是一种最大的浪费。如果质量缺陷未被发现流入市场,造成用户索赔、退货、以至工厂信誉的损失,那将是更为严重的浪费。

为了消除生产过程中的浪费,应从变革生产方式入手,对工艺、装备、操作、管理进行无止境的改进。主要措施和方法有:以准时和看板生产排除制造过量的浪费;以调整劳动分工,严密生产组织排除等待的浪费;以调整平面布置、合理组织物流减少搬运的浪费;以工位布置和操作方法的改进减少动作的浪费;以零库存要求排除库存的浪费;以贯彻和改进工艺、实行强制换刀,排除加工本身的浪费;以推行全面质量管理排除不良品的浪费;等等。

2. 拉动式生产方式

1) 推动式与拉动式

(1)推动式生产方式。根据主生产计划的要求,确定每个零部件的投入产出计划,按计划发出生产和订货指令。每一工序按生产计划制造工件,并将加工完的工件送到后续工序,不管后续工序当时是否需要。

特点:①用超量的在制品保证生产不间断地进行,每个生产环节都规定在制品定额和标准交接期,在制品管理被看成是组织均衡生产的重要环节;②当预先安排的作业计划与实际需要脱节的时候,就会出现一些无用或暂时不用的零件大量堆积,而一些短缺零件又供不应求,迫使工人不得不连班加点赶急件,产生一系列的无效劳动和浪费。

(2) 拉动式生产方式。由代表顾客需求的订单开始,根据市场需求制定主生产计划和总装顺序计划。从产品总装配工序出发,每个工序按照当时对零部件的需要,向前一工序提出要求,发出工作指令,前工序完全按照这些指令进行生产。后工艺顺序地逐级“拉动”前面的工序,甚至“拉”到供应厂或协作厂。拉动式生产是靠看板系统来实现的,看板起到指令的作用。

特点:①一切以后道工序需求出发,宁肯中断生产,也不搞超前超量生产;②生产指令不仅仅是生产作业计划,而且还用看板进行微调整,看板成为实施拉动式生产的重要手段。

2）拉动式方法的应用

拉动式方法在生产制造过程的具体运用，主要表现在以下几个方面。

(1) 以市场需求拉动企业生产。在大量生产方式条件下，为了满足产品设计和制造过程的要求，生产安排与实际需要经常是脱节的。这就会不可避免地造成产品积压，或迫使中间商推销滞销的产品，造成经济上的损失。精益生产方式坚持以销定产原则，即市场需要什么就生产什么，需要多少即生产多少，超前超量都不允许。生产计划按市场预测制定，并按实际订货调整，生产与销售做到基本一致。

(2) 在企业内部，以后道工序拉动前道工序生产，以产品总装配拉动部件总成装配，以部件总成拉动零件加工，以零件拉动毛坯生产。这样可以大幅度压缩在制品储备，消除无效劳动。

实施拉动式生产必须对生产线进行大量的合理化改造。比如单一品种的装配线和流水生产线要改造成为多品种混合流水线或平准化生产线；机械加工生产线，从一字型平面布置改造成U形平面布置的"一个流"生产线，并实行多工序管理和多机床操作；采用成批轮番作业的生产线；采用快速换模新技术，把大批量、少批次生产改造为小批量多批次生产等。实践经验证明，通过生产线的合理化改造，在制品储备可以减少50%～90%。

(3) 以前方生产拉动后方准时服务于生产现场。在大批量生产方式条件下，到处都以在制品作为缓冲环节。实行拉动式生产以后，缓冲环节没有了，保险储备变成了风险储备。辅助后方和有关职能部门的工作就要紧张起来，不然就会影响生产任务的完成。解决这个问题的办法就是建立以生产现场为中心，以生产工人为主体，以车间主任为首的"三为体制"。

以现场为中心，就是各个部门的工作着眼点、工作重心和主要精力都要转移到生产现场上来，把解决现场存在的问题作为本部门第一位的工作。工程技术人员、管理人员要贯彻"三现"原则，即自己到现场去，了解现场存在的问题；采取现实的措施，以稳定现场生产秩序和保证工作顺利进行。

以工人为主体，就是改变过去要由生产工人停机去领工具、找机电修理工人排除设备故障、找工艺和质检人员解决工艺质量问题的状况。实行刀具定置集配、直送工位、强制换刀；机电修理人员现场驻屯，巡回检查、快速修理；毛坯协作件看板取货直送工位，做到后方服务和职能人员为生产工人提供准时优质的服务。

以车间主任为首，就是把现场组织协调指挥的任务交给车间主任。由车间主任把驻扎在现场的机电修理、工具、计划调度、质检、工艺等人员组织起来，建立起高效运转的生产组织体系，迅速解决现场的问题。

实施"三为"体制，可以有两种做法：一种做法是把现场管理和服务人员集中在厂部各职能部门，定人、定点到现场上岗服务，接受车间主任协调、指挥、考核；另一种做法是现场管理和服务人员直接下放到车间实行封闭管理，职能部门对他们实行业务指导。究竟采用哪一种做法，可以根据各单位的生产特点和管理基础因地制宜地确定。

(4) 以主机厂拉动协作配套厂生产。在大量生产方式条件下，主机厂与协作配套厂之间的生产衔接，是通过合同来实现的。精益生产方式则把协作配套厂的生产看作是主机厂生产制造体系的一个组成部分。在协作配套产品的储运管理上，应当尽可能地采用直达送货方式，取消不必要的中转环节，压缩协作产品储备，减少搬运费用。

3. 看板管理

准时化生产方式要求在必要的时间里生产必要数量的必要产品,实现零库存。依赖预先生产计划来对整个制造过程进行调度,以实现准时化生产,这在实际生产中是难以实现的。在精益生产方式中,需要何种零部件及多少数量,都是通过“看板”来显示的。

1)看板的作用

看板是一种能够调节和控制在必要时间生产出必要数量的必要产品的管理手段,是对各制造过程生产量进行控制的一种资讯系统。

拉动式生产方式中,按照看板指令实行后工序向前工序取货,前工序只生产后工序取走的产品和数量,并在产品或半成品传输过程中,严格遵循生产节拍,按看板指令进行有节奏的物流。

看板是生产活动中的“生产指令”“运输指令”和“领料指令”,看板起着控制生产、微调作业计划和信息反馈的作用,防止过量生产和过量搬送。通过看板的传递或运动来控制物流,达到必要时间生产出必要数量产品的目的。

看板管理的理论依据是:工厂生产的目的是为了满足用户需要,没有用户就没有生产的必要。以此推论,在企业内部最后的工序是为了满足用户需要,最后一道工序生产的需要也等于买主的需要。

2)实施看板管理的条件

(1)必须是以流水作业为基础的作业,不适用于单件生产。

(2)企业生产秩序稳定,有均衡生产基础,工艺规程和工艺流程能够得到良好的执行,工序质量能得到有效地控制。

(3)设备工装状态良好,能够保证工序加工质量稳定。

(4)原材料和协作件供应数量、质量有保证。

(5)实施标准作业,企业内生产布局和生产现场平面布置合理。

如果这些先决条件不能完全满足,即使引进了看板制度,要实现准时化生产也是十分困难的。

3)看板的种类及用途

实际生产管理中使用的看板形式很多,常见的有塑料夹内装的卡片或类似的标志牌、运送零件小车、工位器具或存件箱上的标签、指示部件吊运场所的标签、流水生产线上各种颜色的小球或信号灯、电视图像等。

根据功能和应用对象的不同,看板可分为传送看板、生产看板和临时看板,如图7-1所示。

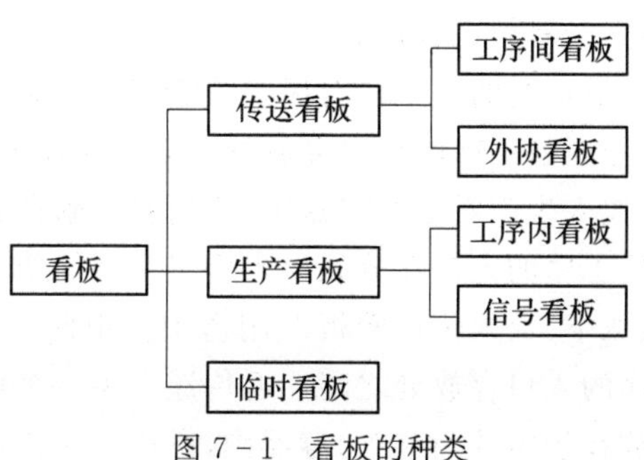

图7-1 看板的种类

（1）工序间看板。指在工厂内部，后工序到前工序领取所需的零部件时使用的看板。典型的工序间看板如图7-2所示。

前工序： 部件1号线	零件号：A232-6087C （上盖板）	使用工序： 总装2号线
出口位置号 POST NO 12-2	箱型：3型（灰色） 箱内数：10个/箱 编号：#3/5张	入口位置号 POST NO 4-1

图7-2　工序间看板

（2）外协看板。与工序间看板类似，只是“前工序”是外部的协作厂家。对外订货看板上须记载进货单位的名称和进货时间、每次进货的数量等信息。

（3）工序内看板。各工序进行加工时所用的看板，规定了所生产的零部件及其数量，只在工作地和它的出口存放处之间往返。

（4）信号看板。成批生产工序所使用的看板。信号看板挂在成批制作出的产品上。当该批产量的数量减到基准数时摘下看板，送回到生产工序，然后生产工序按该看板的指示开始生产。另外，零部件出库到生产工序，也可利用信号看板来进行指示配送。

（5）临时看板。进行设备维护、设备修理、临时任务时所使用的看板。

4）看板使用原则与使用方法

看板是用来组织生产、传递信息的一种手段。如果不周密地制定看板的使用方法，生产就无法正常进行。为使看板系统有效运行，必须遵循如下原则。

（1）没有看板不能生产，也不能搬送。

（2）看板只能来自后工序。

（3）前工序只能生产取走的部分。

（4）前工序按收到看板的顺序进行生产。

（5）看板必须与实物放在一起。

（6）不能把不良品交给后工序。

为了有效地实施看板管理，通常要对设备进行重新排列，重新布置。要做到对各工序而言，其所使用每种零部件都只有一个发出地（前工序），在整个生产过程中零部件要有明确的、固定的移动路线。每一个作业区也要重新布置，每个作业区通常都设有两个存放处：入口存放处和出口存放处。对于组装作业，一个作业区可能有多个入口存放处。

在看板管理中，将物流与信息流区分为工序之间的物流、信息流和工序内的物流、信息流，分别由传送看板与生产看板进行控制。

传送看板使用方法中最重要的一点是看板必须随产品一起移动。当后工序需要补充零部件时，传送看板就被送至前工序的出口存放处并附在所需的零部件的容器上，同时取下该容器上的生产看板，放入生产看板专用盒中，传送看板附在装有零部件的容器从前工序的出口存放处搬运到后工序的入口存放处。当后工序开始使用其入口存放处容器中的零部件时，传送看板就被取下，放入传送看板专用盒中。由此可见，传送看板只是在前工序的出口存放处与后工序的入口存放处之间往返传递。每一个传送看板只对应一种零部件。每种零部件总是存放在规定的、相应的容器内，所以一个传送看板对应的容器也是一定的。

生产看板规定了所生产的零件及其数量。它只在作业点及其出口存放处之间往返。当后工序传来的传送看板与该作业点出口存放处容器上的生产看板相关内容一致时，取下生产看板放入生产看板专用盒内。该容器连同传送看板一起被送到后工序的入口存放处。该作业点作业人员按顺序从生产看板专用盒内取走生产看板，并按生产看板的具体内容，从作业点的入口存放处取出要加工的零部件，加工完规定的数量之后，将生产看板附于容器上，放置于该作业点出口存放处。如果生产看板专用盒中的看板数量变为零，则停止生产。在一条生产线上，无论是生产单一品种还是多品种，均按这种方法所规定的顺序和数量进行生产，既不会延误也不会产生过量的中间库存。表7-2为某企业应用看板管理与传统管理在生产管理上的分析对比。

表7-2 某企业应用看板管理与传统管理在生产管理上的分析对比

看板管理	传统管理
按看板方式，实行后工序按需向前工序取货，取货按看板上规定的品种、数量去取，直送工位，不见看板不取货、不早取、不多取	按交、要货双方商定的标准交接期实行前工序向后工序送货，送货先送到要货单位中间库，再由中间库送工位，造成成品库、中间库、工位堆满零件重复储备
实行前工序只生产后工序取走的零件和数量，前工序执行不见看板不生产，在制品等于零	执行生产作业计划，不管后工序要不要，只顾自己生产，在制品堆满工位和工序间的滚道上
生产工人实行多工序管理，按看板信号有节拍地生产，生产工人不离岗位，设备、工装、质量有了毛病，生产工人给信号，后方工人跑步到现场，5min内解决问题	生产工人一人一机，按作业计划生产，设备有故障，生产工人要自己去找维修工人检修，工具更换要自己去领，质量检查发生问题自己去找工艺员，因而常造成生产停歇十几分钟乃至几个小时
工具送上工位，推行快速换刀、换模具、工装，成批生产实行多批次小批量，趋向流水化生产，大型模具换调时间不超过10min	换调工装、刀具时间长，执行大批量、少批次生产，库存量占70%，大型模具换调时间一般要4h到1个班
按看板要求，每道工序执行生产工人自检，不良零件绝不流到下道工序，合格件才能挂看板，保证后道工序正常生产	零件质量检查依靠检查员，往往到最后一道工序才检查，一废一大批，漏检、错检容易发生，造成后工序停产，为了保证不停产，增加在制品储存

用看板方式组织生产的过程如图7-3所示，具体过程如下。

(1) 后工序的取货人员将必要数量的传送看板和取货用的工位器具，送往前工序的储存处。

(2) 当后工序的取货人员在储存处领取零部件之后，立刻将原来挂在装零件的工位器具的生产看板取下，放到看板接收箱内。取件人员应将带来的空的工位器具，放置在前工序所指定的放置处。

(3) 取货人员每当取下一张生产看板后，必须相对应地挂上一张取货看板。当这两种看板在交换之际，取货人员必须小心核对，以确定是否同一零件。

(4) 后工序在开始进行生产时，必须将传送看板取下并放入取货看板放置箱内。

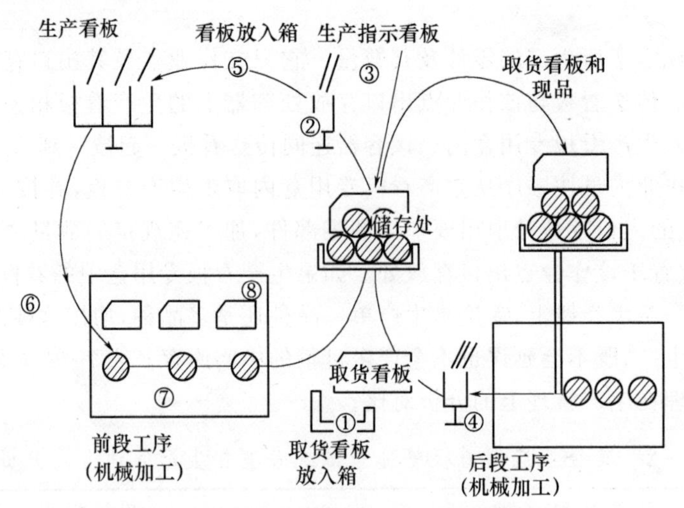

图 7-3 用看板组织生产过程的示意图

(5) 前工序在进行一定时间或生产一定数量的零件后,必须将生产看板从看板接收箱内收集起来,并依照看板在储存处被取下的顺序,放入生产看板放置箱内。

(6) 依照生产看板在其放置箱内的顺序,进行零件生产。

(7) 进行生产的零件和其生产看板在加工进行时,必须同时运动。

(8) 在零件加工完成后,零件和生产看板必须同时放到指定的储存处,以便后工序取货人员能在任何需要时刻取走。

利用看板可以提高管理水平,这个提高过程实际是一个减少看板数量的循环过程。当部门管理人员认为可在较小的在制品库存情况下进行生产时,可以取出一些看板。取出看板使在制品库存降低,但可能使车间出现一些问题。于是,部门管理人员和操作者采取各种措施,以便在看板数降低的情况下仍能正常地生产,他们可能采用更新设备、变更工件的加工顺序、缩短生产提前期等措施,来改善生产循环。一轮改善顺利实施后,在适当时候再取出一两个看板,继续进行改善活动。通过多次循环,达到控制在制品库存的目标。

4. 平准化生产

平准化生产是丰田公司创造的名词,含义是同一条生产线上均匀地混合制造各种产品。市场每天对产品的需求肯定是混合的,为了适应市场的需求变化,每天生产线必须同时生产几种产品。平准化生产是实现准时生产的必要条件,也是减少库存量的一项重要措施。

为了实行平准化的混合生产,设备应该具有一定通用性,一般通过在专用设备上附加通用性大的工夹具来解决。

实现平准化生产需要在计划上给予保证。一般采用两步的月生产计划:第一步要提前两个月制订初步的产品品种与数量计划;第二步是提前一个月详细修订生产计划。这两份计划资料都要及时传送给各协作厂。第二步进入计划执行阶段,根据月计划,制订每天的生产计划,要求做到品种平准化。

例如,某汽车厂装配线可生产 4 种车型:A 型、B 型、C 型和 D 型。每月的实际工作天数为 20 天。每月生产 20000 辆,则每天必须生产 1000 辆车。不同规格的车型是由发动机、变速器、加速装置、外部颜色，以及各种配件等组合而成的。同时，各型号汽车每天的产量也应平准化，如表 7-3 所列。

表 7-3　每日生产各种车型的平准化数量

类型	每月需求/辆	每日平均生产量/辆	单辆时间	每 9min36s 产量/辆
A	8000	400	(8h×2 班)/1000 辆 =0.96min/辆	4
B	6000	300		3
C	4000	200		2
D	2000	100		1
合计	20000	1000		10

确定最优的每日顺序排程，每日顺序排程确定各型汽车的装配顺序。如表 7-3 所列，以间隔 9min36s 来生产 A、B、C、D 型汽车，每日顺序可为 AAAA－BBB－CC－D，或者其他方式。顺序排程只传送到装配线，不送到其他制造单位。总装之前的其他制造过程，如机械加工、钣金、铸造等工序，仅被通知一个月的预定需求量，每日的具体生产指标通过看板管理来指示。

顺序如果排完，则各种零件的使用可固定保持取用速度和取用数量。在看板的引导下，总装配线各种零件使用量的变异，必须控制到最小限度。因此，在装配线上，每种零件的使用速度，必须尽可能保持确定。

5. 同步节拍生产

同步节拍生产是指每条生产线都应与装配节拍一致和同步。每条生产线的每道工序不允许各干各的，要同时起步，后工序未取走，前工序不加工。生产线只保留必要的在制品储备。若生产线内部相邻工序之间流动的在制品数量仅为一件，则被称为“一个流”生产。“一个流”生产是同步节拍生产的更高级形式。“一个流”生产要求必须严格按节拍生产，执行工艺纪律，按标准操作规程操作；前后工序间流动的在制品任何时候都不超过前工序的装夹数。

1）同步节拍生产要点

（1）以人的作业为中心，在规定的节拍时间内，安排作业组合。通过作业组合表的计算，进行一人多机操作，以最大限度地少人化完成生产作业。U 形生产线是达到少人化要求的机器配置方法。U 形机器配置的重要特点在于生产线的出入口在同一位置，生产线的出入口的操作由同一作业员担任。作业人员必须是多技能的，能够进行多机操作。U 形机器配置如图 7-4 所示。

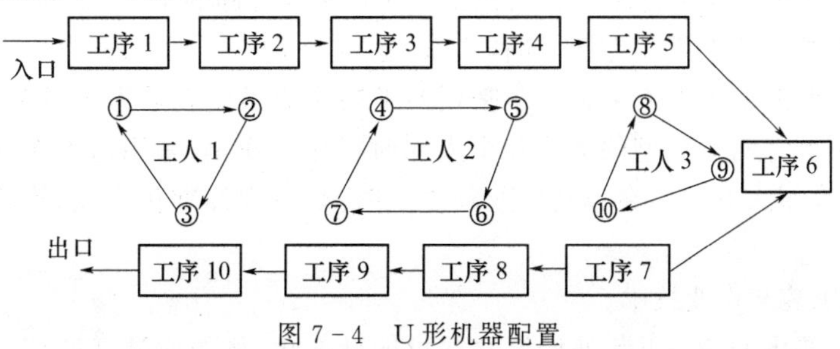

图 7-4　U 形机器配置

(2) 如果每日装配数量或装配节拍固定，则每条生产线按统一节拍进行加工。

(3) 车间之间和生产线内各工序之间要形成一个有机整体，后工序不要，前工序不生产，要根据节拍和工序能力，确定每个操作者看管机器的台数。

(4) 只保留工序中必要的标准在制品储备，若采用“一个流”生产，工序间的在制品不超过前一工序的装夹数。不允许超量制造。

(5) 消除无效劳动和产生零件磕碰损伤因素。

若要达到以上几点，一般要实现下列3个要素：适当的机器配置设计；培养多技能的操作人员；标准操作流程的不断评估和定期修正。

2) 同步节拍生产的组织方法

(1) 进行工时查定，编制作业指导书和作业组合表。

对每道工序进行时间分析，按手动时间和机动时间分别进行工时查定。从手动时间计算操作者的作业能力，决定应看管的机床台数，附加巡回时间，制定标准操作方法，编制作业指导书和标准作业组合表。

(2) 对设备平面布置和机床进行改造以提高作业效率。

根据多机操作的要求，调整设备平面布置，缩短设备间距，调整设备高度，并实现机床自动化（自动进退刀，自动停车），以提高作业效率，达到省时省力的目的。

(3) 革新改造工位器具，减少无效劳动和消除零件磕碰伤。

设计制造符合消除无效劳动和防止产生磕碰伤的工位器具，改装已有的料架、滑道、工序间传递装置、清洗、发送及取货工具等。

(4) 只储备必要的在制品并指定存放位置。

6. 快换工装

工装是产品制造过程中所用各种工具的总称，包括刀具、夹具、辅具、量具、模具、钳工工具与工位器具等。工装是保证产品质量、发挥设备效能、提高生产效率、降低生产成本不可缺少的技术装备。快换工艺装备在精益生产方式中作用重大。

快换工装的目的是缩短生产准备时间，提高多品种混流生产和多品种轮番生产的组织效率。最大可能地消除不必要换模时间，压缩和减少更换工装、调整设备的时间。从而尽可能增加批次，减少批量，消除无效劳动，提高资金利用率、设备利用率和劳动生产率。

1) 快换工装实现方法

(1) 确定机外更换工装工作内容。

① 做好机外更换工装准备工作。将更换的工装，安装的工具、材料等全部备齐，放在机床旁边适当位置，检查更换工装是否处于良好的使用状态。

② 用涂色法标明各类物品。将更换工装时拧紧或拆卸的工具、螺栓，固定摆放齐全，用颜色分类，这样就不会发生差错，动作也快，也容易操作。

③ 编制更换工装作业顺序表。编制更换工装作业顺序表是为了不漏掉一个操作过程，避免浪费时间。对于大型的需要几个人同时操作的换模，采用这种顺序表更为必要，对安全生产也有很大好处。在编制作业顺序表时，要体现标准化作业，消除无效劳动，作业内容要明确。

(2) 改进工装与作业技术。

① 采用标准化工装。工装外形尺寸尽可能标准化，例如模具高度统一，可以不调整

或减少调整时间；模板座厚度统一，可便于紧固和统一紧固螺栓，这样做既节省了开支，又缩短了时间。

② 采用机能紧固件。装卸工装都涉及到一些紧固件。紧固件合理，调换工装也就节省时间。如果只要求紧固、松开这种单纯的机能，可采用单头螺栓，最好采用U形槽方式、凸轮方式、夹紧方式、可倾斜曲柄方式、楔调整方式、配合方式等，以便达到一次将工装所有紧固部位紧固。同时还要注意操作方便，材质耐压，减少更新次数。

③ 采用辅助安装板。把大型冲压模具直接装在设备上可能太费时间，为此，在机外可以把模具事先固定在辅助安装板上，换模时，连同模具一起装在锻压机床上，这样可以缩短换模时间。

④ 采用移动工作台，实行平移作业。在压力机上备有移动工作台，工作台可移到压力机外面，笨重的模具可在压力机外面进行安装。若一台压力机有两个工作台，那么后生产零件的模具可以在现生产的零件进行时安装，然后移入压力机工作空间，用快速夹紧机构紧固。

⑤ 采用转位刀具、快换元件方式。车削加工、铣削加工、钻削加工、镗削加工可采用转位刀具，或者采用更换刀夹、刀柄、定位元件方式，均可实现快换工装。

⑥ 采用一次通过调换工装。在多品种混流生产与多品种轮番生产中，往往是几台机床并排在一起。例如弯曲、冲压、焊接、钻孔等连续进行的工序。例如现在加工A零件，接着要换B零件，如果是4台机床，4道工序，可以4台机床一起换工装，但这要停工，工时损失大。如果一道工序一道工序地换调，可以省时间。

2）快换工装实例

（1）快换刀具。

① 采用机夹转位刀具。机夹转位刀具可用于车刀、铣刀、镗刀、钻头4个方面。机夹转位刀具一般是三角形、方形、棱形。每个角边都是切削刃，在刀尖达到磨钝标准时，只要拧松夹紧结构，把刀片转位即可继续使用，这种更换在几秒内就可以完成。在刀片损坏或都磨钝后，更换一个新刀片而刀具仍可继续使用。车刀的固定形式有压杆式、楔钩式、压板式、偏心销式；铣刀的固定形式有上压夹紧、螺钉夹紧、弹性壁夹紧、螺钉楔块夹紧、拉杆楔块夹紧、楔块弹簧夹紧等；镗刀的固定形式有螺钉夹紧等。

② 采用更换刀具。在流水线生产或混流多品种生产中，更换刀具也是经常发生的。一般多发生在钻削加工与拉削加工中，是通过快换卡头来实现的。这种方式一般需要成套更换刀具和快换卡头。

③ 采用更换刀夹、刀柄。在更换刀具困难的情况下，可以采用更换刀夹、刀柄来达到快换目的。更换刀夹一般是刀具与刀夹一起更换。刀具与刀夹装成一体，在机外调整好，依靠快速夹紧机能件来实现。更换刀柄常用钻、扩、铰、锪轴向旋转刀具。刀具与刀柄组成一体，在机床外调整好到被加工尺寸变化范围，然后通过快速装夹机构实现快换。刀具与刀柄不同组合与预调，可实现多品种混流加工。

（2）快换钻模。如图7-5所示，夹具由固定衬套1、开口垫圈2、钻套螺钉3、夹具体4、防尘盖5、弹簧6、垫片7、手轮8及可换钻套KH1、可换定位杆KH2、可换定位件KH3和可调钻模板KT1等主要零件组成。在加工不同零件时，只须配置相适应的可换钻套、可换定位件，并将可调钻模板调整，即可得到所需要尺寸。

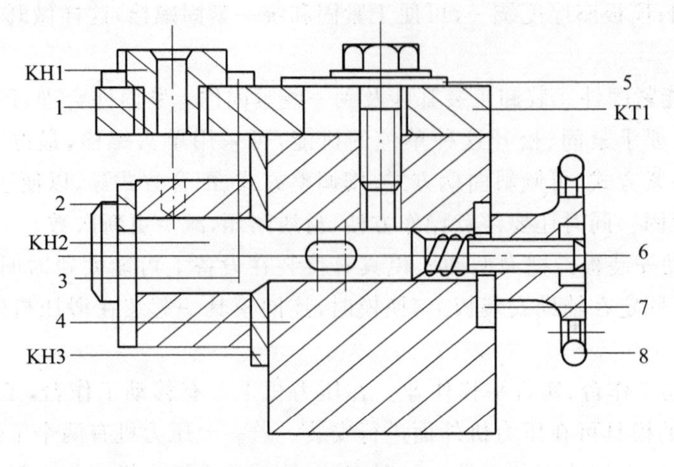

图 7-5　快换钻模

3）快换工装组织实施条件

（1）产品设计系列化。要适应多品种生产的某些工艺条件。

（2）工艺设计成组化。把形体类同的零件编组在一起制定工艺，综合考虑工艺设备、工艺装备设计、制造。

（3）设备布置合理化。在成组工艺的基础上，合理布置设备，使工艺流向合理，有放置快换工装的位置。

（4）工具调整服务现场化。能够做到将机内调整变为机外调整。在机外用调刀装置或仪器将刀具按规定尺寸调整好。在停机更换时，能够立即安装到机床上，而不需再调整或仅需稍加调整。为此，必须定期、定量执行换刀作业标准，使工具调整、服务做到现场。

7. 生产现场管理

1）现场作业标准

作业标准是生产过程中各种要素的有效组合，它是生产操作人员的行为规范，是现场管理工作的依据，是组织拉动式生产的必要条件。

作业标准的主要内容包括生产节拍、标准在制品、工艺规程和质量标准 4 个方面。具体形式有两种：一种是《作业标准指示图表》，具体规定了劳动组合、在制品定额、工艺要求和质量标准等；另一种是《标准操作规程》，从操作程序、安全生产、质量要求、刀具使用等诸多方面规定了产品加工全过程操作人员必须遵守的作业标准。

在大量生产方式中作业标准通常由现场管理人员或职能部门制定。在精益生产厂家，作业标准主要由生产组长制定，并指导操作人员遵守，必要时还必须给操作人员做操作示范。作业标准悬挂在现场，随着生产发展、科技进步，不断改进完善。

2）现场目视管理

在精益生产方式工厂里，都要有一个简单而综合的信息显示系统，以便使每个人都能够了解工厂的全面情况。对现场出现的异常情况，如设备故障、质量问题等做出快速反应。谁有办法，谁就会主动地帮助解决。

目视管理的方法通常有以下几种。

（1）在零件、在制品存放地设立标牌，标明各类零件的存放地点、最低储备、最高储备。这样就能使人们对库存管理、在制品搬运作业等内容一目了然。

(2) 设立生产线停止指示灯或指示板,使人一看就知道生产线的运行状态、故障发生在什么部位、故障形式、解决方法等。

(3) 设置生产管理板,让现场的人知道生产计划情况、完成情况、未完成的原因、是否需加班等。标准作业指示图表悬挂在生产线上,使人了解工人操作、生产节拍、作业组合、线内在制品储备量等是否符合标准的需求。

(4) 设立安全标志及宣传标志等。

目视化管理,使现场存在的问题表面化,揭露矛盾,以有利于在职工参与下迅速解决矛盾。这与大量生产方式把它看成是现场管理人员的特权而故意封闭信息的做法截然不同。

3) 现场工具管理

现场工具管理的基本要求是组织工具的准时供应,保证工具的正常合理使用,降低工具消耗。主要做法是工具直送工位、定置集配管理和定时强制换刀。

(1) 工具直送工位,就是改变由操作工人停机到工具库领工具的做法,而由专门的送刀工直接将工具送上生产线,并将用钝的刀具送到磨刀部集中磨锋。

(2) 定置集配管理,就是在生产线的适当位置设立工具集配箱,箱内各类工具,用过的和没用过的都分类定置摆放。

(3) 定时强制换刀,就是按照刀具磨钝标准和换刀频次,在加工一定数量零件之后强制换刀。普通刀具通常由操作人员按标准自主进行,精密刀具由集配作业人员与生产操作人员联合进行,以保证工件加工质量和刀具寿命。

4) 设备现场管理

任何设备都有可能出故障。大量生产方式允许有一定限度的故障停台时间,并建立一定的在制品储备,以保证生产正常运行。在精益生产方式中,设备故障被视为无效劳动和浪费,提出设备故障要向零进军,这就要求设备运行过程中尽量不发生故障,少发生故障。一旦设备发生故障,就要快速排除,具体做法有如下几个特点。

(1) 实行全员维修和保养。改变设备维修管理单纯依靠机动管理部门的做法,把参与维修和保养设备作为操作工人和班组长的主要任务,以及生产指挥人员的一项管理职能。

(2) 实行针对性预防检修。根据点检及巡检结果,进行有针对性的检查,进行有计划的预防修理。由于精益生产厂家不允许流水线有较长的停工修理时间,大部分设备实行分部修理和快速修理法。

(3) 实行改善性修理。对发生故障的设备,不是简单的修复,而是对故障进行层层分析,查明原因,彻底解决,保证同样故障不再重复发生。

(4) 合理调整作业时间。在白班和夜班之间留有充裕的生产间隙,为设备保养维修、排除故障创造条件。

5) 现场管理的“5S”活动

现场管理的“5S”活动,就是对现场进行不断地整理、整顿、清扫、清洁、素养。它是现场一切管理工作的开始,是提高现场管理水平的最基础的条件。

(1) 整理,就是对现场上的物品进行分类清理,重点是区分对生产有用还是无用。无用的东西要清理出现场；不常用的东西，要放远一些，可存在仓库中；偶尔使用的东西，在车间集中存放；经常使用的东西，放在作业区。通过整理，要达到减少库存量，现场无杂物，作业场地变大，人员行动方便的效果。

(2) 整顿，就是对经过整理后，留在现场上有用的东西进行合理定置存放、实行目视管理，方便使用，提高效率。整顿要使现场整齐、紧凑、协调、工作场地宽敞，便于操作。

(3) 清扫，就是将现场打扫干净，将设备清擦干净，消除跑、冒、滴、漏现象，创造一个令人舒畅、文明、安全、优质、高效率的工作场地。

(4) 清洁，就是对整理、整顿、清扫后现场的坚持和巩固，还包括对人身有害的烟雾、粉尘、噪声、有毒气体的根除。

(5) 素养，就是现场的每个人都能养成良好的风气和习惯，自觉执行制度、作业标准，改善人际关系，加强集体意识，形成良好、和谐的团体氛围。

8. 改善活动

改善活动是全员参与推行精益生产方式的一项重要方法，是提高生产效率和降低制造成本的重要手段。改善活动的内容主要：①改善工艺，对材料及消耗品利用方法的改善和节约；②改善设备，为避免人力资源使用不经济进行设备的改善；③改善操作，改善手工作业，消除不必要的操作；④改善管理，为适应准时化生产，采用拉动式生产，不断进行管理制度和管理要求的改善。

企业生产现场作业大致可归纳为以下 3 种情况。

(1) 纯粹不必要的作业。在生产上完全没有必要的作业，是应该彻底消除的劳动，如半成品的积压和二次搬运等。

(2) 不创造附加价值的作业。此类属于浪费作业，但又是在有些情况下又不得不做的作业。如长距离步行领取零件，协作件包装物的拆除、刀具的安装等。

(3) 创造附加价值的作业。使原材料或半成品转换成成品的作业。

改善活动的实施方法如下。

(1) 消除等待时间，减少操作工人人数。所谓等待时间，经常是由过量生产造成的。为了减少库存降低库存，只有用“看板生产方式”来实现。在现场管理中，首先要确定各作业人员的标准作业时间，用周期时间也就是节拍时间减去标准操作时间应该是空等时间。假设从 A 到 G 有 7 位工人在同一班组工作，如果生产一单位产品的周期时间为 1min，第一个工人加工一个件的标准作业时间为 0.9min，则空等时间为 0.1min，其他的工人也都或多或少有空等时间。为了消除空等时间，可将 B 工人的作业移给 A 工人一部分，将 C 工人的作业移给 B 工人一部分，一直到 G 为止。从 A 到 G 经由重新组合，空等时间就可能排除了。

不论是哪一种制造过程，在改善过程中，一是手工操作本身的改善，也就是动作的改善，再就是设备的改善。但不论是哪种改善，其目的都是为了节省人力，从而达到降低成本，提高效益的目的。

(2) 看板制度的推行不仅是控制生产数量，而且是激发排除浪费和提高生产力改善活动的方法。当通过看板管理把库存压到最低限度时，企业的一切问题都将暴露，如设备问题、不良品问题、现场问题。为了保证生产的正常进行，就必须解决这些问题，这就促使企业通过改善活动来减少时间上的浪费、劳动的浪费及材料的浪费等。

(3) 开展以班组为单位的小集团活动作为推动改善活动的一种办法。这个小集团的活动所选课题并不只限于质量管理,其他如成本的降低、工艺的改进、设备的保养、安全生产、材料利用等都在其研究范围之内。为了调动职工的积极参与,企业可设立"课题表扬奖""活动表扬奖""成果表扬奖"。课题表扬是根据课题的选择情况给予表扬,活动表扬是针对整年活动的业绩给予表扬,成果表扬是根据项目完成情况、取得的效果进行表扬,以此深入开展改善活动。

7.2.4 精益生产方式中的产品开发

任何生产企业都要以其生产的产品为社会服务,并以此获取利润回报而求得企业的生存与发展,所以有"产品是企业的生命"之称。任何产品都有一个市场经济寿命周期。企业如果能及时在旧产品衰退之前开发出更受欢迎的新产品,企业就能继续保持销售利润的稳定增长,甚至有更大的发展。

产品开发是一项庞大的系统工程,尤其是复杂产品。设计开发的时间因产品种类不同而长短不一。产品类型不同,设计内容和阶段也有很大差别。例如,机械产品的设计进程,一般可分为产品概念设计、总体方案设计、结构技术设计、制造工艺设计和设计改进5个阶段。

精益生产中的产品开发,主要是应用并行设计思想。

并行设计是产品在设计时与相关过程(包括制造过程和支持过程)进行集成的一种系统化设计方法。换言之,并行设计是在产品设计阶段侧重于同时考虑产品全生命周期(从概念形成到产品回收或报废处理)中的各种主要性能指标,从而避免在产品研制后期出现不必要的返工与重复性工作。并行设计强调功能上和过程上的集成。

产品开发是一个从市场获得需求信息,据此构思产品开发方案,最终形成产品投放市场的过程。虽然在产品开发过程中并非所有步骤都可以平行进行,但根据对产品开发过程的信息分析,可以通过一些工作步骤的平行交叉,大大缩短产品开发时间。事实上,并行设计把产品设计师与制造工程师结合在一起,且要求不同的专业人员(包括设计、工艺、制造、销售、市场、维修等)组成多学科(功能或专业)小组,亦称并行开发小组。在现代信息与网络的基础上,并行开发小组成员在协同工作环境中,集成、并行地工作。

并行设计可以缩短从概念设计至开始生产的生产准备时间,消除各种不必要的返工,使产品一次开发成功,并获得优良的性能价格。传统产品的开发方式是串行工作方式,两者的比较如图7-6所示。

对于机械产品而言,统一的产品信息模型是实施并行设计的基础。产品设计过程是一个产品信息由少到多、由粗到细不断创作、积累和完善的过程,这些信息不仅包含完备的几何形状、尺寸信息,而且包含精度信息、加工工艺信息、装配工艺信息、成本信息等。

并行设计是一种系统化、集成化的现代设计技术,它以计算机作为主要技术手段,除了通常意义下的CAD、CAPP、CAM、PDM(Product Data Management,产品数据管理)等单元技术的应用外,还应着重解决以下一些问题:产品并行开发过程建模及优化;支持并行设计的计算机信息系统;模拟仿真技术;产品性能综合评价和决策系统;并行设计中的管理技术;等等。

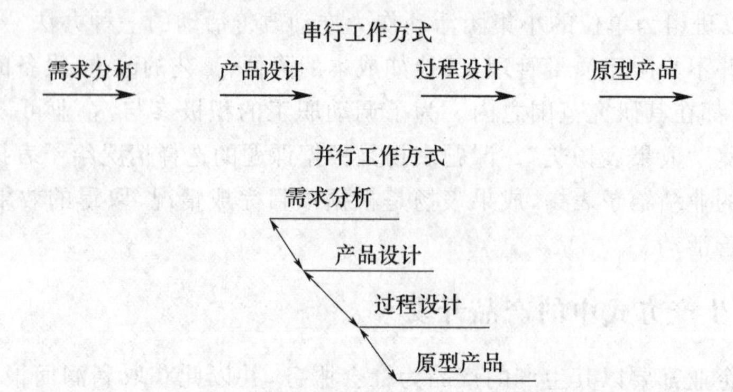

图 7-6　并行开发与串行开发方式的比较

网络化、分布式并高度集成的并行设计系统是实施并行设计的基础。并行设计系统，一方面应具有优良的可扩展性、可维护性，可以按照产品开发的需要将不同的功能模块组成完成产品开发任务的集成系统；另一方面，并行设计系统又是整个企业计算机信息系统的组成部分，在产品开发过程中，必须与其他系统进行频繁的数据交换。

7.2.5　精益生产方式中的质量管理

1. 现场质量管理

精益生产的现场质量管理是是全面质量管理的重要组成部分。精益生产方式在质量管理上的基本观点是：质量是制造出来的而不是检查出来的，认为一切生产线外的检查、把关及返修都不能创造附加价值，反倒增加了成本，是一种无效劳动和浪费。

精益生产方式不设立专职质量检查员，把保证产品的职能转移给直接操作人员。实行工序质量控制，要求每个作业人员都非常尽职尽责，精心完成工序内的每一项作业，精心对自己生产的零件进行质量检查。本着后道工序就是“顾客”的观点，绝不向后道工序送交不合格件。要做到这一点是很不容易的，要求操作人员有很强的质量意识，掌握工序质量控制的方法和技能，还要建立起有效地实行工序质量控制的运行体系和考核奖惩制度。

在如何对待质量问题的处理上，传统的大批量生产方式，倾向于把出现的问题看作是随机的事情，只要不超过规定指标，常常不以为然，处理的办法是简单的修复或者把它扔掉。精益生产方式对出现的质量问题定期组织作业小组讨论，用“5个为什么”的办法引导生产工人系统地追溯每个差错产生的基本原因，然后提出措施，杜绝差错发生。

例如，一台机器不转动了，需要问以下问题：

(1)“为什么机器停了？”“因为超负荷，保险丝断了。”

(2)“为什么超负荷了呢？”“因为轴承部分的润滑不够。”

(3)“为什么润滑不够？”“因为润滑泵吸不上油来。”

(4)“为什么吸不上油来？”“因为油泵轴磨损，松动了。”

(5)“为什么磨损了呢？”“因为没有安装过滤器，混进了铁屑。”

通过自问自答几次“为什么”，就可以查明事物的因果关系或隐藏在事物内部的真正原因。如果不是这样弄个水落石出，换一下保险丝或者换上油泵轴也就算了，那么，过几个月之后还会再一次出现同样故障。

在精益生产企业中，为了防止操作人员在生产作业中稍不留神出现失误，在操作的设备或工装夹具上装有“防止失误装置”。主要有以下几种：如果作业失误，零件就不能装在夹具上的装置；如果零件有问题，机床就不加工的装置；如果作业失误，机床也不能加工的装置；自动纠正作业失误和动作失误然后进行加工的装置；前道工序的问题在后道工序检查出来并进行排除的装置；前工序的工作没做，后工序就不能开始加工的装置。

2. 设备零故障管理

设备零故障管理是以质量为中心，对设备精度进行跟踪；以预防性修理为主，实行针对性设备检修；以提高机能为手段，采取科学的预测、监控措施；以故障分析为重点，对设备进行根本性改造；以全员教育为基础，提高人员素质，深入现场，靠前服务，竭力延长生产运行中设备无故障运转周期。

设备在实际使用过程中，经过长期的运行和磨损，故障总是要发生的。在大量生产方式中，允许有一定限度的故障停歇时间，并以在制品的保险储备确保生产均衡进行。而在精益生产方式中，设备故障被视为无效劳动。提出设备故障要向零进军，就是让设备在生产运行中不发生故障，少发生故障，或者一旦设备发生故障要快速排除，减少停机，保证生产的顺利进行。这是推行零故障管理的真正含义，也是精益化贯穿在设备管理中的基本要求。

1）设备零故障管理的基础

零故障管理是一个目标较高，实施难度较大，波及面较广的新型设备管理模式，所以，所有与设备管理有关的人员都须参与。

(1) 维修人员要扭转“救火第一”的思想，要把工作重心放在预防上。尽量减少或杜绝加班抢修，要充分利用生产间歇时间或节假日，采取各种预防性措施和手段，将故障消灭在萌芽之中。积极查出设备隐患，挤时间恢复好，堵住漏洞。

(2) 车间主任、生产指挥人员要扭转过去那种只关心生产进度，不关心设备的倾向。彻底改变为了完成生产进度，采取违反工艺打快车、拼设备的短期行为和做法。要扭转设备管理只靠机动维修部门管理的观念。

(3) 操作人员要改变只管开机干活，出现问题找调整，机床坏了找维修，设备好坏与己无关的观念。杜绝超负荷、随时加大走刀量、快中求闲的做法。操作人员要精心使用保养设备，对设备的加工性能、正常工作状态要掌握，对简单易整的设备缺陷应及时处理好并自觉地按规定做好设备的润滑、加油、清除、保养等。要随时观察本人操作设备的运行状态，有问题立即停机，找维修人员处理。

(4) 设备管理人员要转变只做数据统计、纸面传递信息的传统做法。要现场驻屯，对多次重复发生的规律性的问题提出整改意见，用零故障管理拉动各项管理工作的展开。

(5) 专业技术人员改变将精力主要投入在现场疑难问题的排除上，而应就现场发生的疑难问题全力思考如何从根本上解决问题，要从消除重复故障上下功夫。

(6) 企业的领导者对维修人员的评价，要注意预防性工作和保证设备不发生故障方面。

2）设备零故障管理体系

设备零故障管理主要是以8大管理体系为主线，使各体系之间纵横交错，紧紧相连，并与现场生产直接挂钩。

(1) 状态管理。特点是设备区域负责制，管理重点是设备技术状态和机床的完好率。

(2) 故障管理。重点关注两个环节：故障的判断和故障的排除。

(3) 润滑管理。重点是润滑装置的完善和润滑点加油的及时性，明确设备(机床)的润滑标记。

(4) 备件管理。备件品种要向标准化、系列化、通用化靠近。库房管理要做到账卡、实物相符，摆放整齐，定置管理，无锈蚀。杜绝伪劣产品入库。

(5) 针对性预防检修。现场各类信息，如设备状态、夹具状态、完好缺陷、润滑装置、漏油机台、质量问题、诊断预测信息、故障分析结果、安全整改内容等，均应作为针对性检修内容及预防性修理计划下达的前提和依据。

(6) 信息管理。信息是零故障管理的神经中枢。信息主要来源于现场，其次是各种基础数据、统计分析资料及故障处理结果。

(7) 全员设备管理。重点是车间操作工人的设备意识教育，突出机床操作、使用、保养、润滑要领的提高、设备运行的监护与异常问题的及时反馈。

(8) 人员素质管理。具体要求：提高技能，提高机电一体化能力；现场驻屯，最快速度掌握现场信息；采用科学、实用、行之有效的管理办法，使工作运行速度快，工作效率高。

3. “五不流”质量控制法

“五不流”指：不合格的原材料和协作件不投产；不合格的毛坯不加工；不合格的零件不装配；不合格的总成不装车；不合格的整车不出厂。

为了实现“五不流”，可以采用如下控制原则。

(1) 用户至上的原则，即在企业内部，下道工序就是上道工序的用户，上道工序要尽最大努力将不良品控制在发交之前。基本生产单位是辅助生产单位的用户。下道工序考核上道工序，总装考核其他各厂。

(2) 定性考核与定量考核相结合的原则。

(3) 解决问题，眼睛向内的原则。

7.2.6 精益生产方式中的准时采购

外购原材料和零部件占用大量资金。推行精益生产方式，除了消除在制品库存和成品库存之外，还要消除原材料和外购件的库存。消除原材料与外购件库存，要比消除工序间在制品库存更困难，因为它不只是通过企业内部努力就能实现的，还要取决于供应厂家。

精益生产认为“不能产生价值的工作就是浪费”。一般企业的采购中有大量活动是不增加产品价值的，如订货、改订、收货、开票、装卸、运输、品质检查、入库、点数、运转、送货等，都不增加产品的价值。通过流程再造或采购方式的改进，可以降低订货作业时间，消除“不产生价值”的浪费。表 7-4 所示为无浪费的准时制采购的特点。

(1) 保证供货品质，选择尽量少的、合格的供应商。合格的供应商具有较好的设备、技术条件和较好的管理水平，可以保证准时供货、保证品质。如果供货品质可以保证，就可以取消购入检查。

(2) 与供应商建立新型伙伴关系。传统的大批量生产，组装厂与零件供应厂之间是一种临时性的主仆关系。组装厂为了获取更多利润，采取让供应商之间竞争的办法降低成本。供应商得利很少,因而不可能真正保证配件质量。精益生产方式下,组装厂与零件供应厂之间建立长期的、互利的关系。因为只有建立长期的关系,才便于解决品质问题。

在选择供应商时,要考虑4个核心因素:经营能力、技术上的竞争力、品质控制与内部生产管理能力、地理位置和价格。把价格放到最后,并非价格不重要,而是当前3个条件具备时,才谈得上保证价格。

除了具有核心技术、专利技术、新技术的零件外,供应商一般选择为地理位置在车程2h以内的工厂,这样可以要求少量多次送货。此外,供应商必须逐渐建立精益生产方式,以满足经常变化的生产计划。

(3) 消除厂内原材料库存。如果满足品质标准的物料能够在需要时随时送到,那么实际上不需要原材料存货。只有在供应商不太可靠时,才有必要储存原材料。

(4) 品质和信任度。减少供应商的数目,以提高供应商的品质与信任度,加强对供应商的长期投入。这样才能及时获得数量充足、品质优良的物料。

(5) 根据数量、金额、体积以及供应商的地理区域严格规定送货日期。

(6) 在供应商相对集中的区域建立中转库,附近供应商的原材料零部件运到中转库,按需要统一运送到生产地点。使用统一调度的运输车辆,按一定的顺序到各供应商处取货。

(7) 对常用的标准件或使用量较多的零部件,采用借储式管理,即在公司内单独开设场地,给供应商使用。

表7-4 无浪费的准时制采购的特点

供应商	很少的供应商;较近的供应商;与供应商保持长期关系;积极帮助合适的供应商使之具备价格竞争优势;竞争件出价(投标)一般限于新的购买;向供应商推广准时制购买
数量	稳定的产出率;小批量频繁送货;长期合同协议;发放订单只需较少的文字工作;每一批的发放数量有变动但整个合同是固定的;几乎很少或不允许超出或低于规定的接收数量;鼓励供应商按确定的数量包装;鼓励供应商减小他们的生产批量
品质	帮助供应商满足品质要求;购买者和供应商品质保证人的密切关系;鼓励供应商使用工序控制图而非批量抽样检查
运输	使用公司所有的或合同签定的运输工具和仓库来运货和存储

7.3 敏捷制造

20世纪90年代初,美国制造业持续衰退,难以应付日本、德国等国家的挑战。美国里海大学在政府资助下,联合13个大型企业的专家,进行了一项关于制造业战略的研究计划。在其最终的研究报告《21世纪制造企业战略》中,提出了敏捷制造概念,并对敏捷制造(Agile Manufacturing,AM)的概念、方法及相关技术作了全面的描述。随着信息技术发展和产品竞争的全球化,敏捷制造得到了广泛的关注和重视。

快速、持续、无法预测的竞争环境对企业的组织结构和生产模式提出了新的要求。一方面,快速决策的响应能力要求企业的规模小,结构简单;另一方面,大量新技术和新产品带来的转瞬即逝的市场机遇和高投入、高产出的高风险挑战,要求企业有足够的技术储备和在资金上抵抗风险的能力。

同时,用户对产品的需求和评价标准从质量、功能和价格转为最短交货周期、最大客户满意、资源保护、污染控制等方面。

敏捷制造主要针对上述情况。强调将柔性的先进的实用的制造技术、熟练掌握市场技能的高素质劳动者及企业之间和企业内部灵活的管理三者有机地集成起来,采用标准化和专业化的计算机网络和信息集成基础结构,以分布式结构连接各类企业,构成虚拟制造环境;以竞争合作为原则,在虚拟制造环境内动态选择成员,组成面向任务的虚拟公司进行生产,快速响应多变的市场需求,并最大限度地满足用户需求,以谋求最大的经济利益。

7.3.1 敏捷制造内涵

敏捷制造模式强调将柔性的、先进的、实用的制造技术,熟练掌握生产技能的、高素质的劳动者以及企业之间和企业内部灵活的管理三者有机地集成起来,实现总体最佳化,对千变万化的市场作出快速反应。敏捷制造尚无统一的定义,但在以下方面取得了共识。

(1) 敏捷制造是一种组织模式和战略计划,是一种制造系统工程方法和现代制造系统模式;敏捷制造思想的出发点是基于对未来产品和市场发展的分析,认为未来产品市场总的发展趋势是多元化和个人化,因此对制造技术的要求应尽可能做到产品成本及产品类型与产品数量无关。

(2) 敏捷制造强调高素质的员工,即要造就一支高度灵活、训练有素、能力强且具有高度责任感的员工队伍,并充分发挥其作用;敏捷制造企业除了抓住市场机遇外,重要的是如何千方百计加大科研开发的投入,增强创新能力,扩大创新队伍。

(3) 敏捷制造的实现需要多个相关企业的协同工作,最终目标是使企业能在无法预测、持续变化的市场环境中保持并不断提高其竞争能力;企业之间竞争和合作兼容。敏捷制造通过动态联盟或称虚拟企业 (Virtual Organization)来实现;实现敏捷制造的一种手段和工具是虚拟制造(Virtual Manufacturing),虚拟制造指在计算机上完成该产品从概念设计到最终实现的整个过程。

(4) 竞争是推动社会前进的动力,但过度竞争造成人力与资源的极大浪费。当今竞争的前期合作,已成为各大公司解决某项关键技术时常用的手段。随着产品越来越复杂,在抢先进入市场的竞争下,任何一个企业再也没有可能在较短的时间内,制造一个产品的全部,甚至独立完成一个产品的全部设计,因此敏捷制造将从根本上改变工业竞争的内容和意义。为了达到快速响应市场的机遇,在敏捷制造企业间竞争对手、合作方、供货方、买方的关系是随着项目经常变化的,将使得竞争和合作二者变得兼容。

敏捷制造与企业的敏捷性密切相关,企业的敏捷性定义为:能在不可预测的持续变化的竞争环境中使企业繁荣和成长,并具有面对由顾客需求的产品和服务驱动的市场作出迅速响应的能力。敏捷制造要求企业具备如下特点。

(1) 技术研发能力。高技术含量的产品带来高附加值。技术成为决定产品利润的重要因素。精益生产模式主要是通过降低成本的方法来提高利润。在敏捷制造模式中,决定产品成本、产品利润和产品竞争能力的主要因素是开发、生产该产品所需的知识的价值而不是材料、设备或劳动力。

(2) 生产的柔性能力。现在生产潮流由大批量生产转向小批量多品种的方式,因此刚性生产模式也要改成敏捷化生产。即通过可重组的、模块化的加工单元,实现快速生产新产品及各种各样的变型产品,从而使生产小批量、高性能产品能达到与大批量生产同样的效益,达到同一产品的价格和生产批量无关。

(3) 个性化生产。敏捷制造型企业按订单组织生产,以合适的价格生产顾客的订制产品或顾客个性化产品。这种方式取代了单一品种的生产模式,满足了顾客多种多样的要求。

(4) 企业间的动态合作。敏捷制造要求企业对内部的生产工艺、流程、机构能迅速进行重组,以对市场机遇作出敏捷反应,生产出用户所需要的产品。当企业发现单独不能作出敏捷反应时,就要进行企业间的合作。动态合作的形式是组建虚拟企业。

(5) 激发员工的创造精神。敏捷制造型企业建立一种能充分调动员工积极性、保持员工创造性的环境,以巩固和提升企业持续的创新能力。有远见的领导者将具有创新能力的员工看成是企业的主要财富,而把对员工的培养和再教育作为企业长期投资行为。

(6) 新型的用户关系。敏捷制造型企业强调与用户建立一种崭新的"战略依存关系",强调用户参与制造的全过程。

7.3.2 敏捷制造要素

敏捷制造目标可概括为:"将柔性生产技术,有技术、有知识的劳动力与能够促进企业内部和企业之间合作的灵活管理(三要素)集成在一起,通过所建立的共同基础结构,对迅速改变的市场需求和市场实际做出快速响应。"从这一目标中可以看出,敏捷制造包括3个要素:生产技术、管理和人力资源。

1. 敏捷制造的生产技术

敏捷性是通过将技术、管理和人员3种资源集成为一个协调的、相互关联的系统来实现的。

首先,具有高度柔性的生产设备是创建敏捷制造企业的必要条件(但不是充分条件)。所必需的生产技术在设备上的具体体现:由可改变结构、可量测的模块化制造单元构成的可编程的柔性机床组;"智能"制造过程控制装置;用传感器、采样器、分析仪与智能诊断软件相配合,对制造过程进行闭环监视,等等。

其次,在产品开发和制造过程中,能运用计算机能力和制造过程的知识基础,用数字计算方法设计复杂产品;可靠地模拟产品的特性和状态,精确地模拟产品制造过程。各项工作是同时进行的,而不是按顺序进行的。同时开发新产品,编制生产工艺规程,进行产品销售。设计工作不仅属于工程领域,也不只是工程与制造的结合。从用材料制造成品到产品最终报废的整个产品生命周期内,每一个阶段的代表都要参加产品设计。技术在缩短新产品的开发与生产周期上可充分发挥作用。

再次,敏捷制造企业是一种高度集成的组织。信息在制造、工程、市场研究、采购、财务、仓储、销售、研究等部门之间连续地流动,而且还要在敏捷制造企业与其供应厂家之间连续流动。在敏捷制造系统中,用户和供应厂家在产品设计和开发中都应起到积极作用。每一个产品都可能要使用具有高度交互性的网络。同一家公司的、在实际上分散、在组织上分离的人员可以彼此合作,并且可以与其他公司的人员合作。

最后,把企业中分散的各个部门集中在一起,靠的是严密的通用数据交换标准、坚固的"组件"(许多人能够同时使用同一文件的软件)、宽带通信信道(传递需要交换的大量信息)。把所有这些技术综合到现有的企业集成软件和硬件中去,这标志着敏捷制造时代的开始。敏捷制造企业将普遍使用可靠的集成技术,进行可靠的、不中断系统运行的大规模软件的更换,这些都将成为正常现象。

2. 敏捷制造的管理技术

首先,敏捷制造在管理上所提出的最创新思想之一是"虚拟企业",或称动态联盟。

新产品投放市场的速度是当今最重要的竞争优势。推出新产品最快的办法是利用不同公司的资源,使分布在不同公司内的人力资源和物资资源能随意互换,然后把它们综合成单一的靠电子手段联系的经营实体——虚拟公司,以完成特定的任务。

虚拟企业是利用信息技术打破时空阻隔的新型企业组织形式。它一般是某个企业为完成一定任务项目而与供货商、销售商、设计单位或设计师,甚至与用户所组成的企业联合体。选择这些合作伙伴的依据是他们的专长、竞争能力和商誉。这样,虚拟公司能把与任务项目有关的各领域的精华力量集中起来,形成单个公司所无法比拟的绝对优势。当既定任务一旦完成,公司即行解体。当出现新的市场机会时,再重新组建新的虚拟企业。

只要能把分布在不同地方的企业资源集中起来,敏捷制造企业就能随时构成虚拟企业。能够经常形成虚拟企业的能力将成为企业一种强有力的竞争武器,它能大大缩短产品上市时间,加速产品的改进发展,使产品质量不断提高,也能大大降低公司开支,增加收益。虚拟公司已被认为是企业重新建造自己生产经营过程的一个步骤。

有些公司总觉得独立生产比合作要好,这种观念必须要破除。应当把克服与其他公司合作的组织障碍作为首要任务,而不是作为最后任务。此外,需要解决因为合作而产生的知识产权问题,需要开发管理公司、调动人员工作主动性的技术,寻找建立与管理项目组的方法,以及建立衡量项目组绩效的标准,这些都是艰巨任务。

其次,敏捷制造企业应具有组织上的柔性。因为,先进工业产品及服务的激烈竞争环境已经开始形成,越来越多的产品要投入瞬息万变的世界市场上去参与竞争。产品的设计、制造、分配、服务将用分布在世界各地的资源(公司、人才、设备、物料等)来完成。制造公司日益需要满足各个地区的客观条件。这些客观条件不仅反映社会、政治和经济价值,而且还反映人们对环境安全、能源供应能力等问题的关心。在这种环境中,采用传统的纵向集成形式,企图"关起门来"什么都自己做,是注定要失败的,必须采用具有高度柔性的动态组织结构。根据工作任务的不同,有时可以采取内部多功能团队形式,请供应者和用户参加团队;有时可以采用与其他公司合作的形式;有时可以采取虚拟公司形式。有效地运用这些手段,就能充分利用公司的资源。

3. 敏捷制造的人力资源

敏捷制造在人力资源上的基本思想是:在动态竞争的环境中,关键的因素是人员。柔性生产技术和柔性管理要使敏捷制造企业的人员能够实现他们自己提出的发明和合理化建议。没有一个一成不变的原则来指导此类企业的运行。唯一可行的长期指导原则是提供必要的物质资源和组织资源，支持人员的创造性和主动性。

在敏捷制造时代，产品和服务的不断创新和发展，制造过程的不断改进，是竞争优势的同义语。敏捷制造企业能够最大限度地发挥人的主动性。有知识的人员是敏捷制造企业中唯一最宝贵的财富。因此，不断对人员进行教育，不断提高人员素质，是企业管理层应该积极支持的一项长期投资。每一个雇员消化吸收信息、对信息中提出的可能性做出创造性响应的能力越强，企业可能取得的成功就越大。对于管理人员和生产线上具有技术专长的工人都是如此。科学家和工程师参加战略规划和业务活动，对敏捷制造企业来说是决定性的因素。制造过程的科技知识与产品研究开发的各个阶段，工程专家的协作是一种重要资源。

敏捷制造企业中的每一个人都应该认识到柔性可以使企业转变为一种通用工具，这种工具的应用仅仅取决于人们对于使用这种工具进行工作的想象力。大规模生产企业的生产设施是专用的，因此，这类企业是一种专用工具。与此相反，敏捷制造企业是连续发展的制造系统，该系统的能力仅受人员的想象力、创造性和技能的限制，而不受设备限制。敏捷制造企业的特性支配着它在人员管理上所特有的、完全不同于大量生产企业的态度。管理者与雇员之间的敌对关系是不能容忍的，这种敌对关系限制了雇员接触有关企业运行状态的信息。信息必须完全公开，管理者与雇员之间必须建立相互信赖的关系。工作场所不仅要完全，而且对在企业的每一个层次上从事脑力创造性活动的人员都要有一定的吸引力。

7.3.3 虚拟企业组建

组建虚拟企业是实施敏捷制造战略的关键。虚拟企业是指为了赢得某一机遇性的市场竞争，围绕某种新产品开发，通过选用不同组织/公司的优势资源，综合成单一的靠网络通信联系的阶段性经营实体。虚拟企业具有集成性和时效性两大特点。它实质上是不同组织/企业间的动态集成，随市场机遇的存亡而聚散，在具体表现上，结盟的可以是同一个大公司的不同组织部门(以互利和信任为基础，而非上级意识)，也可以是不同国家的不同公司。虚拟企业的思想基础是共赢(Win-Win)。联盟体中的各个组织/企业互补结盟，以整体优势来应付多变的市场，从而共同获利。

虚拟企业的建立基础和运作特点不同于现有的大公司集团，前者是面向机遇的临时结盟，是针对产品过程的部分有效资源的互补综合，后者则一般是各企业所有资源的永久简单迭加。关于虚拟企业及其实现方式，在以下几个方面的看法已趋一致。

(1) 虚拟企业是利用已有的企业组织和技术基础来实现的，不需要高额投资作为前提。

(2) 虚拟企业需要相应的技术支撑，否则是不可想象的。事实上，“21世纪制造企业发展战略”报告所描述的2006年美国敏捷制造企业模式中，提出了20个技术使能子系统。一般认为，现有企业在向敏捷化转变过程中，应着重解决以下技术问题。

① 计算机集成制造技术。将企业生产全过程中有关人、技术、经营管理三要素及其信息流与物流有机地集成并优化运行，敏捷制造也可以认为是CIMS发展的新阶段。

② 网络技术。利用企业网实现企业内部工作小组之间的交流和并行工作，利用全国

网、全球网，共享资源，实现异地设计和异地制造，及时地、最佳地建立虚拟企业。

③ 标准化技术。信息交流的前提是要有统一的规则，产品数据交换标准 STEP、电子数据交换标准 EDI 以及超文本数据交换标准 SGML 等的完善和贯彻是标准化工作的主要内容。

④ 模型和仿真技术。对产品生命周期中的各项活动进行模拟和仿真，实现虚拟制造。

⑤ 并行工程技术。通过组成多学科的产品开发小组协同工作，利用各种计算机辅助工具等手段，使产品开发的各阶段既有一定的顺序又能并行，在产品开发的早期及时发现设计和制造中的问题。此外，企业资源管理计划系统(ERP)、人工智能、决策支持系统、集成平台技术等也是支持敏捷制造和虚拟企业的重要技术。

(3) 虚拟企业的实现不单单是技术方面的问题，更重要的是观念和组织上的转变、企业运作模式和社会协作体系(包括相关法律法规)的建立。

首先是观念的更新。虚拟企业的思想基础是共赢，为此，企业经营者必须明确自身的定位和目标，即企业优势(Core Competence)、经营范围、所追求的利益等。为了获得他人的帮助，必须抛弃“独利”的思想。非本身范围的利益必须爽快地让给合作伙伴。做到“有所为，有所不为”。

其次，人的因素对于虚拟企业的实现有重要意义。“树立”以人为中心的思想，培养一批适应不同工种、掌握多种知识和技能的“多面手”。要求每个部门和每个员工都善于利用各种有益的信息来迅速作出合理的决策。愿意并善于和别人合作。要求每个员工都能把自己当作公司或企业的一部分，有强烈的主人翁意识(Ownership)。建立企业的员工教育系统，提高员工在知识、技能、观念 3 个方面的素质。

企业组织结构面向敏捷性的更新无疑亦是组建虚拟企业的关键。

敏捷制造模式下的管理对象不仅是本企业，而且包括上下游企业合作伙伴、客户等。这会带来许多新的问题，如合作企业的知识产权、跨组织项目工作组的绩效考评等。要求减少管理层次、增加小组工作单元的权限，以快速跟踪客户需求，实现管理信息的敏捷传递。建立员工、客户、供应商、联盟伙伴等的卓有成效的合作系统。强化工作小组的权限，亦即前述的放权系统。一切管理工作都必须为 TQCS(时间、质量、成本、服务)目标服务，实现准时、保质、按需、优质服务。

社会环境方面的支持也很重要。如果说 CIMS 的实施是厂长的行为，那么虚拟企业的实施同时还是一项政府或部门行为，是一个部门或至少是某些政治家之间的联合行为。社会环境方面的工作大致包括以下一些内容：加速信息技术在企业的推广，建立企业内部的局域网和企业间的广域网；加速标准的实施；制定全国统一的企业间合作和进行委托加工的法律条文的制定，等等。

(4) 面向敏捷制造的系统组织结构。制造系统的敏捷性虽然依赖于诸如人、技术和社会环境等许多因素，但是从设计制造系统的角度来看，系统能否具有敏捷性与系统的组织结构关系极大。作为组织结构的映射的信息结构以及在系统资源的集成和重组过程中的信息的流动机制，也是构建敏捷制造系统的核心问题。关于敏捷制造的系统组织结构，一些学者提出了“单元化制造”的概念。

敏捷性要求制造系统具有一定的柔性，系统组织的柔性决定于两个因素：系统由相对独立的柔性组织单元组成，这样才能做到增加系统柔性而尽量不增加复杂性；各柔性组织单元在一定条件下可以按一定的优化规则重新组合。单元化制造概念中，要求资源为所有产品、所有企业共享。从制造角度考虑，有以下几个单元提法。

① 成组制造单元。基于成组技术原理，使相似零件族在由不同机床构成的制造单元内加工，以减少物流，缩短时间。

② 虚拟制造单元。将制造资源视为共享的资源库，而要加工的产品或工件是多种多样的，并且在不断地变化。在待加工的对象改变时，就要在资源库选择合适的资源，形成制造单元。虽然构成单元的资源是存在的，但单元的具体实体在物理上并不存在。虚拟制造单元是一种生产管理和控制的技术和方法。

③ 作业单元。为实现一定“作业目标”的对象集合，例如：定货、销售、设计、装配等。作业单元必须有一定的作业目标。

④ 流程单元。流程是实现一个“完整”的生产经营任务的全过程，是由作业单元组成的有序集合（如生产经营某一个产品），具有目标性、完整性、有序性、并行性等几个特点。

7.3.4 敏捷制造关键技术

虽然说敏捷性的提高本身并不依赖于高技术或者高投入。但适当的技术和先进的管理能使企业的敏捷性达到一个新的高度。以下是其中的几个关键技术。

(1) 跨企业、跨行业、跨地域的信息技术框架。为了响应来自不同市场的不同挑战，支持虚拟企业的运行；实现异构分布环境下多功能小组（Team）内和多功能小组间的异地合作（设计、加工、物流供应等）需要一个好的信息技术框架来支持不同企业协作运行的需要。

(2) 支持集成化产品过程设计的设计模型和工作流控制系统。工作流控制系统是在多功能小组内和多功能小组间进行协同工作和全局优化应用集成和过程优化的重要工具。它包含了许多内容，如集成化产品的数据模型定义和过程模型定义；包含了产品开发过程中的产品数据管理（版本控制）、动态资源管理和开发过程管理（工作流管理）；包含了必要的安全措施和分布系统的集中管理等。

(3) 供应链管理（Supply Chain Management，SCM）系统和企业资源管理系统（ERP）。供应链管理是监督物质、信息以及经费从供应商到制造商到批发商到零售商到消费者的转移过程。供应链管理涉及在公司内外调节和统一这些转移。任何有效供应链管理系统的目标是减少存货（假设需要时有产品供应）。供应链管理流可分成3个主要流动：产品流、信息流以及经费流。

现行的企业信息集成的主要手段是通过MRPⅡ的实施来完成的。在企业的组织和运行模式转向敏捷企业和虚拟企业时，现有的MRPⅡ系统就表现出许多不足。首先，MRPⅡ系统基本上是一个静态的闭环系统，无法和其他应用系统实现紧密的动态集成，不能满足多功能小组开展并行设计的需要。其次，在虚拟企业的成员企业中，有许多数据和信息是要共享的（但同时还有更多的信息企业并不希望共享）这就涉及到一个MRPⅡ信息系统的重构问题。快速重构是MRPⅡ系统不具备的。

ERP系统是一个企业内的信息管理系统，和MRPⅡ相比，它增加了和其他应用系统紧密、动态集成的功能，可以支持多功能小组并行设计的需要。同时它可以迅速重构以便和SCM系统配合支持虚拟企业的系统工作和资源优化目标。SCM系统则重在支持企业间的资源共享和信息集成。它可以支持不同企业在以虚拟企业方式工作过程中对各个企业的资源进行统一的管理和调度。例如,A、B、C3个企业结成一个虚拟企业来生产某一产品。作为联盟主体的A需要及时把各种设计信息和需求信息通过计算机网络传给B和C。它可以随时浏览B,C的工程进度报告,了解并帮助它们解决出现的问题;同时,B在安排作业计划时,可以把A,C闲置的加工设备认为是自己的设备来统一编排生产计划。ERP主要处理企业内部的资源管理和计划安排,供应链管理系统则以企业间的资源关系和优化利用为目标。是支持虚拟企业的关键技术和主要工具。

(4) 各类设备、工艺过程和车间调度的敏捷化。为更大地提高企业的敏捷性,必须提高企业各个活动环节的敏捷性。这就是常讲的敏捷的人用敏捷的设备,通过敏捷的过程制造敏捷的产品。有关敏捷设备和敏捷过程的概念的研究和应用将是敏捷制造环境下新的设计理论和加工方法研究的重要组成部分。

(5) 敏捷性的评价体系。敏捷性要求企业能够通过复杂的通信基础设施迅速地组装其技术、雇员和管理,以对于不断变化和不可预测的市场环境中的顾客需求作出从容的、有效的和协调的响应。实际上,敏捷性指企业可重构(Reconfigurable)、可重用(Reusable)、可扩充(Scalable)地响应市场变化的能力,即RRS特性。企业敏捷性及其度量对于贯彻敏捷制造哲理有重要意义,目前,有多种不同看法。一种观点认为,敏捷性可以用成本(Cost)、时间(Time)、健壮性(Robustness)、自适应范围(Scope)4个指标来度量,可简称为CTRS指标。成本指企业完成一次敏捷变化的成本,与新产品上市的成本密切相关,也与产品过程的设计及实现相关。时间指企业完成一次敏捷变化所用的时间,与新产品上市的时间密切相关。健壮性是指完成一次敏捷变化结果的稳定性和坚固性,与新产品及其相关过程的质量有关。自适应范围指一个企业或个体在多大范围内可以通过自我调整来迅速适应环境变化,它是敏捷性的精华,并把柔性和敏捷性区分开来。CTRS综合度量指标侧重于衡量企业实现敏捷转变后的结果,因此是动态的,反映企业从敏捷空间某点移动到更敏捷某点所耗费的成本、时间、转变的坚固性和范围。CTRS指标相对来说能比较直观地反映企业的敏捷性,计算性好,易于仿真。如果该体系能进一步支持对企业敏捷转变的过程的度量,则会更具实用价值。

7.4 网络化制造

当今市场需求瞬息万变、难以预测,顾客的需求向多样化发展,产品的更新换代日益加速,客户化、小批量、多品种、快速交货的生产要求不断增加。传统的以本企业所拥有的制造资源来组织生产、追求“大而全”、追求规模效益的企业,以及组织结构固定、制造资源相对集中的传统制造模式已经不能适应社会的发展。信息与通信技术,特别是互联网技术的发展,使得企业间的各种资源可以实现有效的共享,企业可以快速、低成本、高质量地生产市场需求的产品。在这种背景下,产生了订单驱动的网络化制造模式。

网络化制造技术是企业跨越地域差距的桥梁,是企业实现制造资源优化配置与合理利用的重要途径。网络化制造与敏捷制造概念有众多共同之处。

7.4.1 网络化制造与网络化制造系统

网络化制造模式的需求一方面来自于市场竞争的压力,另一方面来自于企业自身生产经营管理水平的需要,信息技术与网络技术,特别是 Internet 技术迅速发展和广泛应用,促进了网络化制造的研究与应用。通过实施网络化,可以将地理位置上分散的企业和各种资源集成在一起,形成一个逻辑上分散的虚拟组织,并通过虚拟组织的运作实现对市场需求的快速响应,参与网络化制造的企业群体或产业链的市场竞争能力。

网络化制造是将网络技术与制造技术相结合的所有相关技术与研究领域的总称,是经济全球化和信息时代的产物,它吸取了敏捷制造的思想和哲理。具体而言,通过采用先进的网络技术(包括 Internet、VPN、无线网络等)、制造技术及其他相关技术,构建面向企业特定需求的基于网络的制造系统,并在系统的支持下,突破空间对企业生产经营范围和方式的约束,开展覆盖产品整个生命周期全部或部分环节的企业业务活动(如产品设计、制造、销售、采购、管理等),实现企业间的协同和各种社会资源(人力、设备、技术、市场等)的共享与集成,高速度、高质量、低成本地为市场提供所需的产品和服务。

构建网络化制造系统是实现网络制造的平台,其内涵是:在一定区域内(如国家、省、市、地、县),采用政府调控、产学研相结合的组织模式,在计算机网络(包括因特网和区域网)和数据库的支撑下,动态集成区域内的企业、高校、研究所及其制造资源和科技资源,形成一个包括网络化的制造信息系统、网络化的制造资源系统、虚拟仓库、网络化的销售系统、网络化的产品协同开发系统、虚拟供应链及其网络化的供应系统等分系统和网络化的分级技术支持中心及服务中心的、开放性的现代集成系统。

可以采用 ASP(Application Service Provider)方式实现网络化制造系统平台。ASP 是指那些通过 Internet 或 VPN(虚拟专用网络),将运行在自己服务器上的应用系统出卖或出租给需要使用这些应用系统的公司而收取租金的公司。这些公司或是自己开发这些应用系统,或是从应用程序供应商那里直接购买应用系统。所以,ASP 实际上是一些为第三方提供服务的公司,它们拥有自己的主机,在自己的主机上部署、管理和维护各种应用系统,然后通过网络(Internet 或 VPN)向远端客户提供软件的计算能力。

从用户使用的角度看,网络化制造系统可以分为 3 个层次。

第一层:区域门户网站,主要是网络化制造系统的介绍、演示以及申请服务的相关规则,同时包括一些企业宣传的内容,以吸引广大用户使用。凡是可以连接到 Internet 的用户均可以进入该层。

第二层:普通服务层,主要是网络化制造系统中一些简单的、功能相对独立的服务,如信息发布、资源搜索、伙伴选择等。它提供对企业业务流程中的部分活动的支持,为企业提供有价值的服务。这一层的用户需要进行注册,是普通用户。

第三层:高级服务层,是网络化制造系统中的全部服务,用户可以使用所有的功能来支持业务的所有活动。这一层的用户需要进行注册,成为高级用户后才可使用。

7.4.2 网络化制造涉及的技术

网络化制造涉及的技术大致可以分为总体技术,基础技术,集成技术与应用实施技术。

(1) 总体技术。总体技术主要是指从系统的角度研究网络化制造系统的结构、组织与运行等方面的技术,包括网络化制造的模式、网络化制造系统的体系结构、网络化制造系统的构建与组织实施方法、网络化制造系统的运行管理、产品全生命周期管理和协同产品商务技术等。

(2) 基础技术。基础技术是指网络化制造中应用的共性与基础性技术,这些技术不完全是网络化制造所特有的技术,包括网络化制造的基础理论与方法、网络化制造系统的协议与规范技术、网络化制造系统的标准化技术、产品建模和企业建模技术、工作流技术、多代理系统技术、虚拟企业与动态联盟技术和知识管理与知识集成技术等。

(3) 集成技术。集成技术主要是指网络化制造系统设计、开发与实施中需要的系统集成与使能技术,包括设计制造资源库与知识库开发技术、企业应用集成技术、ASP 服务平台技术、集成平台与集成框架技术、电子商务与 EDI 技术、Web Service 技术、COM+技术、J2EE 技术、XML 技术、PDML 技术、信息智能搜索技术等。

(4) 应用实施技术。应用实施技术是支持网络化制造系统应用的技术,包括网络化制造实施途径、资源共享与优化配置技术、区域动态联盟与企业协同技术、资源(设备)封装与接口技术、数据中心与数据管理(安全)技术和网络安全技术等。

目前,国内外对网络化制造技术的研究主要集中在:①网络化制造的理念与模式;②网络联盟企业建立与合作关系理论;③网络化制造采用的基础信息集成结构及信息共享机制,包括信息表达与交换的标准化(如 XML、STEP 标准等);④网络化制造集成平台和工具(如产品协同设计平台、企业协同建模平台、产品资源库构建工具等);⑤网络化制造系统的实施方法和策略;⑥基于网格计算的制造网络引起了网络化制造研究者的重视。

7.4.3 网络化制造的实施方法

我国的制造业企业大多处于传统制造模式,只有少数大型企业完成了信息化,如果能结合国情,以网络化促进企业的信息化,我国制造业将实现跨越式发展。网络化制造的成功实施需要解决以下几个问题。

(1) 观念的转变。企业观念的转变存在于很多方面,如对外协作方面、企业信息化方面、经营管理思路方面等。在观念转变中,最主要的是提高企业家尤其是中小企业企业家的素质,网络化制造在企业中的应用很大程度上取决于企业家的眼界、能力、知识的提升。要认识到信息化、网络化对企业生存发展的战略意义,通过网络化实现制造资源的优化利用,确保企业信息化建设的持续发展和深化。

(2) 进一步提高网络的安全性。网络化制造的各种信息交流是通过网络实现的,由于使用了 ASP 技术,企业的技术信息将通过网上传递,进一步提高网络的安全性是在建设网络化制造时必须充分重视的问题。据调查,目前国内企业对 ASP 服务的认同和接受方面,90%以上的企业是不认同的,其主要原因是担心企业的核心数据(财务数据、客户数据、新产品数据等)放在第三方的服务器和系统中不可靠,对提供 ASP 的服务公司不完全信任。

(3) 能够支持网络环境的软件。目前用于支持 ASP 模式的商业软件还不够多,但这一模式已经引起了世界著名软件企业的高度重视,在不远的将来势必会有更多的适用软件支持网络化制造的需求，因为这是不可逆转的发展趋势。

（4）建立广泛的社会支援体系。网络化制造系统的建设和运行仅仅依靠企业的参与是不够的，应该依靠独立软件供应商、大专院校、科研院所、系统咨询公司、中介服务公司等网络化生态系统，建立制造资源库、专业知识库以及技术支援中心，为各企业提供强大的技术支持体系。技术支援中心需要建立友好的协同工作环境，为企业提供商务、设计、生产等方面的技术咨询服务和广泛的社会技术资源。

（5）有效数据库资源的整合。若干企业和研究所建立了一些机械设计、制造数据库。这些数据库将是网络化制造的重要资源，不断地扩充、维护、整合各种数据库资源，使网络化制造具有充分的资源优势，是网络制造能够发展的关键。

（6）企业动作实体的协同。不同动作实体（既包括计算机系统，也包括人和组织等）的协同作用贯穿了整个产品生命周期的全过程（协同设计、分散制造、协同商务等方面），这些协同作用有以下几点。

① 集团公司与子公司的协同，主要表现为两个方面：一是并行工程式的协同，即集团公司在新产品的设计过程中要经常与负责制造的子公司进行工艺方面信息的交流；二是供应链式的协同，即集团的采购代理要迅速响应子公司的需求。

② 子公司之间的协同，主要表现为集团内部供应链式的协同和产品的配套性协同。

③ 集团与其他合作伙伴的协同，表现为集团与其他伙伴之间的知识共享（如与科研机构）、设计资源共享（如与同行业的其他企业）、制造资源共享（如与其他核心制造能力不同的企业）、商务信息共享（如与供应商或客户）。

④ 集团与客户的协同，表现为客户对设计和制造过程的某种介入，目的是使设计和制造的产品更符合客户的要求，减少双方理解上的偏差。

⑤ 集团与供应商的协同，表现为使原材料供应商能够及时响应集团需求，减少甚至消除集团的等待时间。

（7）网络化制造的有效管理模式。因为制造业网络化的服务系统涉及到不同的企业单位，因此，如何根据各方所提供的人力与物力，进行合理的利益分配，使之形成良性循环，同时建立有效的管理机制，是保证该系统成功运行的关键所在。

（8）网络技术人才的培养。大量培养网络化制造专门人才，为网络化制造提供各方面的人力资源的支持。

7.4.4 网络化制造实例

1. 模具网络化制造

深圳市模具网络化制造示范系统，以深圳市生产力促进中心为盟主，面向深圳地区、内地、中国香港和海外等地区模具客户的互联网信息门户网站。盟员单位都通过互联网与中心连接，以实现技术信息、物流信息、商务信息的传输。中心从网上或常规途径获取模具制造委托后，通过互联网加入参盟企业讨论并确认该模具的技术与功能的满足度、报价、交货期等信息，从而迅速完成对客户的电子报价和合同确认。盟员单位也可各自向市场获取模具订单，并采取自愿组合、优势互补的原则建立临时性的网络联盟。

深圳市模具网络化制造系统发挥了如下作用：一是深圳生产力中心在产品三维设计造型、快速原型制作、模具设计与分析等共性技术方面，有人才、计算机软硬件、设备等优势，为加盟企业提供了技术资源的支持；二是建立了中小模具制造企业之间的技术协作、资源互补的机制，提高了中小模具制造企业承接高档模具制造任务的能力；三是通过合理地调度参盟企业的核心制造资源，可为广大模具用户提供价格低、质量高、交货期短的模具制造服务。

2. 绍兴轻纺区域网络化制造

1）区域网络化制造需求

绍兴轻纺区域对网络化制造的需求可以归纳为以下几个方面。

(1) 供应链管理。区域内部存在许多供应关系相对比较稳定的企业联盟，他们需要供应链管理服务。另外，采用松散组织的企业集团也需要供应链管理服务。

(2) 分销管理。通过外贸公司出口和利用中国轻纺城向全国分销是绍兴轻纺区域的特点，对分销管理的需求来自于集团企业、外贸公司和中国轻纺城。

(3) 客户关系管理。在绍兴轻纺区域，几乎所有企业的业务均是通过业务员来联系的，企业的客户掌握在业务员的手中，这些企业都希望改变这种现状，因此对 CRM 的需求是迫切的。

(4) 培训服务。纺织业是一个技术含量相对较低的行业，从业人员的文化水平不高，企业和这些人员本身都有通过学习来提高业务水平的需求。另外，绍兴轻纺区域的企业信息化水平和管理水平普遍较低，对信息化和管理水平方面的培训存在很大的需求。

(5) 采购业务服务。绍兴轻纺区域内大部分企业的原材料均来自于区域外部，虽然企业采购原材料的策略有所不同，但累计采购原材料数量相当大。采购业务服务可以为这些企业节省采购成本，为企业提供增值服务。

(6) 制造资源共享。业务员或企业接到的订单往往不是由某个企业单独来完成的，而是通过多种渠道找到面向订单的临时性合作伙伴，从而就产生了对制造资源共享的需求。纺织企业在签订订单之前，往往需要进行小样设计与制作，并呈客户确认。

2）网络化制造系统结构

基于 Web Service 的企业应用集成模型来实现平台和服务的集成，采用应用服务提供商模式。以绍兴生产力促进中心作为应用服务提供商来负责维护和运营网络化制造系统。其总体设计结构分为 4 个层次。

最底层为通用网络化制造平台，该平台适合于全国所有的区域，主要包括网络化制造系统集成平台通用服务、网络化制造系统集成平台管理工具集、数据库、资源库、制造协议等基础支撑。

第二层为浙江省区域网络化制造平台，该平台适用于浙江省其他典型区域，它主要由产品协同设计平台、区域协同商务平台、区域动态联盟管理平台、网络化制造通用服务平台等组成，分别为浙江省产品协同设计、龙头企业、大型专业市场和广大制造企业提供网络化制造服务。

第三层是绍兴轻纺区域网络化制造平台，主要结合绍兴轻纺区域产品的特点，开发一些服务，包括轻纺产品协同设计平台和轻纺区域专用的网络化制造服务。

第四层为绍兴轻纺区域网络化制造系统区域门户，主要为区域制造企业提供与该平台接口的服务。如果结合客户的应用环境，进行虚拟的效果展示，不仅可以缩短订单前期反复时间，而且可以提高客户的满意度。

区域制造企业通过区域门户可访问网络化制造系统平台，并可利用网络化制造系统集成平台提供的应用系统集成服务，将企业现有的应用系统如 ERP、CAD、PDM 等系统与该平台相集成，从而形成绍兴轻纺区域网络化制造系统。

为了把这些各自独立但又紧密联系的子系统有机地集成到一起，发挥出网络化制造的功能，采用基于 Web Service 的企业应用集成（Enterprise Application Integration，EAI）技术，将整个网络化制造系统的过程、数据、软件和硬件联合起来。

从对象来划分，应用集成可以分为面向数据的集成和面向过程的集成；从所使用的工具和技术来划分，应用集成可以分成 6 个层次，分别是平台集成、数据集成、组件集成、应用集成、过程集成和业务对业务的集成；从企业组织角度划分，应用集成可分为水平的组织内的集成、垂直的组织内的集成和不同组织间系统的集成。

针对数据层的集成，基于数据集成总线，通过网络化制造平台的主题发布，接收各种应用系统的访问，解决不同数据类型的格式转换、数据传输、数据管理，实现网络化制造平台与企业应用系统间的信息集成。数据传输采用 XML 格式封装的消息来完成，并利用 J2EE 中的消息驱动机制进行消息的传送和接收，以及具有消息映射和消息路由的功能，其中包括点对点的消息传送。

针对功能层，基于 Web Service 的集成封装了各企业提供的应用服务，企业可以在网络化制造平台进行注册和发布，并提供应用服务的检索和匹配工具，通过与应用服务的绑定和连接，实现网络化制造平台与企业应用系统间的功能集成。

3）服务方式

由于绍兴轻纺区域内存在众多中小型企业，这些企业本身没有技术和资金来维护庞大的网络化制造系统，因此，ASP 方式是比较理想的服务提供方式。绍兴纺织业生产力促进中心作为系统的运营商，负责维护系统的运行。区域内的广大中小企业通过访问轻纺中心的网络来使用网络化制造系统。

网络化制造系统集成平台的大部分服务和一些主要的应用系统服务均由绍兴纺织业生产力促进中心提供，因此该中心物理结构的设计方案决定了网络化制造系统平台提供服务的性能。

在整个系统中，平台可以提供一系列丰富的纺织类的服务网络，包括设计类、管理类、网上贸易服务类等。为了服务用户的需要，它模拟设计师的设计思路和经验，建成了设计师的知识库，同时系统地收集了大量的图案与图案构成元素、图案布局的模板和图案的素材库，系统能够自动根据用户选定的模板进行创作，这个创作的过程完全是自动生成的过程。在智能图案创作的过程中，用户只要选定相应的模板，与自已需要用的色彩，设定图案的大小，系统会根据这些设定，自动地随机创建图案。对于缺乏技术实力的用户，这些功能大大减少了使用的复杂性，并节省了经费。

灵活的市场运作机制，令纺织业生产力促进中心在以点带面中突破了固有的束缚，腾空而跃。绍兴在打造国际纺织品制造中心的进程中，相对于纺织业中的其他生产环节，印花生产技术已是远远走在了织造、后整理等之前，具备了与国际先进水平相抗衡的能力。许多纺织印染业的中小企业利用 ASP 公共服务平台开展产品研发、经营销售，这对提升绍兴纺织业竞争力起到了不可估量的作用。

7.5 柔性制造

随着技术的进步和市场的全球化，制造厂商要想在激烈的市场竞争中占据先导地位，必须将单一品种大批量生产模式转变成多品种小批量生产模式，并解决以下问题：当产品变更时，制造系统的基本设备配置不应变化；按订单生产，在库的零部件和产品不能多；能在很短时间内交货；产品的质量高，而价格应低于大批量生产模式下制造的产品；制造系统应该具有很高的自动化水平，并能够在无人（或少人）的条件下长时间连续运行。在这种背景下，产生了柔性制造和柔性制造系统（Flexible Manufacturing System，FMS）。

7.5.1 柔性制造系统

1. 概念

柔性制造系统是由数控加工设备、物料运输装置和计算机控制系统组成的自动化制造系统，它包括多个柔性制造单元，能根据制造任务或生产环境的变化而迅速进行调整，适用于多品种、中小批量生产。柔性制造系统可以同时加工几种不同的零件。

柔性制造系统与“刚性”制造系统相对应，“刚性”制造系统由组合机床和专用机床组成，适应于品种单一的大批量自动化生产。柔性制造系统的产生和发展，是以数控机床（尤其是数控加工中心）、数控自动编程、机器人、计算机辅助设计与制造等技术的进步为基础的。没有这些技术提供的基础，FMS 就无从谈起。

柔性制造系统有以下 3 种层次。

(1) 柔性制造单元。柔性制造单元是由一台或数台数控机床或加工中心构成的加工单元。该单元根据需要可以自动更换刀具和夹具，加工不同的工件。柔性制造单元适合加工形状复杂、加工工序简单、加工工时较长、批量小的零件。它有较大的设备柔性，但人员和加工柔性低。

(2) 柔性制造系统。柔性制造系统是以数控机床或加工中心为基础，配以物料传送装置组成的生产系统。该系统由电子计算机实现自动控制，能在不停机的情况下，满足多品种的加工。柔性制造系统适合加工形状复杂、加工工序多、批量大的零件。其加工和物料传送柔性大，但人员柔性仍然较低。

(3) 柔性自动生产线。柔性自动生产线是把多台可以调整的机床（多为专用机床）联结起来，配以自动运送装置组成的生产线。该生产线可以加工批量较大的不同规格零件。柔性程度低的柔性自动生产线，在性能上接近大批量生产用的自动生产线；柔性程度高的柔性自动生产线，则接近于小批量、多品种生产用的柔性制造系统。

2. 组成

如图 7-7 所示，柔性制造系统由以下几个部分组成。

(1) 自动加工系统。由数控机床（尤其是数控加工中心）构成，完成零件的机械加工。为了充分发挥设备效率，可以以成组技术为基础，把外形尺寸（形状不必完全一致）、重量大致相似，材料相同，工艺相似的零件集中在一台或数台数控机床或专用机床等设备上加工的系统。

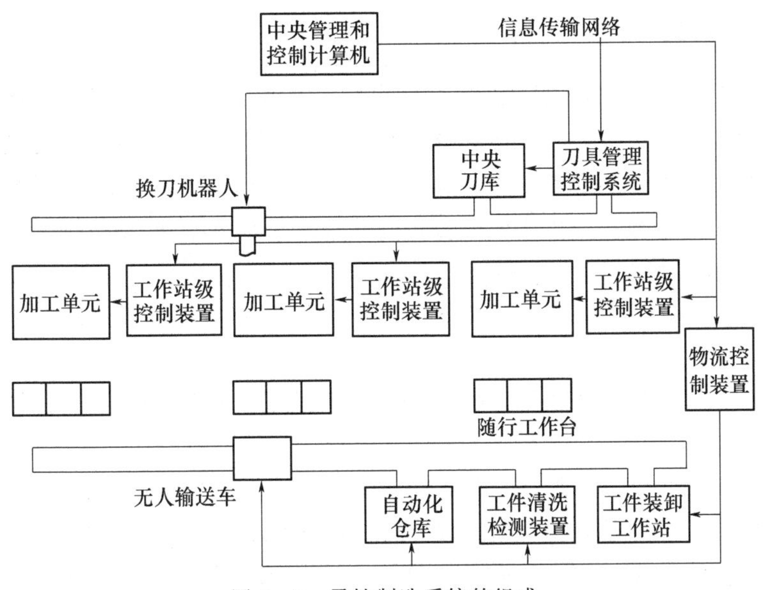

图 7-7　柔性制造系统的组成

(2) 物流系统。即毛坯、工件、刀具的存储、输送、交换系统，由多种运输装置构成，如传送带、轨道一转盘以及机械手等。储存物料的方法有平面布置的托盘库，也有储存量较大的桁道式立体仓库。

毛坯一般先由工人装入托盘上的夹具中，并储存在自动仓库中的特定区域内，然后由自动搬运系统根据物料管理计算机的指令送到指定的工位。固定轨道式台车和传送滚道适用于按工艺顺序排列设备的 FMS，自动引导台车搬送物料的顺序则与设备排列位置无关，具有较大灵活性。

工业机器人可在有限的范围内为 1～4 台机床输送和装卸工件，对于较大的工件常利用托盘自动交换装置(APC)来传送，也可采用在轨道上行走的机器人，同时完成工件的传送和装卸。

磨损了的刀具可以逐个从刀库中取出更换，也可由备用的子刀库取代装满待换刀具的刀库。车床卡盘的卡爪、特种夹具和专用加工中心的主轴箱也可以自动更换。切屑运送和处理系统是保证 FMS 连续正常工作的必要条件，一般根据切屑的形状、排除量和处理要求来选择经济的结构方案。

(3) 信息系统。信息系统，指对加工和运输过程中所需的各种信息进行收集、处理、反馈，并通过电子计算机或其他控制装置(液压、气压装置等)，对机床或运输设备实行分级控制的系统。

(4) 软件系统。软件系统，指保证柔性制造系统用电子计算机进行有效管理的必不可少的组成部分。它包括设计、规划、生产控制和系统监督等软件。

柔性制造系统的发展趋势大致有两个方面。一方面是与计算机辅助设计和辅助制造系统相结合，利用原有产品系列的典型工艺资料，组合设计不同模块，构成各种不同形式的具有物料流和信息流的模块化柔性系统。另一方面是实现从产品决策、产品设计、生产到销售的整个生产过程自动化，特别是管理层次自动化的计算机集成制造系统。在这个大系统中，柔性制造系统只是它的一个组成部分。

7.5.2 柔性制造

在柔性制造系统上实现的产品自动化制造，称为柔性制造。可以将柔性制造的内涵从单纯制造技术延伸扩展，成为柔性制造模式。此时的“柔性”，包括企业的制造技术、生产方式、管理模式的柔性，即能较快地适应产品类型变化的能力。柔性制造模式主要依靠有高度柔性的以计算机数控机床为主的制造设备来实现多品种、小批量的生产方式。柔性制造可划分为以下几部分。

(1) 机器柔性。当要生产一系列不同类型的产品时，机器随着产品变化而加工不同零件的能力。

(2) 工艺柔性。工艺流程不变时，自身适应产品或原材料变化的能力；制造系统内为适应产品或原材料变化而改变相应工艺的能力。

(3) 产品柔性。产品更新或完全换型，系统能够非常经济、迅速地生产出新产品的能力；产品更新后，对老产品有用特性的继承能力和兼容能力。

(4) 维修柔性。通过多种途径寻找、解决故障，使生产正常进行的能力。

(5) 生产能力柔性。生产量改变时，技术装备系统能够经济运行的能力。

(6) 扩展柔性。生产需要时，易于扩展系统结构，增加模块，构成更大技术装备系统的能力。

(7) 运行柔性。用不同的机器、原材料、工艺流程生产一系列产品的能力和同样的产品以不同工序加工的能力。

柔性制造技术是对各种不同形状加工对象实现程序化柔性制造加工的各种技术的总和。柔性制造技术是技术密集型的技术群，我们认为凡是侧重于柔性，适应于多品种、中小批量(包括单件产品)的加工技术都属于柔性制造技术。

柔性制造技术是实现未来工厂的新颖概念模式和新的发展趋势，是决定制造企业未来发展前途的具有战略意义的举措。届时，智能化机械与人之间将相互融合，柔性地全面协调从接受订货单至生产、销售这一企业生产经营的全部活动。

7.6 计算机集成制造

7.6.1 计算机集成制造概念

1973 年，美国约瑟夫·哈林顿(Joseph Harrington)首先提出计算机集成制造(Computer Integrated Manufacturing, CIM)的概念。这一概念包含两个基本观点。

(1) 企业生产的各个环节，即从市场分析、产品设计、加工制造、经营管理到售后服务的全部生产活动是一个不可分割的整体，要紧密连接，统一考虑。

(2) 整个生产过程实质上是一个数据的采集、传递和加工处理的过程。最终形成的产品可以看作是数据的物理表现。

1987 年，国家 863 计划 CIMS 主题专家组对 CIM 提出了如下定义：CIMS 是未来工厂自动化的一种模式。它把以往企业内相互分离的技术(如 CAD、CAM、FMC、MRPⅡ

等)和人员,通过计算机有机地综合起来,使企业内部的各种活动高速度、有节奏、灵活和相互协调地进行,以提高企业对多变竞争环境的适应能力,使企业经济效益持续稳步地增长。

1998年,经过多年的研究和实践,863/CIMS主题专家组对CIMS的目标、内容、步骤和方法有了更明确的认识,将计算机集成制造概念扩展到现代集成制造(Contemporary Integrated Manufacturing)的理念,即CIM是一种组织、管理与运行企业生产的新哲理,它借助计算机软硬件,综合运用现代管理技术、制造技术、信息技术、自动化技术、系统工程技术,将企业生产全部过程中有关人、技术、经营管理三要素及其信息流与物流有机地集成并优化运行,并应用于企业产品全生命周期(从市场需求分析到最终报废处理)的各个阶段,达到人(组织、管理)、经营和技术三要素的集成优化,以改进企业产品(P)、开发的时间(T)、质量(Q)、成本(C)、服务(S)、环境(E),从而提高企业的市场应变能力和竞争能力。这个新定义,不仅重视了信息集成,而且强调了企业运行的优化。

对上述定义可进一步阐述如下。

(1) CIM是一种组织、管理与运行企业生产的哲理本、上市快,会使企业赢得竞争。其宗旨是使企业的产品高质量、低成本、上市快,从而使企业赢得竞争。

(2) 企业生产的各个环节,即市场分析、经营决策、管理、产品设计、工艺规划、加工制造、销售及售后服务等全部活动过程是一个不可分割的有机整体,要从系统的观点进行协调,进而实现全局优化。

(3) 企业生产的要素包括人、技术及经营管理。其中,尤其要继续重视发挥人在现代化企业生产中的主导作用。

(4) 企业生产活动包括信息流(采集、传递和加工处理)及物流两大部分。现代企业中尤其要重视信息流的管理运行及信息流与物流之间的集成。

计算机集成制造系统(Computer Integrated Manufacturing System, CIMS)是基于CIM哲理而组成的系统,是CIM思想的物理体现。“863”计划CIMS专家组将它定义为:CIMS是通过计算机硬件和软件,并综合运用现代管理技术、制造技术、信息技术、自动化技术、系统工程技术,将企业生产全部过程中有关的人、技术、经营管理三要素及其信息流与物料流有机集成并优化运行的复杂的大系统。

CIMS的组成包含两个要素,即人/ 机构、经营与技术。在要素的相交部分需解决4类集成问题。

(1) 使用技术以支持经营。

(2) 使用技术以支持人员工作和组织机构的运行。

(3) 人员设岗/机构设置协调工作以支持经营活动。

(4) 统一管理并实现经营、人员、技术的集成优化运行。

需要着重指出的是,由于CIMS是一个复杂的大系统,根据企业的实际情况,在设计与开发实施CIMS工程时,各企业中实现的CIMS的规模、组成、实现途径及运行模式等方面将各有差异。换言之,CIMS没有一个固定的运行模式和一成不变的组成。对于各个企业,都可以引进和采用CIM的思想,却不可能购买到现成的适合本企业的CIMS。由于市场竞争、产品更新以及科学技术的进步,CIMS总是处于不断的发展之中。一种观点认为,CIM只是一个目标,永远没有终点。

7.6.2 计算机集成制造系统组成

CIMS 是一个复杂的大系统,它必然要分解为不同的分系统,分系统再分解为更小的子系统。从系统功能角度看,CIMS 是由管理信息系统、工程设计自动化系统、制造自动化系统和质量保证系统这 4 个功能分系统以及计算机通信网络和数据库系统这两个支持分系统组成的,如图 7-8 所示。

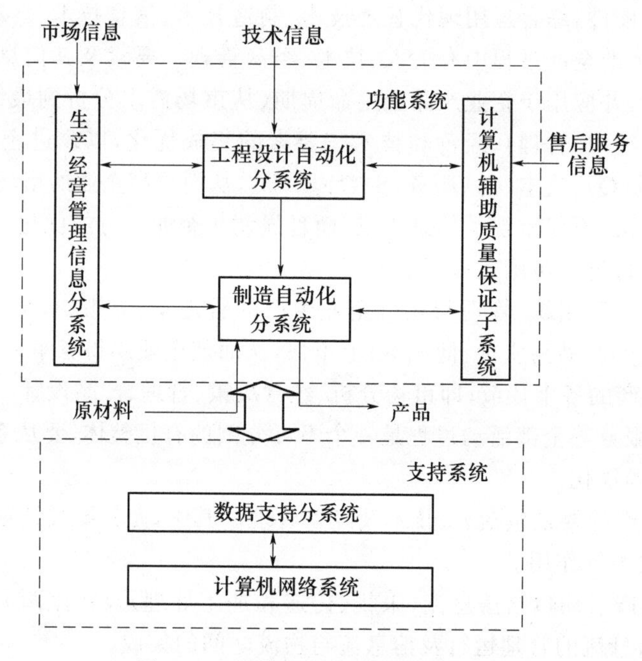

图 7-8 计算机集成制造系统组成

(1) 生产经营管理信息系统。生产经营管理信息系统(Management Information System,MIS)是企业在管理领域中应用计算机的统称。它以 MRPⅡ或 ERP 为核心,从制造资源出发,考虑整个企业的经营决策、中短期生产计划、车间作业计划以及生产活动控制等,其功能覆盖了市场营销、物料供应、各级生产计划与控制、财务管理、成本、库存和技术管理等活动,是 CIMS 的神经中枢,指挥与控制着各个部分有条不紊地工作。

(2) 工程设计自动化系统。该系统功能是在产品开发过程中利用计算机技术,进行产品的概念设计、工程与结构分析、详细设计、工艺设计与数控编程。具体包括:产品设计(CAD);工程分析(CAE);工艺规划(CAPP);夹具/模具设计;数控编程(包括刀具轨迹仿真等)。工程设计系统是 CIMS 的主要信息源,为管理信息系统和制造自动化系统提供物料清单(BOM)和工艺规程等信息。

(3) 制造自动化系统。制造自动化系统的功能是在计算机的控制与调度下,按照 NC 代码将一个毛坯加工成合格的零件,再装配成部件以至产品,并将制造现场信息实时地反馈到相应部门。具体包括:车间控制器作业计划调度与监控;单元控制器作业调度与监控;工作站作业调度与监控;刀具/夹具/模具管理与控制;加工设备管理与控制;仓库管理与控制;物流系统的调度与监控;测量设备管理与控制、量具管理;清洗设备管理与控制;等等。

(4) 质量信息系统。任务是采集、存储、处理与评价各种质量数据，对生产过程进行质量控制。该分系统具体包括：计算机辅助检验（CAI）；计算机辅助测试（CAT）；计算机辅助质量控制（CAQC）等。

(5) 计算机网络系统。它是支持 CIMS 各个分系统集成的开放型网络通信系统，采用国际标准和工业标准规定的网络协议，可以实现异种机互连、异构局部网络及多种网络的互联。以分布为手段，满足各应用分系统对网络支持服务的不同需求，支持资源共享、分布处理、分布数据库、分层递阶和实时控制。

(6) 数据库系统。这是一个支持各分系统并覆盖企业全部信息的数据库系统。它在逻辑上是统一的，在物理上可以是分布的，以实现企业数据共享和信息集成。

上述每个子系统均由人、硬件和软件组成。各子系统之间相互存在着大量的信息交换，需要统一规划与组织，以形成有机的动态的信息集成和物理集成。

对于具体的制造企业，以上功能分系统并不都是必需的。在系统设计时，应从企业的实际需求出发，合理地选择系统组成和功能，以能满足实际和一定时间的发展需要为准则。

CAD/CAM 系统是指在产品设计和制造过程中，利用计算机作为主要技术手段来提高产品设计和制造的效率，缩短产品设计周期，提高产品质量的一个计算机系统。该系统包括计算机辅助设计（CAD）、计算机辅助工程分析（Computer Aided Engineering，CAE）、计算机辅助工艺过程设计（Computer Aided Process Planning，CAPP）、计算机辅助制造、工艺装备（含刀具、夹具、量具、模具等）的计算机辅助设计与制造等。

在制造企业中，设计和制造（或工艺）部门是企业的重要技术部门，可以说，企业的一切活动都是围绕着产品或零件的加工制造而进行的。从信息流的角度讲，设计和制造部门不仅向经营决策部门提供产品性能、设计和制造信息，向管理及质量部门提供产品结构、工艺过程、资源需求和检验信息，而且向制造现场提供生产单元控制、工装需求以及工艺和加工信息。经营决策信息、管理信息、质量信息与生产信息等的产生都来源于或者依赖于设计、工艺和制造等工程信息。因此可以说，CAD/CAPP/CAM 集成系统是 CIMS 的重要组成部分，实现 CAD/CAPP/CAM 的信息集成是实现 CIMS 的基础与核心。

7.6.3 计算机集成制造的实施

为了实现 CIMS 的功能结构，通常采用开放、分布和递阶控制的技术方案。开放指采用标准化的应用软件环境，分布系指 CIMS 的各子系统（以及子系统内的分系统）均有独立的数据处理能力，一个子系统失效，不影响其他子系统工作。分布还指网络系统内各节点和资源的可操作性。

递阶控制结构又称计算机多级控制结构。由于 CIMS 是一个复杂的大系统，通常将其分为工厂级、车间级、单元级、工作站级和设备级 5 个层次进行控制。

(1) 工厂级。最高一级控制，进行市场分析、生产计划、生产准备和信息管理等。

(2) 车间级。根据上级生产指令，协调车间生产工作和资源配置。

(3) 单元级。负责将上级任务分解，确定零件加工路线，进行资源需求分析，给工作站分配任务，并对任务进展情况进行监督和控制。

(4) 工作站级。一个工作站通常由一台数控机床、一台机器人或物料储运器和一台控制计算机组成。此级控制系统负责指挥和协调工作站内各部分工作。

(5) 设备级。控制系统的底层,功能是将工作站的指令转换为操作指令,控制设备(如数控机床、三坐标测量机)运行。

CIMS 是一项庞大的、高投资的、高风险的工程,为减小风险,提高成功率,应分阶段进行。通常分为可行性论证、系统初步设计(总体设计)、系统详细设计、系统实施、系统运行与维护 5 个阶段。

7.7 智能制造

中国机械工程学会拟订的"中国机械工程技术路线图",将智能制造列为机械工程技术五大发展趋势之一,认为"智能制造是研究制造活动中的信息感知与分析、知识表达与学习、智能决策与执行的一门综合交叉技术。智能制造技术涉及产品全生命周期中的设计、生产、管理和服务等环节的制造活动"。

2015 年 5 月,国务院发布"中国制造 2025",这是中国政府实施制造强国战略第一个十年的行动纲领。其中,将实施智能制造工程作为 5 大行动工程之一,要求"紧密围绕重点制造领域关键环节,开展新一代信息技术与制造装备融合的集成创新和工程应用。支持政产学研用联合攻关,开发智能产品和自主可控的智能装置并实现产业化。依托优势企业,紧扣关键工序智能化、关键岗位机器人替代、生产过程智能优化控制、供应链优化,建设重点领域智能工厂/数字化车间。在基础条件好、需求迫切的重点地区、行业和企业中,分类实施流程制造、离散制造、智能装备和产品、新业态新模式、智能化管理、智能化服务等试点示范及应用推广。建立智能制造标准体系和信息安全保障系统,搭建智能制造网络系统平台"。

智能制造技术已经成为未来制造业的核心内容。以智能制造为主题的德国"工业 4.0"已不仅是一个概念,不少领先的企业已在"智能工厂"等工业 4.0 的主题中规划了技术演进的轨迹,并提出了自己独特的系统和理念。例如,美国 *F*35 战斗机建立了完整的数字化智能装配移动生产线,实现了装配过程全自动控制、物流自动精确配送、信息智能处理等功能。

7.7.1 工业 4.0

德国为了应对越来越激烈的全球竞争,稳固其制造业领先地位,实施了一个被称为"工业 4.0"的宏伟计划,该计划是德国"高技术战略 2020"确定的十大未来项目之一,由德国联邦教研部与联邦经济技术部联手资助,旨在支持工业领域新一代革命性技术的研发与创新。这一计划被看作提振德国制造业的有力催化剂。"工业 4.0"的概念在世界范围内得到了广泛的关注和反响。从工业 1.0 到工业 4.0 的发展历程如图 7-9 所示。

"工业 1.0"的特征是机械化,以蒸汽机为标志,用蒸汽动力驱动机器取代人力,从此手工业从农业分离出来,正式进化为工业。

"工业 2.0"的特征是电气化,以电力的广泛应用为标志,用电力驱动机器取代蒸汽动力,从此零部件生产与产品装配实现分工,工业进入大规模生产时代。

"工业 3.0"的特征是自动化,以计算机及 PLC(可编程逻辑控制器)的应用为标志,机

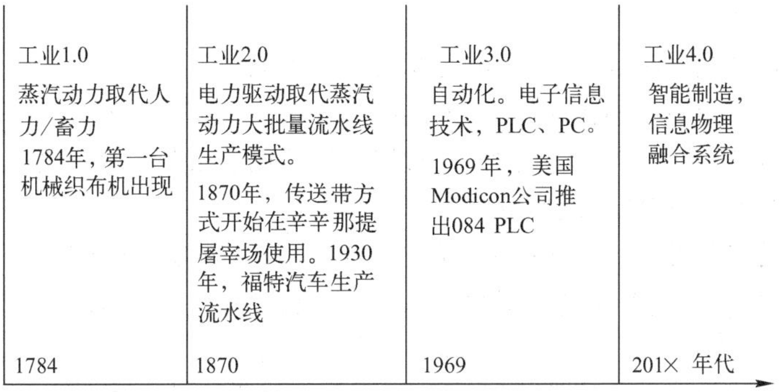

工业1.0	工业2.0	工业3.0	工业4.0
蒸汽动力取代人力/畜力 1784年，第一台机械织布机出现	电力驱动取代蒸汽动力大批量流水线生产模式。 1870年，传送带方式开始在辛辛那提屠宰场使用。1930年，福特汽车生产流水线	自动化。电子信息技术，PLC、PC。 1969年，美国Modicon公司推出084 PLC	智能制造，信息物理融合系统
1784	1870	1969	201× 年代

图 7-9　从“工业 1.0”到“工业 4.0”

器不但接管了人的大部分体力劳动，同时也接管了一部分脑力劳动。工业生产能力超越了人类的消费能力，人类进入了产能过剩时代。

德国“工业 4.0”旨在通过充分利用虚拟网络——信息物理融合系统(Cyber－Physical System，CPS)，将制造业向智能化转型。“工业 4.0”战略将建立一个高度灵活的个性化和数字化的产品与服务的生产模式，并会产生各种新的活动领域和合作形式，改变创造新价值的过程，重组产业链分工。通过实施这一战略，将实现小批量定制化生产，提高生产率、降低资源量、提高设计和决策能力、弥补劳动力高成本劣势。德国将实现双重战略目标：一是成为智能制造技术的主要供应商，维持其在全球市场的领导地位；二是建立和培育 CPS 技术和产品的主导市场。德国“工业 4.0”战略可以概括为：

(1) 建设一个网络。

该网络指信息物理融合系统。

信息物理融合系统是智能制造的主要使能技术，其核心是计算、通信和控制在系统内的融合，包含物理世界与网络的交互，以及智能控制和调节的能力。可以认为 CPS 是一类将感控能力、计算能力和通信能力与物理对象有机结合的智能系统，它在感知物理世界的基础上，由计算系统自主决策控制信息，再通过通信系统反馈给控制设备，后者按照控制信息完成相应的操作，从而实现对物理世界的自主实时感控。

物联网可以理解为将各种信息传感设备与互联网结合起来而形成的一个巨大网络。使用共同约定的协议，利用各种信息传感设备，把互联网与实物连接起来，互相通信并交换信息，达到智能化识别、定位、跟踪、监管。

(2) 研究三大主题。

三大主题包括智能工厂、智能生产和智能物流。

智能工厂，重点研究智能化生产系统及过程，以及网络化分布式生产设施的实现。

智能生产主要涉及整个企业的生产物流管理、人机互动以及三维技术在工业生产过程中的应用等，特别注重吸引中小企业参与，力图使中小企业成为新一代智能化生产技术的使用者和受益者，同时也成为先进工业生产技术的创造者和供应者。

智能物流主要通过互联网、物联网、物流网，整合物流资源，充分发挥现有物流资源供应方的效率，需求方能够快速获得服务匹配，得到物流支持。

(3) 实现三项集成。

三向集成包括横向集成、纵向集成与端对端的集成。

工业 4.0 将无处不在的传感器、嵌入式终端系统、智能控制系统、通信设施通过 CPS 形成一个智能网络，使人与人、人与机器、机器与机器以及服务与服务之间能够互连，从而实现横向、纵向和端对端的高度集成。

纵向集成是将各种不同层面的 IT 系统集成在一起(例如，执行器与传感器、控制、生产管理、制造和执行及企业计划等不同层面)，从信息化角度来看，就是在企业内以产品模型为主线，实现研发、计划、工艺、生产、服务的信息共享。

端对端集成是通过产品全价值链和为客户需求而协作的不同公司，使现实世界与数字世界完成整合。突出了以产品的研发、生产、销售、服务等为主线，实现企业间的集成。

而作为三项集成中的最高层次，横向集成将不同制造阶段和商业计划的 IT 系统集成在一起，这其中既包括公司内部的材料、能源和信息的配置，也包括不同公司间的配置(价值网络)。也就是以产品供应链为主线，实现企业间的三流合一(物流、能源流、信息流)，实现一种社会化协同生产。信息流在企业内市场、销售、管理、计划、生产、工程各环节，以及外部的设计人员、客户、供应商、分包商等众多角色之间实现了集成与共享。

(4) 实施八项优先行动领域。

八项优先行动领域包括：标准化和参考架构；复杂系统的管理；一套综合的工业基础宽带设施；安全和安保；工作的组织和设计；培训和持续性的职业发展；法规制度；资源效率。

西门子公司认为，通过虚拟生产结合现实的生产方式，未来制造业将实现更高的工程效率、更短的上市时间，以及更高的生产灵活性。在“工业 4.0”的愿景下，制造业将通过充分利用 CPS 等手段，将制造业向“数字制造”转型，通过计算、自主控制和联网，人、机器和信息能够互相连接，融为一体。例如，西门子公司在德国之外的首家数字化企业——西门子工业自动化产品成都生产和研发基地(SEWC)已经在成都建成。这家工厂以突出的数字化、自动化、绿色化、虚拟化等特征定义了现代工业生产的可持续发展，是“数字化企业”中的典范。据预测，工业信息技术与软件市场在未来几年将以年均 8% 的速度增长，增长速度将是西门子工业业务领域相关总体市场的 2 倍。西门子公司面向未来制造着力发展全生命周期数字化企业平台，工业信息技术与软件，全集成自动化系统和驱动系统，集成能源管理系统等。

7.7.2 智能制造

智能制造源于人工智能的研究。智能是知识和智力的总和，前者是智能的基础，后者是指获取和运用知识求解的能力。20 世纪 90 年代提出智能制造概念，当时，智能制造被认为是一种由智能机器和人类专家共同组成的人机一体化智能系统，它在制造过程中能进行智能活动，诸如分析、推理、判断、构思和决策等。通过人与智能机器的合作共事，扩大、延伸和部分地取代人类专家在制造过程中的脑力劳动。它把制造自动化的概念更新，扩展到柔性化、智能化和高度集成化。

德国“工业 4.0”计划提出的“智能制造”是将制造技术与数字技术、智能技术、网络技术的集成应用于设计、生产、管理和服务的全生命周期，在制造过程中进行感知、分析、推理、决策与控制，实现产品需求的动态响应，新产品的迅速开发以及对生产和供应链网络实时优化的制造活动的总称。这种情况下，智能制造是一个“虚拟网络＋实体物理”的制造系统，虚拟网络和实体生产的相互渗透是智能制造的本质。一方面，信息网络将彻底改变制造业的生产组织方式，大大提高制造效率；另一方面，生产制造将作为互联网的延伸和重要节点，扩大网络经济的范围和效应。

美国的“工业互联网”、德国“工业 4.0”以及我国的“互联网＋”战略都体现出虚拟网络与实体物理深度融合的特征。基于互联网、大数据、智能制造装备的智能制造具有更快和更精确的感知、反馈和分析决策能力，更加能够满足个性化的市场需求，进行柔性化的产品生产，使个性化产品的大规模定制成为可能。

1. 智能制造的内涵与特征

智能制造包括以下几个方面的内容：①制造装备的智能化；②设计过程的智能化；③加工工艺的优化；④管理的信息化；⑤服务的敏捷化、远程化。迄今，对智能制造的内涵有多种不同的看法，归结起来有以下几点共识。

(1) 智能制造是传感技术、智能技术、机器人技术及数字制造技术相融合的产物。

(2) 智能制造的核心特征是信息感知、优化决策、控制执行功能。

(3) 智能制造涵盖产品全生命周期，包括设计、制造、服务等过程。

(4) 智能制造是以实现高效、优质、柔性、清洁、安全生产，提高企业对市场快速响应能力和国际竞争力为目标。

(5) 智能制造是一种智能机器与人一体化的智能系统，它能扩大、延伸和部分取代人类专家在制造过程中的脑力劳动。

(6) 以互联网、大数据、云计算为代表的新一代信息技术为发展智能制造创造了新的环境和更宽广的发展空间。

智能制造的特征在于具有信息感知、优化决策、执行控制功能。智能制造需要大量的数据支持，通过利用高效、标准的方法实时进行信息采集、自动识别，并将信息传输到分析决策系统。通过面向产品全生命周期的信息挖掘提炼、计算分析、推理预测，形成优化制造过程的决策指令。根据决策指令，通过执行系统控制制造过程的状态，实现稳定、安全的运行。

数字制造技术是智能制造的基础技术。一方面，它是实现机械产品创新的共性使能技术，使机械产品由“数控一代”向“智能一代”发展，从根本上提高了产品的功能、性能和市场竞争力；另一方面，它也是制造技术创新的共性使能技术，使制造业向数字化智能化集成制造发展，全面提升产品设计、制造和管理水平，延伸发展制造服务业，深刻地改革制造业的生产模式和产业形态。各种计算机辅助技术和系统，如 CAD/CAM/CAPP/CAT/CAA/CAE，是数字制造技术的具体体现。

2. 智能制造系统

智能制造不只是生产制造环节的智能化，也不只是最终产品的智能化，而是一个涵盖产业链和创新链所有环节，涉及企业战略、运营、组织功能，超越传统硬件和装备的开放式系统。智能制造系统是智能技术集成应用的环境，也是智能制造模式展现的载体。

智能制造系统是突出了在制造诸环节中，以一种高度柔性与集成的方式，借助计算机模拟人类专家的智能活动，进行分析、判断、推理、构思和决策，取代或延伸制造环境中人的部分脑力劳动，同时，收集、存储、完善、共享、继承和发展人类专家的制造智能。与传统的制造系统相比，智能制造系统具有以下特征：

(1) 自律能力。即搜集与理解环境信息和自身的信息，并进行分析判断和规划自身行为的能力。具有自律能力的设备称为“智能机器”，“智能机器”在一定程度上表现出独立性、自主性和个性，甚至相互间还能协调运作与竞争。强有力的知识库和基于知识的模型是自律能力的基础。

(2) 人机一体化。智能制造系统不单纯是“人工智能”系统，而是人—机一体化智能系统，是一种混合智能。基于人工智能的智能机器只能进行机械式的推理、预测、判断，它只能具有逻辑思维(专家系统)，最多做到形象思维(神经网络)，完全做不到灵感(顿悟)思维，只有人类专家才真正同时具备以上三种思维能力。因此，想以人工智能全面取代制造过程中人类专家的智能，独立承担起分析、判断、决策等任务是不现实的。人—机一体化一方面突出了人在制造系统中的核心地位，另一方面在智能机器的配合下，更好地发挥了人的潜能，使人—机之间表现出一种平等共事、相互“理解”、相互协作的关系，使二者在不同的层次上各显其能，相辅相成。

因此，在智能制造系统中，高素质、高智能的人将发挥更好的作用，机器智能和人的智能将真正地集成在一起，互相配合，相得益彰。

(3) 虚拟现实技术。这是实现虚拟制造的支持技术，也是实现高水平人—机一体化的关键技术之一。虚拟现实技术是以计算机为基础，融信号处理、动画技术、智能推理、预测、仿真和多媒体技术为一体；借助各种音像和传感装置，虚拟展示现实生活中的各种过程、物件等，因而也能拟实制造过程和未来的产品，从感官和视觉上使人获得完全如同真实的感受。但其特点是可以按照人们的意愿任意变化，这种人—机结合的新一代智能界面，是智能制造的一个显著特征。

(4) 自组织与超柔性。智能制造系统中的各组成单元能够依据工作任务的需要，自行组成一种最佳结构，其柔性不仅表现在运行方式上，而且表现在结构形式上，所以称这种柔性为超柔性，如同一群人类专家组成的群体，具有生物特征。

(5) 学习能力与自我维护能力。智能制造系统能够在实践中不断地充实知识库，具有自学习功能。同时，在运行过程中自行故障诊断，并具备对故障自行排除、自行维护的能力。这种特征使智能制造系统能够自我优化并适应各种复杂的环境。

大力发展智能制造，对于我国制造业应对环境压力、实施创新驱动战略、加快工业化进程、提高企业竞争力具有重要而深远的意义。为此，提出了九大优先行动计划：建立智能制造标准体系；突破关键部件和装置并实现产业化；大力推广数字化制造；开发核心工业软件；建立数字化/智能工厂；发展服务型制造；攻克八大共性关键技术；保障信息和网络安全；强化人才队伍建设。

参考文献

[1] 艾兴. 高速切削加工技术[M]. 北京:国防工业出版社,2003.

[2] 张伯霖. 高速切削技术及应用[M]. 北京:机械工业出版社,2002.

[3] 刘战强,黄传真,郭培全. 先进切削加工技术及应用[M]. 北京:机械工业出版社,2005.

[4] 王贵成,王树林,董广强. 高速加工工具系统[M]. 北京:国防工业出版社,2005.

[5] 王先逵. 精密加工和纳米加工、高速切削、难加工材料的切削加工[M]. 北京:机械工业出版社,2008.

[6] 付秀丽,艾兴,张松,等. 航空整体结构件的高速切削加工[J]. 工具技术,2006,40(3):80—83.

[7] 吴凤和,周文. 高速加工技术在发动机缸体加工中的应用研究[J]. 中国机械工程,2006,17(18):1975—1978.

[8] 王广春,赵国群. 快速成形与快速模具制造技术及其应用[M]. 北京:机械工业出版社,2008.

[9] 刘光富. 快速成形与快速制模技术[M]. 上海:同济大学出版社, 2004.

[10] 刘伟军,等. 快速成形技术及应用[M]. 北京:机械工业出版社,2005.

[11] 郭戈,颜旭涛,唐果林. 快速成形技术[M]. 北京:化学工业出版社,2004.

[12] 杨继全,徐国才. 快速成形技术[M]. 北京:化学工业出版社,2005.

[13] 王学让,杨占尧. 快速成形与快速模具制造技术[M]. 北京:清华大学出版社,2007.

[14] 赵万生. 特种加工技术[M]. 北京:高等教育出版社,2001.

[15] 左敦稳. 现代加工技术[M]. 北京:北京航空航天大学出版社,2005.

[16] 白基成,郭永丰,刘晋春. 特种加工技术[M]. 哈尔滨:哈尔滨工业大学出版社,2006.

[17] 张辽远. 现代加工技术[M]. 北京:机械工业出版社,2002.

[18] 张建华. 精密与特种加工技术[M]. 北京:机械工业出版社,2003.

[19] 刘晋春, 赵家齐. 特种加工[M]. 北京:机械工业出版社,2002.

[20] 郭东明,赵福令. 面向快速制造的特种加工技术[M]. 北京:国防工业出版社,2009.

[21] 孔庆华. 特种加工[M]. 上海:同济大学出版社,1997.

[22] 胡传炘. 特种加工手册[M]. 北京:北京工业大学出版社,2005.

[23] 朱荻. 微机电系统与微细加工技术[M]. 哈尔滨:哈尔滨工程大学出版社,2008.

[24] 王振龙. 微细加工技术[M]. 北京:国防工业出版社,2005.

[25] 左敦稳. 现代加工技术[M]. 北京:北京航空航天大学出版社,2005.

[26] 刘明,谢常青,王丛舜. 微细加工技术[M]. 北京:化学工业出版社,2004.

[27] 文秀兰,林宋,谭昕,等.超精密加工技术与设备[M]. 北京:化学工业出版社,2006.

[28] 姚丽英,许和变,任家骏. 机电产品的绿色设计[M]. 北京:中国科学技术出版社,2005.

[29] 刘学平. 机电产品拆卸分析基础理论及回收评估方法的研究[D]. 合肥工业大学,2002.

[30] 刘飞,曹华军,张华,等. 绿色制造的理论与技术[M]. 北京:科学出版社,2005.

[31] 张安峰. 绿色再制造工程基础及其应用[M]. 北京:中国环境科学出版社,2005.

[32] 刘志峰,张崇高,任家隆. 干切削加工技术及应用[M]. 北京:机械工业出版社,2005.

[33] 李宏伟. 绿色产品评价理论方法研究及其在地面仿生机械中的应用[D]. 吉林大学,2004.

[34] 郑季良. 绿色制造系统的集成发展研究[D]. 昆明理工大学,2007.

[35] 纪志坚. 机械制造企业绿色再造的研究[D]. 大连理工大学,2005.

[36] 韩庆华. 绿色制造[M]. 南京:江苏科学技术出版社,2007

[37] 徐滨士,刘世参,张伟,等. 绿色再制造工程及其在我国主要机电装备领域产业化应用的前景[J]. 中国表面工程,2006,19(5):17—21.

[38] 徐滨士. 再制造工程基础及其应用[M]. 哈尔滨:哈尔滨工业大学出版社,2005.

[39] 孙林岩,汪建. 先进制造模式－理论与实践[M]. 西安:西安交通大学出版社,2003.
[40] 雷费克·卡尔潘. 全球企业战略联盟模式与案例[M]. 北京:冶金工业出版社,2003.
[41] 张曙. 分散网络化制造[M]. 北京:机械工业出版社,1999.
[42] 冯云翔. 精益生产方式[M]. 北京:企业管理出版社,1995.
[43] 詹姆斯·沃麦克,丹尼尔·琼斯,丹尼尔·鲁斯. 丰田精益生产方式[M]. 北京:中信出版社,2008.
[44] 肖智军,党新民. 精益生产方式 JIT[M]. 广州:广东经济出版社,2004.
[45] 丹尼斯 P. 霍布斯. 精益生产实践:任何规模企业实施完全宝典[M]. 北京:机械工业出版社, 2009.
[46] 国家制造强国建设战略咨询委员会,中国工程院战略咨询中心. 智能制造[M]. 北京:电子工业出版社,2016.
[47] 制造强国战略研究项目组. 制造强国—战略研究. 智能制造专题卷[M]. 北京:电子工业出版社,2016.
[48] 王友发. 面向智能制造的多机器人系统任务分配研究[D]. 南京:南京大学工程管理学院,2016.